Nr. 38 1954
S. 8499—8730 22. September

Chemisches Zentralblatt

Vollständiges Repertorium für alle Zweige der reinen und angewandten Chemie

1830 gegründet. 1897—1945 von der Deutschen Chemischen Gesellschaft fortgeführt.
Im Auftrage der Deutschen Akademie der Wissenschaften zu Berlin, der Chemischen Gesellschaft in der Deutschen Demokratischen Republik, der Akademie der Wissenschaften zu Göttingen und der Gesellschaft Deutscher Chemiker

herausgegeben von Prof. Dr. **Maximilian Pflücke**

125. Jahrgang

1954

Chefredakteure: Dr. Eugen Klever und Prof. Dr. Maximilian Pflücke

Akademie-Verlag GmbH., Berlin — Verlag Chemie, GmbH., Weinheim/Bergstr.

Inhalt

Namenregister

Chemisches Zentralblatt

1954 Nr. 38 22. September

A. Allgemeine und physikalische Chemie.

A_1. Kernphysik und Kernchemie.

B. Bertotti, *Über die Relation zwischen Grundtensor und Affinität in der einheitlichen Feldtheorie.* Mathemat. Betrachtungen über die Verallgemeinerung der Relation zwischen dem Grundtensor u. der engen Verbindung des realen u. des HERMITEschen Operators der einheitlichen Feldtheorie. (Nuovo Cimento [9] **11.** 358–65. 1/4. 1954. Dublin, Inst. for Adv. Stud.) GERHARD SCHMIDT. 80

W. Zimmermann, *Zum Renormierungsprogramm der Feldphysik.* Vf. führt eine Berechnungsmeth. der Renormierungsfunktionen an, die divergente Zwischenresultate vollständig vermeidet. Ausgehend von den Definitionsgleichungen der Renormierungsfunktionen werden die Operatorenprodd. durch Summation über alle Zwischenzustände zerlegt. (Nuovo Cimento [9] **11.** 416–19. 1/4. 1954. Göttingen, Max-Planck-Inst. für Phys.) GERHARD SCHMIDT. 80

H. Lehmann, *Über Eigenschaften von Ausbreitungsfunktionen und Renormierungskonstanten quantisierter Felder.* Vf. versucht, Aussagen über Ausbreitungs- oder GREENsche Funktionen zu gewinnen, ohne dabei die Möglichkeit der Entw. nach einem Kopplungsparameter vorauszusetzen oder zu benutzen. Es lassen sich Formeln ableiten, die eine Darst. der genannten Funktionen als Überlagerung von Ausbreitungsfunktionen freier Felder mit verschied. Massen ermöglichen. Die bei der Renormierung von Feldoperatoren u. Massen auftretenden Konstanten lassen sich in einfacher Weise durch die zur Darst. der Ausbreitungsfunktionen eingeführten Größen ausdrücken. Die so erhaltenen Gleichungen sind unabhängig von der Störungsrechnung. Im Gegensatz zu anderen Darstellungen wird dabei die Benutzung einlaufender Felder vermieden. (Nuovo Cimento [9] **11.** 342–58. 1/4. 1954. Göttingen, Max-Planck-Inst. für Phys.) GERHARD SCHMIDT. 80

R. J. Eden, *Quantenfeldtheorie gebundener Zustände.* 2. Mitt. *Relativistische Theorie von Resonanz-Reaktionen.* (1. vgl. Proc. Roy. Soc. [London], Ser. A **215.** [1952.] 133.) Vf. dehnt die relativist. Quantenfeldtheorie in der Weise aus, daß sie als Grundlage für eine qualitative Unters. von Kernresonanz-Rkk. verwendet werden kann. Die allg. Resonanzformeln werden in einer relativist. Form abgeleitet u. die Interferenz zwischen benachbarten Niveaus untersucht. Bei diesen Betrachtungen wird angenommen, daß die Resonanz aus der Bldg. eines Compoundkerns hervorgeht, der anschließend zerfällt. Die wesentlichen Eigg. der Resonanz- u. Niveaubreite werden aus einem einfachen Resonanzmodell abgeleitet. Bei der Betrachtung einer allg. Kernresonanz-Rk. ist es jedoch erforderlich, Ausbreitungs („propagator")-Operatoren für den Compoundkern zu verwenden. (Proc. Roy. Soc. [London], Ser. A **217.** 390–408. 7/5. 1953. Cambridge, Univ., Clare Coll.) GERHARD SCHMIDT. 80

R. J. Eden und **G. Rickayzen,** *Quantenfeldtheorie gebundener Zustände.* 3. Mitt. *Gebundene Zustände in starker Wechselwirkung.* (2. vgl. vorst. Ref.) Vff. geben die Bedingungen für die Anwendung einer starken Wechselwirkungsapproximation auf einen Elektron–Proton-Ausbreitungsoperator an. Wenn die Gesamtenergie ausreichend groß ist, kann der Operatorteil für den gebundenen Zustand vernachlässigt werden. Die starke Wechselwirkungsapproximation wird für relativist. Berechnungen der das H-Atom einschließenden Wechselwirkungen benutzt. Die Abweichungen der Ergebnisse von denen früherer Theorien werden diskutiert. (Proc. Roy. Soc. [London], Ser. A **219.** 109–19. 11/8. 1953. Cambridge, Univ., Clare Coll., Christ's Coll.) GERHARD SCHMIDT. 80

Tosiko Yuasa und **Jeanne Laberrigue-Frolow,** *Bemerkungen über die numerischen Werte der Fermi-Funktion.* Aus der Unters. u. dem Vgl. der numer. Werte der FERMI-Funktion F (Z, W), die mittels der STIRLINGschen Entw. erhalten worden sind, geht hervor, daß diese Werte denjenigen angenähert sind, die sich aus den Formeln von BETHE u. BACHER, NORTHEIM u. YOST ergeben. (J. Physique Radium **14.** 95–99. Febr. 1953. Paris, Coll. de France, Labor. de Chim. nucl.) GERHARD SCHMIDT. 80

Y. Watase, S. Miyake, K. Suga und **O. Kusumoto,** *Hochdrucknebelkammer-Beobachtung von Höhenstrahlen in 2740 m Höhe.* Vff. machten 1250 ungesteuerte Aufnahmen mit einer Nebelkammer von 4 cm Wandstärke u. 24 cm Innendurchmesser, die mit 75 at Ar gefüllt war. Die Kammer hatte eine Empfindlichkeitsdauer von über 1,5 Sek., so daß die Aufnahmen einen Strahlungsbereich von ca. 25 Min. freie Atmosphäre während 30 Min. umfassen. Beobachtet wurden: 3000 durchdringende Teilchen, 200 Schauer, 55 stark ionisierende Teilchen, 2 Mesonenzerfälle u. einige Sterne. (J. physic. Soc. Japan **6.** 204–06. Mai/Juni 1951. Osaka City Univ., Dep. of Phys. [Orig.: engl.]) POLLERMANN. 85

Kiichi Kimura, Kazunori Yuasa, Ryutaro Ishiwari und **Senzo Tokunaga,** *Beobachtung von Höhenstrahlen mit photographischen Emulsionen.* 2. Mitt. (Sitzungsbericht.) Mitt. von Beobachtungen an in größerer Höhe exponierten EASTMAN KODAK NTB-Platten. Aus Streuwinkelmessungen wird die M. eines μ-Mesons zu 211 m_e bestimmt. (Bull. Inst. chem. Res., Kyoto Univ. [Kagaku Kenkyusho Hakoku] **22.** 70. Sept. 1950. [Orig.: engl.]) EICHHOFF. 85

D. Lal, *Flußbestimmung von Protonen hoher Energie mit der photographischen Emulsionsmethode.* Plattenstapel von 100 μ dicken ILFORD G 5-Platten mit zwischengelegten Messingplatten wurden unter einer Breite von 55° durch Ballonaufstieg in ca. 29 km Höhe für 6 Std. exponiert. Die Energie der schauerauslösenden Primärteilchen wurde aus dem Öffnungswinkel der Schauer u. dem Anstieg der weichen Komponente in Abhängigkeit von dem Ursprungsort des Schauers abgeschätzt. Von 18 durch Kernstöße verursachten Schauern, welche auf einer Fläche von 21,5 cm^2 beobachtet wurden, waren 2 durch α-Teilchen, der Rest durch Protonen ausgelöst. Der aus diesen Beobachtungen abgeleitete prim. Protonenfluß mit einer Energie $>1{,}6\cdot10^{12}$ eV beträgt 0,29 $\pm$0,07 m^2·sec·Raumwinkel. Dieser Meßpunkt fügt sich in frühere Beobachtungen ein. Das Spektr. der kosm. Primärstrahlung wird diskutiert. (Proc. Indian Acad. Sci., Sect. A **38.** 93–99. Juli 1953. Bombay, Tata Inst. of Fund. Res.) EICHHOFF. 85

A. Abragam und **R. V. Pound,** *Einfluß elektrischer und magnetischer Felder auf Winkelkorrelationen.* Die Theorie des Einfl. auf die Winkelkorrelation störender Wechselwirkungen im Zwischenzustand wird neu formuliert, um die Beschreibung der Effekte von Zeitabhängigkeit sowie von stat. Störungen zu ermöglichen. Für stat. Wechselwirkungen des elektr. Kernquadrupolmomentes mit kristallinen Feldern axialer Symmetrie in polykristallinen Quellen werden die Reduzierungsfaktoren für die Koeffizienten der verschied. Terme bei der Ausweitung der Korrelationsfunktion in LEGENDREschen Polynomen berechnet. Für Elektronenschalen mit magnet. Momenten werden die Einfll. paramagnet. Relaxation u. von Anisotropie der Hyperfeinstrukturwechselwrkg. geprüft. (Physic. Rev. [2] **92.** 943–62. 15/11. 1953. Cambridge, Mass., Harvard Univ., Lyman Labor. of Phys.) GERHARD SCHMIDT. 90

Maurice Neuman, *Die Greensche Funktionsmethode für stark wechselwirkende Teilchen.* Vf. wendet die GREENsche Funktionsmeth. auf stark wechselwirkende Teilchen an, die mit zunehmender Anzahl lockerer gebunden sind. (Physic. Rev. [2] **92.** 1021–22. 15/11. 1953. Berkeley, Calif., Univ. of California, Radiat. Labor.) GERHARD SCHMIDT. 90

A. Borsellino, *Impulsübertragung und Divergenzwinkel von durch Photonen erzeugten Paaren.* (Vgl. MODESITT u. KOCH, C. **1951.** I. 1558.) Statt des Rückstoßimpulses berechnet Vf. die Verteilung des gesamten auf das Elektronenpaar übertragenen Impulses aus dem BETHE-HEITLER-Wirkungsquerschnitt; dabei ist es möglich, die abschirmende Wrkg. der Hüllenelektronen mit zu berücksichtigen u. den Winkel ω zwischen Elektron u. Positron zu ermitteln. Ist k die Protonen- u. E_+ die Positronenenergie, so ist der am häufigsten zu beobachtende Wert von ω durch 4 $mc^2/k\cdot\Phi(E_+/k)$ gegeben, wobei $\Phi(E_+/k)$ $\sim$1 ist, wenn E_+/k zwischen 0,2 u. 0,5 liegt. (Physic. Rev. [2] **89.** 1023–25. 1/3. 1953. Ithaca, N. Y., Cornell Univ., Labor. Nucl. Stud.) KIRSCHSTEIN. 90

M. Goldzahl, *Ein Versuch der Feststellung eventueller Wechselwirkungen zwischen Photonen.* Es werden Verss. beschrieben, die theoret. vorausgesagte Wechselwrkg. zwischen Photonen nachzuweisen. Ein Nachw. ist jedoch mit der beschriebenen Meth. noch nicht gelungen. (J. Physique Radium **12.** 50 S. Juni 1951. C. N. R. S.) v. HARLEM. 90

G. Breitling und **R. Glocker,** *Über die Transitionskurven verschiedener Stoffe für die Röntgenstrahlung eines 31 MeV-Betatrons.* (Vgl. C. **1953.** 4323, **1954.** 940 u. 2586.) Mit Hilfe eines integrierenden Kristall-Scintillationszählers werden Transitionskurven für 31 MeV-Röntgenstrahlen an *Pb, Sn, Cu* bzw. *Plexiglas* aufgenommen. Die Schichten D_{max} für das Maximum der Dosisleistung betragen 0,34, $0{,}53_5$, $0{,}57_5$ bzw. 4,25 cm. Bei Pb u. Sn tritt ein Vormaximum auf, das der Reichweite der häufigsten Paarbildungselektronen bzw. -positronen zuzuordnen ist. Eine Näherungsformel für die Höhe der Maxima der Transitionskurven u. die Tiefenlage der Maxima (D_{max}) ergibt mit Hilfe der Rückstoß- u. Paarbildungskoeffizienten für Strahlungen von 31 u. 330 MeV

Übereinstimmung mit den Messungen für alle gemessenen Stoffe mit Ausnahme der schwersten Elemente, z. B. Pb. (Z. Naturforsch. **8a.** 629—32. Okt. 1953. Stuttgart, TH, Röntgeninst.) Rudolph. 90

R. H. Huddlestone, *Compton-Streuung an Nucleonen.* (Sitzungsbericht.) Vf. führt eine klass. Berechnung zur Best. der Wrkg. der Nucleonenstruktur auf die Photonenstreuung durch. Diese Struktur wird durch ein pseudoskalares Feld mit gradienter Kopplung an eine ausgedehnte Quelle der Größe eines $\mu \sim 0{,}5$ geliefert. Das Nucleon ist direkt an das elektromagnet. Feld mittels eines magnet. Momentterms (Pauli) gekoppelt. Der Spitzenwert des Gesamtquerschnittes ist $\sigma \sim 5 g^4 \cdot 10^{-31}$ cm², wo g das gyromagnet. Verhältnis des Nucleons ist. Die Winkelverteilung variiert von $(1 - {}^1/_3 \cos^2 \Theta)$ bei $\omega/\mu = 1$ bis $(1 + {}^1/_3 \cos^2 \Theta)$ bei $\omega/\mu = 3$. Diese Werte gelten für ein neutrales Mesonenfeld. (Physic. Rev. [2] **91.** 461. 15/7. 1953. Berkeley, Univ. of California.) Gerhard Schmidt. 90

M. C. Walske, *Das Bremsvermögen von K-Elektronen.* Verbesserung der Berechnungsmeth. von Brown (C. **1951.** I. 159) zur Best. des Bremsvermögens der K-Elektronen für große Energien der einfallenden Teilchen. (Physic. Rev. [2] **88.** 1283—89. 15/12. 1952. Los Alamos, N. Mex., Univ. of California, Los Alamos Scient. Labor.) Kirschstein. 90

Walter H. Barkas, Robert W. Deutsch, F. C. Gilbert und **Charles E. Violet,** *Elektron-Elektron-Streuung bei hohen Energien.* (Vgl. C. **1953.** 328.) Durch nochmalige Unters. wurde festgestellt, daß es sich bei den 185 MeV-Teilchen, deren Abbremsung in der l. c. referierten Arbeit beobachtet worden war, nicht um Elektronen, sondern um Positronen gehandelt hat. (Physic. Rev. [2] **88.** 1435. 15/12. 1952.) Kirschstein. 90

H. H. Seliger, *Die Rückwärtsstreuung von Positronen und Elektronen.* (Vgl. C **1951.** I. 1831) Vf. untersucht die von *Al, Cu, Ag, Pt, Pb* u. *Lucite* zurückgestreuten β-Strahlen von ^{32}P u. ^{22}Na. Der Energieverlust hängt stark vom Streuwinkel ab, bes. bei Elementen mit niedriger Kernladungszahl; dementsprechend ist die Abhängigkeit von Z bes. bei großen Streuwinkeln merklich. Der Streumechanismus, an dem wahrscheinlich 2 Komponenten beteiligt sind, wird erörtert. (Physic. Rev. [2] **88.** 408—12. 15/10. 1952. Washington, Nat. Bur. of Standards.) Kirschstein. 90

C. L. Oxley, W. F. Cartwright, J. Rouvina, E. Baskir, D. Klein, J. Ring und **W. Skillman,** *Doppelstreuung energiereicher Protonen durch Wasserstoff und Kohlenstoff.* Vff. untersuchen die Asymmetrie der 2. Streuung von 240 MeV-Cyclotronprotonen, die zuerst an einem Sondentarget in der Vakuumkammer gestreut wurden. Die nach der 1. Streuung unter 27° aus dem Cyclotron austretenden Protonen werden in einem Pb-Kollimator gebündelt, durchlaufen einen mit der Bündelachse koaxialen 1. Monitor (**I**), das 2. Streutarget u. einen 2. Monitor (**II**) hinter dem 2. Streutarget. Die Streuprotonen werden in einem aus 2 Zählern bestehenden Teleskop (**III**), die Rückstoßkurve in einem weiteren, davon unabhängig angeordneten Zähler (**IV**) erfaßt. Bei Messung von Vierfachkoinzidenzen zwischen **I, III** u. **IV** u. bei Verwendung von C als 1. u. Polyäthylen als 2. Target wird eine Asymmetrie $2e = 20{,}6 \pm 2{,}2\%$ gefunden (Messung unter Laboratoriumswinkeln 0°, 90°, 180° u. 270°). Wird Polyäthylen als 1. Target benutzt, so ergibt sich $2e = 15{,}2 \pm 2{,}2\%$. Hieraus läßt sich 2e für doppelte p—p-Streuung zu $9{,}8 \pm 5\%$ berechnen, die Polarisation in H u. C ergibt sich zu $22 \pm 5\%$ bzw. $47 \pm 13\%$. (Physic. Rev. [2] **91.** 419—20. 15/7. 1953. Rochester, N. Y., Univ. of Rochester.) Weigel. 90

D. C. Dodder und **J. L. Gammel,** *Elastische Streuung von Protonen und Neutronen an Helium.* Die Ergebnisse der Verss. verschied. Autoren werden einer numer. Auswertung mit elektron. Rechenmaschinen unterworfen, wobei sich zeigt, daß die elast. Streuung von Nucleonen an α-Teilchen durch die Resonanztheorie der Kernwechselwirkungen gut zu erklären ist. Die Form der weit auseinanderliegenden $P_{1/2}$- u. $P_{3/2}$-Niveaus von ^5Li wurde eingehend untersucht. (Physic. Rev. [2] **88.** 520—25. 1/11. 1952. Los Alamos, N. Mex., Univ. of California, Los Alamos Scient. Labors.) Kirschstein. 90

D. G. Henshaw und **D. G. Hurst,** *Neutronenbeugung an flüssigem Helium.* (Vgl. C. **1954.** 6415.) Es wurde die Streuung von Neutronen von 1,08 Å an fl. He bei 4,2° K im Winkelbereich zwischen 3,8 u. 31° gemessen. Die Streukurve hat ein Hauptmaximum bei $21{,}3 \pm 1°$, was einem Abstand von 3,6 Å in der radialen Dichteverteilung um jedes Atom in der Fl. entspricht. Das Maximum ist weniger scharf ausgeprägt als das entsprechende in fl. Argon. (Physic. Rev. [2] **91.** 1222. 1/9. 1953. Chalk River, Ontario, A. E. of Canada Ltd., Chalk River Labor.) H. C. Wolf. 90

Andrew W. McReynolds, *Unelastische Streuung thermischer Neutronen in Blei.* (Vgl. C. **1953.** 7016.) Vf. bestimmt den Gesamtquerschnitt für therm. Neutronen in Pb mit Hilfe von Durchlässigkeitsmessungen an einem Pb-Einkristall im Bereich von 0,02 bis 8 Å (0,02—0,0013 eV) bei 80 u. 295° K. Quantitative Übereinstimmung mit der Ein-Phonon-Theorie des Energieaustausches mit dem Gitter wird gefunden. Messungen des differentiellen Querschnittes für $\lambda = 1{,}08$ Å (0,07 eV) stimmen mit der DEBYE-WALLER-Theorie überein. Der untersuchte Neutronenenergiebereich läßt sich durch die beiden Theorien in deren jeweiligem Gültigkeitsbereich darstellen. (Physic. Rev. [2] **91.** 1368—71. 15/9. 1953. Upton, N. Y., Brookhaven Nat. Labor.) WEIGEL. 90

E. E. Salpeter und **J. S. Goldstein,** *Wellenfunktionen des Impulsraumes.* 2. Mitt. *Der Grundzustand des Deuterons.* (1. vgl. C. **1952.** 1945. 4564.) Das l. c. angeführte Verf. wird auf den Grundzustand des Deuterons in nichtrelativist. Näherung unter alleiniger Verwendung von Zentralpotentialen angewandt. Die Werte für die Impulsraum-Wellenfunktionen, die verschied. Potentialverläufen entsprechen, werden tabelliert. (Physic. Rev. [2] **90.** 983—86. 1/6. 1953. Ithaca, N. Y., Cornell Univ., Newman Labor. of Nucl. Stud.) GERHARD SCHMIDT. 95

Jack S. Goldstein, *Eigenschaften der Salpeter-Bethe-Zweinucleonengleichung.* Vf. prüft die relativist. Zweinucleonen-Gleichung von SALPETER u. BETHE in der Stufenapproximation für große Bindungsenergie mit einer invarianten Wechselwirkungsfunktion. Die Bindungsenergie wird als ein regulierbarer Parameter betrachtet, die Kopplungskonstante λ wird als der Eigenwert des Problems genommen. Als Ausgangspunkt der Betrachtung wird der Spezialfall zweier gleicher Massen u. einer Bindungsenergie gleich der Gesamtmasse betrachtet. Für Quantenmasse Null wird eine eindimensionale Integralgleichung im Impulsraum erhalten u. in geschlossener Form gelöst. Lösungen entsprechend dieser Bindungsenergie bestehen für alle positiven Werte von λ. (Physic. Rev. [2] **91.** 1516—24. 15/9.; Sitzungsbericht: **91.** 461. 15/7. 1953. Princeton, N. J., Inst. for Adv. Stud.) GERHARD SCHMIDT. 95

Robert Jastrow, *Sättigung von Kernkräften.* (Sitzungsbericht.) Vf. führt eine Variationsrechnung für die Bindungsenergie des Kerns durch, wobei ein festes Kugelmodell des Nucleons verwendet wird, in dem das umgebende Potential als Term vierter Ordnung in der symm. pseudoskalaren Theorie mit pseudoskalarer Kopplung zuzüglich dem Dreikörper-Paarpotential aus der gleichen Theorie genommen wird. (Physic. Rev. [2] **91.** 460. 15/7. 1953. Inst. for Adv. Stud.) GERHARD SCHMIDT. 95

S. D. Drell und **Kerson Huang,** *Mehrkörperkräfte und Kernsättigung.* Vff. untersuchen die Kernsättigung mit Mehrkörper-Wechselwirkungspotentialen, die aus der pseudoskalaren Mesonentheorie abgeleitet worden sind. Die LÉVYsche Zweikörperanalyse bestimmt sämtliche Parameter, die bei dieser Berechnung auftreten. Der Führungsterm in dem n-Körperpotential hängt nur von den Zwischenteilchen-Entfernungen ab u. ist abstoßend (anziehend) für n ungerade (gerade). Die Energie des Kerns wird in der HARTREE-Approximation mit Potentialen bis zu Fünfkörperwechselwirkungen u. unter Vernachlässigung von COULOMB- u. Oberflächenwirkungen berechnet. Die aus diesen Betrachtungen abgeleiteten Sättigungseigg. stimmen mit dem Experiment überein. (Physic. Rev. [2] **91.** 1527—42. 15/9. 1953. Cambridge, Mass., M I T, Dep. of Phys. and Labor. of Nucl. Sci.) GERHARD SCHMIDT. 95

S. D. Drell, K. Huang und **V. F. Weisskopf,** *Mehrkörperkräfte und Kernsättigung.* Sitzungsbericht zu vorst. referierter Arbeit. (Physic. Rev. [2] **91.** 460. 15/7. 1953.) GERHARD SCHMIDT. 95

Robert R. Wilson, *Radien von Spiegelkernen.* Um die Literaturdaten über die Energiedifferenzen zwischen Spiegelkernen miteinander in Einklang zu bringen, wird die D. im Kerninnern ($\nu \leqq R$) als konstant, bei größeren ν als exponentiell abfallend angenommen. Es ergibt sich $R = 1{,}36 \cdot 10^{-13}\, A^{1/3} / (1 + 3/\alpha R)^{1/3}$, wo $\alpha^2 = 8\, MW/\hbar^2$ u. W die mittlere Bindungsenergie pro Nucleon ist. Für leichte Elemente gilt in guter Näherung $R = 1{,}4 \cdot 10^{-13} A^{1/3}$. (Physic. Rev. [2] **88.** 350—51. 15/10. 1952. Ithaca, N. Y., Cornell Univ.) KIRSCHSTEIN. 95

B. W. Mott, *Metallurgische Charakteristik der schweren Elemente.* In einem Überblick über Kristallstruktur, Atomgröße, F. u. magnet. Eigg. der Elemente mit $Z \geqq 89$ wird die Stellung der Actiniden innerhalb des Period. Syst. krit. erörtert. Wie sich diese Metalle in Legierungen verhalten, ist noch zu wenig bekannt, als daß sich schon Regeln oder Gesetzmäßigkeiten erkennen ließen. (Research **6.** 238—46. Juni 1953. Harwell, A. E. R. E.) KIRSCHSTEIN. 95

A. J. Freeman, *Effektive Kernladungen für Atome aus Self-Consistent-Field-Berechnungen.* Die Ergebnisse theoret. u. numer. Berechnungen zur Best. der effektiven Kernladungszahlen 2 Z_p als Funktion des Abstandes r werden für folgende Atome u. Ionen wiedergegeben: *B, C,* C^{2+}, C^{4+}, *N, O,* O^{+}, O^{2+}, O^{3+}, Al^{2+}, Si^{3+}, Si^{4+}, *K,* Ca^{+}, *Cr,* Cr^{2+}, *Zn, Ga,* Ga^{+}, Ga^{3+}, *Ge,* Ge^{2+}, *As,* As^{+}, As^{2+} u. As^{3+}. (Physic. Rev. [2] **91.** 1410—17. 15/9. 1953. Cambridge, Mass., MIT, Phys. Dep.) HEINSOHN. 95

Louis Gold, *Methode zur Gewinnung zeitfreier Lösungen für den radioaktiven Zerfall und die Erzeugung radioaktiver Kerne.* Das Syst. von Differentialgleichungen, welches die Mengenverhältnisse der Glieder einer radioakt. Zerfallsreihe beschreibt, wird für den Fall gelöst, daß anfänglich nur das erste Glied der Zerfallsreihe vorliegt. In der Lösung tritt die Zeit nicht explizit auf, sondern nur in Gestalt eines Parameters R, der den vom ersten Glied der Reihe noch nicht zerfallenen Anteil angibt. Die Lösung wird auf den Fall erweitert, daß das erste Glied der Reihe (etwa unter Neutronenbestrahlung) mit einer konstanten Produktionsrate ständig neu erzeugt wird. (J. appl. Physics **24.** 88–90. Jan. 1953. Cambridge, Mass., MIT, Lincoln Labor.) Lenz. 103

J. J. Lord, Joseph Fainberg, D. M. Haskin und **Marcel Schein,** *Enge Teilchenpaare aus Kernwechselwirkungen.* Bei der Untes. von durch π^--Mesonen hervorgerufenen Kernwechselwirkungen in 400 μ-Ilford G5-Platten wurde in 3 von 800 Fällen die Emission eines Paares schneller Teilchen mit kleinem Richtungsunterschied beobachtet. Im 1. Fall gehen vom Sternmittelpunkt, dem Endpunkt der Bahn des 145 MeV-π^--Mesons, eine Bahn von der Lückendichte eines 17 $\pm$ 4 MeV-Protons u. unter einem Winkel von 100 $\pm$ 2° zur Mesonenbahn nach Gabelung in einem Abstand vom Sternmittelpunkt <1 μ die Bahnen eines Teilchenpaares mit einem Richtungsunterschied von 0,30 $\pm$ 0,06° aus. Nach Messungen der Mehrfachstreuung u. der Korndichte muß die M. der Paarteilchen kleiner als die halbe bzw. ganze M. eines μ-Mesons sein. Im 2. Fall beträgt der Richtungsunterschied 6,3°. Die M. der Teilchen liegt hier unterhalb der des μ-Mesons. Wahrscheinlich handelt es sich um Elektronenpaare, deren Gesamtenergie 205 $\pm$ 39 bzw. 201 $\pm$ 25 MeV ist. Als Ausgangsstufen der Paarbldg. könnten die Rkk. $\pi^- + p \rightarrow n + \gamma$ u. $\pi^- + p \rightarrow n + \pi^0$ angesehen werden. Bei der 1. Rk. würde die Paarbldg. durch innere Umwandlung des γ-Strahls erfolgen, jedoch liegt die experimentelle Bildungswahrscheinlichkeit von 1/350 höher als die theoret. von 1/10000. Bei der 2. Rk. ist der Zerfall des π^0-Mesons in 2 Elektronen u. einen γ-Strahl wahrscheinlich. Die beobachtete Bildungswahrscheinlichkeit ist mit der erwarteten verträglich, jedoch müßte die mittlere Lebensdauer des π^--Mesons von der Größenordnung 10^{-15} Sek. oder kleiner sein. (Physic. Rev. [2] **87.** 538–39. 1/8. 1952. Chicago, Ill., Univ.) Werner Schulz. 103

Nelson Jarmie, Gordon W. Repp und **R. Stephen White,** *Positive Photomesonen aus Wasserstoff bei 0°.* H_2-Gas im Target unter hohem Druck u. bei tiefen Tempp. wurde mit 322 MeV-Synchrotron-Bremsstrahlung bestrahlt, um π^+-Mesonen unter einem Winkel bei 0 $\pm$ 4° zum Bündel zu erzeugen, die dann magnet. ausgeblendet u. auf einer Ilford C2-(200 μ) Platte aufgefangen wurden. Der absol. differentielle Querschnitt für die Rk. $\gamma(p, \pi^+)n$ für 278 $\pm$ 4 MeV-Photonen (kinet. Energie der Mesonen 135 $\pm$ 4 MeV) beträgt $\left(6{,}2^{+2{,}6}_{-1{,}9}\right)\cdot 10^{-30}$ cm²/Raumwinkel/Quant/Proton. Für den totalen Wirkungsquerschnitt ergibt sich σ (278 MeV) $= (2{,}5 \pm 0{,}5)\cdot 10^{-28}$ cm². (Physic. Rev. [2] **91.** 1023–24. 15/8. 1953. Berkeley, Calif., Univ. of California, Dep. of Phys., Radiat. Labor.) Nelkowski. 103

C. P. Haigh, *Eine Analyse auf Deuterium mit Hilfe des Photoneutroneneffektes.* Die Anwendung der Rk. $^2D(\gamma, n)^1H$ ($\sigma \approx 16\cdot 10^{-28}$ cm²) bei $E_\gamma > 2{,}2$ MeV zur Analyse von D-haltigem Material auf den D-Geh. wird beschrieben. Die Versuchsanordnung besteht aus der γ-Strahlenquelle (^{24}Na; $E_\gamma = 2{,}76$ MeV), die konzentr. von den folgenden Geräten in der angegebenen Reihenfolge umgeben ist: Probenküvette aus Glas, 10–30 cm³ Probelsg. fassend, Pb-Mantel, mit B ausgelegte Ionisationskammer zum Neutronennachw. u. Paraffinmantel mit einer Mindestwandstärke von 20 cm. Die gesamte Anordnung ist in einen Betonblock eingelassen. Die Empfindlichkeit der Meth. bei Verwendung einer 500 mC zu ^{24}Na-Quelle wird abgeschätzt. (Nature [London] **172.** 359. 22/8. 1953. Barrow Guerney, Bristol, Barrow Hosp., Bristol Mental Hosp., Res. Dep.) Weigel. 103

J. C. Gunn und **J. Irving,** *Die photoelektrische Spaltung von Drei- und Vierteilchen-Kernen.* Die Zweiteilchen- u. vollständigen photoelektr. Zertrümmerungsquerschnitte für Drei- u. Vierteilchen-Kerne werden mit Hilfe von Gaussschen u. exponentiellen Wellenfunktionen berechnet. Nach der Meth. des detaillierten Gleichgewichts wird der Querschnitt der inversen Prozesse bestimmt. Die Ergebnisse werden mit den experimentellen Werten für den p–D- u. den p–T-Einfang verglichen. Die exponentiellen Funktionen haben ein ausgeprägteres Maximum bei kleineren Energien als die Gaussschen. Die Rkk. $^3H(\gamma, n)D$, $^3He(\gamma, p)D$, $^3H + \gamma \rightarrow n, n, p$ u. $^4He + \gamma \rightarrow n + n + p + p$ werden behandelt. (Philos. Mag. [7] **42.** 1353–68. Dez. 1951. Glasgow, Univ., Dep. of Natural Philos.) Nelkowski. 103

E. Almqvist, K. W. Allen, J. T. Dewan und **T. P. Pepper,** *Die Reaktionen $^3He(^3He, p)^5Li$ und $T(^3He, p)^5He$.* Mit 0,24 MeV-^{3}He-Ionen wurde abwechselnd ein Target aus Tritium, das in Ti eingeschlossen war, u. ein polierter Cu-Block bestrahlt, der dann als ^{3}He-Target diente. Die Bahnspuren der geladenen Teilchen großer Reichweiten wurden unter 90 bzw. 135° zum ^{3}He-Bündel mit 200 μ Ilford C2-Platten aufgenommen. Energiemessungen mit geeichtem KJ(Tl)-Scintillationszähler zusammen mit Reichweitemessungen zeigen, daß ein starkes Maximum (330 μ) der Reichweitekurve durch Deuteronen der Rk. T(^{3}He, d)^{4}He hervorgerufen wird. Aus der Energieverteilungskurve der Protonen bei den Rkk. folgt eine Protonenenergie von 10,86 $\pm$ 0,12 bzw. 11,18 $\pm$ 0,07 MeV. Aus den Q-Werten wird die M. von ^{6}Li zu 5,01414 $\pm$ 0,00016 u. von ^{5}He zu 5,01382 $\pm$ 0,00007 erhalten. (Physic. Rev. [2] **91.** 1022—23. 15/8. 1953. Chalk River, Ontario, A. E. of Canada.) Nelkowski. 103

D. R. Bach und **P. V. C. Hough,** *(d, t)-Reaktionen und die Wellenfunktion des Tritons.* (Sitzungsbericht.) (Vgl. El-Bedewi, C. **1952.** 4565.) Die l. c. referierten Messungen der Winkelverteilungen von Tritonen aus der Rk. ^{9}*Be*(d, t)^{8}Be bei 7,7 MeV Deuteronenenergie werden auf kleinere u. größere Winkel ausgedehnt. Die experimentelle Verteilung wird mit theoret. Kurven verglichen, die unter verschied. Annahmen für die Wellenfunktion des Tritons berechnet worden sind. (Physic. Rev. [2] **91.** 463. 15/7. 1953. Univ. of Michigan.) Gerhard Schmidt. 103

J. Marshall, L. Marshall und **A. V. Nedzel,** *Gesamtquerschnitte von 408 MeV-Protonen für Wasserstoff und leichte Elemente.* Es wird die Streuung von 408 MeV-Cyclotronprotonen an H(H_2O, fl. H_2), D(D_2O), *Li* (Metall), *Be* (Metall) u. *C* (Graphit) untersucht u. daraus der Gesamtquerschnitt für derartige Protonen bestimmt. Zum Nachw. der Menge der aus dem Protonenbündel abgelenkten Protonen diente ein Flüssigkeitsscintillator in Antikoinzidenz mit 2 Kristallscintillatoren, die miteinander koinzidierten u. als Monitoren verwendet wurden. Gemessen wurde unter Laboratoriumswinkeln von 1,5—6° (fl. H_2), 3,5—14° (Li, Be, C) u. 2,5—8° (H_2O, D_2O). Gefunden wurden folgende σ-Werte (in mbarn): $\sigma(H) = 24{,}0 \pm 1$ (fl. H_2), $\sigma(Li) = 194 \pm 8$, $\sigma(Be) = 242 \pm 6$, $\sigma(C) = 285 \pm 14$, $\sigma(D-H) = {}^1/_2[\sigma(D_2O) - \sigma(H_2O)] = 31{,}6 \pm 2$, $\sigma(O) = \sigma(H_2O) - 2\,\sigma(H) = 406 \pm 3$ u. $\sigma(D) = \sigma(D-H) + \sigma(H) = 55{,}6 \pm 2{,}2$ mbarn. (Physic. Rev. [2] **91.** 767—68. 1/8. 1953. Chicago, Ill., Univ. of Chicago, Inst. for Nucl. Stud.) Weigel. 103

J. K. Bair, J. D. Kington und **H. B. Willard,** *Die ^{14}N-Niveaustruktur aus der Reaktion ^{13}C(p, n)^{13}N.* Vff. beschießen durch therm. Zers. von CH_3J (61% ^{13}C) hergestellte dünne Rußtargets auf Pt-Folie mit magnet. analysierten Protonen aus einem elektrostat. 5 MeV-Generator u. bestimmen die Neutronenausbeute der Rk. ^{13}C(p, n)^{13}N mit einem Spezial-Langzähler im Bereich von 3,2 MeV $< E_p <$ 5,0 MeV. Es werden Resonanzmaxima für E_p = 3,78, 4,01, 4,18, 4,52 u. 4,8 MeV gefunden, die Niveaus bei 11,05, 11,26, 11,35, 11,44, 11,74 u. 12,0 MeV in dem Compoundkern ^{14}N entsprechen. (Physic. Rev. [2] **90.** 575—76. 15/5. 1953. Oak Ridge, Tenn., ORNL.) Weigel. 103

Elis Hjalmar und **Hilding Slätis,** *Eine Untersuchung der (α, p)-Reaktion in Stickstoff mit photographischen Emulsionen.* Übersicht über Messungen der Rk. ^{14}N(α,p)^{17}*O* u. der ersten Anregungsstufe von ^{17}O. Mit einer früher benutzten Anordnung (vgl. C. **1951.** II. 3123 u. C. **1953.** 6410) wurden unter Verwendung von Kernemulsionen 2 Protonengruppen mit Q = —1,16 u. —2,0 MeV beobachtet. Die Energieverteilung der Rückstoßprotonen aus dem Glimmerfenster der *Po*-Quelle wird berechnet u. experimentell bestätigt. Die Energieverteilung der α-Teilchen von *ThC* u. *ThC'* wird ebenfalls mit Kernemulsionen untersucht. Die Energiemaxima werden zu 6,06 u. 8,72 MeV bestimmt, die zugehörigen Halbwertsbreiten zu 0,28 bzw. 0,21 MeV. (Ark. Fysik **6.** 451—62. 1953. Stockholm, Nobel Inst. of Phys.) Eichhoff. 103

D. I. Wanklyn, *Reaktionen schneller Neutronen in Sauerstoff und Neon.* (Sitzungsbericht.) Vf. beschießt Be mit Synchrotronprotonen u. verwendet die sek. entstehenden Neutronen (E_n bis zu 45 MeV) zum Beschuß von O u. Ne in einer Wilson-Kammer. Folgende Rkk. werden identifiziert: ^{16}O(n, nα)^{12}*C*, ^{16}O(n, n4α), ^{20}Ne(n, nα)^{16}O, ^{20}Ne (n, n2α)^{12}C, das Auftreten von ^{20}Ne(n, n5α) wird nachgewiesen. Die ^{16}O(n, n4α)-Sterne werden zwecks Erfassung der wahrscheinlich auftretenden Zwischenstufen ^{12}C u. ^{8}*Be* analysiert. Die Winkelverteilung der Sekundärneutronen zeigt Anisotropie. (Physic. Rev. [2] **90.** 381. 15/4. 1953. McGill Univ.) Weigel. 103

J. David Jackson und **D. I. Wanklyn,** *Zertrümmerung von Kohlenstoff durch schnelle Neutronen.* (Sitzungsbericht.) Mit Hilfe der im vorst. Ref. beschriebenen Anordnung wird die Rk. ^{12}C(n, n) 3α untersucht. Die Energie der Primärneutronen liegt zwischen 8 u. 40 MeV; 80% der untersuchten Prozesse erfolgen im Bereich 8 $< E_n <$ 25 MeV. Die Messungen gestatten die Best. von E_n für Primär- u. Sekundärneutronen, von E_α sowie der Austrittswinkel von Sekundärneutronen u. α-Teilchen. Aus der Energieverteilung der Sekundärteilchen ergibt sich, daß für $E_n <$ 20 MeV ein merklicher Teil der beobachteten Einzelprozesse über die Bldg. eines Compoundkerns verläuft, für $E_n > 20$ MeV tritt Anregung des ^{12}C-Kerns durch unelast. Streuung ein. Bei 40% der beobachteten Rkk. tritt der ^{8}*Be*-Grundzustand auf. Die betreffenden Ereignisse stammen aus dem 9,7 MeV-Niveau von ^{12}C (Halbwertsbreite 1,6 MeV) u. sind unabhängig von E_n der Primärneutronen. In $<25\%$ aller Fälle zerfällt der im 9,7 MeV-Niveau befindliche ^{12}C-Kern direkt in 3α-Teilchen. Die Niveaubreite u. relative Zerfallswahrscheinlichkeit stimmen mit einfachen theoret. Abschätzungen überein. (Physic. Rev. [2] **90.** 381. 15/4. 1953.) WEIGEL. 103

J. S. King und **E. H. Beach,** *Winkelverteilungen der (d, p)-Reaktionen an ^{31}P, ^{35}Cl, ^{51}V und ^{45}Sc.* (Sitzungsbericht.) Vff. beschießen Targets aus ^{31}P, ^{35}Cl, ^{51}V u. ^{45}Sc mit 7,8 MeV-Deuteronen u. untersuchen die Winkelverteilung der erzeugten Protonen. Die Messung der Protonenenergie erfolgte mittels der Reichweite-Energietechnik unter Verwendung eines doppelten, in Koinzidenz geschalteten Proportionalzählerteleskops. Die verwendete Streukammer erlaubte Messungen unter kontinuierlich variablen Streuwinkeln im Bereich von 20—160° sowie bei den festen Winkeln 0, 10,8 u. 15°. Die an den Grundzuständen von ^{32}P, ^{36}Cl u. ^{52}V durchgeführten Messungen werden nach der Theorie von BUTLER gedeutet. Das abgestreifte Neutron scheint mit dem Drehimpuls 2 für ^{32}P u. ^{36}Cl, u. 1 für ^{52}V behaftet zu sein. Die Befunde stimmen mit dem Schalenmodell überein. An den Anregungszuständen Q_i ($i = 2, 3, 4, 6, 7, 12$ u. 13) von ^{32}P werden die Winkelverteilungen gemessen. In einigen Fällen scheint eine Anregung des Innenkerns vorzuliegen. (Physic. Rev. [2] **90.** 381. 15/4. 1953. Univ. of Michigan.) WEIGEL. 103

T. Wiedling, *Ein metastabiler Zustand von ^{52}V.* Vff. beschießen spektralreines V_2O_5 über 30 Std. mit Meilerneutronen u. untersuchen das auftretende γ-Spektr. mit einem Scintillationsspektrometer. Gefunden werden 2 γ-Quanten bei 59 (I) u. 96 keV (II), die mit $T_{1/2} = 16$ Std. abklingen, sowie 8 γ-Linien bei $0{,}539 \pm 0{,}008$, $0{,}739 \pm 0{,}010$, $0{,}850 \pm 0{,}010$, $1{,}00 \pm 0{,}06$, $1{,}40 \pm 0{,}04$, $1{,}76 \pm 0{,}07$, $2{,}33 \pm 0{,}07$ u. $3{,}2 \pm 0{,}1$ MeV. Diese Linien mit Ausnahme von I u. II stimmen mit den beim Zerfall ^{52}*Mn* → ^{52}*Cr* beobachteten überein u. sind somit ^{52}Cr zuzuordnen. I u. II werden unter dieser Annahme ^{52}V zugeordnet, dessen höchster Anregungszustand mit $T_{1/2} = 16$ Std. in einen 3,7 Min.-Zustand übergeht, der seinerseits in den Grundzustand zerfällt. Ein mit den Ergebnissen verträgliches Zerfallsschema wird aufgestellt. (Physic. Rev. [2] **91.** 767. 1/8. 1953. Kjeller, Lilleström, Joint Establ. for Nucl. Res.) WEIGEL. 103

N. R. Steenberg, *Die Winkelverteilung von γ-Strahlung aus ausgerichteten Kernen.* Die Winkelverteilung der γ-Strahlung aus bei tiefen Tempp. ausgerichteten Kernen läßt sich durch eine Reihenentwicklung in LEGENDREschen Polynomen in der Gestalt $I(\Theta) = 1 + \sum_K A_K(T)P_K(\cos\Theta)$ darstellen, wobei die Koeffizienten $A_K(T)$ Funktionen der Temp. sind. Die Formulierung läßt sich auf Kaskadenprozesse beliebiger Multipolordnung u. Kernspins anwenden. Der Ausdruck für vollständige Ausrichtung der Kerne u. eine Näherung für einen niedrigen Ausrichtungsgrad werden angegeben. Die Brauchbarkeit der Formeln wird am Beispiel des Syst. ^{60}*Co* → ^{60}*Ni* belegt. (Proc. physic. Soc., Sect. A **65.** 791—800. 1/10. 1952. Oxford, Clarendon Labor.) WEIGEL. 103

Charles M. Huddleston und **Allan C. G. Mitchell,** *Kernspektren von ^{82}Rb und ^{84}Rb.* (Sitzungsbericht.) Vgl. C. **1954.** 5932. (Physic. Rev. [2] **89.** 903. 15/2. 1953. Indiana Univ.) WEIGEL. 103

J. R. Haskins und **J. D. Kurbatov,** *Der Zerfall von ^{131}J.* (Vgl. EMERY, C. **1954.** 6.) Die Intensitäten der γ-Strahlen von 284, 364, 638 u. 723 keV von ^{131}*Xe* wurden aus dem Spektr. der in Sn, Pb u. U erzeugten Photoelektronen bestimmt. Ferner wurden die K- u. L-Konversionskoeffizienten u. Multipolzuordnungen bestimmt; danach sind die genannten Strahlungen elektr. Quadrupolübergänge. Aus diesen Daten u. durch Vgl. mit den Ergebnissen anderer Autoren wurde ein Zerfallsschema ^{131}*J*—^{131}Xe konstruiert, wonach ^{131}Xe 3 $d_{5/2}$-Niveaus bei 364, 636 u. 720 keV hat. (Physic. Rev. [2] **88.** 884—86. 15/11. 1952. Columbus, O., Ohio State Univ., Phys. Dep.) KIRSCHSTEIN. 103

W. H. Walker und **H. G. Thode,** *Relative Häufigkeiten und Neutroneneinfangquerschnitte der Neodymisotope.* Mit Hilfe eines doppeltfokussierenden Massenspektrometers werden die relativen Isotopenhäufigkeiten von natürlichem Nd u. die relativen Isotopenquerschnitte für Neutroneneinfang gemessen. Das verwendete Nd lag in Form von Nd-Metallspänen bzw. als $Nd_2(C_2O_4)_3$ vor. Die in der benutzten Ionenquelle auftretende Isotopenfraktionierung wird durch eine geeignete Ausmittelungstechnik berücksichtigt. Im einzelnen werden an 7 Metall- u. einer Oxalatprobe folgende Häufigkeiten in % gemessen: ^{142}Nd $27{,}09 \pm 0{,}03$, ^{143}Nd $12{,}14 \pm 0{,}02$, ^{144}Nd 23,83

$\pm 0{,}03$, ^{145}Nd 8,29 $\pm$ 0,01, ^{146}Nd 17,26 $\pm$ 0,02, ^{148}Nd 5,74 $\pm$ 0,02 u. ^{150}Nd 5,63 $\pm$ 0,02. Diese Werte stimmen mit früheren Literaturwerten [1948] gut überein. Die Neutroneneinfangquerschnitte werden durch Bestrahlung zweier $Nd_2(C_2O_4)_3$-Präpp. mit Meilerneutronen u. anschließende Massenspektrometeranalyse bestimmt. Wird der Nd-Mischquerschnitt auf 48 barn normalisiert, so ergeben sich folgende Isotopenquerschnitte in barn: ^{142}Nd 13 $\pm$ 5, ^{143}Nd 334 $\pm$ 12, ^{144}Nd 0 $\pm$ 6, ^{145}Nd 37 $\pm$ 6, ^{146}Nd 3,7 $\pm$ 5, ^{148}Nd 3,7 $\pm$ 9 u. ^{150}Nd 0 $\pm$ 12. Die Werte stimmen größenordnungsmäßig mit den von POMERANCE (C. **1954**. 5933) nach der Meileroscillatormeth. gemessenen überein. (Physic. Rev. [2] **90**. 447–48. 1/5. 1953. Hamilton, Ontario, Can., McMaster Univ.) WEIGEL. 103

J. W. Mihelich, *Sukzessiver Neutroneneinfang in Ta.* Vff. bestrahlen eine dünne Ta-Folie 7 Tage lang mit Meilerneutronen ($\varphi = 3{,}3 \cdot 10^{12}$ Neutronen/cm² sec) u. untersuchen das auftretende Konversionselektronenspektr. im 180°-Spektrographen mit photograph. Registrierung. In den Spektrogrammen ist eine konvertierte 246 keV-γ-Strahlung u. eine Reihe Elektronenlinien niedriger Intensität, sämtliche mit $T_{1/2} \sim 6$ Tage, nachweisbar. Die photometr. Auswertung eines 6 Tage exponerten Spektr. aus einem 7 Tage gealterten Präp. ergab das Intensitätsverhältnis: 100 keV-L_{Total}(^{182}Ta) : 246 keV-K(^{183}Ta) = 12, der 100 keV-Übergang (I) ist vom E 2-Typ, α_L^2 läßt sich zu 2,8 interpolieren; der 246 keV-Übergang (II) besitzt ein hohes K/L-Verhältnis u. gehört wahrscheinlich dem M1-Typ an mit $\beta_K^1 = 0{,}43$. Für den unmittelbar auf die Aktivierung folgenden Zeitpunkt wird das Verhältnis I : II = 7,6 extrapoliert. Ist δ_2 der über I zerfallende Anteil von ^{182}Ta u. δ_3 der über II zerfallende Anteil von ^{183}Ta, so ergibt sich $\sigma = 170000\,(\delta_2/\delta_3)$ barn für ^{182}Ta. (Physic. Rev. [2] **91**. 427. 15/7. 1953. Upton, N. Y., Brookhaven Nat. Labor.) WEIGEL. 103

M. H. L. Pryce, *Ein theoretischer Versuch der Voraussage der Anregungszustände von Kernen in der Nachbarschaft von ^{208}Pb.* ^{208}Pb besitzt eine doppelt abgeschlossene Schale mit 82 Protonen u. 126 Neutronen. Hiervon ausgehend, wird die Klassifikation der niedrigsten Anregungszustände von ^{207}Pb, ^{207}*Tl*, ^{209}Pb u. ^{209}*Bb*, die sich um 1 Nucleon unterscheiden, nach dem Einteilchenmodell versucht. Weiterhin wird eine Klassifikation der gleichen Zustände für ^{206}Pb, ^{206}Tl, ^{206}*Hg*, ^{210}Pb, ^{210}Bi u. ^{210}*Po*, die sich um 2 Nucleonen unterscheiden, nach dem gleichen Modell versucht, wobei die Wechselwrkg. der beiden Teilchen als Störung berücksichtigt wird. Die erhaltenen Werte für die Energieniveaus sind sehr unsicher, lassen jedoch einige Schlüsse zu. Die Existenz eines isomeren Zustandes von ^{210}Bi (RaE) mit hohem Spin (I = 8?) wird vorausgesagt. Eine Anwendung der Meth. auf ^{208}Tl, ^{208}Bi u. die Anregungszustände von ^{208}Pb liefert für ^{208}Tl gute Ergebnisse, jedoch Diskrepanzen gegenüber experimentellen Befunden an ^{208}Pb. Dies spricht für die Notwendigkeit, bei ^{208}Pb mit einem etwas komplizierteren Modell zu arbeiten, wobei I = 0 u. gerade Parität für den 1. Anregungszustand anzunehmen ist. (Proc. physic. Soc., Sect. A **65**. 773–90. 1/10. 1952. Oxford, Clarendon Labor.) WEIGEL. 103

Seymour Katcoff und **William Rubinson,** *Ausbeute von ^{133}Xe bei der Spaltung von ^{235}U durch thermische Neutronen.* Vf. bestimmen die absol. Ausbeute des 5,27 Tage-^{133}Xe bei der Spaltung von ^{235}U durch therm. Meilerneutronen. Die Probe von ca. 40 μg ^{235}U wird in einer Doppelionisationskammer bestrahlt, die beiderseits der Probe 2 dünne ^{235}U-Folien ($\sim$0,01 μg) enthält. Die Zahl der Spaltungen wird mit Hilfe der beiden Folien gemessen. Die Probe wird in Ggw. von stabilem Xe gelöst, das Xe gereinigt u. mit CH_4 vermischt in Proportionalzählrohren gemessen. Gefunden wird eine Ausbeute von 6,62 $\pm$ 0,15%. Die prim. Spaltausbeuten von ^{133}Xe u. des 9,15 Std.-^{135}Xe betragen $<$0,1 bzw. 3,5 $\pm$ 1,0% der Gesamtausbeute der Ketten 133 bzw. 135. Die Halbwertszeit von ^{133}*J* wird zu 20,8 $\pm$ 0,2 Std. bestimmt. (Physic. Rev. [2] **91**. 1458–69. 15/9. 1953. Upton, N. Y., Brookhaven Nat. Labor., Chem. Dep.) G. HERRMANN. 103

A. Z. Kranz und **W. W. Watson,** *Chlorisotopentrennung durch Thermodiffusion.* Vff. bestimmen aus „Zweikolbenexperimenten" die therm. Diffusionskonstante α von HCl zu +0,010 bei $T_r = 685°$K u. zu −0,009 bei $T_r = 229°$K. Die entsprechenden R_T-Werte betragen +0,42 u. −0,38. Eine derartig starke Änderung von α u. R_T mit der Temp. u. eine Inversionstemp. bei bzw. oberhalb von Zimmertemp. scheinen für stark polare Moll. charakterist. zu sein. Störende „memory effects" in einem Massenspektrometer lassen sich durch geeignete Anordnung der Ionenquelle ausschalten. Einzelheiten einer 6,8 m langen Thermodiffusionssäule werden angegeben; die Säule besitzt den Gleichgewichtsfaktor 7 u. liefert relativ große Substanzmengen von angereichertem HCl (94% H^{35}Cl bzw. 62% H^{37}Cl-Geh.) für Target- u. andere Zwecke. (Physic. Rev. [2] **91**. 1469–72. 15/9. 1953. New Haven, Conn., Yale Univ.) WEIGEL. 103

Wilfrid Herr, *Ein einfaches radiometrisches Verfahren zur Bestimmung der Isotopenzusammensetzung von Lithiumsalzen.* Die Möglichkeit, die bei der Rk. $^6Li(n, \alpha)^3H$ ausgesandten α- u. ^{3}H-Teilchen mit Kernemulsionen nachzuweisen, bildet die Grundlage einer radiometr. Häufigkeitsbest. der Li-Isotope. Die zu untersuchende Li-Probe wird als Li_2CO_3 neben Eichproben in Ggw. der Kernphotoplatte mit Neutronen bestrahlt. Aus der gemessenen photograph. Schwärzung wird mit Hilfe von Eichaufnahmen die ^{6}Li-Konz. u. damit der ^{6}Li-%-Geh. der Probe ermittelt. Die Genauigkeit der an Proben bekannten u. unbekannten ^{6}Li-Geh. geprüften Meth. beträgt $\pm 3\%$. (Z. Naturforsch. **8a.** 305—07. Mai 1953. Mainz, Max-Planck-Inst. für Chem.)
CONRAD. 112

Lawrence H. Krohn, *Abschätzung des exponentiellen Zerfalls.* Für überschlagsmäßige Rechnungen mit abklingenden Radioaktivitäten empfiehlt Vf. die Verwendung von Zehntelwertszeiten an Stelle von Halbwertszeiten. (Nucleonics **11.** Nr. 2. 67—68. Febr. 1953. Ann Arbor, Mich., Univ. of Michigan, Radiolog. Safety Dep.)
H. HAUSWALD. 112

Francesco Bella, Carlo Franzinetti und **Franco Lepri,** *Hilfsstromkreise für Funkenzähler.* An schemat. Abbildungen werden 3 verschied. Hilfsstromkreise (2 Löschstromkreise, 1 für Hochspannung) für Funkenzähler erläutert, die dadurch erforderlich werden, weil diese nicht selbstlöschend sind u. höhere Potentialdifferenzen für die Speisung verlangen. (Ricerca sci. **23.** 2267—69. Dez. 1953.) R. K. MÜLLER. 112

John Kirkbride, *Ein schneller und wirksamer Neutronendetektor.* Beschreibung eines *B*-haltigen Scintillationszählers, der gegenüber einem BF_3-Zählrohr eine 400fach höhere B-Dichte u. eine 100fach kleinere Ansprechzeit hat. Verwendet werden Lsgg. von *Borazol* (**I**) ($B_3N_3H_6$) u. *Xylol* (**II**) unter Zugabe von p-Terphenyl bis zu einer Konz. von 5 g/Liter. Die Excitonübertragung in **II** wird durch **I** nicht unterdrückt. Scintillationsimpulse von Po-α-Teilchen sind in ihrer Intensität proportional der **II**-Konzentration. Die Ansprechzeit liegt unter 10^{-8} Sekunden. (Nature [London] **171.** 564. 28/3. 1953. Harwell, Didcot, Berks., A. E. R. E.) EICHHOFF. 112

Donald A. Glaser, *Eine mögliche „Blasenkammer" zur Untersuchung ionisierender Ereignisse.* (Sitzungsbericht.) (Vgl. C. **1954.** 6165.) Vf. zeigt, daß sich die auftretenden Blasenspuren ionisierender Teilchen photographieren lassen. Durch Zählimpulse kontrollierte, blasenbahnbildende Höhenstrahlenteilchen niedriger Energie können auf diese Weise registriert werden. Als Kammerfüllung dient auf 130° überhitzter Ae. unter einem Druck von ca. 20 at vor der Expansion. Unter diesen Bedingungen wachsen die Blasen innerhalb von ca. 200 μsec nach Durchgang des Teilchens auf ca. 2 mm an. (Physic. Rev. [2] **91.** 496. 15/7. 1953. Univ. of Michigan.)
WEIGEL. 112

M. A. Greenfield, L. B. Silverman und **R. W. Dickinson,** *^{60}Co-Bestrahlungskammer.* Vff. beschreiben die Konstruktion einer mit 8 Tonnen Pb abgeschirmten Kammer, in der chem. oder biol. Präpp. mit 100 C ^{60}Co bestrahlt werden können. Die Kammer besteht aus zwei konzentr. eisernen Zylindern, deren Zwischenraum mit Pb ausgefüllt ist. Der Außendurchmesser beträgt 1 m, die Bleistärke 8½ inch. Die Kammer besitzt ferner einen zylindr. Aufsatz für die Co-Quelle, eine seitliche Türe zur Einführung der Objekte sowie Anzeige- u. Sicherheitsvorrichtungen. Bei der Bestrahlung werden im Innern der Kammer 30—5000 r/Min. erreicht, während an der Außenseite ~1 mr pro Std. auftritt. (Nucleonics **10.** Nr. 12. 65—67. Dez. 1952. Los Angeles, Calif., Univ. of California, School of Med. and A. E. P., Dep. of Radiol.) POLLERMANN. 112

G. Marguin, *Entwicklung der Kernemulsionstechnik.* (Sitzungsbericht.) Darst. der Geschichte der Kernemulsionstechnik, bes. hinsichtlich der Herst. von Kernemulsionen. Besprechung der Meth. der Temperaturentw., der Maßnahmen zur Verhinderung von Emulsionsverzerrungen u. der Eigg. von Bahnspuren verschied. geladener Teilchen. (J. Physique Radium **14.** 39 S—40 S. Okt. 1953.) EICHHOFF. 112

Léopold Vigneron und **Maarten Bogaardt,** *Anomalien in der Reichweite-Geschwindigkeit-Beziehung für die α-Teilchen in photographischen Emulsionen.* In ILFORD C_2-Emulsionen treten bei Geschwindigkeiten unterhalb $1{,}2 \cdot 10^9$ cm/sec Anomalien im Reichweite–Geschwindigkeits-Diagramm für Protonen u. α-Teilchen auf. Falls nicht die experimentellen Befunde mit einem systemat. Fehler behaftet sind, muß man entweder schließen, daß in schweren Stoffen, wie Ag u. Br, das α-Teilchen mehr als 4mal soviel Energie als das Proton gleicher Geschwindigkeit verliert, oder daß die in Luft gültige Beziehung $dE/dx = z^2 f(v)$ mit x = Reichweite, v = Geschwindigkeit, z = Ladung, für schwere Stoffe nicht anwendbar ist. (C. R. hebd. Séances Acad. Sci. **230.** 2176—78. 19/6. 1950.) WIEDEMANN. 112

Wilfred Basil Mann, The cyclotron; foreword by E. O. Lawrence. 4th ed. enl. New York: Wiley. 1954. (132 S. m. Abb., Diagr.) $ 2,—.

A$_2$. Optisches Verhalten der Materie.

M. Baranger, F. J. Dyson und **E. E. Salpeter**, *Vakuumpolarisation in vierter Ordnung.* Berücksichtigt man den Beitrag von der Vakuumpolarisation zur Strahlungskorrektur 4. Ordnung, so ergibt sich die LAMB-Verschiebung für *H* als 1057,19 $\pm$ 0,16 u. für *D* als 1058,49 $\pm$ 0,16 MHz; die experimentellen Werte liegen um ca. 0,5 MHz höher. (Physic. Rev. [2] **88.** 680. 1/11. 1952. Ithaca, N. Y., Cornell Univ., Labor. of Nuclear Studies.) KIRSCHSTEIN. 114

Jean-Louis Cojan, *Untersuchung der Änderung des Reflexionsvermögens von Quecksilberdampf als Funktion des Druckes für die beiden Hyperfeinstrukturlinien der Resonanzwellenlänge 2537* Å. Für die Feinstrukturkomponenten der Resonanzlinie 2537 Å des Hg X_{202} (Isotop 202) u. *Bc* (Isotope 199 u. 201) wird das selektive Reflexionsvermögen ϱ an Hg-Dampf von verschied. Druck p gemessen. Die ϱ-Werte nehmen für $p < 10$ Torr mit p^2 zu, wobei die Reflexion für Bc doppelt so groß ist wie für X_{202}. Bei p von 10—50 Torr ändert sich ϱ nicht, erst bei $p > 50$ Torr steigt ϱ wieder, u. zwar proportional zu p. Bc wird dabei etwa dreimal so stark wie X_{202} reflektiert. (C. R. hebd. Séances Acad. Sci. **231.** 337—39. 31/7. 1950.) RUDOLPH. 118

Arlette Vassy, Harald Nörinder und **Etienne Vassy**, *Spektralphotometrische Untersuchung langer Funken in Luft.* (Vgl. C. **1953.** 4485.) Unters. der Spektren von Funken einer Länge in Luft von 17—155 cm (400—957 kV) mit einem Objektivprisma u. einem n. Spektrographen im Gebiet von 9600—2520 Å. Verzeichnis der beobachteten Linien u. Banden. Diskussion der Spektren. Die quantitative Auswertung des kontinuierlichen Spektr. führte auf eine Energieverteilung, welche der eines schwarzen Körpers von 16000° K entspricht u. für diese Emission eine therm. Anregung wahrscheinlich macht. (Ark. Fysik **6.** 437—50. 1953. Uppsala, Univ., Inst. för högspänningsforskning; Paris, Univ., Physique de l'Atmosphère.) EICHHOFF. 118

Ernest Vigroux, *Absorption des Ozons im Gebiet der Huggins-Banden. Einfluß der Temperatur.* (Vgl. C. **1951.** I. 1112 u. **1954.** 1645.) Mit Hilfe von Wasserstofflampe u. Spektrograph (Dispersion 31 mm zwischen 3660 u. 3021 Å) wird die Absorption von O_3 (3 m Absorptionslänge) im Temperaturbereich —92 bis +120° zwischen 3500 u. 3100 Å gemessen. Aus der Zusammenstellung der Absorptionskoeffizienten K der zahlreichen Banden ergibt sich: Zwischen —92 u. 18° ändern sich die K der Maxima u. gehen bei —60° durch ein Minimum. Die K der Minima ändern sich nicht linear mit der Temperatur. Mit abnehmender Temp. verwischen sich die kurzwelligen Banden; über 18° nehmen die K stark zu. (C. R. hebd. Séances Acad. Sci. **230.** 2170—72. 19/6. 1950.) RUDOLPH. 118

Jan van Calker, *Absorptionsuntersuchungen an gesteuerten Funkentladungen.* Die Absorption an gesteuerten Funkenentladungen wird mit Hilfe eines Verf. untersucht, bei dem an Stelle eines Drehspiegels eine rasch umlaufende Kreisscheibe mit zwei um 180° gegeneinander versetzten radialen Schlitzen, die jeweils nur für kurze einstellbare Zeiten den Lichtweg in der opt. Achse freigeben, verwendet wird. Die so aufgenommenen Spektren von *Cd* u. *Bi* (Abb.: Cd-Linie $\lambda = 2288{,}0$ Å, Bi-Linie $\lambda = 3067{,}7$ Å) zeigen zu Beginn der Entladung Linien in Emission mit ganz geringer Intensität, die in älter werdenden Funken zunimmt, ein Maximum erreicht u. wieder verschwindet. Anschließend erscheint die Linie als tiefer Einbruch in Absorption. Bei Substanzen mit niedrigem Dampfdruck erscheinen die Linien wesentlich schärfer, verschwinden aber auch schneller als bei stark verdampfenden Metallen, wie z. B. Cd, Mg. Das Funkenplasma ist in den ersten Teilentladungen des Funkens sicher nicht isotherm, gegen Ende der Entladung kann es aber als nahezu isotherm angesehen werden. (Naturwissenschaften **40.** 434—35. Aug. 1953. Münster, Westfalen, Univ., Physikal. Inst.) D. HAHN. 118

Denise Delafosse, *Spektrophotometrische Untersuchung der Thiocyankomplexe des Titan(IV).* Messungen der Absorption überchlorsaurer Lsgg. von Ti^{4+} u. SCN^- bei schwachen Konzz. (ca. 10^{-3} Mol bzw. 10^{-1} Mol) zeigen eine Absorptionsbande zwischen 250 u. 350 mμ mit einem Maximum bei 278 mμ, die einem farblosen Komplexion der Art $[TiOHSCN]^{2+}$ zugeschrieben wird. Das gleiche Absorptionsspektr. zeigt die Extraktion des Komplexes in Isoamylalkohol. Gleichgewichtskonstante u. Extinktionskoeff. im Bandenmaximum werden bestimmt. (C. R. hebd. Séances Acad. Sci. **236.** 2313—15. 15/6. 1953.) RUDOLPH. 118

R. Wolfe, *Über die Theorie der optischen Absorption in Metallen und Halbleitern.* Vf. beschreibt eine quantenmechan. Meth. zur Berechnung des Einfl. der für den elektr. Widerstand verantwortlichen Faktoren auf die opt. Absorption von Metallen u. Halbleitern. Es wird angenommen, daß die an Gitterstörstellen gestreuten Elektronen durch einen photoelektr. Prozeß Licht absorbieren. Die Berechnung wird für den Fall der Streuung der Leitungselektronen an gelösten Verunreinigungen mit Hilfe einer Näherungsmeth. erster Ordnung durchgeführt. Die Ergebnisse werden mit denjenigen der üblichen halbklass. Theorie verglichen, in der Dämpfung des Photostromes durch die Störstellen angenommen wird. Beide Methoden geben für Metalle sehr ähnliche Ergebnisse, für Halbleiter dagegen ergibt die beschriebene Meth. beträchtlich geringere Absorption als die halbklass. Theorie. Die Benutzung exakter Wellenfunktionen für die sehr langsamen Elektronen in Halbleitern würde stark erhöhte Absorptionskoeffizienten ergeben, da die Intensität dieser Wellenfunktionen in der Nähe der Streuzentren hoch ist. Vf. nimmt an, daß auf diesem Wege die starke Absorption infraroter Strahlung in Halbleitern erklärt werden kann. (Proc. physic. Soc., Sect. A **67.** 74–84. 1/1. 1954. Bristol, Univ., H. H. Wills Physic. Labor.) R. STEIN. 119

Allen B. Scott, William A. Smith und **Milton A. Thompson,** *Durch kolloidales Metall verfärbte Alkalihalogenide.* Die Natur der Kolloid-Farbzentren u. das Gleichgewicht zwischen diesen u. den F-Zentren wird an *KCl, KBr, KJ* u. *NaCl* untersucht, bei denen durch Abschrecken die bei hoher Temp. durch additive Verfärbung erzeugte hohe Farbzentrenkonz. eingefroren u. durch Tempern bei mittleren Tempp. Koagulation der F-Zentren erreicht wurde. Die Kolloid-Farbbanden, die bei nicht zu extremen Behandlungsbedingungen (Ausgangskonz. der F-Zentren 10^{18}) auf reiner Absorption — ohne Streuanteil — beruhen, werden gemessen; ihre Lagen entsprechen befriedigend den aus opt. Daten der Alkalimetalle berechneten Bandenmaxima. Die die Effekte bedingenden Kolloide enthalten $10-10^3$ Alkaliatome u. haben Durchmesser von 10–50 Å. Aus den Gleichgewichtskonzz. von F- u. Kolloidzentren bei verschied. Tempp. ergeben sich Dissoziationswärmen für die Kolloide zwischen 8 u. 11,4 kcal/Mol (vgl. auch C. **1952.** 2792). Bei KJ-Kristallen wird eine neue, offenbar auch Kolloiden zuzuschreibende Farbbande gemessen, die kurzwelliger (6500 Å) als die F-Bande (6950 Å) u. die für koll. K berechnete (8300 Å) bzw. beobachtete (8850 Å) Bande liegt. (J. physic. Chem. **57.** 757–61. Nov. 1953. Corvallis, Oreg., State Coll., Dep. of Chem.) RUDOLPH. 119

M. R. Bhat, *Einige Illustrationen zu der Theorie der optischen Christiansen-Filter.* (Vgl. RAMAN, Proc. Indian Acad. Sci., Sect. A **29.** [1949.] 381.) An Hand wiedergegebener Spektralaufnahmen wird der Einfl. der relativen Brechkraft der festen Füllsubstanz (**I**), der Füll-Fl., der Wellenlänge, der Korngröße von **I**, der Dicke der Filterzelle, der Verteilung von **I** in der Zelle u. bes. des Verhältnisses des gesamten Zellenvol. zu dem von **I** eingenommenen Vol. auf die Leistung eines CHRISTIANSEN-Filters erläutert. Diskussion dieser Einfll. unter dem Gesichtspunkt der Wellentheorie des Lichtes u. der von SETHI (Proc. Indian Assoc. Cult. Sci. **6.** [1920.] 121) aufgestellten Formel. (Proc. Indian Acad. Sci., Sect. A **38.** 67–76. Juli 1953. Bangalore, Raman Res. Inst.) EICHHOFF. 119

Georges Déjardin, Joseph Janin und **Maurice Peyron,** *Analyse der* 4-0-, 5-1- *und 6-2-Banden des Rotationsschwingungsspektrums des OH-Moleküls.* (Vgl. C. **1954.** 7118.) Die Rotationsschwingungsbanden des OH-Mol. in der Oxacetylenflamme werden im photograph. Ultrarot (7200–9500 Å) aufgenommen. Der Grundzustand des OH-Mol. ist ein Dublettzustand $^2\Pi$; jede Rotationsschwingungsbande enthält 2 P-, 2 Q- u. 2 R-Zweige; die Linien des R-Zweiges bilden auf der kurzwelligen Seite eine Kante. Die Rotationskonstanten der Niveaus v = 4, 5 u. 6 lassen sich entsprechend der theoret. abgeleiteten Formel von HILL u. VAN VLECK berechnen, wobei für die niedrigen Niveaus u. für die Kopplungskonstante die von DIEKE u. CROSSWHITE aus den Elektronenspektren gewonnenen Werte verwendet werden. Die Aufspaltung der Banden läßt sich am besten an den P_1-Linien mit höherer Quantenzahl untersuchen. Gemäß der Theorie von KRONIG u. von VAN VLECK lassen sich die Termdifferenzen durch die Beziehung $\Delta F = qK(K + 1)$ darstellen (Fall b von HUND), wobei für $q_4 = 0{,}032$ u. für $q_5 = 0{,}029$ eingesetzt werden muß. Nach einer Theorie von VAN VLECK sind im Falle reiner Präzession (Zustand Π nahe bei Zustand Σ; gleiche Bahnmomentwinkel für beide Zustände; gleicher Kernabstand in beiden betrachteten Zuständen) die q-Werte proportional B_v^2, was im vorliegenden Fall nahezu zutrifft. Die Schwingungsterme lassen sich durch die Formel $G(v) = 3738{,}1 (v + 1/2) - 85{,}230(v + 1/2)^2 + 0{,}6783(v + 1/2)^3 - 0{,}0436(v + 1/2)^4$ darstellen. Auch die von MEINEL beobachteten Banden für die Terme v = 7, 8 u. 9 lassen sich durch diese Formel mit einer Genauigkeit von einigen cm^{-1} erfassen. Ein Vgl. mit den Spektrogrammen des Nachthimmels anderer Autoren zeigt, daß die dort ausgemessenen OH-Banden um 2–5 Å längerwellig angegeben sind als die vorliegenden. Die Aufnahmen sind mit einem Gitterspektrographen unter Verwendung von durch NH_3

hypersensibilisierten EASTMAN KODAK NI-Platten gemacht. Als Lichtquelle diente ein Gebläse, das durch einen O_2-Strom, gemischt mit C_2H_2, H_2 oder Propan gespeist wurde. Die Genauigkeit der ausgemessenen Banden beträgt 0,2—0,5 Å. (Cahiers de Physique **1953**. Nr. 46. 3—16. Nov. Lyon, Univ., Inst. de Phys. Générale.) KORTÜM. 120

C. V. Stephenson und **E. A. Jones,** *Raman-Spektrum, Struktur, Kraftkonstanten und thermodynamische Eigenschaften von Brompentafluorid.* Ausführliche Mitt. der C. **1954.** 2959 berichteten Ergebnisse über das BrF_5, bes. der mathemat. Grundlagen für die Berechnung der Kraftkonstanten nach der WILSON FG-Matrizenmethode. (J. chem. Physics **20.** 1830—34. Dez. 1952. Nashville, Tenn., Vanderbilt Univ., Dep. of Phys.) GOUBEAU. 120

Henry J. Hrostowski und **George C. Pimentel,** *Die Infrarotspektren des stabilen Pentaborans und des deuterierten Pentaborans.* Aus B_5H_9 wurde durch katalyt. Austausch mit Deuterium B_5D_9 hergestellt. Ihre Infrarotspektren wurden von 400—4000 cm^{-1} unter Benutzung von PERKIN-ELMER Modell 21 u. Modell 12 C-Spektrophotometern untersucht. Unter Heranziehung des RAMAN-Spektr. von B_5H_9 (vgl. TAYLOR u. Mitarbeiter, C. **1951.** I. 963) wird eine Zuordnung der Grundschwingungen gegeben. Die Entropie des B_5H_9 bei 296°K wird zu 65,73 cal/Grad berechnet. Vff. diskutieren die charakterist. Frequenzen der Borane. (J. Amer. chem. Soc. **76. 998**—1003. 20/2. 1954. Berkeley, Calif., Univ. of California, Dep. of Chem. and Chem. Engng.) BECHER. 120

Robert A. Spurr und **Shih-Chuan Chang,** *Nichtebene Schwingungen des Wasserstoffs im Triborintriamin.* Vff. berechnen die nichtebenen Schwingungen des H im Triborintriamin u. die zugehörigen Kraftkonstanten nach einer von BELL (Trans. Faraday Soc. **41.** [1945.] 293) vorgeschlagenen Potentialfunktion u. erzielen befriedigende Übereinstimmung mit den von CRAWFORD u. EDSALL (J. chem. Physics **7.** [1939.] 223) beobachteten Frequenzwerten. (J. chem. Physics **19.** 518. April 1951. College Park, Md., Univ., Dep. of Chem.) BECHER. 120

A. H. Nethercot, J. A. Klein, J. H. N. Loubser und **C. H. Townes,** *Spektroskopie an der Grenze zwischen Mikrowellen- und Infrarotgebieten.* Behandlung der Generatoren für Mikrowellen sowie Diskussion der Messungen des Absorptionskoeff. von NH_3 u. ND_3 im Gebiet von 20000—140000 MHz u. der sich hieraus ergebenden Werte für die Lichtgeschwindigkeit, welche nach opt. Messungen 299776 $\pm$ 4, nach Mikrowellenmessungen 299790 $\pm$ 1 km/sec beträgt. (Suppl. del Nuovo Cimento [9] **9.** 358—63. 1952. New York, N. Y., Columbia Univ.) EICHHOFF. 121

J. Duchesne, *Vergleich von Resultaten der Infrarot- und Zentimeter-Spektroskopie.* An Hand einiger Beispiele (CO_2, C_2H_2, HCN, CH_3Cl, $^{28}SiH_3Cl$, COS, $COSe$) werden die Möglichkeiten für eine Best. von Mol.-Dimensionen, des elektr. Dipolmomentes u. Kern-Quadrupol-Kopplungen mit den Methoden der Infrarot- u. Mikrowellenspektroskopie diskutiert. (Suppl. del Nuovo Cimento [9] **9.** 270—76. 1952. Liège-Cointe-Sclessin, Univ., Inst. d'Astrophys.) EICHHOFF. 121

A. Honig, M. L. Stitch und **M. Mandel,** *Mikrowellenspektren des CsF, CsCl und CsBr.* Aus dem Rotationsspektr. des CsF (700°), das dem Übergang $J = 1 \rightarrow 2$ entspricht, wurde $\mu_{v=0} = 7{,}85 \pm 0{,}25$ D u. $r_e = 2{,}3453 \pm 0{,}0001$ Å berechnet. — Die CsBr-Rotationslinien (680°) für $J = 9 \rightarrow 10$, $10 \rightarrow 11$, $11 \rightarrow 12$ ergeben $r_e = 3{,}0720 \pm 0{,}0001$ Å u. für das Isotopenverhältnis $^{79}Br/^{81}Br = 0{,}9753068 \pm 0{,}0000045$. — Eine Korrektur früherer Messungen am CsCl (STITCH u. Mitarbeiter, C. **1953.** 2389) ergab $r_e = 2{,}9062 \pm 0{,}0001$ Å u. $^{35}Cl/^{37}Cl = 0{,}9459781 \pm 0{,}0000030$. Unter Hinzunahme anderer Messungen an KCl u. KBr ergibt sich aus ($r_e^{KBr} - r_e^{KCl}$) u. ($r_e^{CsBr} - r_e^{CsCl}$) eine Veränderung des Ionenbindungsradius von Br u. Cl um ½%. (Physic. Rev. [2] **92.** 901—02. 15/11. 1953. New York, N. Y., Columbia Univ.) HARTMANN. 121

A. Bril, H. A. Klasens und **P. Zalm,** *Eine neue Methode, kurze Abklingzeiten von Phosphoren zu bestimmen, die mit ultraviolettem Licht erregt wurden.* Die zu untersuchenden Leuchtstoffe werden durch UV-Rechtecklichtimpulse erregt, die aus einer BRAUNschen Röhre austreten, deren Leuchtschirm aus einer Quarzplatte mit im UV emittierenden Leuchtstoff [a) ZrP_2O_7: Bandenmaximum 2900 Å; b) $NaBaPO_4 \cdot Ce$: 3600 Å; c) $Ca_2MgSi_2O_7 \cdot Ce$: 3750 Å] besteht. Das Licht des Prüfobjekts wird mit Hilfe von Multiplier u. BRAUNscher Röhre oscillographiert. Die das Verf. unter Umständen begrenzenden Abklingzeiten der UV-Leuchtstoffe betragen bei a) $1{,}5 \cdot 10^{-6}$ sec; bei b) u. c) lagen sie unter der Relaxationszeit der elektr. Anordnung von $4 \cdot 10^{-7}$ sec. Die Abklingzeit von *Fluor-* u. *Chlorapatit,* der mit Sb aktiviert war, wurde zu $5 \cdot 10^{-6}$ sec bestimmt (im Gegensatz zu dem Ergebnis von STUDER u. ROSENBAUM von 10^{-4} sec (J. opt. Soc. America **39.** [1949.] 685). ZnS·Ag–Ce zeigt unterschiedliches Abklingen bei 2900 Å- u. 3600 Å-Erregung: bei kürzerwelliger (Grundgitter-) Erregung erfolgt ein rasch abklingender Rekombinationsprozeß freier Löcher an am Ce^{3+} gespeicherten Elektronen. Bei langwelliger Erregung (geringe Löcherkonz. durch Erregung) erfolgt (langsame) therm. Dissoziation der Löcher von $S^{2-}(Ag^+)$. (Philips Res. Rep. **8.** 393–96. Okt. 1953. Eindhoven.) BRAUER. 125

P. Zalm und **H. A. Klasens,** *Eine neue 6100 Å-Bande in Zinkorthosilicat, das mit Mangan aktiviert ist.* Wenn mit Mn aktivierte Zinkorthosilicate in Ggw. von Ammoniumphosphat in Dampf (u. Luft, N_2 oder H_2) geglüht wird, entstehen Präpp., die außer der bekannten grünen Bande eine rote bei 6100 Å aufweisen. Die Intensität der roten Bande hängt hauptsächlich vom Phosphatgeh. ab: $Zn_2SiO_4 \cdot 0{,}1$ Mn–0,003 P zeigt die rote Bande kaum; in $Zn_2SiO_4 \cdot 0{,}1$ Mn–0,1 P überwiegt ihre Intensität die der grünen. Oberhalb 850° Glühtemp. wächst die grüne Bande (irreversibel) auf Kosten der roten. Das Phosphat befördert den Mn-Einbau, jedoch scheint dieses nicht tief in das Kristallkorn einzudringen. Temperaturverh. beim Abklingen der roten Bande ist der im Zink-Berylliumsilicat ähnlich. Wahrscheinlich ist für die rote Bande Mn an gestörten Plätzen (hier: Mn^{2+} in der Nähe von P-Ionen) verantwortlich zu machen. (Philips Res. Rep. **8.** 386–92. Okt. 1953. Eindhoven.) BRAUER. 125

Edmond Grillot, *Die Rolle des Sauerstoffs in den ZnS·Cu-Luminophoren.* Ausgehend von früheren experimentellen Arbeiten (vgl. C. **1953.** 7470 u. früher) bes. in bezug auf die Herst. O-freien ZnS, kommt Vf. zu der Annahme des folgenden einfachen Modells für die Beschaffenheit der grünen u. blauen Leuchtzentren des ZnS·Cu: ein blaues Zentrum wird von einem Cu-Ion, das allein von S-Ionen umgeben ist, ein grünes Zentrum von einem Cu-Ion mit einer O enthaltenden, anion. Umgebung gebildet. Diese Annahme ist unabhängig von einer bestimmten Wertigkeit des Cu-Ions, setzt indessen einen Einbau des Cu auf freien Zn^{2+}-Plätzen voraus. Mit Hilfe dieser Vorstellung lassen sich die zahlreichen, beobachteten Erscheinungen der ZnS·Cu-Luminescenz, wie u. a. Einfl. des gasförmigen O_2, der Reduktionsfähigkeit der Glühatmosphäre, der Cu-Konz. u. der ZnO-Zusätze auf das Verhältnis von grüner zu blauer Leuchtzentrenzahl ($R = N_{gr}/N_{bl}$) qualitativ u. zum Teil größenordnungsmäßig erklären. An Hand einer Rechnung wird gezeigt, daß bes. die beobachtete Abnahme von R mit der Cu-Konz. C durch die — bei gleichen Glühbedingungen — mit wachsendem C abnehmende Möglichkeit einer Oxydation zu grünen Leuchtzentren zwanglos gedeutet werden kann. (J. Chim. physique Physico-Chim. biol. **50.** 515–22. Okt. 1953. Paris, Fac. des Sci., Labor. de Lum.) RUDOLPH. 125

A₃. Elektrizität. Magnetismus. Elektrochemie.

Pierre Guénard, Oskar Dœhler und **Robert Warnecke,** *Über die Eigenschaften von Linienführungen periodischer Struktur.* Bei der Ausbreitung elektr. Energie längs einer unendlich langen Führung period. Beschaffenheit besitzt das elektromagnet. Feld gleichfalls eine period. Struktur. Es wird das Verhältnis der komplexen Amplituden der Feldstärken an homologen Punkten berechnet u. daraus Filtereigg. u. Anwendungsmöglichkeiten abgeleitet. (C. R. hebd. Séances Acad. Sci. **235.** 32–34. 7/7. 1952.) FALKENHAGEN. 130

H. M. Smith und **S. Hansen,** *Schatten eines Elektronenstrahles.* Ein breiter, langsamer Elektronenstrahl (50 eV, kurz vor dem Fluorescenzschirm auf 3 keV beschleunigt) wird quer durchsetzt von einem scharf gebündelten, schnelleren Elektronenstrahl. Auf dem Fluorescenzschirm erscheint außer dem Auftreffpunkt des zweiten Strahles auch dessen Schatten, entstanden durch die Ablenkung der langsamen Elektronen am gebündelten Strahl. (J. appl. Physics **23.** 1054–55. Sept. 1952. Culver City, Calif., Hughes Aircraft Comp., Electron Tubes Labor.) H. C. WOLF. 130

W. Jost und **H. G. Wagner,** *Ionisation in kalten Flammen.* Aus Ionisationsmessungen der Vff. an kalten Flammen von Ae.–O_2-Mischungen bei Drucken von 200 bis 700 Torr. u. Tempp. bis ca. 400° ergibt sich, daß keine merkliche Chemiionisation vorliegt, da nach einer abschätzenden Berechnung auf 10^{14} reagierende Moll. nur 1 Ion gebildet wird. Die kalte Flamme kann in eine heißere blaue Flamme übergehen, die aber ebenfalls keine merkliche Ionisation zeigt. Diese tritt jedoch ein, wenn die blaue Flamme die Tendenz hat, in eine n. Flamme überzugehen, kenntlich an gelbem Leuchten u. Rußbldg. bei weiter erhöhter Temperatur. Ob damit die in der Literatur vertretene Auffassung gestützt wird, sichtbare oder unsichtbare Rußteilchen mit relativ kleiner Elektronenaustrittsarbeit seien für die Ionisation verantwortlich, läßt sich hieraus allein nicht entscheiden. (Naturwissenschaften **40.** 435. Aug. 1953. Darmstadt, TH, Eduard-Zintl-Inst. für Anorgan. u. Phys. Chem., u. Göttingen, Univ., Inst. für Phys. Chem.) NIEMITZ. 131

William P. Jesse und **John Sadauskis,** *Ionisierung reiner Gase durch α-Teilchen und die Durchschnittsenergie der Ionenpaarbildung.* Mit einer Ionisationskammermeth. werden die von einem α-Teilchen erzeugten Ionenpaare gezählt. Für zahlreiche reine Gase werden die Durschnittsenergien in eV/Ionenpaar zur Bldg. eines Ionenpaares gemessen. Gelegentliche Abweichungen der Meßwerte gegenüber den Daten anderer Autoren werden auf Verunreinigungen zurückgeführt. (Physic. Rev. [2] **90.** 1120–21. 15/6. 1953. Lemont, Ill., Argonne Nat. Labor.) M. DRECHSLER. 131

Herbert Glazer und **Howard Reiss,** *Benutzung des Fermi-Thomas-Modells zur Berechnung des Dipolmomentes von Jodchlorid.* Ausführliche Darst. des C. **1954.** 7122 referierten Sitzungsberichtes. Die Arbeit enthält über die dortigen Angaben hinaus ein berechnetes Elektronenverteilungsdiagramm des JCl. (J. chem. Physics **21.** 903–07 Mai 1953. Boston, Mass., Univ., Chem. Dep.) RUDOLPH. 132

Th. G. Scholte, *Über das Reaktionsfeld polarer Flüssigkeiten.* Vf. zeigt, daß die von FROOD u. DEKKER (C. **1953.** 4486) kürzlich abgeleitete Berechnung des Reaktionsfeldes sphär. Moll. mit exzentr. Dipolmoment als spezieller Fall des allg. Problems eines sphär. Partikels mit willkürlicher Ladungsverteilung in einem homogenen Dielektrikum angesehen werden kann. (J. chem. Physics **21.** 2087. Nov. 1953. Geleen, Staatsmijnen, Centraal Labor.) NIEMITZ. 132

R. O. Davies und **B. K. Scaife,** *Onsagers Theorie der Dielektrizitätskonstante von polaren Flüssigkeiten.* Es werden die Unterschiede zwischen ONSAGERs Formel für die DK. von polaren Fll. u. derjenigen von PICKARA angegeben u. gezeigt, daß die ONSAGERsche folgerichtig abgeleitet ist. (J. chem. Physics **22.** 148–49. Jan. 1954. London, Queen Mary Coll.) K. L. WOLF. 132

—, *Neues Dielektrikum,* Kurzer Bericht über das Dielektrikum *Crothane* (CROWLEY & CO., INC., West Orange, N. Y.), das an Stelle von Bakelit-imprägniertem Papier verwendbar ist. Es besitzt einen kleinen Temperaturkoeff., der Leistungsfaktor beträgt 2,8–3%, die DK. 2,6–3,8. (Electronics **23.** Nr. 2. 209–11. Febr. 1950.) REUSSE. 132

Tosihiko Okamura, Tadao Fujimura und **Muneyuki Date,** *Dielektrizitätskonstante und Permeabilität verschiedener Ferrite im Mikrowellenbereich.* Fehlerberichtigung zu der C. **1953.** 491 referierten Arbeit. (Physic. Rev. [2] **88.** 1435. 15/12. 1952.) KIRSCHSTEIN. 132

J. K. Hulm, *Die dielektrischen Eigenschaften von einigen Erdalkalititanaten bei tiefen Temperaturen.* Die dielektr. Eigg. von $SrTiO_3$ werden untersucht bis herunter zur Temp. des fl. He. Bis zu 50° K gilt (bei 5 V/cm u. 50 Hz) das CURIE-WEISSsche Gesetz, dann ist die DK. kleiner als danach zu erwarten war. Zwischen 4,2 u. 1,3° K bleibt sie fast konstant u. strebt einem Wert von 1300 zu. Da die DK. auch unabhängig von der Feldstärke ist (bis zu 25000 V/cm), folgt, daß $SrTiO_3$ bei tiefen Tempp. nicht ferroelektr. ist. Die Messungen an $BaTiO_3$ werden bis zur Temp. des fl. H_2 durchgeführt. Unterhalb von 90° K treten Besonderheiten ein, die auf einen Einfriereffekt zurückgeführt werden. Es handelt sich um einen Sprung der koerzitiven Feldstärke der ferroelektr. Hystereseschleife unterhalb 90° K. (Proc. physic. Soc., Sect. A **63.** 1184–85. 1/10. 1950. Cambridge, Royal Soc. Mond Labor.) K. L. WOLF. 132

L. E. Cross, *Die dielektrischen Eigenschaften von Bariumtitanateinkristallen im Gebiet ihrer oberen Übergangstemperatur.* Vf. berichtet über Messungen der ferroelektr. Hysteresis u. der DK. von kleinen $BaTiO_3$-Einkristallen bei Tempp. von 20–150°. In unverzwillingten, nicht unter äußeren Einflüssen stehenden Kristallen zeigen die Ergebnisse, daß die ferroelektr. Umwandlung bei ca. 120° thermodynam. eine Umwandlung erster Ordnung darstellt. Durch Anwendung genügend starker elektr. Felder läßt sich in einem schmalen Temperaturgebiet oberhalb des Umwandlungspunktes im feldfreien Zustand elektr. Hysteresis erreichen. Die Form der Hysteresiskurven läßt sich mit Hilfe der von DEVONSHIRE (C. **1950.** II. 8) angegebenen Ausdrücke qualitativ deuten. — In verzwillingten Kristallen zeigen opt. u. elektr. Messungen, daß es nicht möglich ist, eine genaue Umwandlungstemp. für die gesamte Probe festzulegen, da die verschied. Gebiete bei verschied. Tempp. umgewandelt werden. Vf. vermutet, daß dieses Verh. auf Störungen im Kristallgitter zurückzuführen ist. (Philos. Mag. [7] **44.** 1161–70. Okt. 1953. Leeds, Univ., Phys. Dep.) R. STEIN. 133

M. Anliker, W. Känzig und **M. Peter,** *Das Verhalten sehr kleiner ferroelektrischer Teilchen.* Die CURIE-Temp. eines isolierten u. nichtleitenden ferroelektr. Kristalls, welches in einem Medium mit der DK. ε eingebettet ist, wird einerseits durch das depolarisierende Feld u. andererseits durch den Aufwand an Wandenergie gegenüber der CURIE-Temp. des kurzgeschlossenen Makrokristalls zu tieferer Temp. verschoben.

Für KH_2PO_4 ($T_c = 123°$ K) läßt sich diese CURIE-Punktsdepression leicht berechnen. Es ergibt sich bei gegebenem ε u. D (Teilchendurchmesser) ein eindeutiger Zusammenhang zwischen α, dem Wandenergiekoeff., u. ΔT_c. Verss. an koll. KH_2PO_4 ergaben folgendes: Bei ε ca. 5 u. D < 1500 Å liegt die CURIE-Temp. unterhalb der Temp. des fl. N_2, für D < 4000 Å oberhalb, daraus ergibt sich $9 \cdot 10^{-8}$ cm < α < $26 \cdot 10^{-8}$ cm. Teilchen von $BaTiO_3$ mit D < 4000 Å zeigen unterhalb u. oberhalb der CURIE-Temp. anomale Gitterkonstantenschwankungen. Die spontane Deformation u. Polarisation ist kleiner als beim Makrokristall. Der CURIE-Punkt ist bei leitenden Kolloiden unverschoben u. bleibt scharf bis D ca. 1600 Å. Bei D ca. 300 Å u. ca. 150 Å ist die Umwandlung unscharf; sie erstreckt sich von Zimmertemp. bis ca. 220°. (Helv. physica Acta **25.** 474—75. 15/9. 1952. Zürich, ETH.) v. HARLEM. 133

H. W. Hemstreet und **J. M. Reynolds,** *Der elektrische Widerstand von Graphit bei tiefen Temperaturen.* Fortführung der C. **1953.** 5132 von den Vff. beschriebenen Versuche. Der Widerstand R von polykrist. *Graphit* steigt beim Übergang von 293 zu 20° K nur wenig an, dann bis 4° stärker ($R_4 = 2 \cdot R_{293}$); zwischen 3,5 u. 1,35° K fällt R wieder um 0,1% ab. (Physic. Rev. [2] **91.** 242—43. 1/7. 1953. Louisiana, State Univ.) FUCHS. 135

R. H. Mattson und **A. van der Ziel,** *Stoßartiges Rauschen in Germaniumfäden.* Fortführung der C. **1952.** 7610 von HERZOG u. VAN DER ZIEL beschriebenen Verss. an Ge-Fäden, wobei nun höhere Frequenzen verwendet werden. Die l. c. angegebene Gleichung konnte bestätigt werden. An der Erscheinung sind bes. die Elektronen, die in Zentren 0,22 eV unterhalb des Leitungsbandes eingefangen werden, beteiligt. Die Elektronen u. Leerstellen besitzen die gleiche Lebensdauer. (Physic. Rev. [2] **89.** 899—900. 15/2. 1953. Univ. of Minnesota.) FUCHS. 135

A. van der Ziel, *Stoßartiges Rauschen in Halbleitern.* Die im vorst. Ref. beschriebene Erscheinung wird unter der Annahme, daß sowohl die Elektronen wie die Leerstellen daran beteiligt sind, theoret. behandelt. Das Ergebnis wird in Form einer Gleichung dargestellt. (Physic. Rev. [2] **89.** 900. 15/2. 1953.) FUCHS. 135

K. Amakasu, *Thermisches Überschußrauschen infolge eines Stromdurchganges durch eine (Ba, Sr)-Oxydschicht.* Unterss. mit *(Ba, Sr)-Oxyd* (I) bedeckten Kathoden ergaben: Das durch einen durch I hindurchfließenden Strom der Stärke i (2—8 mA) erzeugte Überschußrauschen ist proportional i^2; das Rauschspektr. ist umgekehrt proportional der Frequenz (200—12000 Hz); das Rauschen wird durch eine Aktivierung der Kathode verstärkt (hieraus lassen sich möglicherweise Schlüsse auf den Elektronenleitungsmechanismus in I ziehen); bei gut aktivierten Kathoden ist das Flackerrauschen schwächer, bei schlecht aktivierten stärker als das Überschußrauschen. (J. appl. Physics **23.** 1330—32. Dez. 1952. Tokyo, Electric Communication Labor.) FUCHS. 135

Horst Grunewald, *Zur Abhängigkeit der elektrischen Leitfähigkeit von Titandioxyd vom Gehalt an anderswertigen Fremdionen.* Vf. behandelt die Abhängigkeit der elektr. Leitfähigkeit von TiO_2 vom Geh. an höher- bzw. niederwertigen Fremdoxyden u. findet, daß Zusatz von ersteren, z. B. WO_3, die Leitfähigkeit stark erhöht, während sie durch Zusatz niederwertiger Fremdoxyde, wie z. B. Ga_2O_3, Al_2O_3 u. *NiO*, nur wenig herabgesetzt wird. Auf Grund des Verlaufs der Leitfähigkeit mit steigendem Geh. an Cr_2O_3 (I) im Temperaturbereich von 500—1100° scheint der Einbau von I in TiO_2 oberhalb 900° vorwiegend mit höher als vierwertigen Cr-Ionen (daher Zunahme der Leitfähigkeit mit steigendem Geh. an I), oberhalb 900° dagegen vorwiegend mit dreiwertigen Cr-Ionen (daher Abnahme der Leitfähigkeit mit steigendem I-Geh.) zu erfolgen. (Ann. Physik [6] **14.** 121—28. 1954. Kleinmachnow.) R. STEIN. 135

R. Mansfield, *Die elektrische Leitfähigkeit und thermoelektrische Kraft von Magnesiumoxyd.* Vf. untersuchte die elektr. Leitfähigkeit u. Thermokraft von gesintertem MgO im Temperaturgebiet zwischen 600 u. 1500°. Die Proben wurden 14 Std. bei 1500° gesintert, die D. betrug etwas über 70% der röntgenograph. D. von MgO. Die gefundenen Werte der spezif. Leitfähigkeit betrugen ca. 10^{-11} Ω^{-1} cm^{-1} bei 600° u. ca. 10^{-5} Ω^{-1} cm^{-1} bei 1500°. Die Thermokraft war positiv u. betrug im Temperaturgebiet von 950—1400° ca. 1,1 ± 0,1 mV/Grad. Vf. vergleicht seine Ergebnisse mit denjenigen von LEMPICKI (C. **1954.** 7124) u. schließt, daß MgO ein Defekthalbleiter ist. (Proc. physic. Soc., Sect. B **66.** 612—14. 1/7. 1953. London, Bedford Coll.) R. STEIN. 135

Nicolas Nifontoff, *Vergleich der Leitfähigkeit durch Tunneleffekt und thermoelektronischen Effekt bei einem unvollständigen Kontakt zwischen zwei Metallen.* Für die Elektronenleitfähigkeit über die Potentialgrenze eines metall. Kontaktes aus gleichem Material (*Ag*) werden die durch Tunneleffekt einerseits u. durch Thermoelektroneneffekt andererseits gegebenen Leitanteile für verschied. Zwischenschichtdicken bei Raumtemp. berechnet u. verglichen. (C. R. hebd. Séances Acad. Sci. **237.** 24—26. 6/7. 1953.) RUDOLPH. 136

Ernest Koenigsberg, *Leitfähigkeit von dünnen Filmen in einem longitudinalen Magnetfeld.* Für die elektr. Leitfähigkeit eines dünnen Filmes in einem longitudinalen Magnetfeld wird auf Grund der Bewegungsbahnen der freien Elektronen ein Integralausdruck abgeleitet. (Physic. Rev. [2] **91.** 8—9. 1/7. 1953. Ames, Io., State Coll., Inst. for Atomic Res.) FUCHS. 136

Paul M. Marcus, *Freie Energien und Phasenübergang eines zylindrischen Supraleiters.* Ausführliche Darst. der C. **1953.** 4647 referierten Arbeit u. Anwendung der abgeleiteten Formeln auf einige spezielle Formen des Querschnitts des Zylinders. (Physic. Rev. [2] **88.** 373—81. 15/10. 1952. Urbana, Ill., Univ.) KIRSCHSTEIN. 136

Tom S. Teasdale, *Eingefrorene Momente in einer supraleitenden Kugel.* (Sitzungsbericht.) Kurze Mitt. über die Messung der Drehung einer supraleitenden Sn-Kugel in einem Magnetfeld auf Grund eines bei tiefen Tempp. eingefrorenen magnet. Moments. (Physic. Rev. [2] **89.** 907. 15/2. 1953. Rice Inst.) KIRSCHSTEIN. 136

George F. Hardy und **John K. Hulm,** *Supraleitende Silicide und Germanide.* Die untersuchten Proben wurden teils durch Sintern bei 1000 oder 1500°, teils durch Zusammenschmelzen im Ar-Bogen hergestellt. Ein Übergang in den supraleitenden Zustand wurde bei folgenden Verbb. beobachtet: V_3Si (17,0°), V_3Ge (6,0°), Mo_3Si (1,30°), Mo_3Ge (1,43°), $MoSi_{0,7}$ (1,34°), $MoGe_{0,7}$ (1,20°), $WSi_{0,7}$ (2,84°), $ThSi_2$ (3,16°). Oberhalb 1,2° K werden nicht supraleitend: Ti_5Si_3, Ti_5Ge_3, TiSi, $TiSi_2$, $TiGe_2$,Zr_4Si, Zr_2Si, Zr_3Si_2, Zr_4Si_3, Zr_6Si_5, ZrSi, $ZrSi_2$, VSi_2, $NbSi_{0,6}$, $NbSi_2$, $TaSi_2$, Cr_3Si, Cr_3Si_2, CrSi, $CrSi_2$, WSi_2, $MoSi_2$. Die Senkung des Sprungpunktes durch Verunreinigungen u. Zusätze wird ausführlicher beschrieben. (Physic. Rev. [2] **89.** 884. 15/2. 1953. Chicago, Ill., Univ., Inst. for Study of Metals.) KIRSCHSTEIN. 136

J. G. Daunt und **T. S. Smith,** *Supraleitfähigkeit von Rhenium.* Die Sprungtemp. von Re beträgt 2,42° K u. wird durch ein Feld von 72 Gauß auf 2,12° gesenkt. Der Anteil der Elektronen an der spezif. Wärme kann daraus zu $4{,}6 \cdot 10^{-4}$ T cal/Mol · Grad berechnet werden. Diese Daten werden mit denen anderer Supraleiter verglichen, wobei sich deutlich zwei Gruppen der supraleitenden Metalle ergeben. (Physic. Rev. [2] **88.** 309—11. 15/10. 1952. Columbus, O., Univ., Dep. of Phys.) KIRSCHSTEIN. 136

H. Preston-Thomas, *Der Supraleitungsübergang in Tantal.* An einer drahtförmigen Ta-Probe wurde die Abhängigkeit der Sprungtemp. vom äußeren Magnetfeld gemessen; bei ca. 280 Gauß liegt sie bei 3,61° K, bei ca. 600 Gauß erfolgt der Übergang bei 2,635° K. Daß die Probe bei Verstärkung des Magnetfelds nur allmählich in den n. leitenden Zustand übergeht, wird als Beweis für einen zweiphasigen Zwischenzustand von faseriger Struktur angesehen. (Physic. Rev. [2] **88.** 325—27. 15/10. 1952. Ottawa, Can., Nat. Res. Council, Div. of Phys.) KIRSCHSTEIN. 136

B. Kaplan und **J. G. Daunt,** *Stromrauschen in teilweise supraleitenden Widerständen bei Temperaturen bis herab zu 2° K.* (Sitzungsbericht.) Stromrauschen wurde bei Frequenzen zwischen 200 u. 4000 Hz in *Ta*, aber nicht in verbleiter *Phosphorbronze* beobachtet. (Physic. Rev. [2] **89.** 907. 15/2. 1953. Columbus, O., Univ.) KIRSCHSTEIN. 136

Georgiana W. Scovil, *Der Hall-Effekt in Titan.* Ausführliche Mitt. zu dem C. **1954.** 4325 referierten Sitzungsbericht. (J. appl. Physics **24.** 226—27. Febr. 1953. Bryn Mawr, Pa., Bryn Mawr Coll.) FUCHS. 137

Frederick C. Brown, *Hall-Effekt von AgCl bei tiefen Temperaturen.* Vf. berichtet über Messungen des HALL-Effektes an AgCl-Einkristallen bei der Temp. des fl. N_2. Für die HALL-Beweglichkeit bei $89 \pm 6°$ K ergibt sich angenähert der Wert 370 ± 70 cm²/V · Sek., in guter Übereinstimmung mit den Erwartungen auf Grund der Messungen bei höheren Temperaturen. Die HALL-Beweglichkeit nimmt ab mit steigender Temp.; die HALL-Spannung ist linear feldabhängig bis mindestens 10000 Oe. Bei 85° K ist prakt. Lochleitung nicht vorhanden, so daß es sich um die rein elektron. Beweglichkeit handeln dürfte. Es wird auch gute Übereinstimmung mit der Theorie von LOW u. PINES gefunden. (Physic. Rev. [2] **92.** 502—03. 15/10. 1953. Urbana, Ill., Univ. of Urbana, Dep. of Phys.) v. HARLEM. 137

Kei Yosida, *Die Theorie des Antiferromagnetismus.* Die VAN VLECKsche Theorie des Antiferromagnetismus weicht in wesentlichen Teilen, bes. bei der Best. der Susceptibilität am NÉEL-Punkt, vom Experiment ab. Vf. diskutiert daher den möglichen Einfl. der Anisotropieenergie auf der Basis des einfachen Zweigittermodells antiferromagnet. Stoffe u. führt die Anisotropieenergie in die VAN VLECKsche Theorie ein, bes.

zur Erklärung der Feldstärkeabhängigkeit der Susceptibilität. Die Ursache der Anisotropie wird in drei Dingen gesehen: 1. Anisotropie des kristall-elektr. Feldes; 2. Anisotropie der magnet. Dipolwechselwrkg. u. 3. Anisotropie der Austauschwechselwrkg. u. der Spin–Bahnmoment-Kopplung. Die beiden Anteile 1 u. 2 werden berechnet. Die Theorie wird auf MnF_2 u. MnO_2 angewendet, wo die Anisotropie eine besondere Rolle spielt. Die Feldstärkeabhängigkeit der NÉEL-Temp., z. B. von Einkristallen aus $CuCl_2 \cdot 2H_2O$ (vgl. POULIS u. HARDEMAN, C. **1954.** 2116), wird der Anisotropie der Austauschwechselwrkg. zugeschrieben u. eine Übereinstimmung zwischen Theorie u. Experiment erreicht. (Annu. Rep. sci. Works Fac. Sci., Osaka Univ. **1.** 19—38. 1952. [Orig.: engl.]) FAHLENBRACH. 137

Keith H. Sweeny und **Allen B. Scott**, *Curie-Punkt-Übergänge in Phosphiden und Arseniden von Mangan.* Vff. berichten über Messungen der relativen Permeabilität von Mn–P- u. Mn–As-Legierungen (mit 47,1, 50,5, 56,5 u. 58,2 Mol-% P bzw. 47,3, 50,8 u. 57,3 Mol-% As) im Gebiet des CURIE-Punktes, wobei die Temperaturänderungen sehr langsam vorgenommen wurden, um irreversible Effekte möglichst weitgehend auszuschalten. Der bei den P-Legierungen beobachtete Ferromagnetismus ist innerhalb der Grenzen von 27—58 Mol-% P wahrscheinlich auf die Verb. MnP zurückzuführen; die magnet. u. Dichteänderungen zeigten keine Temperaturhysteresis, dagegen wurde eine solche bei der magnet. Umwandlung von MnAs bestätigt gefunden. — Vff. diskutieren ferner die Beziehung zwischen der Zus. u. dem CURIE-Punkt der As-Legierungen. Es ergeben sich Hinweise auf die Existenz einer Mn-reichen Verb. mit ca. 47 Mol-% As, der die Formel Mn_8As_7 zuzuschreiben wäre, doch ist das Verh. etwas Mn- wie etwas As-reicherer Phasen prakt. ident. u. nicht sehr verschieden von dem des MnAs. (J. chem. Physics **22.** 917—21. Mai 1954. Corvallis, Ore., Oregon State Coll., Dep. of Chem.) R. STEIN. 137

S. J. Barnett, *Methode zur Bestimmung des magnetischen Momentes und zur Messung von Susceptibilitäten und Permeabilitäten.* Die beschriebene Meth. ist eine Weiterentw. der bereits 1852 von WEBER zur Messung sehr kleiner Permeabilitäten in solchen Fällen benutzten Meth., wo Wirbelströme zu vermeiden sind. Sie ist jetzt verwendbar zur Messung von magnet. Momenten u. großen u. kleinen magnet. Susceptibilitäten unter den verschiedensten Bedingungen. Die Meth. hat für kleine Permeabilitäten den Vorteil, daß sie genau die (kleine) Differenz zwischen der Permeabilität der Probe u. der von Luft mißt u. nicht das Verhältnis der beiden. Direkt bestimmbar ist das magnet. Moment u. die Susceptibilität. (J. appl. Physics **23.** 975—76. Sept. 1952. Pasadena, California Inst. of Technol.; Los Angeles, Calif., Univ. of California.) v. HARLEM. 137

G. J. Béné, P. M. Denis und **R. C. Extermann**, *Katalysen der magnetischen Kernrelaxation.* Es werden einige vorläufige Ergebnisse mitgeteilt: 1. Die Relaxationszeiten werden durch laminare Bewegung einer fl. Probe beträchtlich vermindert. 2. Auf Grund einer Anregung von KASTLER wurde die Katalyse der Relaxation durch den Paramagnetismus der angeregten Zustände von fluorescierenden Stoffen untersucht. Verss. an einer Lsg. aus *Fluorescein* in Glycerin zwischen —60 u. +20° ergaben nur negative Ergebnisse. 3. wurde der Einfl. eines starken stat. elektr. Feldes (20 kV/cm) auf die Kernresonanz der Protonen untersucht. Die Vergrößerung von T_1 u. T_2 war nicht größer als 5%. Die durch die Elektrostriktion hervorgerufene zusätzliche Viscosität beeinflußt nicht die Wechselwrkg. der Kontakte, es handelt sich vielmehr um eine Blockierung der Freiheitsgrade durch eine Fernwrkg. des elektr. Feldes auf die elektr. Dipole. (Helv. physica Acta **25.** 458—59. 15/9. 1952. Genf.) v. HARLEM. 137

A. Perrier, *Magnetogalvanische Messungen und Radialfelder.* Vf. berichtet über Messungen der magnetogalvan. Effekte in Magnetfeldern mit radialen Kraftlinien, ohne u. mit Vorhandensein eines Temperaturgradienten. (Helv. physica Acta **25.** 469—72. 15/9. 1952. Lausanne.) v. HARLEM. 137

A. Perrier, *Experimentelle Prinzipien zur Verstärkung der transversalen magnetothermoelektrischen Effekte.* Es werden zwei Methoden besprochen, um eine Verstärkung des ETTINGSHAUSEN-NERNST-Effektes zu erzielen. Einzelheiten vgl. Original. (Helv. physica Acta **25.** 472—73. 15/9. 1952. Lausanne.) v. HARLEM. 137

J. E. Verschaffelt, *Über die thermo- und galvanomagnetischen Effekte.* Vf. gibt eine kurze Zusammenfassung seiner Theorie der thermomagnet. u. galvanomagnet. Effekte u. unterzieht eine diesbzgl. Arbeit von CALLEN (vgl. C. **1949.** I. 1334) einer eingehenden Kritik. (Bull. Cl. Sci., Acad. roy. Belgique [5] **38.** 267—86. 1952.) KIRSCHSTEIN. 137

U. Schindewolf, *Anisotropie der Leitfähigkeit in strömenden Polyelektrolytlösungen.* Bei Unterss. der Leitfähigkeit in strömenden *Polyphosphat*-Lsgg. findet Vf., daß die

Leitfähigkeit richtungsabhängig ist. Die Leitfähigkeitsänderung $\Delta\varkappa = \varkappa_{ruh} - \varkappa_{ström}$ steigt mit der Strömungsgeschwindigkeit bis zu einem Grenzwert an. Wächst die Polyphosphatkonz., so nimmt bei gleicher Strömungsgeschwindigkeit $\Delta\varkappa$ ab. $\Delta\varkappa$ ist von der Kettenlänge des Polyphosphats abhängig. Je kürzer diese ist, um so kleiner ist $\Delta\varkappa$. Es werden auch Messungen an *Na-Thymonucleinat*-Lsg. mit gleichem Ergebnis durchgeführt. Die Änderung der Leitfähigkeit in strömenden Polyphosphatlsgg. wird durch Ausrichtung der Polyanionen in der strömenden Lsg. erklärt. (Naturwissenschaften **40.** 435. Aug. 1953. Göttingen, Max-Planck-Inst. für Physikal. Chemie.) D. Hahn. 138

S. Floberg, A. Klemm und **C. Lang,** *Der Isotopieeffekt der elektrolytischen Wanderung der Silberionen in geschmolzenem Silberchlorid.* In einer Supremaxglasapp. wurde die Kette Kathodenkohle + Cl_2/LiCl/AgCl/Anodenkohle + Cl_2 50 Std. lang einem Gleichstrom von 300 mA unterworfen u. die kathodenseitige Anreicherung von ^{107}Ag relativ zu ^{109}Ag gemessen. Im Gegensatz zu anderen Salzpaaren wurde die Grenze bei LiCl/AgCl durch den Elektrolysestrom nicht schärfer, sondern diffuser, vielleicht wegen des geringen Unterschieds der Leitfähigkeiten von LiCl u. AgCl. Die relative Differenz der Wanderungsgeschwindigkeiten ist 0,00118, der Masseneffekt $\mu = -0{,}064 \pm 0{,}006$. Die Wertigkeit des Kations hat keinen Einfl. auf die Größe von μ; wahrscheinlich spielt die Koordinationszahl eine Rolle. Experimentelle Durchführung s. Original. (Z. Naturforsch. **8a.** 562—64. Sept. 1953. Göteborg, Chalmers TH, Inst. für Phys., u. Mainz, Max-Planck-Inst. für Chem.) Max Schmidt. 141

Chu Yung Chao, *Die anodische Oxydation von Ferrochrom in einer kaliumhaltigen Lösung.* Gekürzte Wiedergabe der C. **1952.** 7776 referierten Arbeit. (C. R. hebd. Séances Acad. Sci. **230.** 445—47. 30/1. 1950.) Surawski. 141

P. Jones und **H. R. Thirsk,** *Eine elektrochemische und strukturelle Untersuchung der an Silberanoden in Schwefelsäure vor sich gehenden Prozesse.* Das Syst. Ag/2 nH_2SO_4 wurde aufeinander folgenden Potentialänderungen bei Polarisation mit konstantem Strom ausgesetzt. Die sich auf der Elektrode bildenden Deckschichten wurden mkr. u. mit Hilfe von Röntgen- u. Elektronenbeugungsbildern untersucht. Es wird gezeigt, daß der anod. Vorgang an der Ag-Elektrode nach Ag → Ag_2SO_4 → AgO + O_2, die darauffolgende Red. nach AgO → Ag_2SO_4 + H_2 verläuft. Das Verh. ist dem von Pb in H_2SO_4 sehr ähnlich. Das AgO zeigt jedoch eine größere Selbstentladungsgeschwindigkeit als PbO_2, u. durch eine Sekundär-Rk. wird in stärkerem Maße Ag_2SO_4 gebildet. Das gebildete Oxyd gab bei der Röntgenanalyse das gleiche Bild wie synthet. hergestelltes AgO. Es zeigt ein flächenzentriertes kub. Gitter mit $a_0 = 4{,}96$ Å. Daneben wurde spurenweise ein Suboxyd mit kub. flächenzentriertem Gitter u. $a_0 = 4{,}56$ Å gefunden, das wahrscheinlich zusammen mit Ag_2O ($a_0 = 4{,}72$ Å) durch teilweise Zers. von AgO gebildet wurde. (Trans. Faraday Soc. **50.** 732—39. Juli 1954. Newcastle-upon-Tyne, Univ. of Durham, King's Coll., Phys. Chem. Labor.) R. Levi. 142

L. L. Shreir und **J. W. Smith,** *Kathodenpolarisationspotential während der Elektroabscheidung von Kupfer.* 2. Mitt. *Änderung der Kathodenpolarisationspotentiale mit der Stromdichte und der Elektrolytkonzentration.* (1. vgl. C. **1952.** 182.) Vff. zeigen durch vergleichende Messungen, daß die Haring-Zelle u. die Hg-Bezugselektrode in gleicher Weise zur Unters. des Zusammenhanges zwischen Polarisation, Stromdichte u. Badkonz. benutzt werden können. Mit beiden Methoden wurde das kathod. Polarisationspotential des Cu im H_2SO_4-Bad in Abhängigkeit von der Konz. an H_2SO_4 u. $CuSO_4$ u. der Stromdichte bei 25° bestimmt. Vff. diskutieren die erhaltenen Ergebnisse im Hinblick auf die Anteile der Konzentrations- u. Aktivierungsüberspannung (η_c u. η_a) an der Gesamtpolarisation u. die Veränderungen mit Stromdichte u. Konzentration. Für eine Lsg. 0,5 mol. $CuSO_4$ + 0,5 mol. H_2SO_4 lassen sich die Meßwerte zwischen 0,2 u. 3,0 A/dm² durch $\eta = 0{,}090 + 0{,}071 \log_{10} J + 0{,}068 \log_{10} (1 - J/3{,}6)$ wiedergeben. Abweichungen außerhalb dieses Stromdichtebereichs führen Vff. auf den Einfl. des Grundmetalls u. der ersten Atomlagen der Abscheidung sowie auf die ungenügende Kenntnis von η_a u. η_c bei hohen Stromdichten zurück. (J. electrochem. Soc. **99.** 64—70. Febr. 1952. London, Battersea Polytechnic u. Bedford Coll. for Women.) Woelk. 142

W. H. Gauvin und **C. A. Winkler,** *Der Einfluß von Chloridionen auf die Kupferabscheidung.* Unterhalb einer Minimalkonz. von 9 mg/Liter bei 25° u. 19 mg/Liter bei 50° haben Cl^--Ionen keinen Einfl. auf die Cu-Abscheidung aus dem H_2SO_4-Bad. Oberhalb dieser Konzz. werden sowohl die kathod. wie die anod. Rkk. beeinflußt. Die Struktur der Abscheidung wird feiner u. der anod. Angriff der Elektrode wird unregelmäßig. Parallel mit diesen Vorgängen erfolgt bei hohen Cl^--Konzz. die Ausbldg. eines Anodenfilms aus CuCl. Vff. untersuchen die Wrkg. der Cl^--Ionen auch in Verbindung mit der Wrkg. von Gelatinezusätzen, bes. im Hinblick auf die Aufnahme von Cl^--Ionen durch das abgeschiedene Cu u. die physikal. Eigg. der Cu-Niederschläge. Härte u. Reflexionsvermögen des Cu nehmen mit dem Cl^--Geh. des Bades bis zu einer Konz. von 100 mg/Liter zu. Durch das Vorhandensein von 20 mg/Liter Gelatine wird die gleiche Erhöhung dieser Eigg. bewirkt. Cl^--Ionen haben dann keinen weiteren Einfl. mehr. Die kathod. Polarisation bei 2 A/dm² bei 25° wird dagegen nur durch die Cl^--Ionen beeinflußt. Der Einfl. des Cl^--Geh. des Bades auf die Anoden-Rk. äußert sich in einer besonderen Begünstigung der Cu-Pulverbldg. bei niedrigen u. der CuCl-Bldg. bei höheren Cl^--Konzentrationen. Die theoret. Diskussion der Wrkg. von Cl^--Ionen auf den Anoden- u. Kathodenprozeß beschränkt sich auf die Betrachtung der Gleichgewichtsverhältnisse ohne Stromfluß unter Berücksichtigung der Bldg. von CuCl, $(CuCl_2)^-$ u. eines Cu-Gelatinekomplexes. (J. electrochem. Soc. **99.** 71—77. Febr. 1952. Montreal, Can., McGill Univ.) Woelk. 142

R. C. Turner und **C. A. Winkler,** *Konzentrationspolarisation während der Kupferabscheidung in einem konvektionsfreien System.* Mit einer vertikalen Haring-Zelle (Kathode am Boden des Elektrolytgefäßes) untersuchten Vff. die Zusammenhänge zwischen Polarisation u. Zeit während der Abscheidung von Cu aus einem H_2SO_4-Bad. Die Unters. erfolgte unter besonderer Berücksichtigung der Wrkg. der scheinbaren Stromdichte ($4{,}55—11{,}4 \cdot 10^{-2}$ A/cm²), der Temp. (13,5—24,5°) u. des anfänglichen Oberflächenzustandes der Elektroden. Zwischen der Neigung der theoret. u. der der experimentell erhaltenen Polarisationskurve bestehen deutliche Differenzen. Diese Unterschiede werden von den Vff. auf der Grundlage der Theorie der langsamen Entladung der Ionen gedeutet. (J. electrochem. Soc. **99.** 78—83. Febr. 1952. Montreal, Can., McGill Univ.) Woelk. 142

L. Mandelcorn, W. B. McConnell, W. Gauvin und **C. A. Winkler,** *Der Einfluß von Halogeniden auf die Kupferabscheidung in Gegenwart von Gelatine.* Vff. haben den Einfl. von Cl^--, Br^--, J^-- u. F^--Ionen auf die Abscheidung des Cu aus dem H_2SO_4-Bad in Ggw. von Gelatine durch Messung der Kathodenpolarisation in Abhängigkeit von ihrer Konz., der Stromdichte u. der Temp. untersucht. Die Kurve Polarisation/Halogenidkonz. zeigt für Cl^-, Br^- u. J^- ein Minimum. Die Lage dieses Minimums ist von der Säurekonz. unabhängig. Durch höhere Stromdichten u. Gelatinekonzz. wird es nach höheren, durch höhere Tempp. nach niederen Halogenkonzz. verschoben. F^--Ionen haben dagegen keinen Einfluß. Vff. vermuten, daß diese Minima durch 2 gleichzeitig ablaufende Vorgänge bewirkt werden, von denen der eine von der Halogen-, der andere von der Gelatinekonz. beeinflußt wird. Der durch die Gelatine bewirkte Polarisationsanstieg läßt sich auf die Verringerung der wahren Oberfläche u. die damit verbundene Erhöhung der Stromdichte durch Adsorption der Gelatine erklären. Die Wrkg. der Halogene wird auf die Bldg. neuer akt. Zentren zurückgeführt. Höhere Halogenkonzz. begünstigen die Bldg. von Kupferhalogenid u. dessen Adsorption. Dadurch wirken sie wie ein Zusatz von Gelatine. (J. electrochem. Soc. **99.** 84—88. Febr. 1952. Montreal, Can., McGill Univ.) Woelk. 142

Robert L. Pecsok und **Emily F. Maverick,** *Eine polarographische Untersuchung der Titan-Äthylendiamintetraacetat-Komplexe.* Ti^{3+} u. Ti^{4+} ergeben als Komplexe mit Äthylendiamintetraacetat (Y) reversible polarograph. Stufen, deren Halbstufenpotentiale unter p_H 2 unabhängig vom p_H-Wert ist. Oberhalb p_H 2,5 besteht eine lineare Abhängigkeit mit 0,104—0,108 V/p_H, was die Aufnahme von zwei Protonen u. einem e^- anzeigt. Im p_H-Bereich >8 werden die Stufen irreversibler u. kleiner, außerdem bildet sich eine koll. Lösung. Da kein Reaktionsgeschwindigkeitsstrom registrierbar ist, ist der Diffusionsstrom ein direktes Maß für die Konz. des Komplexes u. des freien Ti-Ions. Daraus ergeben sich die Mechanismen: $TiY + e^- \rightleftharpoons TiY^-$ ($p_H < 2$) u. $TiOY^{2-} + 2H^+ + e^- \rightleftharpoons TiY^- + H_2O$ (p_H 2,5—8). Bei höherem p_H hydrolysiert das im Gleichgewicht mit TiY^- stehende TiO^{2+} zu koll. TiO_2. Folgende Gleichgewichtskonstanten K wurden ermittelt: $TiY \rightleftharpoons Ti^{3+} + Y^{4-}$, $K_1 = 5 \cdot 10^{-22}$; $TiOY^{2-} \rightleftharpoons TiO^{2+} + Y^{4-}$, $K_2 = 5 \cdot 10^{-18}$; $TiY + H_2O \rightleftharpoons Ti^{2+} + Y^{4-}$, $K_3 = 3 \cdot 10^{-23}$; $TiO^{2+} + H_2O \rightleftharpoons TiO_2 + 2H^+$, $K_4 = 10^{-4}$; Komplikationen bei analyt. Best. werden im p_H-Bereich 2—5 vermieden. (J. Amer. chem. Soc. **76.** 358—62. 20/1. 1954. Los Angeles, Calif., Univ. of California, Dep. of Chem.) Berg. 142

A₄. Thermodynamik. Thermochemie.

Kyrille Popoff, *Über die Thermodynamik der irreversiblen Prozesse für den Fall, daß Temperatur und Druck konstant bleiben.* (Vgl. C. **1953.** 1928.) Falls das betrachtete Syst. mit seiner Umgebung Energie austauschen kann, lassen sich analoge Rechnungen durchführen, in denen $\Delta\Phi$ etwa dieselbe Rolle spielt wie früher ΔS; dabei ist $\Phi = S - (U + pV)/T$. (C. R. hebd. Séances Acad. Sci. **237.** 698—700. 5/10. 1953.) Kirschstein. 146

William E. Putnam und **John E. Kilpatrick,** *Die allgemeine Beziehung zwischen den Dichte-Virialkoeffizienten und den Druck-Virialkoeffizienten.* Durch Integration u. Anwendung des CAUCHYschen Satzes entwickeln Vff. eine Beziehung zwischen den Dichte- u. den Druck-Virialkoeffizienten. (J. chem. Physics **21.** 951. Mai 1953. Houston, Tex., Rice Inst., Dep. of Chem.) WASSERROTH. 149

William E. Putnam und **John E. Kilpatrick,** *Druck-Virialkoeffizienten in der Form von Clusterintegralen.* Vff. berechnen die ersten sechs Druck-Virialkoeffizienten als Funktion von Clusterintegralen. Es wird dabei im wesentlichen die bereits von KILPATRICK (J. chem. Physics **21.** [1953.] 274) angewendete Meth. benutzt. (J. chem. Physics **21.** 1112. Juni 1953.) WASSERROTH. 149

James H. Bartlett, *Iterationsverfahren und die Wellengleichung von Helium.* Kurze Beschreibung eines numer. Verf. zur exakten Lösung der He-Wellengleichung, bei dem die Wellengleichung in eine Differenzengleichung umgeformt wird. (Physic. Rev. [2] **88.** 525—26. 1/11. 1952. Urbana, Ill., Univ., Dep. of Phys.) KIRSCHSTEIN. 149

Bernard Weinstock, Bernard M. Abraham und **Darrell W. Osborne,** *Kernausrichtung und die Entropie von flüssigem ^3He.* Die Annahme, daß sich die Kernspins in fl. ^3He oberhalb 0,5° K auszurichten beginnen, ist mit dem beobachteten Verlauf der Schmelzdruckkurve nicht vereinbar. Man kann die Entropie des fl. ^3He unter Berücksichtigung der Kernspinentropie durch die Formel $R \ln 2 + 0{,}344\, RT + 0{,}013\, RT^3$ u. den Dampfdruck durch $\log p = -0{,}97796/T + 2{,}5 \log T + 0{,}000302\, T^3 + 1{,}91594$ ausdrücken. (Vgl. nachst. Ref.) (Physic. Rev. [2] **89.** 787—89. 15/2. Sitzungsbericht: **90.** 347. 15/4. 1953. Lemont, Ill., Argonne Nat. Labor.) KIRSCHSTEIN. 149

Tien Chi Chen und **F. London,** *Die Entropie von flüssigem ^3He.* (Vgl. vorst. Ref.) Die Werte, die sich bei Dampfdruckmessungen ergaben (vgl. ABRAHAM u. Mitarbeiter, C. **1951.** I. 3460) können bis auf 0,4% genau durch die Gleichung $\log(p/T^{5/2}) = 2{,}3126 - 1{,}1561/T - 0{,}25254\,T - 0{,}00667\,T^2 + 0{,}05266\,T^3 - 0{,}01210\,T^4$ wiedergegeben werden. Die hieraus zu berechnende Entropie verschwindet bei $T \to 0$. Ein Übergangspunkt unter 1° K braucht nicht angenommen zu werden. (Physic. Rev. [2] **89.** 1038—40. 1/3. 1953. Durham, N. C., Duke Univ., Dep. of Chem.) KIRSCHSTEIN. 149

D. ter Haar, *Der Dampfdruck und die Entropie von flüssigem ^3He.* (Vgl. vorst. Reff.) Vf. weist darauf hin, daß sich die von ABRAHAM u. Mitarbeitern (l. c.) gemessenen Dampfdruckwerte von ^3He sehr gut durch 2 Gleichungen vom Typ $\log p = -A/T + 2{,}5 \log T + C$ wiedergeben lassen. Daher muß auch ihr Schluß auf einen Übergangspunkt unterhalb 1° K richtig sein. (Physic. Rev. [2] **91.** 1018—19. 15/8. 1953. Fife, Scotland, Univ. of St. Andrews, Dep. of Natural Philos.) KIRSCHSTEIN. 149

B. M. Cwilong, *Die Erstarrungskurve von Helium II.* Vf. gibt zu, daß seine in der C. **1954.** 20 referierten Arbeit gezogenen Schlüsse sich bei Anwendung der Meth. der blockierten Capillare nicht bestätigt haben u. vermutlich auf einer Unzulänglichkeit der App. beruhten. Bei den letzten Unterss. wurde eine Volumenabnahme von fl. He beim Abkühlen von 0,8 auf 0,4° K beobachtet. (Physic. Rev. [2] **88.** 1435. 15/12. 1952.) KIRSCHSTEIN. 149

Leonid Andrussow, *Über die Diffusion in Gasen.* 2. Mitt. *Ermittelung des Koeffizienten der Diffusion einer Gaskomponente in ein Gasgemisch.* (1. vgl. C. **1953.** 6425.) Wie Vf. l. c. gezeigt hat, lassen sich die Diffusionskoeffizienten einer Komponente j in eine Komponente k aus den Koeffizienten der Selbstdiffusion D_{jj} u. D_{kk} berechnen. Die abgeleitete Gleichung gilt auch für die Diffusion einer Gaskomponente j gegen ein Gasgemisch k bekannter Zusammensetzung. Ausführlicher behandelt wird die Diffusion von H_2 in Luft. Weiter werden die experimentellen Werte einiger Diffusionskoeffizienten von Gasen in Luft mit den theoret. Werten verglichen. Die Übereinstimmung ist gut. Im einzelnen wird noch die Diffusion von *Wasserdampf, Ammoniak, Methanol* u. *Bzl.* in N_2–H_2-Gemischen sowie die Diffusion in ein Gasgemisch aus mehreren Komponenten behandelt. (Z. Elektrochem. angew. physik. Chem. **55.** 51—53. Jan. 1951. Saint Avre.) FALKENHAGEN. 149

Leonid Andrussow, *Über die Diffusion in Gasen.* 3. Mitt. *Beziehung zwischen der Selbstdiffusion und der Zähigkeit. Diffusion in Edelgasen und Wasserstoff.* (2. vgl. vorst. Ref.) Die Schwierigkeiten der Messung von Diffusionskoeffizienten in Gasen sind bekannt. Deshalb werden die von Vf. vorgeschlagenen Näherungsgleichungen von großem Nutzen sein, um Diffusionskoeffizienten zu ermitteln. Zwei Arten von Gleichungen werden aufgestellt u. an Hand eines umfangreichen Materials geprüft. In die Formeln gehen im wesentlichen die Molgewichte u. die Atom- oder Molvoll. ein. Für zahlreiche Stoffe (*H*, H_2, *He*, *Ne*, H_2O, NH_3, O_2, CH_4, *CO*, *Ar*, *NO*, N_2, *HCN*, C_2H_2, *HCl*, CH_3P, H_2S, CH_3OH, C_2H_4, CO_2, C_2H_6, N_2O, *Kr*, SO_2, CH_3Cl, *COS*, Cl_2, SO_3,

Xe, CS_2, C_2N_2, Br_2, C_6H_6, J_2, $C_6H_4Br_2$) sind Diffusions- u. Selbstdiffusionskoeffizienten berechnet u. in Tabellen zusammengefaßt. Auch wird eine Temperaturabhängigkeit untersucht. Selbst bei den recht schwierigen Beispielen des Wasserstoffs u. des He werden befriedigende Resultate erzielt. Der Koeff. der Selbstdiffusion von atomarem H kann als Grundlage für die Selbstdiffusion von Gasmoll. angesehen werden: Der Zahlenfaktor der abgeleiteten Gleichung beträgt den vierfachen Wert des Koeff. der Selbstdiffusion des H-Atoms. (Z. physik. Chem. **199.** 314—29. April 1952. Paris.) FALKENHAGEN. 149

Leonid Andrussow, *Über Zähigkeit und Diffusion in der Gasphase.* 4. Mitt. *Berechnung der Zähigkeit reiner Gase und deren Gemische. Temperaturkoeffizient der Zähigkeit.* (3. vgl. vorst. Ref.) Im Anschluß an die Mitteilungen 1 u. 2 (vgl. vorvorst. Ref.) wird eine Gleichung einfacher Art aufgestellt, mit deren Hilfe man die Zähigkeiten von Gasgemischen berechnen kann. Die zur Best. der Zähigkeiten erforderlichen Daten sind in Tabellen zusammengefaßt. Ebenfalls wird auch eine Änderung der Zähigkeit mit der Temp. besprochen. (Z. physik. Chem. **199.** 330—44. April 1952.) FALKENHAGEN. 149

Leonid Andrussow, *Wärmeleitfähigkeit und Diffusion in der Gasphase.* 5. Mitt. *Berechnung des Koeffizienten der Wärmeleitfähigkeit. Beziehung zwischen den so benannten Zähigkeits- und Wärmeleitfähigkeitszahlen.* (4. vgl. vorst. Ref.) Die mathemat. Beziehungen zwischen den Selbstdiffusionskoeffizienten u. den Wärmeleitfähigkeitskoeffizienten der Gase werden erläutert. Die hierbei auftretende Wärmeleitzahl kann mit Hilfe der Viscositätszahl berechnet werden. Für verschied. Gase (H_2, CH_4, NH_3, H_2O, *CO*, N_2, C_2H_4, *NO*, C_2H_6, O_2, H_2S, *HCl*, CO_2, N_2O, C_3H_8, C_2N_2, SO_2, Cl_2, CS_2 u. C_6H_6) sind die nach den angegebenen Formeln berechneten Werte tabellar. zusammengestellt. (Z. Elektrochem., Ber. Bunsenges. physik. Chem. **56.** 54—58. Jan. 1952. Paris.) KLAFFKE. 149

Robert L. Scott, *Einige ungelöste Probleme von Flüssigkeiten und Lösungen.* Zusammenfassender Literaturüberblick (42 Zitate) u. Diskussion über einige bisher nicht befriedigend gelöste Probleme aus dem Gebiet der Fll. u. Lösungen. (J. chem. Educat. **30.** 542—49. Nov. 1953. Los Angeles, Calif., Univ.) NIEMITZ. 150

Kozo Komatsu und **Takeo Nagamiya,** *Theorie der spezifischen Wärme von Graphit.* Vff. betrachten den Graphitkristall als ein Syst. von dünnen elast. Platten von konstantem Abstand. Es wird angenommen, daß zwischen benachbarten Schichten eine elast. Kraft wirksam ist, so daß eine lokale Änderung des Abstandes der beiden Schichten in diesem Punkt eine Spannung oder einen Druck n. zur Schicht von einer der Ortsänderung proportionalen Größe hervorruft. Die Schwingungen des Syst. werden in zwei unabhängige Teile zerlegt: die Biegeschwingungen, bei denen Verschiebungen n. zu den Schichten auftreten, u. die Dehnungs- u. Scherschwingungen, die parallele Verschiebungen bedingen. Die Konstanten der wirksamen elast. Kräfte zwischen benachbarten Schichten werden aus den gemessenen elast. Konstanten (vor allem der Kompressibilität) ermittelt. Zur Best. der totalen spezif. Wärme berücksichtigen Vff. die geringen Beiträge der elektron. spezif. Wärme. Die berechneten Resultate stimmen oberhalb 250° K beinahe vollständig mit experimentellen Werten überein, unterhalb 250° K liegen sie etwas höher als die Beobachtungswerte. (J. physic. Soc. Japan **6.** 438—44. Nov./Dez. 1951. Sakai, Naniwa Univ., Dep. of Phys., u. Osaka, Univ., Fac. of Sci., Dep. of Phys. [Orig.: engl.]) WASSERROTH. 151

J. Meixner, *Zur thermodynamischen Theorie der Schallabsorption und Druckviscosität in homogenen Medien.* Mit Hilfe der Thermodynamik irreversibler Prozesse wird eine allg. Beziehung zur Berechnung der komplexen Schallgeschwindigkeit in homogenen Medien gewonnen. Hierdurch werden die kinet. Betrachtungen für spezielle Fälle insofern vereinfacht, als die allg. Gesetzmäßigkeiten für die Relaxationsprozesse bereits thermodynam. gegeben sind. Die Relaxationszeiten können von Fall zu Fall aus einem Modell berechnet oder als verfügbare Parameter behandelt werden. Weiter läßt sich die Schallabsorption mit Hilfe der Druckviscosität formal beschreiben. (Kon. vlaamse Acad. Wetensch., Letteren schone Kunsten België, Colloquium ultrasonore Trillingen **1951.** 107—12.) H. JACOB. 159

H. O. Kneser, *Entwicklung der akustischen Relaxationstheorie.* Vf. gibt einen tabellar. Überblick über die zur Zeit bekannten Theorien der akust. Relaxationstheorie. Die Theorien unterscheiden sich nicht nur formal, sondern auch inhaltlich durch ihre Verschiedenheit in der Annahme der Zustandsgleichung u. des Reaktionsmechanismus, sind aber als Spezialfälle in der thermodynam. Theorie von MEIXNER (vgl. vorst. Ref.) enthalten. (Kon. vlaamse Acad. Wetensch., Letteren schone Kunsten België, Colloquium ultrasonore Trillingen **1951.** 130—32.) H. JACOB. 159

A5.. Kolloidchemie. Grenzschichtforschung.

Karol J. Mysels, *Ladungseinflüsse bei der Lichtstreuung durch kolloidale Lösungen.* Die klass. Fluktuationstheorie, die die Lichtstreuung durch kleine (im Vgl. zur Wellenlänge) Teilchen auf geringfügige lokale Inhomogenitäten des Refraktionsindex — hervorgerufen durch Schwankungen in der D. oder Konz. von Fll. — zurückgeführt, wird auf koll. Elektrolytlsgg. in Ggw. eines einfachen Salzes angewendet. Die Notwendigkeit einer Einführung zweier Bedingungen (Elektroneutralität u. Gleichgewichtsverteilung kleiner Ionen) wird aufgezeigt. Unter den genannten Bedingungen erhält Vf. einen relativ einfachen Ausdruck für die Trübung als eine Funktion von Mol.-Gew., Ladung u. Konz. des Koll. u. Konz. des Salzes. In Übereinstimmung mit früheren Ergebnissen hat die Ladung keinen Einfl. auf das scheinbare Mol.-Gew., wenn die Konz. des Salzes sehr groß im Vgl. zu der des Koll. ist; sie red. jedoch das Mol.-Gew. um einen bestimmten Faktor, wenn die Salzkonz. zu vernachlässigen ist. Das Zwischengebiet zwischen den beiden extremen Konzz. wird ebenfalls behandelt. Der Einfl. verschied. Faktoren auf die Lichtstreuung durch koll. Lsgg. wird graph. wiedergegeben. Abschließend zeigt Vf., daß seine theoret. Ergebnisse in qualitativer Übereinstimmung mit in seinem Labor. durchgeführten Verss. mit *Na-Laurylsulfat* stehen. (J. physic. Chem. **58.** 303—07. April 1954. Los Angeles, Calif., Univ. of Southern California, Dep. of Chem.) G. Heinrich. 162

Carola Cesare, *Änderungen der Viscosität mit der Temperatur.* Mathemat. Formeln zur Berechnung der wahren Viscosität bei verschied. Temperaturen. (Olii minerali, Grassi Saponi, Colori Vernici **27.** 29—35. März 1950.) Grimme. 172

J. Degenkolbe und **F. Sauerwald,** *Viscositätsmessungen. 9. Mitt. Über die innere Reibung der schmelzflüssigen Kalium- und Natriumamalgame.* Vff. führten Viscositätsmessungen an Na- u. K-Amalgamen durch. Die Verss. wurden in Ggw. von N_2 mit einem Horizontalviscosimeter gemacht, das 2 verschieden lange Capillaren von gleichem Querschnitt enthielt. Vff. beschreiben die Reinigung der Ausgangsstoffe, bes. des Hg, u. die Herst. der Amalgame in einem bes. dafür konstruierten Gefäß unter Vermeidung von Oxydbildung. Die Analyse geschah durch Zers. mit W., Titration der entstandenen Lauge u. Wägung des Hg. Da die Fluiditäten fast linear von der Temp. abhängen, wurden die Viscositätswerte für die Isothermen durch geringe Extrapolationen errechnet. Im Gegensatz zu bisherigen Messungen an fl. metall. Systemen wurde auf den Viscositätsisothermen ein ausgeprägtes Maximum gefunden, das im Konzentrationsbereich der stabilsten, aus dem festen Zustand her bekannten intermetall. Verbb. liegt. Es wird deshalb angenommen, daß diese Verbb. auch in den Schmelzen noch wirksam sind. (Z. anorg. allg. Chem. **270.** 317—23. Dez. 1952. Halle, Univ., Inst. für Physik. Chemie.) Pluskal. 172

Anne-Marie Benoit, *Bestimmung des Radius äquivalenter Teilchen durch Messungen des osmotischen Druckes.* Mit Hilfe eines Osmometers nach Zimm u. Myerson werden die Änderungen des red. osmot. Druckes mit der Konz. bei verschied. Tempp. für verschied. *Polystyrole* in Toluol u. Methyläthylketon gemessen u. mit Hilfe der Meßwerte die Lösungswärme u. der Radius R einer Kugel, die hydrodynam. dem Kettenmol. äquivalent ist, berechnet. Die erhaltenen R-Werte stimmen mit den nach anderen Verff. ermittelten im Rahmen der Meßgenauigkeit überein. Danach erscheint es erneut berechtigt, bestimmte Kettenmoll. in Lsg. durch den Radius äquivalenter Teilchen zu charakterisieren. (J. Chim. physique Physico-Chim. biol. **47.** 655—58. Juli/Aug. 1950. Centre d'Etudes de Phys. Macromol.) Rudolph. 175

Benjamin Carroll und **Eli Freeman,** *Untersuchung des Verhaltens von kolloidalen Silicatlösungen mit Hilfe von Adsorptionsindicatoren.* Die spektrophotometr. Unters. der Adsorption u. Resorption von *Kristallviolett* u. *Methylenblau* wurde von Vff. dazu benutzt, um den Einfl. des p_H-Wertes, das Altern u. den Ionenaustausch in koll. Lsgg. von *Na-Silicat* zu erforschen (vgl. J. chem. Physics **17.** [1949.] 1336). Alterungseffekte wurden durch einen Verlust in der Adsorptionsaffinität für den Farbstoff angezeigt. Der Zusatz von Salzen verursachte eine Änderung des Absorptionsspektr. in Richtung auf das Spektr. des freien Farbstoffs in W., d. h., daß das Salz den Farbstoff verdrängt. Die Natur des Anions scheint dabei von weniger großem Einfl. zu sein, während das Kation der bestimmende Faktor für die Bindungsaffinität der Salze für das Silicatsol ist. Die Reihenfolge der Verdrängung mit Erdalkali- u. Alkalikationen war: Ca $>$ Ba $>$ Sr $>$ K $>$ Na $>$ Li. Aus der Adsorptionsisotherme für Kristallviolett konnte die maximale Anzahl von Farbmoll., die pro Formelgewicht des Na-Silicats gebunden werden, berechnet werden. Die freie Bindungsenergie wurde unter der Voraussetzung, daß die Bindung statist. Natur ist, ermittelt. (J. physic. Chem. **58.** 335—38. April 1954. Newark, N. J., Rutgers Univ., Newark Colleges.) G. Heinrich. 176

Shigehiko Kurosaki, *Das dielektrische Verhalten von an Silicagel sorbiertem Wasser.* Zur weiteren Aufklärung des Zustands, in dem sich an Silicagel sorbiertes W. befindet, führte Vf. eine Reihe von Messungen durch. Es wurden die Sorptionsisothermen von Wasserdampf an Silicagel aufgenommen, um die differentielle Sorptionswärme zu bestimmen. Ferner wurden die Änderungen in der scheinbaren DK. des Silicagelpulvers in Abhängigkeit vom Wassergeh. gemessen u. die spezif. Polarisation des sorbierten W. berechnet. Außerdem bestimmte Vf. den scheinbaren Verlustfaktor des Silicagels bei verschied. Feuchtigkeitsgeh. im Frequenzbereich von 2 kHz bis 1 MHz. Als Ergebnis aller dieser Messungen wurde gefunden, daß für das an Silicagel sorbierte W. drei verschied. Zustände existieren. In der ersten Sorptionsstufe (Wassergeh. $<$15 mg/g) zeigt das sorbierte W. eine sehr kleine spezif. Polarisation; das W. ist fest an die Oberfläche gebunden u. hat eine große Sorptionswärme. In der zweiten Sorptionsstufe (15—94 mg/g) befindet sich das W. in einem Zustand, der dem von W., gelöst in organ. Lösungsmitteln, ähnlich ist. SorbiertesW. in der dritten Sorptionsstufe ($>$94 mg/g), im allg. als trimol. Schicht sorbiert, liegt als capillar kondensiertes W. vor. Dieses capillar kondensierte W. hat eine viel stärker entwickelte H-Bindung (beinahe die von Eis) als fl. Wasser. (J. physic. Chem. **58.** 320—24. April 1954. Tokyo, Japan, Hitachi Ltd., Central Res. Labor., Dep. of Appl. Phys.) G. HEINRICH. 176

G. J. Young, J. J. Chessick, F. H. Healey und **A. C. Zettlemoyer,** *Die Thermodynamik der Adsorption von Wasser an Graphon aus Immersionswärmen und Adsorptionsdaten.* Vff. bestimmten die Adsorptionsisothermen u. die Immersionswärmen für das Syst. Graphon–Wasser. Die sehr geringe Adsorption von W. an Graphon schließt eine zuverlässige Berechnung thermodynam. Größen aus Isothermen bei zwei Tempp. aus. Die Messung der Immersionswärme als Funktion der an Graphon adsorbierten Wassermenge in Verbindung mit aus einer Adsorptionsisotherme bei einer Temp. erhaltenen Ergebnissen erlauben jedoch die Berechnung der isosteren Adsorptionswärmen u. der absol. Entropien des adsorbierten Zustandes. Die isosteren Adsorptionswärmen waren sehr viel kleiner als die Verflüssigungswärmen u. hatten einen Minimumswert von ~6 kcal nahe dem BET V_m-Wert. Die Belegung der Oberfläche mit W. beträgt nur bis zu $^1/_{1500}$ der Gesamtoberfläche des Graphons. Dieses Ergebnis unterstützt die Annahme einer haufenförmigen Adsorption des W. an Graphon. (J. physic. Chem. **58.** 313—15. April 1954. Bethlehem, Pa., Lehigh Univ., Surface Chem. Labor.) G. HEINRICH. 176

William D. Harkins und **Richard S. Stearns,** *Eine neue Adsorptionsisotherme und die Verteilung von Energiestellen auf der Oberfläche einiger feinzerteilter Festkörper.* Es wird eine neue Adsorptionsisotherme abgeleitet, die die Adsorption von *Äthan, Äthylen,* N_2 u. O_2 an verschied. *Ruß*-Sorten, *Rutil* u. *Anatas* von einer sehr geringen Oberflächenbelegung an bis zur vollständigen Ausbldg. einer monomol. Schicht sehr gut wiedergibt. Vff. zeigen ferner, daß die Verteilung der Energiestellen aus den in der Isothermengleichung enthaltenen Konstanten berechnet werden kann. Die physikal. Bedeutung dieser Konstanten wird abschließend diskutiert. (J. physic. Chem. **58.** 292—98. April 1954. Chicago, Ill., Univ. of Chicago, George Herbert Jones Labor.) G. HEINRICH. 176

Paul R. Basford, William D. Harkins und **Sumner B. Twiss,** *Der Einfluß der Temperatur auf die Adsorption von n-Decan an Eisen.* Vff. bestimmten experimentell die Adsorptionsisothermen für n-Decan an Fe bei Tempp. von 70—125°. Die Ergebnisse können exakt durch die Theorie von POLANYI beschrieben werden. Aus den Isothermen wurden die Abnahme der freien Oberflächenenergie eines festen Stoffes durch die adsorbierte Schicht, π_e, u. die Adhäsionsarbeit W_A über das angegebene Temperaturintervall berechnet. Beide Größen nehmen mit steigender Temp. ein wenig ab. Zum Vgl. wurden außerdem die π_e- u. W_A-Werte an Hand bereits veröffentlichter Daten für *n-Heptan* an Fe, *Fe_2O_3, Graphit* u. *Ag* berechnet. Mit Ausnahme von Ag, für das niedrigere Ergebnisse erhalten wurden, waren die Werte ähnlich wie für n-Decan an Fe. Vff. bestimmten ferner die isostere u. die drei differentiellen Adsorptionswärmen aus den Daten für n-Decan an Fe. Abschließend werden einige Unterss. über die Adsorption von *n-Hexylalkohol* an Fe u. *n-Propylalkohol an* Fe_2O_3 bei 100° kurz beschrieben. (J. physic. Chem. **58.** 307—12. April 1954. Chicago, Ill., Univ. of Chicago, Dep. of Chem., u. Detroit, Mich., Chrysler Corp.) G. HEINRICH. 176

H. Deuel, K. Hutschneker und **J. Solms,** *Selektives Verhalten von Ionenaustauschern.* 3. Mitt. *über Ionenaustauscher.* (2. vgl. C. **1954.** 7386.) Carboxylgruppenhaltige Ionenaustauscher werden durch Polymerisation von Acrylsäure bzw. Vernetzung von *Pektinsäure* (I) mit *Formaldehyd* synthetisiert. Die Ladung der Austauscher wird durch Herst. verschieden veresterter Präpp. variiert. Dabei wird die alkal. Verseifung von *Polygalakturonsäuremethylester* eingehender untersucht. Die Selektivität der Austauscher ist von ihrer Ladungsdichte abhängig. Ferner zeigt sich ein großer Unterschied in der Selektivität von vernetzten *Polyacrylsäuren* (**II**) u. **I** bei gleichen Austauschkapazitäten. Bei der Unters. des Kontaktaustauschs zwischen *Amberlite IRC-50* u. lösl., unvernetzten Polyelektrolyten (**I** u. **II**) verschied. Ladungsdichte zeigt es sich, daß die Ladungsdichte des Polyanions ebenfalls den Ionenaustausch beeinflußt. (Z. Elektrochem., Ber. Bunsenges. physik. Chem. **57.** 172—78. April 1953. Zürich, ETH, Agrikulturchem. Inst.) GEDSCHOLD. 177

A_6. Strukturforschung.

R. Seeliger, *Über die Justierung sphärisch korrigierter elektronenoptischer Systeme.* Fortsetzung der Experimente zur Korrektur des Öffnungsfehlers von Elektronenlinsen (vgl. C. **1952.** 3293). Ein aus 13 Schritten bestehendes Justierverf. muß durchgeführt werden, um die Möglichkeiten des gegen Dejustierungen sehr empfindlichen Syst. ausnutzen zu können. Das in dieser Weise sphär. korr. 25kV-Elektronenmikroskop erreicht aber noch nicht das Auflösungsvermögen anderer Elektronenmikroskope. (Optik **10.** 29—41. 1953. Mosbach, Süddeutsche Laboratorien.) LENZ. 181

Sven Gösta Nilsson, *Die Elektronenbewegung in zwei einander überlagerten Magnetfeldern.* Während in einer früheren Arbeit (C. **1953.** 3031) die Fokussierungseigg. im Magnetfeld eines gleichmäßig bewickelten Toroids theoret. untersucht wurden, wird in der vorliegenden Arbeit diesem Feld noch ein zur Ebene des Toroids senkrechtes homogenes Feld überlagert, wobei die relative Stärke der beiden Feldanteile noch als willkürlicher Parameter verfügbar ist. Die Hoffnung, für einen endlichen Wert dieses Stärkeverhältnisses (die Werte 0 bzw. ∞ entsprechen dem Halbkreisspektrometer bzw. Solenoidspektrometer) ein als Spektrometer brauchbares Syst. zu finden, hat sich nicht erfüllt. (Kungl. Tekn. Högskolans Handl. **1953.** Nr. 72. 1—22.) LENZ. 181

Friedrich Lenz, *Hochauflösende Geschwindigkeitsanalyse mit magnetischen Elektronenlinsen.* Die Registrierung sehr kleiner relativer Geschwindigkeitsverluste von Elektronen mit Hilfe einer magnet. Linse wird möglich, wenn bei schwach unterteleskop. Linsenstärke der Kaustikrand beobachtet wird, welchen die Linse erzeugt. An dem Spektrogramm eines Strahlerzeugers eines Elektronenmikroskops, dessen Spannungskonstanz infolge eines Schadens in der Hochspannungsanlage unzureichend war, wird gezeigt, daß relative Geschwindigkeitsunterschiede bis zu $V/\Delta V = 2 \cdot 10^4$ (5 V in 95 kV) nachgewiesen werden können. (Naturwissenschaften **38.** 524—25. Nov. 1951. Aachen, TH, Lehrstuhl für Elektronenoptik u. Feinmechanik.) LENZ. 181

F. Lenz, *Die magnetische Linse als Geschwindigkeitsanalysator.* Die Geschwindigkeitsanalyse mit magnet. Elektronenlinsen durch Beobachtung des Kaustikrandes (vgl. vorst. Ref.) ermöglicht, die Geschwindigkeitsverluste (ca. 15 V) von 60 kV-Elektronen bei der unelast. Streuung an einer Al-Folie sichtbar zu machen. Für genaue Messungen ist die Verwendung elektrostat. Geschwindigkeitsanalysatoren vorzuziehen. (Optik **10.** 28. 1953.) LENZ. 181

F. Lenz und **M. Hahn,** *Die Untersuchung der Unsymmetrie magnetischer Polschuhlinsen im schwach unterteleskopischen Strahlengang.* (Vgl. vorst. Ref.) In einem Elektronenmikroskop werden bei schwach unterteleskop. Linsenstärke Kaustikquerschnitte aufgenommen. Die allg. Form der Kaustikquerschnitte wird aus der Theorie von STURROCK (C. **1952.** 3293) abgeleitet. Hieraus ergibt sich unter bestimmten Annahmen über den Unsymmetrietyp des Polschuhs eine Formel zur Best. der Polschuhexzentrizität aus den Abmessungen der Kaustikquerschnitte. Für ein Beispiel ergab sich eine Schwankung des Polschuhbohrungsradius von 0,6 μ, was einem Auflösungsvermögen (ohne Astigmatismuskompensation) von 3 mμ entspricht. (Optik **10.** 15—27. 1953.) LENZ. 181

F. Lenz, *Über das chromatische Auflösungsvermögen von Elektronenlinsen bei der Geschwindigkeitsanalyse.* (Vgl. vorst. Reff.) Theoret. Unters. über das chromat. Auflösungsvermögen von als Geschwindigkeitsanalysatoren verwandten Elektronenlinsen. Obgleich eine Geschwindigkeitsanalyse mit magnet. Elektronenlinsen grundsätzlich auch möglich ist, läßt sich mit elektrostat. Linsen bei gleichem experimentellem Aufwand ein um mehr als eine Zehnerpotenz höheres Auflösungsvermögen erzielen. Die Abhängigkeit des Auflösungsvermögens von Farb- u. Öffnungsfehlerkoeff. der Linse sowie von der geometr. Anordnung von Strahlquelle u. Blenden wird angegeben. Eine energet. Überlegung zeigt, wie die erforderliche Belichtungsdauer der photograph. Platte vom Richtstrahlwert des Elektronenstrahlers, von der Bildpunktsarbeit der Emulsion u. von dem geforderten Auflösungsvermögen abhängt. (Optik **10.** 439—46. 1953.) LENZ. 181

John H. L. Watson und **William L. Grube,** *Die Zuverlässigkeit von „inneren Standards" für die Eichung von Elektronenmikroskopen.* Die häufig zum Eichen von Elektronenmikroskopen verwendete Emulsion *Dow Latex 580 G* ist gegenüber Elektronenbeschuß unstabil. Drei verschied. Emulsionen auf verschied. Unterlagen zeigten den gleichen Effekt: Erstmalige starke Bestrahlung gibt den vorher unbestrahlten Partikeln ein hohles Aussehen, ohne ihre Größe zu ändern. Werden sie dagegen längere Zeit schwach u. dann stark bestrahlt, so schrumpfen sie zusammen, im Extremfall von 3240 bis auf 2570 Å. Die Normalgröße der unbestrahlen Partikeln scheint 2890 Å zu sein. Die Eichung mit Glasfäden erscheint ebenfalls wenig geeignet. Dagegen können Formvar-Abzüge von Beugungsgittern sehr gut zum Eichen verwendet werden. Sie ergeben auch nach Bedampfung u. nach Beschuß im Elektronenmikroskop keine größeren Abweichungen der Gitterkonstanten vom Ursprungswert als ca. 3%. Diese wurde spektroskop. bestimmt. Die Gitterabzüge ändern ihre Größe etwas durch Alterung. Es wird vorgeschlagen, Latex 580 G als inneren Standard zu benutzen, indem man es durch Aufbringen auf einen spektroskop. vermessenen Beugungsgitterabzug eicht. (J. appl. Physics **23.** 793—98. Juli 1952. Detroit, Mich., Henry Ford Hosp., Edsel B. Ford Inst. for Med. Res., Gen. Motors Corp., Res. Labor. Div.)
H. C. WOLF. 181

Walter Glaser, *Zur wellenmechanischen Theorie der elektronenoptischen Abbildung.* In Fortführung einer früheren Arbeit (C. **1945.** II. 1579) wird aus den geometr.-opt. in SEIDELscher Dioptrik berechneten Wellenflächen im Bildraum einer Elektronenlinse nach der Meth. von DEBYE (Ann. Physik **30.** [1909.] 755) die Intensitätsverteilung in der GAUSSschen Bildebene auch für den Fall der Abb. nicht auf der Achse liegender Dingpunkte berechnet. Die Darst. wird sowohl für ein Syst. mit Blende als auch für den Fall ohne Blende gegeben. Im Gegensatz zu der von BORN in der Lichtoptik verwandten Meth. werden die Aberrationen hier nicht von vornherein als kleine Störungen betrachtet. (S.-B. österr. Akad. Wiss., math.-naturwiss. Kl., Abt. II **159.** 297—360. 1950. Wien, TH, Inst. für angew. Physik; Berlin, Siemens & Halske Akt.-Ges., Abt. für Elektronenoptik.)
LENZ. 181

H. Bremmer, *Eine einfache Näherungsformel für die Feldverteilung längs der Achse magnetischer Elektronenlinsen mit ungesättigten Polschuhen.* Vereinfachtes Verf. zur Berechnung der Feldverteilung in elektrostat. oder magnet. Elektronenlinsen, welche durch zwei koaxiale zylindr. Potentialflächen erzeugt werden. (Optik **10.** 1—4. 1953. Eindhoven, Philips Forschungslabor.)
LENZ. 181

Robert Gomer, *Bemerkung zur Feldemission.* Vf. stellt ergänzend zu einer früheren Arbeit (vgl. C. **1953.** 8293) über die Geschwindigkeitsverteilung der Elektronen bei der Feldemission fest, daß Messungen u. Rechnungen über die Geschwindigkeitsverteilung bereits seit längerer Zeit vorliegen (MÜLLER, C. **1943.** I. 2181, u. RICHTER, C. **1942.** II. 2670). (J. chem. Physics **21.** 764. April 1953. Chicago, Ill., Univ., Inst. for Study of Metals.)
LENZ. 181

Glenn M. Roe, *Konvergenz der Reihe für die zwischenmolekularen Kräfte.* Neue Berechnung der Störungsenergie zweiter Ordnung für das H_2-Molekül. (Physic. Rev. [2] **88.** 659. 1/11. 1952. Schenectady, N. Y., Knolls Atomic Power Labor.)
KIRSCHSTEIN. 182

R. T. Sanderson, *Elektronegativitäten in der anorganischen Chemie.* 2. Mitt. (1. vgl. C. **1953.** 5991.) Aus den begründeten Annahmen, daß die Atome in gegenseitiger Bindung gleiche Elektronegativitäten (oder SR = Stabilitätsverhältnis; l. c.) haben (Ausnahmen für manche Alkalimetallsalze), das SR des ganzen Mol. das geometr. Mittel der der Atome ist u. die Änderung des SR eines Atoms bei seiner Bindung dem Bruchteil seiner vollen Aufladung zum Ion (Anteil der Ionen- an der Gesamtbindung; für NaF zu 90% angenommen) proportional ist, werden abgeleitet: Atomabstände in Moll., SR von Kationen (in Beziehung gesetzt zu den Quadratwurzeln aus den Ionisierungspotentialen) u. Anionen (Ionen in isolierten Moll., z. B. im Dampfzustand, nicht aber im Kristall, wo sie durch Polarisation vergrößert sind) u. die Ladungen auf verbundenen Atomen. (J. chem. Educat. **31.** 2—7. Jan. 1954. Iowa City, Io., State Univ.)
BLUMRICH. 182

Marcel Larnaudie, *Eine einfache Lösung des Problems der Potentialfunktion und der Normalkoordinaten vielatomiger Moleküle.* Es wird ein vereinfachtes Verf. zur Berechnung der Schwingungsprobleme vielatomiger Moll. mit Potentialfunktionen u. Normalkoordinaten angegeben. (C. R. hebd. Séances Acad. Sci. **234.** 1150—52. 10/3. 1952.)
GOUBEAU. 182

J. S. Kouvelites, *Über die Elektronenbewegung in nichtsinusförmigen periodischen Feldern.* Ausgehend von der allg. Lösung der Gleichung von MORSE-HILL für die

Berechnung der Elektronenzustände in einem Kristall nähert Vf. das ursprünglich sinusförmige Modellkristallfeld durch Abweichungen von der Sinusform enger an das tatsächliche Kristallfeld an. Es ergeben sich deutliche Verbesserungen für das ein- u. zweiatomige Gitter. (Proc. physic. Soc., Sect. A **66.** 197—98. 1/2. 1953. Leeds, Univ., Dep. of Phys.) Speer. 182

J. A. Prins, *Röntgenstrahlbeugung in flüssigem Schwefel.* Vf. berichtet über Röntgenbeugungsaufnahmen an fl. S, die in einer Debye-Scherrer-Heizkammer mit gefilterter Mo-Strahlung bei Tempp. zwischen 100 u. 340° durchgeführt wurden. Es ergeben sich Maxima bei d-Werten von 5,5, 3,6, 1,72 u. 1,03 Å, deren Lage nahezu temperaturunabhängig ist. Die Intensität des Maximums bei 5,5 Å wächst mit steigender Temperatur. Vf. untersucht ferner den Einfl. der Abkühlungsgeschwindigkeit auf das Diagramm des krist. S u. vergleicht seine Ergebnisse mit früheren Unterss. anderer Autoren. (Physica **20.** 124—28. Febr. 1954. Delft, TH, Labor. voor techn. physica.) R. Stein. 186

H. Richter, G. Breitling und **F. Herre,** *Struktur des glasigen B_2O_3.* Atomverteilungskurven aus Streuverss. mit Röntgenstrahlen lassen beim glasigen B_2O_3 weitgehend geordnete Verknüpfung der BO_3-Gruppen erkennen, die zu B_2O_3-Schichten mit krist. Bauweise aneinandergeschlossen u. in kürzestem Schichtabstand $r_{K_1} \sim 1{,}85$ Å übereinandergelagert sind (graphitähnliche Struktur). (Naturwissenschaften **40.** 482—83. Sept. 1953. Stuttgart, TH, Röntgeninst., u. Max-Planck-Inst. für Metallforsch., Inst. für Metallphysik.) Wannagat. 188

Hans Kleinknecht, *Silicium-Einkristallstäbe.* Beschreibung einer Methodik zur Züchtung von ca. 10 cm langen u. einige mm dicken Si-Einkristallen in Quarztiegeln u. in H_2 nach dem Czochralski-Verfahren. Im allg. liegt die Stabachse in Richtung (1 1 0). In der Mantellinie erscheinen spiegelnde Facettenflächen (1 1 1). (1 1 1) ist häufig Zwillingsebene. Mit der Kristallisation ist eine sehr wirksame Reinigung verbunden; nur Cu ist offenbar auch im Kristall gut löslich. Der Leitungstyp ist am Anfang der Kristalle p, dann fast bis zum Ende n, u. am Ende wieder p. (Naturwissenschaften **39.** 400—01. Sept. 1952. Stuttgart, TH, Inst. für Theoret. u. Angew. Phys.; Nürnberg, Süddeutsche Apparatefabrik, Standard-Labor.) H. C. Wolf. 190

D. Patterson, *Die Wirkung einer Verunreinigung durch Citrationen auf Größe und Tracht von Calciumphosphatkristallen.* In Analogie zu der bekannten Trachtänderung von $CaSO_4$ durch Citrationen wird der Einfl. derselben auf die Tracht von $Ca_3(PO_4)_2$ untersucht. Steigender Zusatz von Citronensäure zur Lsg., aus der Ca_3PO_4 ausgefällt wird, vermindert die Menge des Kristallisats, bei sehr starkem Zusatz (ca. 20%) fällt gar nichts mehr aus. Die gebildeten Kristalle werden bei wachsendem Zusatz kleiner u. weniger gut ausgebildet. Vf. nimmt an, daß die Kristallgröße von Ca-Phosphat in Knochen ebenfalls von deren Citronensäuregeh. abhängt. (Nature [London] **173.** 75—76. 9/1. 1954. McGill Univ., Dep. of Anatomy.) H. C. Wolf. 190

Hans Bode und **Günther Teufer,** *Die Kristallstruktur des wasserfreien Natriumhexafluorophosphats.* $NaPF_6 \cdot H_2O$ krist. als Monohydrat rhomb. mit pseudohexagonalem Habitus; es läßt sich leicht entwässern. Von dem wasserfreien Salz werden u. a. Pulveraufnahmen mit einer fokussierenden Zählrohrapp. hergestellt. $NaPF_6$ krist. kub.; die Gitterkonstante beträgt 7,16 Å. Aus dem Vgl. der berechneten D. von $2{,}53_5$ mit der pyknometr. bestimmten D. von 2,505 folgt Z = 4. Die Struktur wird in Anlehnung an die des KPF_6 (vgl. C. **1952.** 2473) hergeleitet. Die F-Atome besetzen 1/8 der 192-zähligen Punktlagen der Raumgruppe O_h^5 mit $x = 0{,}20$, $y = 0{,}04_0$ u. $z = -0{,}03_5$, so daß die PF_6-Baugruppen jeweils 8 verschied., ungeordnet über das Gitter verteilte Lagen einnehmen können. Atomabstände im Gitter sind: P—F = 1,58 u. Na—F = 2,34 Å; der kürzeste F—F-Abstand beträgt 2,80 Å. Beim Erhitzen von $NaPF_6$ tritt bereits unterhalb 100° Zers. ein, so daß durch Tempern keine Erhöhung des Ordnungszustandes möglich ist. Der Zusammenhang der ungeordneten Verteilung der PF_6-Gruppen mit dem Molvol. wird diskutiert. (Z. anorg. allg. Chem. **268.** 20—24. April 1952. Hamburg, Chem. Staatsinst.) Krönert. 195

Lothar Sieg, *Über die Struktur des AgJ.* Im Vakuum sublimiertes AgJ zeigt bei gewöhnlicher Temp. Zinkblendestruktur. Behandelt man AgJ bei Tempp., bei denen α-AgJ stabil ist, mit J-Dampf, so daß gegenüber dem sublimierten Präp. ein Überschuß von $5 \cdot 10^{-4}$ an „freiem" J enthalten ist, so zeigt es bei gewöhnlicher Temp. Wurtzitstruktur. Bei Entfernung des überschüssigen J erscheint wieder die Zinkblendestruktur. Es werden hier also die Stabilitätsgebiete der Phasen durch kleine Abweichungen von der stöchiometr. Zus. stark beeinflußt. (Naturwissenschaften **40.** 439. Aug. 1953. Darmstadt, TH, Eduard Zintl-Inst.; Göttingen, Univ., Inst. für Phys. Chem.) H. C. Wolf. 195

Sten Samson, *Kristallstruktur der intermetallischen Verbindung* $Mg_3Cr_2Al_{18}$. Auf Grund der Drehkristallaufnahmen mit CuK_α-Strahlung bestimmt Vf. die von ERDMANN-JESNITZER (Aluminium-Arch. **1940.** 29) im Syst. Mg—Cr—Al gefundene E-Phase. Diese kann eine Zus. zwischen $Mg_3Cr_2Al_{25}$ u. $Mg_3Cr_{1,3}Al_{15}$ haben. Die ideale Zus. liegt bei $Mg_3Cr_2Al_{18}$, Raumgruppe O_h^7 — F d 3m; a = 14,55 Å, $D_{\cdot exp.}$ 2,80, $D_{\cdot r\ddot{o}ntg.}$ 2,86. In der beschriebenen Struktur haben die Al u. Cr-Atome die Koordinationszahl 12, die größeren Mg-Atome die Koordinationszahl 14 oder 16. Die Atomabstände betragen Mg—Mg = 3,15 Å, Mg—Al = 3,10—3,22 Å, Al—Al = 2,72 bis 2,90 Å, Al—Cr = 2,58—2,78 Å. Auf (1/4, 1/4, 1/4) befinden sich 6 Al an den Spitzen eines Oktaeders, außerhalb dieser Gruppe sind 4 Cr als Tetraeder angeordnet. Jedes dieser Atome ist von zwei solchen 10atomigen Komplexen umgeben. Die auf (1/2, 1/2, 1/2) befindlichen Mg sind von einer Schale aus 12 Al in der Form eines verzerrten Tetraeders umgeben, verbunden durch 4 Sechsecke u. 4 gleichseitige Dreiecke. Gegenüber dem Mittelpunkt der Sechsecke sind 4 Mg als Tetraeder angeordnet, die jeweils zu zwei solchen 17atomigen Komplexen gehören. (Nature [London] **173.** 1185—86. 19/6. 1954. Pasadena, Calif., California Inst. of Technol., Gates and Crellin Labors. of Chem.)
SIEWERT. 197

G. Nagorsen und **H. Witte,** *Die Kristallstruktur des* $Mg_6Si_7Cu_{16}$. In Fortführung einer früheren Arbeit von WITTE (Z. angew. Mineralog. [1] **3.** [1938.] 267) wurde die Struktur der intermetall. Phase $Mg_6Si_7Cu_{16}$ mit Hilfe von Pulver-, Drehkristall- u. WEISSENBERG-Aufnahmen bestimmt. Die Substanz krist. kub.-flächenzentriert in der Raumgruppe O_h^5 — F m3m, ihre Elementarzelle hat die Kantenlänge 11,65 ± 0,02 Å u. enthält 116 Atome, die folgende Punktlagen besetzen: Si die Punktlagen 4(a) u. 24(d); Mg die Punktlage 24(e) mit x = 0,288; Cu zweimal die Punktlage 32(f) mit $x_{Cu\,I}$ = 0,121 u. $x_{Cu\,II}$ = 0,334. Die D. ergab sich im Mittel zu 5,57 ± 0,05 g/cm³. Die von FLORIO, RUNDLE u. SNOW (Acta crystallogr. [Copenhagen] **5.** [1952.] 449) beschriebene Kristallstruktur des Th_6Mn_{23} ist mit der des $Mg_6Si_7Cu_{16}$ isotyp. (Z. anorg. allg. Chem. **271.** 144—49. Febr. 1953. Darmstadt, TH, Eduard-Zintl-Inst. für anorg. u. physik. Chem.)
R. STEIN. 197

D. L. Dexter, *Die Kleinwinkelstreuung von Röntgenstrahlen von kaltbearbeiteten festen Substanzen.* Die Kleinwinkelstreuung von Röntgenstrahlen von kaltbearbeiteten Kristallen wurde unter Zugrundelegung von zwei Modellen berechnet, nach denen die Streuung vorherrschend von der Dichteänderung herrührt, die entweder durch kleine Hohlräume oder Versetzungen vom Kantentyp verursacht wird. Die Streuung durch die Hohlräume in einem gleichförmigen Medium der D. n ist annähernd die gleiche der von Teilchen der D. n von derselben Größe wie die Hohlräume. Die gestreute Intensität zeigt die übliche GAUSS-ähnliche Abhängigkeit von dem Streuwinkel. Um Versetzungen vom Kantentyp andererseits ist die Dichteänderung proportional sin ξ/r, wo ξ den von der Gleitrichtung in der Ebene senkrecht zu der Versetzungslinie gemessenen Winkel u. r den Abstand von der Versetzungslinie bedeutet. Die Streuung zeigt eine parabol. Zunahme von Null bei kleinen Winkeln, ein Maximum u. endlich eine monotone Abnahme mit größer werdendem Streuwinkel. Es ist demnach ein hoher Grad von Anisotropie in der Streuung vorhanden, der von der Richtung des einfallenden Strahles relativ zu den Gleit- u. Versetzungsachsen abhängt. Es wird gezeigt, daß Vielfachstreuung von einer Reihe von Versetzungen, auch in dicken Proben, zu vernachlässigen ist. Die Theorie wurde mit den Ergebnissen von Unterss. von BLIN u. GUINIER (vgl. C. R. hebd. Séances Acad. Sci. **233.** [1951.] 1288) an kaltbearbeitetem *Cu* verglichen; es wurde geschlossen, daß es nicht möglich ist, ihre Ergebnisse durch Versetzungen zu erklären. (Physic. Rev. [2] **90.** 1007—12. 15/6. 1953. Rochester, N. Y., Univ., Inst. of Optics.)
GOTTFRIED. 197

Klaus Janssen, Eduard Houdremont und **Werner Jellinghaus,** *Seigerungserscheinungen an Nickelstählen.* Im Syst. Fe—Ni—C wird das Perlitdreiphasengleichgewicht durch Ni zu tieferen Tempp. verschoben. Legierungen, die nach einer Vorbehandlung bei hohen Tempp. das Legierungselement in gleichmäßiger Verteilung enthalten, erfahren durch langzeitiges Glühen zwischen 550 u. 650° eine unvollständige $\alpha \rightarrow \gamma$-Umwandlung. Der C-Geh. eines Stahles mit 5% Ni wird bei diesen Tempp. nur teilweise aufgelöst; bei 7% Ni dagegen wird C fast vollständig von den Ni-reichen γ-Kristallen aufgenommen. Schreckt man nach der Entmischungsbehandlung ab, so bleibt der C des Stahles mit 7% Ni fast ganz in Lsg., die Ni-reichen γ-Kristalle bleiben zum Teil erhalten, zum anderen Teil wandeln sie sich in Martensit um, wobei die Martensitpunkte tief, zum Teil unterhalb Raumtemp. liegen. Der bei 20° verbliebene Restaustenit kann mit oder ohne vorherige Tiefkühlung u. Martensitbldg. durch Anlassen zur Carbidausscheidung u. -umwandlung in Ferrit gebracht werden. Bei der Erwärmung der geseigerten u. angelassenen Stähle tritt eine stufenweise $\alpha \rightarrow \gamma$-Umwandlung auf; die Ni-reicheren α-Kristalle gehen bei tieferer Temp. in den γ-Zustand über als die Ni-armen. Kurzzeitiges Erwärmen auf 780° hebt die Seigerungen nicht auf. Durch Abkühlen von 780° mit 120°/Min. werden bei beiden Stählen die Ni-armen Kristalle in α-Kristalle umgewandelt, u. zwar bei Tempp., die höher liegen als bei den nichtentmischten Stählen. Die Umwandlung der Ni-reichen γ-Kristalle wird bei dieser Abkühlungsgeschwindigkeit beim Stahl mit 5% Ni teilweise, beim Stahl mit 7% Ni nahezu vollständig unterdrückt. Durch große Anteile an Ni-reichen γ-Kristallen tritt wenig oberhalb Raumtemp. Martensitumwandlung ein. Ein 2std. Glühen bei 950° führt bei beiden Stählen zu einer Verminderung, aber noch nicht zum völligen Verschwinden der Seigerung; ein gleichlanges Glühen bei 1150° hebt die Seigerung auf. An Ni-Stählen absichtlich herbeigeführte Seigerungen heben sich im Gefüge deutlich hervor, bes. die Bldg. kleiner Austenitmengen, die durch langzeitiges Glühen im Temperaturgebiet zwischen 550 u. 650° entstehen. (Arch. Eisenhüttenwes. **24.** 323–32. Juli/Aug. 1953. Düsseldorf, Max-Planck-Inst. für Eisenforschung.) HOCHSTEIN. 197

John S. Rinehart, *Das Brechen von Metallen bei stoßartigem Angriff: Mehrfachbruch.* Fortführung der C. **1952.** 7247; **1953.** 5785 beschriebenen Verss. über das Brechen von Metallen durch sehr heftigen Stoß, wobei speziell auf das Auftreten von Mehrfachbrüchen eingegangen wird. Letztere treten dann auf, wenn der auf die Oberfläche treffende Stoß der Stärke S_1 mehr als doppelt so groß ist wie die n. Bruchspannung S_2. Die Zahl der Bruchstellen ist gleich der ersten ganzen Zahl, die kleiner als S_1/S_2 ist. (J. appl. Physics **23.** 1229–33. Nov. 1952. Inyokern, China Lake, Calif., U. S. Naval Ordnance Test Stat.) FUCHS. 200

A₇. Gleichgewichte. Kinetik.

Franz A. Posey und **Henry Taube,** *Mechanismus der Aquotisierung von Carbonatokomplexionen.* Zur Klärung der sich widersprechenden Angaben in der Literatur unternahmen Vff. eine Tracerunters. der Rk. $[Co(NH_3)_4CO_3]^+ + H_2O + 2H^+ \rightarrow [Co(NH_3)_4(H_2O)_2]^{3+} + CO_2$. Zur Erhärtung ihrer Untersuchungsbefunde wurde die Isotopenzus. des nach der Rk. entstehenden CO_2 geprüft. Nach allem verläuft die Rk. in 2 Stufen: $[Co(NH_3)_4CO_3]^+ + H^+ + H_2O \rightarrow [Co(NH_3)_4H_2OCO_3H]^{2+}$ u. $[Co(NH_3)_4H_2OCO_3H]^{2+} \rightarrow [Co(NH_3)_4(H_2O)(OH)]^{2+} + CO_2$. In der 1. Stufe wird die Co–O-Bindung gelöst u. H_2O angelagert. In der 2. Stufe spaltet dann das aktivierte Mol. $[Co(NH_3)_4H_2OCO_3H]^{2+}$ die C–O-Bindung. Für die ähnliche Rk. $[Co(NH_3)_5 \cdot CO_3]^+ + 2H^+ \rightarrow [Co(NH_3)_5H_2O]^{3+} + CO_2$ (dazu vgl. HUNT, RUTENBERG u. TAUBE, C. **1954.** 492) nehmen Vff. in Analogie die intermediäre Bldg. eines aktivierten Komplexes $[Co(NH_3)_5CO_3H]^{2+}$ an, von dem sie vermuten, daß sich das Proton am Co–O–C-Brückensauerstoff befindet. (J. Amer. chem. Soc. **75.** 4099–4101. 20/8. 1953. Chicago, Ill., Univ. of Chicago, Dep. of Chem.) PLUST. 223

Fred Basolo und **William R. Matoush,** *Konfigurationsänderungen von einigen Nickel (II)-Komplexen.* Die Annahme von WILLIS u. MELLOR (C. **1947.** E. 11), daß der Paramagnetismus von Lsgg. vorher diamagnet. Ni(II)-Verbb. a) durch Dissoziation des Komplexes, b) durch Bldg. eines oktaedr. Komplexes mit d^2sp^3-Bindungen u. c) durch Umlagerung zu einem tetraedr. Komplex mit sp^3-Bindung verursacht wird, wurde von Vff. experimentell untersucht, indem sie diamagnet. Ni(II)-Komplexe (Liganden: Salicylaldehyd, 8-Oxychinolin, Salicylaldoxim, N-Methylsalicylaldimin, N-Phenylsalicylaldimin, Formylcampheräthylendiamin, Salicylaldehyd-o-phenylendiimin, Salicylaldehydäthylendiimin, Salicylaldimin, Dimethylglyoxim u. Xanthogensäure) mit wasserfreiem Pyridin (I) reagieren ließen. Es konnten so paramagnet. krist. Verbb. mit 6zähligem Ni(II) erhalten werden, die auf einen vorher diamagnet. Komplex zwei I enthielten. Bei Entfernung des I konnten die ursprünglichen, diamagnet. Kombinationen zurückerhalten werden. I ließ sich aus Komplexen, die vorher diamagnet. waren, leicht abspalten, während dies bei von vornherein paramagnet. Komplexen weniger gut ging. Die Tatsache, daß Komplexe mit mehreren Chelatringen eine geringere Tendenz zur Koordinierung von I haben, ist nicht zu deuten. Daß die Bldg. der gefundenen 6zähligen Ni(II)-Komplexe leichter mit tetraedr. als mit planaren 4zähligen Ni(II)-Komplexen vor sich geht, erklärt sich dadurch, daß für die Umwandlung der $3d4sp^2$-Bindung in das $4sp^3d^2$-Hybrid eine wesentlich größere Energie nötig ist als für die Umwandlung $4sp^3$ in $4sp^3d^2$. Zwischen der magnet. Susceptibilität von Ni(II)-Lsgg. in den Methylbenzolen u. der Basenstärke dieser Lösungsmittel konnte keine Beziehung gefunden werden. Demnach rührt der Paramagnetismus solcher Lsgg. entgegen dementsprechender I-Lsgg. vermutlich nicht von der Bldg. 6zähliger Komplexe sondern von einer Umwandlung der Komplexe der planaren in die tetraedr. Konfiguration her. (J. Amer. chem. Soc. **75.** 5663—66. 20/11. 1953. Evanston, Ill., Northwestern Univ., Chem. Labor.) PLUST. 223

Kurt E. Shuler, *Adiabatische Wechselwirkungsregel für Reaktionen, an denen mehratomige Zwischenkomplexe beteiligt sind, und ihre Anwendung auf die Bildung von $OH(^2\Sigma^+)$ in der H_2–O_2-Flamme.* Ausgehend von einer Aufstellung der Wechselwirkungsregeln für den Elektronenumlauf u. den Spin, die zur eingehenden Unters. von elementaren chem. Rkk. geeignet sind, werden die mannigfachen, aus den verschied. Elektronenzuständen der Reaktionspartner gebildeten Reaktionsprodd. berechnet. Dabei spielen die Symmetrieeigg. der Partner, der bei der Rk. entstandenen Zwischenkomplexe u. der Reaktionsprodd. eine wesentliche Rolle. Der Einfl. der Konfigurationsänderung des Zwischenkomplexes u. der Kopplung zwischen den Elektronen- u. Atomschwingungen auf die einzelnen Wechselbeziehungen wird näher behandelt. Liegen nur einatomige Reaktionspartner (einschließlich der Zwischenprodd.) vor, so treten nur die Elektronenbeziehungen auf, während bei mehratomigen Partnern auch die Einflüsse der Schwingungen zu berücksichtigen sind. Die theoret. Betrachtungen werden angewendet auf die beiden Rkk. $H + O_2 \rightarrow [HO_2] \rightarrow OH^* + O$ u. $O + H_2 \rightarrow [OH_2] \rightarrow OH^* + H$ (Bldg. des angeregten, in $^2\Sigma^+$ befindlichen OH-Radikales in H_2–O_2-Flammen). Vf. nimmt an, daß die (strahlungslose) Wechselwrkg. zwischen den Komplexen für die Bldg. von $OH(^2\Sigma^+)$ verantwortlich zu machen ist. Die beiden genannten Rkk. lauten daher ausführlicher $H(^2S_g) + O_2(^3\Sigma_g^-) \rightarrow HO_2 \cdot (^2A'') \rightarrow OH(^2\Sigma^+) + O(^3P_g)$ bzw. $O(^3P_g) + H_2(^1\Sigma_g^+) \rightarrow OH_2(^3A'') \rightarrow OH_2(^1A') \rightarrow OH \cdot (^2\Sigma^+) + H(^2S_g)$. (J. chem. Physics **21.** 624—32. April 1953. Silver Spring, Md., Johns Hopkins Univ., Appl. Phys. Labor.) FUCHS. 225

Paul Stright und **Joseph D. Danforth,** *Der Einfluß von Lithiumhydroxyd auf die Aktivität von Crackkatalysatoren.* Vff. untersuchten den Einfl. des Zusatzes von LiOH auf die Crackwrkg. von 4 Katalysatoren (**I** bestehend aus 89,5% SiO_2, 10,0 Al_2O_3, 0,5 H_2O; **II** aus 86,2 SiO_2, 9,4 ZrO_2, 4,3 Al_2O_3; **III** aus 31 MgO, 68 SiO_2, 0,68 Al_2O_3, ferner geringe Mengen an Fe_2O_3, CaO u. Na_2O; **IV** aus 11,8 B_2O_3, Rest Al_2O_3). Die Verss. wurden bei 500° unter Verwendung von *Cetan* (**V**) ausgeführt. In allen Fällen wird die Aktivität (ausgedrückt durch die aus **V** entwickelte Gasmenge) durch LiOH vermindert. Die zu einer nur 10%ig. Umsetzung von **V** erforderliche LiOH-Menge ist ein Maß für die in **I**—**IV** enthaltene katalyt. wirksame Säuremenge. Eine weitere Erhöhung der LiOH-Menge ist ohne Einfl. auf die Aktivität. Ein so inaktiviertes **I** zeigt jedoch eine nur wenig veränderte Aktivität bei der Spaltung von *Isopropylbenzol* (Verss. bei 475°) u. sogar eine erhöhte Aktivität bei der Spaltung von *Diisobutylen* (Verss. bei 400°). Ähnlich wie LiOH wirkt sich auch KOH auf die Spaltung von **V** aus, doch ist der Vergiftungseffekt von KOH stärker. (J. physic. Chem. **57.** 448—52. April 1953. Grinnel, Io., Coll., Dep. of Chem.) FUCHS. 227

Marvin F. L. Johnson und **Herman E. Ries jr.,** *Die Struktur von Kobaltkatalysatoren auf Diatomeenerde als Träger.* Im Anschluß an eine frühere Arbeit (C. **1949.** E. 679) über die Trägerstruktur führen Vff. Flächenmessungen nach der BET-Meth. u. Reduktionsverss. an verschied. Co-Trägerkatalysatoren aus, die auf eine Katalysatorträger-Rk. im Falle einer Co-Oxydfällung in Ggw. von Diatomeenerde hinweisen. Aus den Adsorptions- u. Desorptionsisothermen ergibt sich eine große Oberfläche des Katalysators in kleinen Poren von 21—22 Å Porendurchmesser. Die Ursache hierfür ist eine Rk. des koll. Silicates mit dem Kobaltion. Die Katalysatoroberfläche durchläuft bei 38% Co-Geh. des Katalysators ein Maximum. Die Messung der Abhängigkeit der Oberfläche von der Sintertemp. weist ebenfalls auf einen Co–Silicat-Komplex hin wegen der Verschiedenheit der Sinterkurve von der reinen Co-Oxyds u. von Silicagel. Die Red. mit H_2 zu metall. Co ist selbst bei 358° noch verschwindend gering. Orientierende Verss. weisen auf eine Ähnlichkeit der Porenstruktur beim Eisenoxydkatalysator auf Diatomeenerde als Träger hin. (J. physic. Chem. **57.** 865—73. Dez. 1953. Harvey, Ill., Sinclair Res. Labor.) GUIDO HARTMANN. 227

O. W. Krylow, Ss. S. Roginski und **I. I. Tretjakow,** *Über die Natur der Aktivierung des Palladiums durch Knallgas.* (Vgl. C. **1954.** 5029.) Die Auflockerung der Oberfläche des bei der Knallgas-Rk. als Katalysator verwendeten Pd erfolgt bereits bei niedrigerer Temp. als bei Pt u. kann zur Ausbildung eines so starken Reliefs führen, daß es schwer wird, Proben für elektronenmkr. Unters. zu nehmen. Ursache der Aktivierung ist auch hier die ohne Veränderung des Reliefs stattfindende O_2-Absorption. Die durch die Aktivierung bedingte Zunahme der Geschwindigkeitskonstanten ist größer als bei Pt u. erreicht das 10fache. Neue Phasen sind auf der Oberfläche nicht zu beobachten. Vermutlich entspricht dem Maximum der Aktivität eine der monomol. Schicht nahestehende O_2-Aufnahme. (Доклады Академии Наук СССР [Ber. Akad. Wiss. UdSSR] [N. S.] **92.** 75—76. 1 Tafel. 1/9. 1953.) R. K. MÜLLER. 227

B. Anorganische Chemie.

L. F. Audrieth, Ervin Colton und **Mark M. Jones,** *Bildung von Hydrazin aus tert.-Butylhypochlorit und Ammoniak.* In Anlehnung an die Hydrazinsynth. nach RASCHIG erzeugten Vff. N_2H_4 aus einer 0,5 mol. Lsg. von tert.-Butylhypochlorit (**I**) u. wss. NH_3. Die N_2H_4-Ausbeute steigt mit steigendem Verhältnis NH_3: **I** (bei 1:1 Bldg. von NH_2Cl; bei 300:1 70% N_2H_4). Um störende Spuren schwerer Metallkationen, bes. Cu^{2+}, zu beseitigen, dient ein geringer Zusatz von Gelatine. Ein Zusatz von NaOH oder KOH gewährleistet eine gleichmäßige Ausbeute an N_2H_4. Das als Zwischenprod. auftretende NH_2Cl reagiert dann unter N_2H_4-Bldg., wobei $NHCl^-$ als eigentlicher Zwischenträger angesehen werden kann. (J. Amer. chem. Soc. **76.** 1428—31. 5/3. 1954. Urbana, Ill., Univ. of Illinois, Noyes Chem. Labor.) PLUSKAL. 243

Robert E. McCoy, *Beweis für die Bildung von Hydroxylamin als Zwischenprodukt beim Zerfall von Chloramin durch Hydroxyd.* Nach Ansicht des Vf. tritt bei der Zers. von NH_2Cl durch OH^- NH_2OH auf, das sofort mit weiterem NH_2Cl u. OH^- unter Bldg. von NH_3 u. N_2 zerfällt. Vf. weist auf die schnell abklingende Zerfallsgeschwindigkeit von NH_2Cl in $6^2/_3$nNaOH hin (nach 5 Min. 32%, nach 41 Min. nur 38%). Ein Vers. mit Cyclohexan zum direkten Nachw. von NH_2OH führte zu geringer Oximbldg. nach der Neutralisation. (J. Amer. chem. Soc. **76.** 1447—48. 5/3. 1954. Midland, Mich., Dow Chem. Co., Phys. Res. Labor.) PLUSKAL. 243

F. Seel, B. Ficke, L. Riehl und **E. Völkl,** *Über Stickoxydnitrosyl-Salze.* Die von MANCHOT (Z. anorg. allg. Chem. **210.** [1933.] 135) vertretene Hypothese, die beim Bleikammerprozeß zu beobachtende „blaue Säure" sei ein Additionsprod. von NO an Nitrosylschwefelsäure, konnte durch umfangreiche Verss. bestätigt werden. Ganz allg. treten beim Aufpressen von NO auf Lsgg. von *Nitrosylsalzen* (**I**) (z. B. $NO^+ \cdot HSO_4^-$, $NO^+AlCl_4^-$, $NO^+SbCl_6^-$) intensiv blaue Färbungen auf, die beim Abkühlen tief violettrot werden. Die farbgebende Komponente ist das Ion $N_2O_2^+$, von Vff. Stickoxydnitrosylion genannt. Die Umsetzung $NO^+ + NO \rightleftarrows N_2O_2^+$ führt zu einem Gleichgewicht; bei 20 at NO-Druck u. 0° in verd. Lsgg. ist die Hälfte des NO^+ in $N_2O_2^+$ übergeführt. Feste $N_2O_2^+$-Salze sind unbeständiger als ihre Lösungen. So ist bei tiefen Tempp. u. hohen NO-Drucken rotes $[N_2O_2]AlCl_4$ stabil, nicht aber mehr bei Tempp., bei denen seine blauen Lsgg. in fl. SO_2 noch beständig sind. Stickoxydnitrosylsalze bilden sich nur, wenn sich auch NO^+-Salze mit demselben Anion darstellen lassen. $N_2O_2^+$ steht offenbar in enger Beziehung zu den roten Stickoxydaddukten $ON \cdot HCl$, $ON \cdot BF_3$, $ON \cdot SO_3$, $ON \cdot NO^+$; die beiden N-Atome dürften durch eine Einelektronenbindung verknüpft sein. Lsgg. von $N_2O_2^+$ lassen sich auch unter Normaldruck erhalten, wenn man NO aus **I** durch Red. in einem Lösungsm. mit großer Oberflächenspannung (H_2SO_4, sirupöse H_3PO_4) darstellt. — *Stickoxydnitrosylhydrogensulfat,* $[N_2O_2]HSO_4$, darstellbar a) aus NO u. Lsgg. von $NOHSO_4$ in konz. H_2SO_4 unter Druck gemäß $NO + NO^+ \rightarrow N_2O_2^+$; b) durch Red. von $NOHSO_4$ mit SO_2, CH_3OH oder HCOOH in hochprozent. H_2SO_4 oder H_3PO_4 gemäß $2NO^+ + e^- \rightarrow N_2O_2^+$; c) durch Red. von HNO_3 in konz. H_2SO_4 mit NO unter Druck gemäß $NO_2OH + 5NO + 3H^+ \rightarrow 3N_2O_2^+ + 2H_2O$. *Stickoxydnitrosyltetrachloroaluminat,* $[N_2O_2]AlCl_4$, dargestellt aus a) $NOAlCl_4$, in fl. SO_2 mit NO unter Druck; b) aus Al mit NOCl in SO_2 oder NOCl als Lösungsm. gemäß $Al + 4NOCl \rightarrow 2NO + [N_2O_2]AlCl_4$. — NOCl bildet bei NO-Drucken bis zu 20 at kein N_2O_2Cl. (Z. Naturforsch. **8b.** 607—08. Okt. 1953. Würzburg, Univ., Chem. Inst.) WANNAGAT. 243

Margot Goehring und **Dietrich Voigt,** *Über die Schwefelnitride $(SN)_2$ und $(SN)_x$.* (Vgl. C. **1953.** 1774.) $(SN)_4$ wird bei der Sublimation (80°, 10^{-3} Torr) über 300° heiße Silberwolle therm. gespalten. In den bei —80° kondensierten Prodd. fand sich neben wenig S_4N_2 u. wenig blauem Schwefelnitrid *Dischwefeldinitrid,* $(SN)_2$ (**I**) mit 45% Ausbeute. **I** krist. aus —70° kaltem Ae. farblos u. riecht wiederlich. Es ist stark endotherm, zerfällt beim Erwärmen auf 30° oder beim Zerreiben explosionsartig, sublimiert rasch bei 20° u. 10^{-2} Torr, ist bei —70° stundenlang beständig, färbt sich aber bei 20° innerhalb 10 Min. dunkel unter langsamer Polymerisation zu $(SN)_4$ (33%) u. $(SN)_x$ (**II**) (67%). Auch Lsgg. in Bzl. u. Ae. zers. sich unter Gelbfärbung u. Abscheidung einer schwarzen Substanz. **I** wird von W. nicht benetzt, durch 0,01nNaOH zu NH_3, $S_3O_6^{2-}$ u. $S_2O_3^{2-}$ hydrolysiert, mit $Ni(CO)_4$ liefert es sofort $Ni \cdot (NS)_4$. **II** ist recht beständig, krist., sieht messingähnlich

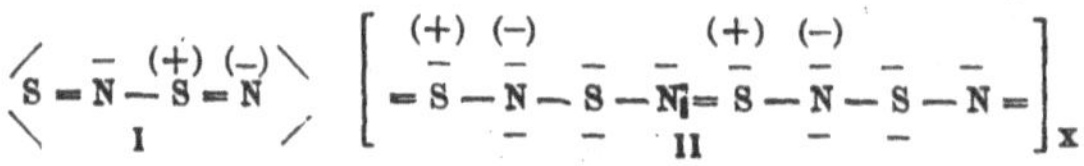

glänzend, in dünner Schicht blau aus, ist unlösl. in organ. Lösungsmitteln u. W. u. zeigt elektr. Halbleitereigenschaften. (Naturwissenschaften **40.** 482. Sept. 1953. Heidelberg, Univ., Chem. Inst.) WANNAGAT. 253

Egon Wiberg und **Ulrich Krüerke,** *Über die Spaltung der Silicium–Sauerstoff-Bindung durch Borhalogenide.* 1. Mitt. *Einwirkung von Borhalogeniden auf Kieselsäureester.* Bor- u. Alkylborhalogenide R_nBX_{3-n} (n = 0, 1, 2) reagieren bereits bei tiefer Temp. lebhaft mit Kieselsäure- u. Alkylkieselsäureestern $R_nSi(OR)_{4-n}$ (n = 0, 1, 2, 3) nach dem allg. Schema $=B-X + RO-Si\equiv \rightarrow =B-OR + X-Si\equiv$. Die alternative, energet. benachteiligte Umsetzung zu $R-X + =B-O-Si\equiv$ (*Borsäuresilylester*) läßt sich nicht beobachten. BF_3 bildet dabei keine intermediären Anlagerungsverbb. wie mit organ. Äthern ($F_3B\cdot OR_2$), in rascher, exothermer Rk. (Erwärmung auf 80°) entstehen mit *Tetramethoxysilan*, $Si(OCH_3)_4$ (**I**), *Fluormethoxysilane*, $SiF_n\cdot(OCH_3)_{4-n}$, neben *Dimethoxyborfluorid*, $BF(OCH_3)_2$. BCl_3 setzt sich mit *Trimethyläthoxysilan* beim Erwärmen auf 80° mit 95% Ausbeute zu *Trimethylchlorsilan* um: $BCl_3 + 2(CH_3)_3Si(OC_2H_5) \rightarrow BCl(OC_2H_5)_2 + 2(CH_3)_3SiCl$. Da die *Äthoxymethylsilane*, $(CH_3)_nSi(OC_2H_5)_{4-n}$ (**II**), ihrer größeren Dampfdruckunterschiede wegen viel leichter als die *Methylchlorsilane*, $(CH_3)_nSiCl_{4-n}$ (**III**), in ihre Einzelglieder zerlegt werden können, empfiehlt sich die laboratoriumsmäßige Darst. von **III** aus **II** mit BCl_3. BBr_3 reagiert bereits bei Raumtemp. heftig, bisweilen unter Entzündung, mit **I** bzw. Tetraäthoxysilan zu *Borsäuremethyl-* (bzw. *äthyl-*) *ester* u. *Tribrommethoxy-* (bzw. *äthoxy-*)*silan*: $Si(OCH_3)_4 + BBr_3 \rightarrow SiBr_3(OCH_3) + B(OCH_3)_3$. Trimethyläthoxysilan wird bei 50° in das zugehörige Bromderiv. (Ausbeute 95%) übergeführt: $2(CH_3)_3Si(OC_2H_5) + BBr_3 \rightarrow 2(CH_3)_3SiBr + BBr(OC_2H_5)_2$. BCl_3 ist zu denselben Umsetzungen wie BBr_3 fähig, doch verlaufen die Rkk. gemäßigter. Auch Alkylborbromide wirken bromierend auf Tetraalkoxysilane ein: $CH_3BBr_2 + Si(OCH_3)_4 \rightarrow CH_3B(OCH_3)_2$ (**IV**) $+ SiBr_2\cdot(OCH_3)_2$ u. $(CH_3)_2BBr + Si(OCH_3)_4 \rightarrow (CH_3)_2B(OCH_3)$ (**V**) $+ SiBr(OCH_3)_3$. *Methylborsäuredimethylester*, **IV**, Kp. 53,5°, u. *Dimethylborsäuremethylester*, **V**, Kp. 21,5°, konnten rein gewonnen u. physikal. u. chem. charakterisiert werden. (Z. Naturforsch. **8b.** 608–609. Okt. 1953. München, Univ., Inst. für Anorgan. Chem.) WANNAGAT. 261

Egon Wiberg und **Ulrich Krüerke,** *Über die Spaltung der Silicium–Sauerstoff-Bindung durch Borhalogenide.* 2. Mitt. *Einwirkung von Borhalogeniden auf Silanole.* (1. vgl. vorst. Ref.) Während organ. Alkohole durch *Borhalogenide* (**I**) an der O–H-Bindung unter Bldg. von Borsäureestern u. Halogenwasserstoff ($=B-X + H-O-C\equiv \rightarrow =B-O-C\equiv + H-X$) angegriffen werden, erfolgt die Spaltung von Silanolen durch **I** an der Si–O-Bindung unter Bldg. von Borsäure u. Silylhalogenid ($=B-X + H-O-Si\equiv \rightarrow =B-O-H + X-Si\equiv$). Die Na-Salze der Silanole dagegen reagieren mit **I** oder Alkylborhalogeniden unter Abspaltung von NaCl u. Bldg. von Borsäuresilylestern ($=B-X + Na-O-Si\equiv \rightarrow NaX + =B-O-Si\equiv$). Durch **I** wird die jeweils am stärksten polare Bindung gespalten: $\equiv CO \mid H$, $\equiv Si \mid OH$, $\equiv SiO \mid Na$.

Versuche: 3 Mol *Triäthylsilanol*, $(C_2H_5)_3SiOH$, reagieren mit 1 Mol BBr_3 in benzol. Lsg. unter starker Wärmeentw. quantitativ zu $B(OH)_3$ (weißer Nd.) u. 3 Mol *Triäthylbromsilan*, $Si(C_2H_5)_3Br$ (aus der benzol. Lsg. isolierbar). — *Borsäuretriäthylsilylester*, nach $3(C_2H_5)_3SiONa$ (**II**) $+ BBr_3 \rightarrow 3 NaBr + B[OSi(C_2H_5)_3]_3$ (**III**) in benzol. Lsg. darstellbar, ist eine klare, farblose, ölige, leichtentzündliche Fl. von schwach brenzlichem Geruch, mit W. nicht mischbar, leicht lösl. in KW-stoffen, Ae., Aceton u. wird von heißer NaOH rasch hydrolysiert. *Methylborsäuretriäthylsilylester*, $(CH_3)B[OSi(C_2H_5)_3]_2$, ist analog aus CH_3BBr_2 u. **II** darstellbar u. entspricht in seinen Eigg. der Verb. **III**. (Z. Naturforsch. **8b.** 609–10. Okt. 1953.) WANNAGAT. 263

Egon Wiberg und **Ulrich Krüerke,** *Über die Spaltung der Silicium–Sauerstoff-Bindung durch Borhalogenide.* 3. Mitt. *Einwirkung von Borhalogeniden auf Siloxane.* (2. vgl. vorst. Ref.) Siloxane (Silicoäther) werden durch *Borhalogenide* (**I**) ebenso wie organ. Äther an der Sauerstoffbrücke gespalten: $\equiv Si-O-Si\equiv + BX_3 \rightarrow \equiv Si-X + \equiv Si-O-BX_2$, wobei sich prim. unbeständige Additionsverbb. $BX_3\cdot O(SiR_3)_2$ bilden. Die entstehenden siloxylierten Borhalogenide vermögen je nach Reaktionsbedingung weiteres Halogenosilan abzuspalten oder mit überschüssigem Siloxan unter erneuter Siloxylierung weiterzureagieren: $\equiv Si-O-BX_2 \rightarrow BXO + \equiv Si-X$ bzw. $\equiv Si-O-BX_2 + \equiv Si-O-Si\equiv \rightarrow \equiv Si-O-BX-O-Si\equiv + \equiv Si-X$. Die Si–O–Si-Bindung der Siloxane wird durch **I** leichter gesprengt als die organ. Ätherbindung.

Versuche: BBr_3 bildet mit *Hexamethyldisiloxan* (**II**) bei −40° eine instabile feste Additionsverb., bei Raumtemp. *$(CH_3)_3SiBr$* (**III**) $+ (CH_3)_3SiO-BBr_2$, bei 80° unter Dismutation intermediär gebildeten Boroxybromids ($3 BOBr \rightarrow B_2O_3 + BBr_3$), B_2O_3 u. Trimethylbromsilan: $2 BBr_3 + 3(CH_3)_3SiOSi(CH_3)_3 \rightarrow B_2O_3 + 6$ **III**. — *Hexaäthyldisiloxan* läßt sich in heißer benzol. Lsg. durch BBr_3 in *Bromborsäuretriäthylsilylester* (**IV**), $BrB[OSi(C_2H_5)_3]_2$, farblose Fl., 70°-Tension 0,5 mm, überführen. Beim

Erhitzen mit Methanol bildet **IV** den *Borsäuremonomethyl-bis-triäthylsilylester*, $(CH_3O)B[OSi(C_2H_5)_3]_2$, eine farblose Fl. von schwach esterartigem Geruch, 115°. Tension 2,5 mm. — Dimethylborbromid reagiert mit **II** bei 220° zu **III** u. *Dimethylborsäuretrimethylsilylester*, $(CH_3)_2B-OSi(CH_3)_3$, Kp. etwas >80°, einer in ihren Eigg. an $B(CH_3)_3$ erinnernde Flüssigkeit. — Auch die Ätherbindungen von Polysiloxanen werden durch BBr_3 angegriffen, so ist z. B. Siliconfett BBr_3 gegenüber nicht beständig. (Z. Naturforsch. **8b.** 610—11. Okt. 1953.) WANNAGAT. 261

Tokiti Noda, *Untersuchungen über synthetischen Glimmer.* Zusammenfassender Bericht über Verss. zur Herst. von synthet. Glimmer. Von dem Dreikomponentensyst. Phlogopit–Orthoklas–MgF_2 wurden Proben verschied. Zus. untersucht. Orthoklas wurde auch durch andere Silicate, MgF_2 durch andere Fluoride ersetzt. Die Mischung wurde in Pt-Tiegeln geschmolzen. Von allen Proben wurden Kristallisationstemp. u. -geschwindigkeit gemessen. Eine App. u. verschied. Methoden zur Züchtung größerer Kristalle werden beschrieben. Als Tiegelmaterial diente hierbei meist Graphit, doch mußte in neutraler oder oxydierender Atmosphäre gearbeitet werden, während Graphit reduziert. Die chem. u. opt. Eigg. des synthet. Glimmers werden mitgeteilt. Bei 1200° beginnt er zu zerfallen unter Gasabscheidung (viel SiF_4). Untersucht wurden weiterhin Glimmer, in denen das tetraedr. Al isomorph ersetzt war durch B, Zn, Be oder Fe, das oktaedr. Mg durch zahlreiche, teils färbende Stoffe, u. das kubooktaedr. K des Phlogopits durch Na, Ca, Sr u. Ba. (Bull. chem. Soc. Japan **23.** 40—43. Juli 1950. Nagoya, Univ., Fac. of Engng., Dep. of Appl. Chem.) H. C. WOLF. 282

B. Ja. Rabinowitsch, *Physikalisch-chemische Analyse des Systems Aluminiumchlorid–Acetamid–Wasser.* Nach der Meth. der isomolaren Konzz. wurde die D., die Viscosität u. die elektr. Leitfähigkeit des Syst. $AlCl_3$–Acetamid–H_2O bei 18, 25 u. 35° untersucht. Während die Kurven der D. u. Viscosität eine lineare Abhängigkeit von der Zus. des Syst. aufwiesen, traten auf der Kurve der spezif. Leitfähigkeit bei den Molverhältnissen $AlCl_3 : CH_3CONH_2$ von 1 : 1 u. 1 : 6 Knickpunkte auf. Die Kurve des Temperaturkoeff. der spezif. Leitfähigkeit weist gleichfalls zwei Minima bei den gleichen mol. Verhältnissen auf. Der aus kryoskop. Daten berechnete Dissoziationsgrad für $AlCl_3$ beträgt 0,88, das Mol.-Gew. des Acetamids wurde in der Lsg. zu 53,5 gefunden. Die Instabilität des Acetamid–$AlCl_3$-Komplexes wird durch die Abschwächung der Donatoreigg. des N der Amidgruppe, ferner durch die Ggw. von Carbonyl u. durch die Unmöglichkeit der Bldg. von Verbb. vom innerkomplexen Typus, infolge der schwachen Säureeigg. des Acetamids, gedeutet. (Журнал Общей Химии [J. allg. Chem.] **24** (**86**). 48—52. Jan. 1954. Kiew, Polytechn. Lenin-Orden-Inst.) KLEVER. 294

John D. Corbett und **N. W. Gregory**, *Die Systeme Al_2Br_6–HCl–Al_2Cl_6–HBr und Al_2Br_6–Al_2Cl_6 und Zwischenverbindungen mit gemischten Halogeniden.* Die Halogenaustausch-Rkk. von HCl mit Al_2Br_6 u. HBr mit Al_2Cl_6 wurden untersucht, indem in einer beschriebenen App. das Al-Halogenid bei 24 ± 3 bzw. 40 ± 1 bzw. 70 ± 1° mit dem Halogenwasserstoff bis zur Einstellung des Gleichgewichtes belassen wurde. Die Zus. des Gases u. der feste Rückstand wurden analysiert u. DEBYE-SCHERRER-Aufnahmen angefertigt, die mit Aufnahmen bekannter erhitzter $AlCl_3$–$AlBr_3$-Mischungen verglichen wurden. — Im Syst. HCl–$AlBr_3$ steht der Bodenkörper mit einem $AlCl_3$-Geh. von 18—65 Mol-% im Gleichgewicht mit einer Gasphase von 14,5 Mol-% HCl. Es bildet sich die Phase *$AlBrCl_2$*. Die feste Phase mit 68—70% Chlorid steht im Gleichgewicht mit 100% HCl in der Gasphase. Eine weitere Rk. zu $AlCl_3$ tritt nur sehr langsam ein. — Das Syst. HBr–$AlCl_3$: Im $AlCl_3$-Gitter lösen sich nur ca. 2% HBr. Die „Gleichgewichtsgaszus." beträgt unverändert 13,3% HCl bis zur vollständigen Bldg. von $AlBr_3$. — Bei 40 u. 70° steigen die Löslichkeiten, u. die Bldg. von $AlCl_3$ aus $AlBrCl_2$ + HCl wird beschleunigt. Die Zus. der Gasphase der invarianten Gebiete beträgt im 1. Syst. bei 40° 16,5, bei 70° 20,1 u. im 2. Syst. 19,5 u. 22,2 Mol-% HCl. Es konnte nachgewiesen werden, daß bei höheren Tempp. (140°) eine Zurückverteilung stattfindet. — Das Gitter des $AlBrCl_2$ entspricht dem des $AlCl_3$ mit leicht aufgeweitetem Gitter. Die Aufweitung beträgt ca. 2,5% für a, 2,7 für b u. 3 für c, β = 108,5 statt 108°. Diese Phase konnte aber nicht durch Glühen von $AlCl_3$ + $AlBr_3$-Mischungen verschied. Zuss. erhalten werden (vgl. hierzu C. **1954.** 7357). (J. Amer. chem. Soc. **75.** 5238—42. 5/11. 1953. Seattle, Wash., Univ., Dep. of Chem.) MOSLÉ. 294

J. A. Skarulis, H. A. Horan und **R. Maleeny**, *Das ternäre System Na_2SO_4–$Al_2(SO_4)_3$–H_2O bei 0°.* Vff. bereiteten Mischungen aus wasserhaltigem $Al_2(SO_4)_3$, wasserfreiem Na_2SO_4 u. W. u. untersuchten das bei 0° nach 1 wöchigem Rühren erreichte Gleichgewicht mit Hilfe von Al- u. Na-Analysen. Da mehrfach metastabile Zustände beobachtet wurden, impften Vff. alle Mischungen nach 24 std. Rühren mit einem Na_2SO_4·

10 H_2O-Kristall. Die feste Phase erwies sich als reiner Na–Al-Alaun mit 24 H_2O, der gegebenenfalls mit $Na_2SO_4 \cdot 10\ H_2O$ oder $Al_2(SO_4)_3 \cdot 17\ H_2O$ vermischt war. (J. Amer. chem. Soc. **76.** 1450–51. 5/3. 1954. Brooklyn, N. Y., St. John's Univ., Dep. of Chem.) PLUSKAL. 294

Louis Gordon und **Kenneth J. Shaver,** *Trennung einiger Paare der Seltenen Erden durch Fällung aus homogener Lösung.* Vff. untersuchen die Trennung der an Äthylendiamintetraessigsäure komplex gebundenen Oxalate der Seltenen Erden u. vergleichen die an einigen Paaren der Seltenen Erden der Cergruppe erhaltenen Ergebnisse mit denen, die bei der Fällung mit Methyloxalat erhalten wurden. Es ist kein großer Unterschied im Grad der Trennung nach diesen beiden Verff., obgleich der Grad der Löslichkeit der Oxalate umgekehrt ist. Ebenso wurde die Trennung der Cer- u. Yttriumgruppe am Beispiel Ce–Y untersucht u. gefunden, daß Oxalat in Ggw. des komplexbildenden Reagenses mit der gleichen Wirksamkeit zur Trennung dieser zwei Gruppen verwendet werden kann, wie die „doppelte Sulfatmethode". Diese Arbeit macht es möglich, die Bedingungen zu erkennen, unter denen das komplexbildende Reagens bei der Trennung der Seltenen Erden die größte Wirksamkeit zeigt. (Analytic. Chem. **25.** 784–87. Mai 1953. Syracuse, N. Y., Syracuse Univ.) BRAASCH. 303

Ju. A. Lyssenko und **O. A. Ossipow,** *Physikalisch-chemische Untersuchung der Umsetzung von Titantetrachlorid mit Äthylacetat.* Die Messungen der elektr. Leitfähigkeit der D. u. der Viscosität des Syst. $TiCl_4$–Äthylacetat bei 97 u. 102° ergab die Existenz einer Molekülverb. der Zus. $TiCl_4 \cdot CH_3COOC_2H_5$ im Gegensatz zum $SnCl_4$, das mit 2 Mol des Esters in Rk. tritt. (Журнал Общей Химии [J. allg. Chem.] **24** (**86**). 53–55. Jan. 1954.) KLEVER. 321

A. v. Grosse, *Die Isolierung von Lithiumrhenid.* (Vorl. Mitt.) Wss. Lsgg. von *$KReO_4$* werden durch metall. Li leicht reduziert. Prodd. mit mittleren Oxydationsstufen des Re treten dabei nicht auf, neben unumgesetztem $KReO_4$ (90%) findet sich nur *Lithiumrhenid,* LiRe (**I**). Durch 3–4 malige fraktionierte Kristallisation können beim Einengen der Lsgg. zuerst $KReO_4$ u. dann das als Hauptprod. anfallende $LiOH \cdot H_2O$ abgeschieden werden. Das sehr leicht lösl. LiRe bleibt schließlich — wahrscheinlich als Hydrat — zurück. Es bildet weiße, in dicken Schichten blaßgelbe Kristalle aus, ist gegen O_2 nicht bes. empfindlich u. unter N_2 wochenlang beständig. Durch **I** wird *$BiCl_3$* in wenigen Sek. zu schwarzem Bi, *TlOH* zu schwarzem Tl unter vermutlicher Zwischenbldg. von TlRe, heiße, saure *MnO_4^-*-Lsg. unter Bldg. von ReO_4^- leicht reduziert. *K* reagiert mit Re unter Feuererscheinung, der Nachw. auf Re^- im Reaktionsprod. fällt stark positiv aus. (Z. Naturforsch. **8b.** 533–36. Okt. 1953. Philadelphia, Pa., Temple Univ., Res. Inst.) WANNAGAT. 352

W. Noll und **H. Kircher,** *Synthese des Garnierites.* Vff. stellten reinen, Mg-freien Garnierit durch hydrothermale Rk. im Syst. $NiO–SiO_2–H_2O$ her. Die bei Normaltemp. erhaltenen Gelfällungen aus $NiCl_2$, Wasserglas u. Natronlauge wurden 2–3 Std. bei 300° in gesätt. Wasserdampf (87 kg/cm² Wasserdampfdruck) erhitzt. Die erhaltenen Präpp. wurden röntgenograph. u. elektronenmkr. untersucht u. mit natürlichem Garnierit verglichen. Die Primärteilchen zeigen capillare Struktur mit einem Durchmesser von 100–350 Å u. gleichen den Teilchen des synthet. erhaltenen Chrysotil (vgl. C. **1950.** II. 2046). Röntgenograph. Analysen zeigten, daß die Teilchen eines natürlichen Garnierits morpholog. denen des synthet. Präp. glichen. In Analogie zum Chrysotil schreiben Vff. dem Garnierit ein Gitter aus gebogenen Doppelschichten mit der Struktur $Ni_3(OH)_4[Si_2O_5]$ zu. Chrysotil u. Garnierit sind isotyp. (Naturwissenschaften **39.** 233–34. Mai 1952. Leverkusen, Farbenfabriken Bayer, Anorgan.-wiss. Labor.) HACKSTEIN. 356

Yves Doucet und **J.-Adrien Le Duc,** *Über die Idealität des binären Systems Silbernitrat–Kaliumnitrat.* Das Syst. $AgNO_3–KNO_3$ wird mit Hilfe der therm. Analyse aufgenommen u. der F. des $AgNO_3$ zu 334,17° bestimmt. Ein Eutektikum wurde bei 125° mit einer Zus. von 47,5 g KNO_3 + 100 g $AgNO_3$ (55,6 Mol-% KNO_3) aufgefunden. Für die beiden Kurvenäste gilt $\log N_{AgNO_3} = 1{,}330 - 640{,}9/T + 7\ \varepsilon\,(T)$ u. $\log N_{KNO_3} = 0{,}920 - 558{,}4/T + 5{,}5\ \varepsilon\,(T)$ (N = Molenbruch). Es wurde gezeigt, daß die Lsgg. von KNO_3 in $AgNO_3$ ideal sind u. dem Gesetz von SCHRÖDER-VAN LAAR folgen. (C. R. hebd. Séances Acad. Sci. **237.** 52–54. 6/7. 1953.) MOSLÉ. 359

Y. Doucet, *Über die Idealität des binären Systems Silbernitrat–Kaliumnitrat.* Inhaltlich ident. mit vorst. referierter Arbeit. (J. Physique Radium **14.** 68 S. Dez. 1953. Dijon, Fac. des Sci.) MOSLÉ. 359

Mayce Cannon Sneed and others, Comprehensive inorganic chemistry. V. 1. New York: Van Nostrand. 1953. (243 S., Diagr.) $ 5,—.

C. Mineralogische und geologische Chemie.

J. C. Coldham, *Wanderung von Gold während des Bohrens.* Beim Bohrprozeß wandert das spezif. sehr schwere Metall mit dem Bohrmehl nach der Tiefe, so daß häufig die Unterss. des Bohrkerns u. des Bohrmehls vollkommen verschied. Ergebnisse liefern. Die Werte aus dem Bohrkern sind auf jeden Fall sicherer. (Australas. Inst. Mining Metallurgy, Proc. [N. S.] **1950.** Nr. 156/57. 10—19. März/Juni.) Ensslin. 370

G. Seifert, *Mikroskopische Gefügeuntersuchung des Geschiebemergels.* Einem Geschiebemergel wurden Proben in Ebenen parallel sowie schräg u. senkrecht zu den Scherflächen entnommen u. auf Gefügeregelung untersucht. Neben einem flächigen Parallelgefüge ließen sich lineare Parallelgefüge parallel u. senkrecht zur Eisbewegungsrichtung feststellen. Damit wird der Nachw. erbracht, daß es möglich ist, das Korngefüge auf engstem Raume auch an Geschiebemergeln zu untersuchen. (Naturwissenschaften **39.** 133. März 1952. Kiel, Univ., Geolog.-paläontolog. Inst.) Hiller. 372

A. J. Gaskin, *Geochemie.* Definition des Begriffes und Vorschläge zur Weiterführung der Forschung auf diesem Gebiet in Australien. (Australas. Inst. Mining Metallurgy, Proc. [N. S.] **1950.** Nr. 156/57. 20—25. März/Juni.) Ensslin. 378

Gordon J. F. MacDonald, *Gleichgewichtsbeziehungen in dem System Anhydrit–Gips.* Aufbauend auf der Arbeit von Kelley u. Mitarbeitern (U. S. Dep. Interior, Bur. Mines, techn. Pap. **1941.** 625) berechnet Vf. den Punkt, bei dem *Gips* (**I**), *Anhydrit* (**II**) u. W. bei 1 at Gesamtdruck im Gleichgewicht stehen, zu 40°. Der Einfl. des Druckes auf die Übergangstemp. berechnet sich nach $d P/d T = -135{,}59 - 0{,}043 T + 65{,}17 \log T/\Delta V$, wobei $\Delta V = 6{,}66 cm^3$/Mol **II** im Bereich von 0—50° konstant ist. Der Übergangspunkt liegt bei 500 bar bei 46°. Der Einfl. von Salzlsgg. auf die Übergangstemp. wird auf Grund der Dampfdruckerniedrigung der Lsgg. u. der Änderung der freien Energie untersucht. Daraus berechnet sich, daß in einer 5 mol. NaCl-Lsg. bei 1 at **I** u. **II** bei 21° u. in Seewasser (115‰ Cl) bei 26° im Gleichgewicht stehen. Die Kurve der Abhängigkeit der Entwässerungstemp. von **I** von der NaCl-Konz. wird mitgeteilt u. ebenfalls auf die Druckabhängigkeit dieser Systeme hingewiesen. Diese Berechnungen werden in Beziehung zu geolog. Beobachtungen gesetzt. Die Tiefe der Gipsvorkk. in der Natur ist abhängig von dem Temperaturgradienten, der Zus. des Grundwassers u. dem Verhältnis des lithostat. u. hydrostat. Druckes, der auf die $CaSO_4$-Lager wirkt. (Amer. J. Sci. **251.** 884—98. Dez. 1953. Cambridge, Mass., Harvard Univ., Div. of Geol. Sci.) Moslé. 378

Robert H. Nanz jr., *Genesis des oligozänen Sandsteinlagers, Seeligson Field, Jim Wells und Kleberg Counties, Texas.* Der petroleumführende Sand wurde geolog., physikal. u. chem. untersucht. (Bull. Amer. Assoc. Petroleum Geologists **38.** 96—117. Jan. 1954. Houston, Tex.) Ensslin. 378

C. E. Tilley, *Nephelin-Alkalifeldspat-Paragenese.* In Alkalifeldspatgneisen mit Nephelin u. in *Nephelinsyeniten* mit *Albit* u. *Mikroklin* entspricht die Zus. der Nepheline ziemlich genau den von Buerger bzw. Morozewicz aufgestellten Formeln. Dagegen variiert die Zus. der Nepheline mit der chem. Umgebung in Hochtemperaturvergesellschaftungen mit der *Anorthoklas–Sanidin*-Reihe. Die unterschiedlichen Feldspatoid–Feldspat-Vergesellschaftungen in dem heteromorphen Paare *Phonolith* u. *Nephelingneis* können als Gleichgewichtsreaktionsprozeß in Abhängigkeit von der Temp. aufgefaßt werden: Na-reicher NaK-Nephelin + Anorthoklas → NaK-Nephelin + Albit mit Mikroklin. Im Gneis wird also der Feldspat Na-reicher, der Nephelin K-reicher. (Amer. J. Sci. **252.** 65—75. Febr. 1954. Cambridge, England, Univ.) Hiller. 378

Mitsuru Harada, *Über die Verwitterung von Serpentin in Wakasa-Machi, Präfektur Tottori.* Unters. der Serpentinisierung des *Amphibolits* (**I**) von Wakasa-Machi (mittlere Jahrestemp. 14°, Regenfall 1876 mm) u. der Verwitterung des so entstandenen *Serpentins.* Während der ersteren ausgesprochene Abnahme von Si, Al u. Ca, Zunahme von Mg u. H_2O, bei letzterer Zunahme von Al u. Fe, Abnahme von Mg, wobei dreierlei Böden sich bilden: 1. dunkelgrüne Schicht, zuunterst, grobkörnig, 2. rotbrauner kompakter toniger Mutterboden u. 3. dunkelrotbrauner toniger Oberflächenboden, körnig mit 3,5% Humus. Der Ni-Geh. (0,08%) des **I** steigt durch die Serpentinisierung u. Verwitterung auf 0,14—0,48%. Ni im Boden nimmt mit der Tiefe zu. An Tonmineralien herrscht bei der Verwitterung zuerst *Halloysit,* später *Kaolinit* vor. In der dunkelgrünen Schicht besteht das freie Fe_2O_3 vorwiegend aus Limonit, mit der Verwitterung nimmt das Hämatit-Fe zu. Die Serpentinböden sind nicht reich an austauschbaren Basen, haben jedoch einen hohen oder mäßigen Sättigungsgrad. (J. Sci. Soil Manure, Japan [Nippon Dozyô-Hiryô-Gaku Zassi] **23.** 137—40. März 1953. Tottori, Univ., Liberal Arts Dep. [Orig.: japan.; Auszug: engl.]) SCHULER. 378

Antoine Bonte, *Über die Entstehung des bipyramidalen Quarzes.* Der bipyramidale Quarz in Sedimenten, welcher bis jetzt als sek. Bldg. betrachtet wurde, sind häufig prim. Kristalle, welche bei der Sedimentation aus Tonen entstanden sind. (C. R. somm. Séances Soc. géol. France **1953.** 253—54.) ENSSLIN. 380

W. D. Keller und **E. E. Pickett,** *Hydroxyl und Wasser in Perlit von Superior, Arizona.* Durch Infrarotabsorptionsspektren wurde hydroxyl- u. hydrogengebundenes W. in Perlit festgestellt. Für den Perlit wird als Struktur ein glasartiges Netzwerk von Si, Al–O-Tetraedern angenommen, in das die Kationen eingelagert werden, wobei statist. verteilte H- u. OH-Bindungen auftreten. Letztere sind für die relativ niedrige Verflüssigungstemp. verantwortlich, wenn der Perlit erhitzt wird. Durch das Herausgehen des W. fallen die H- u. OH-Bindungen weg u. an ihre Stelle treten Sauerstoffbrücken. Das bewirkt das plötzliche Ansteigen des F. u. der Viscosität nach der Entwässerung. (Amer. J. Sci. **252.** 87—98. Febr. 1954. Columbia, Miss., Univ., Dep. of Geol.) HILLER. 380

Hans Rechenberg, *Neue Untersuchungen über die Lagerstätte der Grube Bayerland in der Bayerischen Oberpfalz.* Vf. bringt ausführliche Angaben über den Mineralinhalt des Erzkörpers der Grube Bayerland u. über die Petrographie der Nebengesteine. Die verschied. Deutungen der Erzgenese werden diskutiert u. auf Grund eigener Beobachtungen eine hochtemperiert-hydrothermale Erzbldg. angenommen. Zum Vgl. werden kleinere Lagerstätten der Oberpfälzer Kieszone u. das Goldvork. von Neualbenreuth herangezogen. (Neues Jb. Mineralog., Abh. **85.** 395—466. Okt. 1953. Berlin.) HILLER. 380

Charles H. Smith, *Ursprung der Chromitlagerstätten des Bay of Islands Eruptivkomplexes, West-Neufundland.* Der Chromit findet sich in den oberen Schichten der ultrabas. Zone, welche von Bandgabbro überlagert wird. (Econ. Geol. **48.** 408—15. Aug. 1953. Ottawa, Ontario, Can., Geol. Surv. of Canada.) ENSSLIN. 380

M. R. McKeown, *Vorkommen von Zinnerzen in Torington, N. S.W.* In perm. Graniten von Torington tritt an den Kontakten mit einem Kalk neben anderen sulfid. Erzen Zinnstein auf. Da das Vork. nestartig ist, kann nicht mit einer wirtschaftlichen Gewinnung gerechnet werden. (Australas. Inst. Mining Metallurgy, Proc. [N. S.] **1950.** Nr. 156/57. 41—46. März/Juni.) ENSSLIN. 380

Roy W. Simonson und **Curtis E. Hutton,** *Verteilungskurven für Löß.* Entlang zwei Linien in Südwest-Iowa u. Nord-Missouri wurde die Mächtigkeit der Lößschicht gemessen. Die größte Mächtigkeit betrug 1380 inch. Bei Council Bluffs, Iowa, nach Südosten wird die Schicht entsprechend einer Exponentialfunktion dünner u. beträgt nur noch 50 inch in Boone County, Missouri. (Amer. J. Sci. **252.** 99—105. Febr. 1954. Washington, D. C., U. S. Dep. of Agricult., Soil Conservat. Serv.) HILLER. 380

W. A. Macfadyen, *Sandige Gipskristalle von Berbera, Britisch Somaliland.* Es werden Gipskristalle beschrieben, die bis zu 62% ihres Vol. Sand enthalten u. beim Brunnengraben gefunden wurden. Es wird über ihre Entstehung diskutiert u. der Vgl. mit den sogenannten Wüstenrosen angestellt. (Geol. Mag. **87.** 409—20. Nov./Dez. 1950.) HILLER. 380

Torsten Du Rietz, *Zusammensetzung von Strandsanden entlang der Schwedischen Ostküste.* Vf. untersucht 11 Strandsande der Schwed. Ostküste, u. zwar von Luleå, Piteå, Ursviken, Renström, Bjuröklubb, Saluböle, Gotska Sandön, Sandön, Byerum (Öland), Gladsax u. Simrishamn. Es werden die chem. Analyse, die Mineralzus. u. die Teilchengrößenanalyse angegeben. (Geol. Fören. Stockholm Förh. **75.** 381—95. Mai/Okt. 1953.) HILLER. 385

Gerald M. Part, *Vorkommen von Nephelin-Monzonit und verwandten Typen auf den Kapverdischen Inseln.* Nephelin-Monzonit von S. Vicente u. Essexit von S. Tiago auf den Kapverd. Inseln werden an Hand von Dünnschliffen des Brit. Museums beschrieben. (Geol. Mag. **87.** 421—26. Nov./Dez. 1950.) HILLER. 385

Lincoln LaPaz, *Die Entdeckung und Deutung von Nickel-Eisen-Kügelchen in Verbindung mit Meteorkratern.* Vf. weist darauf hin, daß Nickel-Eisen-Kügelchen bei Meteorkratern als verdampfte u. kondensierte Meteormaterie seit langem beschrieben sind. Die Stellen der älteren Literatur werden wörtlich angeführt. (J. Roy. astronom. Soc. Canada **47.** 191—94. Sept./Okt. 1953. Univ. of New Mexico, Inst. of Meteoritics.) HILLER. 388

P. K. Kuroda, P. E. Damon und **H. I. Hyde,** *Radioaktivität des Quellwassers vom Hot Springs National Park und der Umgebung in Arkansas.* Der Rn-Geh. des W. vom Hot Springs National Park wurde neu bestimmt u. mit älteren Messungen verglichen. Mit einer neuen Meth. konnte auch der Tn-Geh. bestimmt werden. Ungewöhnlich hoher Rn-Geh. fand sich im W. von Potash Sulphur Springs (Ark.). Er wird bedingt durch die Nachbarschaft von U-, V- u. Nb-Lagern. Der Geh. des W. von Hot Springs National Park wird auf Ra-haltigen Tuff zurückgeführt. (Amer. J. Sci. **252.** 76—86. Febr. 1954. Fayettville, Ark.) HILLER. 393

Henri-Jean-François Buttgenbach et **J. Mélon,** Les Minéraux et les roches, études pratiques de cristallographie, pétrographie et minéralogie. 8e édition, établie avec la collaboration de **J. Melor.** Paris: Dunod. 1953. (XII+765 S. m. Abb.) fr 5600,—.

D. Organische Chemie.

D_1. Allgemeine und theoretische organische Chemie.

Raymond P. Mariella, Richard R. Raube, J. Budde und **Carl E. Moore,** *Der Effekt der Dielektrizitätskonstante des Lösungsmittels auf die Ultraviolettabsorptionsspektren einiger nichtaromatischer Ketone.* Vff. untersuchten die UV-Absorptionsspektren von *Aceton* (**I**, $Kp._{742}$ 54,8°, $D.^{25}{}_4$ 0,7850, $n_D{}^{25}$ 1,3560), *Methyläthylketon* ($Kp._{746}$ 76,9—77,1°, $D.^{25}{}_4$ 0,8014, $n_D{}^{25}$1,3762), *Methyl-n-propylketon* ($Kp._{745}$101,0°, $D.^{25}{}_4$0,8023, $n_D{}^{25}$ 1,3861), *Methylisobutylketon* ($Kp._{737}$ 112,4—112,6°, $D.^{25}{}_4$ 0,7964, $n_D{}^{25}$ 1,3933) u. *Methylcyclopropylketon* ($Kp._{747}$ 110,1—110,3°, $D.^{25}{}_4$ 0,8938, $n_D{}^{25}$ 1,4224) in W., Dioxan (**II**, F. 10,5°) u. in W.-**II**-Mischungen bekannter DK. im Gewichtsverhältnis 75/25, 50/50 u. 25/75. Mit steigender DK. wächst der log ε-Wert des Absorptionsmaximums bei den genannten Ketonen linear an, wobei jedoch **I** in W. eine Ausnahme bildet. λ_{max} selbst nimmt ab mit steigender Polarität des Lösungsmittels. Vff. diskutieren die Ergebnisse im Hinblick auf die Wechselwrkg. zwischen den Lösungsmittel- u. Ketonmolekülen. (J. org. Chemistry **19.** 678—82. April 1954. Chicago, Ill., Loyala Univ., Dep. of Chem., u. Northwestern Univ., Dep. of Chem.) L. FISCHER. D 118

Fausto Ramirez und **Arthur F. Kirby,** *Geometrische Isomerie und Absorptionsspektren von Dinitrophenylhydrazonen.* (Vgl. J. Amer. chem. Soc. **75.** [1953.] 6026.) Vff. untersuchen die UV- u. Infrarotspektren (in Chlf.) folgender *2.4-Dinitrophenylhydrazone* (DNPP): *Cyclohexanon-, 2-Brom-, 2-Chlor-, 2-Methoxy-, 2-Acetoxy-, 2.2-Dimethyl-, 6.6-Dimethyl-2-brom-, 6.6-Dimethyl-2-methoxycyclohexanon-, Cyclohexen-(2)-on-(1)-, 6.6-Dimethylcyclohexen-(2)-on-(1)-, Acetophenon-, ω-Brom-, ω-Methoxyacetophenon-, Propiophenon-* (**III**), *α-Brom-, α-Methoxypropiophenon-* (**IV**), *Butyrophenon-* (**I**), *α-Brom-, α-Methoxybutyrophenon-* (**II**), *Phenylvinylketon-, Phenylpropenylketon-, Indanon-, 2-Brom-, 2-Methoxy-, 2-Acetoxyindanon-, Tetralon-, 2-Brom-, 2-Methoxy-, 2-Acetoxytetralon-, 2.3-Benzosuberon-, 7-Brom-, 7-Methoxy-, 7-Acetoxy-2.3-benzosuberon-, 2.3-Benzocycloocten-(2)-on-(1)-, 8-Brom-, 8-Methoxy-2.3-benzocycloocten-(2)-on-(1)-, 2.3-Benzocycloheptadien-(2.6)-on-, 2.3-Benzocyclooctadien-(2.7)-on-, 1-Keto-1.2.3.4-tetrahydrophenanthren-, 1-Keto-2-bromtetrahydrophenanthren-, α-Phenylpropionaldehyd-, α-Phenyl-β-methoxypropionaldehyd-, α-Phenylaceton-, α-Phenyl-α-methoxyaceton*-DNP. Einige dieser DNPP treten als syn-anti-Isomere auf, z. B. **IV** (**IVA** bzw. **IVB**). Vff. entwickelten eine Meth. der Konfigurationszuordnung auf Grund folgender Beobachtungen: 1. Die N-H-Valenzfrequenz ist im Infrarotspektr. von **IVA** breiter u. stärker u. ca. 0,1 μ nach längeren Wellen hin verschoben, verglichen mit dem Spektr. des unsubstituierten **III**, in welchem sie die gleiche Lage besitzt wie im Spektr. von **IVB**. In **IVA** müssen demnach die N-H- u. die CH_3O-Gruppe in Wechselwrkg. treten, also auf der gleichen Seite der C=N-Bindung liegen. 2. Das UV-Absorptionsmaximum ist in **IVA**, verglichen mit **III**, um +5, in **IVB** um —16 mμ verschoben; unter der Voraussetzung, daß die hypsochrome Verschiebung einem Konfigurationswechsel an der C=N-Bindung entspricht, wird **III** die syn-Konfiguration zugeordnet. Analoges gilt für **IIA** u. **IIB** in bezug auf **I**. 3. Anti-DNPP, die einen aromat. Ring in Konjugation zur Hydrazongruppe enthalten, zeigen ein zweites, schwächeres Absorptionsmaximum bei 258—260 mμ (log ε = 4,0—4,1), das bei den isomeren syn-DNPP fehlt. Auf dieser Basis konnten für die meisten der untersuchten DNPP die Konfigurationen festgelegt werden. Der Einfl. von α-Substituenten bzw. einer Doppelbindung in α.β-Stellung sowie von Ringgröße u. -gestalt wurde innerhalb einer gegebenen stereochem. Reihe abgeschätzt u. im Hinblick auf Stabilisierung der Anregungs- u. Grundzustände u. auf ster. Hinderung der Resonanz diskutiert. (J. Amer. chem. Soc. **76.** 1037—44. 20/2. 1954. New York, N. Y., Columbia Univ., Dep. of Chem.) J. ROTHE. D 118

Saburo Nagakura und **Akira Kuboyama,** *Dipolmomente und Absorptionsspektren des o-Benzochinons und damit verwandter Substanzen.* Vff. bestimmten die Dipolmomente von *o-Benzochinon* [I; F. 60—70° (Ae.), aus Brenzcatechin] u. *1.2-Naphthochinon* (II; F. 147—148°) in Bzl. zu 5,1 bzw. 5,67 D. Die UV-Spektren von I, II, *p-Benzochinon* (III; F. 116°) u. *1.4-Naphthochinon* [F. 125° (Ae.), aus Aminonaphthol] in Bzl., Chlf. u. teilweise auch in anderen Lösungsmitteln werden angegeben. Ferner wurde die π-Elektronendichte in I u. III bestimmt (vgl. WHELAND u. PAULING, J. Amer. chem. Soc. **57.** [1935.] 2086). Infolge des induktiven Effekts zwischen zwei großen Dipolen, die zu benachbarten Carbonylgruppen gehören, ist der experimentelle Wert des Dipolmoments kleiner als der nach der π-Elektronendichte berechnete (7,5 D für I). Die Absorptionsmaxima im Sichtbaren der untersuchten Chinone verschieben sich mit wachsender DK. des Lösungsm. nach kürzeren Wellenlängen; sie entsprechen daher wahrscheinlich einem n–π^*-Übergang. (J. Amer. chem. Soc. **76.** 1003—05. 20/2. 1954. Meguro-Ku, Tokyo, Japan, Univ., Inst. of Sci. and Technol.)
J. ROTHE. D 118

Walter Neudert und **Horst Röpke,** *Über das physikalisch-chemische Verhalten des Dinatriumsalzes des Adipinsäure-bis-[2.4.6-trijod-3-carboxyanilids] und anderer Trijodbenzolderivate.* (Vgl. PRIEWE u. Mitarbeiter, C. **1954.** 8557.) Vff. untersuchen die UV-Spektren von verschied. Benzolderivv. u. den entsprechenden symm. Trijodbenzolderivv. im Bereich $\lambda > 225$ mμ. Die trijodierten Verbb. zeichnen sich gegenüber den unjodierten Verbb. durch ein stark „vereinfachtes" Spektr. — ein Maximum zwischen 232 u. 238 mμ — u. durch hohe Extinktionen aus. Trijodbenzolderivv. mit einer freien NH_2-Gruppe zeigen ein kleines, zusätzliches Maximum im langwelligen Ultraviolett. — Bes. eingehend untersucht wird das physikal.-chem. Verh. von *Adipinsäure-bis-[2.4.6-trijod-3-carboxyanilid]* (I) u. dessen *Dinatriumsalz* (II, „*Biligrafin*"): a) II ist an der Säureamidgruppe nicht enolisiert; b) **II** zeigt capillarakt. Eigg. (Micellbldg.) u. hat somit Ähnlichkeit mit den Seifen (ausgeprägte dynam. Oberflächenspannungserniedrigung); c) durch Wasserabspaltung aus I (1std. Erwärmen auf 130°) entstehen Molekülaggregate vom 16fachen Mol.-Gew., die koll. Eigg. bedingen, mit Alkali wird die „Poly"-Säure langsam in die n. Form. zurückgeführt. Einzelergebnisse: *Adipinsäure-bis-[2.4.6-trijod-3-carboxyanilid]* (I), ϱ_{20} 2,68 [g/cm³], pK-Wert 3,5; *Dinatriumsalz* (II), n_D^{20} einer Lsg. von 35 g/100 cm³ W. 1,4016. ϱ_{20} 2,60. — Löslichkeiten (g/1000 cm³ Lösungsm.) von I, II u. Li-Salz von I (in gleicher Reihenfolge angeordnet) bei 20° in: W., 0,46, 350, 450; Methanol, 4,4, 14, 65; Tetrahydrofurfurylalkohol, 82, 4, —; Tetrahydrofuran, 12, 4, 3. Löslichkeit von I in den nachst. Lösungsmitteln beim F. (in g/100 g Lösungsm.): Acetamid, 3; Urethan, 0,5; Phenol, 0,3. UV-Spektren (λ_{max} in mμ, ε) von *Bzl.*, λ_{max} 249, $\varepsilon = 130$; λ_{max} 254, $\varepsilon = 180$; λ_{max} 260, $\varepsilon = 110$. (Alle folgenden Verbb. in gleicher Anordnung). *1.3.5-Trijodbenzol,* 232, 36600. *Anilin,* <225, >15000; 235, 6400; 282, 1400. *2.4.6-Trijodanilin,* 229, 31300; (255), (10800); 315, 4300. *Benzoesäure,* <230, >15000; 269, 900; 311, 200. *2.4.6-Trijodbenzoesäure,* 238, 33600. *3-Aminobenzoesäure,* <225, >15000; 240, 8100; 313, 2000. *2.4.6-Trijod-3-aminobenzoesäure,* 230, 31000; (255), (10200); 311, 4100. *3-Aminobenzamid,* <225, >15000; 240, 8700; 309, 1800. *2.4.6-Trijod-3-aminobenzamid,* 233, 30000; (255), (10000); 313, 4100. *3-Acetaminobenzoesäure,* <225, >15000; 243, 13500; 292, 1300. *2.4.6-Trijod-3-acetaminobenzoesäure,* 238, 33500. *3-Carboxyanilinoadipinsäureäthylester,* <225, >15000; 245, 13400; 290, 7200. *2.4.6-Trijod-3-carboxyanilinoadipinsäureäthylester,* 238, 35600. *Oxalsäure-bis-[3-carboxyanilid], Dinatriumsalz,* 229, 24500; 275, 20400. *Oxalsäure-bis-[2.4.6-trijod-3-carboxyanilid],* 238, 66000. *Malonsäure-bis-[2.4.6-trijod-3-carboxyanilid],* 238, 67400. *Bernsteinsäure-bis-[2.4.6-trijod-3-carboxyanilid],* 238, 66800. *Glutarsäure-bis-[2.4.6-trijod-3-carboxyanilid],* 238, 68800. *Adipinsäure-bis-[3-carboxyanilid],* <225, >50000; 245, 30000; 282, 3500. **I**, 238, 68000. *Korksäure-bis-[2.4.6-trijod-3-carboxyanilid],* 238, 65600. *Azelainsäure-bis-[2.4.6-trijod-3-carboxyanilid],* 238, 68700. *Terephthalsäure-bis-[2.4.6-trijod-3-carboxyanilid],* 238, 67000; 275, 9500. *Diglykolsäure-bis-[2.4.6-trijod-3-carboxyanilid],* 238, 66400. *Thiodiglykolsäure-bis-[2.4.6-trijod-3-carboxyanilid],* 238, 66000. (Chem. Ber. **87.** 659—67. 1954. Berlin-West, Schering AG, Hauptlabor.) G. WINKLER. D 118

Paul Pesteil, *Absorption von kristallisiertem Stilben.* (Vgl. C. **1953.** 9425.) Quantitativ wurde in polarisiertem Licht die Absorption dünner Stilbenblättchen gemessen. Die Blättchen waren senkrecht zu den 3 Hauptrichtungen des Indexellipsoids 1, 2 u. 3 bzw. parallel zu den kristallograph. Achsen c', a u. b geschnitten. Die Absorptionskoeffizienten wurden durch photograph. Photometrie ermittelt. Trägt man die erhaltenen Koeffizienten graph. gegen die Wellenlängen auf, dann erkennt man 2 starke Maxima bei ca. 3670 u. 3870 Å; diese Banden treten bes. deutlich bei den Kurven 3(2), d. h. Schwingung des Lichts parallel Achse 3, Fortpflanzungsrichtung in Richtung 2 u. 3(1) auf. Die Absorptionskoeffizienten dieser Banden ändern sich mit der Fortpflanzungsrichtung. Am kurzwelligen Ende des untersuchten Bereichs wird eine sehr starke Bande sichtbar, die bes. klar bei der Kurve 1(2) sichtbar ist u. deren Absorptionskoeff. sich mit der Fortpflanzungsrichtung nicht ändert. Aus einer Diskussion der erhaltenen Kurven ergibt sich, daß die oberhalb 3600 Å gelegenen Kurven Elektronen zuzuordnen sind, die eine Geschwindigkeitskomponente parallel der kleinen Achse des Mol. haben. Die Zone starker Absorption am kurzwelligen Ende des untersuchten Bereichs ist parallel der großen Achse des Mol. schwingenden Elektronen zuzuschreiben. (C. R. hebd. Séances Acad. Sci. **233**. 924–26. 22/10. 1951.)

GOTTFRIED. D 118

Yehuda Hirshberg und **Ernst Fischer,** *Photochromismus und reversible mehrfache innere Umwandlungen in einigen Spiropyranen bei tiefen Temperaturen.* 1. Mitt. Es wurden die Absorptionsspektren einiger Spiropyrane in einem Gemisch von Methylcyclohexan u. PAe. untersucht, die bei ca. –100° mit UV-Licht bestrahlt worden waren. Untersucht wurden die folgenden Verbb.: *2.2'-Spiro-bis-[5.6-benzopyran]*(**I**), *Spiro-2-[5.6-benzopyran]-2'-[β-naphthopyran]* (**II**) sowie deren *3-* u. *3'-Methylderivv.*, *3.3'-Dimethylspiro-2.2'-bis-[β-naphthopyran]* (**III**; R = CH_3), der entsprechende *Dicarbonsäurediäthylester* (**III**; R = $CO_2C_2H_5$) u. das *3.3'-Trimethylenderiv.* (**IV**) sowie *Spiro-2-[1.3.3-Trimethylindolin]-6'-[2'.3'-β-naphthopyran]* (**IV**). Von diesen Verbb. sind

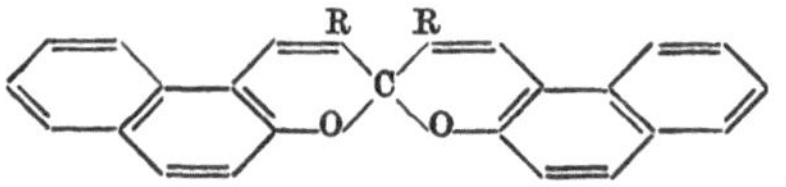

III

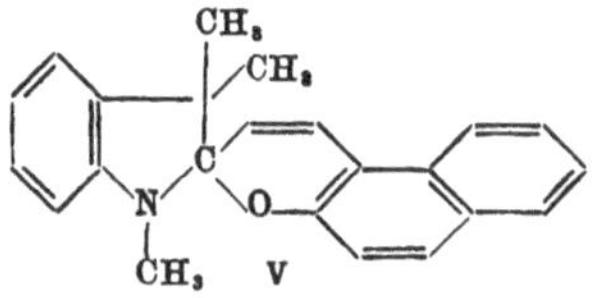

V

II, sein 3-Methylderiv. u. **V** stark thermochrom, während **IV** nur schwache Thermochromie u. die anderen Verbb. keine Thermochromie zeigen. Alle Verbb. mit Ausnahme von **III** (R = CH_3 u. $CO_2C_2H_5$) zeigen ausgesprochene Photochromie, d. h. bei Bestrahlung ihrer Lsgg. mit UV-Licht bei ca. –100° bilden sich intensiv gefärbte Farbstoffe, spektroskop. ident. mit denen, die beim Erhitzen entstehen. Aus der Temperaturabhängigkeit der Geschwindigkeit des spontanen Verschwindens der Farbe wurden für einige Verbb. das krit. Inkrement (E) u. der Frequenzfaktor (log A) der therm. Umkehr zu der farblosen Modifikation geschätzt (**II** [E =] 11,0 u. [log A] = 9,3; 3-Methylderiv. von **II** 13,0 u. 11,3; **V** 18,5 u. 16,7, alle in Methylcyclohexan; **V** in A. 19,3 u. 16,0). Die Umkehr zu der farblosen Form tritt außer durch Erwärmen auch bei Bestrahlung des Farbstoffs mit gelbem Licht ein. Werden die Lsgg. unterhalb –165° mit UV-Licht bestrahlt, dann bilden sich neue Farbmodifikationen, die sich in die oben erwähnten farbigen Formen beim Erwärmen umwandeln. Bei einigen der Verbb. wurden sogar 3 verschied. farbige Modifikationen beobachtet. (J. chem. Soc. [London] **1954**. 297–303. Jan. Rehovoth, Israel, Weizmann Inst. of Sci., Daniel Sieff Res. Inst.)

GOTTFRIED. D 119

E. Elliott Gibbens und **H. A. Zinszer,** *Das Raman-Spektrum von 2-Chlor-2-nitropropan.* Mit einer ausführlich beschriebenen App. wurde das RAMAN-Spektr. von *2-Chlor-2-nitropropan* aufgenommen. (Trans. Kansas Acad. Sci. **55**. 472–76. Dez. 1952. Fort Hays, Kans., State Coll.)

GOUBEAU. D 120

Marie-Louise Josien, Nelson Fuson, James R. Lawson und **Ernest A. Jones,** *Beitrag zur ultrarot- und ramanspektroskopischen Untersuchung von leichter und schwerer Trifluoressigsäure.* Inhaltlich ident. mit der C. **1954**. 2787 referierten Arbeit. (C. R. hebd. Séances Acad. Sci. **234**. 1163–65. 10/3. 1952.)

GOUBEAU. D 120

L. W. Daasch und **Urho E. Hanninen,** *Ultrarotspektren und Struktur der Reaktionsprodukte von Äthanolamin und aromatischen Aldehyden.* (**Vgl.** C. **1952**. **5388**.) Die Ultrarotspektren von *N-[2-Oxyäthyl]-benzalamin* ($C_9H_{11}ON$, F. 22,5–23,5°, $Kp._{1,8}$ 114–115°, n_D^{25} 1,5728) *-2-* ($C_9H_{11}O_2N$, $Kp._{1,6}$ 143–144°, n_D^{25} 1,6049) u. *-4-oxy-* (F. 169–170°), *-2-chlor-* ($C_9H_{10}ONCl$, F. 35–36°, $Kp._{1,6}$ 132–135°, n_D^{25} 1,5792) u. *-4-methoxybenzalamin* ($C_{10}H_{13}O_2N$, F. 35–36°, $Kp._{1,6}$ 147–148°, n_D^{25} 1,5840), u. zum Vgl. *N-Äthylbenzalamin* (**I**, $C_9H_{11}N$, $Kp._2$ 58–60°, n_D^{25} 1,5371) werden im Bereich von 2–15 μ aufgenommen. Auf Grund der Hydroxyl- u. C=N-Absorptionsbanden konnten die ersten 5 Verbb. einwandfrei als SCHIFFsche Basen charakterisiert werden u. eine Oxazolidinringstruktur ausgeschlossen werden. Die Verbb. wurden durch Zusammengeben der Komponenten, **I** auch in Benzollsg., dargestellt. (J. Amer. chem. Soc. **72**. 3673–76. Aug. 1950. Washington, D. C., Naval Res. Labor.)

A. REUTER. D 120

Marcel Larnaudie, *Ultrarotspektren einiger disubstituierter Cyclohexanderivate. Betrachtungen über ihre Struktur.* Von *trans-Cyclohexandiol-(1.2), trans-1.2-, cis-* u. *trans-1.4-* (I)*Dichlorcyclohexan, trans-1.2-, cis-* u. *trans-1.4-Dibromcyclohexan* werden von 400—1500 cm^{-1} rein u. in CS_2-Lsg. die Ultrarotspektren aufgenommen. Die durch die verschied. Stellungen am Cyclohexanring (Sesselform) möglichen Isomeren (ε, $\varkappa$) lassen sich aus der Lage u. aus der Aufspaltung vor allem der charakterist. C—X-Schwingungen (X = Substituent) bestätigen. Bei **I** kann aus Intensitätsänderungen beim Übergang in den festen Zustand das Gleichgewicht der beiden isomeren Formen ($\varepsilon\varepsilon$) u. ($\varkappa\varkappa$) nachgewiesen werden. (C. R. hebd. Séances Acad. Sci. **236.** 909—11. 2/3. 1953.) GOUBEAU. D 120

Heinz Dannenberg, Ulrich Schiedt und **Walter Steidle,** *Zusammenhänge zwischen Infrarotspektrum und Konstitution von kondensierten Aromaten.* Zur Unters. der Charakteristik der Wasserstoff-γ-Schwingungen in substituierten Benzolringen werden zwischen 2 u. 15 μ die Ultrarotspektren (fest u. in CS_2-Lsg.) aufgenommen (mitgeteilt nur die γ-Frequenzen) von *1.2-Cyclopentenophenanthren, 3-, 4-, 5-, 6-, 8-, 9-,10-Methyl-, 3'-n-Propyl-, 3.4-, 3.6-, 3.8-, 3'.8-, 3'.9-, 9.10-Dimethyl-* u. *3.3'.9-Trimethyl-1.2-cyclopentenophenanthren.* Auch in diesem aromat. Syst. erweisen sich die γ-Schwingungen als charakterist. für alle möglichen Substitutionen des Benzolringes einschließlich der Pentasubstitution. Auf Grund der beobachteten Regeln wird der Nachw. erbracht, daß das bei der Selendehydrierung aus 1-Methyl-$\Delta^{1.3.5,10.6}$-19-norcholestatetraen-3-ol entstehende *Methyl-1.2-cyclopentenophenanthren* die Methylgruppe nicht am aromat. Syst. substituiert. (Z. Naturforsch. **8b.** 269—76. Juni 1953. Tübingen, Max-Planck-Inst. für Biochem.) GOUBEAU. D 120

Gunnar Erlandsson, *Mikrowellenspektrum von Fluorbenzol.* Unters. des Spektr. im Bereich von 17,5—26,7 kMHz. Verzeichnis von 20 identifizierten Linien, welche den Rotationsübergängen J = 3—4, 4—5, 5—6 u. 6—7 zugeordnet werden. Die Rotationskonstanten sind A = 0,18967 cm^{-1}, B = 0,08576 cm^{-1}, C = 0,05896 cm^{-1}. Unter der Voraussetzung einer ungestörten Benzolstruktur u. eines C—H-Abstandes von 1,05 $\pm$0,02 Å werden die C—C- bzw. C—F-Abstände zu 1,3916 $\pm$0,0020 bzw. 1,348 $\pm$0,005 Å berechnet. (Ark. Fysik **6.** 477—78. 1953. Stockholm, Univ., Dep. of Phys.) EICHHOFF. D 121

John A. Mills, *Beziehungen zwischen monocyclischen und polycyclischen ungesättigten Verbindungen aus Molekularrotationsdifferenzen.* Die Änderungen der mol. Rotation, welche durch Epimerisierung an einem Asymmetriezentrum hervorgerufen werden, werden bei ungesätt. Verbb. der monocycl. Terpenoid- u. Steroidreihe verglichen (vgl. KLYNE, J. chem. Soc. [London] **1952.** 2916). Es gibt einige Beweise dafür, daß die konventionelle Steroidprojektionsformel mit der Glycerinaldehydformel übereinstimmt. Die Beziehungen zwischen Konst. u. opt. Drehung werden diskutiert. Für die mol. Rotation ist der strukturelle Typ der Verbb. wichtiger als die Natur ihrer Substituenten. Für epimere Allylalkohole wurde folgende Regel aufgestellt: Alkohole, die sich von der Grundstruktur **A** ableiten, haben stets eine stärkere Linksdrehung als ihre Epimeren der Struktur **B.** — Die heutige Kenntnis über die Konfiguration der Carvotanacetole, des Isolimonens u. der 7-Oxyepicholesterole wird diskutiert. (J. chem. Soc. [London] **1952.** 4976—85. Dez. Cambridge, Univ., Chem. Labor.) JOHN. D 123

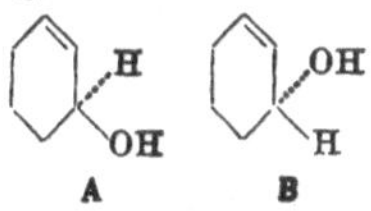

A **B**

Paul Pesteil und **Marc Barbaron,** *Fluorescenz organischer Einkristalle bei tiefen Temperaturen.* 2. Mitt. *Anthracen, Diphenyl, Acenaphthen.* (1. vgl. C. **1954.** 2137.) Es wurden die Fluorescenzspektren von *Anthracen* (**I**) bei 14° K, *Diphenyl* (**II**) bei 2° K u. *Acenaphthen* (**III**) ebenfalls bei 2° K untersucht. Das Spektr. des **I** bei 77° K ist das gleiche wie das bei Zimmertemp., nur erscheinen die Banden etwas schärfer. Bei dem Übergang von 290° K auf 14° K tritt eine sehr starke bathochrome Verschiebung des Spektr. unter gleichzeitigem Erscheinen sehr zahlreicher Linien auf. Die Mehrzahl der beobachteten Linien entsprechen dem reinen Elektronenübergang O'—O'', der bei 24899 cm^{-1} liegt. Die Polarisation der Banden ist dieselbe wie bei gewöhnlicher Temp.; hieraus kann man auf einen Elektronenübergang der Symmetrie B_{2u} schließen, dessen Dipol senkrecht zur Ebene des Mol. ist. Bei **II** wurde der Elektronenübergang Singulett $\rightarrow$ Singulett (S $\rightarrow$ S) bei 32480 cm^{-1} beobachtet; er ist von einer Reihe von Schwingungen begleitet, von denen die eine eine äußere Frequenz ist. Ein anderes Spektr., das einem Übergang Triplett $\rightarrow$ Singulett (T $\rightarrow$ S) zugeschrieben wird, tritt auch im Sichtbaren auf. Die Linie O'—O'' liegt bei 24866 cm^{-1}. Die Polarisation des Spektr. S $\rightarrow$ S ändert sich nicht mit der Temperatur. Für **III** wurden zwei Übergänge S $\rightarrow$ S u. ein Übergang T $\rightarrow$ S gefunden. Die S $\rightarrow$ S-

Übergänge sind in der Ebene des Mol. verschieden polarisiert. Das T → S-Spektr. scheint nicht polarisiert zu sein. (C. R. hebd. Séances Acad. Sci. **237.** 884—86. 19/10. 1953.) GOTTFRIED. D 125.

K. D. Pathak und **B. V. Bhide,** *Molekularpolarisation in festen Stoffen.* Vff. berichten über Messungen der DK. folgender fester Alkali- u. Erdalkalisalze geradkettiger aliphat. Säuren mittels der Resonanzmeth. (in Klammern DK.): *Na-* (4,85), *K-* (7,46), *Ca-* (6,825) u. *Ba-Formiat* (7,91); *Na-* (4,85), *K-* (4,61), *Ca-* (6,3) u. *Ba-Acetat* (5,62); *Na-* (3,825), *K-* (3,9), *Ca-* (4,9) u. *Ba-Butyrat* (4,55); *Na-* (3,61), *Ca-* (4,29) u. *Ba-Heptylat* (3,62); *Na-* (3,24), *K-* (2,81) u. *Ba-Laurat* (3,1); *Na-* (3,125), *K-* (2,65), *Ca-* (2,82) u. *Ba-Stearat* (2,815), sowie die Na-Salze der *Oxal-* (6,1), *Malon-* (5,6), *Bernstein-* (5,01), *Adipin-* (4,14) u. *Azelainsäure* (4,16). Die daraus nach CLAUSIUS-MOSOTTI berechneten Molekularpolarisationen erweisen sich bei allen untersuchten Na-, K- u. Ba-Salzen als additiv, während die Ca-Salze merkliche Abweichungen zeigen. Dagegen sind die Mol.-Voll. in allen Fällen additiv. (J. Indian chem. Soc. **30.** 47—51. Jan. 1953. Poona 2, Chem. Labor., Maharaja Pratapsinha.) NIEMITZ. D 132

T. J. Buchanan, *Resonanzabsorption in flüssigem Methylpalmitat und Methylstearat im Mikrowellengebiet.* Es werden Messungen der komplexen DK. an *Stearin-* u. *Palmitinsäure* u. ihren *Methyl-* u. *Äthylestern* im Temperaturbereich vom F. bis 30 oder 40° über diesem mitgeteilt. Wellenlängen 17; 10; 9; 8; 6,5; 5; 4,5; 4; 3,2 u. 1,26 cm. Bei den Säuren wird auf ein schwaches Relaxationsgebiet bei 3 cm geschlossen. Die Ester zeigen größere Verluste, die Äthylester zeigen n. Relaxationskurven, die Methylester dagegen, den Relaxationen überlagert, Irregularitäten, die mit steigender Temp. verschwinden u. dem Typus einer Resonanzabsorption entsprechen (bei 6000 MHz). Diese werden mit der Rotation der Moll. um die Längsachsen in Verbindung gebracht. (Nature [London] **171.** 695—96. 18/4. 1953. London, Middlesex Hosp. Med. School, Dep. of Phys. appl. to Med.) K. L. WOLF. D 132

Robert W. Crowe und **Charles P. Smyth,** *Molekülrotation und Protonenübergang in den festen Formen von 1-Monopalmitin und 1-Monostearin.* Die DK. u. spezif. Leitfähigkeit u. dielektr. Verluste von *1-Monopalmitin* u. *1-Monostearin* werden im Temperaturbereich von —50 bis +80° bei den Frequenzen 100, 50, 25 u. 5 kHz ermittelt. Bei beiden Verbb. wird eine Orientierungsmöglichkeit in den festen α- u. sub-α-Formen gefunden. In den α-Formen ist die Frequenzabhängigkeit der DK. groß u. die Leitfähigkeit abnorm hoch. Das wird genau wie bei den langkettigen Alkoholen auf Protonenübergänge zurückgeführt, was zu einer Polarisation ähnlich der WAGNER-MAXWELLschen führt. Die DK. der β- u. β'-Form ist so niedrig, daß sie sicher keine Rotationsmöglichkeit besitzen. Bei der sub-α-Form sind die Meßwerte abhängig von der therm. Vorbehandlung der Proben. (J. Amer. chem. Soc. **72.** 4427—32. Okt. 1950. Princeton, N. J., Univ., Frick Chem. Labor.) A. REUTER. D 132

M. Mayot, G. Berthier und **B. Pullman,** *Quantitative Berechnung der diamagnetischen Anisotropie organischer Moleküle.* 1. Mitt. *Die Methode.* Der Gebrauch der L.M.O.-Meth. für die Unters. der magnet. Eigg. organ. Moll. führt zur Aufstellung von Säkulargleichungen, entsprechend einer Determinanten mit konjugiert-komplexen Elementen. Die dargelegte Meth. vermeidet die Entw. dieser Determinante u. führt direkt zur Säkulargleichung, indem schrittweise von einfachen Moll. ausgegangen wird. Die Form der Säkulargleichungen für die Hauptgruppen der aromat. KW-stoffe wird explizit als Funktion von TCHEBYCHEFFschen Polynomen gegeben. (J. Physique Radium **12.** 652—58. Juni 1951. Paris, Inst. d'Astrophys. et Inst. du Radium.) v. HARLEM. D 137

N. C. Deno, John J. Jaruzelski und **Alan Schriesheim,** *Die Struktur von Arylcarboniumionen.* Es wurden die pK_{R^+}-Werte der Rk. $R_{R}^+ + H_2O \rightleftharpoons ROH + H^+$ nachfolgender *Triarylcarbinole* in wss. H_2SO_4 bei 25 ± 2° ausgewertet, wobei W. als Bezugszustand diente. Allg. Zus. $(R'C_6H_4)_3COH$; R' = *4-Dimethylamino*, pK_{R^+} +9,36; *4-Amino*, +7,57; *4-Methoxy*, —0,8; *2-Methyl*, —1,96; *4-Methyl*, —2,47; *3-Methyl*, —3,78; R' = *4-Isopropyl* [$C_{28}H_{34}O$, F. 92—94°, F. 78,5—80° (aus Dioxan mit 1 Mol Dioxan auskrist.), aus 4-Bromisopropylbenzol u. Diäthylcarbonat; 44% (Ausbeute); *Äther*, $C_{56}H_{66}O$, F. 95—96° (PAe. + Methanol), aus vorst. Verb. durch Dest. bei 1 mm], —3,94; R' = *H*, —4,18; R' = *4-Chlor*, —4,79; R' = *4-tert.-Butyl*, —4,86; R' = *3-Chlor*, —7,32; R' = *4-Trimethylammonium*, —10,15; R' = *4-Nitro*, —11,4. Allg. Zus. $(R'C_6H_4)_2C(C_6H_5)OH$; R' = *4-Dimethylamino*, +6,90; *4-Amino*, +5,38; *4-Trimethylammonium*, —7,52. Allg. Zus. $(R'C_6H_4)C(C_6H_5)_2OH$; R' = *4-Dimethylamino*, +4,75; *4-Amino*, +4,6; *4-Methyl*, —3,04; *4-Nitro* (F. 95,5—97°, aus 4-Nitrotoluol; 3,5%), —55,54; ferner folgende Verbb.: *Bis-[4-dimethylaminophenyl]-carbinol*, +5,61; *Bis-*

[*2.4.6-trimethylphenyl*]-*carbinol*, −4,19; *Diphenylcarbinol*, −8,30; *Diphenylmethylcarbinol*, −8,6; *Bis-*[*4-chlorphenyl*]-*carbinol*, −8,97; *Methyl-bis-*[*4-chlorphenyl*]-*carbinol*, −9,5; *Fluorenol-*(*9*), −8,91; *9-Methylfluorenol-*(*9*), −11,5; *2.4.6-Trimethyl-*, −12,45; *α.α.2.4.6-Pentamethyl-*, ≈ −13; *α.α.2.3.4.5.6-Heptamethylbenzylalkohol*, ≈ −12. Diese u. die λ_{max} u. log ε-Werte der Absorptionsspektren der Verbb. im sichtbaren Gebiet lieferten weitere Beweise für die Resonanzhybridstruktur der Triarylcarboniumionen, bei denen die positive Ladung nur auf einen oder zwei Arylringe verteilt ist. Dieses Modell führte zu der Beziehung $(\Delta F_{Ar,C^+}) - (\Delta F_{Ar,CO^+}) \approx$ const, wobei die Konstante eine Funktion der Unterschiede in den ster. Spannungstermen ist u. Ar ein in m- oder p-Stellung substituierter Phenylring bedeutet. Wurden die pK_{R^+}-Werte der Triarylcarbinole mit gleich substituierten Ringen gegen die HAMMETTschen σ-Werte aufgetragen, so ergab sich im wesentlichen eine Gerade, Abweichungen werden diskutiert. — Bei der Unters. des vorliegenden Fragenkomplexes erwies sich die Säurefunktion $J_0 = (pK_{R^+}) - \log(c_{R^+}/c_{ROH})$ als sehr nützlich. (J. org. Chemistry **19.** 155—67. Febr. 1954. State College, Pa., School of Chem. and Phys., Dep. of Chem.)
L. FISCHER. D 139

A. Glenn Nerheim und **C. R. Estee**, *Polarographische Untersuchungen einiger ungesättigter Säuren.* Vff. zeigen, daß *Itacon-*, *Lävulin-* u. *Crotonsäure* an der Hg-Tropfelektrode ähnliches polarograph. Verh. aufweisen, nämlich hauptsächlich Entladung von H-Ionen, wobei sich die charakterist. polarograph. Kurven in den optimalen p_H-Bereichen als katalyt. H-Wellen erklären lassen. Im Gegensatz zu früheren Annahmen ergibt sich, daß unkonjugierte Säuren an der Hg-Tropfelektrode unter n. polarograph. Bedingungen nicht reduzierbar sind. (Proc. South Dakota Acad. Sci. **31.** 111—15. 1/12. 1952. Vermillion, S. D., Univ.) NIEMITZ. D 142

S. S. Mitra und **Y. P. Varshni**, *Drei additive Funktionen für n-Paraffine.* (Vgl. VARSHNI, C. **1954.** 1209.) Vff. diskutieren drei additive Funktionen für n-Paraffine 1. $P = T_c/P_c^{3/4}$, $P_n = 5{,}51 + 6{,}93$; 2. $Q = 10n/(\log T_c^2/P_c^{3/2})$, $Q_n = 2{,}155 + 5{,}823$ u. 3. $R = T_c^{1/2}/10^9$, $R_n = 7{,}62\,n - 16$ (wobei T_c = krit. Temp. in ° K, P_c = krit. Druck in at und n = Anzahl der C-Atome) u. vergleichen beobachtete u. berechnete Werte für Methan bis Nonadecan. Bis auf die Anfangsglieder ist die Übereinstimmung zwischen beiden Werten für alle drei Funktionen zufriedenstellend. (J. physic. Chem. **58.** 381. April 1954. Allahabad, India, Univ., Dep. of Phys.)
GERH. WINKLER. D 149

G. Edwards, *Der Dampfdruck von Cyclotrimethylentrinitramin* (*Cyclonit*) *und Pentaerythrittetranitrat.* Dampfdrucke beider Substanzen (I bzw. II) werden nach KNUDSEN bestimmt von 110—139° (I) u. 97—139° (II). Es gilt in cm Hg $\log p = 10{,}84 - 5850/T$ (I) u. $\log p = 16{,}73 - 7750/T$ (II). Die Sublimationswärmen sind 26,8,(I) u. 36,6 (II) kcal/Molekül. (Trans Faraday Soc. **49.** 152—54. Febr. 1953. Glasgow, Roy. Techn. Coll.) v. HAAREN. D 150

E. F. G. Herington und **J. F. Martin**, *Dampfdrucke von Pyridin und seinen Homologen.* In einer — einschließlich Manostaten — ausführlich beschriebenen App. werden dynam. die Dampfdrucke von ca. 70° bis zum Kp. gemessen von *Pyridin* (I), *α-* (II), *β-* (III), *γ-Picolin* (IV), *2.5-* (V) u. *2.6-Lutidin* (VI). Es werden mit Fehlerangaben die mol. Verdampfungswärmen (L) u. die Konstanten der ANTOINEschen Gleichung $\lg P = A - B/(C + t)$ berechnet (P in Torr, t in ° C). **I**, [$Kp._{760}$] 115,256°, [A =] 7,05811; [B =] 1384,991; [C =] 216,296; [L_{760} =] 8697; **II**, 129,408°; 7,03450; 1417,578; 211,874; 9025; **III**, 144,143°; 7,03247; 1469,894; 209,907; 9344; **IV**, 145,356°; 7,4250; 1481,204; 210,558; 9363; **V**, 157,008°; 7,05816; 1524,016; 207,820; 9695; **VI**, 144,045°; 7,05246; 1467,362; 207,701; 9446. (Trans. Faraday Soc. **49.** 154—62. Febr. 1953. Teddingtn, Middlesex, Chem. Res. Labor.) v. HAAREN. D 150

J. D. Cox, A. R. Challoner und **A. R. Meetham**, *Die Verbrennungswärmen von Pyridin und einigen seiner Derivate.* Vff. führten Präzisionsmessungen zur Best. der Verbrennungswärmen (ΔH_c^0) u. der Bildungswärmen (ΔH_f^0) von reinem Pyridin u. Pyridinderivv. durch. Die calorimetr. Meth. wird ausführlich beschrieben u. Fehlerquellen diskutiert. Die Meßergebnisse wurden mit Hilfe etwas veränderter WASHBURN-Korrektionen auf den Normalzustand bei 25° umgerechnet. Vff. erhielten folgende Werte für den fl. (gasförmigen) Zustand in kcal/Mol: *Pyridin*, $\Delta H_c^0 = -665{,}00$, $\Delta H_f^0 = +23{,}95$ ($\Delta H_c^0 = -674{,}68$, $\Delta H_f^0 = +33{,}63$); *α-Picolin*, −817,52, +14,10 (−827,80, +24,38); *β-Picolin*, −819,74, +16,32 (−830,58, +27,16); *γ-Picolin*, −816,99, +13,57 (−827,85, +24,43); *2.5-Lutidin*, −920,02, +4,23 (−981,46, +15,67); *2.6-Lutidin*, −968,20, +2,41 (−979,22, +13,43). Unter Berücksichtigung von Literaturwerten wurden die Resonanzenergie, die Bildungsentropie bei 25°

(−65,0 cal/Grad·Mol) u. die Freie Energie der Bldg. bei 25° (+43,3 kcal/Mol) für Pyridin berechnet. (J. chem. Soc. [London] **1954.** 265—71. Jan. Teddington, Middlesex, D. S. I. R., Chem. Res. Labor. u. Nat. Phys. Labor.) KARUTZ. D 156·

A. W. Pryor und **R. Roscoe**, *Die Geschwindigkeit und Absorption von Schall in wässerigen Zuckerlösungen.* Schallgeschwindigkeit u. Schallabsorption werden für wss. Lsgg. von *Saccharose, d-Glucose* u. *Lactose* verschied. Konz. im Frequenzgebiet von 6—25 MHz untersucht. Aus den Schallgeschwindigkeitsmessungen werden die aus Viscositätsmessungen bereits gefundenen Annahmen bestätigt, daß die Zuckermoll. von Solvathüllen umgeben sind, deren Dicke mit steigender Temp. abnimmt. Aus dem Verlauf der Absorptionskoeffizienten schließen die Vff. allg. auf die Schallabsorption von Lsgg. krist. Stoffe in assoziierenden Flüssigkeiten. Bes. ergibt sich, daß beim W. der Hauptanteil der Absorption auf Relaxationsprozessen beruht. (Proc. physic. Soc., Sect. B **67.** 70—81. 1/1. 1954. Newcastle-upon-Tyne, King's Coll., Phys. Dep.) H. JACOB. D 159

Hemlata J. Kazi und **C. M. Desai**, *Grenzflächenspannung aliphatischer Ester mit oberflächenaktiven Stoffen.* 2. Mitt. (1. vgl. C. **1954.** 4123.) Vff. fanden, daß eine Reihe aliphat. Ester [*Äthyl-* (**I**), *Isopropyl-* (**II**), *n-* (**III**) u. *Isobutyl-* (**IV**) u. *Isoamylacetat*(**V**) sowie *Acetessigsäureäthylester* (**VI**) u. *Äthylisovalerat* (**VII**)], nicht aber *Methylacetat* (**VIII**) u. *Diäthylmalonat* (**IX**), gegenüber Seifenlsgg. das gleiche Verh. zeigen wie n-Hexyl- u. sek.-Octylalkohol (l. c.), daß nämlich bei niedrigen Seifenkonzz. (bis zu $2 \cdot 10^{-3}$ mol.) die Grenzflächenspannung (G.Sp.) zunächst proportional der Seifenkonz. zunimmt bis zu einem Maximum u. dann erst bei weiterer Erhöhung der Seifenkonz. abnimmt bis zur Erreichung eines Grenzwertes. Gegenüber Saponin (**X**) dagegen nimmt die G.Sp. von Anfang an mit steigender **X**-Konz. ab bis zur Erreichung eines Grenzwertes. Außer bei **II** (relative Erniedrigung viel geringer) hängt die Größe der Oberflächenspannungs(O.Sp.)-Erniedrigung durch Seifenlsgg. ab von der Größe der O. Sp. gegenüber Wasser. Die G.Sp. gegenüber W. scheint mit der Länge der aliphat. Kette erst zu-, dann abzunehmen. Folge: **VIII** < **I** < **II** > **III** > **IV** > **V**. — Bei **V** gegen NaCl u Na-Acetat nimmt die G.Sp. anfangs mit steigender Elektrolytkonz. zu u. wird bei deren weiterem Ansteigen erniedrigt. **III** verhielt sich bei den Messungen gegenüber K-Oleat (neutral u. mit Säure- u. mit Alkaliüberschuß), Na- u. K-Stearat analog. Allg. nimmt in verd. Lsgg. die G.Sp.-Erniedrigung viel rascher zu als die Seifenkonz., wird dann geringer, schließlich bewirkt weitere Erhöhung der Seifenkonz. keinerlei Effekt mehr. — Maximale G.Sp. wurde gefunden bei **III**, **VII** u. *sek.-Octanol* (5,5, 4,69 u. 6,83 dyn/cm), minimale G.Sp. bei *Hexanol*, **VI** u. **I** (0,87, 0,33 u. 0,74 dyn/cm). Das oben geschilderte anomale Verh. erklären Vff. in Übereinstimmung mit SMITH u. MCREYNOLDS (J. Amer. chem. Soc. **61.** [1939.] 1963) a) durch eine mit Änderung der Seifenkonz. eintretende Umladung der elektr. Doppelschicht auf der Grenzfläche zwischen dem wss. Medium u. der organ. Fl. u. b) mit einer durch Wasserstoffbrücken charakterisierten instabilen Ringstruktur dieser Fll. (bei Kettenlänge der Verbb. von 4 oder mehr C-Atomen), wodurch ein Potentialgefälle auf der Grenzfläche entsteht. In sehr verd. Seifenlsgg. erniedrigt sich infolge Zunahme der Ionenzahl das Doppelschichtpotential. Mit dem dadurch bedingten Absinken der Ladungsdichte auf der Grenzfläche steigt die G.Sp. an u. erreicht ihr Maximum, wenn die wachsende Ionenzahl das Potential auf der Doppelschicht auf Null gedrückt hat, während mit weitersteigender Seifenkonz. eine Doppelschicht entgegengesetzten Vorzeichens ausgebildet u. das Potential somit umgekehrt wird. Mit steigender Ladungsdichte dieser Schicht beginnt nun die G.Sp. abzusinken. Bei **III**, **IV**, **V**, **IX** u. **VIII** werden H-Brücken nicht angenommen, man beobachtet daher einen gleichmäßigen Abfall der G. Sp. mit zunehmender Seifenkonz. von Anfang an. (J. Indian chem. Soc. **30.** 283—87. April 1953. Surat, M. T. B. Coll., Chem. Dep.) SCHILDKNECHT. D 166

J. C. Arnell, *Sorption von Benzol durch Fettsäuren.* Unter Benutzung einer für das Arbeiten mit Bzl. modifizierten Vakuumapp. wird die Sorption von Bzl. durch die geradzahligen Fettsäuren *Caprylsäure, Caprinsäure, Laurinsäure, Myristinsäure, Palmitinsäure* u. *Stearinsäure* untersucht. Die (isosteren) Adsorptionswärmen werden mit Hilfe der Gleichung von CLAUSIUS-CLAPEYRON berechnet u. die gewonnenen Resultate auf Grund des Verh. einer fl. Lsg. (wie bei Caprylsäure), einer festen Lsg. (Stearinsäure) oder eines Übergangssyst. (Caprinsäure) gedeutet. Bei geringer Sorption u. niedriger Temp. (20°) wurden an Palmitin- u. Stearinsäure Hystereseschleifen beobachtet, wobei es in jedem Fall eine maximale Temp. zu geben scheint, oberhalb welcher eine Hystereseschleife nicht mehr auftritt. Die Beobachtungen werden mit den n. Kristallgitterkräften u. den Schmelzpunktsunterschieden erklärt. (J. physic. Chem. **57.** 641—45. Okt. 1953. Defence Res. Chem. Labor., Can.) HENTSCHEL. D 176

D. J. C. Wood, *Einige anomale Eigenschaften des 2'-Methoxy-2.4.4.7.4'-pentamethylflavans. 2'-Methoxy-2.4.4.7.4'-pentamethylflavan* [I; Kp.$_{0,02}$ 158—167° (Badtemp.); aus der krist. 2'-Oxyverb., $(CH_3)_2SO_4$ u. 30%ig. NaOH in Aceton] bildet beim Abkühlen eine nichtkrist., spröde, leicht undurchsichtige, glasartige M. (F. ziemlich scharf 99 bis 104°). Bei sehr schnellem Abkühlen des geschmolzenen I ohne mechan. Rührung kann man es in unterkühltem Zustand als klaren, hochviscosen, metastabilen Sirup erhalten. Bei etwas langsamerem Abkühlen kann ein Zwischenzustand erreicht werden, in dem das undurchsichtige Glas in Form von Kügelchen in dem durchsichtigen Sirup suspendiert ist. Das Infrarotspektr. von I (glasartiger Zustand) wurde mit demjenigen des isomeren krist. *2'-Methoxy-2.4.4.6.5'-pentamethylflavans* sowie mit denen der entsprechenden *2'-Oxyverbb.* verglichen. Im Bereich 820—805 cm^{-1} zeigen die beiden krist. Verbb. eine doppelte, die beiden amorphen Gläser sowie alle Verbb. in geschmolzenem Zustand eine einfache Absorptionsspitze. Unterss. der glasartigen Form von I mittels des Polarisationsmikroskops u. mittels Röntgenstrahlen zeigen jedoch, daß zumindest teilweise Orientierung der Moll. vorliegt. (Nature [London] **173.** 1149—50. 12/6. 1954. Welwyn, Herts., ICI Ltd., Butterwick Res. Labors.)
J. ROTHE. D 190

Sakutaro Hirokawa, *Die Kristallstruktur von Adipinsäure.* LAUE-Aufnahmen an *Adipinsäure* parallel (0 1 0) u. senkrecht (0 0 1) ergeben die Symmetrie C_{2h}. Die Elementarkörperdimensionen der monoklinen Zelle sind auf Grund von Schwenk- u. WEISSENBERG-Aufnahmen a = 10,14 ± 0,05 KX; b = 5,16 ± 0,03 KX; c = 10,03 ± 0,05 KX; β = 137°. Raumgruppe ist C_{2h}^5 — P 2_1/a; Z = 2. Unter der Annahme, daß das Mol. eben ist, die C-Atome im Mol. eine Zick-Zack-Kette bilden, u. daß die Achse der C-Atome angenähert parallel der c-Achse liegt, wurden vorläufige Parameter erhalten, welche durch PATTERSON- u. FOURIER-Projektionen verbessert wurden. Die erhaltenen Parameter sind $C_{(1)}$(x =) 0,021; (y =) —0,090; (z =) 0,329; $C_{(2)}$: 0,056; —0,160; 0,210; $C_{(3)}$: —0,021; 0,038; 0,054; $O_{(1)}$: —0,078; 0,110; 0,290; $O_{(2)}$: 0,106; —0,240; 0,479. In diesem Gitter ist das Mol. angenähert eben u. die Ebene des Carbonylradikals gegenüber der Molekülachse leicht gedreht. Die Abstände $C_{(1)}$—$O_{(2)}$ u. $C_{(1)}$—$O_{(1)}$ betragen 1,31 bzw. 1,28 Å, die Abstände $C_{(1)}$—$C_{(2)}$, $C_{(2)}$—$C_{(3)}$ u. $C_{(3)}$—$C'_{(3)}$ 1,48; 1,52 u. 1,54 Å. (Bull. chem. Soc. Japan **23.** 91—94. Aug.; Collect. Pap. Fac. Sci., Osaka Imp. Univ., Ser. C **12.** 91—94. 1950, ausg. 1951. Osaka, Univ., Fac. of Sci.)
GOTTFRIED. D 195

Pauline Bourre-Maladière, *Die Struktur von Salicylaldehyd-Kristallen. Salicylaldehyd* (F. ~ —8°) bildet nach der c-Achse orientierte Nadeln, die häufig Zwillingsbldg. zeigen. WEISSENBERG-Aufnahmen ergeben eine monokline Zelle mit den Dimensionen a = 6,33 Å; b = 13,90 Å; c = 7,08 Å; β = 102°56'. Raumgruppe ist C_{2h}^5 — P 2_1/c; Z = 4. PATTERSON- u. FOURIER-Projektionen lieferten die folgenden Parameter: $C_{(1)}$ (x =) 0,900; (y =) 0,233; (z =) 0,475; $C_{(2)}$: 0,953; 0,330; 0,488; $C_{(3)}$: 0,783; 0,397; 0,446; $C_{(4)}$: 0,566; 0,369; 0,391; $C_{(5)}$: 0,524; 0,272; 0,381; $C_{(6)}$: 0,683; 0,200; 0,421; $C_{(7)}$: 0,633; 0,104; 0,408; $O_{(1)}$: 0,080; 0,173; 0,520; $O_{(2)}$: 0,770; 0,038; 0,442. Die Länge der C—C-Bindung im Ring beträgt im Mittel 1,39 ± 0,03 Å, die des C—C-Abstandes zwischen Ring u. Aldehydgruppe 1,37 Å. Die C—O-Abstände sind $C_{(1)}$—$O_{(6)}$ = 1,39 Å u. $C_{(7)}$—$O_{(2)}$ = 1,25 Å. In der Struktur tritt eine intramol. H-Bindung auf, deren Länge 2,68 Å beträgt. (C. R. hebd. Séances Acad. Sci. **237.** 825—26. 12/10. 1953.)
GOTTFRIED. D 195

John Krc jr., *DL-Pinsäure I.* Gute Kristalle der *DL-Pinsäure I* [*2.2-Dimethylcyclobutan-1-essigsäure-3-carbonsäure*] in Form von Stäbchen erhält man aus W., A., Aceton, Ae. oder Chloroform. Die goniometr. Vermessung ergab monokline Symmetrie mit dem Achsenverhältnis a:b:c = 1,983:1:1,529; β = 114°. Die Elementarzelle hat die Dimensionen a = 14,22 Å; b = 7,17 Å; c = 10,96 Å; Z = 4; D. 1,21. Die Brechungsindices (5893 Å; 25°) sind α = 1,452 ± 0,002; β = 1,511 ± 0,002; γ = 1,567 ± 0,002; 2 H = 84,5°; 2 V = 84,5°; schwache Dispersion mit v > r. Opt. Achsenebene ist (0 1 0); Doppelbrechung negativ; spitze Bisektrix α u. Auslöschung α:a ~12° im spitzen Winkel β. — Von der Säure wurden 3 Formen beobachtet: Form I schm. bei 102,5°, II bei 68° u. III scharf bei 58°. Beim Schmelzen u. darauffolgendem Unterkühlen auf Zimmertemp. krist. die Form III, die sich beim Erwärmen auf ca. 53° in die Form II umwandelt, wobei sich gleichzeitig Kerne der Form I entwickeln. Bei weiterem Erhitzen schm. die Form II bei 68°, während die Kerne der Form I weiterwachsen. Die Umwandlungen III → II u. II → I verlaufen bei Zimmertemp. sehr langsam. Die Umwandlung III → II ist nahe dem F. von III sehr schnell, während die Umwandlung II → I in der Nähe des F. von II relativ langsam verläuft. Umwandlungen II → III u. I → II wurden nicht beobachtet. (Analytic. Chem. **25.** 1420—21. Sept. 1953. Chicago, Ill., Inst. of Technol., Armour Res. Found.) GOTTFRIED. D 195

M. F. Schosstakowski, M. I. Batujew, W. I. Beljajew und **A. D. Matwejewa,** *Untersuchung der chemischen Struktur von Acetalen.* Vff. vermuten bei Dialkyl- u. Alkylarylacetalen Isomerien, die sich durch die Schemata $CH_3CH(OAlk)(OAr) \rightleftarrows CH_2{=}CHOAlk \ldots HOAr$ u. $CH_3CH(OR^1)(OR^2) \rightleftarrows CH_2{=}CHOR^2 \ldots HOR^1 \rightleftarrows CH_2{=}CH\cdot OR^1 \ldots HOR^2$, wo R^1 u. R^2 Alkyle sind, charakterisieren. In dem isomeren Prod. wird eine H-Bindung zwischen der alkoh. oder phenol. Gruppe u. Äther-O angenommen. Hierdurch würde das Verh. dieser Verbb.: 1. der Zerfall der Alkylarylacetale in Vinylalkyläther u. Phenole, 2. die Disproportionierung von Acetalen mit verschied. Alkylen unter Bldg. von 2 Acetalen mit gleichen Alkylen, 3. die bei Dialkylacetalen festgestellte Alkoholyse nach dem Schema $CH_3CH(OR^1)_2 + 2R^2OH \rightleftarrows CH_3CH\cdot(OR^2)_2 + 2R^1OH$ gedeutet werden können. Zur Prüfung, ob solche Isomerien in Frage kommen, wurde das RAMAN-Spektr. von *Acetaldehyd-tert.-butylphenylacetal* (I) aufgenommen u. mit den Spektren von Vinyl-tert.-butyläther (II) u. Phenol (III) verglichen. Das Spektr. von I hat viele Linien; ihre Anzahl übertrifft etwas diejenige der Spektren von II u. III zusammen, wobei die Linien bei II u. III fast immer auch bei I vorkommen. Die bei I allein vorhandenen werden $CH_3CH(OC_6H_5)OC(CH_3)_3$, die gemeinsamen dem isomeren $\genfrac{}{}{0pt}{}{CH_2{=}CH}{(CH_3)_3C}\!\!>\!O \ldots HOC_6H_5$ zugeschrieben. Einzelne, bei II u. III vorkommende Linien kehren bei I mit geringer Intensität wieder; wahrscheinlich besteht I daher zum geringeren Teil aus dem Isomeren. — Bei dem Spektr. des ebenfalls hergestellten *Acetaldehyd-tert.-butylguajacylacetals* wurden analoge Beobachtungen gemacht.

Versuche: *Acetaldehyd-tert.-butylphenylacetal* (I), Kp.$_3$ 83—84°; aus äquimol. Mengen Vinylphenyläther u. tert.-Butylalkohol in Ggw. von wenig konz. HCl bei 10—15 std. Einw.; $D.^{20}_4$ 0,9593; n_D^{20} 1,4836; Mol.-Refr. ($[MR]_D$) 57,66. — *Acetaldehyd-tert.-butylguajacylacetal,* Kp.$_4$ 111—112°; aus Vinyl-tert.-butyläther u. Guajacol analog Vorst.; $D.^{20}_4$ 1,0132; n_D^{20} 1,4930; $[MR]_D$ 64,34. (Доклады Академии Наук СССР [Ber. Akad. Wiss. UdSSR] [N. S.] **94.** 261—64. 11/1. 1954.) R. KNOBLOCH. D 221

R. H. Sahasrabudhey, *Freisetzung von Jod durch „Formamidindisulfid"-Salze. Konstitution der „Formamidindisulfid"-Salze.* Vf. untersucht den Einfl. der Verdünnung, der KJ-Konz., des Säurezusatzes u. des von Thiocarbamid, sowie der DK. des Mediums auf die bisher als Thiol $\rightleftharpoons$ Disulfid-Rk. formulierte reversible Rk. wss. Lsgg. von *Formamidindisulfid* mit HBr bzw. HJ durch Titration des in Freiheit gesetzten J_2 u. der gebildeten Säure u. schließt aus den Ergebnissen, daß die Reversibilität nicht auf der Trennung der Disulfidbindung beruht, sondern in Ggw. von J^--Ionen u. einem ionisierenden Medium das Resultat spezieller Eigg. der Bindung zwischen dem durch Elektronenabspaltung positiv gewordenem Thiocarbamidmol. u. negativen J^--Ionen gemäß der Gleichung: $[S{=}C(NH_2)_2]^+J^- \rightleftharpoons SC(NH_2)_2 + J$ ist. (J. Indian chem. Soc. **30.** 64—70. Jan. 1953. Banaras, Hindu Univ., Coll. of Sci., Chem. Dep.) NIEMITZ. D 221

Robert R. Mod und **Evald L. Skau,** *Binäre Erstarrungsdiagramme von Acetamid mit Ölsäure und Elaidinsäure.* Die Erstarrungsdiagramme der bin. Systeme aus *Acetamid* (I) u. *Elaidinsäure* (II, F. 43,8°) sowie der stabilen u. der instabilen Form der *Ölsäure* (III, FF. 16,3 bzw. 13,5°) wurden aufgenommen. Mit beiden Säuren bildet I Mol.-Verbb., von denen jede einen stabilen u. einen metastabilen F. besitzt, 14,8 u. 21,6° für III, 40,0 u. 40,9° für II. Aus Unterschieden in der Steilheit der Acetamidäste beider Systeme kann geschlossen werden, daß die Mol.-Verb. zwischen I u. III weniger dissoziiert ist als die mit II. (J. physic. Chem. **56.** 1016—17. Nov. 1952. New Orleans, La., Southern Reg. Res. Labor.) LOHAUS. D 223

Giorgio Castelfranchi, *Eine Molekülverbindung des Acridins.* Beim Erhitzen von mol. Mengen *Acridin* mit *p-Chinon* auf 100° im Rohr (10 Std.) entsteht eine *Verb.* $C_{19}H_{13}O_2N$, F. 214° (Zers.), hellbraune Prismen aus Xylol, die als Mol.-Verb. anzusprechen ist, da sie sich beim Auflösen in Eisessig u. beim Schmelzen mit Campher in die Komponenten spaltet. (Ricerca sci. **20.** 1303. Aug./Sept. 1950. Rom, Centro di studio per la chim. gen. del CNR.) K. FABER. D 223

Luigi Guerreschi und **Adriano Celani,** *Die Löslichkeit von Kupfer-p-phenolsulfonat zwischen 10,5 und 45°.* Das bin. Syst. Cu-p-Phenolsulfonat–H_2O wird im Bereich von +10,5 bis +45° untersucht. Es konnten in diesem Bereich die Hydrate $(C_6H_5SO_4)_2Cu\cdot 10\,H_2O$ u. $(C_6H_5SO_4)_2Cu\cdot 6\,H_2O$ festgestellt werden. Im Umwandlungspunkt (29,285°) zeigt das Syst. einen inkongruenten Schmelzpunkt. Die Löslichkeitskurven beider Hydrate sind im untersuchten Bereich geradlinig. — Die Best. von Phenolsulfosäure erfolgt mittels einer Austauschersäule aus Wofatit K. (Ricerca sci. **22.** 2314—22. Dez. 1952. Rom, Univ., Ist. di chim. analit., u. Centro di studio per la chim. gen.) K. FABER. D 224

M. F. Ansell und **M. J. S. Dewar,** *Molekularumlagerungen in der organischen Chemie.* Tagungsbericht über Umlagerungsreaktionen. — Es werden behandelt: 1.3- u. 1.2-Wasserstoffverschiebungen in Carboniumionen, die Möglichkeit anchimerer Unterstützung der Ionisierung durch benachbarte H-Atome, die Stereochemie der WAGNER-Umlagerung im Sinne eines von INGOLD u. SHOPPEE [1928] vorgeschlagenen Mechanismus, die Umlagerung von Epoxyden u. den entsprechenden Glykolen (Carboniumionmechanismus), die Rk. von Allylalkoholderivv. mit Thionylchlorid, die Verfolgung der Umlagerung von α-Phenylallyl-p-nitrobenzoat mittels markierter p-Nitrobenzoesäure, die Wanderung von Gruppen der Seitenkette an den Kern bei aromat. Systemen u. allg. die verschied. Typen von Umlagerungen bei aromat. Verbb., bei denen häufig nur schwer zu entscheiden ist, ob sie intramol. verlaufen oder nicht (π-Komplexmechanismus von DEWAR, angewandt auf die Umlagerungen von N-Brom-acetanilid u. der Hydrazobenzole). (Nature [London] **173.** 898—99. 15/5. 1954. London, Queen Mary Coll., Chem. Dep.) G. WINKLER. D 225

Raymond Quelet und **Robert Pineau,** *Über eine angebliche Umlagerung der von 5-Bromsalicylsäure abgeleiteten Säuren. Einwirkung eines Äthylmagnesiumbromidüberschusses auf 2-Methoxy-5-brombenzoesäure.* Die von PATY (Bull. Soc. chim. France, Mém. [5] **11.** [1944.] 505; PATY u. QUELET, C. **1944.** II. 739 u. C. R. hebd. Séances Acad. Sci. **220.** [1945.] 324) angegebene Umlagerung der 5-Bromsalicylsäure u. ihrer Derivv. in 3-Brom-4-oxybenzoesäure durch GRIGNARD-Rk. erwies sich als ein Irrtum. Trotz Änderungen der Reaktionsbedingungen (Reaktionszeit, Temp., Hydrolysebedingungen, Zusatz kleiner Metallmengen, organ. Radikale u. von Peroxyden) wurde immer das Ausgangsmaterial zurückerhalten. Auch 2-Methoxy-5-brombenzoesäure (I) liefert mit C_2H_5MgBr in Toluol nach 30 std. Erhitzen in 65%ig. Ausbeute *2-Methoxy-5-brom-α-äthylpropenylbenzol,* $Kp._{12}$ 159°, n_D^{20} 1,560, $D.^{20}_4$ 1,348, bei dessen Ozonolyse $CH_3 \cdot CHO$ u. *2-Methoxy-5-brompropiophenon* ($Kp._{25}$ 145—147°, F. 74°, *Semicarbazon,* F. 244—245°) entsteht; es tritt also auch hier keine Umlagerung ein. (C. R. hebd. Séances Acad. Sci. **235.** 496—98. 25/8. 1952.) LIEBIG. D 225

E. A. Braude und **P. H. Gore,** *Anionotropie, katalysiert durch Lewis-Säuren.* Vff. untersuchen die anionotrope Umlagerung von *1-Phenylallylalkohol* (I) in Zimtalkohol (II) in Ggw. von BF_3 als Katalysator. Infolge der raschen Polymerisation von I u. II durch BF_3 wird die Rk. in verd. Lsg. (0,15 mol.) in Dioxan bei Zimmertemp. durchgeführt (45% Ausbeute an II, 10% I zurück). Die Reaktionsgeschwindigkeitskonstante ist in sehr verd. Lsg. (10^{-4} mol.) der Konz. an BF_3 proportional; die Umlagerung verläuft rascher als mit HCl als Katalysator u. wird durch W. stark gehemmt. Der Methyläther von I wird wesentlich langsamer als I selbst umgelagert. — Vff. diskutieren einen intramol. u. intermol. Reaktionsmechanismus; obwohl zwischen beiden Mechanismen nicht entschieden werden kann, wird letzterer für wahrscheinlich gehalten. (Nature [London] **173.** 1091—92. 5/6. 1954. London, Imp. Coll. of Sci. and Technol., Dep. of Organ. Chem.) G. WINKLER. D 225

F. Runge und **P. Maass,** *Untersuchungen über die Beckmann-Umlagerung des Cyclohexanonoxims.* Um einen Einblick in den Reaktionsmechanismus der Ringerweiterung des *Cyclohexanonmonoxims* (I) bei der BECKMANNschen Umlagerung zu *ε-Caprolactam* (II) zu erhalten, wurde die Umlagerung des *Cyclohexanonoximpikryläthers* (III, F. 93°, aus I mit Pikrylchlorid in Aceton in Ggw. von NaOH; 40—50% Ausbeute) in *Pikryl-ε-caprolactam* (F. 178—179°) bei 65, 70, 75 u. 80° untersucht. Die nach der 1. Ordnung verlaufende Rk. hat eine Aktivierungsenergie von 22,9 ± 1,2 kcal/Mol. Die Rk. in Äthylenchlorid verläuft eindeutig u. nur in der einen Richtung. — I wurde in fl. SO_2 als Medium bei —15 bis —10° mit $SOCl_2$ nach BECKMANN in II umgelagert. Dabei wurde pro Mol I 1,5—1,7 Mol $SOCl_2$ verwendet; Ausbeute an II 45%, neben geringen Mengen Cyclohexanon, Einw. von HCl-Gas statt $SOCl_2$ bewirkt unter ähnlichen Bedingungen keine BECKMANN-Umlagerung. Die Verbrennungswärme von I wurde zu 889,7 kcal/Mol u. von II zu 857,6 bestimmt, woraus sich eine Umwandlungswärme von 32,1 kcal/Mol ergibt. Es wird angenommen, daß zumindest bei Umsetzung in homogener Phase Zwischenverbb. des Oxims eine Rolle spielen, die bei ausreichender Polarisation der N–O-Bindung des Oxims unter Ausnutzung des vorhandenen Energiegefälles zwischen Oxim u. Säureamid die Umlagerung einleiten. (Chem. Techn. **5.** 421—24. Aug. 1953. Halle-Wittenberg, Martin-Luther-Univ., Inst. für Techn. Chem.; Leuna-Werke „Walter Ulbricht", Organ. Abt.)
R. MATTNER. D 225

N. V. Nowlan, P. A. Slavin und **T. S. Wheeler,** *Der Einfluß der Bindungsstruktur auf die Umlagerung von o-Aroyloxyacetoaronen in o-Oxydiaroylmethane. Baker-Venkataraman-Umlagerung.* Vff. untersuchen die BAKER-VENKATARAMAN-Umlagerung von *o-[2-, 3-* u. *4-Mono-* sowie *3.5-Dinitrobenzoyloxy]-acetonaphthon*, ferner von *2-Benzoyloxy-3-acetonaphthon* (**X**), *2-Cinnamoyloxy-3-acetonaphthon* (**XI**), *2-[2-Methoxynaphthoyl-(3)-oxy]-3-acetonaphthon* (**XII**), *5-Benzoyloxy-6-acetylindan* (**XIII**), *5-[p-Nitrobenzoyloxy]-6-acetylindan* (**XIV**), *5-Benzoyloxy-4-acetylindan* (**XV**) u. von verschied. o-Arylsulfonyloxyacetonaphthonen unter dem Einfl. von Alkalien. Die Umlagerung erfolgt wesentlich rascher über die 2.3-Bindung (Einfachbindung) als über die 1.2-Bindung (Doppelbindung), was der durch die beweglichen π-Elektronen erleichterten esterartigen Neutralisation des Carbonyl-C-Atoms (C_β), vgl. **A**, zugeschrieben wird. Das stimmt überein mit der Ansicht von DOYLE u. Mitarbeiter (C. **1948.** II. 493), wonach die Umlagerung eine durch Basen katalysierte innermol. CLAISEN-Kondensation (**B**) ist. Vorläufige Ergebnisse der Umlagerung der Indanderivv. scheinen nicht in Übereinstimmung zu sein mit der Ansicht von MILLS-NIXON über die Bindungsverteilung im Indan. Verss., die o-Arylsulfonyloxyacetonaphthone mit einer Anzahl bas. Katalysatoren u. mit BF_3 umzulagern, schlugen fehl. Als Ursache wird gegenüber der Carbonylgruppe schwächere elektrophile Wrkg. der Sulfonylgruppe angesehen. Einige der entstandenen o-Oxydiaroylmethane lagern sich unter Ringschluß spontan zu den entsprechenden Flavonen um, was einer innermol. Veresterung analog ist. Begünstigt wird dieser Ringschluß durch elektrophile (Nitro-) Gruppen, welche den kationoiden Charakter des C_α-Atoms erhöhen (**C**).

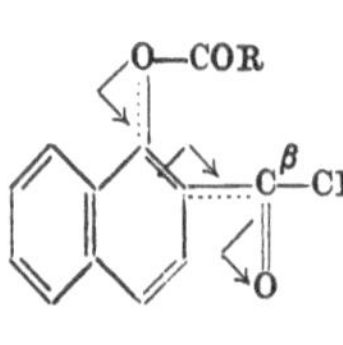

A

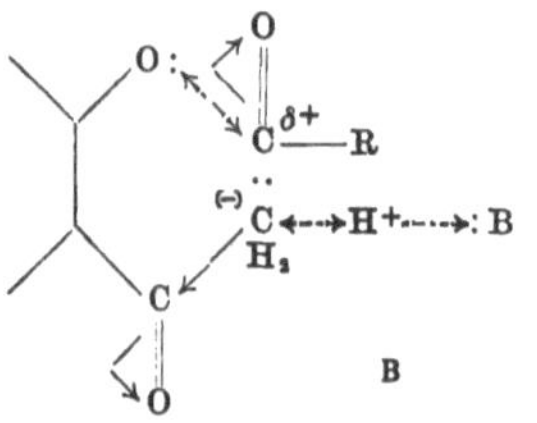

B

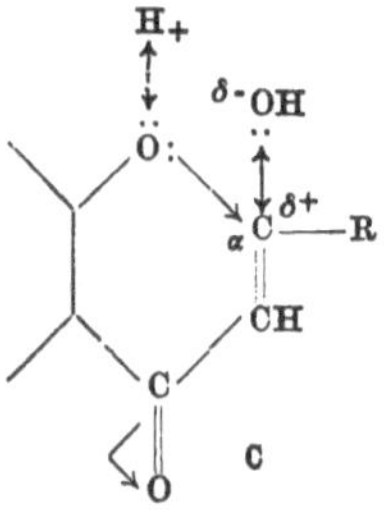

C

V e r s u c h e: Die Ester werden aus den entsprechenden o-Oxyacetoaronen mit Säurechlorid–Pyridin nach DOYLE (l. c.) in >60%ig. Ausbeute dargestellt. Die nicht sofort fest erhaltenen Sulfonsäureester werden vor ihrer Umkristallisation bei 10^{-3} mm destilliert. Alle Verbb. bilden farblose bis gelbe Kristalle, außer dem roten **II**. *1-[2'-Nitrobenzoyloxy]-2-acetonaphthon* (**I**), $C_{19}H_{13}O_5N$, F. 115–116° (A./Dioxan); *2-[2'-Nitrobenzoyloxy]-1-acetonaphthon* (**II**), F. 146–148° (Aceton/wss. A.); *2-[3'-Nitrobenzoyloxy]-1-acetonaphthon* (**III**), F. 174–176° ($CHCl_3$); *2-[4'-Nitrobenzoyloxy]-1-acetonaphthon* (**IV**), F. 137–138° (Aceton/wss. A.); *2-[2'-Nitrobenzoyloxy]-3-acetonaphthon* (**V**), F. 165° (A./Dioxan); *2-[3'-Nitrobenzoyloxy]-3-acetonaphthon* (**VI**), F. 146–148° (A./Dioxan); *2-[4'-Nitrobenzoyloxy]-3-acetonaphthon* (**VII**), F. 177–179° (A./Dioxan). *1-[3'.5'-Dinitrobenzoyloxy]-2-acetonaphthon*, $C_{19}H_{12}O_7N_2$, aus $CHCl_3$, F. 209–212° (Zers.); *2-[3'.5'-Dinitrobenzoyloxy]-1-acetonaphthon* (**VIII**), F. 200–202° ($CHCl_3$/PAe., Kp. 60–80°); *2-[3'.5'-Dinitrobenzoyloxy]-3-acetonaphthon* (**IX**), F. 173° ($CHCl_3$/PAe., Kp. 40–60°). **X**, $C_{19}H_{14}O_3$, F. 111° (Ligroin); **XI**, $C_{21}H_{16}O_3$, F. 121° (Ligroin); **XII**, $C_{24}H_{18}O_4$, F. 191° (A. u. Bzl.); **XIII**, $C_{18}H_{16}O_3$, F. 87–88° (wss. A.); **XIV**, $C_{18}H_{15}O_5N$, F. 104–105° (wss. A.); **XV**, $C_{18}H_{16}O_3$, F. 89–90° (wss. Methanol u. Ligroin). – *2-Benzolsulfonyloxy-1-acetonaphthon*, $C_{18}H_{14}O_4S$, F. 72–74° (wss. A.); *2-Benzolsulfonyloxy-3-acetonaphthon* (**XVI**), F. 84–86° (A.); *1-o-Toluolsulfonyloxy-2-acetonaphthon*, $C_{19}H_{16}O_4S$, F. 63–65° (A.); *2-o-Toluolsulfonyloxy-1-acetonaphthon*, F. 60–62° (PAe., Kp. 60–80°); *2-o-Toluolsulfonyloxy-3-acetonaphthon*, F. 110–112° (A.); *1-p-Toluolsulfonyloxy-2-acetonaphthon*, F. 99–101° (wss. A.); *2-p-Toluolsulfonyloxy-1-acetonaphthon*, F. 98–99° (A.); *2-p-Toluolsulfonyloxy-3-acetonaphthon*, F. 84–86° (A.). Die Einw. einer äther. Lsg. von Triphenylmethyl-Na auf **XVI** unter N_2 liefert ein Prod. $C_{56}H_{44}O_2S$, F. 184° ($CHCl_3$ u. Eisessig). – Die Umlagerung zu den o-Oxydiaroylmethanen wird durch Kochen mit KOH oder Behandeln mit Na-Äthylat in der Kälte in Pyridin erreicht. Verbb., die sich nicht reinigen lassen, werden sofort weiter zu den entsprechenden Flavonen cyclisiert. *2-Nitrobenzoyl-1'-oxy-2'-naphthoylmethan* (**Ia**), $C_{19}H_{13}O_5N$, F. 173–175° (wss. A.), aus **I**; *4-Nitrobenzoyl-2'-oxy-1'-naphthoylmethan* (**IVa**), F. 168–170° (A.), aus **IV**; *3-Nitrobenzoyl-2'-oxy-3'-naphthoylmethan* (**VIa**), F. 182–183° (Aceton), aus **VI**; *4-Nitrobenzoyl-2'-oxy-3'-naphthoylmethan* (**VIIa**), F. 228–230° (Aceton), aus **VII**; *Benzoyl-2-oxy-3-naphthoylmethan* (**Xa**), $C_{19}H_{14}O_3$, gelbe Nadeln, F. 129–130° (wss. A.), aus **X**. – *Cinnamoyl-2-oxy-3-naphthoylmethan* (**XIa**), $C_{21}H_{16}O_3$, F. 160° (Eisessig), aus **XI**. – *2-Oxy-2'-methoxy-3.3'-dinaphthoylmethan* (**XIIa**), $C_{24}H_{18}O_4$, F. 181–182° (Eisessig), aus **XII**; *5-Oxy-6-benzoylacetyl-*

indan (**XIIIa**), $C_{18}H_{16}O_3$, gelbe Nadeln, F. 99—101° (wss. A.), aus **XIII**; *5-Oxy-6-p-nitrobenzoylacetylindan* (**XIVa**), $C_{18}H_{15}O_5N$, F. 225—227° (wss. Dioxan), aus **XIV**; Ausbeute 75%. — *5-Oxy-4-benzoylacetylindan*, $C_{18}H_{16}O_3$, gelbe Kristalle, F. 114—115° (wss. A.), aus **XV**; Ausbeute 85%. — Die Flavone bzw. Benzchromone oder Indanopyrone werden durch Behandeln mit wenig konz. HCl in sd. Eisessig dargestellt mit annähernd quantitativen Ausbeuten oder bilden sich durch spontanen Ringschluß von selbst. *2'-Nitro-7.8-benzflavon*, $C_{19}H_{11}O_4N$, F. 222—224° (Aceton/A.), aus **Ia**. — *2'-Nitro-5.6-benzflavon*, F. 214—215° (Eisessig), aus dem Rohprod. der Umwandlung von **II**; *3'-Nitro-5.6-benzflavon*, F. 256—257° (Eisessig); aus **III** durch spontanen Ringschluß; *4'-Nitro-5.6-benzflavon*, F. 282—284° (Eisessig), aus **IVa**; *2'-Nitro-6.7-benzflavon*, F. 192—194° (Eisessig), aus dem Rohprod. der Umwandlung von **V**; *3'-Nitro-6.7-benzflavon*, F. 248—250° (Eisessig), aus **VIa**; *4'-Nitro-6.7-benzflavon*, F. 264° (Eisessig), aus **VIIa**. — *3'.5'-Dinitro-3-[3.5-dinitrobenzoyl]-5.6-benzflavon*, $C_{26}H_{12}O_{11}N_4$, F. 267—269° (Eisessig u. Tetrahydrofurfurylalkohol), aus **VIII** durch spontanen Ringschluß, rotes Pulver. — *3'.5'-Dinitro-6.7-benzflavon*, $C_{19}H_{10}O_6N_2$, aus Dioxan, F. 330° (Zers.), aus **IX** durch spontanen Ringschluß, gelbes Pulver. — *6.7-Benzflavon*, $C_{19}H_{12}O_2$, F. 173° (Bzl./Ligroin), aus **Xa**. — *2-Styryl-6.7-benzchromon*, $C_{21}H_{14}O_2$, F. 168° (Bzl./Ligroin), aus **XIa**, hellgelb. — *2-[2-Methoxy-3-naphthyl]-6.7-benzchromon*, $C_{24}H_{16}O_3$, F. 214° (Bzl./Ligroin), aus **XIIa**, hellgelb. — *6-Phenylindano-[5'.6';2.3]-γ-pyron*, $C_{18}H_{14}O_2$, F. 161—162° (wss. Essigsäure), aus **XIIIa**; *6-[p-Nitrophenyl]-indano-[5'.6';2.3]-γ-pyron*, $C_{18}H_{13}O_4N$, F. 265—267° (wss. Essigsäure), aus **XIVa**, gelb. (J. chem. Soc. [London] **1950**. 340—44. Jan. Dublin, Univ. Coll.) G. WINKLER. D 225

Ronald F. Brown, *Der Einfluß des Lösungsmittels auf die Pinakolinumlagerung von cis- und trans-1.2-Diphenylacenaphthendiol-(1.2)*. 1. Mitt. *Methyl- und Äthylalkohol*. Im Rahmen von Verss. über die Pinakolinumlagerung von *cis-* u. *trans-1.2-Diphenylacenaphthendiol-(1.2)* (**I**) untersucht Vf. die Reaktionsprodd., die aus **I** in verschied. Alkoholen bei Ggw. von H_2SO_4 entstehen. Bei Zimmertemp. liefern cis- u. trans-**I** in absol. Methanol ein u. dieselbe Monomethoxyverb. (**II**), der auf Grund früherer Unterss. (vgl. BARTLETT u. BROWN, J. Amer. chem. Soc. **62**. [1940.] 2927) die Struktur eines *cis-2-Methoxy-1.2-diphenylacenaphthenols-(1)* zugeschrieben wird. Wird dieselbe Lsg. 30 Min. zum Sieden erhitzt, so entsteht außerdem eine Dimethoxyverb. (**III**). In absol. A. bei Zimmertemp. entsteht analog eine Monoäthoxyverb., 30 Min. langes Erhitzen liefert jedoch nur 2.2-Diphenylacenaphthenon (**IV**). Verkürzung der Erhitzungsdauer auf 5 Min. liefert 60% **IV** u. 25% einer Diäthoxyverbindung. In völlig wasserfreiem A. (über Mg) wird die Menge an **II** weiterreduziert. Gleichzeitig kann eine Monoäthoxyverb. isoliert werden. **II** entstand auch bei Rk. von cis- bzw. trans-**I** in Methanol in Ggw. von Al-Methylat. Um eine Konfigurationszuordnung der erhaltenen Verbb. vornehmen zu können, stellt Vf. in eindeutiger Rk. *cis-2-Methoxy-1.2-diphenylacenaphthenol-(1)* (**V**) u. *cis-1.2-Dimethoxy-1.2-diphenylacenaphthen* (**VI**) dar. **V** ist mit **II** ident., nicht aber **VI** mit **III**. Die Identifizierung von **III** bereitet Schwierigkeiten, trans-**V** u. -**VI** konnten, wahrscheinlich wegen ster. Hinderung, nicht dargestellt werden. Aber auch die direkte Überführung von **IV** in die Methyl- u. Äthylacetale, eine weitere Konstitutionsmöglichkeit für **III**, mißlang. Auf Grund folgender Rkk. glaubt jedoch Vf., **III** die Dimethylacetalstruktur zuordnen zu können. Alle genannten Äther oder Acetale werden bei kurzem Erhitzen in Eisessig u. Ggw. von H_2SO_4 als Katalysator in **IV** umgewandelt. Der Monoäthyläther bildet beim Erhitzen in Methanol u. Ggw. von H_2SO_4 ein Gemisch, das zum größten Teil aus dem Monomethyläther u. geringen Mengen Dimethylacetal besteht. Umgekehrt bildet das Diäthylacetal unter denselben Bedingungen rascher u. allein das Dimethylacetal, dagegen keine Spur einer gemischten Alkoxyverb. oder des Monoäthers. Die Konfiguration einer trans-**VI**-Verb. kann somit ebenfalls ausgeschlossen werden.

Versuche: *cis-* u. *trans-1.2-Diphenylacenaphthendiol-(1.2)* (**I**) nach BARTLETT u. BROWN (l. c.). — *cis-2-Methoxy-1.2-diphenylacenaphthenol-(1)* (**II**); $C_{25}H_{20}O_2$, F. 191,0 bis 191,6°; a) aus cis- oder trans-**I** (5 g) in Methanol (100 ml) unter Zusatz von 1 cm³ H_2SO_4 bei Zimmertemp. (3 Tage), Kristalle aus Cellosolve oder Skelly C; 4,5 g (Ausbeute ; b) aus cis-**I** (3,4 g) in 1.2-Dimethoxyäthan (50 ml) u. 0,25 g Na unter N_2, 5 std. Sieden, dann Kühlen u. Zufügen von CH_3J, dann 1 Woche bei Zimmertemp., 51%. — *cis-2-Äthoxy-1.2-diphenylacenaphthenol-(1)*, $C_{26}H_{22}O_2$, F. 176,5—177,5° (A. oder Skelly C), analog **II**, a) aus 1,0 g cis- oder trans-**I** in absol. A., 1,0 g, geht in Methanol in Ggw. von H_2SO_4 in **II** über. — *cis-1.2-Dimethoxy-1.2-diphenylacenaphthen* (**VI**), $C_{26}H_{22}O_2$, F. 156,5 bis 157,5° (Skelly C); aus cis-**II** analog b). — *1.1-Dimethoxy-2.2-diphenylacenaphthen* (**III**), $C_{26}H_{22}O_2$, F. 197,2—197,6° (Bzl., Skelly C oder Methanol), durch Erhitzen (30 Min.) von cis- oder trans-**I** (1,7 g) in Methanol (150 ml) u. H_2SO_4 (0,05 ml); 1,6 g. — *2.2-Diphenylacenaphthenon* (**IV**), F. 174—175° (A. oder Skelly C), durch Erhitzen von cis- oder trans-I in absol. A. u. H_2SO_4; b) durch 15 Min. langes Erhitzen aller Äther u. Acetale bei Ggw. von H_2SO_4 in Eisessig, 95%. *Oxim*, $C_{24}H_{17}ON$, F. 235—236° (Rk. in A. u. Pyridin (1:1), in NaOH wurde 8-Diphenylmethylnaphthoesäure, F. 231—232°, gebildet). *1.1-Diäthoxy-2.2-diphenylacenaphthen*, $C_{28}H_{26}O_2$, F. 140,0—141,0°; aus cis- oder trans-I durch 5 Min. langes Erhitzen in A. mit H_2SO_4 neben **IV**, geht beim Erhitzen in Methanol + H_2SO_4 zu 80% in **III** über. — UV-Spektren aller Reaktanten u. Prodd. sind angegeben. (J. Amer. chem. Soc. **74.** 428—31. 20/1. 1952. Los Angeles, Calif., Univ. of Southern Calif., Dep. of Chem.) GRALHEER. D 225

Ronald F. Brown, Joseph B. Nordmann und **Milton Madoff,** *Der Einfluß des Lösungsmittels auf die Pinakolinumlagerung von cis- und trans-1.2-Diphenylacenaphthendiol-(1.2).* 2. Mitt. *Isopropyl- und tert.-Butylalkohol.* (1. vgl. vorst. Ref.) Vff. dehnen ihre Unterss. über die Teilnahme des Lösungsm. auf die Pinakolinumlagerung von cis- u. trans-1.2-Diphenylacenaphthendiol-(1.2) (**I**) auf sek. u. tert. Alkohole aus. cis-**I** liefert in Isopropanol bei Zimmertemp. langsam *cis-2-Isopropoxy-1.2-diphenylacenaphthenol-(1)* (**II**). Beim Kp. des Lösungsm. bildet sich aus cis-**I** in 15 Min. quantitativ *2.2-Diphenylacenaphthenon* (**III**). **II** wird unter diesen Bedingungen viel langsamer in **III** umgewandelt u. ist deshalb kein Zwischenprod. bei der direkten Umlagerung von cis-**I** in **III**. trans-**I** reagiert bei Zimmertemp. langsamer. Nach 2 Wochen hat sich nur **II** gebildet. Nach 5 Tagen kann neben **II** u. unverändertem trans-**I** cis-**I** isoliert werden. Beim Kp. des Lösungsm. wird nach 30 Min. cis- u. trans-**I**, **II** u. **III** erhalten. Erst nach 75 Min. hat sich quantitativ **III** gebildet. Die Diisopropoxyverbb. konnten in keinem Fall isoliert werden. In tert. Butylalkohol bilden sich keine Äther oder Acetale, die Geschwindigkeit der Umlagerung ist stark herabgesetzt. 12 Std. werden für die Umlagerung von cis-**I** in **III** u. 3 Tage für die von trans-**I** in **III** beim Kp. benötigt. Vff. stellen ein ausführliches Reaktionsschema auf, das alle Rkk. u. Bldg. von Zwischenprodd. zu erklären vermag.

V e r s u c h e: *cis-2-Isopropoxy-1.2-diphenylacenaphthenol-(1)* (**II**), $C_{27}H_{24}O_2$, F. 202,4°—203° (Isopropanol); a) durch Erhitzen (3 Tage) von cis-**I** (1 g) in wasserfreiem Isopropanol (100 ml) u. wasserfreier Essigsäure (4 Tropfen); 87%. b) Aus cis- u. trans-**I** in Isopropanol mit H_2SO_4 bei Zimmertemp. innerhalb 2 Wochen.; 100%. Liefert beim Erhitzen in Methanol u. Ggw. von H_2SO_4 den cis-Monomethyläther (69%) u. das Dimethylacetal (19%). (J. Amer. chem. Soc. **74.** 432—35. 20/1. 1952.)

GRALHEER. D 225

M. F. R. Mulcahy und **M. J. Ridge,** *Die Kinetik der Oxydation von Propylen.* 1. Mitt. *Die Anhäufung von Zwischenprodukten während der Anfangsstadien der Reaktion.* Die Oxydation von C_3H_6 wurde bei 290° an Mischungen verschied. Konzz. (70 mMol C_3H_6 u. 350 mMol O_2; 100 mMol C_3H_6 u. 150 mMol O_2, 350 mMol N_2) untersucht. Unter diesen Bedingungen beträgt die Induktionsperiode ca. 30 Min., während der geringe Mengen (<12% der Ausgangskonz.) C_3H_6 u. O_2 verbraucht u. CH_2O, höhere Aldehyde u. Peroxyde gebildet werden. Die Bldg. von CH_2O wird merklich zu Beginn der 2. Hälfte der Induktionsperiode, sie nimmt stetig zu, während die Bldg. von höheren Aldehyden u. Peroxyden erst gegen Ende der Induktionsperiode einsetzt u. deren Konz. dann sehr rasch ansteigt. Während des gesamten Reaktionsablaufes ist die Konz. der Reaktionsprodd. $CH_2O >$ höhere Aldehyde > Peroxyde. Die Dauer der Induktionsperiode kann durch Zusätze von CH_2O oder CH_3CHO abgekürzt werden, wobei CH_2O wirksamer ist als CH_3CHO. (Trans. Faraday Soc. **49.** 906—15. Aug. 1953. Melbourne, Univ., C. S. I. R. O., Div. of Tribophys.) M. SCHENK. D 225

M. B. Thorn, *Untersuchungen über die enzymatische Oxydation von Bernsteinsäure, welche Deuterium in den Methylengruppen enthält.* Untersucht wurde die Einw. von *Bernsteinsäureoxydase* (Schweineherz) auf n. *Bernsteinsäure* (**I**) sowie auf I-d_4 (77 Atom-% D) (**II**) u. I-d_2 (42 Atom-% D) (**III**) in den CH_2-Gruppen. **II** wird mit 40%, **III** mit 70% der bei **I** beobachteten Geschwindigkeit gespalten. Die Aktivierungsenergie ist bei **II** um 1450 ± 450 cal größer als bei **I**. Die Affinität der Bernsteinsäureoxydase ist für **I** ca. 1,45 mal höher als für **II**. — Verwendung von D als Spürsubstanz ist bei qualitativen Unterss. möglich; bei quantitativen Bestimmungen können Irrtümer wegen der verschied. Geh. an D entstehen. — **II**, F. 181,8—182,6° (W.), durch Red. des K-Salzes von Acetylendicarbonsäure mit Na-Amalgam in D_2O, 70% (Ausbeute). — **III**, analog aus Fumarsäure. (Biochem. J. **49.** 602—09. Okt. 1951. London, Univ. Coll., Dep. of Biochem.) HESSE. D 225

René Lombard und **André Kohler,** *Untersuchungen auf dem Gebiet der Autoxydation.* 1. Mitt. *Experimentelle Untersuchung der Autoxydation des Pinens und Deutung der Erscheinungen.* Die Autoxydation des Pinens führt zu *Verbenol, Verbenon, Sobrerol, Pinol* sowie verschied. Peroxyden (**I**) u. Polymeren. Die Rk. wurde in einer O_2-Atmosphäre ohne u. mit Katalysatoren (Co-Abietat, -Oleat, -Stearat) vorgenommen, die Gesamtmenge des absorbierten O_2 sowie der **I**-Geh. bei 20, 50, 75 u. 100° ermittelt. Der **I**-Geh. durchläuft nach einer gewissen Zeit ein Maximum, das etwa folgende Lagen hat: 0,25 bis 0,30 (Mol O_2/Mol Pinen) bei 20°; 0,25 bei 50°; 0,20 bei 75°; 0,15 bei 100°. Die Geschwindigkeit der katalysierten Rk. ist bei 20° ca. 100 mal so groß wie diejenige der nichtkatalysierten; sie ist unempfindlicher gegenüber Veränderungen der Temp. u. gegenüber Lichteinwirkung. Völlig von **I** befreites Pinen nimmt in Ggw. violetter Co-Salze keinen O_2 auf; dagegen erfolgt O_2-Aufnahme bei Verwendung grüner, in Ggw. von O_2-haltigem W. bereiteter Co-Salze. Vff. erklären die Wrkg. des Katalysators durch die Bldg. freier Radikale, die als Kettenbildner wirken; die Rk. läuft wahrscheinlich über einen Peroxobrückenkomplex, eine Wertigkeitsänderung des Co tritt nicht auf. Die Autoxydation erfolgt nicht im gasförmigen Zustand. (Bull. Soc. chim. France, Mém. [5] **21.** 639—44. Mai 1954. Strasbourg, Fac. des Sci., Inst. de Chim.) J. Rothe. D 225

Mary Rotheram, Norman Todd und **S. L. Whitcher,** *Der Zerfall des Cystins bei Bestrahlung seiner wässerigen Lösung.* In verd. H_2SO_4-Lsg. wurde *Cystin* (**I**) mit ungefilterter Röntgenstrahlung (250 kV) bestrahlt. Nach der Bestrahlung wurden die **I**-Konz. u. der Geh. der Lsg. an H_2O_2 colorimetr. bestimmt. Es tritt Verringerung der Konz. an **I** bei gleichzeitig steigendem H_2O_2-Geh. auf. Dieser entfällt, wenn die Lsg. vorher entlüftet wird. Nicht nachweisbar ist Red. des **I** zu Cystein u. das Auftreten von Sulfiden oder Sulfaten. Zwischen der Integraldosis u. dem Ausmaß der chem. Rkk. besteht keine lineare Beziehung. Die Krümmung der entsprechenden Kurve deuten Vff. durch die Annahme, daß als erstes Oxydationsprod. *Cystindisulfoxyd* entsteht, das sich schnell unter teilweiser Rückbldg. des **I** zersetzt. (Naturwissenschaften **39.** 450—51. Okt. 1952. Los Angeles, Calif., Univ. of California, At. Energy Project.) Reusse. D 226

Torvard C. Laurent und **Emil M. Wertheim,** *Wirkung ultravioletten Lichts auf die Absorptionsspektren von Kohlenhydraten.* Bestrahlung mit UV unter 280 mμ ruft in einigen Polysacchariden (*Dextrin, Gummi arabicum, Hyaluronsäure, Pektin, Chondroitinschwefelsäure*) in alkal. Lsg. Änderungen der Absorption u. ein neues Maximum bei 265 mμ hervor, das sich beim Ansäuern nach 245 mμ verschiebt. Ebenso verhalten sich: *Glucose, Galaktose, Mannose, Fructose, Glucosamin* u. *Galakturonsäure*, von denen die beiden letzten auch in saurer Lsg. empfindlich sind. (Acta chem. scand. **6.** 678—81. 1952.) Rudolph. D 226

A. A. Gurewitsch, *Über die katalytische Wirkung von Eisen auf die Reduktion von o-Dinitrobenzol durch Ascorbinsäure.* Die Red. von o-Dinitrobenzol (**I**) zu o-Nitrophenylhydroxylamin (**II**) ließ sich in Ggw. von Ascorbinsäure (**III**), H_2O_2 u. Fe(II)-Ionen innerhalb weniger Min. durchführen. Die Rk. wurde bei Zimmertemp. mit einer gesätt. wss. Lsg. von **I**, 30—50 mg **III**/10 ml dieser Lsg. u. einigen Tropfen 30%ig. H_2O_2 durchgeführt; Spuren Fe wurden als $FeSO_4$ zugegeben. Die Rk. gelingt nur, wenn sowohl H_2O_2 als auch Fe(II)-Ionen zugegen sind. Nach Bach ist W. infolge Dissoziation in der Lage, 2 akt. Komplexe zu bilden; $[H_2O \cdot H_2]$ u. $[H_2O \cdot (OH)_2]$ von denen der erste (Sauerstoffperhydrid) reduzierend, der zweite (Wasserstoffperoxydhydrat) oxydierend wirkt. Diese Komplexe bilden sich jedoch nicht nur bei der Dissoziation des W.; sie sind auch in obiger Reaktionslsg. vorhanden; denn $[H_2O \cdot (OH)_2]$, entsteht bei der Oxydation von **III** durch H_2O_2: $AH_2 + H_2O_2 \rightarrow A + 2\,H_2O$; das W. aktiviert in statu nascendi ein zweites **III**-Mol., das seine beweglichen H-Atome an das W. abgibt: $AH_2 + H_2O$ (akt.)$\rightarrow A + [H_2O \cdot H_2]$. Als 3. Stufe erfolgt die Red. von **I** zu **II**: $2\,H_2O = H_2 + C_6H_4(NO_2)_2 \rightarrow C_6H_4NO_2 \cdot NHOH + 3\,H_2O$. Das peroxydat. Wrkg. besitzende Fe^{2+} katalysiert die Redox-Reaktion. Es erscheint möglich, daß auch im lebenden Organismus ein aus dem bei der Atmung sich bildenden H_2O_2, Peroxydase u. einem entsprechenden H-Donator bestehendes Syst. die Übertragung von H auf einen anderen Acceptor in ähnlicher Weise wie bei dem beschriebenen Modell vollzieht. (Доклады Академии Наук СССР [Ber. Akad. Wiss. UdSSR] [N. S.] **91.** 543—44. 21/7. 1953. Moskau, Landwirtsch. Timirjasew-Akad.) H. v. Pezold. D 227

Edward Treszczanowicz, *Untersuchungen über die Zink–Eisen-Kontakte bei der Reaktion der Dehydrierung des Cyclohexanols.* Die Dehydrierung von *Cyclohexanol* (**I**) in Ggw. von Zn–Fe-Legierungskontakten mit 0—93% Fe wurde untersucht. Katalyt. sind sowohl Zn wie auch α-Fe wirksam. Zn allein ist nicht verwendbar, da es bei 390° verdampft. Mit steigendem Fe-Geh. der Zn–Fe-Legierung nimmt die optimale Dehydrierungstemp. zu. Es wurde beobachtet, daß Kontakte mit 86,9% Fe u. mehr bei ca. 420° einen merklichen Zerfall von *Cyclohexanon* bewirken. Dabei entstehen CO u. C_nH_{2n}, u. es treten die Rkk. $2\,CO \rightarrow CO_2 + C$ sowie $C_nH_{2n} \rightarrow n\,C + n\,H_2$ auf. Aus kinet. Unterss. ergab sich, daß bei Kontakten aus eutektoiden Legierungen mit 12,5 u. 18,6% Fe u. mit einem bestimmten Gemisch regulärer u. hexagonaler Kristalle in verschied. Verhältnis die Aktivierungsenergie der Dehydrierung 36100 u. 41250 cal/Mol beträgt. Die Reaktionsgeschwindigkeitskonstante in Ggw. eines Kontaktes mit 12,5% Fe erwies sich höher als bei einem Kontakt mit 18,6% Fe. Das Verhältnis $\ln K_0/E$ (K_0 = Aktionskonstante) war für verschied. Legierungen konstant u. betrug $2,68 \cdot 10^3$ bis $3,13 \cdot 10^3$. Die Aktivierungsenergie für techn. u. chem. reines Zn wurde zu 44100 u. 43500 cal/Mol gefunden. Einführung der CH_3-Gruppe in o-, m- u. p-Stellung zur OH-Gruppe von I vermindert die Aktivierungsenergie in Ggw. des Kontaktes mit 12,5% Fe. Für diesen Katalysator erwies sich $\ln K_0/E$ bei allen 3 isomeren *Methylcyclohexanolen* als konstant ($E/\ln K_0 = 2,84 \cdot 10^3$ bis $2,99 \cdot 10^3$), Fe_2O_3 u. ZnO, die bes. bei Regeneration des Kontakts in feuchter Luft entstehen können, vermögen Neben- u. sek. Rkk. veranlassen (Bldg. von Bzl. u. Cyclohexen). Die Bldg. von Oxyden bei 400—450° Regenerationstemp. muß daher vermieden werden. Das in den Prodd. der Dehydrierung auftretende Phenol ist auf den Einfl. von Fe_2O_3, aber nicht von metall. Fe zurückzuführen. Oxyd. Kontakte, durch trockene Oxydation von Legierungen mit 5,9% Fe bei 740° hergestellt, besitzen sehr gute katalyt. Eigg., die nur wenig jenen der Zn–Fe-Legierungen nachstehen. — Zahlreiche weitere Einzelheiten (method.-theoret. Überlegungen, Apparatives, Tabellen, Diagramme) u. 157 Literaturangaben im Original. (Prace Głównego Inst. Chem. przemysłowej **1951**. 1—51.) FREYTAG. D 227

D₂. Präparative organische Chemie. Naturstoffe.

L. P. McHatton und **M. J. Soulal**, *Reaktionen von Thallium. 2. Mitt. Thalliumäthylat als Katalysator bei der Oxydation der aromatischen Acyloine durch Nitrobenzol.* (1 .vgl. C. **1953**. 3222.) Metall. Tl red. aromat. Nitroverbb. in alkoh. Lsg. zu den entsprechenden *Azoxyverbb.* in hoher Ausbeute; Tl wird dabei zu *Tl(I)-Äthylat* (**I**) oxydiert. Die Red. erfordert bei Zimmertemp. 28 Tage, mit fein verteiltem Tl nur 14 Tage. Mittels Tl-Amalgams wurde *3.3'-Dinitroazoxybenzol* aus m-Dinitrobenzol in 4 Tagen erhalten. — In Ggw. geringer Mengen **I** oxydiert eine alkoh. Lsg. von Nitrobenzol (**II**) aromat. Acyloine zu *α-Diketonen* mit 80—90% Ausbeute. Wahrscheinlich wird dabei **I** zunächst zu metall. Tl red., um dann wieder wie vorst. zu **I** oxydiert zu werden. **I** gibt mit den Diketonen instabile *Addukte* der Zus. ArCOCAr(OTl)(OC_2H_5), die bei der Zers. *Tl(I)-Arylcarboxylate* bilden. Nitroalkane werden durch Tl nicht zu Azoxyverbb. red.; nach 1 monatigem Stehen ergab eine alkoh. Lsg. von Nitroäthan (**III**) *$TlNO_2$* **u.** bei der Dest. *Acetaldehyd* (**IV**). Bei dieser Rk. scheint zuerst **I** gebildet zu werden, das mit **III** *Tl(I)-Äthylnitronat* ergibt, welches weiter mit **III** den *Äthylnitronsäureäthylester*(**V**), $CH_3CH{:}NO \cdot OC_2H_5$, u. *$TlNO_2$* bildet. **V** führt bei der Dest. zu **IV** u. *Acetaldoxim*. Nitromethan u. 1-Nitropropan (**VI**) reagieren ähnlich.

Versuche: Die Red. der aromat. Nitroverbb. wurde mit Tl-Folie in absol. A. während 28 Tagen durchgeführt u. das gelöste Tl durch alkoh. KJ gefällt. Folgende Nitroverbb. wurden red. [in () Ausbeute an *Azoxyverb.*]: **II** (84%), o-Nitrotoluol (62%), m-Nitrotoluol (57%), p-Nitrotoluol (80%), o-Nitroanisol (41%), p-Nitroanisol (50%), 2-Nitrodiphenyl (81%), m-Dinitrobenzol (12%). Folgende Verbb. wurden mit fein verteiltem Tl (durch Red. aus **I** mit Benzoin; selbstentzündlich!) in 14 Tagen red.: Nitro-p-xylol (47%), 4-Nitro-o-xylol (45%). — *3.3'-Dinitroazoxybenzol*, F. 143° (Ameisensäure), wurde auch erhalten aus m-Dinitrobenzol durch Red. mit 10%ig. Tl-Amalgam in 4 Tagen; 52%. — Die Oxydation der Acyloine (0,03 Mol) wurde mit 0,02 Mol **II** in absol. A. u. 1 cm³ gesätt. Lsg. von **I** in A. (ca. 0,1 g **I**) in 24 Std. durchgeführt. Folgende Acyloine wurden oxydiert [in () Ausbeute an *α-Diketon*]: Benzoin (90%), Anisoin (90%), Piperoin (95%), 6.6'-Dinitropiperoin (75%), 2.2'-Dichlorbenzoin (50%), Furoin (83%), $C_6H_5 \cdot CH(OH) \cdot CO \cdot C_4H_3O$ (89%), p-$CH_3O \cdot C_6H_4 \cdot CO \cdot CHOHC_6H_5$ (69%), p-$CH_3O \cdot C_6H_4 \cdot CO \cdot CH(OH) \cdot C_6H_4Cl$-p (88%). Zugabe von **I** in Bzl. zu Benzil in Ae. ergab einen blaßgelben Nd., der sich in 30 Sek. zers. zu einem grauen Körper, der *Tl(I)-Benzoat* u. Benzil enthielt. In der Lsg. war *Benzoesäureäthylester*. Anisoin u. Furoin in Ae. ergaben mit **I** in Bzl. sofort Ndd., die *Tl(I)-Anisat* bzw. *Tl(I)-Furoat* enthielten. 11 g Tl-Folie u. 15 g **III** in absol. A., 2 Monate an einer warmen Stelle aufbewahrt, ergaben 13,3 g *$TlNO_2$* (F. 183—184°); bei der Dest. wurde *Acetaldehyd* (**IV**; *2.4-Dinitrophenylhydrazon*, F. 168°) gefunden. — *Tl(I)-Äthylnitronat*, F. 83° (A.), aus **III** u. **I** in Bzl.; citronengelbe Platten; reagiert mit **III** in A. (1 Monat) wie vorst. weiter. — 3 g Tl-Folie u. 4 g **VI** in A. (12 Monate) ergaben 0,9 g *$TlNO_2$*. — *Tl(I)-n-Propylnitronat*, $C_3H_6O_2NTl$, F. 110° (A.), aus **VI** u. **I** in Bzl.; gelbe Platten. Ergab mit **VI** in A. *$TlNO_2$* u. *Propionaldehyd*. — 10 g Tl-Folie u. 5 g CH_3NO_2 in A. ergaben in 4 Monaten nur 0,11 g *$TlNO_2$*; Hydrolyse u. Dest. ergab nur eine Spur *Formaldehyd* (*2.4-Dinitrophenyl-*

hydrazon, F. 166°). — *Thioharnstoffkomplex* $Tl[CS(NH_2)_2]_4NO_2$, $C_4H_{16}O_2N_9S_4Tl$, Nadeln aus heißem W., dunkelt bei 150°, Zers. bei 180°, aus $TlNO_2$. (J. chem. Soc. [London] **1953.** 4095—97. Dez. London, Acton Techn. Coll.) FECHTER. 460

George Mandel und **Paul K. Smith,** *Notiz über die Synthese von* $^{14}C_{(COOH)}$*-markierter Salicylsäure.* Die Rk. von $^{14}CO_2$ aus $Ba^{14}CO_3$ u. H_2SO_4 auf Na-Phenolat verlief fast quantitativ, indem das $^{14}CO_2$, im Bombenrohr kondensiert, bei einigen at Überdruck u. 140° 40 Std. zur Einw. gebracht wurde; $^{14}C_{(COOH)}$*-Salicylsäure*, Nadeln, F. 157—158°. (J. Amer. pharmac. Assoc., sci. Edit. **39.** 479. Aug. 1950. Washington, D. C., George-Washington-Univ., School of Med., Dep. of Pharmacol.) FAASS. 480

Horst Korsching, *Notiz über die elektrochemische Synthese von 1.20-Dibromeikosan.* Die Anwendbarkeit der KOLBEschen Elektrosynth. zur Darst. von langkettigen ω.ω'-Dihalogen-KW-stoffen wird an einem Beispiel gezeigt: *11-Bromundecansäure* (I), F. 48—49°, durch Anlagerung von HBr an Undecylensäure, — *1.20-Dibromeikosan*, $C_{20}H_{40}Br_2$, F. 67,3—68° (Methanol + 10% Toluol), aus I durch anod. Oxydation an Pt in wss.-alkoh. KOH, 600 mA, 70 V, Ausbeute 20%. (Chem. Ber. **86.** 943—44. 1953. Göttingen, Max-Planck-Inst. für Physik.) GABRIELE GÜNTHER. 510

L. Bateman, J. I. Cunneen, Joyce M. Fabian und **H. P. Koch,** *Die Reaktion von Hexadien-(1.5) mit N-Bromsuccinimid.* Die Rk. von Hexadien-(1.5) (Diallyl) mit N-Bromsuccinimid (I) in sd. CCl_4 ergibt eine Monobromidmischung, die in der Hauptsache aus *1-Bromhexadien-(2.5)* (III) u. zu ca. 10% aus *3-Bromhexadien-(1.5)* (II) besteht. Da bei rein chem. Analysenmethoden immer die Möglichkeit der Isomerisation besteht, wurde das Ergebnis durch Infrarot- u. UV-Spektroskopie qualitativ u. angenähert quantitativ ermittelt. Es steht im Gegensatz zu den Angaben von KARRER u. Mitarbeitern (C. **1948.** II. 37 u. früher), wonach unter den angegebenen Versuchsbedingungen II entstehen soll. Als Nebenprodd. wurden erhalten: *4.6-Dibromhexen-(1)*, das vermutlich durch Anlagerung von HBr an III entsteht, u. *1.6-Dibromhexadien-(2.4)*, das in besserer Ausbeute aus der Monobromidmischung durch weitere Bromierung gewonnen wird. Mit CO_2 ergibt die GRIGNARD-Verb. der Monobromidmischung *3-Carboxyhexadien-(1.5)*; die dabei stattfindende prakt. quantitative Umlagerung der prim. in die sek. Allylverb. wurde bei analogen Rkk. immer beobachtet. Rk. der Monobromidmischung mit heißer konz. Na-Äthylat-Lsg. in A. ergibt *1-Äthoxyhexadien-(2.4)*; katalyt. Hydrierung des Äthers führt zum *Äthyl-n-hexyläther*, der sich mit HJ zu *n-Hexyljodid* spalten läßt.

Versuche: Die Verbb. wurden meistens identifiziert durch ihre Infrarotspektren: Die Bande bei 965 cm^{-1} ist charakterist. für die RCH=CHR-Gruppe, bei 918 u. 990 cm^{-1} für die CH_2=CHR-Gruppe; im UV-Spektr. ist die Absorption bei 2250 Å charakterist. für die konjugierte Diengruppierung. — *1-Bromhexadien-(2.5)* (III), C_6H_9Br, aus Hexadien-(1.5) ($Kp._{758}$ 59,6°), I, CCl_4 u. Benzoylperoxyd, 8 Std. Rückfluß; 67% der gefundenen Monobromidmischung ($Kp._{11}$ 39—44°) bestehen aus der *trans*-Verb., 22% sind *cis*-Verb.; daneben liegen ca. 10% *3-Bromhexadien-(1.5)* (II) vor. Die physikal. Trennung der Komponenten ist unmöglich, jedoch ist in der niedriger sd. Fraktion verhältnismäßig mehr II enthalten; eine annähernde Abschätzung der Zus. der einzelnen Fraktionen ergibt sich durch Vgl. der mol. Extinktionskoeffizienten der Infrarot-Absorptionsbanden. Als Nebenprodd. wurden bei vorst. Darst. erhalten: *4.6-Dibromhexen-(1)*, $C_6H_{10}Br_2$, $Kp._{14}$ 86—87°; n_D^{20} 1,5215; *1.6-Dibromhexadien-(2.4)*, $C_6H_8Br_2$, $Kp._{0,03}$ 60—65°, F. 86° (PAe.); diese Verb. entsteht auch aus 2 g Monobromidmischung, 2,1 g I, CCl_4 u. Benzoylperoxyd, 6 Std. Rückfluß; 1,6 g (Ausbeute). — *Hexadien-(1.5)-carbonsäure-(3)*, $C_7H_{10}O_2$, $Kp._{12}$ 101—102°, aus 10 g Monobromidmischung in Ae., Mg u. CO_2 (fest); Hydrolyse mit Eis + HCl; 3,5 g. *p-Bromphenacylester*, $C_{15}H_{15}O_3Br$, F. 32—33° (wss. A.). — *1-Äthoxyhexadien-(2.4)*, $C_8H_{14}O$, $Kp._9$ 48—49°, aus der Monobromidmischung, Na-Äthylat u. A., 3 Std. Rückfluß; n_D^{20} 1,4615; 43%. — *Äthyl-n-hexyläther*, $C_8H_{18}O$, $Kp._{761}$ 143—145°, aus 5 g vorst. Verb. in A. durch Hydrierung mit ADAMS-Katalysator bei 30 lbs./sq.in.; 4 g. — *n-Hexyljodid*, $Kp._{753}$ 178°, aus 3 cm^3 vorst. Verb. u. HJ, 3 Std. Rückfluß; 2,1 g. *n-Hexylisothiuroniumpikrat*, $C_{13}H_{19}O_7N_3S$, F. 156°. (J. chem. Soc. [London] **1950.** 936—41. März. Welwyn Garden City, Herts., The British Rubber Producers' Res. Assoc.) FECHTER. 520

L. Bateman und **J. I. Cunneen,** *Die Reaktion von Octen-(1) mit N-Bromsuccinimid.* Die Bromierung von Octen-(1) mit N-Bromsuccinimid ergibt in rascher Rk. eine Monobromidmischung aus ca. 80% *1-Bromocten-(2)* u. ca. 17% *3-Bromocten-(1)*. Die relativen Mengenverhältnisse dieser Isomeren stimmen nahezu überein mit Gleichgewichtsmischungen, die bei 100° von homologen Bromiden gebildet werden. Die Rk. der Monobromidmischung mit CH_3MgJ führt zu *Nonen-(3)* (I) u. *3-Methylocten-(1)* (II) in ähnlichen Mengenverhältnissen wie bei den Bromiden; ausgehend von der GRIGNARD-Verb.

der Bromidmischung erhält man mit CH_3J andere Mengenverhältnisse. Carboxylierung der GRIGNARD-Verb. des Gemisches mit CO_2 ergab unter Umlagerung nur *3-Carboxyocten-(1)*; GRIGNARD-Kupplungs-Rk. führte zu einem *dimeren Octen*. — Einige für die Mechanismen der einzelnen Rkk. wichtige Punkte werden erörtert.

Versuche: Identifizierung u. quantitative Schätzung der Anteile der Reaktionsprodd. erfolgte meist durch Infrarotspektren. — Aus Octen-(1), N-Bromsuccinimid, CCl_4 u. Benzoylperoxyd entsteht nach 20 Min. Kochen eine Mischung (Kp.$_{10}$ 71—79°) aus ca. 43% *trans-1-Bromocten-(2)*, $C_8H_{15}Br$, ca. 40% *cis*-Verb. u. ca. 17% *3-Bromocten-(1)*, $C_8H_{15}Br$. — *3-Carboxyocten-(1)*, $C_9H_{16}O_2$, Kp.$_{11}$ 128°, aus 20 g vorst. Mischung in Ae. durch 2$^1/_2$std. Zugeben zu 8,5 g Mg in Ae. u. Gießen auf CO_2; 8 g. *p-Bromphenacylester*, $C_{17}H_{21}O_3Br$, F. 47,5° (wss. A.). — Nach Zugabe von 10 g Monobromidgemisch in Ae. zu CH_3MgJ in Ae., $^1/_4$std. Kochen u. Zers. mit NH_4Cl-Lsg. wurden 5,1 g Gemisch aus *Nonen-(3)* (I) u. *3-Methylocten-(1)* (II), C_9H_{18}, erhalten; Kp.$_{754}$ 130—136°; Verhältnis I:II ca. 4:1. Wurde die GRIGNARD-Verb. der Monobromidmischung in Ae. mit CH_3J in Ae. umgesetzt, entstanden I u. II im Verhältnis ca. 8:92. — *9-Vinyltetradecen-(6)*, $C_{16}H_{30}$, Kp.$_{13}$ 135—136°, aus der GRIGNARD-Verb. der Bromidmischung in Ae. durch 10 Min. Kochen u. Zers. mit HCl; n_D^{19} 1,4503. (J. chem. Soc. [London] **1950**. 941—46. März.) FECHTER. 520

A. I. Sacharowa und **R. A. Ssaposhnikowa,** *Intramolekulare Umlagerungen in der Acetylenreihe.* 7. Mitt. *Reaktion des Acetylenchlorids 2.2.3-Trimethyl-3-chlorhexin-(4) mit magnesiumorganischen Verbindungen.* (6. vgl. C. **1953**. 6459.) Die Rk. von 2.2.3-Trimethyl-3-chlorhexin-(4) (I) mit CH_3MgBr (**II**) lieferte neben dem n. Reaktionsprod., *2.2.3.3-Tetramethylhexin-(4)* (**III**), das Umlagerungsprod. *2.2.3.5-Tetramethylhexadien-(3.4)* (**IV**), während aus **I** u. C_6H_5MgBr (**V**) — wahrscheinlich infolge ster. Hinderung — nur das anomale Reaktionsprod., *2.2.3-Trimethyl-5-phenylhexadien-(3.4)* (**VI**), gebildet wurde. Das RAMAN-Spektr. des ungetrennten Gemischs von **III** u. **IV** zeigte das Vorliegen der Dreifachbindung in **III** sowie der Doppelbindungen in **IV** an (charakterist. Frequenzen bei 2225, 2261 u. 1638 cm^{-1}), während im Spektr. von **VI** nur die den Doppelbindungen entsprechenden Frequenzen vorhanden waren. Die Trennung von **III** u. **IV** gelang auf Kosten der oxydativen Entfernung von **IV**; das weniger leicht xydierbare **III** konnte hierbei, wenn auch nur in geringer Menge, erhalten werden.

Versuche: Rk. von **I** mit **II**. 44 g **I** in 100 ml Ae. werden unter Rühren u. Kühlen zu der GRIGNARD-Verb. aus 12 g Mg u. 67 g CH_3Br in 150 ml Ae. zugefügt; nach Stehen über Nacht wird mit 6%ig. HCl unter Kühlen zers.; Fraktionieren ergibt das Gemisch von *2.2.3.3-Tetramethylhexin-(4)* (**III**) u. *2.2.3.5-Tetramethylhexadien-(3.4)* (**IV**), $C_{10}H_{18}$, Kp.$_{15}$ 47°; Fl.; $D.^{20}_4$ 0,7794; n_α^{20} 1,4416; n_β^{20} 1,45143; 73% (Ausbeute). Oxydation des Gemischs mit 1%ig. alkal. $KMnO_4$-Lsg. liefert *Aceton* (*p-Nitrophenylhydrazon*, $C_9H_{11}O_2N_3$, F. 146—148°), *Pinakolin* (*Semicarbazon*, $C_7H_{15}ON_3$, F. 156°), *Essigsäure* (*Ag-Salz*, $C_2H_3O_2Ag$) u. etwas nicht angegriffenes **III**, $C_{10}H_{18}$, Kp.$_{25}$ 50—51,5°, $D.^{20}_4$ 0,7932; n_α^{20} 1,43696; n_β^{20} 1,44519. — *2.2.3-Trimethyl-5-phenylhexadien-(3.4)* (**VI**), $C_{15}H_{20}$, Kp.$_6$ 111—112°; durch Zutropfen von 44,5 g **I** in Ae. zur **V**-Lsg. (9 g Mg; 55 g C_6H_5Br) u. anschließendes Erwärmen; $D.^{20}_4$ 0,9101; n_D^{20} 1,53353; n_α^{20} 1,53060; n_β^{20} 1,54968; 36%. Hieraus durch Ozonisierung in Chlf. oder Oxydation mit alkal. $KMnO_4$-Lsg. *Acetophenon* (*Semicarbazon*, $C_9H_{11}ON_3$, F. 197—198°), *Benzoesäure* (F. 119—120°) u. *Pinakolin*. (Журнал Общей Химии [J. allg. Chem.] **22** (**84**). 1804—10. Okt. 1952. Leningrad, Univ., Lehrstuhl für organ. Chem.) H. FRÖHLICH. 530

N. K. Kotschetkow, *Über die Reaktion von Sulfurylchlorid mit Vinylchlorid.* Bei der Umsetzung von SO_2Cl_2 (I) mit Vinylchlorid (II) in Ggw. von $AlCl_3$ bildet sich *β.β-Dichloräthansulfochlorid* (III). Beim Behandeln von III mit Alkoholen in Ggw. von wss. Ätzalkalien entstehen die entsprechenden *Ester* der *β-Chloräthylensulfonsäure*.

Versuche: *β.β-Dichloräthansulfochlorid* (**III**), $C_2H_3O_2Cl_3S$, Kp.$_4$ 81—82°, in eine Lsg. von 50 g **I** in 80 ml CCl_4 wird unter Eiskühlung ein Strom von **II** unter allmählicher Zugabe von 60 g $AlCl_3$ eingeleitet; nach 4—5std. Einleiten wird auf Eis gegossen, mit Ae. extrahiert u. nach Trocknen im Vakuum dest.; scharf riechende, ziemlich beständige Fl.; $D.^{20}_4$ 1,6577; n_D^{20} 1,5066; 31,5% (Ausbeute, auf **I** bezogen). — *β-Chloräthylensulfonsäure, Methylester*, $C_3H_5O_3ClS$, Kp.$_7$ 90—91°, aus 20 g **III** in 25 ml CH_3OH bei allmählichem Zusatz einer Lsg. von 10 g NaOH in 40 ml W. bei 0—10°, dann $^1/_2$ Std. bei Zimmertemp.; bewegliches, schwach riechendes Öl; $D.^{20}_4$ 1,4244; n_D^{20} 1,4755; 38%. *Äthylester*, $C_4H_7O_3ClS$, Kp.$_7$ 96—97°; $D.^{20}_4$ 1,3340; n_D^{20} 1,4688; 37%. (Журнал Общей Химии [J. allg. Chem.] **23** (**85**). 744—46. Mai 1953. Moskau, Lomonossow-Univ.) R. RICHTER. 600

Henri Normant, *Beitrag zur Untersuchung der δ-halogenierten Ketone.* Vf. stellt δ-halogenierte Ketone nach folgenden Verff. dar: a) ausgehend von Tetrahydrofuran über die ω-Halogenvaleronitrile, die mit GRIGNARD-Verbb. umgesetzt werden; hierbei sind bei Anwendung aliphat. Mg-Verbb. die Ausbeuten gering, bei aromat. betragen sie, wenn die Rk. bei -10^0 durchgeführt wird, 75—80%; b) aus den durch Einw. von CH_3ONa bzw. C_2H_5ONa auf 1-Chlor-4-brombutan in ca. 60%ig. Ausbeute neben *Halogenbutenen* u. *Butadien* erhaltenen Verbb. *1-Chlor-4-methoxybutan* (Kp. 140^0, $Kp._{13}$ 39^0; $D.^{15}$ 0,973; n^{15} 1,4235) u. *1-Chlor-4-äthoxybutan* ($Kp._{13}$ 50^0; $D.^{15}$ 0,973; n^{15} 1,4278) durch Kondensation von deren GRIGNARD-Verbb. mit Nitrilen u. nachfolgendes Behandeln mit 48%ig. HBr in 20—30%ig. Ausbeute; c) am besten durch Behandeln von ω-Chlorvaleriansäurechlorid mit Organo-Zn-Verbb. in 70—80%ig. Ausbeute; es werden so dargestellt: *Äthyl-δ-chlorbutylketon* (**I**), $Kp._{11}$ 93^0, $D.^{17}$ 1,024 n^{17} 1,4452; *n-Butyl-δ-chlorbutylketon* (**II**), $Kp._{11}$ 118^0, $D.^{17}$ 1,004, n^{17} 1,4461; *Phenyl-δ-chlorbutylketon* (**III**), F. 51^0; *Phenyl-δ-brombutylketon* (**IV**), F. 61^0. — Bei Einw. von alkoh. KOH entsteht aus **III** bzw. **IV** nur *2-Phenyl-Δ^2-dihydropyran*, Kp. 250^0, $Kp._{11}$ 125^0, $D.^{17}$ 1,058, n^{17} 1,5720, das mit 2.4-Dinitrophenylhydrazin direkt oder nach Hydrolyse in der Wärme das *2.4-Dinitrophenylhydrazon des Benzoylbutanols*, F. 145^0, gibt; beim Behandeln mit konz. HBr oder HCl wird **IV** bzw. **III** zurückgebildet. — Bei Einw. von alkoh. KOH auf **I** wird *Propionylcyclobutan* ($Kp._{13}$ 51—52^0, $D.^{17}$ 1,900, n^{17} 1,4419; *2.4-Dinitrophenylhydrazon*, F. 137^0) neben Spuren von *2-Äthyl-Δ^2-dihydropyran* (Kp. ca. 130^0) erhalten. — **II** gibt unter gleichen Bedingungen *2-n-Butyl-Δ^2-dihydropyran* ($Kp._{12}$ 62—63^0; gibt mit methanol. HCl ein *Halbacetal*, $Kp._{12}$ 82^0) u. *Valerylcyclobutan* [$Kp._{11,5}$ 81^0, n^{15} 1,4515; *2.4-Dinitrophenylhydrazon*, F. 146^0 (A.)], daneben *n-Butanol*. — Daneben entstehen: *Äthyl-δ-methoxybutylketon*, $Kp._{12}$ 84^0, $D.^{15}$ 0,9041, n^{15} 1,4270; *2.4-Dinitrophenylhydrazon*, F. 71^0; *Äthyl-δ-äthoxybutylketon*, $Kp._{12}$ 93^0, $D.^{15}$ 0,890, n^{15} 1,4287; *2.4-Dinitrophenylhydrazon*, F. 38^0; *n-Butyl-δ-äthoxybutylketon*, $Kp._{12}$ 121—122^0, $D.^{18}$ 0,880, n^{18} 1,4336; *Phenyl-δ-äthoxybutylketon*, $Kp._{12}$ 162^0, $D.^{15}$ 1,014, n^{15} 1,5120; *2.4-Dinitrophenylhydrazon*, F. 105^0; *Phenyl-δ-methoxybutylketon*, $Kp._{13}$ 159^0, $D.^{19}$ 1,026, n^{19} 1,5150. (C. R. hebd. Séances Acad. Sci. **231.** 909—11. 30/10. 1950.) REISNER. 710

Arne Brändström und **Ingemar Forsblad,** *Eine Methode für die Darstellung von Trialkylessigsäuren.* Vff. synthetisierten *α-Methyl-α-äthylhexansäure* (**I**) durch Rk. von α-n-Butyryl-n-buttersäureäthylester (**II**) u. CH_3J mit nachfolgender Red., Dehydratisierung, Hydrierung u. Verseifung. Diese Meth. soll allg. gut zur Darst. von Trialkylessigsäuren geeignet sein. Die Struktur von **I** wurde bestätigt durch GRIGNARD-Synth. aus α-Methyl-α-äthyl-n-amylmagnesiumchlorid (**III**).

Versuche: *α-Methyl-α-äthyl-β-oxohexansäureäthylester*, $Kp._8$ 97—100^0, aus **II**, CH_3J u. Na in A. (6 Std. Kochen); 81% (Ausbeute); gibt keine Rk. mit $FeCl_3$. — *α-Methyl-α-äthyl-β-oxyhexansäureäthylester*, $Kp._8$ 106—108^0, durch Hydrieren vorst. Verb. (RANEY-Ni, 185^0, 150 at, 3 Std., ohne Lösungsm.); 93%. — *α-Methyl-α-äthyl-β.γ-hexensäureäthylester*, $Kp._8$ 78—81^0, aus 200 g vorst. Verb. u. P_2O_5 (3 Std. Kochen in Bzl.); 65%, daneben 23 g vorst. Verb. zurück. — *α-Methyl-α-äthylhexansäureäthylester*, $Kp._8$ 76—78^0, durch Hydrieren vorst. Verb. wie oben (150^0, 1 Std.); 87%. — *α-Methyl-α-äthylhexansäure* (**I**), $C_9H_{18}O_2$, $Kp._{10}$ 121—122^0, aus vorst. Ester u. KOH (1 Std. bei 120^0 in Xylol–Cellosolve 1 : 1); 80%. *Benzylisothiuroniumsalz*, F. 117,5 bis 118^0. — *α-Methyl-α-äthyl-n-amylalkohol*, $Kp._8$ 58—60^0, nach WHITMORE (J. Amer. chem. Soc. **55.** [1933.] 1559); 70%. — *α-Methyl-α-äthyl-n-amylchlorid*, $Kp._{10}$ 51—52^0; 87%. — Hieraus über **III** mit CO_2 bei -3^0 **I**; 6%. (Ark. Kemi **6.** Nr. 32. 351—53. 1953. Uppsala, Univ., Labor. of organ. Chem.) J. ROTHE. 810

Rudolf Grewe und **Heinz Pachaly,** *Die Darstellung der 2-Desoxy-l-galaktonsäure aus l-Arabit.* 1.3-Benzyliden-l-arabit (**I**) läßt sich relativ schwer zu *5-Tosyl-1.3-benzyliden-l-arabit* (**II**) umsetzen, da bei **I** der Unterschied der Reaktionsfähigkeit der prim. u. sek. OH-Gruppe geringer ist als üblich, so daß außer **II** noch *2.5-Ditosyl-1.3-benzyliden-l-arabit* (**III**) u. ein 2-Tosylat entstehen. Bei längerer Reaktionszeit ist ferner die Ausbeute geringer, vielleicht durch Bldg. von Anhydroverbb. oder Pyridiniumsalzen. **II** gibt mit einem leichten Unterschuß an $NaOCH_3$ *4.5-Anhydro-1.3-benzyliden-l-arabit* (**IV**), der in methanol. $NaOCH_3$-Lsg. unter Addition von Methanol *5-Methyl-1.3-benzyliden-l-arabit* (**V**) bildet. Aus **II** u. mehr als einem Mol $NaOCH_3$ entsteht **V** direkt. **III** liefert bei Raumtemp. mit $NaOCH_3$ ein Gemisch von *4.5-Anhydro-2-tosyl-1.3-benzyliden-l-arabit* (**VI**) u. *5-Methyl-2-tosyl-1.3-benzyliden-l-arabit* (**VII**). Bei längerer Behandlung mit $NaOCH_3$ wird **VI** in **VII** übergeführt. **VII** ist auch durch Tosylierung von **V**, nicht aber von **IV**, zu erhalten, da aus **IV** dabei ein höherschm. Cl-haltiges Prod. entsteht. — **II** setzt sich mit KCN in Methanol zum *4.6-Benzyliden-2-desoxy-l-galaktonsäurenitril* (**VIII**) u. **IV** um; bei längerem Stehen des Reaktionsgemisches (bis zu 2 Tagen) verschwindet **IV**. Die Bldg. von **VIII** verläuft offenbar zunächst unter Abspaltung des Tosylatrestes unter Beteiligung der benachbarten sek. OH-Gruppe zu **IV**, das dann HCN addiert. **VIII** läßt sich mit NaOH in schlechter Ausbeute, besser mit $Ba(OH)_2$ zum *Ba-Salz der 4.6-Benzyliden-2-desoxy-l-galaktonsäure* (**IX**) verseifen. **IX** liefert mit Säuren in der Wärme *2-Desoxy-l-galaktonsäurelacton* (**X**), das 1 Mol JO_4^- unter Bldg. von fast 1 Mol Ameisensäure verbraucht. Aus **X** läßt sich je nach den Bedingungen das Hydrat seines Amids oder das NH_4-Salz gewinnen.

Versuche: *l-Arabinose*, F. 147—152°, aus Mesquitegummi nach ANDERSON u. SANDS (Org. Syntheses **8**. [1928.] 18). — *l-Arabit*, durch 2std. Hydrieren der Arabinose an RANEY-Ni bei 100° unter 100 at H_2. — *1.3-Benzyliden-l-arabit* (**I**), nach HUDSON u. Mitarbeitern (J. Amer. chem. Soc. **65**. [1943.] 1663). — *2.5-Ditosyl-1.3-benzyliden-l-arabit* (**III**), $C_{26}H_{28}O_9S_2$, F. 136,5°, durch Umsetzung von 50 g **I** in Pyridin mit 1,05 Mol Tosylchlorid/Mol **I** unter Kühlen, Zers. nach 36 Std. mit 10%ig. NaCl-Lsg. u. Umkristallisieren aus Methanol; feine sternförmig gruppierte Nadeln; $[\alpha]_D^{19}$ +11,3° (c = 1,1; Pyridin); 12,5 g. — *5-Tosyl-1.3-benzyliden-l-arabit* (**II**), $C_{19}H_{22}O_7S$, F. 109—112° (labil) u. 127° (stabil), durch Eindampfen der Mutterlauge von **III** u. Umkristallisieren aus Bzl.; $[\alpha]_D^{18,5}$ —18,0° (c = 1,9; Pyridin); 41,2 g. — *2-Tosyl-1.3-benzyliden-l-arabit*, $C_{19}H_{22}O_7S$, F. 98° (Bzl. oder Methanol/W., krist. zuweilen Bzl.-haltig bei 80° in Nadeln), durch Eindampfen der Mutterlauge von **II**, Aufnehmen mit Methanol, Abscheidung von 1,4 g **III**, Eindampfen, Umkristallisieren aus Bzl., 24std. Behandlung des Gemisches (6 g) mit KCN in Methanol, Verrühren des Eindampfrückstandes mit W. u. Umkristallisation des erhaltenen Öls aus Bzl.; $[\alpha]_D^{21}$ +29,6° (c = 1,9; Pyridin); Zers. beim Aufbewahren; 3,4 g. *Diacetat*, F. 125° (Methanol). — *4.5-Anhydro-1.3-benzyliden-l-arabit* (**IV**), $C_{12}H_{14}O_4$, F. 71° (PAe.), durch Umsetzung von **II** mit 0,85 Mol $NaOCH_3$/Mol **II** in Methanol in der Kälte, Eindampfen, Ausschütteln mit Chlf. u. W. u. Eindampfen der Chlf.-Lsg.; $[\alpha]_D^{19}$ +7,7° (c = 2,1; Pyridin); 73%. — *5-Methyl-1.3-benzyliden-l-arabit* (**V**), $C_{13}H_{18}O_5$, F. 124° (Bzl.), aus **II** mit 3 Mol $NaOCH_3$/Mol **II** in Methanol bei Zimmertemp. in 3 Tagen; $[\alpha]_D^{20}$ +8,5° (c = 2,4; Pyridin); 98%; oder aus 50 mg **IV** mit 2 Mol $NaOCH_3$/Mol in Methanol; 50 mg. — *4.5-Anhydro-2-tosyl-1.3-benzyliden-l-arabit* (**VI**), $C_{19}H_{20}O_6S$, F. 132°, aus **III** mit 4,5 Mol $NaOCH_3$/Mol **III** in Methanol in 16 Tagen; derbe Nadeln aus Methanol; $[\alpha]_D^{22}$ +4,1° (c = 2,1; Pyridin); 24%. — *5-Methyl-2-tosyl-1.3-benzyliden-l-arabit* (**VII**), $C_{20}H_{24}O_7S$, F. u. Misch-F. 102° (Bzl./PAe. oder A.), durch Eindampfen der methanol. Mutterlauge von **VI**; $[\alpha]_D^{22}$ +29,3° (c = 2,1; Pyridin); 45%; oder aus 0,2 g **VI** mit einer Lsg. von 0,01 g Na in Methanol in 15 Tagen; 78%; oder aus 1 g **V** mit 0,75 g Tosylchlorid in Pyridin bei Zimmertemp. in 2 Tagen; 0,7 g. — *4.6-Benzyliden-2-desoxy-l-galaktonsäurenitril* (**VIII**), $C_{13}H_{15}O_4N$, F. 133° (W.), durch 2tägige Umsetzung von **II** mit 2 Mol KCN in Methanol bei Zimmertemp., Neutralisieren mit Eisessig, Absaugen vom K-Tosylat u. Eindampfen; $[\alpha]_D^{23}$ +25,5° (c = 2,2; Pyridin); 93%; oder aus 0,2 g **IV** mit ca. 0,1 ml HCN u. 60 mg KCN in Methanol in 2 Tagen; 90%. — *4.6-Benzyliden-3.5-diacetyl-2-desoxy-l-galaktonsäurenitril*, $C_{17}H_{19}O_6N$, F. 125° (Bzl./PAe. oder Methanol), aus **VIII** mit Acetanhydrid/Pyridin in 24 Std. bei Zimmertemp.; $[\alpha]_D^{20}$ +63,0° (c = 2,5; Pyridin); 91%. — *3.4.5.6-Tetraacetyl-2-desoxy-l-galaktonsäurenitril*, $C_{14}H_{19}O_8N$, F. 92° (Bzl./PAe. oder Methanol/W.), durch Kochen von **VIII** mit verd. Essigsäure unter Abdest. von Benzaldehyd, Eindampfen u. 2tägige Acetylierung mit Acetanhydrid/Pyridin bei Zimmertemp.; $[\alpha]_D^{20}$ —29,6° (c = 2,0; Pyridin); 91%; oder analog aus vorst. Verb.; 92%. — *Ba-Salz der 4.6-Benzyliden-2-desoxy-l-galaktonsäure* (**IX**), durch 4—5std. Erhitzen von **VIII** in wss.-methanol. $Ba(OH)_2$ auf 70°; 91%. — *2-Desoxy-l-galaktonsäurelacton* (**X**), $C_6H_{10}O_5$, F. 88° (Essigester), durch Zugabe eines knappen Unterschusses an H_2SO_4 zu **IX**, Abspaltung von Benzaldehyd wie bei **VIII**, Entfernen des restlichen Ba^{2+} mit H_2SO_4 u. Eindampfen; $[\alpha]_D^{23}$ +33,2° (c = 2,0; W.); 79%. — Die wss. Lsg. von **X** reagiert nach 3 Tagen noch neutral u. verbraucht in 2 Std. 1,1 Mol KJO_4 unter Bldg. von 0,92 Mol Formaldehyd (als Dimedonverb.). — *3.5.6-Tribenzoyl-2-desoxy-l-galaktonsäurelacton*, $C_{27}H_{22}O_8$, F. 145° (A./Essigester), aus **X** mit Benzoylchlorid/Pyridin in 36 Std. bei Zimmertemp.; $[\alpha]_D^{18}$ +22,1° (c = 1,9; Pyridin); 95%. — *2-Desoxy-l-galaktonsäureamidmonohydrat*, $C_6H_{15}O_6N$, F. 88° (A.), aus **X** mit fl. NH_3 in 24 Std.; spaltet bei 110° NH_3 ab; $[\alpha]_D^{20}$ —11,6° (c = 2,0; W.); 95%. — *NH_4-Salz der 2-Desoxy-l-galaktonsäure*, F. 140° (Zers.), aus **X** mit verd. NH_4OH bei Zimmertemp. (Eindampfen nach 24 Std. im Vakuum); $[\alpha]_D^{22}$ +8,9° (c = 2,0; W.); 95%; die Lsg. spaltet in W. im Gegensatz zum Amidhydrat rasch NH_3 ab; beim Umkristallisieren des Salzes aus Methanol Verluste. — *5.6-Aceton-2-desoxy-l-galaktonsäurelacton*, $C_9H_{14}O_5$, F. 88° (Bzl. oder CCl_4), $Kp._{0,1}$ 165° (Badtemp.), durch 2tägiges Schütteln von **X** mit $CuSO_4$ in H_2SO_4-haltigem Aceton,

Neutralisieren mit $NaCO_3$, Extraktion mit Chlf., Eindampfen u. Dest.; $[\alpha]_D^{21}$ +26,0° (c = 1,9; W.); 68%. (Chem. Ber. **87.** 46—53. 1954. Kiel, Univ., Inst. für Organ. Chem.) WILLENBERG. 850

William O. Foye und **John J. Hefferren,** *Derivate von α-Aminoaldehyden.* Vff. stellen aus den α-Aminosäuren *Glycin, dl-Alanin, dl-Phenylalanin, dl-Leucin* u. *dl-Valin* die entsprechenden *α-Phthalimidoaldehyde* her. Eine geeignete Meth. zur Darst. dieser stabilen u. meist krist. Verbb. ist die Red. der α-Phthalimidosäurechloride nach ROSENMUND. Dieses Verf., von RADDE [1922] nur für α-Aminoderivv. angewandt, scheint auch, wie Vff. am *dl-β-Alanin* zeigen, zur Herst. der *β-Aminoderivv.* geeignet zu sein. Ungeeignet erweist es sich hingegen bei *Methionin,* wobei wahrscheinlich Rk. zwischen dem Säurechlorid u. dem S eintritt u. die Red. zum Aldehyd verhindert wird. Vff. überführen die Aldehyde in *Semicarbazone, Thiosemicarbazone* u. *Dithiobiuretderivv.,* um diese auf Aktivität gegen Viren zu untersuchen.

Versuche (FF. korr.): *Phthalimidosäuren,* aus Phthalsäureanhydrid u. der Aminosäure bei 130—150°. Umkristallisation aus W. oder wss. A., bei Phthaloylvalin (**I**) vorher Extraktion mit Ae.; 85—95% (Ausbeute). — *Phthalimidosäurechloride,* durch Schütteln der vorst. Verbb. mit äquimol. Mengen PCl_5 (15 Min.) u. Erhitzen auf dem Dampfbad (45 Min.). Nach Entfernung von $POCl_3$ Kristallisation aus KW-stoff-Lösungsmitteln; die Säurechloride von Phthaloylleucin (**II**) u. **I** bleiben ölig. Bei Phthaloylmethionin muß Oxalylchlorid statt PCl_5 verwendet werden; 85—95%. — *Phthalimidoaldehyde,* durch Red. der vorst. Verbb. nach ROSENMUND u. ZETSCHE [1921]: Die Säurechloride wurden in der 3—10fachen Menge Toluol gelöst, u. als Katalysator wurde 5%ig. Pd–$BaSO_4$, ferner ein Chinolin–S-Regulator zugegeben; Mengenverhältnis Säurechlorid : Katalysator : Regulator wie 20—30 : 10 : 1. In H_2-Atmosphäre wird erwärmt bis 80—90% der theoret. Menge HCl entwickelt worden sind (Titration des entstehenden Gases mit n-NaOH), was nach 4—5 Std. der Fall ist. Nach Filtration mit Kohle beginnt beim Abkühlen die Auskristallisation, die durch Zugabe von PAe. vervollständigt wird; aus Bzl.–PAe. wird umkristallisiert. Die Aldehyde aus **I** u. **II** bleiben hellgelbe Öle. — *Dithiobiuretderivv.* (*DTB.*): Darst. durch mindestens 13std. Erhitzen von Dithiobiuret mit einem geringen Überschuß von Aldehyd in Eisessig mit wenig wasserfreiem $ZnCl_2$. Nach Einengen u. 2tägigem Stehen bei Zimmertemp. krist. die Prodd., Umkristallisation aus Eisessig. — Es wurden dargestellt: *Phthalimidoäthanal,* F. 112—114°, aus Glycin; 70% (bezogen auf die Phthalimidosäure). *Semicarbazon* (*SC.*), F. 224—226°; 85%. *Thiosemicarbazon* (*TSC.*), F. 215—216°; 81%. *DTB.*, F. 250—251°; 15%. *Phenylhydrazon,* F. 163—165°; mit Hydrazinhydrat Zers.; 60%. — *2-Phthalimidopropanal,* F. 109—111°, aus dl-Alanin; 51%. *SC.*, F. 224—225°; 85%. *TSC.*, F. 206—208°; 60%. *DTB.*, F. 251—253°; 20%. — *3-Phthalimidopropanal,* F. 115—117°, aus dl-β-Alanin; 65%. *SC.*, F. 219—220°; 66%. *TSC.*, F. 211—212°; 70%. *DTB.*, F. 243—244°; 20%. — *2-Phthalimido-3-phenylpropanal,* F. 75—78°, aus dl-Phenylalanin; 50%. *SC.*, F. 215—216°; 88%. *TSC.*, F. 204—205°; 85%. *DTB.*, F. 256—258°; 20%. — *2-Phthalimido-4-methylpentanal,* Öl, aus dl-Leucin. *SC.*, F. 200—201°; 90%. *TSC.*, F. 190—191°; 65%. *DTB.*, F. 258 bis 260°; 18%. — *2-Phthalimido-3-methylbutanal,* Öl, aus dl-Valin. *SC.*, F. 228—229°; 70%. *TSC.*, F. 214—215°; 74%. *DTB.*, F. 237—239°; 14%. (J. Amer. pharmac. Assoc., sci. Edit. **43.** 124—27. Febr. 1954. Madison, Wis., Univ. of Wisconsin, School of Pharmacy.) EHRHARDT. 930

D. F. Elliott, *Darstellung von L-Threonin. Gegenseitige Umwandlungen der vier stereoisomeren α-Amino-β-oxybuttersäuren.* Die opt. Spaltung der *DL-trans-2-Phenyl-5-methyl-Δ²-oxazolincarbonsäure-(4)* (DL-**I**) mit Brucin gibt die L-Form (L-**I**) der Säure als krist. Brucinsalz. Die D-Form (D-**I**) kann aus der Mutterlauge durch stufenweise Inversion in L-**I** übergeführt werden (s. unten), die Umwandlung der rac. Säure in L-**I** ist nahezu quantitativ. Saure Hydrolyse von L-**I** gibt reines *L-Threonin* (L-**II**). Aus DL-**I** wurden die vier stereoisomeren α-Amino-β-oxybuttersäuren erhalten; Zwischenprodd. waren dabei die *N-Benzoylthreonine* (**III**), die aus den entsprechenden **I**-Antipoden gewonnen wurden. Die **III**-*Methylester* (**IV**) geben bei der Cyclisierung mit $SOCl_2$ unter Inversion am $C_{(\beta)}$ *cis-2-Phenyl-5-methyl-Δ²-oxazolincarbonsäure-(4)-methylester* (**V**), deren saure Verseifung die opt. Antipoden von *allo-Threonin* (**VI**) liefert. Bei Behandlung mit Na-Äthylat in A. erleiden die **V** Inversion am $C_{(\alpha)}$, nach alkal. Hydrolyse des Prod. erhält man so aus L-**V** D-**I** u. aus D-**V** L-**I**. Der stereochem. Kreisprozeß L-**I** → L-**III** → L-**IV** → L-**V** → D-**I** → D-**III** → D-**IV** → D-**V** → L-**I** wird durch den vom Vf. früher (C. **1949.** E. 407) aufgestellten Mechanismus der Teil-Rkk. gut erklärt. — Mutarotation zeigen nur die Methylester **V**, die entsprechenden freien Säuren bzw. Salze waren beständig. — Verss., andere rac. **II**-Vorstufen als DL-**I** in die Antipoden zu zerlegen, schlugen fehl, untersucht wurden *DL-Formyl-*

O-benzoylthreonin, *DL-Formylthreonin* sowie die Spaltung von DL-I mit α-Phenyläthylamin bzw. N.N-Dimethyl-α-phenyläthylamin.

Versuche: *DL-N-Formyl-O-benzoylthreonin*, $C_{12}H_{13}O_5N$, F. 172—173° (W.), aus *DL*-I-Äthylester mit 0,5n NaOH, bis zur Lösung erhitzen, nach Abkühlen mit 5nHCl ansäuern, nach 4 Std. mit Na-Acetat versetzen (→ *DL-O-Benzoylthreonin*), Prod. mit 90%ig. HCOOH auf 45° erhitzen, tropfenweise Acetanhydrid zufügen, danach 15 Min. bei 80° halten u. im Vakuum zur Trockne eindampfen; 76%(Ausbeute); (+)-*1-Phenyläthylaminsalz*, F. 154—155°. — *DL-N-Formylthreonin*, $C_5H_9O_4N$, F. 105 bis 106° (A.–Ae.), aus vorst. Verb. in wss. Suspension, mit 5nNaOH, nach 30 Min. mit 5nHCl. Nach Extrahieren mit PAe. u. Eindampfen der wss. Schicht im Vakuum Ausziehen des Rückstands mit A., Eindampfen u. Lösen in Dioxan; 36%. — *DL-trans-2-Phenyl-5-methyl-Δ²-oxazolincarbonsäure-(4)* (DL-I), F. 134—137°, a) aus dem Äthylester; 87%; b) aus dem cis–trans Oxazolinestergemisch (Kp.$_{0,05}$ 110—130°), das bei der Synth. von DL-II aus Hippursäure (vgl. l. c.) erhalten wird, in n-NaOH–A. (1 : 1), 15 Min. am Rückfluß, Einengen im Vakuum u. bei 0° Ansäuern mit 5nHCl bis p_H 3,5—4; 71%. — *L-I-Brucinsalz*, $C_{34}H_{37}O_7N_3 \cdot C_2H_5OH$, F. 128°, 131—132°, 132—133° (absol. A.), durch Umkristallisieren des DL-I-Salzes aus absol. A.–Äthylacetat (1 : 5) bei 0°; $[\alpha]_D^{25}$ +13,6° (c = 6; Chlf.); 82%. — *N-Benzoyl-D-threonin* (D-III), aus dem Rückstand der Mutterlaugen von L-I-Brucinsalz durch Zers. mit NaOH–Chlf., Ansäuern mit 5nHCl bis p_H 1 (→ O-Benzoylthreonin) u. Umlagerung mit 5n NaOH; $[\alpha]_D^{21}$ —12,75° (c = 1,7; W.); 89%; *Methylester* (D-IV), mit CH_2N_2; 97%. — *L-trans-2-Phenyl-5-methyl-Δ²-oxazolincarbonsäure-(4)* (L-I), $C_{11}H_{11}O_3N$, F. 162—163°, aus dem L-I-Brucinsalz; $[\alpha]_D^{27}$ +109,8° (c = 10; A.–1nNaOH [1 : 1]); 78%. — *N-Benzoyl-L-threonin* (L-III), F. 146—148° (Äthylacetat), aus L-I in n-HCl bei Zimmertemp.; $[\alpha]_D^{25}$ +25,8° (c = 1,4; W.); *Methylester* (L-IV), $C_{12}H_{15}O_4N$, F. 96°; $[\alpha]_D^{26}$ +23,2° (c = 5,4; A.); 93%. — *L-cis-2-Phenyl-5-methyl-Δ²-oxazolincarbonsäure-(4)-methylester* (L-V), F. 74—75° (PAe.), Kp.$_{0,01}$ 110—115°, aus L-IV durch Cyclisierung mit $SOCl_2$ bei 0°; $[\alpha]_D^{27}$ +69,2° (c = 8,5; A.); 93%. — *L-allo-Threonin* (L-VI), $C_4H_9O_3N$, aus 50%ig. wss. A., F. 273—274° (Zers.), aus L-V, 5 Std. mit 6nHCl; $[\alpha]_D^{24}$ +9,3° (c = 3,8; W.); 96%. — *D-trans-2-Phenyl-5-methyl-Δ²-oxazolincarbonsäure-(4)* (D-I), F. 163—164°, aus L-V mit Na-Äthylat, dann Verseifung; $[\alpha]_D^{23}$ —106,1° (c = 5,4; W.–n-NaOH [1 : 1]). — *N-Benzoyl-D-threonin* (D-III), $C_{11}H_{13}O_4N$, F. 145—146° (Äthylacetat), aus L-V über D-I analog der L-Verb.; $[\alpha]_D^{28}$ —25,1° (c = 1,5; W.); 75%. *Methylester* (D-IV), $C_{12}H_{15}O_4N$, F. 96°; $[\alpha]_D^{26}$ —23,3° (c = 6; A.). — *D-Threonin* (D-II), $C_4H_9O_3N$, aus 80%ig. A., F. 264° (Zers.), aus D-III; $[\alpha]_D^{25}$ +28,4° (c = 4,4; W.); 89%. — *D-cis-2-Phenyl-5-methyl-Δ²-oxazolincarbonsäure-(4)-methylester* (D-V), $C_{12}H_{13}O_3N$, F. 75—76°, aus D-IV analog L-V; $[\alpha]_D^{25}$ —68,90° (c = 8,4; A.); 88%. — *D-allo-Threonin* (D-VI), $C_4H_9O_3N$, F. 272—273° (Zers.), aus D-V analog der L-Verb.; $[\alpha]_D^{25}$ —9,1°; 94%. — *L-Threonin* (L-II), $C_4H_9O_3N$, aus 80%ig. A., F. 262—263° (Zers.), durch Zerlegen des L-I-Brucinsalzes mit n-NaOH u. Chlf. u. Hydrolyse mit HCl durch 5std. Erhitzen; $[\alpha]_D^{28}$ —27,45° (c = 6; W.); 85%. (J. chem. Soc. [London] **1950**. 62—68. Jan. Hampstead, Nat. Inst. für Med. Res.) H. ULRICH. 950

Leo H. Sommer und **Richard P. Pioch**, *Aliphatische organofunktionelle Siloxane. 2. Mitt. Diester mit Dimethyl-[β-carbäthoxyäthyl]-siloxy-Endgruppen. 35. Mitt. über Organosiliciumchemie.* (1. vgl. J. Amer. chem. Soc. **75**. [1953.] 2932; 34. vgl. C. **1953**. 9436.) Vff. berichten über die Darst. von Organosiloxanen mit Esterendgruppen u. der Dimethylsiloxy-Einheit als bifunktioneller Teil der Siloxankette. Es wurden Disiloxandiester mit Oktamethylcyclotetrasiloxan (I) bei Ggw. von konz. H_2SO_4 umgesetzt. Durch Best. der Viscosität zwischen —50 u. +75° wird die Aktivierungsenergie des viscosen Fließens $E_{visc.}$ ermittelt. Es zeigt sich, daß mit steigendem Mol.-Gew. $E_{visc.}$ abnimmt (vgl. BRIED, KIDDER, MURPHY u. ZISMAN, C. **1948**. II. 147). Vff. sehen hierin ein Anzeichen dafür, daß die dargestellten Diester einen neuen Typ von Zwittersubstanzen darstellen. Auch der Brechungsindex nimmt mit dem Mol.-Gew. ab. — *4.4.6.6-Tetramethyl-4.6-disila-5-oxanonandisäurediäthylester*, $C_{14}H_{30}O_5Si_2$, Kp.$_7$ 150°, aus 1,35 Mol der freien Säure in 2 Liter absol. A. mit konz. HCl 18 Std. am Rückfluß; n_D^{20} 1,4340, D.^{20} 0,9788, $E_{visc.}$ 5540 cal/Mol; 90,2% (Ausbeute). — *4.4.6.6.8.8-Hexamethyl-4.6.8-trisila-5.7-dioxaundecandisäurediäthylester*, $C_{16}H_{36}O_6Si_3$, Kp.$_7$ 174°, aus 0,77 Mol vorst. Verb. mit 0,198 Mol I u. 7,5 ml konz. H_2SO_4 15,5 Std. bei n. Temp. unter Rühren, Zugabe von 25 ml W., 15 Min. Rühren; n_D^{20} 1,4288, D.^{20} 0,9787, $E_{visc.}$ 5020 cal/Mol; 21%; daneben *4.4.6.6.-8.8.10.10-Oktamethyl-4.6.8.10-tetrasila-5.7.9-trioxatridecandisäurediäthylester*, $C_{18}H_{42}O_7Si_4$; 11%; sowie *4.4.6.6.8.8.10.10.12.12-Dekamethyl-4.6.8.10.12-pentasila-5.7.9.11-tetraoxapentadecandisäurediäthylester*, $C_{20}H_{48}O_8Si_5$; 4,3%. (J. Amer. chem. Soc. **75**. 6337—38. 20/12. 1953. State Coll., Pa., School of Chem. and Physics.) GNAUCK. 980

P. D. George, L. H. Sommer und **F. C. Whitmore,** *Reaktionen des Di-tert.-butoxydiaminosilans.* 36. Mitt. *über Organosiliciumverbindungen.* (35. vgl. vorst. Ref.) Die Einw. von sauren Reagentien auf Di-tert.-butoxydiaminosilan (**I**) bewirkt entweder 1. Kondensation zu organ. Polysilazanen oder 2. mit HCl Substitution der NH_2-Gruppe durch Cl u. 3. vollständigen Abbau zu tert.-Butylchlorid (**IV**), NH_4Cl u. Kieselsäure. Beim Erhitzen auf 200° bei Ggw. von wenig $(NH_4)_2SO_4$ wird NH_3 frei unter Bldg. von *Hexa-tert.-butoxycyclotrisilazan* (**II**). — So gab **I** mit wenig HCl *Di-tert.-butoxydichlorsilan* (**III**), während **II** mit HCl **IV** neben wenig **III** lieferte. **I** reagiert mit Äthylenchlorhydrin (**VII**) oder Äthylencyanhydrin (**VIII**) unter Bldg. von NH_3 u. der entsprechenden gemischten Orthosilicate: *Di-tert.-butoxy-bis-[2-chloräthoxy]-silan* (**V**) u. *Di-tert.-butoxy-bis-[2-cyanäthoxy]-silan* (**VI**). **I** reagierte bei 100° nicht mit Äthylenoxyd, Nitromethan u. Acrylnitril. Die Infrarotspektren von **I, II, V** u. **VI** sind angegeben.

Versuche: **I,** $C_8H_{22}O_2N_2Si$, Kp.$_{32}$ 96—97°, n_D^{20} 1,4193, D.^{20} 0,9311. — **II,** $C_{24}H_{57}O_6N_3Si_3$, F. 189—190° (Aceton), aus 20 g **I** u. 0,2 g $(NH_4)_2SO_4$, ½ Std. auf 230°; 78% (Ausbeute). — **III,** $C_8H_{18}O_2Cl_2Si$, Kp. 170—190°, aus 75 g **I** in 500 ml absol. Bzl., 3 Std. Einleiten von HCl-Gas unter Rühren (Wasserausschluß); 67%. — **V,** $C_{12}H_{26}O_4Cl_2Si$, Kp.$_{10}$ 134—135°, Kp.$_{735}$ 263—268°, a) durch Mischen von 15 g **I** mit 11,8 g **VII**, ½ Std. bei 210°; 53%; b) aus 65,5 g ca. 50% kondensierte Silazane enthaltendem **I** u. 82 g **VII**, Zugabe während 5 Min. Schütteln, dann 1 Std. bei 155° u. 1 Std. am Rückfluß; n_D^{20} 1,4250, D.^{20} 1,067; 72%. — **VI,** $C_{14}H_{26}O_4N_2Si$, Kp.$_{0,3}$ 126°, Kp.$_{740}$ 300—302°, a) aus 11 g **VIII** u. 15 g **I**, 20 Min. bei 200°; 60%; b) analog der Darst. von **V** nach b) während 1 Std. auf 195° bringen, ½ Std. bei 195°; n_D^{20} 1,4222—1,4225, D.^{20} 1,0162; 55%. (J. Amer. chem. Soc. **75.** 6308—10. 20/12. 1953.)

GNAUCK. 980

Norbert Kreutzkamp, *Über die Darstellung von Monolithiumphosphid und seine Umsetzung zu primären aliphatischen Phosphinen.* Phenyllithium läßt sich in Ae. mit überschüssigem PH_3 (aus AlP u. H_2SO_4) zu *Monolithiumphosphid* [**I**; 98% (Ausbeute)] umsetzen. Aus überschüssigem **I** u. Alkylhalogeniden entstehen in indifferenten Lösungsmitteln unter N_2 prim. Phosphine RPH_2. — *Äthylphosphin,* C_2H_7P, Kp.$_{748}$ 25°, aus **I** u. C_2H_5Br (Eiskühlung); 65%. — *n-Propylphosphin,* C_3H_9P, Kp.$_{750}$ 54°; 69%. — *Isobutylphosphin,* $C_4H_{11}P$, Kp.$_{756}$ 63°; 71%. — *Benzylphosphin,* C_7H_9P, Kp. 180°, Trockeneis–Methanol-Kühlung, sonst wie oben; 75%. (Chem. Ber. **87.** 919—21. 30/6. 1954. Marburg/Lahn, Univ., Pharmazeut.-chem. Inst.)

J. ROTHE. 980

N. G. Ssidorowa, I. P. Zukerwanik und **E. Pak,** *Alkylierung aromatischer Kohlenwasserstoffe mit Olefinen in Gegenwart von metallischem Aluminium und Alkylhalogeniden.* Bzl. läßt sich mit Olefinen in Ggw. von Al unter Zusatz eines Alkylhalogenides, das zur Einleitung der Rk. dient, mit 40—71%ig. Ausbeute in *Alkylbenzole* überführen.

Versuche: Mit niedrigmol. Olefinen, z. B. C_2H_4, ist die Rk. bei Zimmertemp. durchführbar; höhermol. Olefine erfordern Erwärmen; z. B. reagiert Isoamylen bei 75—80°. Zur Durchführung der Rk. wird das Gemisch von Bzl., Alkylhalogenid u. Al-Grieß zum Sieden erhitzt, nach eingetretener Rk. (Entw. von HCl) die Temp. reguliert u. unter Rühren das gasförmige Olefin eingeleitet oder das in Bzl. gelöste, fl. Olefin zugetropft; am nächsten Tag wird mit sehr verd. HCl zerlegt u. fraktioniert. So entstehen mit C_2H_4 bzw. Propylen, Isobutylen, Isoamylen u. Cyclohexen die KW-stoffe *Äthylbenzol, Isopropylbenzol, tert.-Butylbenzol, tert.-Amylbenzol* u. *Phenylcyclohexan.* (Журнал Общей Химии [J. allg. Chem.] **24** (**86**). 94—96. Jan. 1954. Zentralasiat. Univ., Labor. für organ. Chem.) R. KNOBLOCH. 1010

Maurice B. Sparke, J. Lorne Cameron und **Norman Kharasch,** *Derivate der Sulfensäuren.* 12. Mitt. *Untersuchungen von α-Nitrosulfiden.* 3. Mitt. (11. vgl. C. **1954.** 3009; 2. vgl. C. **1954.** 2606.) Vff. erhalten bei der Rk. von 2.4-Dinitrobenzolsulfenylchlorid (**I**) mit dem Na-Salz von 1-Nitrobutan *2.4-Dinitrophenyl-1'-nitrobutylsulfid.* Bei analoger Rk. entstehen aus 4-Chlor- (**III**) u. 2.4-Dichlorbenzolsulfenylchlorid (**VI**) keine α-Nitrosulfide, sondern nur *4-Chlorphenyl-4'-chlorbenzolthiolsulfonat* (**IV**) bzw. *Bis-[2.4-dichlorphenyl]-disulfid* (**VII**) u. *1-Chlor-1-nitropropan.* Als Zwischenprod. der Rk. wird eine Verb. der Struktur ArS—O—N(→O)CH—R angenommen. Die bei der Rk. von **I** mit Nitroäthannatrium in absol. A. gebildeten Verbb. *2.4-Dinitrophenyl-2'.4'-dinitrobenzolthiolsulfonat* u. *Bis-[2.4-dinitrophenyl]-disulfid* sind anscheinend durch Alkoholyse eines solchen Zwischenprod. entstanden.

Versuche: *2.4-Dinitrophenyl-1'-nitrobutylsulfid,* $C_{10}H_{11}O_6N_3S$, F. 122—123° (Methanol), 1-Nitrobutannatrium wird unter Rühren zu **I** in Ae. oder Dioxan bei 0° gegeben; nach 30 Min. bei Zimmertemp. wird 30 Min. gekocht u. der Rückstand nach

Verdampfen des Lösungsm. kontinuierlich mit absol. Methanol extrahiert; 75% (Ausbeute); löst sich in 10%ig. wss. NaOH schwer u. kann beim Ansäuern mit Essigsäure zurückerhalten werden; Oxydation mit Peressigsäure gibt *2.4-Dinitrobenzolsulfonsäuretrihydrat*, F. 108°. — *2.4-Dinitrophenyl-1'-nitropropylsulfon*, $C_9H_9O_8N_3S$, F. 140 bis 141° (Methanol), durch 5std. Erhitzen des entsprechenden Sulfids (l. c.) mit Peressigsäure auf 50°; 72%. — *2.4-Dichlorphenyl-2'.4'-dinitrophenylsulfid*, $C_{12}H_6O_4N_2Cl_2S$, F. 133—133,5°, aus 2.4-Dichlorthiophenol (**II**) u. 2.4-Dinitrochlorbenzol. — *2.4-Dichlorphenyl-2'.4'-dinitrophenyldisulfid*, $C_{12}H_6O_4N_2Cl_2S_2$, F. 139—140° (Eisessig), aus **II** u. **I** in Äthylenchlorid. — *4-Chlorbenzolsulfenylchlorid* (**III**), Kp.$_5$ 86—90°, durch Einleiten von Cl_2 in die Lsg. von 4-Chlorthiophenol in CCl_4 bei 0°; rotes rauchendes Öl; ~100%. An feuchter Luft bilden sich aus 0,11 g **III** 0,10 g *4-Chlorphenyl-4'-chlorbenzolthiolsulfonat* (**IV**), $C_{12}H_8O_2Cl_2S_2$, F. 136—137° (Bzl./Skellysolve C). Hydrolyse von **III** mit W. bei Zimmertemp. → **IV** neben wenig *Bis-[4-chlorphenyl]-disulfid* (**V**), F. 72—73° (Methanol). Rk. von **III** mit absol. Methanol → 90% **V**; **V** wurde auch aus **III** u. 4-Chlorthiophenol in Methanol erhalten; 85%. Addition von **III** an Cyclohexen in Äthylenchlorid u. Oxydation mit $KMnO_4$ → *2-Chlorcyclohexyl-4-chlorphenylsulfon*, $C_{12}H_{14}O_2Cl_2S$, F. 75—76°. Rk. von **III** mit 1-Nitropropannatrium → 53% **IV**. — *2.4-Dichlorbenzolsulfenylchlorid* (**VI**), Kp.$_4$ 94—96°, durch Chlorierung von **II**; rotes rauchendes Öl; 90%. Beim Stehen an der Luft → *Bis-[2.4-dichlorphenyl]-disulfid* (**VII**), F. 82—83°, u. *2.4-Dichlorphenyl-2'.4'-dichlorbenzolthiolsulfonat*, F. 193—193,5°. Rk. von **VI** mit Methanol → 30% **VII**. Rk. von **VI** mit **II** → 75% **VII**. Addition von **VI** an Cyclohexen u. Oxydation mit $KMnO_4$ → *2-Chlorcyclohexyl-2'.4'-dichlorphenylsulfon*, $C_{12}H_{13}O_2Cl_3S$, F. 109—110°. Rk. von **VI** mit 1-Nitropropannatrium → 61% **VII** u. 45% *1-Chlor-1-nitropropan* [identifiziert als *1-Nitropropyl-p-tolylsulfon*, $C_{10}H_{13}O_4NS$, F. 68—69° (wss. Methanol)]. — 5,86 g **I** wurden bei 0° in die Suspension von 0,023 Mol Nitroäthannatrium in absol. A. gegeben: 2,16 g *Bis-[2.4-dinitrophenyl]-disulfid*, F. 250° (Zers.), u. 1,18 g *2.4-Dinitrophenyl-2'.4'-dinitrobenzolthiolsulfonat*, $C_{12}H_6O_{10}N_4S_2$, F. 126—126,5°, daneben wenig *2.4-Dinitrothiophenol*. — 5,97 g **I** wurden bei 0° in 100 cm³ absol. A. 35 Min. gerührt, der A. wurde verdampft u. aus CCl_4 fraktioniert krist.: 75% **I** u. 21% *2.4-Dinitrobenzolsulfensäureäthylester*, F. 120—121° (beim Erhitzen in A. oder Methanol entstehen die Ester in 95%ig. bzw. 88%ig. Ausbeute). — *2-Chlorcyclohexyl-2'.4'-dinitrophenylsulfoxyd*, $C_{12}H_{13}O_5N_2ClS$, F. 173° (Zers.; A.), durch Oxydation von 2-Chlorcyclohexyl-2'.4'-dinitrophenylsulfid mit $KMnO_4$ in Essigsäure bei Zimmertemperatur. (J. Amer. chem. Soc. **75**. 4907—10. 20/10. 1953. Los Angeles, Calif., Univ. of South. California, Dep. of Chem.) H. ULRICH. 1090

Wilson L. Orr und **Norman Kharasch,** *Derivate der Sulfensäuren.* **13. Mitt.** *Die Reaktion von 2.4-Dinitrobenzolsulfenylchlorid mit Styrol.* (12. vgl. vorst. Ref.) Bei der Addition von 2.4-Dinitrobenzolsulfenylchlorid an Styrol entsteht *2-Chlor-2-phenyläthyl-2'.4'-dinitrophenylsulfid* (**I**). Dieses Ergebnis steht in Übereinstimmung mit der angenommenen ion. Addition des Sulfenylchlorids: $[(NO_2)_2C_6H_3S]^+Cl^-$. Die Rk. ist homogen, nicht abhängig von Belichtung u. zeigt einen positiven Salzeffekt mit LiCl u. $NaClO_4$. Werte für die Reaktionsgeschwindigkeitskonstante 2. Ordnung [$Min.^{-1}$] bei 25, 35 u. 45° 0,0442, 0,0889 u. 0,174 führen zur Aktivierungsenergie von 12,9 ± 0,3 kcal/Mol. Die Additionsgeschwindigkeit ist in CH_3COOH viel größer als in CCl_4. Die kinet. Daten sprechen für die Bldg. eines cycl. Sulfoniumions im geschwindigkeitsbestimmenden Schritt u. nachfolgende schnelle Addition von Cl^-.

Versuche: *2-Chlor-2-phenyläthyl-2'.4'-dinitrophenylsulfid* (**I**), F. 142,5—143,5° (absol. A.), aus 2.4-Dinitrobenzolsulfenylchlorid u. Styrol in Eisessig; 92% (Ausbeute). — *2-Chlor-2-phenyläthyl-2'.4'-dinitrophenylsulfon*, $C_{14}H_{11}O_6N_2ClS$, F. 119—122° (Äthylenchlorid/Skellysolve B). **I** wird in Eisessig mit CrO_3 35 Min. auf dem Wasserbad erhitzt u. in Eiswasser gegossen; 66%. — *2.4-Dinitrophenylstyrylsulfon*, $C_{14}H_{10}O_6N_2S$, F. 165—166° (Skellysolve A). Vorst. Verb. in Bzl. wird mit Triäthylamin versetzt, nach 3 Std. das Aminhydrochlorid abfiltriert u. das Lösungsm. im Vakuum verdampft; 92%. — *2.4-Diacetamidophenyl-2'-phenyläthylsulfon*, $C_{18}H_{20}O_4N_2S$, F. 169,5 bis 171° (Äthylenchlorid/Skellysolve B). a) 0,5 g vorst. Verb. in Äthylacetat werden an RANEY-Ni hydriert (0,37 lb./sq.in.); es wird 1 Std. mit Acetanhydrid erhitzt, im Vakuum eingeengt u. gekühlt; 288 mg; b) 2.4-Dinitrothiophenol wird in 68%ig. Ausbeute in *2.4-Dinitrophenyl-2'-phenyläthylsulfid*, F. 92,6—93,6°, übergeführt, dieses in 86%ig. Ausbeute zu *2.4-Dinitrophenyl-2'-phenyläthylsulfon*, F. 131—132°, oxydiert u. wie bei a) hydriert u. acetyliert. (J. Amer. chem. Soc. **75**. 6030—35. 5/12. 1953.) H. ULRICH. 1090

Norman Kharasch, Charles M. Buess und **William King,** *Derivate der Sulfensäuren.* 14. Mitt. *2.4-Dinitrobenzolsulfeniumion.* (13. vgl. vorst. Ref.) Vff. nehmen an, daß bei der Rk. von 2.4-Dinitrobenzolsulfenylchlorid (**I**) u. H_2SO_4 folgendes Gleichgewicht auftritt: $(NO_2)_2C_6H_3SCl + H_2SO_4 \rightleftharpoons [(NO_2)_2C_6H_3S]^+ + HCl + HSO_4^-$. Dafür sprechen folgende Beobachtungen: Die verd. Lsgg. von I in 96- u. 100%ig. H_2SO_4 sind tiefrot gefärbt. Bei der Auflsg. von I wird HCl entwickelt, bei der Elektrolyse der Lsgg. wandert die rote Färbung zur Kathode. Zugabe von $KHSO_4$ zu I-Lsgg. in 96% H_2SO_4 schwächt die rote Farbe, HCl-Addition im Überschuß unterdrückt sie (Spektr. graph. angegeben). Die Farbe verschwindet weiterhin schnell beim Erhitzen auf 200° oder bei „Basen"-Zugabe (W., Ae., Alkohole, ungesätt. KW-stoffe). Bei der Rk. von I in H_2SO_4 mit Bzl. entsteht *2.4-Dinitrophenylphenylsulfid*, F. 119—120° (A.–Bzl., 4 : 1), in 30%ig. Ausbeute. — Der VAN'T HOFFsche i-Faktor der H_2SO_4-Lsgg. von I liegt zwischen 1,6 u. 2,6. — 2.4-Dinitrobenzolsulfenylbromid u. -thiocyanat zeigen die gleichen Färbungen, 2.4-Dinitrochlorbenzol, Bis-[2.4-dinitrophenyl]-disulfid u. 2.4-Dinitrothiophenol dagegen nicht. (J. Amer. chem. Soc. **75.** 6035—38. 5/12. 1953.)

H. ULRICH. 1090

Walter Mayer, *Dehydrodigallussäure.* Im Pb-Nd. des wss. Auszuges von jungen Blättern u. Trieben der Edelkastanie *Castanea vesca* wurde nach Zerlegung mit H_2S u. durch erschöpfende Ae.-Extraktion eine *Dehydrodigallussäure* (I) isoliert. Gegen Säuren, selbst sd. 48%ig. HBr, ist I beständig. Durch heiße verd. NaOH tritt Spaltung unter Bldg. von *Gallussäure* ein. Mit CH_2N_2 entsteht die *Heptamethylverb.*, deren Verseifung die *Pentamethyldicarbonsäure* ergibt. Die

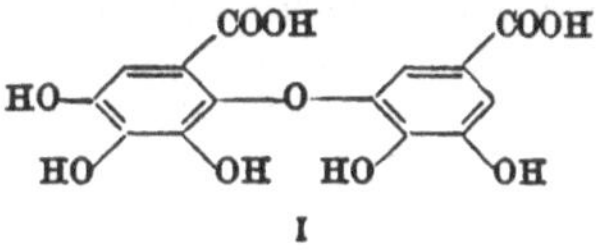

I

letztere Verb. erleidet mit Alkali keine Aufspaltung. Durch Synth. der Heptamethylverb. aus dem K-Phenolat des Gallussäure-3.4-dimethyläthermethylesters u. dem Bromgallussäuretrimethyläthermethylester konnte für I die obenst. Struktur gesichert werden. Mit konz. H_2SO_4 kondensierte sich I bei 50—70° zu *3.4.5.6.7-Pentaoxyxanthoncarbonsäure-(1)*.

Versuche: *Dehydrodigallussäure* (I), $C_{14}H_{10}O_{10}$, Zers. bei 240—260°. Junge Blätter u. Triebe (450 g) der Edelkastanie werden getrocknet u. mit toluolgesätt. W. im Perkolator ausgezogen. 8 Liter des Perkolats werden mit 250 ml Eisessig versetzt, mit Pb-Acetat gefällt, der Nd. wird mit H_2S zerlegt, das Filtrat auf 100 ml eingeengt u. mit Ae. extrahiert. Der Ae.-Rückstand wird aus W. krist.; unlösl. in kaltem W., CH_3OH, A., Aceton, Essigester. *Pentaacetylverb.*, $C_{24}H_{20}O_{15}$, F. 220—211°, aus I mit H_2SO_4 u. Essigsäureanhydrid; Rhomben (CH_3OH); *Dimethylester*, $C_{26}H_{24}O_{15}$, F. 125 bis 127°, mit CH_2N_2; Prismen (Aceton/W.). — *Heptamethyldehydrodigallussäure (4.5.6.5'.6'-Pentamethoxy-1.1'-diphenyläther-2.3'-dicarbonsäuredimethylester)*, $C_{21}H_{24}O_{10}$, F. 112—113°, a) aus I mit äther. CH_2N_2; aus wss. Aceton derbe Rhomben; b) aus dem K-Phenolat des Gallussäure-3.4-dimethyläthermethylesters u. Bromgallussäuretrimethyläthermethylester in Ggw. von Cu-Pulver u. Cu-Acetat bei 180°; nach der Umsetzung wurde in Aceton gelöst u. mit überschüssiger CH_2N_2-Lsg. u. Ae. versetzt; der Nd. wurde abfiltriert, das Filtrat eingedampft u. in CH_3OH aufgenommen; beim tropfenweisen Zusatz von W. trat Kristallisation ein. — *Pentamethyldehydrodigallussäure (4.5.6.5'.6'-Pentamethoxy-1.1'-diphenyläther-2.3'-dicarbonsäure)*, $C_{19}H_{20}O_{10}$, F. 247 bis 249°, aus vorst. Verb. durch Verseifung in wss.-methanol. 2nNaOH; Nadeln (wss. Aceton). *Di-p-bromphenacylester*, $C_{35}H_{30}O_{12}Br_2$, F. 125—126°, flache abgeschnittene Dreiecke (Aceton/W.). — *3.4.5.6.7-Pentaoxyxanthoncarbonsäure-(1)*, $C_{14}H_8O_9$, Zers. ab 220°, aus I u. konz. H_2SO_4 bei gelindem Erwärmen; gelbe Kristalle beim Verdünnen mit Wasser. *Pentamethyläthermethylester*, $C_{20}H_{20}O_9$, F. 155,5—157,5°, mit äther. CH_2N_2; Prismen (Aceton/W.). — *3.4.5.6.7-Pentamethoxyxanthoncarbonsäure-(1)*, $C_{19}H_{18}O_9$, F. 207—209° (Zers.). (Liebigs Ann. Chem. **578.** 34—44. 1952. Heidelberg, Univ., Chem. Inst.)

NEZEL. 1250

Hans Priewe, Rudi Rutkowski, Klaus Pirner und **Karl Junkmann,** *Derivate der 2.4.6-Trijod-3-aminobenzoesäure.* Vff. beschreiben die Darst. von Derivv. der *2.4.6-Trijod-3-aminobenzoesäure* (I). Bes. interessant sind Dicarbonsäuredianilidderivv., die ein eigenartiges physikal.-chem. Verh. zeigen (vgl. NEUDERT u. RÖPKE, C. **1954.** 8535) u. von denen das Di-Na-Salz von *Adipinsäure-bis-[2.4.6-trijod-3-carboxyanilid]* Verwendung als Röntgenkontrastmittel [„*Biligrafin*"] gefunden hat.

Versuche: Die Darst. der nachst. Verbb. erfolgte aus 2.4.6-Trijod-3-aminobenzoesäure [I, F. 190—192° (Zers.), durch Jodierung von 3-Aminobenzoesäure mit Chlorjod (III) in salzsaurer Lsg.] in Chlorbenzol (II) durch Zugabe (½ Std.) der entsprechenden Dicarbonsäuredichloride u. 2—3std. Kochen (die Ausgangsprodd. sind in II lösl., die Reaktionsprodd. fallen als schwerlösl. Verbb. aus); bei niedrigerer Temp. verläuft die Rk. zu langsam, höhere Tempp. führen zu Zersetzung. Zur Erzielung guter Ausbeuten (40—90%) an Prodd. mit hohem Reinheitsgrad müssen die Ausgangsstoffe sorgfältig gereinigt werden, da sonst bei 130° u. darunter teilweise Zers. unter Bldg.

rotvioletter Farbstoffe von unbekannter Konst. eintritt. — *Oxalsäure-bis-[2.4.6-trijod-3-carboxyanilid]*, $C_{16}H_6O_6N_2J_6 \cdot 4\,(C_4H_8O_2)$, Zers. ab 342° (aus Dioxan); $C_{16}H_6O_6N_2J_6$, Zers. ab 336°, durch Behandeln der kristalldioxanhaltigen Verb. mit heißem Wasser. — *Malonsäure-bis-[2.4.6-trijod-3-carboxyanilid]*, $C_{17}H_8O_6N_2J_6$, F. 258—260° (Zers.), $C_{17}H_8O_6N_2J_6 \cdot 2\,(C_4H_8O_2)$, F. 275° (Zers.). — *Bernsteinsäure-bis-[2.4.6-trijod-3-carboxyanilid]*, $C_{18}H_{10}O_6N_2J_6$, F. 284—294° (Zers.). — *Glutarsäure-bis-[2.4.6-trijod-3-carboxyanilid]*, $C_{19}H_{12}O_6N_2J_6$, F. 260° (Zers.). — *Adipinsäure-bis-[2.4.6-trijod-3-carboxyanilid]*, $C_{20}H_{14}O_6N_2J_6$, F. 300° (Zers.). — *Korksäure-bis-[2.4.6-trijod-3-carboxyanilid]*, $C_{22}H_{18}O_6N_2J_6$, F. 253—256° (Zers.). — *Azelainsäure-bis-[2.4.6-trijod-3-carboxyanilid]*, $C_{23}H_{20}O_6N_2J_6$, F. 238° (Zers.). — *Terephthalsäure-bis-[2.4.6-trijod-3-carboxyanilid]*, $C_{22}H_{10}O_6N_2J_6$, F. 318—323° (Zers.). — *Anhydromethylencitronensäure-bis-[2.4.6-trijod-3-carboxyanilid]*, $C_{21}H_{12}O_9N_2J_6$, F. 240° (Zers.). — *Diglykolsäure-bis-[2.4.6-trijod-3-carboxyanilid]*, $C_{18}H_{10}O_7N_2J_6$, F. 225—227° (Zers. ab 235°). — *Thiodiglykolsäure-bis-[2.4.6-trijod-3-carboxyanilid]*, $C_{18}H_{10}O_6N_2J_6S$, F. 260° (Zers.). — *2.4.6-Trijod-3-carboxyanilinooxalsäure*, $C_9H_4O_5NJ_3 \cdot H_2O$, F. 212—213° (Zers.), aus dem Äthylester durch 3std. Verseifen mit 2nNaOH bei 20°, 71% (Ausbeute); *Äthylester*, $C_{11}H_8O_5NJ_3$, F. 229 bis 232° (Zers.), aus **I** u. Oxalsäureäthylesterchlorid wie oben; 45%. — *2.4.6-Trijod-3-carboxyanilinoadipinsäure*, $C_{13}H_{12}O_5NJ_3$, F. 229—232° (Zers.), aus dem Äthylester durch 1½std. Verseifen mit 1nNaOH bei 60°; 94%; *Äthylester*, $C_{15}H_{16}O_5NJ_3$, F. 172°, aus **I** u. Adipinsäureäthylesterchlorid (**V**); 92% (Rohprod.). — *2.4.6-Trijod-3-carboxyanilinooxalsäurechlorid*, $C_9H_3O_4NClJ_3$, F. 192° (Zers.), aus **I** u. Oxalylchlorid (10fache Menge) in **II** durch allmähliches Erwärmen (2½ Std.) auf 95°. — *2.4.6-Trijod-3-carboxyanilinooxalsäurediäthylamid*, $C_{13}H_{13}O_4N_2J_3$, F. 229—231° (Zers.), aus vorst. Verb. u. Diäthylamin durch ½std. Kochen in Ae.; 75%. — *N-Phenyl-N'-[2.4.6-trijod-3-carboxyphenyl]-harnstoff*, $C_{14}H_9O_3N_2J_3$, F. 245° (Zers.), aus **I** u. Phenylisocyanat durch 7std. Kochen in Ae.; 84%. — *N.N'-Bis-[2.4.6-trijod-3-carboxyphenyl]-harnstoff*, $C_{15}H_6O_5N_2J_6$, F. 265—267° (Zers.), aus **I** in **II** u. einer 20%ig. Lsg. von $COCl_2$ in Toluol durch 12std. Kochen; 17%. — *2.4.6-Trijod-3-acetamidobenzoylchlorid*, $C_9H_5O_2NClJ_3$, aus $CHCl_3$, F. 210° (Zers.), aus 2.4.6-Trijod-3-acetamidobenzoesäure durch 1std. Kochen in Thionylchlorid; 36%. — *2.4.6-Trijod-3-[2.4.6-trijod-3-acetamidobenzoylamino]-benzoesäure*, $C_{16}H_8O_4N_2J_6$, F. 278° (Zers.), aus **I** u. vorst. Verb. durch 5std. Kochen in **II**, Absaugen des Reaktionsprod. u. weiteres 8std. Kochen des Filtrats; 15% (auf Säurechlorid bezogen). — *2.4.6-Trijod-3-aminobenzamid* (**IV**), $C_7H_5ON_2J_3$, F. 236—237° (Zers.), durch Jodierung von 3-Aminobenzamid (**VI**) mit **III** in salzsaurer Lsg., 5 Std. bei 60°; 72% (Rohprod.). — *2.4.6-Trijod-3-acetamidobenzamid*, $C_9H_7O_2N_2J_3$, F. 283—284° (Zers.), aus **IV** durch 6std. Kochen mit Acetylchlorid; 95%. — *2.4.6-Trijod-3-aminobenzonitril*, $C_7H_3N_2J_3$, F. 187—188° (Methanol, A.; Zers.), aus **IV** durch ½std. Erhitzen mit Acetanhydrid auf 125—130°; 8%. — *2.4.6-Trijod-3-carbamido]-anilinoadipinsäure*, $C_{13}H_{13}O_4N_2J_3$, F. 268—273° (Methanol; Zers.), aus dem Äthylester durch 2std. Verseifung mit 1nNaOH bei 60°; 87%; *Äthylester*, $C_{15}H_{17}O_4N_2J_3$, F. 269—270° (Zers.), aus **IV** in Dichlorbenzol durch Zugabe (10 Min.) von **V** bei 160 bis 165° u. 2½std. Rühren bei gleicher Temp.; 50%. — *2.4.6-Trijod-3-aminohippursäure* (**VII**), $C_9H_7O_3N_2J_3$, F. 224—225° (50%ig. Methanol; Zers.), aus 3-Aminohippursäure (F. 184—185°) durch Jodierung wie vorst.; 86%; *Acetylderiv.*, $C_{11}H_9O_4N_2J_3$, F. 260—265° (Zers.), durch 5std. Erwärmen von **VII** in Dioxan/**II** (1 : 1) mit Acetylchlorid auf 100°; 84%. — *Adipinsäure-bis-[2.4.6-trijod-3-(carbamido-N-essigsäure)-anilid]*, $C_{24}H_{20}O_8N_4J_6$, Zers. ab 240°, durch Zugabe (30 Min.) von Adipinsäuredichlorid zur sd. Lsg. von **VII** in Dioxan/**II** unter Rühren u. 4std. Kochen; 64%. (Chem. Ber. **87**. 651—58. 1954. Berlin-West, Schering AG., Hauptlabor.) G. WINKLER. 1350

R. B. Seligman, R. W. Bost und R. L. McKee, *Einige Derivate der p-Aminosalicylsäure.* Um die Wrkg. der p-Aminosalicylsäure (**I**) u. der aromat. Aldehydthiosemicarbazone gegen Tuberkelbacillen in einem Mol. chem. zu vereinigen, wurden einige *4-[4-Carboxy-3-oxyphenyl]-thiosemicarbazone* dargestellt. **I** ergab mit $CSCl_2$ *p-Isothiocyansalicylsäure* (**III**), die mit N_2H_4 zum *4-[4-Carboxy-3-oxyphenyl]-thiosemicarbazid* (**II**) führte. **II** wurde mit aromat. Aldehyden kondensiert. Ferner wurden *p-Thioureidosalicylsäure*, *4-[4-Phenylthiazolyl-(2)-amino]-salicylsäure* u. *2-[4-Carboxy-3-oxyanilino]-1.3.4-thiadiazol* dargestellt.

Versuche: *p-Isothiocyansalicylsäure* (**III**), $C_8H_5O_3NS$, F. 186—187° (wird danach wieder fest, aus Bzl.). Zu **I** in W. werden unter Rühren HCl u.$CSCl_2$ gegeben; **III** ist im Licht schwach instabil; 82,4% (Ausbeute). — *p-Thioureidosalicylsäure*, $C_8H_8O_3N_2S$, F. 179—180°, aus **III** u. NH_4OH, Rühren über Nacht, dann Erhitzen u. Ansäuern mit konz. HCl; Würfel aus wss. A.; 83,6%. —*4-[4-Phenylthiazolyl-(2)-amino]-salicylsäure*, $C_{16}H_{12}O_3N_2S$, F. 217—218° (wss. A.), aus vorst. Verb. u. Phenacylbromid in absol. A. (14 Std. auf dem Dampfbad); 85% (roh). — *4-[4-Carboxy-*

3-oxyphenyl]-thiosemicarbazid (II), $C_8H_9O_3N_3S$, F. 198—199° (Gasentw.). Zu III in W. wird Hydrazinhydrat unter Rühren gegeben, dann 4std. Kochen u. Ansäuern mit 10%ig. HCl; krist. aus großem Wasserüberschuß; 84%. — 4-[4-Carboxy-3-oxyphenyl]-thiosemicarbazone: II wird in W. u. Essigsäure suspendiert, der betreffende Aldehyd in geringem Überschuß zugegeben u. mehrere Std. gekocht: *Benzaldehyd-*, F. 193—194,5° (Zers.; wss. A.); 80%. — *p-Nitrobenzaldehyd-*, F. 203—204° (Zers.; wss. Aceton); 85%. — *Nicotinaldehyd-*, F. 237—238° (Zers.), gereinigt durch Extraktion mit absol. A.; 86%. — *Zimtaldehyd-*, F. 194,5 bis 195,3° (Zers.; wss. Aceton); 88%. — *5-Nitrofurfurol-*, F. 205,5° (Zers.; wss. Aceton), aus 5-Nitrofurfuroldiacetat; 55%. — *2-[4-Carboxy-3-oxyanilino]-1.3.4-thiadiazol*, $C_9H_7O_3N_3S$, F. 241—242° (Zers.; wss. HCOOH), aus II u. 85%ig. HCOOH (Überschuß), 48 Std. Rückfluß; 64% (roh). (J. Amer. chem. Soc. **75.** 6334—35. 20/12. 1953. Chapel Hill, N. C., Univ., Dep. of Chem.) FECHTER. 1350

Ernst D. Bergmann, H. Bendas und **Ch. Resnick,** *Die β-Phenylserinreihe.* 2. Mitt. (1. vgl. C. **1952.** 4127.) Die Rk. aromat. Aldehyde (I) mit Glycinalkylestern (II) unter Bldg. SCHIFFscher Basen von β-Phenylserinen wurde auf Glycinbenzylester sowie auf 4-Methyl-3-nitrobenzaldehyd u. 5-Nitrofurfuraldehyd übertragen. Erste Stufe der Rk. ist die Bldg. der SCHIFFschen Base aus 1 Mol II u. 1 Mol I; die 2. Stufe, die Aldolisierungs-Rk. dieser Base mit einem 2. Mol I, ähnelt der Rk. zwischen 1-Benzylpyridinium- (bzw. 1-Allylpyridinium-) oder auch 1-Carbäthoxymethylpyridiniumsalzen u. I in bezug auf die aktivierende Wrkg. der CN-Doppelbindung auf die benachbarte CH_2-Gruppe u. verstärkende oder schwächende Einflüsse von Substituenten. — Die Kondensation zwischen I u. II in alkoh. Lsg. liefert hauptsächlich Verbb. der erythro-, nicht, wie früher (l. c.) angenommen, der threo-Konfiguration, wie aus F.-Vgll. mit bekannten Verbb. dieser Reihe hervorgeht. Der Irrtum beruht auf Bldg. einer geringen Menge *threo-N-[p-Nitrobenzyliden]-p-nitrophenylserinäthylester* (threo-III) aus p-Nitrobenzaldehyd (**Ia**) u. Glycinäthylester (**IIa**) in A. oder CH_3OH; Hauptprod. ist aber *erythro*-III. threo-III ließ sich zu einer Verb. mit Chloramphenicolwrkg. reduzieren. Verbb. der erythro-Konfiguration erhält man auch durch azeotrope Kondensation von I u. II in sd. Bzl.; ferner liefern 2 Mol N-[p-Nitrobenzyliden]-glycinäthylester beim Stehen in A. **IIa** u. erythro-III. Läßt man dagegen einen Überschuß **IIa** ohne Lösungsm. auf **Ia** einwirken, so erhält man *threo-p-Nitrophenylserinäthylester.* — Bei der Acetylierung von threo- u. erythro-III wurden die diastereomeren *3-Acetyl-2.5-bis-[p-nitrophenyl]-oxazolidin-4-carbonsäureäthylester* erhalten, deren Infrarot- u. UV-Spektren untersucht wurden. — Infrarotspektralmessungen an den *O.N-Diacetylderivv.* der diastereomeren *p-Nitrophenylserinäthylester* ergaben in den Banden $<1000\ cm^{-1}$ gewisse Unterschiede, während sich die Spektren der freien Ester u. ihrer Hydrochloride als prakt. ident. erwiesen. — Bei Sonnenbestrahlung ist die Aldolkondensation mit I auch ohne Aktivierung der CH_2-Gruppe durch eine Azomethinbindung möglich. So gibt O-Benzylserinäthylester, dessen NH_2-Gruppe wahrscheinlich durch H-Brückenbldg. zum Äther-O inaktiviert ist, mit **Ia** an Stelle der SCHIFFschen Base *α-Amino-α-benzyloxymethyl-β-oxy-β-[p-nitrophenyl]-propionsäureäthylester.* In gleicher Weise scheint Sarkosinäthylester zu reagieren, nur lagert sich in diesem Fall ein 2. Mol **Ia** an unter Bldg. von *3-Methyl-2.5-bis-[p-nitrophenyl]-oxazolidin-4-carbonsäureäthylester.* N.N-Dimethylglycinäthylester gibt unter CH_3-Abspaltung das gleiche Produkt. Phenylalanin, Glutaminsäure u. Asparaginsäure reagieren nicht.

Versuche: *1-Carbäthoxymethylpyridiniumbromid* (IV), aus Pyridin u. Bromessigsäureäthylester durch Rühren bei 0°, dann bei 50°; krist. aus Methyläthylketon u. Isopropanol, hygroskop.; 43% (Ausbeute). — *1-[1-Carboxy-2-p-chlorphenyl-2-oxyäthyl]-pyridiniumbetain*, $C_{14}H_{12}O_3NCl$, F. 146—147° (Zers.; 90%ig. Methanol), aus IV in methanol. NaOH u. p-Chlorbenzaldehyd (**Ib**) in exothermer Rk.; krist. bei 0°. — *1-[1-Carboxy-2-o-chlorphenyl-2-oxyäthyl]-pyridiniumbetain*, $C_{14}H_{12}O_3NCl$, F. 161° (Zers.; Methanol), wie vorst. mit o-Chlorbenzaldehyd. — *1-[1-Carboxy-2-o-chlorphenyl-2-oxyäthyl]-pyridiniumacetat* (?), $C_{16}H_{16}O_5NCl$, F. 152° (Zers.), durch Umkristallisation des in Methanol unlösl. Rückstandes von vorst. Verb. aus Eisessig. — *1-[1-Carboxy-2-oxy-2-p-nitrophenyläthyl]-pyridiniumbetain*, $C_{14}H_{12}O_5N_2$, F. 159° (Zers.; Methanol), aus IV u. **Ia**; daneben in Methanol unlösl. Prod., nach Kristallisation aus Eisessig *Verb.* $C_{17}H_{18}O_8N_2$, F. 161° (Zers.). — *N-[5-Nitrofurfuryliden-(2)]-erythro-(?)-β-[5-nitrofuryl-(2)]-serinäthylester*, $C_{14}H_{13}O_9N_3$, F. 136° (Propanol oder Bzl.), aus 2,82 g 5-Nitrofurfurol u. 0,9 g frisch dest. **IIa** durch a) 12std. Stehen in trockenem Ae. (0,3 g) oder 24std. Stehen in A.; b) 30 Min. lange azeotrope Kondensation in Bzl.; 1,0 g. — *erythro-(?)-β-[5-Nitrofuryl-(2)]-serinäthylesterhydrochlorid*, $C_9H_{13}O_6N_2Cl$, F. 160° (A.), aus der Mutterlauge von vorst. Verb. u. alkoh. HCl; 1,1 g. — *erythro-(?)-4-Methyl-3-nitrophenylserinmethylesterhydrochlorid*, $C_{11}H_{15}O_5N_2Cl$, F. 181° (Zers.; Isopropanol), aus 4-Methyl-3-nitrobenzaldehyd ($Kp._{25}$ 162°) u. Glycinmethylester (**IIb**) durch a) 24std. Stehen in Methanol bei Raumtemp.; b) azeotrope Kondensation in Bzl.; dann Einw. von methanol. HCl u. überschüssigem Ae.; 8%. — *erythro-(?)-m-Nitrophenylserinäthylesterhydrochlorid*, $C_{11}H_{15}O_5N_2Cl$, F. 184° (Zers.; Amylalkohol), a) durch Kondensation (vgl. l. c.); b) aus m-Nitrobenzaldehyd u. **IIa** durch azeotrope Kondensation in Bzl. u. anschließende Hydrolyse mit methanol. HCl; 83%. — *erythro-(?)-m-Nitrophenylserinmethylesterhydrochlorid*, $C_{10}H_{13}O_5N_2Cl$, F. 191° (Zers.), nicht 131° (vgl. l. c.), wie vorst. Verb. nach a) u. b) mit **IIb**. — *erythro-N-[p-Nitrobenzyliden]-p-nitrophenylserinmethylester*, $C_{17}H_{15}O_7N_3$, F. 160° (Isopropanol), aus **Ia** (7,5 g) u. **IIb** (2,3 g) in Methanol (24 Std. bei Raumtemp.); 9,0 g. — *erythro-(?)-2.6-Dichlorphenylserinäthylesterhydrochlorid*, $C_{11}H_{14}O_3NCl_3$, F. 170° (Zers.; A.–Ae.), aus 2.6-Dichlorbenzaldehyd u. **IIa** durch a) 2std. Kochen in absol. A., b) 30 Min. lange Azeotropkondensation in Bzl.; anschließend Rk. mit alkoh. 4nHCl u. überschüssigem Äther. — *threo-O-Acetyl-N-dichloracetyl-p-nitrophenylserinäthylester*, F. 127—128° (50%ig. Methanol), nach HUEBNER u. SCHOLZ (C. **1952.** 1014). — *threo-N-[p-Nitrobenzyliden]-p-nitrophenylserinäthylester* (threo-**III**), F. 120° (Isopropanol), durchAzeotropkondensation von threo-p-Nitrophenylserinäthylester u. **Ia** in sd. Bzl. (3 Std.). — *3-Acetyl-2.5-bis-[p-nitrophenyl]-oxazolidin-4-carbonsäureäthylester*, $C_{20}H_{19}O_8N_3$, a) *threo-Form*, F. 172° (Isopropanol), aus vorst. Verb. durch 1std. Kochen mit Acetanhydrid; b) *erythro-Form*, F. 172°, ebenso aus erythro-**III**. Misch-F. beider Formen 152°. — *N.α-Bis-[p-chlorbenzyliden]-glycinmethylester (?)*, $C_{17}H_{13}O_2NCl_2$, F. 163° (Isopropanol), bei der Azeotropkondensation von **IIb** u. **Ib**, wahrscheinlich durch Wasserabspaltung aus intermediär gebildetem *N-[p-Chlorbenzyliden]-p-chlorphenylserinmethylester*. — *threo-p-Nitrophenylserinbenzylester*, $C_{16}H_{16}O_5N_2$, F. 130° (Isopropanol), durch Mischen von **Ia** (1 Mol) u. Glycinbenzylester (1,5 Mol) (aus dem Hydrobromid mit NH_3 in Chlf.) bei Raumtemp. in exothermer Rk.; 44%. — *erythro-(?)-p-Chlorphenylserinbenzylesterhydrochlorid*, $C_{16}H_{17}O_3NCl_2$, F. 232° (Zers.; Isopropanol), aus Glycinbenzylesterhydrobromid (2,5 g) u. **Ib** (2,8 g) in Methanol in Ggw. von Na-Methylat (0,54 g), 48 Std. bei Raumtemp., dann 12%ig. methanol. HCl u. Ae. zugeben. — *3-Methyl-2.5-bis-[p-nitrophenyl]-oxazolidin-4-carbonsäureäthylester*, $C_{19}H_{19}O_7N_3$, F. 171° (Isopropanol), durch direkte Sonnenbestrahlung einer methanol. Lsg. von Sarkosinäthylester (1,3 cm³) u. **Ia** (1,5 g) im Quarzgefäß; krist. bei Behandeln mit Methanol/Aceton. — *α.β-Dibrompropionsäure*, $Kp._{23}$ 150—160°, F. 61°, durch Oxydation von 2.3-Dibrompropanol (100 g) mit 140 g konz. u. 30 g rauchender HNO_3 bei 0° (12 Std.), dann 24 Std. bei Raumtemp.; 80%. — *O-Benzylserin*, $C_{10}H_{13}O_3N$, F. 218° (W.), durch Rk. des Äthylesters ($Kp._7$ 86—87°) von vorst. Verb. (260 g) mit Na (24 g) in Benzylalkohol (500 cm³) u. Umsetzen des erhaltenen rohen *β-Benzyloxy-α-brompropionsäureäthylesters* mit NH_3 bei 100°; 26%. — *O-Benzylserinäthylesterhydrochlorid*, $C_{12}H_{18}O_3NCl$, F. 102°, durch 5 Min. Erwärmen von vorst. Verb. in mit HCl gesätt. absol. A.; 68%. — *α-Amino-α-benzyloxymethyl-β-oxy-β-[p-nitrophenyl]-propionsäureäthylester*, $C_{19}H_{22}O_6N_2$, F. 136° (Isopropanol), bei Sonnenbestrahlung (2 Tage) des aus vorst. Hydrochlorid (4 g) mit NH_3 in Chlf. frei gemachten Esters in absol. A. u. **Ia** (3 g); 2 g. (J. chem. Soc. [London] **1953.** 2564—71. Sept. Tel-Aviv u. Jerusalem, Israeli Ministry of Defence, Sci. Dep., Labors.) GISELA SCHNEIDER. 1350

Mary E. Chalmers und **Gennady M. Kosolapoff**, *Synthese aminosubstituierter Phosphonsäuren*. 3. Mitt. (2. vgl. C. **1949.** I. 1241.) Durch Umsetzung von Dialkylphosphiten mit Aldehyden u. NH_3 werden einige *α-Aminodialkylphosphonate* dargestellt (vgl. KABATSCHNIK u. MEDWED, C. **1952.** 6519). Die erhaltenen Ester konnten zu den freien *Aminophosphonsäuren* verseift werden.

Versuche: *α-Aminobenzylphosphonsäuredi-n-butylesterhydrochlorid* (**I**), F. 147 bis 148° (Dioxan oder W.), aus Benzaldehyd u. Dibutylphosphit mit bei 0° gesätt. alkoh. NH_3 im Autoklaven bei 100° (10 Std.), Eindampfen, Lösen in A. + Ae. (1:1) u. Fällen mit HCl; 18% (Ausbeute). — *α-Aminobenzylphosphonsäurediäthylesterhydrochlorid*, $C_{11}H_{19}O_3NClP$, F. 159—160° (W.), analog aus Diäthylphosphit (**II**); 31%. — *α-Aminobenzylphosphonsäure*, $C_7H_{10}O_3NP$, F. 271—273° (W.), aus vorst. Estern mit sd. konz. HCl, Eindampfen u. Reinigen über das Pb-Salz; 64—65%. — *α-Amino-n-propylphosphonsäurediäthylester*, $C_7H_{18}O_3NP$, $Kp._{3,1}$ 47—49°, n_D^{20} 1,4080, $D.^{20}_4$ 0,9798, aus **II** u. Propionaldehyd mit alkoh. NH_3 bei 100° (8 Std.) u. anschließende Vakuumdest.; 36%; oder durch Sättigen einer Lsg. von Propionaldehyd in A. mit NH_3 bei 0° u. Behandeln dieser Lsg. mit **II** im Autoklaven bei 100° (8 Std.); 56%. — *α-Aminopropylphosphonsäure*, $C_3H_{10}O_3NP$, F. 350°, über das Hydrochlorid mit Anilin in A.; Tafeln; 87%. — *α-Aminoäthylphosphonsäurediäthylester*, $C_6H_{16}O_3NP$, $Kp._3$ 70 bis 73°, n_D^{20} 1,4150, $D.^{20}_4$ 1,0224, mit Acetaldehyd; 35—43%. — *α-Aminoäthylphosphonsäure*, $C_2H_8O_3NP$, F. >340° (W.); Tafeln; 72%. — *p-Methoxybenzyl-α-amino-*

phosphonsäurediäthylesterhydrochlorid, $C_{12}H_{21}O_4NClP$, F. 205—208° (W.), wie I aus p-Anisaldehyd; 33%. — *p-Methoxybenzyl-α-aminophosphonsäure*, $C_8H_{12}O_4NP$, F. 215 bis 218°; 89%. — *p-Oxybenzyl-α-aminophosphonsäurediäthylesterhydrochlorid*, $C_{11}H_{19}$·O_4NClP, verharzt bei 175°, wie I aus p-Oxybenzaldehyd; 3,5 bzw. 28%. — *p-Oxybenzyl-α-aminophosphonsäure*, $C_7H_{10}O_4NP$, F. 150—152°; 85%. — *o-Oxybenzyl-α-aminophosphonsäurediäthylesterhydrochlorid*, $C_{11}H_{19}O_4NClP$, F. >310° (W.); 26%. *o-Oxybenzyl-α-aminophosphonsäure*, $C_7H_{10}O_4NP$, verharzt bei 180°; 85%. — *β-Phenyläthyl-α-aminophosphonsäurediäthylesterhydrochlorid*, $C_{12}H_{21}O_3NClP$, F. 230—232° (W.), wie I aus Phenylacetaldehyd; Nadeln; 31%. — *β-Phenyläthyl-α-aminophosphonsäure*, $C_8H_{12}O_3NP$, F. 225—227°; 83%. — *Aminomethylphosphonsäure*, CH_6O_3NP, F. >300° (W.), durch Erhitzen von Brommethylphthalimid u. Triäthylphosphit auf 150—160° bis zur Beendigung der C_2H_5Br-Entw., 12std. Kochen mit 48%ig. HBr, Eindampfen des Filtrats, Aufnehmen in A., Rk. mit Anilin, Aufnehmen der gefällten Säure in W., Neutralisieren, Dampfdest., Ansäuern u. Isolieren über das Pb-Salz; 58%. — *N.N-Diäthylaminomethylphosphonsäurediäthylester*, $Kp._{15}$ 128—130°, n_D^{20} 1,3848, $D.^{20}_4$ 0,8779, durch MANNICH-Rk. (vgl. FIELDS, J. Amer. chem. Soc. **74**. [1952.] 1528). — *α-[N.N-Diäthylamino]-isopropylphosphonsäurediäthylester*, $Kp._{15}$ 94—95°; n_D^{20} 1,4190; $D.^{20}_4$ 0,9256. (J. Amer. chem. Soc. **75**. 5278—80. 5/11. 1953. Auburn, Ala., Polytechn. Inst., Ross Chem. Labor.) GOLD. 1380

A. N. Nessmejanow und **L. G. Makarowa**, *Synthese aromatischer Zinnverbindungen mittels Aryldiazoniumborfluoriden.* Durch Umsetzung von Aryldiazoniumborfluoriden mit $SnCl_2$ u. Zn-Staub in Aceton bilden sich Sn-organ. Verbb. in einer Ausbeute von maximal ca. 40%. Hauptsächlich entsteht hierbei *Diarylzinndichlorid*, daneben bilden sich *Triarylzinn-* u. *Monoarylzinnchloride.* Die Chloride wurden nicht isoliert, sondern mit NH_3 in *Diarylzinnoxyd* (**I**), bzw. *Triarylzinnhydroxyd* (**II**) u. *Arylstannonsäure* (**III**) übergeführt.

V e r s u c h e : In eine 0,0375 Mol enthaltende Lsg. von $SnCl_2 \cdot 2H_2O$ in Aceton trägt man unter Rühren u. Kühlen mit Eis oder Kältemischung in kleinen Anteilen 0,0375 g-Atom Zn-Staub u. 0,025 Mol des entsprechenden Aryldiazoniumborfluorids ein. Nach Beendigung der Rk. dest. man das Aceton ab, extrahiert aus dem Rückstand die Sn-organ. Verbb. erschöpfend mit PAe. (Kp. 70—110°), dest. das Lösungsm. ab, nimmt mit A. auf u. fällt mit 25%ig. NH_3 ein Gemisch von **I**, **II** u. **III**. Die beiden letzteren sind in A. u. Ae. lösl., was zur Trennung von dem unlösl. **I** dient. **I** wird zur Identifizierung entweder in Diarylquecksilber übergeführt oder durch $SOCl_2$ in Diarylzinndichlorid umgewandelt. Dargestellt wurden die Sn-Derivv. mit folgenden Arylen: C_6H_5, $p\text{-}CH_3C_6H_4$, $o\text{-}CH_3C_6H_4$, $p\text{-}BrC_6H_4$, $p\text{-}ClC_6H_4$, $\beta\text{-}C_{10}H_7$, $o\text{-}CH_3CO_2C_6H_4$, $p\text{-}NO_2 \cdot C_6H_4$. (Доклады Академии Наук СССР [Ber. Akad. Wiss. UdSSR] [N. S.] **87**. 421 bis 422. 21/11. 1952. Inst. für organ. Chem. der Akad. der Wiss. der UdSSR.) H. v. PEZOLD. 1380

Georges Moralli, *Darstellung des Kaliumsalzes der Vinylbenzol-p-sulfonsäure (Styrol-p-sulfonsäure).* Das *K-Salz der 1-Vinylbenzol-4-sulfonsäure* (**I**) erhält Vf. aus Äthylbenzol über *1-Äthylbenzol-4-sulfochlorid* (**II**), das in der Seitenkette zu *1-Bromäthylbenzol-4-sulfochlorid* (**III**) bromiert wird. Mit KOH wird **II** unter gleichzeitiger HBr-Abspaltung zu **I** verseift.

V e r s u c h e : *1-Äthylbenzol-4-sulfochlorid* (**II**), $Kp._{14-16}$ 166—170°, aus Äthylbenzol u. Chlorsulfonsäure bei 60°; 60—70% (Ausbeute). *Sulfamid*, F. 108—109°. — *1-Bromäthylbenzol-4-sulfochlorid* (**III**), $Kp._{13-14}$ 184—186°, F. 22—24, aus **II** in CCl_4 durch Eintropfen von Br_2 in CCl_4 bei 80° im UV-Licht; 60%. — *Styrol-p-sulfonsaures K* (**I**), aus **III** mit KOH in sd. A.; Blättchen; 60%. (Bull. Soc. chim. France, Mém. [5] **20**. 1044—45. Nov./Dez. 1953. Bellevue, C. N. R. S., Labor. de Chim. Macromol.) W. LORENZ. 1490

Kurt Alder, Joseph Haydn und **Wilhelm Vogt**, *Über das Dimere des α-Phenylbutadiens. Zur Kenntnis der Diensynthese mit unsymmetrischen Addenden.* 36. Mitt. *zur Kenntnis der Diensynthese.* (35. vgl. C. **1954**. 1923.) Vff. weisen nach, daß das Dimere des trans-α-Phenylbutadiens (**I**) *trans-1-Phenyl-2-styryl-Δ^5-cyclohexen* (**II**) ist, das durch „partielle 1.4-Addition" entsteht, bei der ein Mol. **I** als Dienkomponente, das andere als Philodien fungiert. 1-Phenyl-3-styryl-Δ^5-cyclohexen, das neben **II** vorliegen könnte, konnte nicht nachgewiesen werden. Mit der Konstitutionsaufklärung von **II** sind die für das **I**-Dimere von LEBEDEW (1916 u. früher) u. von BERGMANN (C. **1936**. I. 1213) vorgeschlagenen Strukturen hinfällig geworden. — **II** läßt sich zu *o-Phenylstyrylbenzol* dehydrieren, welches nicht isoliert wurde, aber zu *o-Phenylbenzoesäure* oxydiert u. zu *9-Phenylphenanthren* weiter dehydriert werden kann. Die Oxydation von **II** liefert neben *Benzoesäure* das Isomere **IIIa** der *δ-Phenyl-n-butan-α.γ.δ-tricarbon-*

säure, das auch durch Oxydation der trans-2-Phenyl-Δ^3-tetrahydrobenzoesäure zugänglich ist u. ident. ist mit der von Lebedew (l. c.) als α-Phenyl-γ-carboxyadipinsäure bezeichneten Verb.; damit ist auch die trans-Stellung der C_6H_5- u. Styrylgruppe zueinander in **II** festgelegt. Das Diastereoisomere **IIIb** wurde zum Vgl. aus cis-2-Phenyl-Δ^3-tetrahydrobenzoesäure dargestellt. Daß die Phenyl- u. Styrylgruppe in **II** nicht in cis-Stellung zueinander stehen u. das „Orientierungsschema" damit bei der Dimerisation von **I** nicht gültig ist, ist dadurch zu erklären, daß die Dimerisation sich bei ca. 150° vollzieht, also in einem Temperaturbereich, in dem die Gültigkeit des „Orientierungsschemas" nicht mehr unbedingt gegeben ist. — Die von Bergmann (l. c.) aus Propan-$\alpha.\alpha.\gamma$-tricarbonsäureester u. Phenylbromessigester synthetisierte δ-Phenyl-n-butan-$\alpha.\gamma.\delta$-tricarbonsäure ist ein Gemisch von **IIIa** u. **IIIb**. In Übereinstimmung mit den Befunden der Vff. steht, daß sie nicht die Angaben von Bergmann (l. c.) bestätigen können, wonach das bei 191° schm. Diastereomere der nach Duff u. Ingold (C. **1934.** II. 235) aus Na-Benzylmalonester u. Fumarsäureester bei nachheriger Verseifung u. teilweiser Decarboxylierung erhaltenen δ-Phenyl-n-butan-$\alpha.\beta.\gamma$-tricarbonsäure mit der α-Phenyl-γ-carboxyadipinsäure von Lebedew (l. c.) ident. ist.

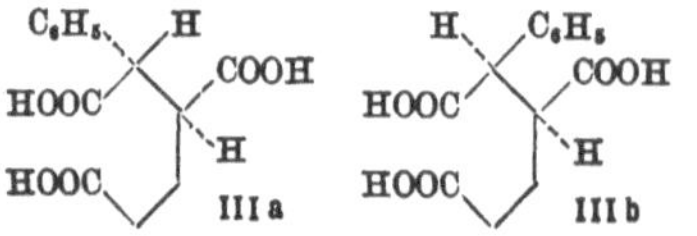

IIIa IIIb

Versuche: *trans-1-Phenyl-2-styryl-Δ^5-cyclohexen* (**II**), Kp.$_{16}$ 227—230°, Kp.$_2$ 189—191°, durch 1std. Erhitzen von 24 g **I** mit einer Spur Hydrochinon auf 150°; 18 g (Ausbeute). — Nach 1½std. Erhitzen von 9 g **II** mit 2,4 g S auf 230—250°, Vakuumdest., $KMnO_4$-Oxydation des bei 190—240°/2 mm übergehenden Öls (5,8 g), welches *o-Styryldiphenyl* enthält, in Aceton, Überführen in den p-Phenylphenacylester, fraktionierter Kristallisation aus Bzl. u. Auslesen werden *Benzoesäure-p-phenylphenacylester*, F. 168° (Essigester), als feines Pulver, u. *Diphenyl-o-carbonsäure-p-phenylphenacylester*, F. 162° (Essigester), in Form von kleinen Drusen, erhalten. — Werden 6,3 g **II** mit 10%ig. Pd-Kohle 10 Std. unter N_2 auf 340—360° erhitzt u. wird dann mit sd. Essigester extrahiert, wird *9-Phenylphenanthren*, $C_{20}H_{14}$, gewonnen; F. 103° (CH_3OH); 3—4 g. — *δ-Phenyl-n-butan-$\alpha.\gamma.\delta$-tricarbonsäure* (**IIIa**), $C_{13}H_{14}O_6$, F. 194 bis 195° unter Zers. (CH_3CN), durch Oxydation von **II** in Aceton + $NaHCO_3$ mit $KMnO_4$. — *δ-[p-Nitrophenyl]-n-butan-$\alpha.\gamma.\delta$-tricarbonsäure*, $C_{13}H_{13}O_8N$, F. 216° unter Zers. (Essigester u. Ligroin), durch Nitrierung von **IIIa**; entsteht auch aus 2-Phenyl-3-äthyl-Δ^3-tetrahydrobenzoesäure. — Das Isomere **IIIb** der *δ-Phenyl-n-butan-$\alpha.\gamma.\delta$-tricarbonsäure*, F. 189° (CH_3CN), wird durch Ozonisation von cis-2-Phenyl-Δ^3-tetrahydrobenzoesäure in Essigester bei Nachoxydation mit $KMnO_4$ erhalten, **IIIa** ebenso aus trans-2-Phenyl-Δ^3-tetrahydrobenzoesäure. (Chem. Ber. **86.** 1302—08. 1953. Köln, Univ., Chem. Inst.) Nitzschke. 1810

Kurt Alder und **Karl Heimbach,** *Die Addition der Anionen von Acrylsäure und Butadiencarbonsäure-(1)*. 37. Mitt. *zur Kenntnis der Diensynthese*. (36. vgl. vorst. Ref.) Während die n. Addition von Butadiencarbonsäure-(1) an Acrylsäure (**III**) (vgl. 16. Mitt., C. **1950.** II. 279), auch bei höheren Tempp., ausschließlich *Tetrahydrophthalsäure* (**I**) liefert, entstehen in sodaalkal. Lsg. über 200° **I** u. die m-Verb. *Tetrahydroisophthalsäure* (**II**) zu etwa gleichen Teilen nebeneinander, womit nachgewiesen ist, daß in diesem Fall die Komponenten als Ionen reagieren, die gleichnamigen polaren Gruppen sich abstoßen u. der lenkende Einfl. der Carbonylgruppe beim Übergang zum COO^--Ion verringert wird, soweit er auf Wechselwirkungen von π-Elektronen beruht. Um zu vermeiden, daß nach der Addition bei der Aufarbeitung **I** entsteht, wurde die alkal. Reaktions-Fl. hydriert, so daß statt **I** u. **II** die entsprechenden *Hexahydrophthalsäuren* isoliert wurden. — Wird Anthracencarbonsäure-(9) (**VI**) an Maleinsäureanhydrid addiert, entsteht *9.10-Endoäthylen-9.10-dihydroanthracentricarbonsäure-(9.11.12)-anhydrid-(11.12)*, mit **III** wird in alkal. Lsg. das Addukt **IV** erhalten, welches ebenfalls dem m-Typus entspricht, ohne daß die entsprechende o-Verb. **V** nachgewiesen werden konnte. Die Konst. von **IV** wurde durch $LiAlH_4$-Red. zum *Diol* bewiesen, das nicht ident. ist mit dem **V** entsprechenden *Diol*, welches dargestellt wurde.

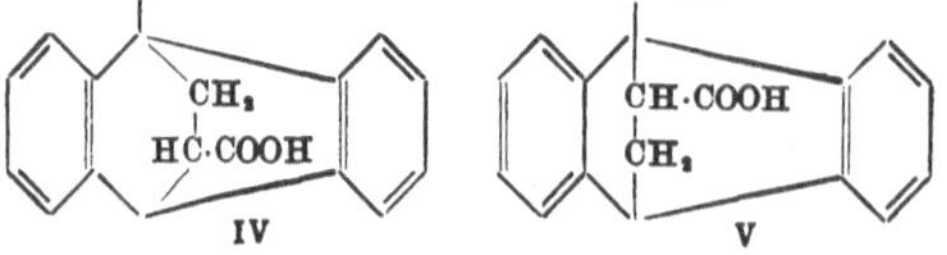

IV V

Versuche: *Butadiencarbonsäure-(1)*, F. 72°, aus Acrolein u. Malonsäure wie früher (l. c.) beschrieben; 55% (Ausbeute). — Nach 34std. Erhitzen von vorst. Verb., **III** u. Sodalsg. auf 215—225°, Hydrierung mit Raney-Ni bei 150° u. 150 at, Ansäuern mit HCl, Ausäthern des Öls, mehrstd. Extrahieren der wss. Lsg. mit Ae. u. Essigester, Eindampfen der Lsgg. u. Zugabe von wenig Essigester fällt *trans-Hexa-*

hydrophthalsäure, F. 215—217°; 21,5%; die Mutterlauge gibt bei Hochvakuumdest. ein Öl (20%), das bei Zugabe von wenig Essigester krist. u. mit Acetylchlorid 1 Std. auf 100° u. 2 Std. auf 150° im Rohr erhitzt wird, wobei *cis-Hexahydroisophthalsäureanhydrid*, $C_8H_{10}O_3$, F. 188—189° (Bzl.–Ligroin), gebildet wird; Lösen in heißem W. führt zu *cis-Hexahydroisophthalsäure*, F. 161—162°. Bei p_H 14 gibt die Addition etwa gleiche Ergebnisse bei geringerer Gesamtausbeute. — *Anthracencarbonsäure-(9)* (**VI**), F. 213—214° (Bzl.), durch 10 std. Erhitzen von Anthracen mit überschüssigem Oxalylchlorid auf 160—170° im Rohr, Aufnehmen in Sodalsg. u. Ansäuern des Filtrats; 68%. — *9.10-Endoäthylen-9.10-dihydroanthracentricarbonsäure-(9.11.12)-anhydrid-(11.12)*, $C_{19}H_{12}O_5$, F. 268° unter Zers. (Essigester–Ligroin), durch 10 std. Kochen von Maleinsäureanhydrid u. **VI** in Xylol; 91%. — *Addukt* **IV**, F. 266—268° (Essigester–Ligroin), durch 36 std. Erhitzen von **III** mit **VI** u. Soda in W. auf 230° u. Ansäuern; 75%. *Dimethylester*, $C_{20}H_{18}O_4$, mit CH_2N_2, F. 130° (Essigester-Ligroin). — *9.11-Dioxymethyl-9.10-endoäthylen-9.10-dihydroanthracen*, $C_{18}H_{18}O_2$, F. 132° (Essigester–Ligroin), durch $LiAlH_4$-Red. vorst. Esters; 93%. — *N-Methylformanilid*, Kp.$_{12}$ 123—124°, durch Kochen von 85—90%ig. HCOOH mit Methylanilin u. Toluol unter Entfernung des W.; 95%. — *Anthracenaldehyd-(9)*, F. 104—105° (Eisessig), durch langsame Zugabe von $POCl_3$ zu vorst. Verb. u. o-Dichlorbenzol unterhalb 20°, Addition von Anthracen, 2 std. Erhitzen, Eingießen in CH_3COONa-Lsg. u. Abtreiben des Lösungsm. mit Dampf; 91%. — *9-Oxymethylanthracen*, $C_{15}H_{12}O$, F. 151—152° (Essigester), durch $LiAlH_4$-Red. vorst. Verb. im Soxhlet; 93%. — *9-Oxymethyl-9.10-endoäthylen-9.10-dihydroanthracencarbonsäure-(12)-lacton*, $C_{18}H_{14}O_2$, F. 192—193° (Essigester–Ligroin), durch 7 std. Erhitzen vorst. Verb. mit **III**, Bzl. u. etwas Hydrochinon auf 180° im Rohr u. Verreiben des nach Abdest. erhaltenen Rückstandes mit Essigester; 75%. — *9.12-Dioxymethyl-9.10-endoäthylen-9.10-dihydroanthracen*, $C_{18}H_{18}O_2$, F. 166° (Essigester–Ligroin), durch $LiAlH_4$-Red. vorst. Verbindung. — Werden **III** u. **VI** in Xylol im Rohr 9 Std. auf 150° erhitzt, entsteht ebenfalls **IV**; 20%. (Chem. Ber. **86**. 1312—17. 1953.)

NITZSCHKE. 2020

Kurt Alder, Karl Heimbach und **Engelbert Kühle**, *tert.-Butylbutadien und Acrylsäure. (Ein Beitrag zur Kenntnis der Diensynthese mit unsymmetrischen Addenden.)* 38. Mitt. *zur Kenntnis der Diensynthese*. (37. vgl. vorst. Ref.) 1-tert.-Butylbutadien (**I**) gibt mit Maleinsäureanhydrid (**III**) *3-tert.-Butyl-Δ⁴-tetrahydrophthalsäureanhydrid*, das zu *3-tert.-Butylphthalsäureanhydrid* (**IV**) dehydriert werden kann, welches bei Rk. mit $KMnO_4$ neben *m-tert.-Butylbenzoesäure* (**V**) eine Tricarbonsäure liefert, die wahrscheinlich *2.3-Dicarboxyphenyldimethylessigsäure* ist. — Bei der Diensynth. von **I** mit Acrylsäure (**II**) entstehen *2-tert.-Butyl-Δ³-tetrahydrobenzoesäure* u. *3-tert.-Butyl-Δ⁴-tetrahydrobenzoesäure* etwa im Verhältnis 3:1; das Gemisch beider wurde in Form der Ester dehydriert zu den entsprechenden *tert.-Butylbenzoesäuren*. Bei der Rk. zwischen **I** u. **II** tritt also neben der Bldg. der o-Verb. bereits merklich eine Bldg. des m-Isomeren ein. — *2-tert.-Butylbutadien* (**VI**) liefert mit **III** *4-tert.-Butyl-Δ⁴-tetrahydrophthalsäureanhydrid*, mit **II** hauptsächlich *4-tert.-Butyl-Δ⁴-tetrahydrobenzoesäure* (**VII**) neben *3-tert.-Butyl-Δ³-tetrahydrobenzoesäure*.

Versuche: *tert.-Butylpropenylcarbinol*, Kp.$_{12}$ 62—65°, durch Zugabe von Crotonaldehyd in Ae. zu der äther. Lsg. von tert.-Butyl-MgCl (dessen Darst. verbessert wurde) in der Kälte, $^1/_4$ std. Kochen u. Zers. mit verd. HCl; 30% (Ausbeute). — *1-tert.-Butylbutadien* (**I**), Kp.$_{760}$ 106—107°, durch Erhitzen vorst. Verb. mit $KHSO_4$ u. Ausäthern des Destillats; 40%. — *3-tert.-Butyl-Δ⁴-tetrahydrophthalsäureanhydrid*, F. 137 bis 138° (Essigester–Ligroin), durch Erhitzen von **I** u. **III** in Ae. oder Bzl.; 65%. *Säure*, $C_{12}H_{18}O_4$, F. 178° (Essigester–Ligroin). — *3-tert.-Butylphthalsäureanhydrid* (**IV**), $C_{12}H_{12}O_3$, F. 113—114° (Ae.), durch 1½ std. Erhitzen vorst. Säure mit S auf 230 bis 240°. — Nach 1 std. Erhitzen von **IV** mit konz. HNO_3 auf 60° entsteht *Hemimellitsäure*, F. 189° unter Zers.; *Trimethylester*, $C_{12}H_{12}O_6$, F. 100° (Ae.–PAe.). — Nach Lösen von **IV** in konz. Sodalsg., Rk. mit $KMnO_4$-Lsg. in der Siedehitze u. Ansäuern nach Aufarbeitung fällt zunächst *m-tert.-Butylbenzoesäure* (**V**), $C_{11}H_{14}O_2$, F. 124—125° (Ae.–PAe.), beim Einengen eine Tricarbonsäure, wahrscheinlich *2.3-Dicarboxyphenyldimethylessigsäure*, $C_{12}H_{12}O_6$, F. 253° (Ae.–PAe.), schließlich *3-tert.-Butylphthalsäure*, $C_{12}H_{14}O_4$, F. 148—149° (Ae.–PAe.). — Nach 5 std. Erhitzen von **I** mit **II** in Bzl. auf 150—160° im Rohr, Abdampfen, Aufnehmen in Sodalsg., Ausäthern u. Ansäuern der alkal. Lsg. fällt das Gemisch von *2-tert.-Butyl-Δ³-tetrahydrobenzoesäure* u. *3-tert.-Butyl-Δ⁴-tetrahydrobenzoesäure* als Öl, das mit CH_2N_2 verestert wurde; Kp.$_{12}$ 120 bis 123°; 60%. *Anilid*, $C_{17}H_{23}ON$, F. 161—162° (CH_3OH–W.). Das Estergemisch wurde durch 2 std. Erhitzen mit S auf 220—230°, dann auf 250° dehydriert: Kp.$_{12}$ 100—120°; 28—30%. Nach 5 std. Erhitzen dieses Estergemisches mit methanol. KOH, Eindampfen, Zugabe von W., Ausäthern, Zugabe von $KMnO_4$-Lsg. zur wss. Phase u.

Ansäuern scheidet sich **V** aus; 25%; Eindampfen der äther. Lsg. des unverseiften Esters, 6 std. Erhitzen des Rückstandes mit amylalkoh. KOH auf 170—180°, Eindampfen, Versetzen mit W., Ausäthern, $KMnO_4$-Oxydation der wss. Lsg. u. Ansäuern liefert *o-tert.-Butylbenzoesäure*, $C_{11}H_{14}O_2$, F. 70° (PAe.); 69%. — *tert.-Butyläthylmethylcarbinol*, Kp. 145—155°, aus 1 Mol C_2H_5MgBr u. Pinakolin; 70 g. — Dehydratisierung vorst. Verb. mit wenig H_2SO_4 gibt ein KW-stoffgemisch (Kp. 110—112°), das in Chlf. bromiert wurde; überschüssiges Chinolin u. Dest. dehydrobromiert zu *2-tert.-Butylbutadien* (**VI**), Kp. 100—106°; 34 g. — *4-tert.-Butyl-Δ^4-tetrahydrophthalsäureanhydrid*, $C_{12}H_{16}O_3$, F. 122° (Ae.), durch 3 std. Kochen von **VI** mit **III** in Bzl.; Blättchen. *Säure*, $C_{12}H_{18}O_4$, F. 159° (Essigester). — Durch Dehydrierung vorst. Verb. entsteht *4-tert.-Butylphthalsäure*, $C_{12}H_{14}O_4$, F. 157° (CH_3CN oder Ae.–PAe.). Daraus durch Oxydation *Trimellitsäure*, F. 216—218°. — *4-tert.-Butylhexahydrophthalsäure*, $C_{12}H_{20}O_4$, F. 186 bis 187° (Essigester), durch PtO_2-Hydrierung der Adduktsäure in Eisessig. — Nach 10 std. Erhitzen von 15 g **VI** mit 8 g **II** u. etwas Hydrochinon in Bzl. auf 140—150° im Rohr entstehen 9 g Addukt, aus dem *4-tert.-Butyl-Δ^4-tetrahydrobenzoesäure* (**VII**), $C_{11}H_{18}O_2$, krist.; F. 145° (wss. CH_3OH); *Anilid*, $C_{17}H_{23}ON$, F. 145° (CH_3OH). Der ölige Anteil ist *3-tert.-Butyl-Δ^3-tetrahydrobenzoesäure* (**VIII**); *Anilid*, F. 117°, aus CH_3OH–W. kleine Nadelbüschel. — *4-tert.-Butylhexahydrobenzoesäure*, $C_{11}H_{20}O_2$, F. 111° (CH_3OH–W.), durch Hydrierung von **VII**. — *p-tert.-Butylbenzoesäure*, $C_{11}H_{14}O_2$, F. 165° (CH_3OH–W.), aus **VII** durch S-Dehydrierung; 70%. — **V** entsteht bei S-Dehydrierung von **VIII**. (Chem. Ber. **86**. 1364—71. 1953.) NITZSCHKE. 2020

Rudolf Grewe, Werner Lorenzen und **Leo Vining**, *Die Totalsynthese der Chinasäure.* Ausgehend von *4-Chlorcyclohexanon* (**I**), das aus Hydrochinon über Chinit u. 4-Chlorcyclohexanol erhältlich ist, stellten Vff. auf folgendem Wege (±)-*Chinasäure* [(±)-**IX**] her: **I** → *Cyanhydrin* (**II**) → *1-Oxy-4-chlorcyclohexancarbonsäureamid* (**III**) → *4-Chlor-2'.2'-dimethyl-spiro-[cyclohexan-1.5'-oxazolidon]* (**IV**) → *2'.2'-Dimethyl-spiro-[Δ^3-cyclohexen-1.5'-oxazolidon]* (**V**) → *5-Brom-2'.2'-dimethyl-spiro-[Δ^3-cyclohexen-1.5'-oxazolidon]* (**VI**) → **VII, VIII, XII, IX.** — **II, III** u. **IV** sind cis-trans-Gemische; **V** läßt sich auch über den zu **I** analogen p-Toluolsulfonsäureester gewinnen u. kann über sein *Dibromid* gereinigt werden. Die räumliche Lage des Br-Atoms in dem sehr reaktionsfähigen **VI** ist noch unbestimmt. Das (±)-*Triacetylchinid* [(±)-**XII**; F. 142°] ist ident. mit dem „Isotriacetylchinid" von ERWIN u. KÖNIGS [1889]. Aus diesem Ergebnis leiten Vff. untenst. Raumformeln für **VII, VIII** u. **IX** ab (jeweils nur ein Antipode der Racemate formuliert). — Beim Erhitzen von (—)-**IX** wurde als einziges Prod. (±)-**IX** gefaßt; analog läßt sich (—)-**XII** durch Erhitzen racemisieren. Vff. nehmen an, daß sich zunächst das Lacton **X** bildet, das bei höherer Temp. mit dem symm., opt.-inakt. Lacton **XI** im Gleichgewicht steht.

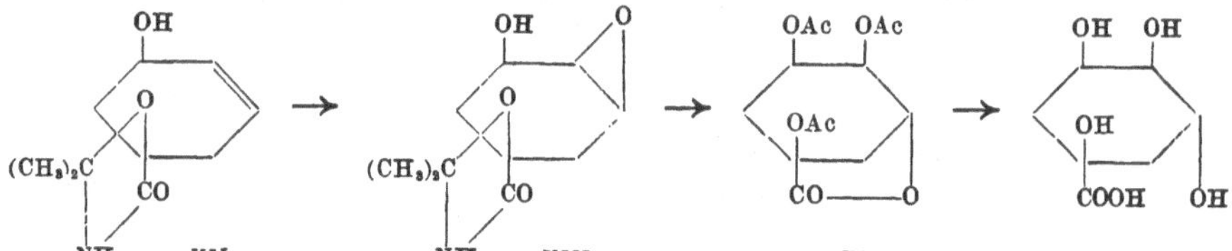

VII VIII XII IX

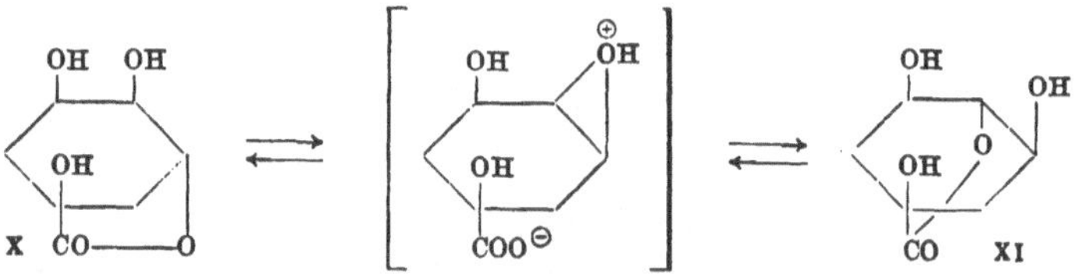

X XI

Versuche: *4-Chlorcyclohexanon* (**I**), Kp.$_{12}$ 81—90°, aus 500 g Hydrochinon (4—5 Std. bei 160° u. 100 at mit RANEY-Ni hydrieren) → *cis-trans-Chinit* (F. 102 bis 105°; 16 Std. mit konz. HCl, D. 1,19, auf 85° erhitzen) → *4-Chlorcyclohexanol* (290 g, Kp.$_{12}$ 100—107°; mit wss. CH_3COOH–H_2SO_4–$K_2Cr_2O_7$ bei 10—15° oxydieren) → **I**; >150 g (Ausbeute). *Semicarbazon*, $C_7H_{12}ON_3Cl$, F. 178°. — *4-Chlorcyclohexanoncyanhydrin* (cis-trans-Gemisch; **II**), $C_7H_{10}ONCl$, F. 70—76°, Blättchen (CS_2), Kp.$_{0,1}$ 102 bis 106° (Zers.), aus der Bisulfitverb. von **I** u. KCN; 75%. — *1-Oxy-4-chlorcyclohexancarbonsäureamid* (cis-trans-Gemisch; **III**), $C_7H_{12}O_2NCl$, F. 167—177°, Nadeln (Essigester, Chlf. oder Eisessig), aus **II** u. wss. HBr–CH_3COOH (5 Std. Schütteln, zunächst bei 10°, dann bei Raumtemp.); 90%. *Acetat*, $C_9H_{14}O_3NCl$, F. 127—134° (Bzl.), aus **II** u. wasserfreiem HBr–Eisessig; 80%. — *1-Oxy-4-chlorcyclohexancarbonsäure*, $C_7H_{11}O_3Cl$, F. 147—163° (cis-trans-Gemisch; Ae.–PAe.) bzw. 176° (gewonnen aus nachst. **IVa**) bzw. 178° (aus **IVb**), aus **III** bzw. **IVa** bzw. **IVb** u. 2nHCl (Erhitzen). — *4-Chlor-2'.2'-dimethyl-spiro-[cyclohexan-1.5'-oxazolidon]* (**IV**), $C_{10}H_{16}O_2$·NCl, F. 235° (**IVa**; Nadeln aus Essigester) bzw. 199° (**IVb**; Nadeln aus Aceton); aus rohem säurehaltigem **III** u. Aceton (1 Std. kochen, dann mit K_2CO_3 neutralisieren, worauf **IVa** auskrist.; **IVb** aus dem Filtrat nach vorsichtigem Animpfen); 92% (insgesamt). *Monoacetylderivv.*, F. 86 bzw. 82°. — *4-p-Toluolsulfoxycyclohexanol*, $C_{13}H_{18}$·O_4S, F. 104—106° (Bzl.–PAe.), durch Tosylierung von Chinit. — Daraus mit CrO_3–Eisessig *4-p-Toluolsulfoxycyclohexanon*, $C_{13}H_{16}O_4S$, F. 94—95° (CS_2 oder Ae.–PAe.); nahezu 100%. *Semicarbazon*, F. 145° (Zers.; Nadeln aus Methanol). — *4-p-Toluolsulfoxycyclohexanoncyanhydrin*, $C_{14}H_{17}O_4NS$, F. 130—131°, Nadeln (Bzl. oder Eisessig), aus der Bisulfitverb. vorst. Ketons u. KCN (in W. + Chlf.); 67%. — *1-Oxy-4-p-toluolsulfoxycyclohexancarbonsäureamid*, $C_{14}H_{19}O_5NS$, F. 122° (Chlf. oder Eisessig), aus vorst. Verb. u. wss. HBr–CH_3COOH (2 Std.); 75%. — *4-p-Toluolsulfoxy-2'.2'-dimethyl-spiro-[cyclohexan-1.5'-oxazolidon]*, $C_{17}H_{23}O_5NS$, F. 167°, Prismen (Methanol), aus vorst. Verb. u. 1%ig. aceton. HCl (24 Std. bei n. Temp.); 60%. — *2'.2'-Dimethyl-spiro-[Δ^3-cyclohexen-1.5'-oxazolidon]-dibromid*, $C_{10}H_{15}O_2NBr_2$, F. 219° (Zers.; Essigester), aus **IVa** u. wss.-methanol. KOH (20 Std. kochen), Neutralisieren, Extrahieren mit Chlf., Versetzen mit Br_2, 12 Std. stehenlassen (65%) oder analog aus **IVb** (geringere Ausbeute, längere Reaktionszeiten), **IV**-Gemisch oder vorst. Tosylat. — *2'.2'-Dimethyl-spiro-[Δ^3-cyclohexen-1.5'-oxazolidon]* (**V**), $C_{10}H_{15}O_2N$, F. 184°, Tafeln (Essigester); aus vorst. Dibromid, Zn u. Hg-Bromid in Methanol (>30 Min. kochen); fast 100% — Erhitzen mit verd. HCl → *1-Oxycyclohexen-(3)-carbonsäure-(1)*, $C_7H_{10}O_3$, F. 86° (PAe.). — *5-Brom-2'.2'-dimethyl-spiro-[Δ^3-cyclohexen-1.5'-oxazolidon]* (**VI**), $C_{10}H_{14}O_2$·NBr, F. 142° (Bzl.), sublimiert bei 100°/0,003 mm, aus **V** u. N-Bromsuccinimid in CCl_4 (25 Min. kochen; Zusatz von Benzoylperoxyd); 77%; zers. sich beim Aufbewahren. — *5-Oxy-2'.2'-dimethyl-spiro-[Δ^3-cyclohexen-1.5'-oxazolidon]* (**VII**), $C_{10}H_{15}O_3N$, F. 159° (Essigester), aus **VI** u. Na_2CO_3 in W. (12 Std. schütteln); fast 100%. *Monoacetat*, $C_{12}H_{17}O_4N$, F. 147° (Essigester), mit Acetanhydrid in Pyridin. *Diacetat*, $C_{14}H_{19}$·O_5N, F. 99° (PAe.), mit Acetanhydrid u. Na-Acetat (erhitzen). — *3.4-Epoxy-5-oxy-2'.2'-dimethyl-spiro-[cyclohexan-1.5'-oxazolidon]* (**VIII**), $C_{10}H_{15}O_4N$, F. 227° (Essigester), aus **VII** u. Benzopersäure in Chlf. (4 Tage bei 0°); 77%. — *rac.-Triacetylchinid* [(±)-**XII**], $C_{13}H_{16}O_8$, F. 142° (A.), a) aus (—)-**XII** (F. 103°, $[\alpha]_D^{22}$ —24°) u. Acetanhydrid (60%), b) aus **VIII** (1 Std. mit 2nHCl erhitzen, neutralisieren, 3 Std. mit Acetanhydrid u. Na-Acetat erhitzen; 51%); Infrarotspektr. vgl. Original. — (±)-*Chinasäure* [(±)-**IX**], F. 149° (A.), a) aus (±)-**XII** u. wss. KOH (2 Std. erhitzen; 90%), b) aus (—)-**IX** [erhitzen u. das gebildete *Chinid* (**X**; F. 197°) verseifen]. — Das Brucinsalz von (±)-**IX** liefert aus Methanol eine schwer lösl. Fraktion [F. 200° (Zers.), $[\alpha]_D^{21}$ —7°], hieraus durch Zerlegen mit dem Austauscher IR 120 (+)-**IX**, F. 168°, $[\alpha]_D^{23}$ +43° (W.; c = 2). (Chem. Ber. **87.** 793—802. 30/6. 1954. Kiel, Univ., Inst. für organ. Chem.) J. ROTHE. 2050

David J. Beaver und **Paul J. Stoffel**, *Darstellung substituierter Bis-phenole.* Nach der abgeänderten Meth. von BAEYER [1872] werden durch Kondensation von substituierten Phenolen mit aliphat. u. aromat. Aldehyden 35 Alkyliden- oder Aryliden-bis-phenole dargestellt. Bei 6-tert.-Butyl-m-kresol (**I**) erfolgt die Kondensation ausschließlich in p-Stellung. Kondensationen in o-Stellung werden nur bei solchen Phenolen beobachtet, die in p-Stellung substituiert sind.

Versuche: Meth. A: *4.4'-Propyliden-bis-[6-tert.-butyl-m-kresol]*, $C_{25}H_{36}O_2$, F. 190,0—190,4°, durch Eintragen von konz. HCl in eine Lsg. von **I** u. Propionaldehyd (exotherme Rk.), Erhitzen auf 95° (4 Std.), Zugabe von Heptan u. Filtrieren nach 1 Std. bei 30°, Nadeln aus Heptan; 43,4% (Ausbeute). — Meth. B: *6.6'-Methylen-bis-[4-chlor-o-kresol]*, $C_{15}H_{14}O_2Cl_2$, F. 195,2—196,4°, durch Zutropfen von konz. H_2SO_4 zu 4-Chlor-o-kresol + Trioxymethylen in Eisessig (exotherme Rk.), Zugabe von W., Abkühlen, Filtrieren u. Filterrückstand aus Bzl. umkristallisieren, Plättchen; 83,7%. — Nach Meth. A wurden folgende *Bis-[6-tert.-butyl-m-kresole]* erhalten: *4.4'-Methylen-*, $C_{23}H_{32}O_2$, F. 178,7—179,2°; 39%. — *4.4'-Äthyliden-*, C_{24}·$H_{34}O_2$, F. 201,1—201,5°; 87%. — *4.4'-[2-Chloräthyliden]-*, $C_{24}H_{33}O_2Cl$, F. 228,5 bis 229,5°; 45,9%. — *4.4'-Butyliden-*, $C_{26}H_{38}O_2$, F. 210,0—210,7°; 62,8%. — *4.4'-Isobutyliden-*, $C_{26}H_{38}O_2$, F. 229,8—230,7°; 50,8%. — *4.4'-Heptyliden-*, $C_{29}H_{44}O_2$, F. 150,2 bis 160,4°; 24,5%. — *4.4'-Benzyliden-*, $C_{29}H_{36}O_2$, F. 199,3—199,8°; 43%. — *4.4'-[p-Oxybenzyliden]-*, $C_{29}H_{36}O_3$, F. 262,4—263,1°; 35,2%. — *4.4'-[o-Oxybenzyliden]-*,

$C_{29}H_{36}O_3$, F. 216,7—217,0°; 18,9%. — *4.4'-[2.4-Dichlorbenzyliden]-*, $C_{29}H_{34}O_2Cl_2$, F. 209,9—210,4°; 59,6%. — *4.4'-[5-Chlor-2-oxybenzyliden]-*, $C_{29}H_{35}O_3Cl$, F. 214,2 bis 215,9°; 29,2%. — *4.4'-[o-Chlorbenzyliden]-*, $C_{29}H_{35}O_2Cl$, F. 226,3—226,9°; 23,5%. — *4.4'-Veratryliden-*, $C_{31}H_{40}O_4$, F. 231,2—231,9°; 52,5%. — *4.4'-[2-Ketopropyliden]-*, $C_{25}H_{34}O_3$, F. 196,2—197,1°; 34,8%. — *4.4'-[2.2.2-Trichloräthyliden]-*, $C_{24}H_{31}O_2Cl_3$, F. 218,8—219,3°; 65,6%. — *4.4'-[2-Methylpenten-(2)-yliden]-*, $C_{28}H_{40}O_2$, F. 190,1 bis 190,5°; 18,5%. — *4.4'-[2-Äthylhexen-(2)-yliden]-*, $C_{30}H_{44}O_2$, F. 210,2—210,6°; 38,4%. — *4.4'-[2-Thenyliden]-*, $C_{27}H_{34}O_2S$, F. 223,3—223,7°; 42,0%. — *2.2'-Methylen-bis-[4.6-di-tert.-butyl-m-kresol]*, $C_{31}H_{48}O_2$, F. 215,3—216,3°; 92%. — *6.6'-Methylen-bis-[α⁴-phenyl-2.4-xylenol]*, $C_{29}H_{28}O_2$, F. 121,5—121,9°; 22%. — *Methylen-bis-[6-tert.-butyl-4-chlor-m-kresol]*, $C_{23}H_{30}O_2Cl_2$, F. 181,6—182,5°; 72,2%. — *Butyliden-bis-thymol*, $C_{24}H_{34}O_2$, F. 165,1—165,8°; 98,5%. — *2.2'-Butyliden-bis-[4.6-di-tert.-butyl-m-kresol]*, $C_{34}H_{54}O_2$, F. 123,5—124,1°; 26%. — *6.6'-Butyliden-bis-[4-tert.-butyl-o-kresol]*, $C_{26}H_{38}O_2$, F. 130,8—131,5°; 89%. — *6.6'-Butyliden-bis-[2-tert.-butyl-p-kresol]*, $C_{26}H_{38}O_2$, F. 126,4—127,2°; 88,5%. — *6.6'-Butyliden-bis-[α⁴-phenyl-2.4-xylenol]*, $C_{32}H_{34}O_2$, F. 108,8—109,2°; 76,5%. — *Butyliden-bis-[6-tert.-amyl-m-kresol]*, $C_{28}H_{42}O_2$, F. 162,8 bis 163,6°; 43%. — *Butyliden-bis-[6-n-butyl-m-kresol]*, $C_{26}H_{38}O_2$, F. 121,4—122,0°; 53,5%. — *2.2'-Isobutyliden-bis-[4.6-di-tert.-butyl-m-kresol]*, $C_{34}H_{54}O_2$, F. 118,1—118,6°; 22%. — *6.6'-[2.4-Dichlorbenzyliden]-bis-[2.4-xylenol]*, $C_{23}H_{22}O_2Cl_2$, F. 193,7—194,1°. — Nach Meth. B wurden erhalten: *Methylen-bis-[6-chlor-o-kresol]*, $C_{15}H_{14}O_2Cl_2$, F. 157,0—157,3°; 78,7%. — *6.6'-Methylen-bis-[4-tert.-butyl-o-chlorphenol]*, $C_{21}H_{26}O_2Cl_2$, F. 123,2—123,7°; 51,5%. — *Methylen-bis-[4-chlor-α²-phenylisopseudocumenol]*, $C_{31}H_{30}$·O_2Cl_2, F. 191,7—192,1°; 72%. (J. Amer. chem. Soc. **74**. 3410—11. 5/7. 1952. St. Louis, Mo., Monsanto Chemical Co., Res. Labor.) E. VOGEL. 2260

Calvin L. Stevens und **Carl T. Lenk**, *Bromierung von Diphenylaceton und anschließende Solvolysereaktionen.* Bromierung von 1.1-Diphenylaceton (I) bei niedriger Temp. in CCl_4 oder Ae. gab *1-Brom-1.1-diphenylaceton* (II), bei hoher Temp. in CH_3COOH *3-Brom-1.1-diphenylaceton* (III). Beim Erhitzen der HBr-haltigen äther. Lsg. kann **II** in **III** umgelagert werden; die Struktur von **III** wurde durch Synth. aus dem Diazoketon (**V**) aus Diphenylacetylchlorid u. HBr bewiesen. Hydrolyse von **II** u. von **III** führte zu *1-Oxy-1.1-diphenylaceton* (**IV**), Methanolyse beider zu *1-Methoxy-1.1-diphenylaceton*, das auch aus Diphenylacetonitril durch Chlorierung, Methanolyse u. Rk. mit CH_3MgJ erhalten wurde. Das isomere *3-Methoxy-1.1-diphenylaceton* (**VI**) wurde aus **V** u. Methanol in Ggw. von BF_3-Ätherat hergestellt. Da sich weder **III** unter den Bildungsbedingungen von **II** noch **II** unter den Bildungsbedingungen von **III** (in CH_3COOH in Ggw. von trockenem HBr) umlagert, schließen Vff., daß das eine Bromketon nicht als Zwischenprod. bei der Darst. des anderen auftritt, sondern daß zunächst Red. zu **I** eintritt, das dann erneut bromiert wird; nach Zugabe von Cyclohexen zu dem Reaktionsgemisch konnte in der Tat **I** isoliert werden.

Versuche: *1-Brom-1.1-diphenylaceton* (II), $C_{15}H_{13}OBr$, F. 56,5—57,5° (PAe.), aus **I** u. Br_2 in CCl_4 bei —15°; 87% (Ausbeute); in Ae. 83%. — *3-Brom-1.1-diphenylaceton* (**III**), $C_{15}H_{13}OBr$, F. 68,5—69,5° (PAe.), a) aus **I** u. Br_2 in CH_3COOH bei 60 bis 70° (72%); b) nach LUTZ u. WILSON (C. **1947**. E. 196), aber mit trockenem HBr. — *α-Chlor-α.α-diphenylacetonitril*, $Kp._{1,5}$ 112—114°, aus Diphenylacetonitril u. PCl_5 (3 Std. bei 100°); 86%. — *α-Methoxy-α.α-diphenylacetonitril*, $C_{15}H_{13}ON$, F. 53—53,5° (Methylcyclohexan), $Kp._{0,8}$ 121—122°, aus vorst. Verb. u. $NaHCO_3$ in Methanol (30 Std. bei 35°); 66%. — *1-Methoxy-1.1-diphenylaceton*, $C_{16}H_{16}O_2$, $Kp._{0,1}$ 114—115°, a) aus **II** u. Methanol (6 Std. kochen; 78%); b) analog aus **III** (16 Std.; 77%); c) aus vorst. Nitril u. CH_3MgJ in Ae. (7 Std. kochen) u. Zers. mit HCl (59%); n_D^{25} 1,5687. *Semicarbazon*, $C_{17}H_{19}O_2N_3$, F. 193—194°. — *3-Methoxy-1.1-diphenylaceton* (**VI**), $C_{16}H_{16}O_2$, F. 35—35,5°, aus **V**, CH_3OH u. BF_3-Ätherat (2½ Std.); 66%; Infrarotspektr. angegeben. *Semicarbazon*, $C_{17}H_{19}O_2N_3$, F. 130—131°. *Oxim*, $C_{16}H_{17}O_2N$, F. 130—131°. — Hydrolyse von **II** (wss. Dioxan, 3 Std. kochen) → 89% *1-Oxy-1.1-diphenylaceton* (**IV**), F. 63—65° (PAe.). — Hydrolyse von **III** (wss. Dioxan, 24 Std. kochen) → 62% **IV**. — 21 g **I** in 150 cm³ Ae. wurden bei —15° mit 16 g Br_2 versetzt; 1std. Erhitzen (100°) dieser Lsg. → 55% **III**; nach Zufügen von Cyclohexen zum Reaktionsgemisch u. Erhitzen konnten 16% **I** (roh; F. 60 bis 61° nach Kristallisation aus PAe.) isoliert werden. — Nach Kochen der methanol. Lsg. von **VI** u. Zugabe von alkoh. HBr (9 Std.) wurden 75% **VI** zurückgewonnen. (J. org. Chemistry **19**. 538—43. April 1954. Detroit, Mich., Wayne Univ., Dep. of Chem.) J. ROTHE. 2360

S. Kut, *Die Reaktion zwischen Styrol und ungesättigten Fettsäuren.* 1. Mitt. *Reaktion zwischen Styrol und Sorbinsäure.* Styrol (I) u. Sorbinsäure (II) wurden in sd. Xylol zur Rk. gebracht. Es entstehen ein hochmol. Mischpolymerisat durch fortlaufende 1.4-Addition von **I** an **II** u. ein Dienaddukt, das als *3-Methyl-1.2.3.6-tetrahydrodiphenyl-6-carbonsäure* (**III**) identifiziert wurde. Die Bldg. des Mischpolymerisats wird begünstigt durch die Ggw. von Benzoylperoxyd, weniger durch Luftsauerstoff. Geringe Mengen an Polystyrol entstehen als Nebenprodukt. Die Struktur von **III** wurde durch Dehydrierung [→ *3-Methyldiphenyl-6-carbonsäure* ($C_{14}H_{12}O_2$, F. 223,5—225,5°) u. *3-Methyldiphenyl* ($C_{13}H_{12}$, n_D^{20} 1,5915), daraus durch Oxydation mit $KMnO_4$ *Diphenyl-3-carbonsäure* ($C_{13}H_{10}O_2$, F. 163—165°)] sichergestellt. Daß sich das 2. mögliche DIELS-ALDER-Addukt, 2-Methyl-1.2.5.6-tetrahydrodiphenyl-5-carbonsäure, nicht bildet, wird auf polare Effekte, die die Bldg. von **III** begünstigen, zurückgeführt. (Paint Varnish Product. **43.** Nr. 11. 28—33. 82. Nov. 1953.) EBERHARDT. 2410

F. Bell, *Die Chlorierung von Arylaminderivaten durch Sulfurylchlorid.* Durch Einw. von SO_2Cl_2 auf einige Verbb., Entfernen des überschüssigen Reaktionsmittels u. Kristallisieren des Rückstandes konnte eine Reihe sonst schwer zugänglicher Verbb. in guter Ausbeute erhalten werden. — *Verb.* **I**, aus 1-Chlor-2-acetnaphthalid. — *1.3.4-Trichlor-2-acetnaphthalid*, F. 220°, bei der therm. Zers. vorst. Verbindung. — *Verb.* **II**, F. 164°, aus 2-p-Toluolsulfonamidonaphthalin oder seinem 1-Chlorderivat. — *Verb.* **III**, F. 179°, aus 1-Brom-2-p-toluolsulfonamidonaphthalin. — *2.4-Dichlor-1-p-toluolsulfonamidonaphthalin*, F. 193°, aus 1-p-Toluolsulfonamidonaphthalin. —

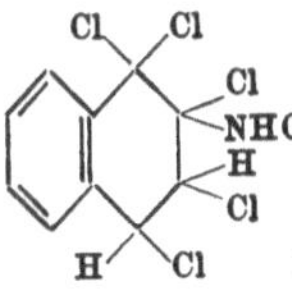
I

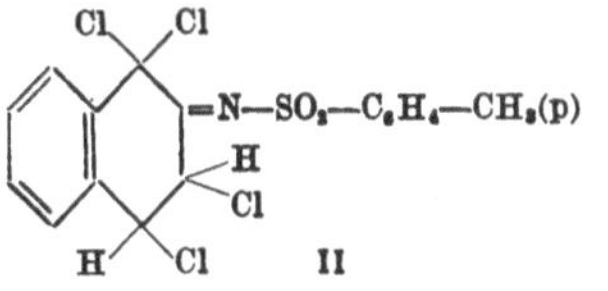
II

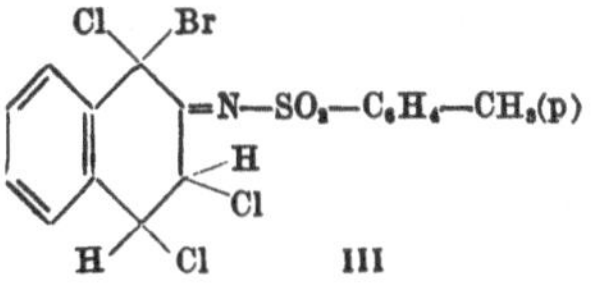
III

2.5-Dichlor-4-acetamidophenetol, F. 164°, aus Phenacetin. *2.5-Dichlor-4-aminophenetol*, F. 65°. *p-Toluolsulfonylverb.*, $C_{15}H_{15}O_3NCl_2S$, F. 150° (Essigsäure oder Chlf.), aus vorst. Verb., weniger gut aus 4-p-Toluolsulfonamidophenetol neben einer nicht näher untersuchten *Verb.* vom F. 161°. — *Tetrachlor-4-p-toluolsulfonamidotoluol*, $C_{14}H_{11}O_2NCl_4S$, F. 183—185° (Essigsäure), aus 4-p-Toluolsulfonamidotoluol, Prismen. *3-Chlor-4-p-toluolsulfonamidotoluol*, $C_{14}H_{14}O_2NClS$, F. 103—104° (A.), als leichter lösl. Nebenprod.; Rhomben. — *3.4-Dichlornaphthochinon-(1.2)*, F. 182° (Essigsäure, Sublimation), aus 2-Methoxy-1-acetonaphthalid; dunkelrote Tafeln. — *p-Toluolsulfo-2.4-dichloranilid* blieb unverändert; *2-Methoxy-1-p-toluolsulfonamidonaphthalin* u. *1-Brom-2-acetamidonaphthalin* liefern nicht kristallisierende Produkte. (J. chem. Soc. [London] **1953.** 4182. Dez. Edinburgh, Heriot-Watt Coll.) GOLD. 2700

Eugene Sawicki, *Eine bequeme Synthese von 2-[β-Oxyäthylamino]-fluoren. 2-[β-Oxyäthylamino]-fluoren* wurde schnell u. in hoher Ausbeute durch Zers. von *Fluorenyl-(2)-carbaminsäure-β-chloräthylester* (**I**) in alkal. Lsg. erhalten. Vf. zeigte an Hand der Infrarotspektren, daß die bei der Zers. auftretende Zwischenverb. *3-[Fluorenyl-(2)]-oxazolidon-(2)* ist.

V e r s u c h e: *Fluorenyl-(2)-carbaminsäure-β-chloräthylester* (**I**), $C_{16}H_{14}O_2NCl$, F. 134—134,5°, aus 2-Aminofluoren u. Chlorameisensäure-β-chloräthylester in Pyridin; Mikronadeln aus Heptan; 95% (Ausbeute). — *3-[Fluorenyl-(2)]-oxazolidon-(2)*, $C_{16}H_{13}O_2N$, F. 239—240°, aus **I** in heißem A. mit KOH; 95%. — *2-[β-Oxyäthylamino]-fluoren*, F. 148—149°, aus **I** durch 2std. Kochen in A. mit KOH; Plättchen aus Hexan; 89%. (J. Amer. chem. Soc. **75.** 4596. 20/9. 1953. Gainesville, Fla., Univ., Cancer Res. Labor.) A. REICHARDT. 2750

J. W. Cook und **Leon Hunter,** *Die Addition von Maleinsäureanhydrid an 9.10-Diphenylanthracen.* Auf Grund widersprechender Angaben in der Literatur wird die Addition von Maleinsäureanhydrid an *9.10-Diphenylanthracen* (**I**) neu untersucht. Es ergab sich, daß sowohl nach den Angaben von BACHMANN u. KLOETZEL (C. **1939.** I. 2599) in Xylol als auch unter den Bedingungen von DUFRAISSE u. Mitarbeitern (C. **1939.** I. 2164) in der Schmelze ein Addukt der Konst. **II** entsteht (vgl. BROWN, J. chem. Soc. [London] **1952.** 2229) u. somit die bisher angenommene Konst. eines 9.10-Addukts berichtigt werden muß; beweisend für diese Feststellung war das Absorptionsspektr., das dem des 1.4-Diphenylnaphthalins entspricht, die Perphthalsäuretitration u. die Bldg. von Epoxyden bei der Behandlung der aus **II** erhältlichen Dimethyl- bzw. Diäthylester mit Monoperphthalsäure.

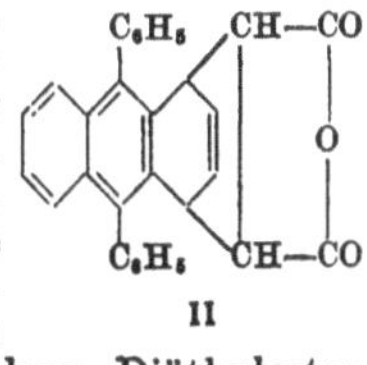
II

Versuche: *1.4-Dihydro-9.10-diphenylanthracen-1.4-endo-α.β-bernsteinsäure* (**III**), $C_{30}H_{22}O_4 \cdot H_2O$, F. 260° (MAQUENNE-Block) bzw. F. 241—242° (Capillare) (Essigester), aus 10 g **I** u. 80 g Maleinsäureanhydrid in sd. Xylol (3 Std.), Gießen in 40%ig. KOH, Entfernen des Xylols durch Dampfdest., Extrahieren des unveränderten **I** mit Bzl. u. Behandeln des erhaltenen K-Salzes (11,4 g [Ausbeute]) mit verd. Mineralsäure; λ_{max} 288, 291, 293 mμ (log ε = 4,1, 4,08, 4,07). — *1.4-Dihydro-9.10-diphenylanthracen-1.4-endo-α.β-bernsteinsäureanhydrid* (**II**), F. 310—315° (Block) bzw. F. 244—245° (Capillare) (Bzl.), a) aus **III** durch Kristallisieren aus Essigsäureanhydrid; b) aus **I** u. Maleinsäureanhydrid durch Zusammenschmelzen u. Extrahieren der unveränderten Reaktionsteilnehmer mit Ae. u. Bzl.; λ_{max} 244, 288, 291 mμ (log ε = 4,74, 4,07, 4,06). — *cis*-**III**-*Dimethylester*, $C_{32}H_{26}O_4$, F. 187°, dann 215—216° (Methanol), aus **III** mit methanol. H_2SO_4 (6 Std.); Prismen. — *cis*-**III**-*Diäthylester* (**IV**), $C_{34}H_{30}O_4$, F. 222—224°. — *trans-Dimethylester*, F. 186—187° (Methanol), aus dem cis-Ester mit sd. methanol. Na-Methylat (15 Std.) u. Verestern der ausgefällten Säure mit methanol. H_2SO_4. — *3.4-Epoxy-1.2.3.4-tetrahydro-9.10-diphenylanthracen-1.4-endo-α.β-bernsteinsäurediäthylester*, $C_{34}H_{30}O_5$, F. 237—238° (Bzn.), aus **IV** mit Monoperphthalsäure bei Zimmertemp. (4 Tage), nach dem Entfernen der Säure zunächst als Harz. — *Dimethylester*, $C_{32}H_{26}O_5$, F. 218—219° (Hexan). (J. chem. Soc. [London] **1953**. 4109—11. Dez. Glasgow, Univ.) GOLD. 2800

E. R. Buchman, D. H. Deutsch und **G. I. Fujimoto,** *Spiro-[3.5]-nonan. Spiro-[3.5]-nonan* (**I**) wird nach zwei neuen Methoden dargestellt: 1. *1.1-Di-[brommethyl]-cyclohexan* (**II**) wird über die Ditosylverb. aus 1.1-Di-[oxymethyl]-cyclohexan erhalten. Durch Malonestersynth. mit **II** wird der Cyclobutanring geschlossen, durch Verseifung u. Decarboxylierung erhält man *Spiro-[3.5]-nonan-2-carbonsäure* (**III**). Anwendung der HUNSDIECKER-Rk. auf **III** ergibt *2-Bromspiro-[3.5]-nonan*, das durch RANEY-Ni zu **I** red. wird. — 2. Aus Cyclohexancarbonylchlorid wird mit Triäthylamin *Pentamethylenketen* hergestellt, mit Diazomethan erfolgt Cyclobutanringbldg. zu *Spiro-[3.5]-nonanon-(2)* (**IV**); daraus erhält man **I** durch Red. des Semicarbazons nach WOLFF-KISHNER.

Versuche (FF. korr.): *1.1-Di-[brommethyl]-cyclohexan* (**II**), Kp.$_5$ 110°, aus 1.1-Di-[oxymethyl]-cyclohexan über das mit Tosylchlorid bei 0° in Pyridin erhaltene *Ditosylat* ($C_{22}H_{28}O_6S_2$, F. 74—74,5°; große Prismen; 67% [Ausbeute]) durch 3std. Erhitzen mit NaBr in Diäthylenglykol auf 150—170°; n_D^{25} 1,5355; 79%. — *Spiro-[3.5]-nonan-2.2-dicarbonsäurediisoamylester*, $C_{21}H_{36}O_4$, Kp.$_{4-5}$ 195°, aus **II** u. Na-Malonsäurediisoamylester durch 44std. Kochen; $D._4^{22}$ 0,961; n_D^{25} 1,4564; 28%. — *Spiro-[3.5]-nonan-2-carbonsäure* (**III**), $C_{10}H_{16}O_2$, F. 21°, Kp.$_{15}$ 163—165°, aus vorst. Verb. durch alkal. Verseifung, Ansäuern des in 93%ig. Ausbeute entstehenden Di-K-Salzes (*Dicarbonsäure*, $C_{11}H_{16}O_4$, F. ca. 200° unter Zers. [W.]), u. Decarboxylierung bei 220°; $D._4^{24}$ 1,036; n_D^{25} 1,4793; 65%. *Amid*, $C_{10}H_{17}ON$, F. 157° (W.–CH_3OH). — *2-Bromspiro-[3.5]-nonan*, $C_9H_{15}Br$, Kp.$_{13-14}$ 103—104°, aus dem Ag-Salz von **III** durch Rk. mit Brom bei 0° in CCl_4; $D._4^{21}$ 1,254; n_D^{25} 1,5015; 57%. — *Spiro-[3.5]-nonan* (**I**), C_9H_{16}, Kp.$_{753}$ 157,5—157,7° (korr.), aus vorst. Verb. durch Hydrierung mit RANEY-Ni in CH_3ONa-Lsg.; $D._4^{22}$ 0,894; n_D^{25} 1,4581; 68%. — *Spiro-[3.5]-nonanon-(2)* (**IV**), $C_9H_{14}O$, Kp.$_{751}$ 200—202°, aus Cyclohexancarbonylchlorid in Ae. durch langsame Zugabe zu Triäthylamin in Ae. in der Kälte unter N_2, Rk. des Filtrats mit CH_2N_2 in Ae., Vakuumdest. (Kp.$_{ca.\,3}$ 55—75°), Schütteln mit gesätt. $NaHSO_3$-Lsg., Erhitzen des festen Addukts mit Sodalsg., Bldg. des Semicarbazons u. Dampfdest. in Ggw. von Oxalsäure; n_D^{25} 1,4692; $D._4^{22}$ 0,958. *Semicarbazon*, $C_{10}H_{17}ON_3$, F. 204—204,5°; Prismen aus CH_3OH. *p-Nitrophenylhydrazon*, $C_{15}H_{19}O_2N_3$, aus A. große orangefarbene Prismen, F. 139,5 bis 140°. *2.4-Dinitrophenylhydrazon*, $C_{15}H_{18}O_4N_4$, F. 161,5—162°, aus A. orangefarbene Nadeln. Aus dem nicht mit $NaHSO_3$ reagierenden Anteil wurde etwas *Spiro-[3.5]-nonanon-(1)* als *Semicarbazon*, $C_{10}H_{17}ON_3$, isoliert; F. 200—201°, aus CH_3OH Plättchen. *p-Nitrophenylhydrazon*, $C_{15}H_{19}O_2N_3$, aus A. orangerote Prismen, F. 166,5—168,5°. *2.4-Dinitrophenylhydrazon*, $C_{15}H_{18}O_4N_4$, orangefarbene Nadeln aus A., F. 108—109°. Bei fraktionierter Dest. von rohem **IV** kann in der bei 63,5—64,5°/14 mm sd. Fraktion etwas *Hexahydroacetophenon*, $C_8H_{14}O$, das auch nicht mit $NaHSO_3$ reagiert, nachgewiesen werden; *2.4-Dinitrophenylhydrazon*, $C_{14}H_{18}O_4N_4$, F. 138—139° (A.–Essigester); *p-Nitrophenylhydrazon*, $C_{14}H_{19}O_2N_3$, aus CH_3OH lange tieforangefarbene Nadeln. — Erhitzen von **IV**-Semicarbazon mit KOH bildet **I**; 31%. (J. Amer. chem. Soc. **75**. 6228—30. 20/12. 1953. Pasadena, Calif., California Inst. of Technol., Gates and Crellin Labor. of Chem.) EBERHARDT. 2950

Jean Vène und **Jean Tirouflet,** *Synthesen von 4-Amino- und 7-Aminophthalid und einigen ihrer Derivate.* Vff. stellen *4-Aminophthalid* (**I**) u. *7-Aminophthalid* (**II**) durch Red. von 3-Acetamidophthalsäureanhydrid (**III**) mit H in statu nascendi dar u. ersetzen die NH_2-Gruppe nach dem Diazotieren durch OH u. Halogen.

Versuche: *7-Acetamidophthalid*, F. 135—136°, fällt aus beim allmählichen Versetzen einer Suspension von **III** in einem Gemisch von HCl, CH_3COOH u. Acetanhydrid mit Zn-Pulver unter starkem Rühren u. Versetzen des Reaktionsgemisches mit dem gleichen Vol. W.; Nadeln aus verd. A.; 30% (Ausbeute). — *4-Acetamidophthalid*, F. 180—181°, beim Versetzen des Filtrats der vorst. Verb. mit dem gleichen Vol. W. u. mehrstd. Stehen; Kristalle aus verd. A.; 32%. — *4-Aminophthalid* (**I**), F. 157°, u. *7-Aminophthalid* (**II**), F. 122—123°, durch Desacetylieren der beiden vorst. Verbb. mit alkoh. KOH. — *4-Oxyphthalid*, F. 253—255°, durch Zers. des Diazoniumsalzes von **I** oder durch Einw. von CH_2O auf m-Oxybenzoesäure. — *4-Chlorphthalid*, F. 86—87°, *7-Chlorphthalid*, F. 142—143°, *4-Bromphthalid*, F. 103 bis 104°, u. *7-Bromphthalid*, F. 141—143°, bei der Zers. der Diazoniumsalze von **I** bzw. **II** in Ggw. von CuCl oder CuBr; Nadeln aus verd. Alkohol. (C. R. hebd. Séances Acad. Sci. **231**. 911—12. 30/10. 1950.) REISNER. 3061

Jean Sicé, *Substituierte Thenoesäuren.* Die Synth. von *Methylthenoesäuren* u. *Thiophendicarbonsäuren* durch Carbonisierung der reinen Thienylmetallverbb. wird beschrieben.

Versuche (FF. korr.): *4-Methyl-2-thenaldehyd* (**I**), C_6H_6OS, Kp.$_8$ 84—86°, aus 3-Methylthiophen u. äther. Butyl-Li (2 Std.), dann Zugabe zu eiskaltem äther. Dimethylformamid u. Rühren über Nacht; $D.^{20}_4$ 1,160; n_D^{20} 1,5740; 61% (Ausbeute). *p-Nitrophenylhydrazon*, $C_{12}H_{11}O_2N_3S$, F. 179—181°, aus A. rote Nadeln. *Äthylenacetal*, $C_8H_{10}O_2S$, Kp.$_{12}$ 121—122°, $D.^{22}_4$ 1,200; n_D^{22} 1,5372; 88%. — *2.4-Dimethylthiophen* (**II**), Kp.$_{740}$ 139°, aus I-Hydrazon in KOH/Äthylenglykol bei 120°; n_D^{24} 1,5120; 85%. — *4-Methyl-2-thenoesäure*, F. 123—124° (Hexan), aus **I** mit Ag_2O. — *2.4-Dimethyl-3.5-dibromthiophen* (**III**), $C_6H_6Br_2S$, Kp.$_8$ 106—107°, aus **II** u. Br_2 in CS_2 (über Nacht Rühren, Eindampfen, Rückstand mit methanol. KOH 4 Std. Kochen); $D.^{21}_4$ 1,894; n_D^{21} 1,6049. — *2.4-Dimethyl-3-bromthiophen* (**IV**), C_6H_7BrS, Kp.$_8$ 67—68°, aus der Mono-GRIGNARD-Verb. von 21 g **III** (in Ggw. von C_2H_5Br in Ae. dargestellt, Rühren über Nacht) durch Zers. mit Eis; $D.^{21}_4$ 1,486; n_D^{21} 1,5640; 8,65 g. — *2.4-Dimethyl-3-thenoesäure*, $C_7H_8O_2S$, F. 165—166°, (Hexan; Sublimation bei 60° im Hochvakuum; Nadeln), aus der GRIGNARD-Verb. von 2,8 g **IV** mit CO_2; 0,46 g. — *3.5-Dimethyl-2-thenaldehyd* (**V**), C_7H_8OS, Kp.$_8$ 101—102°, analog **I**; $D.^{23}_4$ 1,138; n_D^{23} 1,5797; 69%. *p-Nitrophenylhydrazon*, $C_{13}H_{13}O_2N_3S$, F. 221—223°, aus A. rote Nadeln. — *3.5-Dimethyl-2-thenoesäure*, F. 173—174° (Bzl.), aus **V** mit Ag_2O. — *2.3.5-Trimethylthiophen*, Kp.$_{746}$ 162,5°, aus **V**-Hydrazon in KOH/Äthylenglykol; 77%. — *2.4.5-Trimethyl-3-bromthiophen* (**VI**), C_7H_9BrS, Kp.$_8$ 84—85°, wie **III**; $D.^{19}_4$ 1,429; n_D^{19} 1,5608; 51%. — *2.4.5-Trimethyl-3-thenoesäure*, $C_8H_{10}O_2S$, F. 167—168° (Bzl./Hexan; Sublimation bei 90° im Hochvakuum), aus der GRIGNARD-Verb. von **VI**; 31%. — *4.5-Dimethyl-2-thenoesäure*, $C_7H_8O_2S$, F. 210—212° (Bzl.; Sublimation bei 100° im Hochvakuum), aus 1 ml 2.3-Dimethylthiophen u. C_4H_9Li in Ae. u. Carbonisierung; 0,71 g. — *4.5-Dimethyl-2.3-dibromthiophen*, $C_6H_6Br_2S$, Kp.$_8$ 110—111°, wie **III**; $D.^{19}_4$ 1,867; n_D^{19} 1,6068. — *4.5-Dimethyl-3-thenoesäure*, $C_7H_8O_2S$, F. 144—145° (Hexan; Sublimation bei 70° im Hochvakuum), aus vorst. Verbindung. — *3.4-Dimethyl-2-thenoesäure*, $C_7H_8O_2S$, F. 188—189° (Bzl./Hexan; Sublimation bei 75° im Hochvakuum), durch Carbonisierung des Li-Deriv. von 3.4-Dimethylthiophen. — *Thiophen-3.4-dicarbonsäure*, $C_6H_4O_4S$, F. 230—231° (aus W. Nadeln), aus 3 g 3.4-Dijodthiophen u. C_4H_9Li in Ae. bei —60° (4 Min. Rühren), dann Zugabe von festem CO_2; 1,16 g. *Dimethylester*, $C_8H_8O_4S$, F. 59—60° (Prismen aus Hexan; Sublimation bei 55° im Hochvakuum). *Anhydrid*, $C_6H_2O_3S$, F. 145—146° (Sublimation bei 70° im Hochvakuum), mit Acetylchlorid (4 Std. Kochen). *Imid*, $C_6H_3O_2NS$, F. 293—294° (Nadeln aus Aceton; Sublimation bei 110° im Hochvakuum); 72%. — *Thiophen-2.3-dicarbonsäuredimethylester* (**VII**), $C_8H_8O_4S$, F. 32—33° (Blättchen aus Hexan), dest. bei 60° im Hochvakuum, aus 3-Methyl-2-thenoesäure mit $KMnO_4$ in 15%ig. wss. NaOH (1 Std. Schütteln, dann 2 Std. bei 100°) u. Verestern der erhaltenen Säure (45%) mit Diazomethan. — *Thiophen-2.3-dicarbonsäure*, F. 277—278° (Zers.; aus W. Nadeln), durch 5 std Kochen von **VII** mit 10%ig. wass. $Ba(OH)_2$. *Anhydrid*, F. 141—143°. Kochen des Ag-Salzes oder Rk. unter Druck bei 100° mit CH_3J gab **VII**. (J. org. Chemistry **19**. 70—73. Jan. 1954. Chicago, Ill., Univ., Ben May Labor. for Cancer Res.) BRESSAU. 3071

Henry M. Kissman und **Bernhard Witkop**, *Die Verwendung verschiedener Aminomalonate bei der Synthese von α-substituierten Tryptophanen.* Vff. synthetisierten *Carbobenzoxyaminomalonsäuredibenzylester* (**II**), *Formamidomalonsäuredibenzylester* (**III**) u. *Formamidopiperidinomethylmalonsäuredibenzylester* (**IV**) u. untersuchten die Kondensations-Rkk. dieser Verbb. mit 2-Phenyl- (**V**) u. 2-Carbäthoxy-3-diäthylaminomethylindol (**XIV**). Das Kondensationsprod. **XV** aus **II** u. **XIV** gibt bei der katalyt. Hydrierung

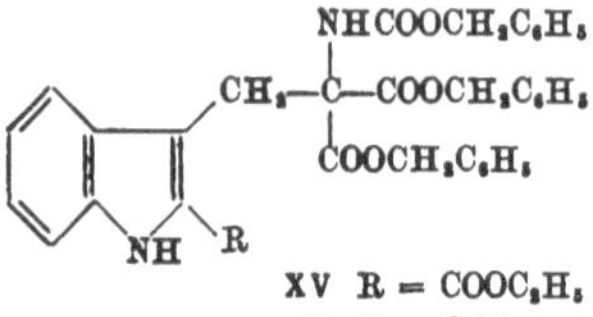

XV R = $COOC_2H_5$
VI R = C_6H_5

unter Abspaltung aller 3 Benzylgruppen *2-Carbäthoxy-tryptophan* in guter Ausbeute. *2-Phenyltryptophan* (**IX**) u. dessen *Äthylester* wurden auf vier verschied. Wegen dargestellt. Das Kondensationsprod. aus **XIV** u. Nitromalonsäurediäthylester gibt über *α-Nitro-β-[2-carbäthoxyindolyl-(3)]-propionsäureäthylester* (**XII**) *2-Carbäthoxytryptophanäthylester* oder *4.5.6.7-Tetrahydro-2-carbäthoxytryptophanäthylester.*

Versuche (FF. korr.): *Aminomalonsäuredibenzylester* (**I**), durch Nitrosierung von Malonsäuredibenzylester (Kp.$_{15}$ 197—200°, n_D^{20} 1,5452) in Eisessig mit ws. $NaNO_2$-Lsg., Ausäthern der *Nitrosoverb.*, die wegen ihrer Zersetzlichkeit nicht isoliert wurde, Einengen der äther. Lsg., 16std. Kochen mit Al-Amalgam unter Zutropfen von W., Ausäthern u. Extraktion mit Chlf.; gelbes Öl, das sich bei Vakuumdest. zers.; 36% (Ausbeute). *Hydrochlorid*, $C_{17}H_{18}O_4NCl$, F. 143—144,5° (Chlf.). *Phenylharnstoffderiv.*, $C_{24}H_{22}O_5N_2$, F. 188—190° (Äthylacetat). — *Carbobenzoxyaminomalonsäuredibenzylester* (**II**), $C_{25}H_{23}O_6N$, F. 111—112° (Chlf./Cyclohexan), aus **I** in Bzl. + wasserfreiem Na_2CO_3 durch Zutropfen von Chlorkohlensäurebenzylester in Toluol, 1std. Kochen u. Einengen nach Heißfiltration; 86%. — *Formamidomalonsäuredibenzylester* (**III**), $C_{18}H_{17}O_5N$, F. 93—93,5° (Methylacetat/Cyclohexan). a) Malonsäuredibenzylester wurde wie bei der Darst. von **I** nitrosiert, das Rohprod. in HCOOH gelöst u. mit Zn-Staub red.; 9,1%; b) **I** in Bzl. wurde mit einem Gemisch von 100%ig. HCOOH u. Acetanhydrid, das vorher 3 Std. auf einem Chloroformbad erhitzt worden war, versetzt; nach 12 Std. bei Zimmertemp. wurde mit $NaHCO_3$-Lsg. extrahiert u. die getrocknete Benzollsg. eingedampft; 74%. — *Piperidinomethylformamidomalonsäuredibenzylester* (**IV**), $C_{24}H_{28}O_5N_2$, F. 86—88° (Cyclohexan), aus **III** mit Piperidin u. 37%ig. Formalinlsg.; 75%. — *3-Diäthylaminomethyl-2-phenylindol* (**V**). Zur gekühlten Lsg. von Diäthylamin u. 40%ig. Formalin in Eisessig u. Dioxan wird unter Rühren 2-Phenylindol (**XIII**) in kleinen Mengen (5 Std.) gegeben, die Lsg. in W. u. 6nHCl gegossen u. ausgeäthert. Die wss. Lsg. wird mit Soda alkal. gemacht u. ausgeäthert. Nach dem Verdampfen des Ae. erhält man **V** als gelbes, hochviscoses Öl; 78%. *Pikrat*, $C_{25}H_{25}O_7N_5$, F. 141—142° (Zers.; A.). *Oxalat*, $C_{21}H_{24}O_4N_2$, F. 206—208° (Zers.; Methanol u. Ätherzugabe), zers. sich im Licht unter Rotfärbung. *Methomethylsulfat*, $C_{21}H_{28}O_4N_2S \cdot H_2O$, F. 125—125,5° (Zers.; Isopropanol). — Kondensation von 0,839 g **V** mit **II** in Xylol, Verdampfen des Lösungsm., Lösen des Rückstands in Bzl., Chromatographie an Al_2O_3 u. Eluieren mit Bzl. gab 0,2 g **II**, mit Chlf./Bzl. (1:1) 0,5 g **VI**, $C_{40}H_{34}O_6N_2$, F. 155—156° (Methanol). — *α-Acetylamino-α-carbäthoxy-β-[2-phenylindolyl-(3)]-propionsäureäthylester*, $C_{24}H_{26}O_5N_2$, F. 197—199° (Bzl. u. verd. Methanol). Zur Lsg. von **V** in Xylol werden Acetamidomalonsäurediäthylester u. NaOH gegeben; die Mischung wird gerührt u. erhitzt u. zur Entfernung des Diäthylamins N_2 durchgeleitet; 70%. — *2-Phenyl-N-acetyltryptophan* (**VII**), $C_{19}H_{18}O_3N_2$, F. 185—186° (Bzl. mit wenig Methanol), durch 3std. Kochen vorst. Verb. in W. + NaOH + A., weiteres 2std. Kochen nach Entfernung des A., Ausschütteln mit Ae., Einstellen der wss. Schicht mit 3nHCl auf p_H 4, Ätherextraktion u. Erhitzen des Ätherrückstands in Bzl.; 68%. — *2-Phenylskatylformamidomalonsäurediäthylester* (**VIII**), $C_{23}H_{24}O_5N_2$, F. 231—232,5° (Äthylacetat/Bzl.), aus **XIII** u. dem **IV** entsprechenden Diäthylester; 64%. — *DL-2-Phenyltryptophan* (**IX**), $C_{17}H_{16}O_2N_2 \cdot H_2O$, F. 219—222° (Zers.; sintert ab 185°; Methanol/Bzl.). a) **VII** in 3nHCl wird 5 Std. am Rückfluß erhitzt, ausgeäthert, die wss. Schicht mit NH_4OH auf p_H 6 gebracht u. der Nd. zentrifugiert; 83%; nach Stehen an der Luft bildet sich das *Dihydrat*; b) **VIII** in n-NaOH wird 4 Std. am Rückfluß erhitzt, filtriert, das Filtrat mit 6nHCl angesäuert, mit 1.2-Dimethoxyäthan versetzt, 3$^1/_2$ Std. erhitzt, mit $NaHCO_3$ auf p_H 5—6 eingestellt, mit n-Butylalkohol extrahiert, das Lösungsm. verdampft u. der Rückstand in sd. W./A. aufgenommen; 56%; c) **VI** wird in Methanol mit H_2 an 10%ig. Pd/Kohle hydrierend gespalten; 91%. *$N^α$-2.4-Dinitrophenylderiv.*, $C_{23}H_{18}O_6N_4 \cdot H_2O$, F. 201—205° (Zers.; A.). *p-Toluolsulfonamid*, $C_{24}H_{22}O_4N_2S$, F. 180 bis 181,5° (Methylacetat/Cyclohexan). — *α-Nitro-α-carbäthoxy-β-[2-phenylindolyl-(3)]-propionsäureäthylester* (**X**), $C_{22}H_{22}O_6N_2$, F. 120—121,5° (Cyclohexan/Chlf.). **V** in Toluol wird mit Nitromalonsäurediäthylester in Toluol versetzt u. unter N_2 erhitzt; nach Verdampfen des Lösungsm. im Vakuum wird das Öl durch Behandlung mit Pentan/Ae. zur Kristallisation gebracht; 65%. — *α-Nitro-β-[2-phenylindolyl-(3)]-propionsäureäthylester* (**XI**), $C_{19}H_{18}O_4N_2$, F. 111—112° (Cyclohexan/Bzl.), durch Zutropfen von Na in A. zu **X** in Ae. u. 3std. Kochen; 59%. — *2-Phenyl-3-äthoxymethylindol*, $C_{17}H_{17}ON$, F. 112—113° (Cyclohexan/Ae.). Zu 43,5 g **X** in absol. A. wird die Lsg. von 2,44 g Na in A. getropft u. 4 Std. am Rückfluß erhitzt; Reinigung nach Verdampfen des Lösungsm. im Vakuum durch chromatograph. Adsorption an Al_2O_3 u. Elution mit Chlf./Bzl. (1:1); 3,46 g; daneben 3,18 g **XI**. — *DL-2-Phenyltryptophanäthylester*, $C_{19}H_{20}$-

O_2N_2, F. 110—111° (Hexan/Bzl.). a) **XI** in Eisessig wird mit H_2 an Pd/Kohle bei 70° hydriert, filtriert, eingedampft, zu 3nHCl gegeben, mit Ae. extrahiert, die wss. Lsg. mit Na_2CO_3 gesätt. u. mit Ae. extrahiert; 82,6%; b) **XI** in absol. A. wird an RANEY-Ni hydriert; 51%; c) die Lsg. von **IX** in absol. A. wird mit HCl-Gas gesätt. u. 8 Std. am Rückfluß erhitzt; 64,2%. *Pikrat*, $C_{25}H_{23}O_9N_5$, F. 223—228° (Zers.; A.). — *2-Carbäthoxy-3-diäthylaminomethylindol* (**XIV**), F. 112—114° (Chlf./Cyclohexan), durch 6std. Erhitzen von 40%ig. Formalin, Diäthylamin, Eisessig u. 2-Carbäthoxyindol auf dem Wasserbad, Verdünnen mit 3nHCl, Ausäthern, Sättigen der wss. Schicht mit Soda u. Ätherextraktion; 68%. *Pikrat*, $C_{16}H_{22}O_2N_2 \cdot C_6H_3O_7N_3$, F. 159—160° (Äthylacetat/Cyclohexan). — Kondensation von **XIV** mit **II** in Xylol + wenig NaH unter N_2 am Rückfluß ergab **XV**, $C_{37}H_{34}O_8N_2$, F. 133—135° (Bzl./Cyclohexan); 89%. — *2-Carbäthoxytryptophan*, $C_{14}H_{16}O_4N_2$, F. 233—235° (Zers.; 50%ig. A.). **XV** wird an Pd/Kohle in Methanol hydrierend gespalten, filtriert, eingedampft u. dreimal mit Bzl. eingedampft; 76%. — *α-Carbäthoxy-α-nitro-β-[2-carbäthoxyindolyl-(3)]-propionsäureäthylester*, $C_{19}H_{22}O_8N_2$, F. 134—135° (Cyclohexan), aus **XIV** u. Nitromalonsäurediäthylester; 79%. — *α-Nitro-β-[2-carbäthoxyindolyl-(3)]-propionsäureäthylester* (**XII**), $C_{16}H_{18}O_6N_2$, F. 122 bis 123° (Chlf./Cyclohexan). Vorst. Verb. in Ae. wird unter Rühren tropfenweise mit der Lsg. von Na in absol. A. versetzt u. 8 Std. am Rückfluß erhitzt; 88%. — *2-Carbäthoxytryptophanäthylester*. a) **XII** in Eisessig wird an Pd/Kohle bei 70° hydrierend gespalten; Öl; 94%. b) **XII** wird in absol. A. an RANEY-Ni hydriert (theoret. H_2-Aufnahme erst nach 80 Std.); 82%. *Hydrochlorid*, $C_{16}H_{21}O_4N_2Cl$, F. 213—214° (Bzl./Methanol). *Pikrat*, $C_{22}H_{23}O_{11}N_5$, F. 220—222° (Zers.; Methanol). — *N^{α}-Acetyl-2-carbäthoxytryptophanäthylester*, $C_{18}H_{22}O_5N_2$, F. 154—155° (Cyclohexan/Methylacetat). Vorst. Verb. in Acetanhydrid wird unter Eiskühlung mit Pyridin versetzt u. 1 Std. gerührt; 91%. — *2-Carbäthoxy-4.5.6.7-tetrahydrotryptophanäthylester*, $C_{16}H_{24}O_4N_2$, F. 87—87,5° (Cyclohexan/Methylenchlorid). **XII** wird bei 80° an RANEY-Ni hydriert. *Hydrochlorid*, $C_{16}H_{25}O_4N_2Cl$, F. 212—214° (Bzl./Methanol). *Pikrat*, $C_{22}H_{27}O_{11}N_5$, F. 216—219° (Zers.; sintert ab 134°; Chlf./Methanol/CCl_4). — *2-Carbäthoxy-3-methyl-4.5.6.7-tetrahydroindol*, F. 110°, aus Cyclohexanon u. Äthylisonitrosoacetoacetat. (J. Amer. chem. Soc. **75**. 1967—74. 20/4. 1953. Bethesda, Md., Nat. Inst. of Health.) H. ULRICH. 3081

Bruno Böttcher und **Fritz Bauer,** *Über Trithione*. 5. Mitt. *Notiz über einige neue Trithione*. (4. vgl. C. **1951**. II. 520.) Wegen des möglichen techn. bzw. therapeut. Interesses werden einige *3-* u. *4-substituierte Trithione* [*5-Thion-1.2-dithiole*] dargestellt. Ihre Darst. erfolgte durch Einw. von S auf die ungesätt. Seitenketten der Ausgangsverbb. bzw. über die sogenannten „*Disulfide*" [*5-Oxo-1.2-dithiole*] nach BAUMANN u. FROMM [1897] durch deren Behandlung mit P_2S_5 in CS_2. Aus α-Methylzimtsäureäthylester u. S konnte bei 250—260° ein carbäthoxygruppenhaltiges Trithion erhalten werden, wenn das Reaktionsgemisch mit CH_3J behandelt wurde; dabei entstand das Jodmethylat des Trithions.

Versuche: *5-Thion-3-α-naphthyl-1.2-dithiol*-[*3-α-Naphthyltrithion*], $C_{13}H_8S_3$, F. 104—105° (A.), aus 20 g α-Allylnaphthalin [Kp.$_{760}$ 265—267°, erhalten aus Naphthyl-(1)-MgBr u. Allylbromid] mit 13,5 g S in sd. Benzoesäureäthylester (1$^1/_2$ Std.) unter H_2S-Entw., Verdünnen der geklärten Reaktionsmischung mit Bzl., Fällen des Hg-Salzes mit methanol. $HgCl_2$ (35,5 g [Ausbeute]), Zers. mit H_2S, Extrahieren mit Aceton, Eindampfen, Chromatographieren in Bzl. an Al_2O_3 u. Hochvakuumsublimation; rotbraune Nadeln. — *5-Thion-3-[o-methoxyphenyl]-1.2-dithiol*, $C_{10}H_8OS_3$, F. 95,5° (A., dann CH_3OH–Aceton), analog aus 50 g 2-Methoxyallylbenzol (Kp. 202,5 bis 204,5°); braunrote Kristalle; 19,8 g. — *5-Oxo-3-α-furyl-1.2-dithiol-* (**I**), $C_7H_4O_2S_2$, F. 96—97° (PAe.), aus 30 g Furyl-(2)-acrylsäureäthylester (Kp.$_6$ 101—103°, F. 21°, aus Furfurol u. Essigester mit Na-Staub) mit S in Diphenyl bei 230° (2 Std.) unter Entw. von H_2S u. A., aus dem Verdampfungsrückstand durch Extrahieren mit Aceton; 5 g. — *5-Thion-3-α-furyl-1.2-dithiol-* (**II**) (*3-α-Furyltrithion*), $C_7H_4OS_3$, F. 112° (CS_2), aus 3 g **I** mit P_2S_5 in sd. CS_2 (4 Std.); 2,7 g roh. *Methomethylsulfat*, $C_9H_{10}O_5S_4$, F. unscharf, mit Dimethylsulfat in sd. Bzl.; grüngelbe Kristalle. — *Thienyl-(2)-acrylsäureäthylester*, $C_9H_{10}O_2S$, Kp.$_3$ 121°, aus Thiophen-2-aldehyd u. Essigester mit Na-Staub; süßlich riechendes Öl. — *5-Oxo-3-α-thienyl-1.2-dithiol-*, F. 92—93° (Ligroin), aus 10 g vorst. Verb. bei 240°; 4,2 g. — *5-Thion-3-α-thienyl-1.2-dithiol-*, $C_7H_4S_4$, F. 128° (CS_2), aus 2,7 g vorst. Verb. wie **II**; 2,6 g roh. *Saures Methosulfat*, $C_8H_8O_4S_5$, F. unscharf, hellbraune Kristalle. — *5-Oxo-3-[p-dimethylaminophenyl]-1.2-dithiol*, F. 190° (Aceton), aus 37,5 g p-Dimethylaminozimtsäureäthylester in geringer Ausbeute (1,2 g) neben öligen Produkten. — *5-Thion-3-[p-dimethylaminophenyl]-1.2-dithiol*, $C_{11}H_{11}NS_3$, F. 201° (Essigester), aus 2,1 g vorst. Verb. wie **II**; ziegelrote Kristalle; 0,35 g roh. *Jodmethylat*, $C_{12}H_{14}NJS_3$, F. 208°, dunkelrote Nadeln; in W. mit rotvioletter Farbe etwas löslich. — *5-Thion-4-carbäthoxy-3-phenyl-1.2-dithiol*, als nicht krist. Öl aus *α-Methylzimtsäureäthylester* ($Kp._{5-6}$ 130—140°, aus Benzaldehyd u. Propionsäureäthylester) mit S in Diphenyläther bei 255° (2 Std.) u. Isolieren über das Hg-Salz; daneben eine Verb. vom F. 200—204°. *Jodmethylat*, $C_{13}H_{13}O_2JS_3$, rote Kristalle. — *5-Thion-3-[p-oxyphenyl]-1.2-dithiol*, $C_9H_6OS_3$, F. 190,5° (A.), aus 100 g Anetholtrithion (5-Thion-3-[p-methoxyphenyl]-1.2-dithiol} mit 340 g Pyridinhydrochlorid bei 215° (4 Std.) in exothermer Rk. unter Abdest. von 4,15 g eines Öles vom $Kp._{18}$ 33—34°; aus dem mit W. gewaschenen Rückstand durch Umfällen über das Phenolat; permanganrote Nadeln; 80,5 g (Ausbeute). *Jodmethylat*, $C_{10}H_9OJS_3$, F. 222—226°, dunkelrotbraune Kristalle. *Saures Methylsulfat-*, $C_{10}H_{10}O_5S_4$, F. 235°, aus Aceton grüngelbe Kristalle. (Chem. Ber. **84**. 458—63. 1951. Kronach, Privatlabor. B. Böttcher.) GOLD. 3112

Eugene P. Goldberg und **Harold R. Nace**, *Reaktionen von Aminoalkohol–Aldehyd–Anhydro-Verbindungen.* Es werden die Rkk. von 3 Aminoalkohol–Aldehyd–Anhydro-Verbb., *2-Propyl-4-äthyloxazolidin* (I), *2-Benzylidenaminobutanol-(1)* (II) u. *2-[2-Äthylhexylidenamino]-butanol-(1)* (III), untersucht. Durch Bldg. von Oxazolidinderivv. mit Nitrosylchlorid, α-Naphthylisocyanat u. Phenylisothiocyanat wird das Gleichgewicht SCHIFFsche Base–Oxazolidinderiv. nach der Seite der Ringstruktur verschoben. Normalerweise liegt **I** zu 10% in Form der SCHIFFschen Base vor, **II** zu 100% u. **III** zu 80% (aus Mol.-Refr. u. Ultrarotspektr. berechnet). Bei der Nitrosierung mit $NaNO_2$ in wss. Lsg. tritt Hydrolyse u. Umlagerung ein; die beste Synth. für *N-Nitrosooxazolidine* ist die Nitrosierung mit NOCl in kalter, wasserfreier Ae.–Pyridin-Lösung. Verss. zur Addition von Cyclopentadien an **II** waren ergebnislos; $NaHSO_3$ bildete die C_6H_5CHO-Bisulfitverbindung.

V e r s u c h e (FF. korr.): Nach Eindest. von Nitrosylchlorid in das Gemisch aus **I**, Pyridin u. Ae. unterhalb 7°, Zugabe von W. u. Aufarbeiten der äther. Lsg. wurde *2-Propyl-3-nitroso-4-äthyloxazolidin* erhalten; $Kp._{0,5}$ 80—82°; n_D^{25} 1,4600; 54% (Ausbeute). — *2-Benzylidenaminobutanol-(1)* (II), $C_{11}H_{15}ON$, $Kp._{0,05}$ 103—104°, aus 2-Aminobutanol-(1) u. Benzaldehyd durch $2^1/_2$std. Kochen in Bzl.; $D._4^{25}$ 1,0192; n_D^{25} 1,5470; Mol.-Refr. 55,14; 85%. — *2-Phenyl-3-nitroso-4-äthyloxazolidin*, $C_{11}H_{14}O_2N_2$, $Kp._{0,35}$ 117—118°, a) aus **II**, CH_3COOH u. $NaNO_2$-Lsg. neben *Benzaldehyd* ($Kp._{0,3-0,4}$ 35—42°; n_D^{25} 1,5399; 80%; *2.4-Dinitrophenylhydrazon*, F. 236,5—238°); 38%; b) durch Einleiten von NOCl in die trockene Lsg. von **II** in Pyridin–Ae. unterhalb 5°; schwachgelbe Fl.; $D._4^{25}$ 1,1335; n_D^{25} 1,5375; Mol.-Refr. 56,80; 46%. — *α-Naphthylharnstoffderiv. von 2-Phenyl-4-äthyloxazolidin*, aus **II** u. α-Naphthylisocyanat in Ae.; F. 132—133° (absol. A.); 86%. — *Phenylthioharnstoffderiv. von 2-Phenyl-4-äthyloxazolidin*, $C_{18}H_{20}ON_2S$, F. 101,5—103° (A.–W.), aus **II** u. Phenylisothiocyanat bei 12std. Stehen in absol. Ae.; 93%. — *2-[2-Äthylhexylidenamino]-butanol-(1)* (III), $C_{12}H_{25}ON$, $Kp._{0,05}$ 77—79°; Darst. wie bei **II** mit 2-Äthylhexanal; $D._4^{25}$ 0,8743; n_D^{25} 1,4520; Mol.-Refr. 61,56; 84%. — *2-[Heptyl-(3)]-3-nitroso-4-äthyloxazolidin*, $C_{12}H_{24}O_2N_2$, $Kp._{0,4}$ 104—105°, aus **III** u. NOCl wie oben; gelbe Fl.; $D._4^{25}$ 0,9722; n_D^{25} 1,4640; Mol.-Refr. 64,79; 76%; gibt mit 2.4-Dinitrophenylhydrazin *2-Äthylhexanal-2.4-dinitrophenylhydrazon*, F. 117—118,5°. — *α-Naphthylharnstoffderiv. von 2-[Heptyl-(3)]-4-äthyloxazolidin*, $C_{23}H_{32}O_2N_2$, F. 124,5 bis 126° (A.), aus **III** wie oben; 91%. — *Phenylthioharnstoffderiv. von 2-[Heptyl-(3)]-4-äthyloxazolidin*, $C_{19}H_{30}ON_2S$, F. 62,5—64,5° (A.–W.), aus **III** wie oben; 64%. (J. Amer. chem. Soc. **75**. 6260—62. 20/12. 1953. Providence, R. I., Brown Univ., Metcalf Chem. Labors.) EBERHARDT. 3132

Glenn H. Hamor und **Taito O. Soine**, *Die Synthese von einigen Saccharin-Derivaten.* Auf Grund der Strukturähnlichkeit mit bekannten Lokalanästhetica hofften Vff., in *N-Alkyl-* u. *-Dialkylaminoalkyl-*Derivv. von *Saccharin* (I), *6-Nitrosaccharin* (II) u. *6-Aminosaccharin* (III) Verbb. mit ähnlichen pharmakol. Eigg. zu finden. 2-Alkylderivv. entstehen aus dem Na-Salz von **I** bzw. dem Na- oder K-Salz von **II** mit entsprechenden Alkylhalogeniden, die **III**-Derivv. durch Red. der **II**-Derivate. Hingegen gelingt die analoge Darst. der stabilen Dialkylaminoalkylverbb. nur bei **I**, da die Verbb. von **II** unter Spaltung der —CO-N<-Bindung mit dem als Lösungsm. verwendeten A. zu *4-Nitro-2-[dialkylaminoalkylsulfonamido]-benzoesäureestern* reagieren. Die schon geprüften Derivv. von **I** zeigen, sowohl top. als auch subcutan angewandt, nur geringe anästhesierende Wrkg., die Alkylverbb. reizen außerdem die Haut.

V e r s u c h e: *2-Äthylsaccharin*, $C_9H_9O_3NS$, F. 95,5—96,5° (A.): Gleichmol. Mengen C_2H_5J u. Na-I werden in Diäthylenglykol u. W. (6:1) 3 Std. erhitzt, nach Abkühlen wird in Eiswasser gegossen (Verf. **A**); 82% (Ausbeute). — Ebenso folgende S a c c h a r i n e: *2-n-Propyl-*, $C_{10}H_{11}O_3NS$, F. 79—80° (A.–W.); 87%. — *2-Allyl-*, $C_{10}H_9O_3NS$, F. 91—93° (A.); 90%. — *2-n-Amyl-*, $C_{12}H_{15}O_3NS$, F. 60,5—62° (A.–W.);

80%. — *2-[β-Dimethylaminoäthyl]-*, $C_{11}H_{14}O_3N_2S$, F. 107—109° (Ae.–PAe.), nach **A**, jedoch in Propanol-(2); 14%. *Hydrochlorid*, $C_{11}H_{15}O_3N_2ClS$, F. 253,5—254,5° (Zers.) (A.). — *2-[β-Diäthylaminoäthyl]-*, $C_{13}H_{18}O_3N_2S$, F. 65,5—68,5° (Ae.–PAe.), nach **A** in Propanol-(2); 24%; oder nach **B**: Gleichmol. Mengen Na-**I** u. β-Diäthylaminoäthylchlorid werden auf 115° erhitzt; nach Abkühlung wird in verd. HCl gelöst u. die mit konz. Sodalsg. frei gemachte Base ausgeäthert (Rückstand vielleicht *1.1.4.4-Tetraäthylpiperaziniumdichlorid*, entstanden durch Dimerisierung); 27%. *Hydrochlorid*, $C_{13}H_{19}O_3N_2ClS$, F. 213—215° (A.). — *2-[β-Di-n-butylaminoäthyl]-*, *Hydrochlorid*, $C_{17}H_{27}O_3N_2ClS$, F. 126,5—128,5° (A.–Ae.), nach **B**; 53%. — *2-[γ-Diäthylaminopropyl]-*, Kp.$_5$ 205—209°. *Hydrochlorid*, $C_{14}H_{21}O_3N_2ClS$, F. 167,5—169° [Propanol-(2)], nach **A**, jedoch in Propanol-(2); 60%; oder nach **B**; 67%. — *2-Äthyl-6-nitro-*, $C_9H_8O_5N_2S$, F. 169—170° (A.), aus Na-**II** u. C_2H_5J nach **A**; 50%. — *6-Amino-2-äthyl-*, $C_9H_{10}O_3N_2S$, F. 215,5—216,5° (Zers.) (absol. A.), aus vorst. Verb. durch Red. bei 40 lbs./sq.in. H_2-Anfangsdruck, in Ggw. von 5%ig. Pd/Kohle; 52%. — *6-Nitro-2-n-propyl-*, $C_{10}H_{10}O_5N_2S$, F. 120—121° (A.) nach **A**; 46%. — *6-Amino-2-n-propyl-*, $C_{10}H_{12}O_3N_2S$, F. 204 bis 205° (Zers.) (A.), aus vorst. Verb.; 96%. — *6-Nitro-2-allyl-*, $C_{10}H_8O_5N_2S$, F. 113 bis 114,5° (A.), nach **A**, 40%. — *6-Amino-2-allyl-*, $C_{10}H_{10}O_3N_2S$, F. 228—230° (A.), durch Red. vorst. Verb. mit Sn u. HCl; 56%. — *6-Nitro-2-n-amyl-*, $C_{12}H_{14}O_5N_2S$, F. 98—99° (A.); nach **A**; 48%. (J. Amer. pharmac. Assoc., sci. Edit. **43**. 120—23. Febr. 1954. Minneapolis, Univ. of Minnesota, Coll. of Pharmacy, Dep. of Pharmaceut. Chem.) EHRHARDT. 3142

H. Seiler und **H. Schmid,** *Notiz über die Herstellung einiger Bis-formazane und Bis-tetrazoliumsalze.* Vff. synthetisierten *Bis-formazane* $[C_6H_5NH \cdot N{=}C(C_6H_5)\text{-}N{=}N\text{-}]_2 > R$ durch Kupplung von Benzoylameisensäurephenylhydrazon (**I**) mit tetrazotierten Diaminen unter CO_2-Abspaltung. Die Lsg. der Bis-formazane in organ. Lösungsmitteln ist violettstichig-blau oder blauviolett bis rot. Die Dehydrierung der Bis-formazane mit Bleitetraacetat (**II**) in Chlf. führte zu den entsprechenden *Bis-tetrazoliumsalzen*, die als schwerlösl. Jodide aus W. krist. erhalten wurden. Der Jodaustausch gegen andere Anionen erfolgt leicht mit Anionenaustauschern. Die Einheitlichkeit der Salze wurde im Papierchromatogramm nachgewiesen. Die UV-Spektren der Bis-formazane u. Bis-tetrazoliumsalze werden angegeben. Die Bis-tetrazoliumsalze zeigen an der Maus curareartige Wirkung.

Versuche (FF. auf dem KOFLER-Block): *[3.3'-Dimethyldiphenylen-(4.4')]-bis-[N-(N'-phenyl)-formazylbenzol]*, $C_{40}H_{34}N_8$, F. 241° (Zers.), aus **I** u. tetrazotiertem o-Tolidin in A.–Pyridin; aus CS_2 mit PAe. fast schwarze Nadeln, Lsg. in CS_2, Pyridin, Aceton blau, in Essigester, Chlf. u. $HCON(CH_3)_2$ blau-violett. — *[3.3'-Dimethyldiphenylen-(4.4')]-bis-[3-(2.5-diphenyl)-tetrazolium]-dijodid*, $C_{40}H_{32}N_8J_2 \cdot H_2O$, F. 216,5° (Zers.), aus vorst. Verb. mit **II** in Chlf.; aus Aceton schwach gelbliche Kristalle. — *[3.3'-Dimethoxydiphenylen-(4.4')]-bis-[N-(N'-phenyl)-formazylbenzol]*, $C_{40}H_{34}O_2N_8$, F. 236° (Zers.), aus **I** mit tetrazotiertem o-Dianisidin in A.–Pyridin; aus CS_2–PAe. blauschwarze Nadeln; Lsg. in CS_2, Chlf. usw. blau. — *[3.3'-Dimethoxydiphenylen-(4.4')]-bis-[3-(2.5-diphenyl)-tetrazolium]-dijodid*, $C_{40}H_{32}O_2N_8J_2$, F. 236° (Zers.), aus vorst. Verb. mit **II** in Chlf.; aus Methanol–Aceton fast farblose, sich allmählich orange färbende Nadeln. — *[Diphenylen-(4.4')]-bis-[N.(N'-phenyl)-formazylbenzol]*, $C_{38}H_{30}N_8$, F. 219—220° (Zers.), aus tetrazotiertem Benzidin mit **I**; aus CS_2–PAe. dunkelviolette Nadeln, Lsg. in CS_2, Chlf., Aceton u. Essigester rotviolett, in $HCON(CH_3)_2$ u. Pyridin violett. — *[Diphenylen-(4.4')]-bis-[3-(2.5-diphenyl)-tetrazolium]-dichlorid*, $C_{38}H_{28}N_8Cl_2 \cdot 2H_2O$, F. 219° (Zers.), aus vorst. Verb. mit **II** in Chlf.; aus A. Nadeln. — *[N.N'-Di-, phenylthioureyl-(4.4')]-bis-[N-(N'-phenyl)-formazylbenzol]*, $C_{39}H_{32}N_{10}S$, F. 186,5—187°, aus **I** mit tetrazotiertem p.p'-Diaminodiphenylthioharnstoff in A.–Pyridin; aus Monochlorbenzol violett-rote Nadeln, Lsg. in organ. Lösungsmitteln karminrot. — *[N.N'-Diphenylthioureyl-(4.4')]-bis-[3-(2.5-diphenyl)-tetrazolium]-dijodid*, $C_{39}H_{30}N_{10}J_2S$, F. 218 bis 219° (Zers.), aus vorst. Verb. mit **II** in Chlf., aus absol. A. Kristalle. — *[Diphenylsulfoxydyl-(4.4')]-bis[N-(N'-phenyl)-formazylbenzol]*, $C_{38}H_{30}ON_8S \cdot H_2O$; F. 197—199°, aus **I** mit tetrazotiertem p.p'-Diaminodiphenylsulfoxyd in A.–Pyridin; aus Methanol goldgrün glänzende, braunrote Nadeln, Lsg. in $HCON(CH_3)_2$, Pyridin, Aceton u. Essigester rotbraun, in Chlf. rot, in CS_2 karminrot. — *[Diphenylsulfoxydyl-(4.4')]-bis-[3-(2.5-diphenyl)-tetrazolium]-dijodid*, $C_{38}H_{28}ON_8J_2S \cdot H_2O$, F. 185° (Zers.), aus vorst. Verb. mit **II** in Chlf.; aus Aceton–Methanol Kristalle. (Helv. chim. Acta **37**. 1—6. 1/2. 1954. Zürich, Univ., Chem. Inst.) H. SCHUBERT. 3184

Ralph A. Zingaro, Calvin A. VanderWerf und **Jacob Kleinberg,** *Weitere Beobachtungen über Darstellung und Reaktionen von positiven Jodsalzen.* (Vgl. C. **1950**. I. 2106.) Vff. berichten über die Darst. einiger solcher *Monopyridin-* u. *Mono-α-picolinjodsalze* aromat. Säuren, die in der früheren Mitt. (l. c.) nicht erhalten werden konnten. Die

Darst. des o-Jodbenzoats, o- u. m-Toluats gelang nicht. *3-Jodpyridin* u. *3.5-Dijodpyridin* wurden in 1—2%ig. Ausbeute erhalten, wenn das Ag-o-Toluat, -o- u. -m-Chlorbenzoat u. -m-Jodbenzoat mit J_2 u. Pyridin in Chlf. umgesetzt wurde. *5-Jod-2-methylpyridin* entstand in 1,7%ig. Ausbeute bei der Rk. des Ag-m-Chlorbenzoats mit J_2 in Ggw. von α-Picolin.

Versuche: Darst. der positiven Jodsalze wie in der früheren Mitt. (l. c.) mit dem Unterschied, daß das Chloroformfiltrat, in dem das Salz gelöst ist, mit dem 3fachen Vol. Skellysolve A versetzt u. mit Trockeneis 48 Std. gekühlt wurde. Dargestellt wurden: *Mono-α-picolinjod-p-brombenzoat*, Zers. bei 119—121°; 75% [Ausbeute]. — *Mono-pyridinjod-o-chlorbenzoat*, Zers. bei 91—95°; 45%; *-m-Chlorbenzoat*, Zers. bei 94—97°; 51%; *-o-Brombenzoat*, Zers. bei 101—106°; 68%. Bldg. von Jodpyridinen durch 72std. Kochen des Jodsalzes in absol. Ae., Entfernung von J_2 mit $Na_2S_2O_3$-Lsg., Waschen der äther. Lsg. mit Sodalsg., dann mit W., Ausziehen mit 20%ig. HCl, Einengen u. Einleiten von NH_3: *3-Jodpyridin*, F. 53—54°, Nadeln durch Sublimation (*Jodchlorid*, F. 127—129°). In einem Fall wurde *3.5-Dijodpyridin*, F. 172—172,8° (PAe.) erhalten; 0,3%. *Hydrochlorid*, F. 193,9—194,7°. — *5-Jod-2-methylpyridin*, Kp. 205—210°. (*Pikrat*, F. 149°.) (J. Amer. chem. Soc. **72**. 5341—42. Nov. 1950. Lawrence, Kans., Univ., Bailey Chem. Labor.) GOEBEL. 3231

B. H. Chase und **James Walker**, *Synthese von 2.6-Diamino-3-arylpyridinen.* Methoxymethylen- oder Isobutoxymethylenphenylacetonitril kondensieren sich mit Na-Cyanacetamid zu *2-Amino-5-cyan-6-oxy-3-phenylpyridin* (I); das 4-Methylderiv. von I wurde aus β-Isobutoxy-α-phenylcrotononitril erhalten. Durch Hydrolyse von I u. Decarboxylieren wurde *2-Amino-6-oxy-3-phenylpyridin* (II) erhalten, das mit $POCl_3$ in *2-Amino-6-chlor-3-phenylpyridin* (III) übergeführt wurde. Behandeln von **III** mit NH_3 führte zu *2.6-Diamino-3-phenylpyridin* (**IV**) mit einer Gesamtausbeute von ca. 16%. — Kondensation von Methoxymethylen- (**XI**) oder Isobutoxymethylenphenylessigsäureäthylester (**XIII**) mit Na-Cyanacetamid u. Hydrolyse des Zwischenprod. führte zu *2.6-Dioxy-3-phenylpyridin* (**V**), das auch durch Ammonolyse von α-Phenylglutaconsäuredimethylester (**XV**) entstand. Durch Einw. von $POCl_3$ auf **V** wurde *2.6-Dichlor-3-phenylpyridin* (**VI**) dargestellt. Aminierung von **VI** führte zu **IV** in einer Gesamtausbeute von 19%, bezogen auf **XI** bzw. **XIII**. Analog wurden *3-[p-Chlorphenyl]-2.6-dioxypyridin* (**VII**), *2.6.4'-Trichlor-3-phenylpyridin* (**VIII**) u. *2.6-Diamino-3-p-chlorphenylpyridin* (**IX**) synthetisiert. Dabei bereitete die Aminierung von **VIII** Schwierigkeiten, denn mit NH_3 in A. bei 210° wurde nur ein Cl durch NH_2 ersetzt, wobei wahrscheinlich *6-Amino-2-chlor-3* (oder *5*)*-p-chlorphenylpyridin* (**X**) gebildet wurde, wogegen wss.-äthanol. NH_3 bei Anwesenheit von $CuSO_4$ bei 180—185° **IX** oder *2.6.4'-Triamino-3-phenylpyridin* lieferte. **II**, **III**, **IV**, **IX** u. **X** wurden biol. getestet, sie sind jedoch stark tox. u. in verträglichen Dosen inakt. gegen P. berghei in der Maus oder T. equiperdum.

Versuche: *2-Amino-5-cyan-6-oxy-3-phenylpyridin* (I), $C_{12}H_9ON_3$, F. 320° (Zers.), Prismen aus Dimethylformamid/A., a) durch 2std. Kochen von Cyanacetamid u. Methoxymethylenphenylacetonitril in Ggw. von Na-Äthylat in A.; 78% (Ausbeute); b) ebenso mit Isobutoxymethylenphenylacetonitril (unter N_2 6 Std. erhitzt); 81%. — *2-Acetamido-5-cyan-6-oxy-3-phenylpyridin*, $C_{14}H_{11}O_2N_3$, F. 279—281°, hellgelbe Prismen aus Methoxyäthanol. — *2-Amino-6-chlor-5-cyan-3-phenylpyridin*, $C_{12}H_8N_3Cl$, F. 216—217°, Tafeln aus Essigester/Ligroin, aus I (1 g) u. $POCl_3$ (3 cm³), 3 Std. bei 150° im Rohr; 0,24 g. — *2-Amino-6-oxy-3-phenylpyridin* (II), $C_{11}H_{10}ON_2$, F. 235—237°, aus I durch Hydrolyse mit HBr u. Eisessig, 21 Std. unter Rückfluß; 44%. Bei nur 6std. Hydrolyse entstand *2-Amino-6-oxy-3-phenylpyridin-5-carbonsäureamid*, $C_{12}H_{11}O_2N_3$, F. 282—284°.— *2-Amino-6-chlor-3-phenylpyridin* (III), $C_{11}H_9N_2Cl$, F. 155—157°, Tafeln aus Ligroin, aus **II** u. $POCl_3$ im Rohr, 4 Std. bei 170—175°; 56%. — *2-Amino-5-cyan-6-oxy-4-methyl-3-phenylpyridin*, $C_{13}H_{11}ON_3$, F. 346° (Zers.), Nadeln aus Methoxyäthanol, aus β-Isobutoxy-α-phenylcrotononitril (9,2 g), Cyanacetamid (3,6 g) u. Na-Äthylat in A., 3 Std. Rückfluß; 3,1 g. — *α-Formylphenylessigsäureäthylester* (**XII**), $Kp._{0,03}$ 89—91°, aus Phenylessigsäureäthylester durch Formylierung nach WISLICENUS [1896]; n_D^{19} 1,5386. — *Methoxymethylenphenylessigsäureäthylester* (**XI**), $C_{12}H_{14}O_3$, $Kp._{0,8}$ 114—119°, n_D^{19} 1,5480, aus 100 g **XII**, 111 g Methyljodid u. K_2CO_3 in absol. Aceton, 6 Std. unter Rückfluß; Fraktionierung ergab außer 60,5 g **XI** noch eine Fraktion von $Kp._{0,8}$ 60—114° (hauptsächlich *α-Formyl-α-phenylpropionsäureäthylester*). — *Isobutoxymethylenphenylessigsäureäthylester* (**XIII**), $C_{15}H_{20}O_3$, $Kp._{0,6}$ 126°, $Kp._2$ 134 bis 138°, n_D^{19} 1,5251, aus **XII**, Isobutanol u. p-Toluolsulfonsäure in Bzl., 4 Std. erhitzt; 87%. — *2.6-Dioxy-3-phenylpyridin* (**V**), $C_{11}H_9O_2N$, F. 214°, a) aus 18,6 g Cyanacetamid, 43,5 g **XI** u. Na-Äthylat in A., $4^1/_2$ Std. am Rückfluß, mit W. versetzen u. ansäuern, dann 19 Std. mit Eisessig u. HBr hydrolysieren; 11,2 g; b) wie a) aus **XIII**; 31%.

— *α-Phenylglutaconsäure* (**XIV**), F. 165—167°, aus **XII** u. Malonsäure in Pyridin + Piperidin; 60%. *Dimethylester* (**XV**), Kp.$_{0,2}$ 121—122°, n_D^{22} 1,5309. — *4-Phenylbuten-(3)-säure* (*Phenylisocrotonsäure*), $C_{10}H_{10}O_2$, F. 85—86°, Nadeln aus Methanol, durch Erhitzen des NH_4-Salzes von **XIV** auf 180—190° unter vermindertem Druck. *Amid*, F. 130—131°. — **V**, durch Ammonolyse von **XV** bei 130° in 4 Std.; 43%. — *2.6-Dichlor-3-phenylpyridin* (**VI**), $C_{11}H_7NCl_2$, F. 95—96°, Prismen aus Ligroin, aus **V** u. $POCl_3$ im Rohr in 4$^1/_2$ Std. bei 200—210°; 87%. Hydrieren von **VI** gibt *3-Phenylpyridin* (**XVI**); 93%; *Pikrat*, F. 159—160°. — *2.4.5.6-Tetrachlor-3-phenylpyridin*, $C_{11}H_5NCl_4$, F. 101 bis 103°, Nadeln aus Ligroin, aus **V** (1,87 g), $POCl_3$ (5 cm³) u. PCl_5 (5,1 g), 2 Std. kochen; 0,33 g; Hydrierende Dechlorierung gibt ebenfalls **XVI**; 79%. — *2.6-Diamino-3-phenylpyridin* (**IV**), $C_{11}H_{11}N_3$, F. 90°, Wiedererstarren u. erneuter F. 114—115°, a) aus **III** mit NH_4OH (D. 0,880) in A. + $CuSO_4 \cdot 5H_2O$, 3 Std. bei 180°; 75%; b) ebenso aus **VI** (6 Std. bei 200°); 70%; — *α-[p-Chlorphenyl]-α-formylessigsäureäthylester* (**XVII**), $C_{11}H_{11}O_3Cl$, F. 45—46°, Kp.$_{0,1}$ 120—125°, aus p-Chlorphenylessigsäureäthylester, Ameisensäureäthylester u. Na in absol. Ae.; 83%. — *α-[p-Chlorphenyl]-α-äthoxymethylenessigsäureäthylester* (**XVIII**), $C_{13}H_{15}O_3Cl$, Kp.$_{0,2}$ 128°, Kp.$_{1,2}$ 142—144°, $n_D^{19,5}$ 1,5488, aus **XVII**, A. u. p-Toluolsulfonsäure in Bzl. (6 Std. kochen); 73%. — *Isobutoxymethylen-p-chlorphenylessigsäureäthylester* (**XIX**), $C_{15}H_{19}O_3Cl$, Kp.$_{0,15}$ 137—141°, n_D^{20} 1,5362, aus **XVII** u. Isobutanol wie vorst.; 83%. — *α-[p-Chlorphenyl]-glutaconsäure* (**XX**), $C_{11}H_9O_4Cl$, F. 183—185°, aus **XVII**, Malonsäure, Pyridin u. Piperidin, 5 Std. auf dem Wasserbad; 44%. *Diäthylester*, $C_{15}H_{17}O_4Cl$, Kp.$_{0,4}$ 149°, n_D^{22} 1,5275. — *4-[p-Chlorphenyl]-buten-(3)-säureäthylester*, $C_{12}H_{13}O_2Cl$, Kp.$_{0,15}$ 113°, n_D^{22} 1,5500, aus **XX** durch Decarboxylierung. — *4-[p-Chlorphenyl]-buten-(3)-säure*, $C_{10}H_9O_2Cl$, F. 109—110°. — *3-[p-Chlorphenyl]-2.6-dioxypyridin* (**VII**), $C_{11}H_8O_2NCl$, F. 216—217°, a) aus **XX** u. NH_3 in A.; 44%; b) aus **XVIII** oder **XIX**, Cyanacetamid u. Na-Äthylat in absol. A. u. Verseifen des Zwischenprod. mit HBr; 33%. — *3-[p-Chlorphenyl]-2.6-dioxypyridin-5-carbonsäureamid*, $C_{12}H_9O_3N_2Cl$, F. 280° (Zers.), hellgelbe Prismen aus Dimethylformamid/Äthanol. — *2.6.4'-Trichlor-3-phenylpyridin* (**VIII**), $C_{11}H_6NCl_3$, F. 137—138°, aus **VII** u. $POCl_3$, 4 Std. bei 180°; 90%. — **VIII** (1,2 g), Cu-Pulver (1 g) u. NH_3 in A., 7 Std. bei 210°, gaben *6-Amino-2-chlor-3* (oder *5*)*-p-chlorphenylpyridin* (**X**), $C_{11}H_8N_2 \cdot Cl_2$, F. 186—187°, 45%; **VIII** (1,5 g), $CuSO_4 \cdot 5H_2O$ (1,5 g), konz. NH_4OH (30 cm³) u. A., 6 Std. bei 180—185°, gaben **X**, *2.6-Diamino-3-[p-chlorphenyl]-pyridin* (**IX**), 20%, u. *2.6.4'-Triamino-3-phenylpyridin*, $C_{11}H_{12}N_4$, F. 155—157°, Rhomben aus Bzl., 23%; **VIII** (1 g), Phenol (5 g) u. Ammoniumcarbonat (5 g), 8 Std. bei 195°, gaben 49% **VIII** zurück u. 8% **X.** (J. chem. Soc. [London] **1953.** 3548—55. Nov. London, Mill Hill, Nat. Inst. for Med. Res.) MINSINGER. 3231

G. R. Clemo, B. W. Fox und **Richard Raper**, *6-Äthylpyrrocolin. 6-Äthylpyrrocolin* (**I**) wurde aus *5-Äthyl-2-methylpyridin* (**II**) synthetisiert. **I** u. dessen *Oktahydroderiv.* stimmten in ihren Eigg. mit Base B bzw. Perhydrobase B aus Strychnin (vgl. CLEMO, J. chem. Soc. [London] **1936.** 1695) nicht überein.

Versuche: *6-Äthylpyrrocolin-2-carbonsäure* (**III**), $C_{11}H_{11}O_2N$, F. 182—183°, durch 1std. Kochen von **II** u. Brombrenztraubensäureäthylester in A., 4tägiges Stehen, Verdünnen des braunroten Abdampfrückstands mit W., Ausschütteln mit Chlf., Zugeben von $NaHCO_3$ zur wss. Schicht; **II** mit Ae. extrahieren u. **III** durch Ansäuern ausfällen; aus A. Platten; 23% (Ausbeute). — *6-Äthylpyrrocolin* (**I**), $C_{10}H_{11}N$, Kp.$_{18}$ 124—126°, aus **III** u. frisch gebranntem Kalk durch Trockendest. bei n. Druck; 59%. *Pikrat*, F. 152—155° (Zers.). — *6-Äthyloktahydropyrrocolin*, $C_{10}H_{19}N$, Kp.$_{18}$ 80—85°, durch Hydrierung von **I** (0,4 g) in Eisessig mit PtO_2 bei 100 lbs./sq.in. u. Zimmertemp.; 0,35 g. *Pikrat*, F. 176°. *Jodmethylat*, F. 221—222°. *Pikrolonat*, F. 185°. — Die UV-Spektren von **I** u. **III** wurden aufgenommen. (J. chem. Soc. [London] **1953.** 4173—75. Dez. Newcastle-on-Tyne, Univ. of Durham, King's Coll.) M. THIEL. 3231

J. D. Tewari und **Anand L. Misra**, *Notiz über einige quartäre Ammoniumsalze aus heterocyclischen Basen und 2-Amino-4-chlormethylthiazol.* Es werden *quartäre Salze* aus *2-Amino-4-chlormethylthiazolhydrochlorid* (**I**) u. *Pyridin* bzw. *Chinolin* bzw. *Isochinolin* dargestellt, um sie auf ihre Wuchsstoff- u. pharmakol. Wrkg. zu prüfen.

Versuche: *[2-Aminothiazolyl-(4)-methyl]-pyridiniumchlorid*, $C_9H_{10}N_3ClS$, F. 207° (Zers.), durch 2—3std. Erhitzen von 1,85 g 2-Amino-4-chlormethylthiazolhydrochlorid (**I**; F. 148—149°) in Pyridin; aus absol. A. gelbe Prismen; 2,1 g (Ausbeute). — *[2-Aminothiazolyl-(4)-methyl]-isochinoliniumchlorid*, $C_{13}H_{12}N_3ClS$, F. 244—245° (Zers.), aus 1,85 g **I** u. Isochinolin; aus A. gelbe Kristalle; 2,4 g. — *[2-Aminothiazolyl-(4)-methyl]-chinoliniumchlorid*, $C_{13}H_{12}N_3ClS$, F. 242° (Zers.), aus Chinolin in geringer Ausbeute; hellgelb. (Chem. Ber. **86.** 857—58. 1953. Allahabad, India, Univ., Chem. Labors.) NITZSCHKE. 3231

A. McCoubrey und **David W. Mathieson,** *Isochinoline.* 3. Mitt. *Die Nitrierung von 3.4-Dihydro- und 1.2.3.4-Tetrahydroisochinolin.* (2. vgl. C. **1952.** 1322.) Bei der Nitrierung von 3.4-Dihydroisochinolin entsteht die *7-Nitroverb.*, die ohne Reinigung zu *7-Nitroisochinolin* dehydriert wurde. — Die Konst. der durch Nitrierung von Tetrahydroisochinolin erhaltenen *7-Nitroverb.* (**I**) wurde auf indirektem Wege bewiesen: Die aus **I** bei Benzoylierung erhaltene *2-Benzoylverb.* (**III**) gibt bei RANEY-Ni-Hydrierung die *Aminoverb.*, bei $LiAlH_4$-Red. ein *Amino-2-benzyltetrahydroisochinolin,* das ident. ist mit der aus 2-[2'-Chloräthyl]-5-nitrobenzylchlorid u. Benzylamin bei nachheriger Red. des entstandenen *2-Benzyl-1.2.3.4-tetrahydro-7-nitroisochinolins* (**II**) erhaltenen *7-Aminoverb.* (**IV**). **II** entsteht auch durch Nitrierung von 2-Benzyltetrahydroisochinolin, womit gezeigt ist, daß die N-Alkylierung keinen Einfl. auf die Stelle des Eintritts der NO_2-Gruppe hat. Ebenso gibt 2-n-Butyltetrahydroisochinolin bei Nitrierung die *7-Nitroverbindung.*

V e r s u c h e (alle Hydrierungen bei n. Druck u. n. Temp.): *7-Nitro-3.4-dihydroisochinolin,* F. 88—90° (roh), durch Zugabe von 600 mg 3.4-Dihydroisochinolin zu KNO_3 in konz. H_2SO_4 bei 0°, 4std. Erwärmen auf 60°, Gießen auf Eis u. Neutralisation mit NH_4OH; 700 mg (Ausbeute). — *7-Nitroisochinolin,* $C_9H_6O_2N_2$, F. 177—178°, durch Dehydrierung vorst. Verb. bei 2std. Kochen in Dekalin mit Pd-Schwarz, Verdünnen des Filtrats mit Chlf., Ausziehen mit 2nHCl, Zugabe von KOH u. Sublimation bei 180°/20 mm; aus Bzn. Nadeln; 170 mg. — *7-Aminoisochinolin,* F. 201—202°, durch Red. von 50 mg vorst. Verb. in A. mit H_2 in Ggw. von 30%ig. Pd-Kohle; aus Bzl.–Leichtbenzin Prismen; 45 mg. — *1.2.3.4-Tetrahydro-7-nitroisochinolin* (**I**)-*Hydrochlorid,* $C_9H_{10}O_2N_2 \cdot HCl$, F. 261°, durch Lösen von 10,5 g Tetrahydroisochinolin in $5nH_2SO_4$, Eindampfen, Zugabe des Sulfats zu KNO_3 + konz. H_2SO_4, Gießen auf Eis nach mehreren Std., Neutralisieren mit NH_4OH, Ausziehen mit Chlf., Eindampfen, Aufnehmen in heißem Leichtbenzin, Eindampfen u. Rk. mit HCl; aus wss. Aceton Prismen; 12,5 g. *Pikrat,* $C_9H_{10}O_2N_2 \cdot C_6H_3O_7N_3$, aus Aceton große braune Prismen, F. 190—192°. *p-Nitrobenzoylderiv.*, $C_{16}H_{13}O_5N_3$, F. 209—210°, aus A. gelbe Prismen. *Benzoylderiv.* (**III**), $C_{16}H_{14}O_3N_2$, aus A. gelbe Platten, F. 125°. — *7-Amino-1.2.3.4-tetrahydroisochinolin,* $C_9H_{12}N_2$, F. 120—121°, aus 5 g Nitroverb. in A. durch PtO_2-Hydrierung, Alkalisieren des Filtrats u. Ausäthern; aus Bzl. Prismen; 2,35 g. — *7-Amino-2-benzoyl-1.2.3.4-tetrahydroisochinolin,* $C_{16}H_{16}ON_2$, F. 129°, aus 4,3 g **III** in A. durch Red. mit RANEY-Ni; aus Leichtbenzin cremefarbene Platten; 3,8 g. — *7-Amino-2-benzyl-1.2.3.4-tetrahydroisochinolin* (**IV**), $C_{16}H_{18}N_2$, F. 88°, durch $LiAlH_4$-Red. vorst. Verb.; aus Leichtbenzin lange gelbe Nadeln; 900 mg. — *2-Benzyl-1.2.3.4-tetrahydro-7-nitroisochinolin* (**II**)-*Hydrochlorid,* $C_{16}H_{16}O_2N_2 \cdot HCl$, F. ca. 248°, durch 1std. Kochen von 2,5 g 2-[2'-Chloräthyl]-5-nitrobenzylchlorid in A. mit 3,5 g Benzylamin, Gießen in W., Ausäthern u. Fällen mit HCl; aus A. Prismen; 3 g. — **IV** entsteht auch aus 1 g **II** in A. durch Red. mit RANEY-Ni; 500 mg. — *2-Benzylisochinoliniumjodid,* $C_{16}H_{14}NJ$, F. 178°, durch 6std. Kochen von 5 g Isochinolin u. 5 g Benzylchlorid in A., Fällen mit Ae., Lösen in W. u. Zugabe von viel KJ; aus CH_3OH gelbe Prismen; 14 g. — *2-Benzyl-1.2.3.4-tetrahydroisochinolin,* $Kp._{20}$ 200—205° (Badtemp.), durch Red. von 10 g vorst. Verb. in CH_3OH mit H_2 u. PtO_2; 6,2 g. *Hydrochlorid,* $C_{16}H_{17}N \cdot HCl$, F. 204°, aus A. Platten. Nitrierung der Base liefert **II**. — *2-n-Butyl-1.2.3.4-tetrahydro-7-nitroisochinolinhydrochlorid,* $C_{13}H_{18}O_2N_2 \cdot HCl$, F. 234—235° bei schnellem Erhitzen, durch KNO_3–H_2SO_4-Nitrierung von n-Butyltetrahydroisochinolin; aus A. Prismen. (J. chem. Soc. [London] **1951.** 2851—53. Nov. London, School of Pharmacy u. Maudsley Hosp., Inst. of Psychiatry, Dep. of Biochem.)

NITZSCHKE. 3231

C. G. Overberger, Irving C. Kogon und **W. J. Einstman,** *Derivate des 5-Amino-4-methylpyrimidins.* Durch Behandeln von 5-Amino-2.4-dichlor-6-methylpyrimidin (**I**) mit H_2 in Ggw. von Pd-Kohle u. MgO werden *5-Amino-4-methylpyrimidin* (**II**) u. *5-Amino-2-chlor-4-methylpyrimidin* dargestellt; letzteres wurde zu **II** dechloriert. **I** wird sowohl durch Red. von 2.4-Dichlor-6-methyl-5-nitropyrimidin als auch, in geringer Ausbeute, durch Chlorierung von 5-Amino-6-methyluracil in Ggw. von Dimethylanilin unter Bldg. eines *Aminochlor-N-methylanilinomethylpyrimidins* als Nebenprod. erhalten. *5-[Äthylamino]-4-methylpyrimidin* wird durch reduktive Alkylierung von **II** mit Acetaldehyd in Ggw. von Pd-Kohle dargestellt, während in Ggw. von RANEY-Ni keine Rk. stattfand. Ein Vers., 5-Brom-4-methylpyrimidin durch Dechlorierung des aus 5-Brom-6-methyluracil erhaltenen *5-Brom-2.4-dichlor-6-methylpyrimidins* darzustellen, verlief erfolglos; es wurde lediglich *4-Methylpyrimidin* erhalten.

V e r s u c h e (FF. korr.): *2.4-Dichlor-6-methyl-5-nitropyrimidin,* nach MARSHALL u. WALKER (C. **1953.** 6483) durch Chlorierung von 6-Methyl-5-nitrouracil. — *5-Amino-2.4-dichlor-6-methylpyrimidin* (**I**), F. 113—114° (hellgelb), durch 3std. Hydrieren vorst. Verb. in absol. A. in Ggw. von RANEY-Ni u. Sublimieren des Rohprod. bei 110°/3 mm; 66% (Ausbeute). — *5-Amino-4-methylpyrimidin* (II), F. 149—150°, a) durch Hydrierung von I über 10%ig. Pd-Kohle in Ggw. eines Überschusses von MgO; 31%; daneben *5-Amino-2-chlor-4-methylpyrimidin*, F. 91—92° (gelblich), durch Abdest. der Mutterlauge u. Sublimieren bei 83°/0,01 mm; 34,7%; b) durch 1std. Hydrierung letzterer Verb. in absol. A. über Pd-Kohle mit MgO, Filtrieren u. 48std. Extrahieren mit Chlf.; 78%. — *5-[Äthylamino]-4-methylpyrimidin*, $C_7H_{11}N_3$, F. 55—56°, $Kp._7$ 123—125°, durch 5std. Hydrieren von II u. Acetaldehyd in absol. A. in Ggw. von 10% Pd-Kohle bei 50°; 78,4%. *Pikrat*, $C_{13}H_{14}O_7N_6$, F. 138—139° (A.). — *5-Brom-6-methyluracil*, F. 238° (Zers.), nach BEHREND [1885]; 97,6%. — Daraus durch 3std. Kochen mit $POCl_3$, Gießen in Eiswasser u. Sublimieren bei 40°/0,1 mm *5-Brom-2.4-dichlor-6-methylpyrimidin*, $C_5H_3N_2Cl_2Br$, F. 41—42°; 84,8%. — Beim Vers. der Enthalogenierung vorst. Verb. durch 48std. Behandlung mit H_2 in Ggw. von MgO u. 10%ig. Pd-Kohle in A.-W., 5std. Extrahieren des Filtrats mit Methylenchlorid u. Dest. wird *4-Methylpyrimidin*, $Kp._{11}$ 33—34°, n_D^{25} 1,4936, erhalten; 42,8%. *Pikrat*, F. 129—130°. (J. Amer. chem. Soc. **76.** 1953—54. 5/4. 1954. Brooklyn, N. Y., Polytechn. Inst. of Brooklyn, Inst. of Polymer Res., Dep. of Chem.) BUCHTA. 3272

Paul E. Fanta und **Thomas R. Hughes**, *2.2'-Diphenyl-5.5'-azoxypyrimidin.* 5-Nitro-2-phenylpyrimidin wurde mit gealtertem RANEY-Ni bei 2 at zu *2.2'-Diphenyl-5.5'-azoxypyrimidin*, $C_{20}H_{14}ON_6$, red.; gelbe Nadeln, F. 303—305° (Dioxan); Ausbeute 40%. Das Spektr. gleicht dem des Azoxybenzols, ist aber verschieden von dem des Azobenzols. (J. Amer. chem. Soc. **72.** 5343. Nov. 1950. Chicago, Ill., Inst. of Technol., Dep. of Chem.) FAASS. 3272

Philip Ruby und **Peter L. deBenneville**, *Leuckartalkylierung von Piperazinonen-(2).* Vff. stellen aus 3.3-Dimethylpiperazinon-(2) (I), den entsprechenden Aldehyden u. HCOOH bei 100—130° *4-Alkyl-3.3-dimethylpiperazinone-(2)* in guter Ausbeute dar. Ketone reagieren, auch bei hohen Tempp., nicht; es wurde hierbei immer nur die *4-Formylverb.* (II) von I erhalten, was entweder auf ster. Hinderung durch die Methylgruppen in 3-Stellung oder auf die Tatsache zurückgeführt werden kann, daß Piperazinone sek. Amine sind.

Versuche: *3.3.4-Trimethylpiperazinon-(2)*, $C_7H_{14}ON_2$, F. 131—132° (Isopropanol), durch Erhitzen von etwa gleichmol. Mengen I, Paraformaldehyd u. HCOOH auf dem Dampfbad, wobei letztere tropfenweise zugegeben wird, u. Dest. ($Kp._{26}$ 160 bis 170°); 72% (Rohausbeute). — Ähnlich wurden folgende 3.3-Dimethylpiperazinone-(2) dargestellt: *4-Äthyl-*, $C_8H_{16}ON_2$, F. 164—165° (Isopropanol, dann Bzl.), aus I, Paraldehyd, HCOOH u. wenig 37%ig. HCl durch 29std. Erhitzen auf 125—130°; 27%. — *4-Isobutyl-*, $C_{10}H_{20}ON_2$, F. 136—138°; 60%. — *4-[p-Chlorbenzyl]-*, $C_{13}H_{17}ON_2Cl$, F. 201—203° (Isopropanol), durch 8std. Kochen von p-Chlorbenzaldehyd, I u. HCOOH; 56%. — *4-[3'.4'-Methylendioxybenzyl]-*, $C_{14}H_{18}O_3N_2$, F. 190 bis 193°, aus Piperonal; 35%. — *4-[3'.5'.5'-Trimethylhexyl]-*, $C_{15}H_{30}ON_2$, F. 99—100°; 73%. — Nach 54std. Kochen von etwa gleichmol. Mengen I, Cyclohexanon u. HCOOH wurde nur *4-Formyl-3.3-dimethylpiperazinon-(2)* (II), $C_7H_{12}O_2N_2$, isoliert; F. 170 bis 172° (A., dann Bzl.); 36%. Die Verb. wurde ebenso bei Rk. von Aceton bzw. Acetophenon erhalten; 52 bzw. 62,5%. 10std. Erhitzen von II mit Acetophenon auf 200° u. anschließendes 9std. Erhitzen in Ggw. von HCOOH bei derselben Temp. gab keine CO_2-Entw.; II wurde zurückgewonnen. (J. Amer. chem. Soc. **75.** 3027—28. 20/6. 1953. Philadelphia, Pa., Rohm & Haas Co.) NITZSCHKE. 3272

Ju. A. Arbusow, N. L. Fedjukina, W. W. Schawyrina und **R. I. Schepelewa**, *Reaktion von Dienkohlenwasserstoffen mit Nitrosoverbindungen. Anlagerung von 2.3-Dimethylbutadien-(1.3), 1-Phenylbutadien-(1.3) und Bis-[cyclohexen-(1)-yl-(1)] an aromatische Nitrosoverbindungen.* Bei der Rk. von 2.3-Dimethylbutadien-(1.3) (I) mit Nitrosobenzol (II) wurden *2-Phenyl-4.5-dimethyl-3.6-dihydroorthoxazin* (III) u. eine *Verb.* (IV) nicht ermittelter Konst. erhalten. III gab bei der Red. unter Ringöffnung *2.3-Dimethyl-4-[phenylamino]-buten-(2)-ol-(1).* Wurde I mit p-Nitrosotoluol (V) zur Rk. gebracht, so bildete sich als einzige Verb. *2-[p-Tolyl]-4.5-dimethyl-3.6-dihydroorthoxazin.* Das bei der Anlagerung von II an trans-1-Phenylbutadien-(1.3) (VI) entstehende Orthoxazinderiv. kann als *2.6-* oder *2.3-Diphenyl-3.6-dihydroorthoxazin* formuliert werden. Analoge Anlagerungsprodd. lieferte die Rk. von VI mit V bzw. o-Nitrosotoluol (VII). Die Anlagerung von II an Bis-[cyclohexen-(1)-yl-(1)] (VIII) führte zu *2-Phenyl-3.4;5.6-dicyclohexano-3.6-dihydroorthoxazin.* Analog verlief die Rk. von VIII mit V. Die Anlagerungsprodd. von II an I bzw. VI sind schon von WICHTERLE (Collect. Trav. chim. Tchécoslov. **12.** [1947.] 292) erhalten, aber in ihrer Konst. nicht richtig erkannt worden.

Versuche: *2-Phenyl-4.5-dimethyl-3.6-dihydroorthoxazin* (III), $C_{12}H_{15}ON$, F. 39,5 bis 40,5°; $Kp._3$ 125—126°; aus 21,4 g **II** u. 16,4 g **I** in 300 ml Ae., 24 Std. im Eisbad; man filtriert von **IV** ab u. dest. das im Filtrat befindliche **III** im Vakuum; aus A. feine Kristalle; 25 g (Ausbeute) neben 4,6 g der *Verb.* **IV**, Elementarzus. C 74,01; 73,85; H 6,57, 6,60; N 9,07, 9,17; F. 153—155° (Zers.); aus A. Nadeln. — *2.3-Dimethyl-4-[phenylamino]-buten-(2)-ol-(1)*, $C_{12}H_{17}ON$, $Kp._2$ 154,5—155°; man schüttelt 18,9 g **III** in 200 ml Eisessig 10 Min. mit 20 g Zn-Staub, dann 15 Min. mit weiteren 20 g Zn-Staub, zers. mit konz. NaOH, dest. zur Entfernung von flüchtigen Nebenprodd. mit Wasserdampf, extrahiert die zurückbleibende filtrierte Lsg. mit Bzl. u. fraktioniert im Vakuum; dicke Fl.; $D.^{20}_4$ 1,0501; n_D^{20} 1,5744; 13,3 g. *N.O-Diacetylderiv.*, $C_{16}H_{21}O_3N$, $Kp._1$ 157—158°; dicke Fl.; $D.^{20}_4$ 1,0774; n_D^{20} 1,5237; 95%. — *2-[p-Tolyl]-4.5-dimethyl-3.6-dihydroorthoxazin*, $C_{13}H_{17}ON$, F. 62—63°; aus 18,16 g **V** u. 12,3 g **I** in 220 ml Ae.; aus A. feine Kristalle; 16,5 g. — *2.6-* oder *2.3-Diphenyl-3.6-dihydroorthoxazin*, $C_{16}H_{15}ON$, F. 84,5—85°; aus 17,1 g **II** u. 26,6 g **VI** in 200 ml A. unter Eiskühlung; 85%. In Pyridin als Lösungsm. werden nur 55% erhalten. — *2-o-tolyl-6-* oder *-3-phenyl-3.6-dihydroorthoxazin*, $C_{17}H_{17}ON$, F. 46—47° (aus A. + PAe.); aus **VII** u. **VI** in A.; 80%. — *2-p-Tolyl-6-* oder *-3-phenyl-3.6-dihydroorthoxazin*, $C_{17}H_{17}ON$, F. 66—67°; aus **V** u. **VI** in A.; 80%. — *2-Phenyl-3.4;5.6-dicyclohexano-3.6-dihydroorthoxazin*, $C_{18}H_{23}ON$, F. 101—102°; aus 16,2 g **VIII** u. 10,7 g **II** in 100 ml A. bei Zimmertemp.; aus A. Nadeln; 11,5 g. — *2-p-Tolyl-3.4;5.6-dicyclohexano-3.6-dihydroorthoxazin*, $C_{19}H_{25}ON$, F. 103,5—104,5°; aus **VIII** u. **V** in A. bei Zimmertemp.; Nadeln; 40%. (Известия Академии Наук СССР, Отделение Химических Наук [Nachr. Akad. Wiss. UdSSR, Abt. chem. Wiss.] **1952**. 566—69. Mai/Juni. Inst. für organ. Chem. der Akad. der Wiss. der UdSSR u. Moskau, Lomonossow-Univ.) H. v. PEZOLD. 3282

Frederick G. Mann und **Ian T. Millar**, *Darstellung und Eigenschaften des 10-Phenylphenoxphosphins. 10-Phenylphenoxphosphin* (**I**) erhalten Vff. aus 2.2'-Dibromdiphenyläther über die Dilithiumverb. mit Phenyldichlorphosphin. Für **I** ist

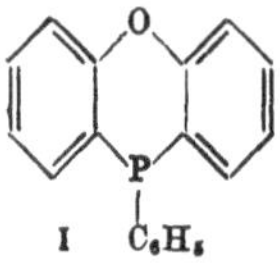
I

das Auftreten von zwei geometr. Isomeren, das sich aus einer Faltung um die P—O-Achse ergeben könnte, nicht zu beweisen. Ebensowenig ist für das *Methojodid* (**II**), das *Oxyd*, *10-Phenylphenoxphosphin-10-toluol-p-sulfonylimin* u. die *AuCl-* u. *$AuCl_3$-Verb.* eine Isomerie nachzuweisen. **I** besitzt nicht die Basizität verschied. Trialkylphosphine. Der heterocycl. Ring in **I** ist sehr stabil. Konz. HCl, HBr u. HJ sind beim Kochen oder beim Erhitzen im Bombenrohr ohne Einfluß. Die Absorptionsspektren von **I** u. **II** werden mitgeteilt u. mit denen von Triphenylphosphin u. 1-Phenyl-1-phospha-2.3;6,7-dibenzocycloheptadien-(2.6) bzw. ihren Salzen verglichen. — Die Darst. von *Tetrahydro-4-phenyl-1.4-oxaphosphin* nach LECOQ (C. **1933**. II. 1189) konnten Vff. nicht reproduzieren; sie erhielten statt dessen ein Harz, das sie für ein lineares Kondensationsprod. vom Typ $[(\cdot CH_2)_2\cdot O\cdot(CH_2)_2PC_6H_5\cdot]_n$ ansehen.

Versuche: *2-Amino-2'-bromdiphenyläther*, F. 55—56°, durch Red. von 2'-Brom-2-nitrodiphenyläther mit Fe-Staub u. konz. HCl in verd. A., 6std. Kochen u. Alkalisieren; 66% (Ausbeute). *Hydrobromid*, $C_{12}H_{10}ONBr\cdot HBr$, F. 174—176°. — *2.2'-Dibromdiphenyläther*, $C_{12}H_8OBr_2$, $Kp._{0,5}$ 134—136°, durch Diazotieren vorst. Verb. in 48%ig. HBr u. Eintropfen der Lsg. in die sd. Lsg. von CuBr in konz. HBr; 28%. — *10-Phenylphenoxphosphin* (**I**), $C_{18}H_{13}OP$, F. 94—95° (A.), durch Umsetzung vorst. Verb. in Bzl. u. PAe. mit n-Butyl-Li in PAe. unter N_2, nach 4std. Kochen Eintropfen von Phenyldichlorphosphin in Bzl. in der Kälte, 3std. Kochen u. Hydrolyse mit luftfreiem W.; $Kp._{0,5}$ 191—192°; 63%. *10-Methyl-10-phenylphenoxphosphoniumjodid* (**II**), $C_{19}H_{16}OJP$, F. 236—237° (A.). *10.10-Diphenylphenoxphosphoniumjodid*, $C_{24}H_{18}OJP\cdot H_2O$, F. 195—197°, aus **I**, Brombenzol u. $AlCl_3$ bei 205—210° unter N_2, Eingießen in W., Kochen u. Abtrennen von **I**, Filtrat mit KJ behandeln u. halbfesten Nd. in heißem W. lösen, mit Na_2SO_3 behandeln, kochen, erkalten lassen u. in KJ-Lsg. gießen; *Pikrat*, $C_{30}H_{20}O_8N_3P$, F. 190—192° (Zers.; A.). — *10-Phenylphenoxphosphinoxyd*, $C_{18}H_{13}O_2P$, F. 173—174°, aus **I** u. H_2O_2. — *10-Phenylphenoxphosphin-10-toluol-p-sulfonylimin*, $C_{25}H_{20}O_3NSP$, F. 164—164,5° (A.), aus **I** u. wasserfreiem Chloramin-T in C_2H_5CH. — *Dibrom-bis-[10-phenylphenoxphosphin]-palladium*, $[(C_{18}H_{13}OP)_2PdBr_2]$, F. 298—302° (Zers.; A.), aus 2,1 Mol **I** u. 1 Mol $K_2[PdBr_4]$ in wss. A.; gelbe Kristalle. — *Dibrom-bis-[10-phenylphenoxphosphin]-μ-dibrompalladium*, $[(C_{18}H_{13}OP)PdBr_2]_2$, F. 279—281° (A.-Dioxan), aus äquimol. Mengen **I** u. $K_2[PdBr_4]$; rötlichbraune Kristalle. — *Monochlor-[10-phenylphenoxphosphin]-gold*, $C_{18}H_{13}OClPAu$, F. 200°, aus **I** u. wss. $HAuCl_4$. — *Trichlor-[10-phenylphenoxphosphin]-gold*, $C_{18}H_{18}OCl_3PAu$, F. 157—158° (Zers.), aus vorst. Verb. in CCl_4 u. Cl; orangerote Kristalle. (J. chem. Soc. [London] **1953**. 3746—50. Dez. Cambridge, Univ., Chem. Labor.) W. LORENZ. 3292

V. P. Wystrach und **John G. Erickson,** *Dialkoxyalkannitrile.* 2. Mitt. *Reaktion von Dialkoxyacetonitrilen mit Dicyandiamid.* Bei der basenkatalysierten Rk. von Dialkoxyacetonitrilen mit Dicyandiamid (**I**) entstehen (wahrscheinlich über *Dialkoxyacetimidodicyandiamide*) *Dialkoxyacetoguanamine* (*Acetale des 4.6-Diamino-symm.-triazin-2-aldehyds*). α.α-Dimethoxypropionitril reagiert nicht mit **I**; vermutlich wird es durch die alkal. Lsg. gespalten.

Versuche: *Dimethoxyacetoguanamin* (**II**), $C_6H_{11}O_2N_5$, F. 208—209° (W.), durch Erwärmen einer Mischung von Dimethoxyacetonitril, **I** u. KOH in 2-Methoxyäthanol, bei 60° exotherme Rk., 15 Min. Kochen; Prismen; 89,4% (Ausbeute). Darst. in wss. Lsg. gelang nicht. — *Diäthoxyacetoguanamin,* $C_8H_{15}O_2N_5$, F. 194—194,5° (60%ig. A.), wie **II** aus Diäthoxyacetonitril; 94%. Bei größeren Ansätzen äußerst heftige Rk.; auch Butanol-(1) ist als Lösungsm. geeignet. — *Di-n-butoxyacetoguanamin,* $C_{12}H_{23}O_2N_5$, F. 166,5—167,5° (Methanol), wie **II** aus Dibutoxyacetonitril, exotherme Rk. bei 110°; 87,2%. — *Bis-[2-äthylhexyl-(1)-oxy]-acetoguanamin,* $C_{20}H_{39}O_2N_5$, F. 115—116° (Hexan), wie **II** aus Bis-[2-äthylhexyl-(1)-oxy]-acetonitril, Gießen der filtrierten Lsg. in W.; roh 96%. — Beim Erwärmen der Dialkoxyacetoguanamine in Ggw. eines sauren Kondensationsmittels mit $ZnCl_2$ entstehen bröcklige Harze unter Abspaltung des veräthernden Alkohols. (J. Amer. chem. Soc. **75.** 6345—46. 20/12. 1953. Stamford, Conn., Amer. Cyanamid Co.) JOHN. 3313

M. L. Wolfrom und **M. A. El-Taraboulsi,** *Selektive Reaktionsfähigkeit eines Hydroxyls im Methyl-α-D-glucopyranosid. Methylmono-Na-α-D-glucopyranosid* (**I**), in dem sich auf Grund seiner Rkk. das Na offenbar in der 2-Stellung befindet, wurde nach A. P. 2 609 368 (C. **1954.** 3592) dargestellt. Es enthielt noch 8% unumgesetztes *Methyl-α-D-glucopyranosid* (**II**) u. adsorbiertes NaOH. Das nicht weiter zu reinigende Präp. wurde mit CH_3J zu *Methyl-2-O-methyl-α-D-glucopyranosid* umgesetzt, dessen Triacetylverb. isoliert werden konnte. Bei der Benzylierung von **I** entstand ein bisher unbekanntes Benzylderiv., das auf Grund seiner Oxydierbarkeit mit $NaJO_4$ *Methyl-2-O-benzyl-α-D-glucopyranosid* sein dürfte. Die Verätherung in 4-Stellung ist sehr unwahrscheinlich. — Die Umsetzung von **I** mit CS_2 gelang nur in Ggw. von Wasser. Das erhaltene *Xanthat* wurde über das Ag-Salz in den *Methylester* u. dieser in *Methyl-α-D-glucopyranosid-3.4.6-triacetat-2-[methylxanthat]* übergeführt. Die Ausbeute war wegen der Hydrolyse von **I** bei der Xanthogenierung u. Neben-Rkk. durch die Einw. von $AgNO_3$ auf das Xanthat niedrig.

Versuche: *Methylmono-Na-α-D-glucopyranosid* (**I**), durch Zugabe einer wasserfreien Lsg. von NaOH in n-Butanol zur butanol. Lsg. von 15 g **II** in der Wärme, Entfernung des Reaktionswassers durch azeotrope Dest. unter Zugabe von Butanol, Filtration u. Waschen des Nd. mit Ae.; 16 g (Ausbeute). — 5 g gemahlenes **I** wurden 3 Std. mit CH_3J auf 95 ± 5° erhitzt, das Filtrat wurde mit Ag_2CO_3 behandelt u. nach Filtration eingedampft; nach Lösen in absol. A., Eindampfen u. Behandeln mit A. u. Essigester 0,7 g *Methyl-α-D-glucopyranosid* (**II**), F. 164—166°; $[\alpha]_D^{24}$ +158° (c = 0,5; W.). — *Methyl-3.4.6-triacetyl-2-O-methyl-α-D-glucopyranosid,* $C_{14}H_{22}O_9$, F. 120—121°, durch 20std. Acetylierung des Sirups (1,1 g) aus der Mutterlauge von **II** mit Acetanhydrid/Pyridin bei 0°, Zers. mit Eis, Extraktion mit Chlf., Waschen mit $CdCl_2$- u. mit Na_2CO_3-Lsg. u. mit W., Chromatographie des erhaltenen Sirups (1,12 g) aus Bzl. an Magnesol/Celite (Entw. mit Bzl./tert.-Butanol, 200 : 1) u. Elution mit Aceton; $[\alpha]_D^{22}$ +149° (c = 0,8; Chlf.); von 0,85 g Sirup krist. 0,14 g. — Ein Gemisch von **I** mit CS_2 begann nach allmählichem Wasserzusatz zu reagieren (9std. Schütteln bei Zimmertemp.); nach Dekantation wurde das klebrige, rotbraune *Xanthat* in $Ba(OH)_2$-Lsg. gelöst, CO_2 bei 0° eingeleitet, aus dem Filtrat mit $AgNO_3$ bei 0° das *Ag-Salz des Xanthats* gefällt u. abzentrifugiert. — *Methyl-α-D-glucopyranosid-2-[methylxanthat],* durch 6std. Schütteln vorst. feuchten Ag-Xanthats mit CH_3J bei Zimmertemp., Filtration, Eindampfen, Behandeln mit Essigester (PAe.) u. Einengen des Filtrats im Luftstrom; 9,2%. — *Methyl-α-D-glucopyranosid-3.4.6-triacetat-2-[methylxanthat],* F. u. Misch-F. 72—73°, aus vorst. Verb. mit Acetanhydrid/Pyridin in 20 Std. bei 0° Nadeln aus Methanol/W.; $[\alpha]_D^{27}$ +126° (c = 2,81; A.); 30%. — 5 g **I** wurden 24 Std. mit Benzylchlorid bei 90 ± 5° geschüttelt; nach Entfernung des Benzylchlorids durch Wasserdampfdest. u. Behandlung des Rückstandes mit A. wurden 3,6 g Sirup erhalten; 0,56 g davon wurden aus absol. A. an Florex XXX/Celite (5 : 1) chromatographiert (Entw. mit 97%ig. A.); Elution der 2. Zone von oben mit Aceton gab 0,11 g *Methyl-2(?)-O-benzyl-α-D-glucopyranosid,* $C_{14}H_{20}O_6$, hellbrauner Sirup, verbrauchte in wenigen Min. bei 25° 1,0 Mol $NaJO_4$/Mol; keine Bldg. von Ameisensäure u. Formaldehyd. — *Methyl-2(?)-O-benzyltriacetyl-α-D-glucopyranosid,* $C_{20}H_{26}O_9$, durch 24std. Acetylierung von 1,0 g vorst. Sirups mit Acetanhydrid/Pyridin bei 0°, Chromatographie des Prod.

(0,64 g) an Magnesol/Celite (Entw. mit Bzl./tert.-Butanol, 200 : 1) u. Elution der oberen Hauptzone mit Aceton; Sirup; 0,52 g. (J. Amer. chem. Soc. **75.** 5350—52. 5/11. 1953. Columbus, O., State Univ., Dep. of Chem.) WILLENBERG. 3400

Th. Posternak und **J. P. Rosselet,** *Synthese von biologisch interessanten Phosphorsäureestern.* 3. Mitt. *Synthese von α-D-Mannose-1-phosphorsäure, D-Mannose-6-phosphorsäure und α-D-Mannose-1.6-diphosphorsäure. Einwirkung der Phosphoglucomutase.* (2. vgl. C. **1951.** II. 1127.) *α-D-Mannose-1-phosphorsäure* (I) wurde aus α-Acetochlormannose, *α-D-Mannose-1.6-diphosphorsäure* (II) aus *1.2.3.4-Tetraacetyl-6-diphenylphosphoryl-β-D-mannose* (III) über *2.3.4-Triacetyl-6-diphenylphosphoryl-α-mannosylchlorid* durch Kondensation mit Ag-Diphenylphosphat u. anschließende Hydrierung u. Desacetylierung gewonnen. Bei der Verwendung von Ag-Dibenzylphosphat entsteht ebenfalls die α-Verb., es findet keine WALDENsche Umkehrung statt. — *D-Mannose-6-phosphorsäure* konnte direkt aus **III** gewonnen werden. — **II** kann ebenso wie α-D-Glucose-1.6-diphosphorsäure als Coferment der Phosphoglucomutase des Muskels u. der Hefe bei ihrer Einw. auf Glucose-1-phosphorsäure u. auf **I** dienen (Kurven vgl. Original). Die Geschwindigkeiten der Hydrolyse von **I, II** u. α-Glucose-1-phosphorsäure werden verglichen.

Versuche: *α-D-Mannose-1-phosphorsäure* (I), aus 0,53 g α-Acetochlormannose in trockenem Bzl. durch 30 Min. Erwärmen mit Ag-Diphenylphosphat oder Ag-Dibenzylphosphat; nach Filtrieren u. Eindampfen in Ggw. von PtO_2 (PdO) 5 Std. in A. hydrieren, mit ca. 10nNaOH erwärmen, neutralisieren u. nach Abdampfen des A. Ba-Acetat zugeben, filtrieren u. Ba-Salz mit A. fällen; 0,54 g (Ausbeute); reinigen über das *Brucinsalz,* $C_6H_{13}O_9P(C_{23}H_{26}O_4N_2)_2 \cdot 6\ H_2O$, F. 179—182° (Zers. 190°) (Nadeln aus W./Aceton). Daraus reines *Ba-Salz,* $C_6H_{11}O_9Ba \cdot 2\ H_2O$; $[\alpha]_D^{23}$ +33,7 ±0,6°, (c = 3,01 in W.). — *1.2.3.4-Tetraacetyl-6-diphenylphosphoryl-β-D-mannose* (III), $C_{26}H_{29}O_{13}P$, F. 113—115° (PAe./Essigester), aus 1,18 g 1.2.3.4-Tetraacetyl-β-D-mannose in trockenem Pyridin durch tropfenweise Zugabe von Diphenylphosphorylchlorid unter Kühlung; nach 18 Std. bei 10° in Eiswasser gießen, Nd. in Chlf. aufnehmen u. aufarbeiten; $[\alpha]_D^{20}$ —9,0 ±2° (c = 1,0 in Chlf.); 1,7 g. — *2.3.4-Triacetyl-6-diphenylphosphoryl-α-mannosylchlorid,* $C_{24}H_{26}O_{11}ClP$, F. 84—86°, aus 0,58 g vorst. Verb. in Chlf. mit $TiCl_4$ durch 4½std. Erhitzen unter Ausschluß von W.; Lsg. mit W. ausschütteln u. aufarbeiten; 0,335 g. — *α-D-Mannose-1.6-diphosphorsäure* (II), aus 0,3 g vorst. Verb. durch Erhitzen mit Ag-Diphenylphosphat in Bzl., Abzentrifugieren u. Eindampfen der Benzollsg. u. Hydrieren in Ggw. von PtO_2; 0,19 g rohes Ba-Salz; *Brucinsalz,* $C_6H_{14}O_{12}P_2(C_{23}H_{26}O_4N_2)_4$; *Ba-Salz,* $C_6H_{10}O_{12}Ba_2 \cdot 4\ H_2O$; *neutrales K-Salz;* $[\alpha]_D^{21}$ +29,9 ±1,3° (c = 1,48, berechnet auf die freie Säure). — *D-Mannose-6-phosphorsäure,* aus 0,5 g **III** in CH_3OH durch 4std. Hydrieren in Ggw. von PtO_2, Filtrieren u. Eindampfen, Aufnehmen in 0,7nHBr-Lsg. u. 3std. Erhitzen; mit $Ba(OH)_2$ neutralisieren, filtrieren u. mit A. fällen, Ba-Salz in W. lösen, mit H_2SO_4 neutralisieren; mit Phenylhydrazin → *Phenylhydrazonphenylhydrazinsalz,* $C_{18}H_{27}O_8N_4P$, F. 144—145°; 65%. *Ba-Salz,* $C_6H_{11}O_9PBa$; $[\alpha]_D^{22}$ +13,3 ±1,3° [c = 1,66 (freie Säure) in 0,1nHCl]. (Helv. chim. Acta **36.** 1614—23. 15/10. 1953. Basel, Univ., Inst. de Pharm.)

ROSSOW. 3400

Gábor Fodor und **Ödön Kovács,** *Stereochemie der Tropan-Alkaloide.* 3. Mitt. *Die Konfiguration von Scopolamin und Valeroidin.* (2. vgl. C. **1954.** 4855.) Ausführliche Wiedergabe der C. **1953.** 3726 referierten Arbeit. (J. chem. Soc. [London] **1953.** 2341—44. Aug. Szeged, Ungarn, Univ., Inst. of Organ. Chem.) E. FRANCK. 3500

R. Chatterjee, M. P. Guha und **A. Chatterjee,** *Pflanzenalkaloide.* 2. Mitt. *Coptis teeta, Wall.* (1. vgl. C. **1952.** 5113.) In den Rhizomen von *Coptis teeta* WALL. fanden Vff. 9% *Berberin* [identifiziert als *Tetrahydroanhydroberberin,* F. 171—172°, u. *Berberinchloroplatinat,* $(C_{20}H_{17}O_4N)_2 \cdot H_2PtCl_6$], 0,01% *Jatrorrhizin* (*Tetrahydrojatrorrhizin,* $C_{20}H_{23}O_4N$, F. 206—207°, *Jatrorrhizinjodid,* F. 212°), 0,02% *Coptisin* [*Tetrahydrocoptisin,* $C_{19}H_{17}O_4N$, F. 221—222° (Zers.), seidige Nadeln aus Chlf./CH_3OH], *Palmatin* (Spuren) (*Tetrahydropalmatin,* F. 142—143°), 0,08% „*Coptin*" (durch Farb-Rkk.). (J. Indian chem. Soc. **29.** 97—100. Febr. 1952. Calcutta, Presidency Coll., Dep. of Chem.) NEZEL. 3500

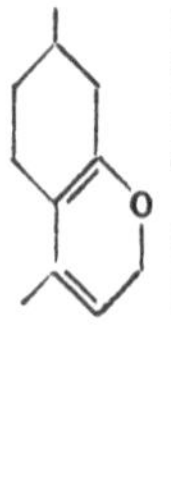

Richard H. Eastman, *Die Isolierung von Menthofuran aus amerikanischem Pfefferminzöl.* Aus *Mentha piperita* läßt sich das Terpenoid *Menthofuran* als Maleinsäureanhydrid (I)-Addukt bequem isolieren; das Addukt wird in warmem Bzl. gespalten, wobei **I** dem Gleichgewicht mit 3-Methylpentadien-(1.3) oder α-Phellandren entzogen wird.

Versuche: 1500 cm³ Pfefferminzöl wurden bei 80° mit 60 g **I** behandelt. 50,5 g Addukt krist. beim Abkühlen aus; flache Nadeln, F. 132—133° (Bzl.). Die benzol. Lsg. wurde 24 Std. mit α-Phellandren gekocht, mit wss.

NaOH extrahiert, getrocknet u. dest.; das isolierte *Menthofuran*, Kp.$_{15}$ 84—86,5°; $[\alpha]_D^{25}$ +92,5°; n_D^{25} 1,4832, Ausbeute 17,4 g, wurde als *Hg-Verb.*, $C_{10}H_{13}O \cdot HgCl$, charakterisiert; Nadeln, F. 126—127° (A.). (J. Amer. chem. Soc. **72.** 5313—14. Nov. 1950. Stanford, Calif., Univ., Dep. of Chem.) FAASS. 3600

T. Kuusinen, *Über Camphenolsäuren.* (Vorl. Mitt.) Im Laufe von Verss. zur Entscheidung, welche der beiden *Camphenolsäuren* die endo- bzw. exo-Form ist, untersucht Vf. die Red. von Camphenonsäure unter verschied. Bedingungen. Er erhielt dabei neben der von ASCHAN [1914] gewonnenen *Camphenolsäure A* (**I**), F. 100 bis 101°, auch die isomere *Säure B* (**II**), $C_{10}H_{16}O_3$, lange faserige Kristalle, F. 133—133,5 (Bzl.), wenn die Ketosäure in alkal.-wss. Lsg. in Ggw. von RANEY-Ni hydriert wurde. Die Red. beginnt schon bei 40—70° u. 120—140 at H_2-Druck u. verläuft quantitativ. Ausgehend von dem in der alkal. Lsg. vorliegenden Na-Salz entsteht mehr **I**, vom K-Salz mehr **II**. Während **I** ein in W. wenig lösl. *Na-* u. leicht lösl. *K-Salz* bildet, verhält sich **II** umgekehrt. **I** bildet leicht den *Äthylester*, $C_{12}H_{20}O_3$, Kp.$_6$ 124,5—125°, Ausbeute 78%, während der **II**-Ester nicht erhalten werden konnte. **II** krist. gut, **I** nicht. Camphenonsäureäthylester (Kp.$_{13}$ 138,5—140°) ließ sich in Ggw. von Cu-Cr-Oxyd bei 100—145° u. 170—181 at H_2-Druck nicht hydrieren; in Ggw. von RANEY-Ni bei 150—160°/176—182 at konnte bei anschließender Verseifung bisher nur **I** gefunden werden. (Suomen Kemistilehti B **25.** 15—16. 1952. Helsinki, Univ., Chem. Inst.) LINDENBERG. 3600

A. L. Wilds, Jack W. Ralls, David A. Tyner, Ralph Daniels, Stephen Kraychy und **M. Harnik,** *Totalsynthese von racemischem 3-Ketoätiocholansäuremethylester.* (Vorl. Mitt.) Das aus cis-4b-Methyl-$\Delta^{10a,4a}$-dodekahydrophenanthren-1.7-dion hergestellte *2-Methyl-7-äthylenketal* wurde mit Triphenylmethyl-Na u. Bromessigsäuremethylester zu der in zwei Isomeren anfallenden *Diketosäure* **II** (**IIa**, F. 117 bis 118°; **IIb**, F. 149,5—151,5°) umgesetzt. **IIa** u. **IIb** lieferten als Säurechlorid mit Na-tert.-Butylmalonat, anschließend Säurehydrolyse zum *Methylketon* u. Cyclisierung mit Na-Methylat die zwei tetracycl. *Diketone* **III** [**IIIa**, F. 176—177°, λ_{max} 289 mμ (ε = 25400); **IIIb**, F. 138,5—139,5°, λ_{max} 289 mμ (ε = 25100)]. Die nach selektiver Ketalisierung am $C_{(3)}$ erhaltenen Prodd. führten nach Umsetzung mit Methylcarbonat u. NaH zu den 17-Carbomethoxyderivv. **I**, die in Eisessig/HCl in Ggw. von Pt hydriert u. nach Veresterung mit CrO_3 oxydiert wurden. Der aus **IIIb** erhaltene dl-Ketoester (F. 122,5—125,5°) erwies sich im Infrarotspektr. als ident. mit dem natürlichen *3-Ketoätiocholansäuremethylester*, im Gegensatz zu dem aus **IIIa** gewonnenen Isomeren. (J. Amer. chem. Soc. **75.** 4878—79. 5/10. 1953. Madison, Wis., Univ., Dep. of Chem.) SCHORRE. 3700

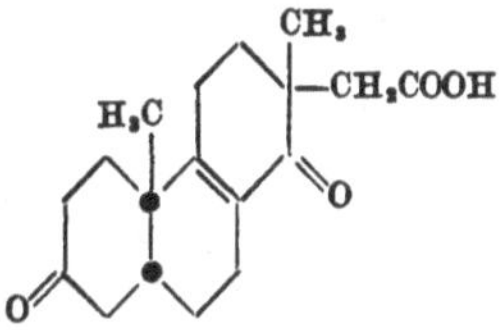

II

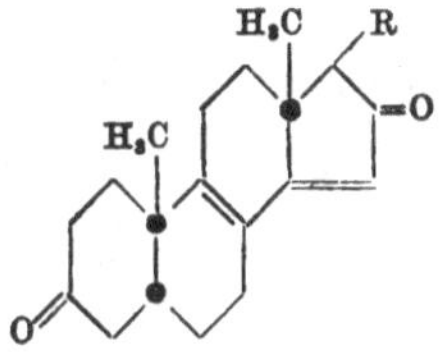

III R = H
I R = COOCH$_3$

Elias J. Corey, *Die Stereochemie der α-Halogenketone.* 4. Mitt. *Die stabile Orientierung des Broms im 2-Bromcholestan-3-on.* (3. vgl. C. **1954.** 6735.) Vf. beweist die Konfigurationen des stabilen *2α-Bromcholestan-3-ons* (**I**) u. des daraus gewonnenen *2α-Bromcholestan-3β-ols* (**II**) auf chem. Wege. Die Ergebnisse werden durch das Infrarotspektr. von **I** bestätigt (vgl. JONES u. Mitarbeiter, J. Amer. chem. Soc. **74.** [1952.] 2828). Vf. führte **I** durch Red. mit $NaBH_4$ in **II** über; daneben entsteht etwas *2β-Bromcholestan-3α-ol*, das eine säurekatalysierte Umlagerung in *Cholestan-3-on* erleiden kann. Bei der Rk. von **II** mit KOH in Isopropanol entstand *2β.3β-Oxidocholestan*, welches durch $LiAlH_4$ zu *Cholestan-2β-ol* red. wurde. Hydrogenolyse von **II** in Ggw. von Pd-Kohle führte zu *Cholestan-3β-ol*.

Versuche: *2α-Bromcholestan-3β-ol* (**II**), $C_{27}H_{47}OBr$, F. 111,5—112,5° (Ae.-A.-W.), durch Red. von 1,9 g **I** mit $NaBH_4$ in Methanol/Ae., A./Ae. oder A., 30 Min. bei 25°, Zugabe von Pentan, Waschen mit W., Eindampfen; Chromatographie aus Cyclohexan an mit Säure gewaschenem Al_2O_3, Elution mit Cyclohexan, Bzl., Ae., Aceton; **II** aus dem Aceton/Ae. (1 : 10)-Eluat; Nadeln; 810 mg (Ausbeute); $[\alpha]_D^{25}$ 14,0 ± 1,5° (c = 1,78; Chlf.). Nebenprod.: Gemisch der *Isomeren* von **II**, F. 95—97° bis 103—106°, u. *Cholestan-3-on*, F. 127—128,5° (Ae./Methanol), aus dem Bzl.-Ae.-Eluat; 153 mg. — *2β.3β-Oxidocholestan*, $C_{27}H_{46}O$, F. 90,8—91,4°, a) durch 1,5 std. Erwärmen von **II** u. KOH in Isopropanol auf 55° unter N_2 u. Zugabe von W.; $[\alpha]_D^{25}$ +57,4 ± 1,0° (c = 1,53; Chlf.); 75,5%; b) durch Rk. von **II** mit KOH in Methanol/Ae., 48 Std. bei Zimmertemp.; 66,5%. — *Cholestan-2β-ol*, F. 153—154°, durch Red. vorst.

Verb. (52 mg) mit $LiAlH_4$ in Ae. bei Zimmertemp.; $[\alpha]_D^{25}$ +35,6° (c = 1,03; Chlf.); 31,5 mg. — *Cholestan-3β-ol*, F. 140,6—141,5° (A./W.), durch Hydrogenolyse von 50,6 mg **II** in absol. A. + KOH in Ggw. von Pd-Kohle in 2 Std.; glänzende Plättchen; 33 mg. (J. Amer. chem. Soc. **75.** 4832—35. 5/10. 1953. Urbana, Ill., Univ., Noyes Chem. Labor., Div. of Organ. Chem.) JOHN. 3700

Elias J. Corey, *Die Stereochemie der α-Halogenketone. 5. Mitt. Vorhersage der Stereochemie von α-bromierten Ketosteroiden.* (4. vgl. vorst. Ref.) Vf. stellt Regeln auf für die Bromorientierung in allen α-Bromketosteroiden mit Ketonfunktion in Ring A, B oder C bei A/B in cis- oder trans-Stellung. Die thermodynam. Stabilität der α-Brom- u. α.α'-Dibromketosteroide kann mit der von 2-Brom-, 2-Brom-3.3-dimethyl-, 2-Brom-4.4-dimethyl-, 2-Brom-6.6-dimethyl- sowie cis-2.6-Dibromcyclohexanon-(1) u. 7-Brom-spiro-[4.5]-decanon-(6) (vgl. C. **1953.** 7758) verglichen werden. Die so bestimmten stabilen Isomeren, mit Br in äquatorialer bzw. polarer Lage, entstehen bei Bromierungen, die zu einem Gleichgewichtszustand führen, also „thermodynam. kontrolliert" sind (vgl. 3. Mitt.). Dagegen gilt allg.: In dem bei Bromierung eines Ketosteroids schneller gebildeten Epimeren hat das Brom eine polare Lage. Irreversible, „kinet. kontrollierte" Bromierungen führen also stets zu diesem Isomeren. — An Hand von Beispielen beweist Vf. die Übereinstimmung zwischen vorausgesagter u. durch Infrarotspektr. (vgl. JONES u. Mitarbeiter, J. Amer. chem. Soc. **74.** [1952.] 2828) sowie chem. bestimmter Konfiguration am $C_{(Br)}$. In einigen Fällen führte die Voraussage zu einer Neubest. der Konfiguration. So wird gezeigt, daß bei der Bromierung von 5α.6β-Dibromcholestanon-(3) das *4β* (Substanz von BUTENANDT, Ber. dtsch. chem. Ges. **69.** [1936.] 2289) schneller als das *4α-Deriv.* (Substanz von INHOFFEN, Ber. dtsch. chem. Ges. **69.** [1936.] 2141) gebildet wird, obgleich das letztere stabiler ist. Ähnlich führt die Bromierung des 3β-Acetoxycholestanons-(6) zum *5α-Bromderiv.*, welches durch HBr zum *7α-Deriv.* isomerisiert wird. Die α-Orientierung des Br in vorst. Verb. wurde durch Infrarotspektr. u. Überführung des Bromketons in *3β-Acetoxy-6β-oxy-7α-bromcholestan* u. anschließend in *3β-Oxy-6.7β-oxidocholestan* bewiesen. Die Stereochemie des Oxyds ergab sich aus seiner Red. mit $LiAlH_4$ zu *3β.6β-Dioxycholestan.* — Die 5.7-Dibromderivv. des 3β-Acetoxycholestanons-(6) erwiesen sich als 5α.7α- u. 5α.7β-Dibromketone (F. 152 bzw. 129°). — *3α.12α-Diacetoxy-7-ketocholansäuremethylester* wurde bei thermodynam. Kontrolle zum 6α-Bromepimeren u. nicht zum β-Epimeren (vgl. HOEHN u. LINSK, J. Amer. chem. Soc. **67.** [1945.] 312) bromiert. — Die stabile Form des *2.4-Dibromkoprostanon-(3)* besitzt β-orientierte Br-Substituenten.

Versuche: *5α.6β-Dibromcholestanon-(3)*, F. 79—80°. — *4β.5α.6β-Tribromcholestanon-(3)*, $C_{27}H_{43}OBr_3$, F. 106—106,3° (Aceton–W.), durch tropfenweise Zugabe von Br_2 in Essigsäure in Ggw. von HBr zu 2 g vorst. Verb. in Ae. bei +10° (Rk. kann auch in absol. Ae., feuchtem Ae., Chlf. oder Essigsäure bei 0° oder Zimmertemp. durchgeführt werden; 1,68 g (Ausbeute). *4α-Isomeres*, F. 139,5—140° (Essigsäure), durch Isomerisierung vorst. Verb. in Ae. mit HCl bei Zimmertemp., 4 Std.; Dehydrobromierung führt zu *4.6β-Dibrom-Δ⁴-cholestanon-(3)*, F. 162—163°; 47%. Das *4β-Epimere* blieb bei gleicher Behandlung unverändert. — *3β-Acetoxy-7α-bromcholestanon-(6)*, F. 145°, durch Umlagerung des 3β-Acetoxy-5α-Isomeren (F. 162°) in Eisessig in Ggw. von HBr. — *3β-Oxy-6.7β-oxidocholestan*, $C_{27}H_{46}O_2$, F. 157,5—158,5° (Aceton–W.), durch Zugabe von $NaBH_4$ in Isopropanol zu 1 g vorst. Verb. in Isopropanol, 1 Std. bei Zimmertemp., Zugabe von KOH, 15 Min. bei 70°, Chromatographie an bas. Al_2O_3 Eluierung mit 5: 1 Bzl.–Ae., $[\alpha]_D$ —14,5° (c = 1,38; Chlf.), schwach hygroskopisch. — *Cholestan-3β.6β-diol*, F. 189—190° (A. + W.), durch 1std. Stehen von 0,22 g vorst. Verb. u. $LiAlH_4$ in Ae.; *Diacetat*, F. 138—139°. — *3α.12α-Diacetoxy-7-ketocholansäuremethylester*, F. 118,0—118,4°, durch Oxydation von Methylcholat mit N-Bromsuccinimid in wss. Aceton, 6 Std., dann Acetylierung mit Essigsäureanhydrid–Essigsäure. — *3α.12α-Diacetoxy-6α-brom-7-ketocholansäuremethylester*, $C_{29}H_{43}O_7Br$, F. 165—165,5° (Methanol–W.), aus 0,15 g vorst. Verb. u. Br_2 in Essigsäure in Ggw. von HBr, 12 Std. bei Zimmertemp.; 0,140 g. Wurde das Reaktionsprod. sofort nach Aufnahme des Br_2 aufgearbeitet, so entstand eine amorphe M., die vermutlich zum größten Teil aus dem *6β-Bromepimeren* bestand. (J. Amer. chem. Soc. **76.** 175—79. 5/1. 1954.) JOHN. 3700

Theodor Wieland und **Ekkehart Bokelmann,** *Über eine einfache Synthese des Lactobacillus-bulgaricus-Faktors (LBF).* Pantothensaures Na setzt sich bei ca. 0° in Dimethylformamid mit Chlorameisensäureäthylester in wenigen Min. zum gemischten *Pantothensäureäthylkohlensäureanhydrid* (**I**) um, wobei die Geschwindigkeit dieser Rk. gegebenenfalls konkurrierenden Umsetzungen der OH-Gruppen u. des Lösungsm. mit dem Säurechlorid den Rang abläuft. Wird dem gelösten **I** unter intensivem Rühren die Lsg. der äquivalenten Menge *Cystaminhydrochlorid* im berechneten Vol.

2nNaOH zugesetzt, dann erfolgt bei Raumtemp. rasch die Synth. des *Pantothensäurecystamids* (**II**; *Lactobacillus bulgaricus-Faktor*), das durch systemat. Ausschüttelung zwischen Butanol u. W. in den beiden ersten Butanolphasen gereinigt angereichert werden kann. Durch Entfernung des Solvens im Vakuum wird **II** papierchromatograph. einheitlich als zähfl. Öl erhalten (50% Ausbeute). **II** zeigte im Test an *L. helvetium V 80* mit 0,05—0,1 γ/cm³ maximale Wuchsstoffwirkung. (Naturwissenschaften **38**. 384. Aug. 1951. Mainz, Univ., Organ.-chem. Inst.) K. MAIER. 3800

Otto Th. Schmidt und **Dietrich M. Schmidt,** *Die Umwandlung von Chebulagsäure in Corilagin.* 14. Mitt. *über natürliche Gerbstoffe.* (13. vgl. C. **1954**. 6017.) Durch feinere papierchromatograph. Verfolgung der Hydrolyse der *Chebulagsäure* (**I**) in wss. Lsg., vor allem durch die Wahl eines geeigneten Lösungsmittelgemisches, wurde bei 60° gefunden, daß während der ersten 8 Tage im wesentlichen *Chebulsäure* abgespalten wird. Wurde die Hydrolyse beim Auftreten von *Gallussäure* abgebrochen, so konnten aus dem Hydrolysat von **I** 52% der theoret. Menge *Corilagin* (**II**), F. 206—207° (Zers.); $[\alpha]_D^{20}$ —251±3° (lufttrockene Substanz in absol. A., c = 1), —230±2° (entsprechend in W., c = 0,36), isoliert werden; *Enneamethylcorilagin*, F. 227—228,5°; $[\alpha]_D^{20}$ —156° (Aceton, c = 1). Danach ist **II** als „*Deschebuloylchebulagsäure*" anzusehen. Bei der Hydrolyse bei 95° betrug die Ausbeute an **II** 59% der Theorie auf die umgesetzte **I** bezogen. (Liebigs Ann. Chem. **578**. 25—30. 1952. Heidelberg, Univ., Chem. Inst.) NEZEL. 3950

Otto Th. Schmidt und **Dietrich M. Schmidt,** *Über das Vorkommen von Corilagin in Myrobalanen.* 15. Mitt. *über natürliche Gerbstoffe.* (14. vgl. vorst. Ref.) Aus den Extrakten von 273 g Myrobalanenmehl mit wasserfreiem Aceton u. wasserfreiem CH_3OH isolierten Vff. nach Aufnehmen in W. u. Neutralisation auf p_H 6,2 durch Ausschütteln mit Essigester 151 mg krist. *Corilagin.* (Liebigs Ann. Chem. **578**. 31—33. 1952.) NEZEL. 3950

J. H. Birkinshaw, H. Raistrick, D. J. Ross und **C. E. Stickings,** *Untersuchungen über die Biochemie von Mikroorganismen.* 85. Mitt. *Cyclopolsäuren und Cyclopaldsäuren, Stoffwechselprodukte von Penicillium cyclopium Westling.* (84. vgl. C. **1953**. 5039.) Aus den Kulturfiltraten von 2 verschied. Stämmen von *Penicillium cyclopium* WESTLING, einem Stamm mit grünen Sporen u. einer neuen weißen Abart, wurden 2 Stoffwechselprodd., *Cyclopolsäure* (**I**) u. *Cyclopaldsäure* (**XIV**), isoliert. Die Struktur von **I** u. **XIV** wurde durch Abbau-Rkk. aufgeklärt u. **I** als *5-Formyl-4-oxy-6-oxymethyl-2-methoxy-3-methylbenzoesäure*, **XIV** als *5.6-Diformyl-4-oxy-2-methoxy-3-methylbenzoesäure* erkannt. **I** wird durch Erwärmen mit KJO_4 in verd. H_2SO_4 zu **XIV** oxydiert. Beide Säuren stehen 2 anderen Stoffwechselprodd. des Schimmels, dem *Citrinin* u. der *Mycophenolsäure*, nahe (vgl. RAISTRICK, C. **1951**. II. 544) u. haben ähnliche Struktur wie *Gladiolsäure* u. *Dihydrogladiolsäure* (vgl. RAISTRICK u. ROSS, zweitnachst. Ref.). **I** ist danach *4-Oxydihydrogladiolsäure*, **XIV** *4-Oxygladiolsäure*.

Versuche: *Cyclopolsäure* (**I**), $C_{11}H_{12}O_6$, F. 147—148° (Zers.), Platten aus Äthylacetat, gibt mit wss. $FeCl_3$-Lsg. Violettfärbung, red. ammoniakal. $AgNO_3$-Lsg., gibt bei p_H 9,2 mit 2.6-Dichlorchinonchlorimid eine tiefblaue Färbung. *Mono-2.4-dinitrophenylhydrazon*, $C_{17}H_{16}O_9N_4$, F. 190,5—191° (Zers.), aus A. tiefgelbe Mikroprismen. *Thiosemicarbazon*, $C_{12}H_{15}O_5N_3S$, F. 180,5—182° (Zers.), Prismen aus A.; gibt in alkoh. Lsg. mit alkoh. $FeCl_3$-Lsg. eine Orangefärbung. — *Cyclopolidtriacetat* (**II**), $C_{17}H_{18}O_9$, F. 117°, durch ½std. Erhitzen von 0,5 g **I** mit 1 g Na-Acetat u. 2 cm³ Acetanhydrid; Nadeln aus 60%ig. wss. Methanol; 0,32 g (Ausbeute). — *Cyclopolid* (**III**), $C_{11}H_{10}O_5$, F. 169°, a) aus **II** durch 4std. Kochen mit $2nH_2SO_4$; b) aus **I** durch 3½std. Erhitzen in $2nH_2SO_4$; c) durch Erhitzen von **I** (20 Min. auf 155°); gibt mit $FeCl_3$ in alkoh. Lsg. eine rubinrote Färbung u. beim Erwärmen mit ammoniakal. $AgNO_3$-Lsg. einen schwarzen Niederschlag. — *Cyclopolidmonomethyläther* (**IV**; *4-Formyl-5.7-dimethoxy-6-methylphthalid*), $C_{12}H_{12}O_5$, F. 169—170°, aus **III** in Aceton durch Zugabe einer äther. Lsg. von Diazomethan; Nadeln aus wss. Methanol. *Mono-2.4-dinitrophenylhydrazon*, $C_{18}H_{16}O_8N_4$, zers. sich zwischen 280—360° ohne zu schm.; dunkelorangefarbene Nadeln aus Pyridin. *Diacetat*, $C_{16}H_{18}O_8$, F. 133,5—134°, Schwerter aus wss. Methanol. — *Methylcyclopolatmonomethyläther* (**V**), $C_{13}H_{16}O_6$, F. 87,5 bis 88°, aus **I** analog **IV**; aus W. Platten. — *Cyclopolsäuremonomethyläther*, $C_{12}H_{14}O_6$, aus **V** durch Verseifen mit methanol. KOH-Lsg., konnte nicht rein erhalten werden. *Mono-2.4-dinitrophenylhydrazon*, $C_{18}H_{18}O_9N_4$, F. 287° (Zers.), gelbe Nadeln aus Methanol. — *5-Oxy-7-methoxy-4.6-dimethylphthalid* (**VI**), $C_{11}H_{12}O_4$, F. 202,5—203,5°, durch CLEMMENSEN-Red. von **I**; nach Sublimation im Hochvakuum aus Bzl. Nadeln. — *5.7-Dimethoxy-4.6-dimethylphthalid*, $C_{12}H_{14}O_4$, F. 101,5—102°, a) aus **VI** mit Dimethylsulfat, Aceton u. wasserfreiem K_2CO_3; b) eine Lsg. von 41 mg **XI** in 0,2 cm³ Eisessig u. 0,2 cm³ Chlormethylmethyläther wird 20 Std. auf 90—95° erhitzt u. der hellbraune, gummiartige Rückstand in Methanol mit ADAMS-Katalysator hydriert; das Prod. wird durch fraktionierte Sublimation im Hochvakuum gereinigt; 1,5 mg. — *Isocyclopaldsäure* (**VII**; *4-Carboxy-5-oxy-6-methyl-7-methoxyphthalid*), $C_{11}H_{10}O_6$, F. 223,5 bis 224°, a) durch 15 Min. langes Erhitzen von **I** in 50%ig. KOH auf 150°; b) durch 15 Min. langes Kochen von **XIV** in 2nNaOH; Nadeln aus 50%ig. wss. Methanol. — *Methylisocyclopaldatmonomethyläther* (**VIII**; *Carbomethoxy-5.7-dimethoxy-6-methylphthalid*), $C_{13}H_{14}O_6$, F. 139—139,5°, a) durch Methylierung von **VII** mit Dimethylsulfat in Aceton; b) durch Methylierung von **IX**. — *4-Carboxy-5.7-dioxy-6-methylphthalid* (**IX**), $C_{10}H_8O_6$, F. 276,5—277,5°. Ein Gemisch von **X**, $KHCO_3$ u. Glycerin wurde unter Durchleiten von CO_2 3 Std. auf 150° erhitzt, der Rückstand wurde in W. gelöst, mit NaCl gesätt. u. mit Ae. extrahiert; die wss Schicht wurde mit HCl angesäuert u. mit Ae. extrahiert; der Ae.-Rückstand wurde im Hochvakuum sublimiert; Nadeln. — *3.5-Dioxy-4-methylbenzylalkohol* (**X**), $C_8H_{10}O_3$, F. 163—163,5°, durch 3std. Kochen von 4,7 g **XX** mit $LiAlH_4$ in Ae., Zufügen von W. u. $2nH_2SO_4$, Sättigen mit NaCl u. Ausäthern; Platten aus Äthylacetat–Bzl.–PAe.; 3,0 g. *Triacetat*, $C_{14}H_{16}O_6$, F. 60 bis 60,5° (PAe.). *Tris-p-nitrobenzoat*, $C_{29}H_{19}O_{12}N_3$, F. 255,5—256° (Pyridin). — *Isocyclopaldsäuremonomethyläther* (*4-Carboxy-5.7-dimethoxy-6-methylphthalid*), $C_{12}H_{12}O_6$, F. 198—199°, durch Erhitzen von **VIII** mit 0,5nNaOH; Nadeln aus Methanol. — *5.7-Dimethoxy-6-methylphthalid* (**XI**), $C_{11}H_{12}O_4$, F. 171,5—172,5°, a) **VII** wurde $2^1/_4$ Std. im N_2-Strom mit Cu-Chromit u. Chinolin auf 180—190° erhitzt, nach dem Ansäuern wurde mit Ae. u. Äthylacetat extrahiert, die vereinigten Extrakte wurden mit Dimethylsulfat, K_2CO_3 u. Aceton methyliert; b) aus den methanol. Mutterlaugen der Kristallisation von **IX** u. Methylierung des Trockenrückstandes mit Dimethylsulfat in Aceton; Nadeln aus Methanol. — *4.6-Dimethoxybenzol-1.2.3.5-tetracarbonsäure* (**XII**), $C_{12}H_{10}O_{10}$, F. 225,5—228° (Zers.), durch 4std. Erhitzen einer Lsg. von **V** oder **XVII** in 0,03nKOH mit $KMnO_4$; Prismen aus Äthylacetat + Bzl. (1:2). *Tetramethylester*, $C_{16}H_{18}O_{10}$, F. 44—46°. — *3.5-Dioxybenzoesäure* (**XIII**; *α-Resorcylsäure*), F. 234,5 bis 235,5°, durch 1½std. Erhitzen von **XII** mit HJ u. rotem P im N_2-Strom u. Extraktion mit Äthylacetat. — *3.5-Dimethoxybenzoesäure*, $C_9H_{10}O_4$, F. 182,5—183,5°, durch Methylierung von **XIII** mit Dimethylsulfat in Aceton u. Verseifen des Esters mit 0,1nNaOH. — *Cyclopaldsäure* (**XIV**), $C_{11}H_{10}O_6$, F. 224—225°, durch 5 Min. Kochen von 0,1 g **I**, 0,1 g KJO_4 u. 10 cm³ $n\text{-}H_2SO_4$; Nadeln aus W.; gibt mit $FeCl_3$-Lsg. eine tiefrubinrote Färbung, mit 2.6-Dichlorchinonchlorimid in wss. Lsg. nach 10 Min. bei p_H 9,2 eine blaugrüne Färbung. *Tetraacetylderiv.*, $C_{19}H_{20}O_{11}$, F. 159°, aus 50%ig. A. Nadeln. *2.4-Dinitrophenylhydrazon*, F. 231—232° (Zers.), orangefarbene Nadeln aus Pyridin. — *5-Formyl-7-methoxy-8-methylcumarin-6-carbonsäure*, $C_{13}H_{10}O_6$, F. 275 bis 277°, aus **XV** durch 5std. Kochen mit $n\text{-}H_2SO_4$. *2.4-Dinitrophenylhydrazon*, $C_{19}H_{14}\cdot O_9N_4$, F. 256—257°, aus A. gelbe Nadeln. *Monoacetylderiv.* (**XV**), $C_{15}H_{12}O_7$, F. 197,5 bis 198,5°. **XIV**, CH_3COONa u. Acetanhydrid werden 6½ Std. auf 180—190° erhitzt; Nadeln aus Methanol. — *5-Oxy-7-methoxy-6-methylphthalazin*, $C_{10}H_{10}O_2N_2$, F. 260 bis 262°. **XIV**, Hydrazinhydrat u. W. wurden 15 Min. gekocht; aus A. schwachgelbe Prismen. *Hydrochlorid*, F. 248—250° (Zers.). — *Oxycyclopaldsäure* (**XVI**; *6-Formyl-5-oxy-3-methoxy-4-methylphthalsäure*), $C_{11}H_{10}O_7$, F. 140—142°, durch Oxydation einer wss. Lsg. von **XIV** in 2nNaOH mit H_2O_2 bei Zimmertemp.; gibt mit $FeCl_3$ eine purpurrote Färbung. *Anhydrid*, $C_{11}H_8O_6$, F. 141°, durch Erhitzen von **XVI** auf 160°; schwachgelbe Nadeln. — *Monomethyloxycyclopaldatmonomethyläther* (**XVII**; *2-Methyl-6-formyl-3.5-dimethoxy-4-methylphthalat*), Doppel-F. 107—109° oder 125—127°, aus **XVI** durch 1½std. Kochen mit Dimethylsulfat, K_2CO_3 u. Aceton; aus W. Rhomben. — *3-Carbomethoxy-4.6-dimethoxy-5-methylphthalsäure* (**XVIII**), $C_{13}H_{14}O_8$, F. 135—137° (Zers.), durch Kochen einer Lsg. von **XVII** in $NaHCO_3$-Lsg. mit 0,05mol. $KMnO_4$-Lsg.; aus Äthylacetat + Bzl. Platten. *Anhydrid*, $C_{13}H_{12}O_7$, F. 90° oder 101—103°, aus **XVIII** durch 1std. Erhitzen auf 150°; aus PAe. Nadeln. — *4.6-Dimethoxy-5-methylbenzol-1.2.3-tricarbonsäure* (**XIX**), $C_{12}H_{12}O_8$, F. 198—199°, a) aus **XVIII** durch 1std. Kochen mit 2nNaOH; b) durch Oxydation von **V** in 0,04nKOH mit $KMnO_4$ bei Zimmertemp.; aus Ae. Prismen. — *3.5-Dioxy-4-methylbenzoesäure* (**XX**; *3.5-Dioxy-p-toluylsäure*), $C_8H_8O_4$, F. 269—270°, a) durch 2std. Kochen von **XIX** mit HJ u. rotem P im N_2-Strom; b) durch 25 Min. Erhitzen von **I** mit KOH auf 300° u. Reinigung durch Sublimation im Hochvakuum. *Methylester*, $C_9H_{10}O_4$, F. 189—190°; *Diacetylderiv.*, $C_{13}H_{14}O_6$, F. 101—101,5°. — *β-Orcin* (*2.6-Dioxy-1.4-dimethylbenzol*), $C_8H_{10}O_2$, F. 161,5—162,5°, durch 20std. Kochen von **VII** mit HJ u. rotem P unter N_2. *Diacetat*, $C_{12}H_{14}O_4$, F. 44—44,5°. (Biochem. J. **50**. 610—28. März 1952. London, Univ., School of Hyg. and Trop. Med., Dep. of Biochem.) RUTKOWSKI. 3950

J. H. Birkinshaw, H. Raistrick und **D. J. Ross**, *Untersuchungen über die Biochemie von Mikroorganismen.* 86. Mitt. *Die Molekularstruktur von Mycophenolsäure, einem*

Stoffwechselprodukt von Penicillium brevicompactum Dierckx. 3. Mitt. *Weitere Beobachtungen über die Strukturformel von Mycophenolsäure.* (85. vgl. vorst. Ref.; 78. zugleich 2. vgl. C. **1949.** E. 1239.) Die von BIRHINSHAW u. Mitarbeitern (l. c.) vorgeschlagene Strukturformel **A** für *Mycophenolsäure*, $C_{17}H_{20}O_6$, einem Stoffwechselprod. von *Penicillium brevi-compactum* DIERCKX, wurde durch weitere experimentelle Beweise erhärtet. Die Feststellungen von CLUTTERBECK u. RAISTRICK (Biochem. J. **27.** [1933.] 654) über die Konst. des $KMnO_4$-Oxydationsprod. von *Mycophenolsäuremonomethyläther* (**II**) wurden korr. u. die erhaltene Verb. als *Anhydrid der 3.4.5-Tricarboxy-2.6-dimethoxyphenylglyoxylsäure* (**I**) erkannt. Weitere Oxydation mit H_2O_2 ergab erst das Prod. der l. c. angenommenen Struktur, das *Anhydrid der 4.6-Dimethoxybenzol-1.2.3.5-tetracarbonsäure*, das ebenfalls durch alkal. $KMnO_4$-Oxydation aus Methylcyclopolatmonomethyläther erhalten werden konnte (vgl. vorst. Ref.).

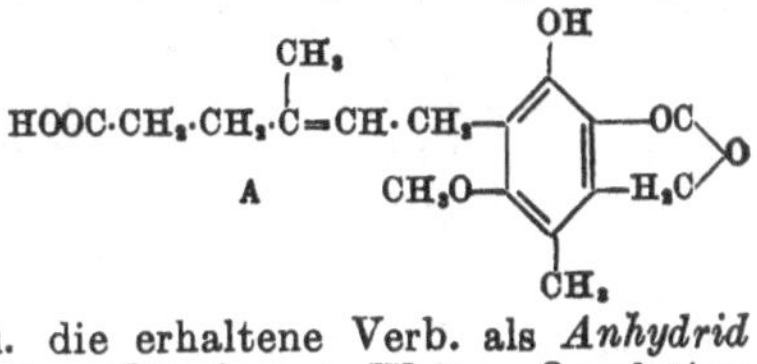

A

Versuche: *3.4.5-Tricarboxy-2.6-dimethoxyphenylglyoxylsäureanhydrid* (**I**), $C_{13}H_8O_{10}$, F. 223—225° (Zers.), durch Kochen einer Lsg. von **II** in KOH mit $KMnO_4$; aus Äthylacetat–PAe. Mikrokristalle. — *4.6-Dimethoxybenzol-1.2.3.5-tetracarbonsäureanhydrid*, $C_{12}H_8O_9$, F. 225,5—227° (Zers.), durch Oxydation einer neutralisierten Lsg. von **I** mit H_2O_2 bei 0°; Mikroprismen. — *4-Carboxy-2.6-dimethoxyphenylessigsäure*, $C_{11}H_{12}O_6$, F. 286—288°, durch 10 std. Erhitzen von **I** mit HJ u. rotem P im N_2-Strom, Extrahieren des in W. gelösten Prod. mit Äthylacetat u. Methylieren des Rückstandes mit Dimethylsulfat u. Aceton; Nadeln aus wss. Methanol. *Dimethylester*, $C_{13}H_{16}O_6$, F. 107,5—109°. — *4-Methyl-5.7-dimethoxy-6-carboxymethylphthalid* (?), $C_{13}H_{14}O_6$, F. 150—151° (Ae.–PAe.), aus dem bei der Ozonolyse von **II** (l. c.) erhaltenen Aldehyd $C_{13}H_{14}O_5$ (F. 108—111,5°) durch Oxydation mit Ag_2O. — *2.6-Dioxy-3.4-dimethylphenylessigsäurelacton* (?), $C_{10}H_{10}O_3$, F. 184—185° (Bzl., Sublimation), aus vorst. Verb. durch Kochen mit HJ u. rotem P unter N_2. (Biochem. J. **50.** 630—34. März 1952.)
RUTKOWSKI. 3950

H. Raistrick und **D. J. Ross**, *Untersuchungen über die Biochemie von Mikroorganismen.* 87. Mitt. *Dihydrogladiolsäure, ein Stoffwechselprodukt von Penicillium gladioli Machacek.* (86. vgl. vorst. Ref.) Der Konstitutionsbeweis für *Dihydrogladiolsäure* (**I**), einem Stoffwechselprod. von *Penicillium gladioli* MACHACEK, das auf modifizierter RAULIN-THOM-Nährlsg. gezüchtet wurde, wurde erbracht. Danach ist **I** *5-Formyl-6-oxymethyl-2-methoxy-3-methylbenzoesäure*. Durch Oxydation mit KJO_4 in verd. H_2SO_4 ließ sich **I** in *Gladiolsäure* (**VIII**), die als *5.6-Diformyl-2-methoxy-3-methylbenzoesäure* erkannt wurde, überführen.

Versuche: *Dihydrogladiolsäure* (**I**, *5-Formyl-6-oxymethyl-2-methoxy-3-methylbenzoesäure*), $C_{11}H_{12}O_5$, F. 135—136°, Platten. *Mono-2.4-dinitrophenylhydrazon*, $C_{17}H_{16}O_8N_4$, F. >360°. *Monosemicarbazon*, $C_{12}H_{15}O_5N_3$, F. 130° (Zers.). *Monoanil*, $C_{17}H_{17}O_4N$, F. 161,5—162,5°, tetragonale Platten aus wss. Methanol. *Methylester*, $C_{12}H_{14}O_5$, wurde nicht rein erhalten. — *Dihydrogladioliddiacetat* (**II**), $C_{15}H_{16}O_7$, F. 70 bis 75°, durch Behandlung von **I** in Pyridin mit Acetanhydrid; Nadeln aus wss. Methanol. — *Dihydrogladiolid*, $C_{11}H_{10}O_4$, F. 172,5—173°, a) durch 4 std. Erhitzen von **II** mit 2 n H_2SO_4; b) durch 4 std. Erhitzen von **I** im Hochvakuum (15 Min.); Nadeln aus wss. Methanol. *Mono-2.4-dinitrophenylhydrazon*, $C_{17}H_{14}O_7N_4$, F. >320°, orange gefärbte tetragonale Prismen aus Äthylacetat. — *4-Methoxybenzol-1.2.3.5-tetracarbonsäure* (**III**), $C_{11}H_8O_9$, F. 182,5—184,5° (Zers.), durch Erhitzen einer Lsg. von **I** in 0,1 n NaOH mit $KMnO_4$; aus Äthylacetat–Bzl.–PAe. tetragonale Prismen. *Tetramethylester*, $C_{15}H_{16}O_9$, viscoses Öl. — *4-Oxy-benzol-1.2.3.5-tetracarbonsäure*, $C_{10}H_6O_9$, F. 298—299°, durch ½ std. Erhitzen von **III** mit HJ u. wenig rotem P; tetragonale Mikroprismen aus Aceton–Bzl., gibt mit $FeCl_3$ eine tieforangerote Färbung. — *7-Methoxy-4.6-dimethylphthalid* (**IV**), $C_{11}H_{12}O_3$, F. 116—116,5°, durch CLEMMENSEN-Red. von **I**; aus PAe. Nadeln. — *7-Oxy-4.6-dimethylphthalid*, $C_{10}H_{10}O_3$, F. 159,5—160,5°, durch 20 Min. Erhitzen von **IV** mit HJ u. wenig rotem P; Nadeln aus wss. Methanol, gibt in alkoh. Lsg. mit $FeCl_3$ eine tiefblaue Färbung. — *5-Oxy-1.2.4-trimethylbenzol*, $C_9H_{12}O$, F. 71—71,5°, durch 5 std. Erhitzen von **IV** mit HJ u. rotem P im N_2-Strom; Nadeln aus Wasser. *3.5-Dinitrobenzoat*, $C_{16}H_{14}O_6N_2$, F. 179,5—180°, Nadeln. — *2.3-Bis-[oxymethyl]-4-methoxy-1.5-dimethylbenzol* (**V**), $C_{11}H_{16}O_3$, F. 97—97,5°, durch 2 std. Kochen einer äther. Lsg. von **IV** mit $LiAlH_4$; aus PAe. Nadeln. *Bis-p-nitrobenzoat*, $C_{25}H_{22}O_9N_2$, F. 157—158°, Nadeln aus Methanol. — *4-Oxy-1.2.3.5-tetramethylbenzol*, $C_{10}H_{14}O$, F. 78—79°, durch katalyt. Hydrierung (PdO) von **V** in Eisessig u. Erhitzen des Eisessigfiltrats mit HBr (1½ Std.); Nadeln aus wss. Methanol. *3.5-Dinitrobenzoat*, $C_{17}H_{16}O_6N_2$, F. 173,5—174,5°, Nadeln aus Methanol. — *4-Oxy-5-methylbenzol-1.2.3-tricarbonsäure* (**VI**), $C_{10}H_8O_7$, F. 167,5 bis

168°, durch Erhitzen von **I** mit KOH, 15 Min./300°; aus Äthylacetat–Bzl. Platten. *Anhydrid*, $C_{10}H_6O_6$, F. 146,5—147°, hexagonale Prismen. — *4-Methoxy-5-methylbenzol-1.2.3-tricarbonsäure*, $C_{11}H_{10}O_7$, F. 153,5—154,5°, a) durch Methylierung von **VI**; b) durch Oxydation von **I** in nKOH mit $KMnO_4$; aus Äthylacetat–Bzl.–PAe. tetragonale Mikroprismen. *Anhydrid*, $C_{11}H_8O_6$, F. 165—166,5°, aus Bzl.–PAe. Nadeln. — *4-Oxy-5-methylphthalsäureanhydrid* (**VII**), $C_9H_6O_4$, F. 175—185,5°, durch 25 Min. Erhitzen von **VI** mit Chinolin auf 210—215°; aus Äthylacetat–Bzl.–PAe. Nadeln. — *4-Oxy-5-methylphthalsäure*, $C_9H_8O_5$, F. 193,5—194,5° (Zers.), durch kurzes Kochen von **VII** mit W.; aus Äthylacetat–Bzl. tetragonale Platten. — *4-Methoxy-5-methylphthalsäure* (**IX**), $C_{10}H_{10}O_5$, F. 180—180,5°, durch 1½std. Erhitzen von **VII** mit Dimethylsulfat in Aceton u. Verseifen des entstandenen Esters mit methanol. NaOH; aus W. schwachgelbe Nadeln. — *4-Methoxy-5-methylphthalsäureanhydrid*, $C_{10}H_8O_4$, F. 158,5—159°, durch 30 Min. Erhitzen von **IX** mit Acetanhydrid auf 140°, Platten aus Leichtbenzin. — *5-Methoxybenzol-1.2.4-tricarbonsäure*, $C_{10}H_8O_7$, F. 214 bis 216,5°, durch Oxydation einer sd. Lsg. von **IX** in 0,1n NaOH mit $KMnO_4$; aus Aceton–Bzl. tetragonale Mikroprismen. — *Carboxymethoxymethylphthalid*, $C_{11}H_{10}O_5$, F. 216 bis 216,5°, a) durch 10std. Kochen einer mit NaOH neutralisierten Lsg. von **I** mit H_2O_2; b) durch 2std. Behandeln einer Lsg. von **I** in 0,1n NaOH mit 0,1n Jodlsg.; aus W. hexagonale Prismen. — *Gladiolsäure* (**VIII**; *5.6-Diformyl-2-methoxy-3-methylbenzoesäure*, $C_{11}H_{10}O_5$, F. 159—159,5°, durch 15 Min. Kochen von **I** mit KJO_4 in H_2SO_4; Nadeln aus W., red. ammoniakal. $AgNO_3$-Lsg. in der Wärme, gibt mit konz. NH_4OH eine tiefbraungrüne Färbung. — *Isogladiolsäure*, $C_{11}H_{10}O_5$, F. 234—235°, durch 10 Min. Erhitzen von **VIII** in 2n NaOH; aus W. Nadeln. (Biochem. J. **50**. 635—47. März 1952.)

Rutkowski. 3950

D. Tischtschenko, N. Komschilow, K. Kissel und **Ss. Malewskaja,** *Mechanismus und Endprodukte der Autoxydation der Harzsäuren.* 700 g Fichtenharz wurde zu Pulver zerrieben, in dünner Schicht 1 Woche der Wrkg. des Luft–O_2 ausgesetzt, dann mit 1500 cm³ sd. Bzn. behandelt. Beim Stehen der Benzinlsg. schieden sich in „Bzn. unlösl. Säuren" (**I**) aus. Der in Bzn. ungelöst gebliebene Anteil wurde mit A. extrahiert u. nach Reinigung in Ae. leicht lösl. (**II**) u. schwer lösl. (**III**) Säuren erhalten; Ausbeuten **I** 9,5, **II** 34, **III** 10% der Einwaage. In allen 3 Fraktionen wurden die OH-Gruppen nach Zerewitinoff bestimmt (Lösungsm. Dioxan für **I**—**III**). Die gefärbten Lsgg. der Säuren werden mit Reduktionsmitteln entfärbt, wobei Chinone in Hydrochinone übergehen, u. erstere durch Rückoxydation mit J_2-Lsg. titrimetr. annähernd quantitativ bestimmt. Endlich werden die Lsgg. mit $KMnO_4$ oxydiert, die hierbei gewonnenen Säuren als Ag-Salze gefällt u. aus diesen die Methylester gewonnen. Außerdem wurden *Abietinsäure* u. *α-Sapinsäure* durch lange Einw. von Luft–O_2 ebenfalls oxydiert. Als Ergebnis wird festgestellt, daß die Autoxydation der natürlichen Harze so erfolgt, daß zunächst die O-Atome zwischen die C- u. H-Atome treten u. Alkohole bilden; diese Rk. geht aber nur an denjenigen C-Atomen vor sich, die sich in α-Stellung zu den C-Atomen der Doppelbindung befinden: Es entsteht aus Abietinsäure eine Säure $C_{20}H_{30}O_6$ mit 4 OH-Gruppen. Die *prim. Harzsäuren* liefern als höchstes Oxydationsprod. Säuren $C_{20}H_{26}O_6$; sie sind tief gefärbt u. enthalten 2 OH-Gruppen u. die p-Chinongruppierung. Die Versuchsdaten stehen im Widerspruch zu dem von Pawljutschenko (Журнал Физической Химии [J. physik. Chem.] **18.** [1944.] 283) vorgeschlagenen Erklärungsschema (Anlagerung des O_2 an die Doppelbindungen). (Журнал Общей Химии [J. allg. Chem.] **20** (**82**). 1225—35. Juli 1950. Forsttechn. Kirow-Akad.)

v. Wilpert. 3950

D_3. Makromolekulare Chemie.

W. H. Cobbs jr., S. B. Cole und **R. L. Burton,** *Orientierung in Polymerfilmen durch Infrarot- und Röntgentechniken.* (Sitzungsbericht.) Es wurden Methoden zur quantitativen Abschätzung des Orientierungsgrades von Polymerfilmen durch eine Weissenberg-Röntgentechnik u. durch Absorption von polarisiertem Infrarotlicht entwickelt. Nach jeder Meth. lassen sich sowohl die axiale wie die uniplanare Orientierung bestimmen. Während die Ergebnisse der röntgenograph. Unters. nur den kristallinen Anteil des Polymeren betreffen, erfassen die Infrarotunterss. neben dem kristallinen Anteil auch die amorphen Gebiete. Die Ergebnisse beider Methoden sind im allg. in Übereinstimmung; gegebenenfalls auftretende Unterschiede lassen sich durch die relative Wichtigkeit des kristallinen bzw. amorphen Anteils des orientierten polymeren Materials erklären. (Physic. Rev. [2] **91**. 225. 1/7. 1953. E. I. du Pont de Nemours & Co.)

Gottfried. 4000

Paul J. Flory und **Thomas G. Fox jr.,** *Molekularkonfiguration und thermodynamische Parameter auf Grund der Intrinsicviscositäten.* Vff. gehen von den früher (vgl.

C. **1952.** 6380) von ihnen abgeleiteten Beziehungen zwischen der Intrinsicviscosität $[\eta]$, dem Mol.-Gew. M u. anderen charakterist. Größen, nämlich von $[\eta] = K \cdot M^{1/2} \alpha^3$ u. $\alpha^5 - \alpha^3 = 2\psi_1 C_M(1 - \Theta/T)M^{1/2}$, aus; darin bedeutet α den Faktor der Ausdehnung des Makromol. infolge der Wechselwrkg. mit dem umgebenden Lösungsm., d. h. es ist $\alpha^2 = \overline{r^2}/\overline{r_0^2}$, $\overline{r^2}$ bzw. $\overline{r_0^2}$ = Quadrate des Kettenabstandes mit bzw. ohne Wechselwirkung. Hiermit werden auf Grund von Literaturdaten für $K \cdot 10^4$ u. $(\overline{r_0^2}/M) \cdot 10^{17}$ folgende Werte berechnet: *Polyisobutylen* 10,6 u. 6,32 bei 25° bzw. 9,3 u. 5,80 bei100°; *Polystyrol* 8,0 u. 5,25 bei 34° bzw. 7,3 u. 4,24 bei 70°; *Polymethacrylsäuremethylester* 6,5 u. 4,6 bei 31,5°. Vff. ziehen daraus die Folgerung, daß es auf dem eingeschlagenen Wege grundsätzlich möglich ist, in einfacher Weise die Form der Polymerkette u. die thermodynam. Konstanten der Hochpolymer–Lösungsmittel-Wechselwrkg. zu bestimmen. (J. Polymer Sci. **5.** 745—47. Dez. 1950. Ithaka, N. Y., Cornell Univ., Dep. of Chem.) Fuchs. 4000

Alexander Brown und **F. P. Reding,** *Infrarotuntersuchung der Kristallisation von Polyäthylen.* (Sitzungsbericht.) Es wurden die FF. u. die Tempp. des Kristallisationsbeginns einer Reihe von Polyäthylenharzen mit verschied. Mol.-Geww. u. verschied. Verzweigungsgraden durch Beobachtung der 13,7 μ-Kristallinitätsbande im Infrarotspektr. bestimmt. Es wurde gefunden, daß eine Zunahme der Verzweigung den F. beträchtlich herabsetzt, während bei einer Abnahme des Mol.-Gew. der F. nur geringfügig erniedrigt wird. Andererseits wird durch eine Zunahme der Seitenketten die Temp., bei welcher Kristallisation bei einer gegebenen Abkühlungsgeschwindigkeit einsetzt, herabgesetzt, während eine Abnahme des Mol.-Gew. diese Temp. erhöht. Die Kristallisationsgeschwindigkeit nimmt in dem untersuchten Temperaturbereich deutlich mit abnehmender Temp. u. Erniedrigung der Verzweigung zu. (Physic. Rev. [2] **91.** 226. 1/7. 1953. Carbide and Carbon Chem. Co.) Gottfried. 4010

Malcolm Dole und **C. D. Keeling,** *Wanderung chemischer Aktivität in fester Phase über größere Abstände hinweg.* Vff. geben eine vorläufige theoret. Erörterung über die Wanderung chem. akt. Zentren des *Polyäthylens* (**I**), die man zur Erklärung des Verh. von **I** bei Bestrahlung im Vakuum annehmen muß. Dabei nimmt nämlich, wie Vff. zeigen, die Konz. an Vinylidengruppen mit der Bestrahlungszeit linear ab, die Konz. an trans-Vinylengruppen in **I** genau so zu. Die Deutung der Vff. basiert auf der Annahme prim. Bldg. von Radikalen aus **I** durch Bestrahlung, diese besitzen im vorliegenden Fall eine große Lebensdauer. (J. Amer. chem. Soc. **75.** 6082—83. 5/12. 1953. Evanston, Ill., Northwestern Univ.) W. Meyer. 4010

Paul Horn, *Untersuchung der Winkelverteilung der Streulichtintensität in Polystyrollösungen.* An verschieden konz. Lsgg. von *Polystyrol* in Bzl. wird die Kettenlänge R der Makromoll. durch Messungen der Streulichtintensität nach den beiden üblichen Methoden bestimmt: Messung der Streulichtintensität a) in zwei zu 90° symm. Richtungen J_{45}/J_{135} u. b) bei zunehmend kleinen Winkeln (Meth. von Zimm). Die sich daraus ergebenden R-Werte weichen stark voneinander ab. Systemat. Messungen der Winkelverteilung des Streulichtes bei verschied. Konzz. zeigen größere Abweichungen von der Debyeschen Theorie. Die Abweichungen können auf das Vorhandensein von Kettenverzweigungen oder auf nicht vernachlässigbare Einflüsse der Kettendicke zurückgeführt werden. Bessere Übereinstimmung besteht — wie Vf. zeigt — mit einer theoret. Beziehung, die von einer kugelförmigen Gestalt der Makromoll. ausgeht. (J. Chim. physique Physico-Chim. biol. **47.** 660—62. Juli/Aug. 1950.) Rudolph. 4010

Lawrence A. Wood, *Kristallisation in Butadien–Styrol-Copolymeren.* (Sitzungsbericht.) Butadien–Styrol-Copolymere enthalten die folgenden Bestandteile: trans- u. cis-1.4-Polybutadien, 1.2-Polybutadien u. Polystyrol. Von diesen bildet nach röntgenograph. Unterss. nur das trans-1.4-Polybutadien (**I**) Kristalle. Es wurden Unterss. angestellt zur Prüfung der Hypothese, daß Kristallisation in diesen Copolymeren in einer gegebenen Zeit bei optimaler Temp. nur bei einem gewissen Mindestgeh. aus **I** eintritt, u. zwar unabhängig von den relativen Mengen der 3 übrigen Bestandteile. Kurven konstanten **I**-Geh. mit dem Geh. an Polystyrol als Abszisse u. dem Anteil **I** mit Bezug auf den Gesamtgeh. an Polybutadien als Ordinate ähneln denen mit der Polymerisationstemp. als Ordinate. Gemäß der Hypothese muß eine der Kurven die Grenze zwischen dem Gebiet möglicher Kristallisation u. dem Gebiet, in dem Kristallisation innerhalb einer gegebenen Zeit nicht zu beobachten ist, festlegen. Dilatometr. u. colorimetr. Unterss. der Kristallisation innerhalb ca. 3 Std. bei —45° lieferten experimentelle Punkte, die gut mit der Kurve für einen **I**-Geh. von ca. 58% übereinstimmen. (Physic. Rev. [2] **91.** 225. 1/7. 1953. Nat. Bur. of Standards.) Gottfried. 4010

A. Charlesby, *Löslichkeit und Molekulargewichtsverteilung verzweigter Polystyrole.* Durch Bestrahlung von *Polystyrol* (**I**) mit hoher Energie kann man je nach der Strahlungsmenge verschied. Vernetzungsgrade erzielen (vgl. C. **1954.** 104). Die Löslichkeit von bestrahltem **I** wurde in *Toluol* u. *Bzl.* als Funktion der Strahlungsmenge gemessen. Für den lösl. Anteil des Polymeren wird eine Beziehung aufgestellt, die von einer POISSON-Verteilung der anfänglichen Mol.-Geww. ausgeht. Diese Beziehung gibt den experimentellen Sachverhalt gut wieder, während eine früher von FLORY (J. chem. Physics **46.** [1942.] 132) angegebene Beziehung versagt, die auf einer einheitlichen anfänglichen Verteilung der Mol.-Geww. beruht. Ein Bruch der Kette durch Bestrahlung ist nicht feststellbar, muß also zumindest sehr viel seltener auftreten als die Vernetzung. (J. Polymer Sci. **11.** 513—20. Dez. 1953. Harwell, Didcot, Atomic Energy Res. Establ.) MEYERHOFF. 4010

A. Charlesby, *Quellungseigenschaften von Polystyrol, das durch Strahlung hoher Energie vernetzt wurde.* (Vgl. C. **1954.** 104.) Die Quellung von *Polystyrol* (**I**), das durch radioakt. Bestrahlung vernetzt worden war, wird experimentell u. theoret. untersucht. Theorie u. Experiment stimmen für hohe Vernetzungsgrade überein, es ist $V^{5/3}$ proportional dem reziproken Vernetzungsgrad (V = Verhältnis des gequollenen zum trockenen Vol. des **I**). Für niedrige Vernertzungsgrade wird eine Theorie aufgestellt, die wieder von einer anfänglichen POISSON-Verteilung der Mol.-Geww. ausgeht u. Übereinstimmung mit den gemessenen Werten ergibt. — Beim **I** ist die zur Vernetzung erforderliche Strahlungsenergie wesentlich größer als bei vielen anderen Polymeren. (J. Polymer Sci. **11.** 521—29. Dez. 1953. Harwell, Didcot, Atomic Energy Res. Establ.) MEYERHOFF. 4010

T. Brechbuhler und **M. Magat,** *Untersuchungen über fluorescierende Polymere.* 1. Mitt. *Drehung der Kettenenden in Lösung.* Polymerisation von *Polystyrol* (**I**) unter Wrkg. des fluorescierenden Katalysators *1.2-Dimethyl-5.6-benzacridin* (**II**) führt zu fluorescierenden Polymeren, bei denen das **II** chem. an **I**, u. zwar an den Kettenenden gebunden ist. An Lsgg. dieses fluorescierenden Polystyrols, das durch wiederholte Lsg. u. Ausfällung homogenisiert war (Mol.-Gew. $4{,}5 \cdot 10^6$), wird der Polarisationsgrad p des Fluorescenzlichtes als Funktion der Viscosität der Lsg. gemessen. Nachdem die mittlere Lebensdauer τ_0 des angeregten freien Mol. des **II** durch Messung dessen p bestimmt wurde [$\tau_0 = (1{,}7 \pm 0{,}5) \cdot 10^{-10}$ sec], wird aus den p-Werten des fluorescierenden Polystyrols das Molvol. des an der BROWNschen Rotationsbewegung teilnehmenden Anteils des Kettenmol. abgeleitet. Aus den vorläufigen Messungen ergibt sich größenordnungsmäßig, daß der „frei" drehbare Anteil am Ende eines Kettenmol. einen Abschnitt von ca. 4 C-Atomen umfaßt. Aus der Absorption des fluorescierenden Polystyrols wird im übrigen die Konz. des Fluorescenzstoffes zu 1,4 Mol des **II** auf eine **I**-Kette bestimmt. (J. Chim. physique Physico-Chim. biol. **47.** 679—83. Juli/Aug. 1950.) RUDOLPH. 4010

E. I. Barg und **N. N. Meltewa,** *Zur Struktur von Polyvinylalkohol.* Während bei amorphen Polymeren die Dehnung bei der Zugprobe bei einer bestimmten Temp. (Glasbildungstemp. T_g) plötzlich zunimmt u. die Kurve der Deformation in Abhängigkeit von der Temp. fast rechtwinklig verläuft, zeigt sich bei Polyvinylalkohol (**I**) von einer bestimmten Temp. an ein zunächst langsamer, dann steiler werdender Anstieg der Kurve. Die Kurve der Deformationsgeschwindigkeit steigt bei **I** aus saurer oder alkal. Hydrolyse von Polyvinylacetat von ca. 60° an zuerst langsam in Zickzackform, dann von 100—120° an steil. Dies wird damit erklärt, daß bei **I** ein Zweiphasensyst. aus krist. u. amorpher Phase vorliegt, in dem zwischen 60 u. 100° abwechselnd Kristallitbldg. u. Schmelzen eintritt, u. erst bei 100° endgültiger Übergang in die amorphe Phase. Auch in der Relaxation der Deformation nach längerer Zugbeanspruchung bei gewöhnlicher Temp. weist **I** im Gegensatz zu amorphen Polymeren eine Restdehnung von 60% auf (gegenüber 0%), die auch beim Erhitzen auf 150—160° nicht verschwindet. Mit 10% Glycerin weichgemachter **I** verhält sich wie amorphe Polymere. Die Kurven der Temperaturabhängigkeit des relativen Vol. zeigen bei **I** die üblichen 2 Knickpunkte, u. zwar bei 78—80° (T_g) u. bei 110—115°, wobei letztere Temp. vermutlich dem F. der zuletzt vorhandenen krist. Phase entspricht. (Доклады Академии Наук СССР [Ber. Akad. Wiss. UdSSR] [N. S.] **92.** 307—10. 11/9. 1953.) R. K. MÜLLER. 4010

N. Grassie und **E. Vance,** *Abbauuntersuchungen zur Natur des Kettenabbruchs und der Kettenübertragung mit Benzol bei der Polymerisation von Methacrylsäuremethylester.* In einer Reihe von Arbeiten konnten GRASSIE u. MELVILLE (vgl. C. **1949.** E. 563. 564) zeigen, daß der Kettenabbruch bei einem wachsenden Polymeren eher auf Disproportionierung als auf Kombination zurückzuführen ist. Die Anzahl der Doppel- u. Einfachbindungen an den Kettenenden läßt sich aus der Konz. des Monomeren u. dem Mol.-Gew. berechnen, wenn der Abbruch durch Disproportionierung erfolgt u. auf das Abspalten eines Wasserstoffatoms vom Bzl. eine Übertragung auf ein neues Polymeres durch das entstehende Phenylradikal folgt. Für einige *Polymethacrylsäuremethylester* wird die Anzahl der Doppel- u. Einfachbindungen der Enden berechnet u. mit den Werten, die sich aus der Anfangsgeschwindigkeit bei therm. Zers. im Vakuum u. der Gesamtzersetzungsgeschwindigkeit ergeben, verglichen. Bei einer Temp. von 266° ist der Einfl. der verschied. Spaltungsgeschwindigkeit von Doppelbindungen (schneller) u. Einfachbindungen (langsamer) auf die Gesamtgeschwindigkeit im Verlauf der Zers. bes. deutlich. Zur ersten Rk. gehört eine Aktivierungsenergie von 35kcal/Mol, zu letzterer eine von 42 ± 2 kcal/Mol. Die Übereinstimmung zwischen den berechneten u. den experimentell gefundenen Werten ist gut. Eine Erklärung der Ergebnisse durch einen anderen als den genannten Mechanismus für Abbruch u. Übertragung ist nicht möglich. (Trans. Faraday Soc. **49.** 184—89. Febr. 1953. Glasgow, Univ., Chem. Dep.) MEYERHOFF. 4010

Zéphyrin Carrière, *Triboluminescenz von Kautschuk.* Wenn ein mit einer plast. Kautschukmasse belegtes Baumwollband aufgerollt u. dann rasch abgerollt wird, tritt in dem Winkel zwischen dem gestreckten Band u. der Rolle eine Triboluminescenzerscheinung auf, die hier näher untersucht wird. Sie hängt von der Herst. der Bänder u. von der Art des Versuchsablaufes ab; sie ist unabhängig davon, ob der Kautschuk mit Zinkoxyd versetzt ist oder nicht, dagegen tritt sie bei Zugabe von Ruß zum Kautschuk nicht auf. Als Bindemittel für den Kautschuk eignet sich am besten Petroleum. Die Intensität der Luminescenz nimmt zu, wenn das Band mehrere Male nacheinander ab- u. wieder aufgerollt wird. Es scheint, daß durch das Aufrollen die mol. Kautschukfäden gerichtet werden u. daß diese gerichteten Teilchen bes. intensiv emittieren können. Die spektroskop. Unters. zeigt, daß sich dabei auch Zahl u. Lage der Luminescenzbanden ändern. Bei längerer Ruhe gehen die Kautschukteilchen wieder in die regellose Anordnung über. Obwohl beim Abrollen der Bänder durch Aufladung ein ziemlich hohes elektr. Feld entsteht, hat die beobachtete Luminescenz nichts mit einer elektr. Entladung zu tun, was daraus hervorgeht, daß die Größe des elektr. Feldes von ganz anderen Faktoren abhängt als die Luminescenz. (Cahiers de Physique **1953.** Nr. 46. 63—80. Nov. Toulouse, Inst. Catholique.) KORTÜM. 4030

Donald E. Roberts und **Leo Mandelkern,** *Der Schmelzübergang von natürlichem Kautschuk.* (Sitzungsbericht.) Nach der statist. thermodynam. Theorie semikristalliner Copolymerer ist die sogenannte Gleichgewichtsschmelztemp., bei der Kristallinität vollkommen verschwunden ist, charakterist. für ein gegebenes Copolymer u. unabhängig von der therm. Vorgeschichte. Da bei natürlichem Kautschuk die Schmelztemp. stark von der Kristallisationstemp. abhängig ist, also mit der obigen Theorie nicht in Einklang steht, wurden an mehreren Kautschukproben dilatometr. die Schmelztempp. in Abhängigkeit von der Kristallisationstemp. untersucht. Nach Kristallisation bei —18, 0 u. +8° u. anschließendem langsamen Erwärmen wurden ohne Rücksicht auf die Kristallisationstemp. Schmelztempp. zwischen 22 u. 23° festgestellt. Bei schnellem Erwärmen wurde die bereits von anderer Seite beobachtete Abhängigkeit der Schmelztemp. von der Kristallisationstemp. nachgewiesen. Bei einer Kristallisationstemp. von +14° u. anschließendem langsamen Erwärmen lagen die Schmelztempp. zwischen 27 u. 28°. (Physic. Rev. [2] **91.** 225—26. 1/7. 1953. Nat. Bur. of Standards.) GOTTFRIED. 4030

F. Howlett und **A. R. Urquhart,** *Die Löslichkeit und Struktur von Celluloseacetaten.* Zusammenfassendes Ref. an Hand der vorliegenden neueren Literatur. — 43 Literaturhinweise. (Chem. and Ind. **1951.** 82—87. 3/2.) GOTTFRIED. 4050

W. Broser und **W. Lautsch,** *Gleichgewicht und Bildungswärme der Einschlußverbindung aus β-Dextrin und Kristallviolett in wässeriger Lösung.* Durch spektrophotometr. Messung der Extinktionen bei 20 u. 25° an wss. *β-Dextrin–Kristallviolettlsgg.* sollte untersucht werden, ob es sich bei der Einschlußverb. aus den Komponenten um eine wirkliche Molekülverb. handelt, deren Entstehung dem Massenwirkungsgesetz gehorcht. Bei den Lsgg. wurde die Konz. der Farbstofflsgg. konstant, die Konz. der β-Dextrinlsg. jedoch variiert; die Lsgg. wurden mit einem Acetatpuffer der Ionenstärke 0,08 auf einem p_H-Wert von 4,95 gehalten. Trägt man die gefundenen Extinktionen gegen den log der jeweiligen Dextrinmolarität auf, so entspricht die durch die Meßpunkte für jede Temp. gelegte Kurve dem Massenwirkungsgesetz $[D]\cdot[V][DV] = K$ mit der dazugehörigen Reaktionsgleichung $DV \rightleftharpoons D + V$, wo D β-Dextrin, V Kristallviolett u. DV die Einschlußverb. bedeutet. Damit ist nachgewiesen, daß es sich um eine echte Einschlußverb. handelt, die aus einem Mol. Farbstoff u. einem physikal. Mol. β-Dextrin besteht. Das Gleichgewicht ist temperaturabhängig, u. zwar verschiebt es sich bei Temperaturerhöhung auf seiten der Komponenten. Aus den gefundenen pK-Werten errechnet sich für die obige Rk. eine Reaktionswärme von 12,2 kcal/Mol, d. h. bei der Bldg. der Verb. aus den Komponenten wird diese Energie frei. Weitere Verss. ergaben, daß die Lage des Gleichgewichts auch von der Art des Anions abhängt. Durch Zusatz von NaCl läßt sich das Gleichgewicht z. B. etwas in Richtung auf die Verb. verschieben. (Naturwissenschaften **40.** 220—21. 1. Aprilheft 1953. Berlin-Dahlem, Freie Univ., Inst. für Organ. Chem.) GOTTFRIED. 4050

B. Rybak und **M. Bricka,** *Elektronenbilder von heteropolaren Proteinstrukturen, die von Solen mit Strömungsdoppelbrechung herrühren.* Heteropolare Proteinsysteme, u. zwar Systeme aus *amorphem Serumalbumin + Thymohistonsulfat* u. *krist. Serumalbumin + Salminsulfat,* deren Anisotropie auf Grund ihrer Strömungsdoppelbrechung vermutet wurde, wurden elektronenmkr. nach Beschattung der Filme mit Osmiumsäure untersucht. Die Teilchen erscheinen nicht in Fadenform, sondern in Form mehr oder weniger ellipt. Körnchen, die zuweilen koaxial zusammenhängen. (Experientia [Basel] **8.** 265—66. 15/7. 1952. Paris, Inst. Pasteur, Centre nat. de la Transfusion sanguine.) GOTTFRIED. 4070

A. G. Passynski und **W. A. Belitzer,** *Zur Theorie der Struktur des Eiweißmoleküls.* Bei der Diskussion der Struktur des Eiweißmol. sind nach Meinung der Vff. u. a. folgende Dinge zu beachten: Die Möglichkeit des Vorhandenseins mehrerer Polypeptidketten sowie cycl. Strukturen im Eiweißmol.; die Theorie der Polykondensation zur Erklärung der Monodispersität des Eiweißmol.; eine ungleichmäßige Verteilung polarer u. nichtpolarer Reste in der Polypeptidkette; die Spiralform (α-Keratinform) der Polypeptidkette in der Schicht an Stelle der ausgezogenen β-Keratinform. (Успехи Современной Биологии [Fortschr. gegenwärt. Biol.] **36.** 236—45. Sept./Okt. 1953.) RENTZ. 4070

Louis Gold, *Molekülgrößenverteilung bei der Copolymerisation von N-Carboxyaminosäureanhydriden.* Die Mol.-Größenverteilung von Polypeptidcopolymeren aus verschied. N-Carboxyaminosäureanhydriden wird theoret. behandelt (Rk. eines diskreten Monomeren mit einer Anzahl von Initiatoren mit POISSONscher Verteilung bzw. Rk. einer Anhäufung von Monomeren mit einem diskreten Initiator). Gleichungen für das Gewichts- u. Zahlenmittel des Mol.-Gew. werden angegeben. (J. chem. Physics **21.** 1190—92. Juli 1953. Cambridge, Mass., Inst. of Technol., Lincoln Labor.) FUCHS. 4070

Clara Bergamin Di Capua, Corso di chimica organica. Lezioni tenute da C. B. Ristampa. Firenze: Seu, Soc. ed. universitaria. 1953. (344 S.) L 2200,—.

Horst Böhme u. **Norbert Kreutzkamp,** Über quartäre Ammoniumsalze der Methylen-diamin-Reihe. Marburg: Elwert in Komm. 1953. (37 S.) = Sitzungsberichte der Gesellschaft zur Beförderung der gesamten Naturwissenschaften zu Marburg. Bd. 76, Jg. 1953, H. 1. DM 3,—.

Ernst Kergl, Kurt Koebke u. **Heinz Haury,** Glutaminsäure. Stuttgart: Wissenschaftl. Verlagsges. 1954. (128 S.) DM 12,80. Mit Literaturverz. S. 104—128.

E. Biologische Chemie. Physiologie. Medizin.

E_1. Allgemeine Biologie und Biochemie.

G. Bringmann, *Zur Pleomorphie von E. coli unter Einfluß geringer Mengen Äthylalkohol.* Unter entsprechenden Nährboden- u. Temperaturbedingungen bildet E. coli unter dem Einfl. verschied. Hemmstoffe, wie Penicillin, Chloromycetin u. Ae., in bakteriostat. Konzz. sogenannte „Involutions-" u. „L-Formen" als „Ausweichformen", deren morpholog. Ausprägung konzentrationsabhängig ist. Die Pleomorphieerscheinungen der Bakterien in der bisher bekannten Form stehen nicht im Gegensatz zur Konstanz der Arten, da die Ausgangsart jeweils wieder ersteht. Nur die L-Form stabilisiert sich durch Fixierung einer bestimmten Entwicklungsstufe. In elektronenmkr. Präpp. werden im Grenzbereich der bakteriostat. Wrkg. Bläschen mit u. ohne Inhaltskörper gefunden, die durch Zerfall der Involutionsformen entstehen. (Zbl. Bakteriol., Parasitenkunde, Infektionskrankh., Hyg. II. Abt. **107.** 497—501. 26/4. 1954. Berlin-Dahlem, Bundesgesundheitsamt, Inst. für Wasser-, Boden- u. Lufthygiene.) GERDA SCHULZE. 4130

N. Je. Natansson, *Der Einfluß einiger Spurenelemente auf die Plasmaviscosität der Pflanzen.* Unterss. über die Wrkg. $1 \cdot 10^{-6}$ bis $1 \cdot 10^{-1}$ mol. Lsgg. von H_3BO_3 (**I**), $MnSO_4$ (**II**), $CuSO_4$ (**III**) u. $ZnSO_4$ (**IV**) auf die Plasmaviscosität der Zwiebel sowie von **I** auf die Plasmaviscosität von Hanf u. Weizen ergaben, daß $1 \cdot 10^{-6}$ mol. **I** sich von W. wenig unterscheidet. $1 \cdot 10^{-5}$ bis $1 \cdot 10^{-4}$ mol. **I** erhöht die Plasmaviscosität; am wirksamsten ist 10^{-4} mol. **I**. Bei 0,5 mol. **I** wird die Zelle getötet. $1 \cdot 10^{-6}$ bis $1 \cdot 10^{-4}$ mol. **II** zeigt eine positive Wrkg., $1 \cdot 10^{-3}$ mol. **II** senkt die Plasmaviscosität. Oberhalb $1 \cdot 10^{-2}$ mol. **II** stirbt die Zelle ab. Die entsprechenden Zahlen für **III** bzw. **IV** lauten:

$1 \cdot 10^{-6}$ bis $1 \cdot 10^{-5}$ mol. bzw. $1 \cdot 10^{-6}$ bis $1 \cdot 10^{-4}$ mol.; $1 \cdot 10^{-4}$ mol. bzw. $1 \cdot 10^{-4}$ mol.; $1 \cdot 10^{-3}$ mol. bzw. $1 \cdot 10^{-3}$ molar. Nach der tox. Wrkg. ergibt sich die Reihe: Cu > Zn > B > Mn > Wasser. Aus den Versuchsergebnissen geht hervor, daß geringe Konzz. der Spurenelemente die Plasmaviscosität erhöhen, hohe Konzz. diese senken. Hieraus erklärt sich auch die erhöhte Widerstandsfähigkeit der Pflanzen gegenüber Umweltsbedingungen unter der Einw. von Mikroelementen. (Доклады Академии Наук СССР [Ber. Akad. Wiss. UdSSR] [N. S.] **87.** 1067—70. 21/12. 1952.) LEBTAG. 4150

James H. Follette, William N. Valentine, E. Barton Hardin und **John S. Lawrence,** *Untersuchungen über den Gehalt an Glucuronsäure in menschlichen Leukocyten bei Gesunden und Kranken.* Leukocyten enthalten bei gesunden Personen größere Mengen *Glucuronsäure* (I). Vff. untersuchten den I-Geh. an Patienten mit chron. lymphocyt. Leukämie, nicht leukäm. Lymphocytose, chron. myelocyt. Leukämie u. weniger heftig verlaufender myelocyt. Leukämie. Bei diesen Krankheiten wurden durchschnittlich zu tiefe I-Werte gefunden. Bei Patienten mit Leukocytose, HODGKINs Krankheit, Polycythämie u. a. keine charakterist. Werte. (J. Lab. clin. Med. **43.** 134—42. Jan. 1954. Los Angeles, Calif., Univ. of California, Med. Center, School of Med., Dep. of Med. and Veterans Admin. Center.) BRATFISCH. 4160

Ss. Ss. Debow, *Nucleinsäuren und Tumoren.* In einer kurzen Übersicht wird an Hand der nichtsowjet. Literatur die Bedeutung des *Nucleinsäure*-Umsatzes für die Aetiologie u. Pathogenese der malignen Tumoren besprochen. (Современные Проблемы Онкологии [Gegenwärt. Probleme Onkologie] **5.** Nr. 7. 3—10. 1953.) RENTZ. 4160

N. N. Medwedew, *Weitere Beobachtungen über die blastomogene Aktivität der Nucleoproteide aus Krebsgeschwülsten der menschlichen Milchdrüse.* Die aus den Milchdrüsenkrebsgeschwülsten von 2 Patientinnen gewonnenen *Nucleoproteide* verursachten bei Zufuhr per se bei Mäusen der krebsfreien Linie CC_{57} Milchdrüsenkrebs, daneben erstmalig auch Hautkrebs, Speicheldrüsenkrebs, Lungenadenom, Leukose u. Endotheliom. (Доклады Академии Наук СССР [Ber. Akad. Wiss. UdSSR] [N. S.] **87.** 509—12. 21/11. 1952.) LEBTAG. 4160

Irving Rothchild (unter techn. Mitarbeit von **Lois Wilkening, Emogene Andrews** und **Betty Greene**), *Über die Umwandlung von intravenös verabreichtem Progesteron in Pregnandiol bei Frauen.* Die Umwandlung von *Progesteron* (I) nach intravenöser Injektion zu *Pregnandiol* (II), die nach einer einmaligen oder nach kontinuierlicher Verabreichung innerhalb von 24 Std. 5—6% beträgt, erfährt keine Beeinflussung bei carcinomatösen Kranken mit Amenorrhoe im Vgl. mit gesunden jungen Frauen. Bei täglicher Verabreichung von 100—500 mg I über 9—12 Tage streben die II-Ausscheidungen einem plateauförmigen Verlauf zu. Der Umwandlungsprozentsatz ist unabhängig von der I-Dosis. (J. clin. Endocrinol. Metabolism **13.** 1213—25. Okt. 1953. Columbus, O., Ohio State Univ., Coll. of Med., Dep. of Gynecol. and Obstetr.) LEUSCHNER. 4160

Wm. M. Govier, E. S. Feenstra, H. G. Petering und **Anna J. Gibbons,** *Die Cholinesterase experimenteller Tumoren.* Der Gesamt-*Cholinesterase* (I)-Geh. von WALKER 256-Rattenadenocarcinom, MURPHY-STURM-Rattenlymphosarkom u. CROCKER-Mäusesarkom 180 war allg. viel niedriger als der n. Gewebe tumorkranker Tiere. Zwischen den entsprechenden Geweben n. u. mit Tumoren behafteter Tiere bestand hinsichtlich des I-Geh. kein wesentlicher Unterschied, wodurch die Annahme der Bldg. eines I-Inhibitors durch Tumorgewebe wenig wahrscheinlich wird. Der spezif. bzw. nichtspezif. Charakter von I wurde nicht untersucht. Eine I-Hemmung durch Fl. aus dem nekrot. Zentrum des Adenocarcinoms trat in 5 von 6 Fällen ein, war jedoch nicht größer als die durch n. Serum oder solches tumorkranker Tiere bewirkte u. ist wahrscheinlich auf einen Geh. an Hämoglobin oder Blut zurückzuführen. Leber- u. Adenocarcinomhomogenat hatten gegenüber I keine Hemmwirkung. (Arch. Biochem. Biophysics **39.** 276—80. Aug. 1952. Kalamazoo, Mich., Upjohn Comp., Res. Div.) K. MAIER. 4160

Gennaro Di Macco, *Eiweißdiät und experimentelle Krebsbildung.* Ratten mit Benzpyrentumoren zeigen keine so starke Gewichtszunahme, wenn in der Diät tier. Eiweiß bzw. Casein durch *Glutin* oder Getreidekeimlinge ersetzt wird. Auch *Glycin* u. *Glutaminsäure* sollen eher wachstumshemmend wirken. (Atti Accad. Sci. Torino, Cl. Sci. fisiche, mat. natur. **86.** 308—13. 1951/52.) P. G. SCHEURLEN. 4160

Herbert Hirscher, *Über Veränderungen der Zellmorphologie und des Serumeiweißbildes beim Plasmocytom unter Cytostatica, insbesondere Urethan. N-Lost* ist für die Behandlung des Plasmocytoms ungeeignet. *Urethan* zeigt sichere Beeinflussung des cytolog. Bildes im Sinne einer Mitosehemmung u. einer Hemmung der Sekretion der Paraproteine. Das klin. Bild zeigt nur unsichere Veränderung. Elektrophoret. konnte nur in einem Fall eine Wrkg. festgestellt werden. Die Urethanbehandlung soll nur bei Frühfällen des Plasmocytoms angewandt werden. (Folia haematol. [Leipzig] **71.** 451—64. 1953. Rostock, Univ., Med. Klin.) MATTHIES. 4160

J. Ries und **A. P. Blasiu,** *Ist Polydyn ein Krebsheilmittel?* Bei 41 Frauen mit inoperablen Genitalcarcinomen oder Carcinomrezidiven wurde *Polydyn* (1 Ampulle zu 1 cm^3 täglich intramuskulär bis insgesamt 20—30 Injektionen) gegeben. Bei guter Verträglichkeit war eine vorübergehende Besserung im Allgemeinbefinden u. begleitender Entzündungen, aber keine Beeinflussung des Tumorgewebes zu verzeichnen. (Münchener med. Wschr. **95.** 847—49. 31/7. 1953. München, Univ., I. Frauenklin., Strahleninst.) BROSEMANN. 4160

J. Bäumer, D. Hofmann und **R. K. Kepp,** *Die Strahlenschutzwirkung des Cysteins bei dem Ascitescarcinom der Maus.* Zur Klärung der Frage, ob die Strahlenschutzwrkg. des *Cysteins* (I) direkter oder indirekter Art ist, wurde das Ascitescarcinom der Maus untersucht. Durch Punktion wurde der Ascites abgenommen u. mit 10 000 oder 15 000 r bestrahlt. Bei einem Teil der Proben wurde vor der Bestrahlung **I** zugefügt. Die Proben wurden dann histolog. ausgewertet, wobei sich ergab, daß eine Schutzwrkg. des **I** durchaus nachweisbar ist. Normale Suspensionen zeigen nach 9 Tagen stärkste Strahlenschädigung, während die mit **I** behandelten Zellen unbeeinflußt bleiben. **I** bewirkt danach eine Hemmung der indirekten Strahlenwirkung. (Strahlentherapie **92.** 25—32. 1953. Göttingen, Univ., Frauenklinik.) REUSSE. 4160

Burk Dean, Cell chemistry. Houston, Tex.: Elsevier Press. 1953. (362 S. m. Abb.) $ 7,50.

Richard Kuhn, Hrsg., Biochemie. T. 2—4. Weinheim/Bergstr.: Verl. Chemie. 1953. = Naturforschung und Medizin in Deutschland. 1939—1946. Bd. 40—42. 2. (241 S. m. Abb.) DM 15,—, 3. (201 S. m. Abb.) DM 13,—, 4. (318 S.) DM 17,—.

E₂. Enzymologie. Gärung.

David G. Freiman, *Organische chelatbildende Agentien zur Entmineralisierung von Knochen zur histochemischen Untersuchung der alkalischen Phosphatase.* Die chelatbildende *Äthylendiamintetraessigsäure* (I) ermöglicht eine Entkalkung von Knochen, ohne daß die Aktivität der *alkal. Phosphatase* (II) zerstört wird. Dünne Knochenschnitte werden nach 24std. Fixierung in kaltem 80%ig. A. u. Waschen mit W. in eine ca. 5%ig. **I**-Lsg. von p_H 6,0—6,5, gegebenenfalls auch unter Pufferung, bei 0° bis Raumtemp. bis zur vollständigen Entkalkung (ca. 3 Tage bis 2 Wochen) eingelegt, in fließendem W. gewaschen, entwässert u. in Paraffin eingebettet. Bei Messung der **II**-Aktivität (nach GOMORI oder mittels der Diazometh.) ist eine Reaktivierung mittels eines geeigneten Ions, zweckmäßig mit Mg^{2+}, erforderlich. Die **II**-Lokalisierung stimmte im wesentlichen mit der nach anderen Methoden festgestellten überein. (Amer. J. clin. Pathol. **24.** 227—31. Febr. 1954. Cincinnati, O., Univ., Coll. of Med., Dep. of Pathol., u. Gen. Hosp.) K. MAIER. 4200

B. M. Braganca und **J. H. Quastel,** *Enzymhemmungen durch Schlangengifte.* Es wurden die Wirkungen verschied. hitzebehandelter (15 Min.) u. nichterhitzter Schlangengifte (I; Russell-Viper, *Agkistrodon piscivorus, Naja naja*) auf verschied. Enzymsysteme (II) untersucht. Die hitzebehandelten **I** waren nicht toxisch. Die an der Oxydation von *Glucose* (III), *Pyruvat, L-Glutamat, Succinat, α-Ketoglutarat* u. *Fructose* durch Gehirnhomogenate beteiligten **II** werden durch kleine Mengen erhitzter **I** gehemmt. *Brenztraubensäuredehydrase* (IV) des Gehirns, *Bernsteinsäuredehydrase* von Gehirn u. Herz, *Cytochromoxydase* von Gehirn u. *Cholinoxydase* der Leber werden stark beeinflußt. Die Aktivität folgender **II** bleibt unversehrt erhalten: *anaerobe Glykolyse* durch Rattenhirn, **III**-*Vergärung* durch Hefeextrakt, *Brenztraubensäuredismutation* durch Taubenleber, *Hexokinase, Glucoseoxydase* (V) aus Leber, **V** aus Pilzen (*Notatin*), lösl. **IV** aus Taubenbrustmuskel, *Milchsäure-* u. *Äpfelsäuredehydrase* aus Taubenbrustmuskel, *Urease, Cytochrom c.* **II**, die von hitzebehandelten **I** nicht beeinflußt werden, unterscheiden sich von den **I**-empfindlichen durch die Aktivität in wss., zellfreien Gewebeextrakten. Sie sind in ihrer Wirksamkeit anscheinend von Zellstrukturen unabhängig. Hitzebehandelte **I** enthalten ein hitzestabiles Enzym, wahrscheinlich eine *Lecithinase* (VI), die Gehirnphospholipine oder Lipoproteine angreift. Die Hemmwrkg. auf ein empfindliches Enzymsyst. erfährt durch Ca^{2+}-Ionen, die **VI** aktivieren, eine Vergrößerung. Vff. nehmen an, daß hitzebehandelte **I** ihre Hemmwirkungen durch enzymat. Abbau von Mitochondrialstrukturen ausüben, von deren Unversehrtheit oder speziellen räumlichen Anordnungen die optimale Aktivität der betreffenden **II** abhängt. (Biochem. J. **53.** 88—102. Jan. 1953. Montreal, Can., Gen. Hosp., Res. Inst.) K. MAIER. 4200

H. Lundegårdh, *Eigenschaften des Cytochromsystems von Weizenwurzeln.* Es wurde ein sehr empfindliches u. rasch arbeitendes automat. Spektrophotometer konstruiert, das die genaue Aufzeichnung der Absorptionsspektren von lebenden Wurzeln, während diese bestimmten physiol. u. biochem. Bedingungen unterworfen werden, ermöglicht. Weizenwurzeln enthalten ein komplettes *Cytochromsyst.* (**I**-Syst.), einschließlich *Cytochromoxydase* (**II**) u. *Cytochrom c* (**III**) u. *b* (**IV**). Das mol. (Fe-)Mengenverhältnis beträgt ca. 1 **II**, 2 **III** u. 3—4 **IV**. Die Cytochrome sind in einer Potentialstufenleiter angeordnet, wodurch von den Dehydrasesystemen zum O_2 ein interner Elektronenstrom aufrechterhalten wird, den ein externer, entgegengesetzt gerichteter Transport von Salzionen u. durch Dehydrase gebildeter Protonen kompensiert. Die **II**-Wechselzahl ist von der gleichen Größenordnung wie im Herzmuskel. **II** wird in Abwesenheit von O_2 u. in 0,001mol. *HCN* vollständig reduziert. *CN* u. *CO* wirken demgegenüber O_2kompetitiv u. rufen eine aerobe Anaerobiose hervor, wobei diese Inhibitoren wahrscheinlich auch teilweise in chem. Bindung mit **II**-*Fe* treten. Gehemmte **II** bleibt bei nachfolgender anaerober Oxydation von **III** u. **IV** durch *Fumarat* (**IX**) reduziert. **I** wird durch 2 Dehydrasesysteme mit Elektronen u. Protonen versorgt, nämlich durch das mit **IV** verknüpfte *Succinatdehydrase* (**V**)-Syst. u. durch ein zweites, das wahrscheinlich mit einem an **III** angegliedertes *Cozymase–Flavoprotein* (**VI**)-System ident. ist. Bei Hemmung von **V** durch *Malonat* (**VII**) oder *Fluorid* (**VIII**) wird das **VI**-Syst. beschleunigt, wobei **VIII** wahrscheinlich nicht das **V**-Syst. selbst, sondern Systeme der Glykolysekette, die Succinat an **V** liefern, hemmt. Die aufhebende Wrkg. von **IX** auf die **VII**-Hemmung hat konkurrierenden Charakter, u. überschüssiges **IX** kehrt das Elektrongleichgewicht zwischen **V** u. **IV** sowie zwischen **III** u. **IV** um, ein auch nach Urethanhemmung zu beobachtender Effekt. *Urethan* hemmt die Elektronenübertragung zwischen **IV** u. **III**. Eine n. anion. Atmung, d. h. eine kausale Beziehung zwischen Cytochromatmung u. akt. Salztransport aus dem Medium in die Zellen, setzt die Aktivität des vollständigen **I**, einschließlich der Aktivität des **V**–**IV**-Syst. voraus. Das Syst. **VI**–**III**–**II** kann keine Salze speichern. Die **IV**-Aktivität schließt wahrscheinlich die Überwindung einer Diffusionsschranke ein, die einen passiven Rückfluß der angesammelten Salze verhindert. Diese Schrankenfunktion wird wahrscheinlich durch eine Phosphatumwandlung irgendwie über **IV** u./oder **III** mit **I** verknüpft u. ist *2.4-Dinitrophenol*-empfindlich. (Ark. Kemi **5**. Nr. 12. 97—146. 1953.) K. MAIER. 4210

Agnar P. Nygaard, *Bei der enzymatischen Reduktion von Cytochrom beteiligte Faktoren. Succinat* (**VI**)–*Cytochrom c-Reduktase* (**I**), d. h. der Teil des *Succinoxydase* (**VIII**)-Syst., der an der Red. von *Cytochrom c* (**II**) beteiligt ist, u. *Diphosphopyridinnucleotid* (**IV**)–*Cytochrom c-Reduktase* (**III**), d. h. der Teil des **IV**-*Oxydase* (**IX**)-Syst., der an der **II**-Red. reduzierend beteiligt ist, von Schweineherzmuskel- u. Rattenleberhomogenat wurden durch Hydrolyse der Gewebephospholipide durch krist. *Lecithinase A* (**V**; krist. *Crototoxin*) inaktiviert. Spektroskop. Unterss. ergaben, daß der **V**-empfindliche Faktor (**VII**), der an der **II**-Red. durch **VI** beteiligt ist, zwischen den *Cytochromen b* u. *c* lokalisiert ist. Es wurde gefunden, daß **VII** nach **V**-Hydrolyse bei 25° eine höhere Aktivität als bei 37° aufweist u. durch Abkühlen der Reaktionsmischung eine Reaktivierung von **VII** erzielt werden kann. Unters. der Wrkg. von **V** auf Leber ergab, daß in diesem Gewebe ein vollständig inaktiviertes **I**-Syst. neben einem gut wirksamen **III**-Syst. vorliegen kann. In Herzmuskel kann dagegen **III** ohne merkliche Beeinflussung der **I** vollständig inaktiviert werden. Aus Herzmuskel extrahierte lösl. **III** blieb von **V** unbeeinflußt. *Diaphorase* u. *Bernsteinsäuredehydrogenase* wurden unter Bedingungen, die **VIII** u. **IX** vollständig inaktivierten, nur unbedeutend gehemmt. Die Hemmung erfuhr durch höhere **V**-Konzz. keine Steigerung. Es wird die Möglichkeit diskutiert, daß die **V**-empfindlichen Faktoren an der enzymat. Red. von **II** durch **IV** u. **VI** beteiligte *Phospholipide* darstellen, die verschied. chem. oder physikal. Aufbau haben. (J. biol. Chemistry **204**. 655—63. Okt. 1953. Ithaca, N. Y., Cornell Univ., Labor. of Enzyme Chem.) K. MAIER. 4210

Seymour Kaufman und **S. G. A. Alivisatos,** *Über den Mechanismus der enzymatischen Synthese von Succinyl-CoA.* Das *phosphorylierende Enzym* (**I**) aus Herzmuskel, das die Rk. *Adenosintriphosphat* (**II**) + *Coenzym A* (**III**)$_{red.}$ + *Succinat* (**IV**) $\xleftrightarrow{(Mg^{2+})}$ *Adenosindiphosphat* (**V**) + *Orthophosphat* (**VI**) + *Succinyl-S*-**III** katalysiert, wurde von Spinat ausgehend weitgehend gereinigt u. der Reaktionsmechanismus mittels Isotopen untersucht. Der **VI**-Einbau in **II** erfordert **III** u. **IV**. **I** katalysiert auch den Austausch von ^{14}C-**IV** mit *Succinyl-S*-**III**. Die Rk. wird durch **VI** stimuliert u. benötigt Mg^{2+}. **V**-Zusatz, der das Syst. vervollständigt, hemmt etwas. **I** ist frei von **III**-*Transpherase*, die einen ähnlichen Austausch in Abwesenheit von **VI** u. Mg^{2+} katalysiert. Gereinigtes **I** aus Spinat katalysiert bei sehr niedrigen Konzz. den Austausch von ^{32}P-**V** mit **II**, wobei die Rk. *Mg^{2+}*-abhängig ist. **I** enthält weder *Myokinase* noch *Adenosin-5-phosphat*–**V**-*Transphosphorylase*. Es erscheinen 2 Reaktionsschemata möglich: 1. **I** + **II** $\xrightleftharpoons{(Mg\,2+)}$ **I-VI** + **V**; 2. **I-VI** + **III** ⇄ **I**-(**VI-III**); 3. **I**-(**VI-III**) + **IV** $\xrightleftharpoons{(Mg\,2+)}$ **I** + Succinyl-S-**III** + **VI**; bzw. 1.; 2a. **I-VI** + **IV** ⇄ **I**-(Succinyl-**VI**); 3a. **I**-(Succinyl-**VI**) + **III** ⇄ **I** + Succinyl-S-**III** + **VI**. **IV** übt auf den **V** ⇄ **II**-Austausch keinen merklichen Einfl. aus, **III** hemmt die Rk. merklich. Der spezif. Charakter der **III**-Wrkg. ergibt sich aus dem Fehlen der Hemmung durch äquivalente Mengen von oxydiertem **III**, *Acetyl*-**III** oder *Pantethein*. Diese Befunde sprechen eher für den Reaktionsmechanismus 1—3. (J. Amer. chem. Soc. **76**. 2279—80. 20/4. 1954. New York, N. Y., Univ., Coll. of Med., Dep. of Pharmacol.) K. MAIER. 4210

H. N. Ray und **B. S. Gill**, *Vorläufige Beobachtungen über alkalische Phosphatase bei experimenteller Eimeria tenella-Infektion bei Küken*. Eimeria tenella-Infektion bei Küken red. die *alkal. Phosphataseaktivität* (**I**) in den Geweben der infizierten Teile. Die Kerne der Sporozoiten, 1. u. 2. Generation Schizonten, Gametocyten u. Oocyten zeigen positive **I**. Die 2. Generation Merozoiten zeigen während ihrer frühen Differenzierungs- u. Entwicklungsstadien eine positiv lokalisierte Zone in der Kernnachbarschaft, die verschwindet, wenn die Merozoiten reifen. In den weiblichen Gametocyten findet sich ebenfalls **I**, die nach der Befruchtung verschwindet. Auch das mikropolare Ende der Oocyten zeigt auffallende Rk. für **I**. (Ann. trop. Med. Parasitol. **48**. 8—10. März 1954. Mukteswar-Kumaun, India, Div. of Parasit., Indian Veter. Res. Inst.) K. BÖHM. 4210

K. S. Dodgson und **B. Spencer**, *Eine Prüfung von Humanserum auf Gegenwart von Arylsulfatase*. Suspensionen menschlicher Leber zeigten bei p_H 6,9 (mol. Acetat) u. 0,005mol. *K-p-Acetylphenylsulfat* (**I**) eine optimale *Arylsulfatase* (**II**)-Aktivität. Letztere war in Acetat ca. 4fach größer als in Citrat- oder Phosphatpuffer (p_H 7,1 bzw. 7,3, 0,003 bzw. 0,008mol.). Heparin u. Oxalat beeinflußten in den zur Verhinderung der Blutgerinnung verwendeten Konzz. **II** nicht, Citrat u. Fluorid hemmten zu 3—5%. Menschlicher Urin hemmte **II** in 40%ig. Konz. zu ca. 35%, die gleiche Serummenge nicht. Unter Verwendung von **I** in Acetat u. von *K-p-Nitrophenylsulfat* (**III**) wurden zahlreiche n. u. patholog. Seren sowie Plasma u. Serum von Frauen in fortgeschrittenem Schwangerschaftsstadium auf den Geh. an **II** untersucht. Er betrug $<$20 E./100 cm³. Seren von Rind, Schaf, Hund, Ratte u. Kaninchen sowie menschlicher Urin weisen keine höhere **II**-Aktivität auf. Bei Zusatz von Alkali zu Acetat, **III** u. Serum wird p-Nitrophenol frei. Der hierfür verantwortliche Faktor fand sich in allen untersuchten Säugerseren. Er ist thermostabil u. nichtdialysabel, greift die Sulfate von Phenol, p-Oxyacetophenon u. Phenolphthalein nicht an u. fehlt in durchströmten Rattengeweben u. Urin. Der Wirkungsmechanismus besteht anscheinend in einer Katalyse der alkal. Hydrolyse von **III**. (Biochem. J. **56**. XIII. Febr. 1954. Cardiff, Univ. of Wales, Physiol. Inst.) K. MAIER. 4210

George W. Schwert und **Andrew J. Glaid**, *Die Hemmung der Pferdeleberesterase durch substituierte Amide*. Die Unters. der Fähigkeit einer typ. *Esterase* zur Hydrolyse von *Amid*-Analoga der n. Estersubstrate, die nach früheren Verss. schneller als die spezif. Peptid- u. Amidsubstrate selbst gespalten werden, ergab, daß *N-Äthyl-* u. *N-Methylbutyramid* (**I**, **II**; Kp.$_3$ 104—106° bzw. Kp.$_{12}$ 105—106°) gegen *Pferdeleberesterase* (**III**) vollkommen resistent sind. **I** u. **II** wirken als kompetitive **III**-Inhibitoren. Der Einfl. der Temp. auf die K_m- u. k_3-Werte für *Methyl-* u. *Äthylbutyrat* u. die K_I-Werte für **I** u. **II** wurden bestimmt u. die thermodynam. Konstanten der Rkk. berechnet, wobei K_m die MICHAELIS-Konstante, K_I die **III**-Inhibitordissoziationskonstante u. k_3 die spezif. Aktivierungsgeschwindigkeit des **III**-Substratkomplexes (oder die Geschwindigkeit der zwischen **III**-Substratkomplexbldg. u. Auftreten der Reaktionsprodd. der am langsamsten verlaufenden Stufe) bedeutet. Der Mechanismus des Hydrolyse- u. Hemmungsvorgangs wird unter Verwendung der thermodynam. Daten diskutiert. (J. biol. Chemistry **199**. 613—20. Dez. 1952. Durham, N. C., Duke Univ., School of Med., Dep. of Biochem.) K. MAIER. 4210

Jeanne Lévy, *Über die Esterasen von Serum und Pankreas des Hundes*. Die vergleichende Unters. der Wrkg. des Hundeserums u. der *Pseudocholinesterase* (**I**) des Pferdeserums auf verschied. *Cholinester* (**II**) zeigt, daß neben kleinen Mengen Aliesterase im Hundeserum in geringer Konz. spezif. *Cholinesterase* u. in großer Konz. ein Enzym vom **I**-Typ enthalten sind, das sich jedoch von **I** durch stärkere Aktivität gegenüber aliphat. u. aromat. **II**, wie *Propionyl-*, *Butyryl-*, *Isobutyryl* (**III**)-, *Isovaleryl* (**IV**)-, *Benzoyl* (**V**)- u. *Furfuroylcholin*, ausgenommen *2-Äthylbutyrylcholin*, u. geringere Beeinflußbarkeit seines hydrolyt. Effektes auf *Acetyl-*, **III**-, **IV**- sowie **V**-*Cholin* durch die

Hemmwrkg. von *Procain*, *(2-Diäthylaminoäthyl)-cyclohexylcyclohexancarbonsäureester* sowie *p-Oxymethylbenzyldimethyldecylammoniumbromid* unterscheidet. Hundepankreas enthält neben merklichen Mengen Aliesterase ein Enzym vom I-Typ, das mit dem aus Hundeserum ident. ist. (J. de Physiol. **44.** 663—70. 1952. Fac. de Méd., Labor. de Jeanne Levy, u. Inst. Fournier.) K. MAIER. 4210

Otto E. Landman und **David M. Bonner**, *Neurospora-Lactase*. 1. Mitt. *Eigenschaften von Lactasepräparaten aus einem Lactose verwertenden und nichtverwertenden Stamm*. Mutantenstämme von *Neurospora*, die Lactose (I) nur in geringem Maße als C-Quelle verwerten, bilden alle ein Enzym mit *β-D-Galaktosidase* (II)-Aktivität. Die Reinigung von II aus Mycel eines n. Stammes erfolgte durch stufenweise Fällung des wss. Extrakts mit 15, 20 u. 70 Vol.-% Aceton, wobei der zuletzt erhaltene Nd. II in 20facher Anreicherung enthielt; p_H-Optimum der Enzym–Substrat-Rk. ca. 4,6 (0,04 mol. Phthalatpuffer). Die Geschwindigkeit der Rk. ($2 \cdot 10^{-3}$ mol. *o-Nitrophenyl-β-D-galaktosid* [III] als Substrat) wurde im Bereich 15,5—40° gemessen (lineare Beziehung zwischen den Logarithmen der Konstanten 1. Ordnung u. der reziproken absol. Temp.) u. die Aktivierungsenergie zu 8500 cal/Mol, die Aktivierungsenergie der Denaturierungs-Rk. zu 85000 cal/Mol sowie die MICHAELIS-Konstante des Enzym–Substrat-Komplexes zu $3{,}8 \cdot 10^{-4}$ mol berechnet. I hemmte die II–III-Rk. kompetitiv. II-Präpp. aus der I-negativen Mutante *12016*, die auf Saccharose reichlich Lactaseaktivität bildet, unterschieden sich von denen aus dem n. Stamm nicht merklich. Die sich widersprechenden Befunde deuten darauf hin, daß eine Genmutation qualitative Abweichungen eines Enzymmol. oder Änderung des enzymbildenden Mechanismus ohne Spezifitätsänderung zur Folge haben kann. (Arch. Biochem. Biophysics **41.** 253—65. Dez. 1952. New Haven, Conn., Yale Univ., Osborn Bot. Labor.) K. MAIER. 4210

H. A. Malaty und **G. H. Bourne**, *Histochemie der Bernsteinsäuredehydrogenase*. Zur histochem. Lokalisierung von Bereichen mit *Bernsteinsäuredehydrogenase* (I)-Aktivität diente die Red. von *Ditetrazoliumchlorid* zu einem blauen wasserunlösl. *Diformazan* (II). Frisch eingefrorene Schnitte wurden in eine Substratlsg. gebracht u. nach ca. 2 Std. die maximale Farbentw. festgestellt. Töten der Tiere durch Schlag erwies sich als zweckmäßiger als Anästhesie, die bei einigen Tieren u. Geweben Identifizierung u. Lokalisierung von I stört. 50—100 μ-Schnitte waren vorteilhafter als 8—20 μ dicke. Bei Meerschweinchen, Kaninchen, Mäusen u. Ratten wurde I in Niere, Herzmuskel, Skelettmuskel, Gehirn, Leber u. peripheren Nerven in abnehmender Reihenfolge festgestellt. Die Lokalisierung von I in Leber, Niere u. Muskel scheint in der intakten Zelle eng mit den Mitochondrien verknüpft zu sein, wie sich aus der intensiven Dunkelblaufärbung der Oberfläche der granulären Mitochondrienelemente oder der II-Kristallbldg. auf derselben ergibt. (Nature [London] **171.** 295—97. 14/2. 1953. London, Hosp. Med. Coll., Dep. of Histol.) K. MAIER. 4210

Spyridon G. A. Alivisatos und **Orville F. Denstedt**, *Die Nicotinamidhemmung mit Tri- und Diphosphopyridinnucleotid verbundener Dehydrasen*. (Vgl. C. **1952.** 3504.) *Nicotinamid* (I) hemmt nicht nur die *Dehydrase* (II)-Aktivität der mit *Diphosphopyridinnucleotid* (III), sondern auch der mit *Triphosphopyridinnucleotid* (IV) *verbundenen Dehydrasen* (IIa) des stromafreien Hämolysats aus Kaninchenerythrocyten. Kinet. Unterss. mit einer manometr. (Ferricyanid) u. einer spektrophotometr. Meth. lassen einen kompetitiven Charakter der Hemmung der III–IIa- u. IV–IIa-Systeme erkennen. Die spektrophotometr. Unters. des *Glucose-6-phosphatdehydrase* (V)–III-Syst. zeigt, daß bei Bebrütung des V-*Apoenzyms* (Va; aus zentrifugiertem u. dialysiertem Kaninchenerythrocytenhämolysat) ohne *Coenzym*, jedoch in Ggw. des Inhibitors, die Aktivität des Präp. stetig abnimmt. Die Abnahme ist der I-Konz. u. der Kontaktdauer von Enzym u. I proportional, d. h. die Verknüpfung von I u. Va scheint in Abwesenheit des *Coenzyms* stärker zu sein. Die MICHAELIS-Konstanten K_{IV} u. K_{III} von IIa in Va wurden zu ca. $5 \cdot 10^{-5}$ Mol, $K_{Glucose\text{-}6\text{-}phosphat}$ (spektrophotometr.) zu ca. $2 \cdot 10^{-4}$ Mol bestimmt. Die Affinität von *Milchsäure-* oder V-Va zum *Coenzym* war auf Grund der manometr. erhaltenen Werte in dem mit III wie mit IV verbundenen Syst. ca. 2000 mal größer als die zu I, die Affinität von V zu III nach spektrophotometr. Messungen ca. 17000fach größer als zu I. Diese Diskrepanz der Werte beruht darauf, daß bei der spektrophotometr. Meth. das einmal red. Coenzym in diesem Zustand verbleibt, unabhängig davon, ob mit Va verknüpft oder nicht. Das Coenzym dient hier als H-Acceptor u. verhält sich demnach wie ein Substrat. Bei der manometr. Meth. liegt ein cycl. Prozeß vor, wobei jedes Coenzymmol. wechselnd red. u. reoxydiert wird, also einen Katalysator darstellt. (J. biol. Chemistry **199.** 493—504. Dez. 1952. Montreal, Can., McGill Univ., Dep. of Biochem.) K. MAIER. 4210

Wilhelm Franke und **Inge Schulz,** *Über Oxydationsfermente aus höheren Pflanzen.* 1. Mitt. *Zur Kenntnis der Glykolicodehydrase.* Das von KOLESSNIKOW aufgefundene glykolsäureoxydierende Ferment, *Glykolicodehydrase* (**I**), höherer Pflanzen stellt eine H_2O_2 liefernde *Aerodehydrase* mit relativer, auf Acceptoren höheren Redoxpotentials gerichteter Acceptorspezifität dar. Als Enzymlsgg. dienten $^1/_{15}$ mol. Na_2HPO_4-Extrakte von Gersten- u. Sonnenblumenblättern, wobei durch Salzfällungen mit Na_2SO_4 u. $(NH_4)_2SO_4$ keine nennenswerte Reinigung zu erzielen war. *Methylenblau* diente nicht als Acceptor, während Acceptorfarbstoffe höheren Redoxpotentials, *2.6-Dichlorphenolindophenol* u. schwächer *Thymolindophenol, Toluylenblau* u. *Thionin* sowie auch *Pyocyanin* verwertet wurden. Verss. mit *Triphenyltetrazoliumchlorid* verliefen ebenfalls negativ. *Chinon* zeigte eindeutig Acceptorcharakter. Beim Nachw. der H_2O_2-Bldg. (Sonnenblumen-I) in Ggw. verschied. Katalaseinhibitoren (0,01 Mol) u. von Luft bzw. reinem O_2 nahmen die H_2O_2-Ausbeuten in der Reihenfolge NaN_3 (6%) $<$ KCN (27%) $<$ NH_2OH zu, wobei in reinem O_2 die H_2O_2-Anreicherung höher als in Luft war (66 bzw. 57%). (Liebigs Ann. Chem. **578.** 147—54. 1952. Köln, Univ., Inst. für Gärungswiss. u. Enzymchemie.) K. MAIER. 4210

J. Katz, S. Abraham, R. Hill und **I. L. Chaikoff,** *Die Bedeutung glykolytischer und „oxydativer" Abbaureaktionen bei der Glucoseverwertung durch Leber.* Die Beobachtungen von BLOOM u. Mitarbeitern (J. biol. Chemistry **204.** [1953.] 681; J. Amer. chem. Soc. **75.** [1953.] 5446) über die Bldg. von $^{14}CO_2$ aus ^{14}C-markierter *Glucose*(**I**) u. markiertem *Lactat* in Rattenleberschnitten wurden bestätigt; jedoch wird die Richtigkeit der Ableitung der Reaktionsgleichungen in Frage gestellt. Bei Anwendung modifizierter Gleichungen finden Vff., daß in Leberschnitten $>$90% unter den speziellen Bedingungen von BLOOM u. Mitarbeitern ca. 80% des CO_2 durch Glykolyse aus **I** entstehen u. nicht nur 20—25%, wie genannte Autoren annehmen. (J. Amer. chem. Soc. **76.** 2277—78. 20/4. 1954. Berkeley, Calif., Univ. of California, School of Med., Dep. of Physiol.) K. MAIER. 4210

E. Danopoulos und **B. Linardakis,** *Untersuchungen über die Mengenänderungen des Duodenalsaftes und der in diesem vorhandenen Pankreasfermente bei an Unterernährung leidenden Menschen.* Bei Menschen mit starker Unterernährung, die Ödeme mittleren oder hohen Grades bzw. keine Ödeme aufwiesen u. sich im Abmagerungszustand befanden, war der *Trypsin* (**I**)-Geh. des Duodenalsaftes (**II**) stets n., während der *Lipase* (**III**)-Geh. niedrig oder etwas unterhalb der physiol. Grenze lag. Die *Diastase* war sehr stark vermindert, bes. in **II** der 3. Std., obwohl bei der an Eiweiß u. Fett äußerst armen Diät eher eine Verringerung von **I** u. **III** zu erwarten gewesen wäre. Die **II**-Menge schwankte nach dem Grade des ödemat. Zustandes der Patienten. Bei mittleren Ödemen war eine mittlere **II**-Menge vorhanden, bei hochgradigen äußerst reichlich **II**, bei Patienten im schweren Abmagerungszustand meist sehr wenig **II**. Übergang des Patienten vom trockenen in den ödemat. Zustand war von einer beträchtlichen Erhöhung der **II**-Menge begleitet. Die bei den Ödematopathen vorkommende Erhöhung der **II**-Menge beruht anscheinend auf der Mengenerhöhung des Pankreassaftes u. nicht auf einer Vermehrung der Galle, da sich **I** stets innerhalb der physiol. Norm hält. (Klin. Wschr. **30.** 700—03. 1/8. 1952. Athen, Univ., 1. Med. Klin.) K. MAIER. 4210

Mary L. Caldwell, Nora Larson und **Betty Huston,** *Abwesenheit von Mesoinosit in gereinigten Amylasepräparaten von verschiedenen Quellen.* Auf mikrobiol. Wege werden *Amylase* (**I**)-Präpp. verschied. Herkunft hinsichtlich eines *Inosit* (**II**)-Geh. geprüft. In krist. Pankreas-**I**, in hochgereinigten Präpp. von β-**I** aus Gerste, in Takadiastase, einer von Aspergillus oryzae gebildeten α-**I** u. einer glucosebildenden **I**, die vom Schimmelpilz Rhizopus delemar erzeugt wird, findet sich keine Spur von **II**. Dagegen ist **II** vorhanden in Pankreatin u. in ungereinigten Extrakten u. Konzentraten, welche als Quellen für **I** dienen. Während der Reinigung der **I**-Präpp. wird **II** abgeschieden. Es konnte kein Beweis dafür erbracht werden, daß **II** irgendeinen Einfl. auf die Stabilität oder Aktivität eines der untersuchten **I**-Präpp. hätte. (Cereal Chem. **29.** 463—69. Nov. 1952. New York, N. Y., Columbia Univ.) WOLLER. 4210

Leon H. Schneyer, *Die Wirkungen hydrostatischen Drucks und ausgewählter Sulfhydrylinhibitoren auf Speichelamylase.* (Vgl. Arch. Biochem. Biophysics **39.** [1952.] 65.) Es wurde die Wrkg. von Druck auf die Aktivierung u. Inaktivierung menschlicher Speichel-*Amylase* (**I**) untersucht, wobei hydrostat. Drucke bis 6000 lb./sq.in. bei 11, 25 u. 60° zur Anwendung gelangten. Die Volumänderung bei der reversiblen Denaturierung wurde zu + 63 cm^3/Mol **I** berechnet. Der Enzym–Substrat-Aktivierungsvorgang ist von keiner merklichen Volumänderung begleitet. *Jodessigsäure* u. *Jodacetamid* hemmen **I** nur bei Temperaturbedingungen, Salzkonzz. u. Einwirkungszeiten, die zu der I-Inaktivierung führen. Die Druck- u. Inhibitordaten lassen vermuten, daß die H-Gruppen des *Tyrosins* zu den enzymat. akt., dicht unter der Proteinoberfläche gelegenen Zentren gehören. (Arch. Biochem. Biophysics **41.** 345—54. Dez. 1952. New York, N. Y., Montefiore Hosp., Dental Dep.) K. MAIER. 4210

K. Saroja und K. V. Giri, *Die Beziehung zwischen p_H und Aktivität der α- und β-Amylasen von Gerste und Ragi (Eleusine coracana) im ruhenden und gekeimten Zustand.* In ruhenden Körnern von Gerste u. Ragi wurde eine *α-Amylase* (I) mit Wirkungsoptimum bei p_H 7,0 nachgewiesen. Ruhende Ragikörner enthalten vorwiegend I u. eine langsam wirkende *β-Amylase.* Die I-Aktivität ruhender Gerste ist niedrig u. durch Phosphatpuffer von p_H 7,0 besser als mit W. allein extrahierbar. Während I ruhender Körner von Gerste u. Ragi ein p_H-Optimum von 7,0 besitzen, zeigen gekeimte maximale I-Aktivität bei p_H 4,5—5,0. (J. Indian Inst. Sci. **35.** 99—105. Jan. 1953. Bangalore, Indian Inst. of Sci., Dep. of Biochem.) K. MAIER. 4210

Vernon M. Ingram, *Bestimmung des isoelektrischen Punktes von Chymotrypsinogen durch eine Donnangleichgewichtmethode.* Aus nach KUNITZ u. NORTHROP (J. gen. Physiol. **7.** [1925.] 729) gewonnenen, 6fach aus verd. wss. A. umkrist. *Chymotrypsinogen* (I) wurde eine 10%ig. wss. Lsg. mittels einiger Tropfen n HCl hergestellt, bei 5° zentrifugiert u. dann stufenweise n NaOH zugesetzt. Es wurden jeweils 4—4,5 cm³-Proben entnommen, mit 1—1,5 cm³ Pufferlsg. von gleichem p_H-Wert gemischt, die Gemische in gewaschene Cellophanschläuche gefüllt, in Reagensgläser mit Pufferlsg. von gleichem p_H-Wert u. gleicher Verdünnung eingestellt (Differenz der p_H-Werte auf beiden Seiten der Membran $<$0,02), die Proben 24 Std. bei 5° langsam rotieren lassen (radial auf senkrechter Scheibe montiert), dann bei Raumtemp. die inneren u. äußeren p_H-Werte gemessen u. der Endwert des ersteren gegen die p_H-Differenz beider Lsgg. aufgetragen. Deren Nullwert entspricht dem isoelektr. Punkt von I bei p_H 6,3. Acetat- u. Phosphatpuffer lieferten prakt. ident. Ergebnisse. (Nature [London] **170.** 250—51. 9/8. 1952. New York, N. Y., Rockefeller Inst. for Med. Res.) K. MAIER. 4210

Mary Walz Loewus und D. R. Briggs, *Die Zahl der im Chymotrypsinmolekül vorhandenen katalytisch aktiven Stellen.* Die Anwendung des Massenwirkungsgesetzes auf Daten, die aus Dialysegleichgewichtsverss. mit *α-Chymotrypsin* (I) u. einem kompetitiven Inhibitor, *α-Naphthylpropionsäure* (II), erhalten worden waren, ergibt, daß I pro Mol nur eine akt. Stelle aufweist. Die I–II-Wechselwrkg. weist eine Dissoziationskonstante von $3{,}8 \cdot 10^{-3}$ auf, in guter Übereinstimmung mit dem von NEURATH u. GLADNER (C. **1951.** II. **3323**) aus kinet. Unterss. erhaltenen Wert von $4 \cdot 10^{-3}$. (J. biol. Chemistry **199.** 857—64. Dez. 1952. St. Paul, Univ. of Minnesota, Div. of Agric. Biochem.) K. MAIER. 4210

Harold J. Evans und Alvin Nason, *Die Wirkung von reduziertem Triphosphopyridinnucleotid auf die Nitratreduktion durch gereinigte Nitratreduktase.* Das Enzymsyst. *Nitratreduktase* (I), das die Red. von *Nitrat* (II) zu *Nitrit* (III) katalysiert, wurde in teilweise gereinigter Form aus zellfreien Extrakten von *Neurospora crassa* (*5297a*)-Mycelen durch Fraktionierung mit $(NH_4)_2SO_4$ u. Ca-Phosphat erhalten. III wurde mit *Sulfanilamid* u. *N-(1-Naphthyl)-äthylendiaminhydrochlorid* bestimmt. Die Red. erfordert die Ggw. von *Flavinadenindinucleotid* (IV) u. red. *Triphosphopyridinnucleotid* (V). Die Oxydation von red. V, die spektrophotometr. bei 340 mμ verfolgt wird, ist von der III-Bldg. begleitet. Red. V ist nicht durch V ersetzbar. Durch chem. (Hydrosulfit) oder enzymat. Red. dargestelltes red. V zeigt gleiche Wirksamkeit. 10^{-3} mol. KCN u. 10^{-4} mol. NaN_3 (Endkonzz.) hemmten zu 95—90%. Das Enzymsyst. hat anscheinend adaptiven Charakter, da prakt. keine I-Aktivität in Extrakten aus Mycelen, die auf NH_4-N-Nährlsg. in Abwesenheit von exogenem II gewachsen sind, nachweisbar ist. Bei gewissen *Neurospora*-Mutanten, die II nicht als N-Quelle verwerten können, fehlt das I-System. Homogenate von Sojablättern zeigen bei Zusatz von red. V zunehmende III-Bldg., ebenso zellfreie Extrakte. Ob I ein Enzym oder eine Reihe solcher darstellt, ist noch ungeklärt. I ist von dem Enzym, das Nitroäthan zu III u. Acetaldehyd oxydiert, verschieden. (Arch. Biochem. Biophysics **39.** 234—35. Juli 1952. Baltimore, Md., Johns Hopkins Univ., McCollum-Pratt Inst.) K. MAIER. 4210

William H. R. Shaw, *Die Hemmung der Urease durch verschiedene Metallionen.* Die Literaturangaben über die relative Toxizität von Metallionen für *Urease* (I) wurden zusammengestellt u. eine Wirkungsreihe derselben aufgestellt: $Ag^+ \sim Hg^{2+} > Cu^{2+} > Cd^{2+} > Co^{2+} > Ni^{2+} > Mn^{2+}$, Pb^{2+} u. $Zn^{2+} < Cu^{2+}$. Die Beziehungen zwischen Toxizität u. verschied. Eigg. der Metallionen werden diskutiert. Die Metallionen, die die unlösl. Sulfide bilden, stellen auch die stärksten I-Inhibitoren dar. Ob dieser Befund auch auf die übrigen Sulfhydrylenzyme zutrifft, ist noch unbestimmt. Auf Grund des angegebenen Reaktionsschemas (A) ist mit zunehmendem p_H eine ver-

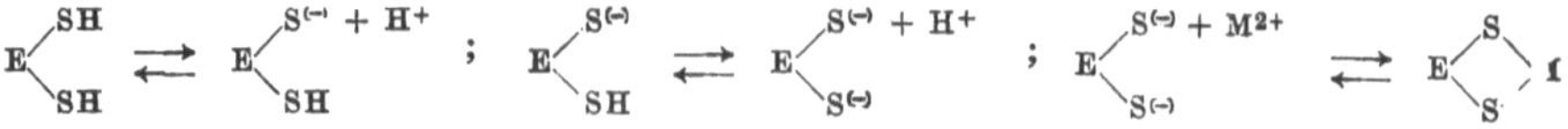

A

stärkte Hemmung zu erwarten. Hiermit stehen verschied. Literaturangaben in guter Übereinstimmung. Der zwischen der Summe der 1. u. 2. Ionisationspotentiale u. der Inhibitoraktivität bestehende Zusammenhang stimmt mit obiger Folge überein, während die Beziehung zwischen Chelatstabilität u. Inhibitorwirksamkeit weniger gut war. (J. Amer. chem. Soc. **76.** 2160—63. 20/4. 1954. Austin, Tex., Univ. of Texas, Dep. of Chem.) K. MAIER. 4210

K. Burton, *Die L-Aminosäureoxydase von Neurospora.* Bei 17 *N. crassa-* u. 3 *N. sitophila*-Stämmen waren unter geeigneten Bedingungen in allen Fällen sowohl eine *L-α-Aminosäureoxydase* (**I**) als auch eine *D-Oxydase* (**Ia**) nachweisbar, wobei die Aktivität beider Enzyme von Stamm zu Stamm beträchtlich schwankte: Eine **I** wurde auch in *Melanospora destruens* gefunden, während in verschied. anderen Schimmelspezies eine **I**-Aktivität fehlte. Die höchste **I**-Ausbeute lieferte *N. crassa CMJ 3411* in stationärer Kultur auf fl. Nährlsg. mit Zucker, NH_4-Tartrat, 0,2% Caseinhydrolysat, anorgan. Salzen u. 0,1—0,5 γ Biotin (**II**)/Liter, wobei maximale **I**-Aktivität in Mycel u. Kulturfl. nach 12tägigem Wachstum bei 25° auftrat. **II**-Konzz. >1 γ/Liter vermindern die **I**-Ausbeute erheblich. Die Kinetik von **I** wurde untersucht. Die p_H-Aktivitätskurve weist zwischen p_H 6 u. 9,5 ein breites Maximum auf (Temperaturoptimum ca. 45° bei p_H 8,2). Hohe Substratkonzz. hemmen. Die von **I** katalysierte Rk. verläuft nach der Gesamtgleichung $R \cdot CH(NH_2) \cdot COOH + \frac{1}{2} O_2 = R \cdot CO \cdot COOH + NH_3$. Die relativen Oxydationsgeschwindigkeiten von 20 untersuchten *Aminosäuren* (**III**) waren für 4,5fach gereinigte **I** u. für rohe Mycelextrakte gleich. Außer den bereits bekannten 33 **III**, die von **I** oxydiert werden, katalysiert **I** noch die Oxydation von *Canavanin, Arginin, Citrullin, Glykokoll* u. natürlicher *α.ε-Diaminopimelinsäure. Kristallviolett* (**IV**) u. *Methylenblau* (**V**) red., gemessen am O_2-Verbrauch, die Geschwindigkeit der von **I** (mit Aceton gefälltes Präp.) katalysierten Rk., während 0,01 mol. *HCN, Azid* oder NH_2OH den O_2-Verzehr infolge Katalasehemmung steigern. Gereinigte **I** (katalasefrei) wird durch 0,01 mol. *HCN*, NH_2OH, *Azid* oder 10^{-3} mol. *Chininsulfat* nicht beeinflußt, während 0,01 mol. *Atebrin* zu 15%, 10^{-3} mol. **IV** zu 69%, $2 \cdot 10^{-3}$ mol. **V** zu ca. 30% u. 10^{-2} mol. $CuSO_4$ zu 63% hemmen. *2.6-Dichlorphenolindophenol, D-Phenylalanin, Jodessigsäure, p-Chloracetophenon, 8-Oxychinolin, 2.4-Dinitrophenol, DL-Milchsäure, Kojisäure, Benzoesäure, Phthalsäure, DL-N-Methylleucin, NaF* u. *Octanol* lassen O_2-Gesamtverbrauch wie Geschwindigkeit der O_2-Aufnahme unverändert. Gereinigte **I** enthält *Flavinadenindinucleotid* gebunden (1 g-Mol/11000 g nicht dialysablen N), wie durch Aktivierung des **Ia**-*Apoenzyms*, Fluorimetrie u. Papierchromatographie nachgewiesen werden konnte. *Riboflavin* u. dessen Phosphat wurden nicht gefunden. Anaerober *Alanin*-Zusatz verminderte zwischen 380 u. 500 mμ die opt. Dichte des Enzympräp.; diese Veränderung ist für die chem. Red. von Flavoproteinen charakteristisch. Die Umwandlungszahl wurde zu 2100 Moll. *Phenylalanin*/Min. (bei 30°) berechnet. Die Reinigung von **I** aus Kultur-Fl. erfolgte durch doppelte $Cu(OH)_2$-Fällung, Lösen in 2nNH_3 u. $(NH_4)_2SO_4$-Fällung unter mehrfacher Einschaltung von Dialysen. (Biochem. J. **50.** 258—68. Dez. 1951. Sheffield, Univ., Dep. of Biochem.) K. MAIER. 4210

Jean Roche, Nguyen van Thoai und **Pierre Ricaud,** *Über die Hemmung der L(—)-Prolinoxydation durch Cyclophorase mittels 3wertiger Arsenverbindungen.* Die Oxydation von *L(—)-Prolin* (**I**) durch *Cyclophorase* aus Rattenleber ist bes. gegenüber 3wertiges *As* enthaltenden Inhibitoren (Arsenit, Lewisit) empfindlich. In allen Fällen bewirkt die Hemmung keine Senkung des respirator. Quotienten, sondern prakt. vollkommenen Stillstand des O_2-Verbrauchs, wobei der Blockierung der **I**-Oxydation eine Inkubationsperiode mit n. O_2-Verbrauch vorangeht, deren Länge von der Inhibitorkonz. abhängt. Der Verlauf der Hemmung scheint darauf hinzudeuten, daß die Entw. der Oxydations-Rk. durch einen anderen Prozeß gesteuert wird, auf den dann prim. die Hemmung wirken würde. (C. R. hebd. Séances Acad. Sci. **236.** 427—29. 26/1. 1953.) K. MAIER 4210

Vagn Møller, *Aktivitätsbestimmung der Aminosäuredecarboxylasen bei Enterobacteriaceae.* Zerstörung der semipermeablen Membran durch Toluol, andere Lösungsmittel oder grenzflächenakt. Stoffe u. Best. der *Decarboxylaseaktivität* (**I**) verschied. *Enterobacteriaceae* im WARBURG-Apparat. So erhält man höhere Q-Werte (CO_2/Std./mg Bakterientrockensubstanz) als mit intakten Zellen u. vermeidet den Fehler, der durch die unkontrollierbare Diffusion von Aminosäuren in die Zelle entstehen würde. Andererseits ist das freie Ferment empfindlicher gegenüber verschied. Einflüssen. Deshalb sollte der Vers. in 15 Min. abgeschlossen sein, da sonst das Apoenzym unter aeroben Bedingungen merklich inaktiviert wird. Bei Zugabe von Coenzym u. Verwendung geeigneter Puffer lassen sich aber gute Q-Werte erzielen. Sie betragen für *Lysin-*, *Arginin-*, *Ornithin-* bzw. *Glutaminsäuredecarboxylase* bei verschied. Shigellastämmen (p_H 5,0) 2600—5000, 120—800, 800—1700 bzw. unter 10; bei Escherichia coli 240 bis 600, 365—950, 230—500 bzw. 140—1540. Klebsiellastämme zeigten starke Lysindecarboxylaseaktivität (3150—8200). (Acta pathol. microbiol. scand. **34.** 102—14. 1954. Kopenhagen, Statens Seruminst.) HANS THIELE. 4210

Eugene Roberts und **Herta M. Bregoff**, *Transaminierungen von γ-Aminobuttersäure und β-Alanin in Hirn und Leber.* Vff. weisen Enzymsysteme in Mäusehirn- u. -leberrückständen u. -acetonpulvern nach, welche die Transaminierungen von *γ-Aminobuttersäure* (I) u. *β-Alanin* (II) mit α-Ketoglutarsäure (III) katalysieren. Die Geschwindigkeit dieser Rkk. liegt in der gleichen Größenordnung wie die bei Alanin (IV) u. Asparaginsäure gefundene. Die Transaminierungen von I u. II mit III konnten mit Präpp. aus grünem Pfeffer u. Avocado, die Transaminierungen von IV mit III katalysieren, nicht nachgewiesen werden. Die mögliche Bedeutung der erhaltenen Befunde wird diskutiert. (J. biol. Chemistry **201.** 393—98. März 1953. St. Louis, Mo., Univ. of Washington, School of Med., Wernse Labor. of Cancer Res.) NEHRING. 4210

Alfred Nisonoff, Sarah S. Henry und **Frederick W. Barnes, jr.**, *Mechanismen der enzymatischen Transaminierung. Variable der spektrophotometrischen Bestimmung der Glutamat–Asparaginat-Kinetik.* Im Hinblick auf die Wichtigkeit der Werte der Anfangsgeschwindigkeit bei Enzymunterss. wurden die Grundlagen für eine exakte ultraviolettspektrophotometr. Best. der Kinetik des *Glutamat–Asparaginat-Transaminase*-Syst. (I) ermittelt. Die Meth. beruht auf dem großen Absorptionskoeffizienten von *Oxalacetat* (II) bei 280 mμ im Vgl. mit den anderen Komponenten von I. Änderungen der II-Konz. können während der Transaminierung rasch mit einem durchschnittlichen Standardfehler von nicht mehr als 3% festgestellt werden. Die beiden isomeren Formen von *Oxalessigsäure* (wahrscheinlich *cis–trans*-Isomerie) sind anscheinend bei p_H 7,4 in Lsg. identisch. Die spontane Zers. von II, eine Neben-Rk. bei der Transaminierung, ist eine Rk. 1. Ordnung. Die Reaktionsgeschwindigkeit ist von der II-Konz. unabhängig, nimmt jedoch in Ggw. von *Glutaminsäure* oder *Asparaginsäure* stark, schwächer durch *α-Ketoglutarat* zu. Der Ablauf der Transaminierung in der gleichen Reaktionsmischung hat auf die Zersetzungsgeschwindigkeit keinen wesentlichen Einfluß. Die opt. Dichten von Mischungen der I-Komponenten können auf Grund der individuellen Absorptionskoeffizienten genau vorausberechnet werden. (J. biol. Chemistry **199.** 699—711. Dez. 1952. Baltimore, Johns Hopkins Univ., Dep. of Chem., u. School of Med., Dep. of Med. and Physiol. Chem.) K. MAIER. 4210

Alfred Nisonoff und **Frederick W. Barnes jr.**, *Mechanismen der enzymatischen Transaminierung. Kinetische Untersuchung der Glutamat–Asparaginat-Reaktion.* (Vgl. vorst. Ref.) Die Anfangsgeschwindigkeiten der Transaminierung von *α-Ketoglutarat* (I) mit *Asparaginat* (II) wurden unter verschied. Bedingungen durch eine genaue, schnelle spektrophotometr. Meth. unter Berücksichtigung der möglichen Fehlerquellen gemessen. Die Reaktionsgeschwindigkeit nimmt mit abnehmender Temp. zwischen 13—57° ständig zu. Zwischen 13—40° ist die ARRHENIUS-Gleichung anwendbar u. ergibt eine Aktivierungsenergie von 12500 cal/Mol. Unter 27° wird zu Reaktionsbeginn eine kurze Verzögerungsperiode beobachtet. Phosphatpuffersalze üben auf die Rk. einen deutlichen katalyt. Effekt aus. Die Unters. des Verh. des Enzympräp. in Abhängigkeit verschied. Substratkonz. erlaubt einen Einblick in den Mechanismus der Wechselwrkg. Substrat–Enzym. Alle hierbei gewonnenen Daten gehorchen einer Gleichung, die auf Grund der Annahme, daß die Rk. über Bldg. einer ternären Zwischenverb. von Enzym (III) u. 2 Substraten verläuft, aufgestellt wurde (III + II $\xrightarrow{k_1}$ III–II; III–II + I $\xrightarrow{k_2}$ III–II–I; III–II–I $\xrightarrow{k_3}$ III + Reaktionsprodd.). Die Gleichung für die Reaktionsgeschwindigkeit wurde durch Übertragung der VAN SLYKE-TULLEN-Hypothese der Enzymwrkg. auf ein Syst. mit 2 Substraten erhalten. Die Daten bei Variation der III-Konz. weichen etwas von der Gleichung ab (nicht vollständig linearer Verlauf). Durch eine empir. Korrektur ist jedoch Übereinstimmung mit derselben erzielbar. (J. biol. Chemistry **199.** 713—28. Dez. 1952.) K. MAIER. 4210

E. F. Metzger und **P. Favarger**, *Untersuchungen über die Cholesterinesterase der Darmzotten.* Die *Cholesterinesterase*-Aktivität der Darmzotten der Ratte wurde in Abhängigkeit von Zeit, p_H-Wert, Substratzusammensetzung u. Enzymkonz. untersucht. Unter allen gewählten Bedingungen war nur eine Hydrolyse der *Cholesterinester* u. niemals eine Veresterung freien *Cholesterins* (I), selbst nicht in Ggw. eines Überschusses von I u. von Fettsäuren, nachweisbar. (Helv. chim. Acta **35**. 1805—11. 15/10. 1952. Genève, Univ., Inst. de Chim. physiol.) K. MAIER. 4210

G. Popjak, *Die Biosynthese von Squalen und Cholesterin aus* $^{14}C_{(1)}$*-Acetat.* Die Ovarialgewebe der legenden Henne, bes. die das sich entwickelnde Ei (Dotter) umgebenden Membranen (Zona granulosa, Theca interna), u. Rattenleberschnitte synthetisieren in vitro aus *Acetat* (I) *Squalen* (II) u. *Cholesterin* (III), wie unter Verwendung von $^{14}C_{(1)}$-I nachgewiesen wurde. Die Beziehungen zwischen der spezif. Aktivität des endogenen II u. III bei den Verss. mit Leberschnitten schließen die Möglichkeit aus, daß II als solches die Vorstufe von III darstellt. II liefert vielleicht intermediäre isoprenoide Bausteine zur Sterinbildung. (Arch. Biochem. Biophysics **48**. 102—06. Jan. 1954. London, Mill Hill, Nat. Inst. for Med. Res.) K. MAIER. 4210

S. L. Friess und **W. J. McCarville**, *Die Art der Acetylcholinesterase-Oberfläche.* 1. Mitt. *Einige wirksame kompetitive Inhibitoren des Enzyms.* Zur Prüfung der Annahme, daß eine Klasse reversibler, konkurrierender *Acetylcholinesterase* (I)-Inhibitoren als entscheidendes konstitutionelles Merkmal einen Bereich hoher Elektronendichte (*—OOC—* u. *—CO—*, Ring-*N*), der von einem polymethylierten, vorzugsweise quartären *N*-Atom durch den Abstand einer $-CH_2-CH_2$-Einheit getrennt ist, aufweist, wurde weitgehend gereinigte I aus Gewebe von *Electrophorus electricus L.* verwendet. Als Inhibitoren dieser Gruppe dienten die Hydrochloride der *N-(β-Trimethylammonium)-äthylderivv.* (**II, III**) von *Pyrrolidin* u. *Piperidin*, sowie die entsprechenden *Dimethylaminoverbb.* (**IV, V**). **II—V** hemmten kompetitiv u. besaßen eine *Anticholinesterase*-Aktivität, die an den Dissoziatonskonstanten der I-Inhibitor-Komplexe gemessen, diejenige von *Eserin* (**VI**) oder *Prostigmin* (**VII**) erreichte oder übertraf (**II** u. **III** 2,7 u. 3,8 fach wirksamer als **VI**). Anscheinend dient das quartäre methylierte *N*-Atom einem „*anion.*" akt. I-Bezirk als Verbindungsstelle, u. die CH_2-CH_2-Gruppe überbrückt den Abstand zur 2. akt. Stelle von I, wo die Verknüpfung mit einer Gruppierung hoher Elektronendichte (Ring-*N*) des Inhibitors stattfindet. Eine enge Anpassung des Inhibitors an die I-Oberflächenstruktur erniedrigt den K_J-Wert(K_J Dissoziationskonstante des reversibel gebildeten I-Inhibitor-Komplexes) u. bedingt eine große Inhibitorwirksamkeit. Die enzymat. Hydrolysegeschwindigkeiten für *Acetylcholin* sind bei einer Substratkonz., die maximale Geschwindigkeit gibt, im Bereich von 0,18—0,56 im wesentlichen von der Ionenstärke unabhängig. Phosphat-Ionen sind für die Enzymaktivität nicht notwendig, Borsäure- u. Citronensäure-Ionen erniedrigen sie erheblich. Die unentbehrliche Rolle der Mg^{2+}-Ionen bei der I-Katalyse beruht möglicherweise auf der Bindung eines Bereiches hoher Elektronendichte des Substrats oder Inhibitors an die entsprechende akt. Stelle von I durch Vermittlung des Mg^{2+}-Ions (koordinative Bindung). Verbb., die Mg^{2+} komplex binden, verringern daher stark die I-Aktivität.

Versuche: Darst. der Inhibitoren durch Kondensation des prim. Chlorids (*β*-Dimethylaminoäthylchlorid oder dessen Methochloridderivv.) mit dem jeweiligen cycl. Amin (Überschuß) durch 24 std. oder längeres Kochen, Extraktion der freien Base u. Fraktionierung; Isolierung der quaternären Salze **II** u. **III** als Dipikrate u. Überführung derselben nach Umkrist. in die Chloride durch Anionenaustausch an *Dowex-1*, Umkrist. der Chloride aus absol. A.; II-*Dipikrat*, F. 202—203° (Zers.), $K_J\ 10^8\ 2{,}3 \pm 0{,}1$ (p_H 7,4, 25,12°, Substratanfangskonz. $3{,}33 \cdot 10^{-3}$ mol.); III-*Dipikrat*, F. 209—210° (Zers.), $10^8\ 1{,}6 \pm 0{,}1$; **IV**, $Kp._{40}$ 83—84°, n_D^{23} 1,4551, $10^8\ 4{,}9 \pm 0{,}3$; **V**, $Kp._{25}$ 84—85°, n_D^{23} 1,4617, $10^8\ 6{,}4 \pm 0{,}2$; **VI** 10^8 6,1; **VII** 10^8 16. (J. Amer. chem. Soc. **76**. 1363—67. 5/3. 1954. Bethesda, Md., U. S. Naval Med. Res. Inst.) K. MAIER. 4210

Alfred Pope, William Caveness und **Kenneth E. Livingston**, *Die strukturmäßige Verteilung von Acetylcholinesterasen der frontalen Isocortex psychotischer und nichtpsychotischer Patienten.* In 17 bei der Lobotomie wegen Geisteskrankheit oder nichtbehandelbarer Schmerzen erhaltenen Biopsieproben menschlicher frontaler Isocortex wurde die quantitative Verteilung von *Acetylcholinesterase* (I) in den Zellstrukturen bestimmt. Die Verteilung war im wesentlichen konstant. Die I-Aktivität war in der Schicht *I*, der *II—IIIa*-Verbindung u. den Mittelzonen der Schichten *III* u. *V* relativ groß. Die intracorticale Verteilung von I deutet auf eine Lokalisierung an den Oberflächen der Leitstrukturen u. Synapsen hin. Die mittlere I-Aktivität einer gegebenen Probe zeigte bei psychot. Patienten eine größere Schwankungsbreite als bei nichtpsychot. u. war bei 7 von 12 der ersteren gegenüber 5 der letzteren erhöht. Der Bereich der Rinden-I-Aktivität war bei 5 Patienten mit chron. verschlechterter Schizophrenie höher als bei 4 mit Psychoneurose oder nichtbeeinflußbaren Schmerzen. (A. M. A. Arch. Neurol. Psychiatry **68**. 425—43. Okt. 1952. Waverley, Mass., McLean Hospital, Res. Labor.; Boston, Psychopathic Hospital, u. Harvard Med. School, Lahey Clin., Neurosurgical Service and Dep. of Neuropathol. and Psychiatry.) K. MAIER. 4210

J. S. Colter und **J. H. Quastel**, *Untersuchung der Wirkungen von Methyl-bis-[β-chloräthyl]-amin und Anticholinoxydasen auf den Cholinstoffwechsel.* Die Inaktivierung von *Cholinoxydase* (I) u. *Acetylcholinesterase* (II) durch *Methyl-bis-[β-chloräthyl]-amin* (III) wird in vitro durch eine Anzahl von Verbb., wie *Benzedrin, Ephedrin, Tyramin, Histamin, Mono-, Di-* u. *Trimethylamin* (IV, V, VI), *Mono-, Di-* u. *Triäthanolamin* verringert oder verhindert. Die Verbb., die I u. II vor der III-Inaktivierung schützen, können selbst I u. II kompetitiv hemmen. Je größer die Affinität eines Mol. zu I oder II ist, desto größer ist anscheinend die Wrkg., mit der dieses Enzym gegen die III-Inaktivierung schützt („*Protektor*"-Wrkg.). Bei I bewirken IV, V u. VI, die keine starken I-Inhibitoren sind, einen deutlichen Schutz gegenüber III. Die Dissoziationskonstante des I-*Cholin*-Komplexes ist K = 0,0029 ± 0,0002. Die Dissoziationskonstanten des I-*Benzedrin*- bzw. I-*Ephedrin*-Komplexes sind K = 0,00025 ± 0,00003 bzw. 0,0014 ± 0,0002. (Arch. Biochem. Biophysics **41**. 305—16. Dez. 1952. Montreal, Can., General Hospital, Res. Inst.) K. MAIER. 4210

D. Nachmansohn, *Stoffwechsel und Funktion der Nervenzelle.* Übersichtsreferat. *Acetylcholinesterase* (I): spezielle Eigg., Lokalisation, Geschwindigkeit der enzymat. Rk., Vork.; Rolle von I beim Leitungsvorgang; Stellung von I im Stoffwechselcyclus der Nervenzelle; Acetylierung von *Cholin*; die *Proteine*; synapt. Übertragung. — 43 Literaturangaben. (Bull. Soc. Chim. biol. **34**. 447—65. 1952.) K. MAIER. 4210

C. B. Anfinsen, M. Flavin und **J. Farnsworth**, *Vorläufige Untersuchungen über die Struktur der Ribonuclease.* Nachdem die Kieselgelchromatographie von *Dinitrophenylribonuclease* als einzige N-endständige Aminosäure *Bis-[dinitrophenyl]-lysin* (0,3 bis 0,96 Mol/Mol *Ribonuclease* [II]) u. Einw. von hochgereinigter krist. *Carboxypeptidase* unter verschied. Bedingungen rasche Abspaltung von *Valin* (I) (neben Spuren von *Alanin* [III], *Glutaminsäure* [IV], *Asparaginsäure* [V], *Serin*, *Threonin* [VI]) aus dem C-endständigen II-Teil ergeben hatte, wodurch die Annahme einer einkettigen II-Struktur gestützt wird, wurden pept. II-Digestate, die aus papierchromatograph. nur unvollständig trennbaren Peptidfragmenten mit einer durchschnittlichen Kettenlänge von 8—9 Aminosäuren bestehen, der Filterpapierelektrophorese unterzogen (0,04 mol. Phosphatpuffer, p_H 7,20, 250 mV, 20 Milliamp., MUNKTELL-Papier, 16 Std., 5°, 10—30 mg Substanz). 5 Komponenten waren reproduzierbar gut abzutrennen, wobei ein Komplex aus neutralem Material hinterblieb. 2 der Fraktionen waren papierchromatograph. einheitlich u. bestanden wahrscheinlich jeweils aus einer einzigen Substanz. Beide enthielten *Phenylalanin* (VII) u. *Glycin* (VIII), die, als markierte Vorstufen zugesetzt, bei der Darst. radioaktiver II eingebaut wurden. Qualitative Zus. von *Fraktion 1*: I, III, IV, V, VIII; *3*: I, III, IV, V, VII, VIII, *Isoleucin, Lysin* (IX), Tyrosin, Arginin (X); *5*: III, V, VI, VII, VIII, IX, X, *Methionin.* (Biochim. biophysica Acta [Amsterdam] **9**. 468—69. Okt. 1952. Bethesda, Md., Federal Security Agency, Public Health Service, Nat. Insts. of Health, Nat. Heart Inst., Sect. on Cellular Physiol.) K. MAIER. 4210

John R. Totter, *Der Einbau von markiertem Formiat in das Thymin von Knochenmarkdesoxyribonucleinsäure in vitro.* Knochenmark-Suspensionen (Femur, Tibia) junger Albinoratten wurden in 0,03 mol. Phosphatpuffer (p_H 7,1) mit *^{14}C-K-Formiat* bebrütet u. die *Purine* (I) u. das *Thymin* (II) der *Ribonucleinsäure* u. *Desoxyribonucleinsäure* (III) isoliert. II von III enthielt wesentlich mehr *^{14}C* als I. Der II-Abbau ergab, daß die *5-CH_3*-Gruppe nahezu die gesamte Aktivität enthielt. Bei Zusatz anderer möglichen Vorstufen des I-Mol. als Formiat, wie *Aminoimidazolcarboxamid, Glutamin,* *HCO_3^-*, *Glykokoll*, allein oder in Kombination, war keine Beschleunigung der de novo-Synth. von I feststellbar. (J. Amer. chem. Soc. **76**. 2196—97. 20/4. 1954. Oak Ridge, Tenn., Nat. Labor., Biol. Div.) K. MAIER. 4210

S. M. Siegel und **R. L. Weintraub**, *Die Wirkung von Licht auf die Xanthinoxydase-Aktivität.* Im Gegensatz zu den Befunden von BERNHEIM u. DIXON (Biochem. J. **22**. [1928.] 113) konnte kein Anhaltspunkt für eine Aktivierung von *Xanthinoxydase* (I) durch Belichtung (W-Lampe) erhalten werden. Als I-Präp. diente meist Milch, aus der Casein durch Fällung mittels *Rennin* entfernt war. Licht beeinflußte die I-Aktivität (Inaktivierung) nur, wenn während der Bestrahlung ein photorezeptiver Farbstoff, z. B. *Methylenblau* (*MB*), *Riboflavin*, zugegen war. *Nitrat* als H-Acceptor beeinflußte die I-Aktivität nicht. Die von BERNHEIM u. DIXON beobachtete I-Aktivierung hatte indirekten Charakter u. beruhte vielleicht auf einer Photodehydrierung von Verunreinigungen des Präp. unter gleichzeitiger Red. von *MB*. (Biochem. J. **52**. 324—26. Okt. 1952. Frederick, Md., Chem. Corps Biol. Labors.) K. MAIER. 4210

H. McIlwain und **R. Rodnight**, *Stoffwechsel von Säugergewebe mit wenig oder keinem zugefügten Wasser.* Es wird eine Technik beschrieben, die es ermöglicht, in

Hirn-, Nieren-, Leber- u. Milzgewebeteilen von Säugetieren Atmungsmessungen ohne oder mit sehr wenig Zugabe von Fl. durchzuführen. Einfl. verschied. Fll. (Kochsalz-, Glucose-, Glucosephosphat-, Glutamat-, Succinat- u. Lactatlsg.) auf die Atmungsgeschwindigkeit wird untersucht. (Biochem. J. **56.** XII. Febr. 1954. London, Univ., Inst. of Psychiatry, Maudsley Hospital.) GENEST. 4210

R. Rodnight und **H. McIlwain,** *Stoffwechsel von in nichtwässerigen Flüssigkeiten suspendierten Gewebefragmenten von Säugetieren.* Messung der O_2-Aufnahme von Hirn-, Nieren-, Leber- u. Milz-Gewebeteilen von Säugetieren, die in Olivenöl, leichtes fl. Paraffin u. fl. Silicon eintauchten. Die Sauerstoffaufnahme war ebenso groß oder größer als in salzhaltigen Medien. Durch Stromstöße wird die Atmungsgeschwindigkeit um 50 bis75% erhöht. In Ggw. von 0,1 mMol *Phenobarbiton* oder *Butobarbiton* oder 1 mMol *Atropin* im Öl wird dieser Effekt reduziert. Zugabe von 25 μMol *Dinitrophenol* in Paraffin erhöht die Atmungsgeschwindigkeit sowohl im nichtwss. als auch im wss. Medium. (Biochem. J. **56.** XII—XIII. Febr. 1954. London, Univ., Inst. of Psychiatry, Maudsley Hospital.) GENEST. 4210

Joel G. Flaks und **John M. Buchanan,** *Die enzymatische Bildung von 4-Amino-5-imidazolcarboxamidribotid aus Inosinsäure.* Das aus Taubenleberextrakt mit 15—30% A. fällbare Enzymsyst. (I), *Inosinsäuretransformylase,* katalysiert in Ggw. von *Glykokoll* (**V**) die Bldg. eines *Arylamins* (**II**) aus *Inosinsäure* (**III**). **II** wurde durch Adsorption an Norit, Elution mit A.–NH_3-Lsg., Adsorption an Dowex-1-Chlorid bei p_H 9 u. fraktionierte Elution mit 0,003 n HCl isoliert u. als *4-Amino-5-imidazolcarboxamidribotid* (**IV**), λ_{max} 267 mμ, identifiziert. Die **IV**-Bldg. hängt stark von der **III**- u. **V**-Konz. ab, wobei *L-Alanin, L-Serin, Sarkosin, L-Methionin, L-Phenylalanin* u. *L-Leucin* **V** nicht ersetzen können. Zusatz von *Leukovorin* oder von natürlichem *Citrovorum-Faktor* (**VII**) bewirkten eine 2—3fache Steigerung der **II**-Bldg., Taubenleberkochsaft (**VI**) eine weitere Verdoppelung. Die **VI**-Wrkg. kann auch durch **VI**-Asche erzielt werden. Der wirksame Faktor der **VI**-Asche ist durch Cu^{2+} (10^{-4} mol.) ersetzbar. Die **II**-Bldg. wird durch Zusatz von KCN oder *Versene* vollständig aufgehoben. Die Befunde sprechen für die wahrscheinliche Beteiligung von **VII** an der Transformylierung als Cofaktor. Da eine merkliche de novo-Synth. von Purinen in **I** nicht erfolgt, wirkt **V** möglicherweise als ein Formylacceptor. (J. Amer. chem. Soc. **76.** 2275—76. 20/4. 1954. Cambridge, Massachusetts Inst. of Technol., Dep. of Biol., Div. of Biochem.) K. MAIER. 4210

O. Neal Miller und **Robert E. Olson,** *Der Stoffwechsel des Herzmuskels.* 4. Mitt. *Verwertung von Pyruvat und DL-Lactat durch Entenherz.* (3. vgl. C. **1952.** 394.) Unterss. über den Abbau von *Pyruvat* (**I**) u. *DL-Lactat* (**II**) in Schnitten von Entenherzventrikel mittels WARBURG-Technik ergaben, daß die Geschwindigkeit der **I**- u. **II**-Verwertung eine Funktion der Anfangskonz. des Substrats ist. Der Abbau umfaßt oxydative u. nichtoxydative Rkk., wobei die letzteren stärker bei höheren Substratkonzz. in Erscheinung treten. Die Geschwindigkeit der Abnahme der **I**-Verwertung durch Herzmuskel (Inaktivierung des Brenztraubensäureoxydasesyst.) ist durch eine logarithm. Funktion der Inkubationszeit (bei 37°) wiedergebbar. In der CO- bzw. COOH-Gruppe mit ^{14}C markiertes **I** wird in Herzschnitten vollständig oxydiert u. ist in hohen Konzz. (40 mMol/Liter) prakt. für den gesamten O_2-Verbrauch verantwortlich, während endogenes Substrat kompetitiv gehemmt wird. Die Atmung der Schnitte wird durch **I** viel besser unterstützt als durch zugesetztes **II** oder ohne Substratzugabe. (J. biol. Chemistry **199.** 457—66. Nov. 1952. Boston, Mass., Harvard School of Public Health, Dep. of Nutrition, u. Harvard Med. School, Dep. of Biol. Chem.) K. MAIER. 4210

Myron Brin, Robert E. Olson und **F. J. Stare,** *Der Stoffwechsel des Herzmuskels.* 5. Mitt. *Vergleichende Untersuchungen mit L(+)- und D(—)-^{14}C-Lactat an Enten- und Rattengeweben.* (4. vgl. vorst. Ref.) *L(+)-Lactat* (**I**) wurde auf Grund des O_2-Verbrauchs u. der $^{14}CO_2$-Bldg. aus markiertem **I** in Konzz. von 5 mMol/Liter 3—5mal so rasch als D(—)-**I** durch Herz- u. Leberschnitte von Ente u. Ratte u. 10—20mal so rasch durch Gehirnschmitte beider Tiere oxydiert. Andererseits wurden D-**I** durch Schnitte von Enten- u. Rattenherz ebensogut wie L-**I**, durch Rattengehirn $^2/_3$ so gut u. durch Entenleber u. -gehirn sowie Rattenleber $^1/_3$ so gut ausgenutzt. Unterss. mit Entenherzschnitten (Ventrikel) mit Konzz. von 0—40 mMol jedes Isomeren/Liter zeigten, daß bei höheren Konzz. zugesetztes Substrat bevorzugt vor endogenem oxydiert wurde. Obwohl für die Oxydation von D-**I** über *Pyruvat* u. den Tricarbonsäurecyclus zu $^{14}CO_2$ eine *Milchsäureracemase* angenommen u. verantwortlich gemacht werden könnte, erscheinen im Hinblick auf die hohe Geschwindigkeit, mit der D-**I** im wesentlichen ohne Oxydation verwertet wird, noch zusätzliche Abbau- u. Umwandlungs-Rkk. erforderlich. (J. biol. Chemistry **199.** 467—73. Nov. 1952.) K. MAIER. 4210

Myron Brin und **Robert E. Olson,** *Der Stoffwechsel des Herzmuskels.* 6. Mitt. *Konkurrenz-Reaktion zwischen einheitlich mit* ^{14}C *markiertem* L(+)-*Lactat und* ^{14}C-*Carbonyl-markiertem Pyruvat.* (5. vgl. vorst. Ref.) Es wurden die Verhältnisse bei Inkubation von Entenventrikelschnitten mit ^{14}C-Carbonyl-markiertem *Pyruvat* (I) allein, mit ^{14}C-markiertem L(+)-*Lactat* (II) allein oder mit verschied. Kombinationen von I u. II in Konzz. von 0—5 Millimol/Liter untersucht. Kein Substrat hemmte in Ggw. des anderen die Geschwindigkeit des O_2-Verbrauchs. Obgleich die Ggw. von II den mit I allein beobachteten Q_{O_2} nicht steigerte, vergrößerte Ggw. von I den mit II allein bestimmten Q_{O_2}. Während II das Verschwinden von I nicht hemmte, wurde das von II durch zunehmende I-Konzz. progressiv vermindert u. durch >3 Millimol I/Liter vollständig unterdrückt. Obgleich in keinem Fall eine Q_{O_2}-Hemmung beobachtet wurde, erfuhr $Q_{^{14}CO_2}$ aus markiertem I (5 Millimol/Liter) durch nichtmarkiertes II (5 Millimol./Liter) eine 35%ig., aus markiertem II (5 Millimol/Liter) durch nichtmarkiertes I (5 Millimol/Liter) eine 43%ig. Hemmung. Unterss. über die spezif. Aktivität beider Substrate vor u. nach Bebrütung mit Herzschnitten ergaben, daß amEnde derselben das anfänglich markierte Substrat ca. 40% der Anfangsradioaktivität des anderen besaß. Dieses ^{14}C-Gleichgewicht zwischen I u. II wurde wahrscheinlich über die Rk. $CH_3{}^{14}CO \cdot COOH + CH_3CHOHCOOH \rightleftharpoons CH_3{}^{14}CHOHCOOH + CH_3COCOOH$ durch *Milchsäuredehydrase* (III) hergestellt. Die Änderungen von $^{14}CO_2$ aus markiertem I oder markiertem II wurden als in direkter Beziehung zur spezif. Aktivität der gesamten I-Menge stehend erkannt. Trotz der merklichen Geschwindigkeit des von III katalysierten Austauschs zwischen I u. II, bildet anscheinend III bei der Oxydation von II zu CO_2 den begrenzenden Faktor. Zur Best. der spezif. Aktivität radioakt. *Milchsäure* in Ggw. anderer Metabolite wird II mittels $KMnO_4$ zu *Acetaldehyd* (IV) decarboxyliert u. die Aktivität des IV-*Dimedon*-Komplexes gemessen. (J. biol. Chemistry **199.** 475—83. Nov. 1952. Boston, Mass., Harvard School of Public Health, Dep. of Nutrition, Harvard Med. School, Dep. of Biol. Chem., New England Deaconess Hospital, Cancer Research Inst.) K. MAIER. 4210

Karl Myrbäck, Enzymatische Katalyse. Einführung in d. Enzymchemie. Berlin: de Gruyter. 1953. (VIII + 181 S. m. Abb.) DM 17,50.

E_3. Mikrobiologie. Bakteriologie. Immunologie.

W. Mechtijewa, *Die Entwicklung heterotropher Bakterien in einem flüssigen mineralischen Medium bei Abwesenheit organischer Stoffe.* Aus der Anreicherungskultur von Boden-Nitritmikroben auf WINOGRADSKI-Nährboden wurden durch Aussaat auf Fleischpeptonagar die heterotrophen Stämme (in Klammern die Bakterien, denen sie nahestehen) *R* (Pseudobacterium rubricum), *F* (Flavobacterium annulatum), *N* (Serratia rubefaciens) u. *D* (Serratia rubra) isoliert u. auf dem genannten Nährboden ohne Zugabe organ. Stoffe gezüchtet. Es ergab sich, daß die heterotrophen Bakterien auf rein mineral. Nährböden in Abwesenheit von nitrifizierenden Bakterien ein intensives Wachstum zeigen, ermöglicht durch die Adsorption organ. Stoffe aus der Luft. (Доклады Академии Наук СССР [Ber. Akad. Wiss. UdSSR] [N. S.] **89.** 177—80. 1/3. 1953. Inst. für Ozeanol. der Akad. der Wiss. der UdSSR.) LEBTAG. 4310

L. E. Ranta und **Mary McLeod,** *Vibrio cholerae in flüssigem Kulturmedium.* Die Unters. des Wachstums von *V. cholerae*, OGAWA-Stamm, in fl. Nährlsg. chem. definierter Zus. ergab, daß der Zusatz der 3 Aminosäuren *Tyrosin* (I), *Asparagin* (II) u. *Glykokoll* (III) zu einem anorgan. Salze enthaltenden, fl. Medium eine Entw., die der Trübung eines Kieselgelstandards von 0,45:1000 äquivalent war, hervorrief. Bei Belüftung mit einem Luft-CO_2-Gemisch (3:1) wurde in einer aus I (0,67 g), II (0,42), III (0,51), NaCl (5,0), $(NH_4)_2SO_4$ (5,0), K_2HPO_4 (0,75), $MgSO_4$ (0,1), Glucose (10,0) u. $NaHCO_3$ (15,0) bestehenden Lsg.(1 Liter dest. W.) ein einen 1,6:1000 Kieselgelstandard äquivalentes Wachstum erzielt. Vergleichbare Ausbeuten waren bei Ersatz von II u. III durch *Isoleucin* (0,97), von I durch *Alanin* (0,16) oder von II durch *Arginin* (0,39) erhältlich. (Canad. J. Res., Sect. E **28.** 257—61. Dez. 1950. Vancouver, Univ. of Brit. Columbia, Dep. of Bacteriol. and Preventive Med., u. Toronto, Univ., Connaught Med. Res. Labors.) K. MAIER. 4310

Allan Schneiderman, Meridian R. Greene, Leroy Schieler, Lawrence E. McClure und **Max S. Dunn,** *Die Ernährung von Leptospira canicola.* 2. Mitt. *Ein chemisch definiertes, gereinigtes Kaninchenserumalbumin enthaltendes Grundmedium.* (1. vgl. C. **1951.** I. 3203.) *L. canicola* konnte in einem chem. definierten Nährmedium, das durch elektrophoret. homogenes, aus dialysiertem Serum mittels $(NH_4)_2SO_4$-Fraktionierung abgetrenntes *Kaninchenserumalbumin* (I) ergänzt war, gezüchtet werden. Die durch A. gefällten Albumine (Rind, Pferd, Mensch, Schaf) waren als Zusatz wenig oder nicht wirksam, während die mit Salzlsg. gefällten Albumin (II)-Fraktionen (Rinder-II ausgenommen) I nahezu gleichwertig waren. (Proc. Soc. exp. Biol. Med. **78.** 777—80. Dez. 1951. Los Angeles, Univ. of Calif., Dep. of Bacteriol. and Chem.) K. MAIER. 4310

Grunberg-Manago, *Untersuchung des Stoffwechsels einer gegen Natriumazid resistenten Escherichia coli-Mutante.* Die *E. coli*-Mutante Stamm *A* „*r*" kann aerob oder anaerob in Ggw. hoher NaN_3-Konzz. (0,01 mol. Endkonz.; bei 0,02 mol. Wachstumsverlangsamung, bei 0,04 keine Entw.) wachsen, während der Ausgangsstamm *M* hierzu nicht in der Lage ist. *A* „*r*" wurde aus *M* durch Passagen in Ggw. steigender NaN_3-Konzz. erhalten, bildet eine stabile Mutante mit den charakterist. Eigg. von *E. coli* u. unterscheidet sich von *M* nur durch die Form der Kulturen auf festem Nährboden. In Aerobiose u. ohne NaN_3 bildet *A* „*r*" aus *Glucose* (I) die gleichen Verbb. wie „*M*", wobei nur der Anteil der C_2-Verbb. etwas verschieden ist. In Ggw. von NaN_3 findet keine Ansammlung von *Brenztraubensäure* statt, u. die Menge der C_2-Verbb. wird niedriger als bei C_3. Q_R ist für beide Stämme gleich u. nimmt in Ggw. von NaN_3 zu. In Anaerobiose sind die Stoffwechselunterschiede ausgeprägter. Ohne NaN_3 bildet *A* „*r*" aus I entweder durch gesteigerte Synth. oder durch Hemmung der Rk.: $HOOC \cdot CH_2 \cdot CH_2 \cdot COOH + H_2 \rightarrow 2CH_3COOH$, eine beträchtliche Menge *Bernsteinsäure* (II). Der Anteil an C_1- u. C_2-Verbb. ist bei *A* „*r*" gering. In Ggw. von NaN_3 bildet *A* „*r*" anaerob mehr C_1- u. C_2-Körper u. aus I keine II. Bei beiden Stämmen findet man anaerob bzgl. C_2-Verbb. niemals die theoret. Menge C_1-Verbb., d. h. es erfolgt eine Bindung von CO_2, die NaN_3 nicht verhindert. *A* „*r*" verwertet anaerob in Ggw. von NaN_3 *Pyruvat*, während *M* hierzu nicht in der Lage ist. Die NaN_3-Wrkg. auf den Bakterienstoffwechsel spricht gegen die Hypothese, daß die Mutation in einer Unterdrückung der Permeabilität der Bakterien für NaN_3 besteht. Die sich aus den Befunden ergebenden Problemstellungen, bes. hinsichtlich des enzymat. Syst., werden kurz diskutiert. (Ann. Inst. Pasteur **79.** 77—90 Juli 1950. Inst. de Biol. physico-chim., Service du Prof. E. Aubel.) K. MAIER. 4320

Kenneth McQuillen und **Richard B. Roberts,** *Die Verwendbarkeit von Acetat für die Synthese durch Escherichia coli.* Esch. coli baut in der Vermehrungsphase $CH_3 \cdot {}^{14}COONa$ oder $^{14}CH_3COONa$ in seinen Zelleib ein. (Unters. mit Hilfe verschied. Lösungs- u. Fraktionierungsverff., chromatograph. Trennung der Fraktionen mit anschließender Messung der Radioaktivität durch Röntgenfilm). In einem Glucose–Salz-Medium baut Esch. coli beide Acetate in *Glutaminsäure, Prolin, Arginin, Asparaginsäure,* Threonin, *Lysin, Methionin, Isoleucin* u. *Leucin* ein, woraus biosynthet. Beziehungen zwischen den meisten dieser Aminosäuren abgeleitet werden. Die Beziehungen zum Krebscyclus werden diskutiert. (J. biol. Chemistry **207.** 81—95. März 1954.) ZELLER. 4320

Catherine B. Fowler, *Die anaerobe Gärung von Escherichia coli in Beziehung zur enzymatischen Adaptation.* Es wurden die Veränderungen des Stoffwechsels von *E. coli* beim Übergang von der Aerobiose in Anaerobiose u. umgekehrt untersucht. Der Stamm wurde in synthet. Glucosenährlsg. gezüchtet. Ersatz von Luft durch N_2–CO_2 während der exponentiellen Wachstumsphase bewirkte sofort Stillstand der Entw., worauf nach 30—50 Min. das Wachstum wieder einsetzte u. nahezu die gleiche Geschwindigkeit wie in Aerobiose erreichte. Während der Latenzperiode, die dem Beginn der Anaerobiose folgte, fand kein meßbarer Verbrauch von Glucose (I) statt. Dieser setzte unmittelbar vor dem neuerlichen Wachstum ein u. erreichte den 2,5fachen Wert des aeroben Verbrauchs. Die CO_2-Bldg. stieg gleichzeitig auf das 10fache. Die Steigerung der anaeroben Gärung, jedoch nicht die bereits erreichte Intensität derselben wurde durch $2 \cdot 10^{-3}$ Mol *2.4-Dinitrophenol* (II) sowie durch Bakteriophageninfektion (vor dem Übergang in Anaerobiose) total gehemmt. Eine in gesteigerter Gärung befindliche anaerobe Kultur erfuhr bei Belüftung zunächst eine 5—30%ig. Erhöhung des I-Verbrauchs. Anschließend ging die Gärungsaktivität auf den aeroben Wert zurück. Die anaerobe I-Verwertung durch *E. coli* hängt nach diesen Ergebnissen von einem adaptativen enzymat. Syst. ab, das sehr labil ist, da es in Ggw. von O_2 rasch wieder in den ursprünglichen Zustand zurückkehrt. Die „*Desaptation*" wird durch **II**, wie in anderen Fällen auch, verhindert. Bei den aerob gezüchteten Bakterien scheint Luft die Synth., jedoch nicht die fermentative Tätigkeit, eines oder mehrerer Enzyme zu hemmen u. bei anaerob gezüchteten dieses Enzymsyst. zu inaktivieren. (C. R. hebd. Séances Acad. Sci. **231.** 1348—50. 6/12. 1950.) K. MAIER. 4320

Pierre Schaeffer, *Der Einfluß der Sauerstoffzufuhr bei Kulturen auf den Gehalt der Bakterien an Häminatmungspigmenten.* Das Spektr. aerob gezüchteter *Bacillus cereus* (Stamm *Caron*)-Kulturen zeigt 1. eine schwache αa-Bande, λ_{max} 600—602 mμ (18°), 2. eine breite mit λ_{max} 557—558 mμ (18°) bzw. 554—555 mμ (—196°), wobei eine Komponente dieser komplexen Bande die thermostabile αc-Bande ist, sowie 3. eine schwache β-Bande, λ_{max} 527—528 mμ (—196°). Erfolgt das Wachstum anaerob im gleichen Substrat in einer N_2-Atmosphäre mit 5% CO_2, dann sind die αa- u. β-Bande nicht mehr, auch nicht bei —196°, sichtbar. Die breite, nunmehr schwache Bande im Grün (18°) liegt bei —196° bei 559 mμ, hat also eine Rotverschiebung erlitten, die auf dem Verschwinden der αc-Komponente beruht. Die Best. von *Protohäm* (I) (als *Pyridinhämochromogen*) u. von *Cytochrom c* zeigt bei anaerob gezüchteten Zellen nur $^1/_7$ bzw. $^1/_{15}$ des Geh. aerober Kulturen. Extraktion u. spektrophotometr. Best. (bei 403 mμ) der ätherlösl. *Porphyrine* (II) in Filtraten aerober u. anaerober Kulturen zeigt, daß II in Aerobiose prakt. nicht, dagegen in Anaerobiose durchschnittlich zu 135 γ/Liter Kultur (mit 42 mg Bakterien-N/Liter) enthalten sind. Es handelt sich nicht um *Protoporphyrine. E. coli*-Kulturen zeigen aerob wie anaerob gleiches Spektr. u. gleichen I-Geh.; aerob sind im Filtrat keine II nachweisbar, dagegen in anaerober Kulturen, jedoch in wesentlich geringeren Konzz. als bei *B. cereus*. Anscheinend hemmt bei diesem Organismus die Anaerobiose die Synth. der *Cytochrome*, während die von II erhalten bleibt. II werden unverbraucht ausgeschieden. Bei einigen strikten Anaerobiern (*Clostridium*) durchgeführte Verss. ergaben keine II-Synthese. (C. R. hebd. Séances Acad. Sci. **231**. 381—82. 31/7. 1950.) K. MAIER. 4320

A. G. Marr und **J. B. Wilson**, *Die Fixierung von* $^{14}CO_2$ *in Aminosäuren durch Brucella abortus*. Die bei der Bindung von $^{14}CO_2$ durch wachsende *B. abortus*-Kulturen gebildeten Hauptprodd. sind *Glycin* (I) u. *Alanin* (II). Aus Zellproteinen isoliertes I enthielt bis zu 40% vom Gesamt-^{14}C des in den Zellen fixierten $^{14}CO_2$, wobei sich fast aller ^{14}C in der COOH-Gruppe befindet. $^{14}CO_2$ wird in II nur dann eingebaut, wenn die Kultur in einem synthet., keine Aminosäuren enthaltenden Medium gezüchtet wird. Ruhende *B. abortus*-Zellen bauen $^{14}CO_2$ in die COOH-Gruppe von extracellulärem I u. II ein, wobei die Austauschgeschwindigkeit bei II wesentlich kleiner als bei I ist. Dem $^{14}CO_2$-Austausch in I geht auf Grund des fehlenden Austauschs zwischen $^{15}NH_4^+$ u. der Aminogruppe von I keine Desaminierung voraus. (Arch. Biochem. Biophysics **34**. 442—48. Dez. 1951. Madison, Univ. of Wisconsin, Dep. of Bacteriol.) K. MAIER. 4320

A. Copet, P. Fierens-Snoeck und **H. van Risseghem**, *Beitrag zur Untersuchung der Oxydationswirkung von Bakterien auf α-Glykole. $CH_2OH-CHOH-R$ mit 3, 4, 5 und 6 C-Atomen. Acetobacter aceti* u. *A. suboxydans* (LISTER-Inst., Nr. *6423* u. *6430*) oxydieren wie *A. xylinum* u. *Mycoderma aceti* rac. *Propandiol-(1.2)* (I), wobei vorzugsweise die linksdrehende d-Konfiguration angegriffen wird u. das zurückbleibende I rechtsdrehend ist. *Butandiol-(1.2)*, *Pentandiol-(1.2)* u. *Hexandiol-(1.2)* wurden in dem verwendeten Milieu von *A. xylinum* (Nr. 4112), *A. aceti* u. *A. suboxydans* nicht angegriffen. In einem Fall hinterblieb bei der I-Oxydation mit *A. suboxydans* ein linksdrehender Rückstand. (Bull. Soc. chim. France, Mém. [5] **18**. 902—08. Nov/Dez. 1951. Bruxelles, 1. Univ., Labor. de Chim. gén.) K. MAIER. 4320

H. van Risseghem, *Neuer Beitrag zur Untersuchung der Wirkung von Acetobacter suboxydans auf Propandiol-(1.2)*. *Acetobacter suboxydans* oxydiert *Propandiol-(1.2)* (I), wobei vorzugsweise das Isomere der *d*-Konfiguration (linksdrehend) angegriffen wird. Das nicht oxydierte Diol war in allen Fällen rechtsdrehend. Verschied. Salze, bes. *Thoriumnitrat* u. *Uranylacetat*, katalysieren die bakterielle Oxydation von I. (Bull. Soc. chim. France, Mém. [5] **18**. 908—09. Nov./Dez. 1951. Bruxelles, 1. Univ., Labor. de Chim. gén.) K. MAIER. 4320

M. A. Mostafa, *Die Kohlenhydratvergärung von Bakterienisolierungen aus Zygophyllaceen- und Leguminosenwurzelknöllchen*. 2 aus *Zygophyllum coccineum* (**A**) u. *Tribulus alatus* (**B**) isolierte Knöllchenbakterienstämme wurden mittels des von BALDWIN u. FRED (Soil Sci. **24**. [1927.] 217) angegebenen Mediums unter Variierung der C-Quelle [*Monosaccharide* (**I**): *Xylose* (**II**), *Glucose* (**III**), *Lävulose* (**IV**) u. *D-Galaktose* (**V**), *Disaccharide* (**VI**), *Saccharose* (**VII**), *Maltose* (**VIII**), *Lactose* (**IX**)] mit einem aus Wurzelknöllchen von *Arachis hypogoea* (**C**) isolierten *Rhizobium*-Stamm hinsichtlich des Kohlenhydratfermentationsvermögens (relatives Wachstum, p_H-Änderung, Gasbldg.) verglichen. Bei den **A**- u. **C**-Stämmen beeinflußten **II, III, IV** u. **V** in abnehmendem Maße das relative Kulturwachstum (6 Wochen Bebrütung, 32 bzw. 37°), beim **B**-Stamm **III, IV, II** u. **V**. Alle 3 Stämme erniedrigten in Ggw. von **II** u. **III** den p_H-Wert. **C**- u. **A**-Stamm bildeten kein Gas, ausgenommen letzterer in autoklaviertem **III**-Medium. Der **B**-Stamm gab mit autoklaviertem **IV**- u. **V**-Medium Gasentwicklung. Von **VI** (6 Wochen, 20°) erwies sich **VIII** für das Wachstum aller 3 Stämme am günstigsten. Der **B**-Stamm wuchs gleich gut mit **IX** u. **III**, der **C**-Stamm wenig mit **IX** oder **VII**, ebenso der **A**-Stamm in autoklaviertem **IX**- u. **VII**-Medium. Alle 3 Stämme bildeten in Ggw. von **VI, IX** ausgenommen, Säure. Der **B**-Stamm gab, im Gegensatz zu den **A**- u. **C**-Isolierungen, deutliche Gasbildung. Demnach unterscheiden sich die aus den Zygophyllaceen isolierten Bakterienstämme deutlich in physiol. Hinsicht. Der **A**-Stamm weist größere Ähnlichkeit mit dem Leguminosenstamm **C** auf. (Nature [London] **170.** 276—77. 18/8. 1952. Cairo, Fouad I Univ.) K. MAIER. 4320

Seymour S. Cohen, *Die Verwertung von Gluconat und Glucose durch wachsende und virusinfizierte Escherichia coli-Bakterien. E. coli* enthält ein Enzymsyst., das *Glucose-6-phosphat* (**I**) über *6-Phosphogluconat* (**II**) zu *Pentose-5-phosphat* (**III**) u. dann zu *Triosephosphat* oxydativ abbaut. Ferner konnten spezif. adaptative Enzyme, *Transphosphorylasen, Gluconokinase*, *D-Arabokinase* u. *Ribokinase* aufgefunden werden, die die Einführung der entsprechenden Substrate in diese Ablauffolge, die bei *E. coli* neben dem EMBDEN-MEYERHOF-Schema der anaeroben Trioseblдg. existiert, ermöglicht. Bei aerobem Wachstum von *E. coli*, Stamm *B*, in mineral. Nährlsg. mit $^{14}C_{(1)}$-*Gluconat* (**IV**) als einziger C-Quelle betrug die CO_2-Bldg. 2,3 Moll./Mol **IV**, wobei $^{14}C_{(1)}$-Kohlenstoff zu 88% wiedergefunden wurde. Bei **IV**-Oxydation ohne Wachstum durch voradaptierte Bakterien wurden 3,5 Mol erhalten u. $^{14}C_{(1)}$ zu 100% wiedergefunden. Voradaptierte Bakterien, die mit ca. 5 Bakteriophagenteilchen ($T2r^+$)/Zelle infiziert waren, gaben aus markiertem **IV** prakt. die gleichen $^{14}C_{(1)}$-Ausbeuten wie die nichtinfizierten. Vf. nimmt an, daß der **IV**-Abbau in wachsenden u. in infizierten *E. coli*-Zellen nahezu ausschließlich über **III** unter Abspaltung von $^{14}C_{(1)}$ als CO_2 verläuft u. die Oxydation von **I** zu **II** im wesentlichen irreversibel ist. Oxydation von $^{14}C_{(1)}$-markierter *Glucose* (**V**) durch *E. coli* in Phosphatpuffer (p_H 7,0) ohne N-Quelle lieferte 3,2 Mol CO_2/Mol **V**, wobei 54% des Gesamt-$^{14}C_{(1)}$ im CO_2 enthalten waren. Auf Grund der spezif. Aktivität lagen weder bevorzugte CO_2-Abspaltung aus $^{14}C_{(1)}$ noch ein oxydativer Reaktionsablauf vor. Mit Bakteriophagen $T2r^+$-Teilchen infizierte Zellen zeigten beim **V**-Abbau den gleichen Atmungskoeff. u. die gleiche Geschwindigkeit des O_2-Verbrauchs, während der $^{14}C_{(1)}$-Anteil in CO_2 beträchtlich zurückging. Dies beruht möglicherweise auf einer Umleitung der oxydativen zur anaeroben **V**-Verwertung unter Bedingungen, bei denen die Synth. der *Ribosenucleinsäure* (**VI**) ausfällt u. die der *Desoxyribosenucleinsäure* (**VII**) angeregt wird. **IV** kann für das Wachstum gut verwertet werden, wenn weit mehr **VI** als **VII** gebildet wird, während es hinsichtlich der Virus(Phagen)-Synth., bei der ein erhöhter **VII**-Bedarf auftritt, ein schlechtes Substrat darstellt. Vf. nimmt an, daß bei der **V**-Verwertung durch *E. coli Ribose* hauptsächlich auf oxydativem Wege u. *Desoxyribose* vorwiegend nach dem anaeroben Schema gebildet wird. (Nature [London] **168.** 746—47. 27/10. 1951. Philadelphia, Pa., Children's Hosp., Dep. of Pediatrics, u. Univ., Dep. of Physiol. Chem.) K. MAIER. 4320

E. F. Gale und **Marguerite B. van Halteren,** *Die Assimilation von Aminosäuren durch Bakterien.* 13. Mitt. *Die Wirkung gewisser Aminosäuren auf die Anhäufung freier Glutaminsäure durch Staphylococcus aureus: extracelluläre Peptidbildung.* (12. vgl. C. **1951.** II. 1601.) Wenn gewaschene Suspensionen von *St. aureus* in Pufferlsg. in Ggw. von *Glutaminsäure* (**I**) u. Glucose bebrütet werden (30°), dann wandert **I** in die Zellen u. sammelt sich dort im freien Zustand an. In Ggw. von *Asparaginsäure* (**II**), *Cystein* (**III**), *Alanin* (**IV**) oder *Glycin* (**V**) nimmt die Akkumulation von **I** in der Zelle ab, während *Valin* oder *Leucin* die Geschwindigkeit der **I**-Anhäufung beschleunigen. Die Hemmung durch **II** hängt vom Verhältnis der Konzz. von **I** u. **II** ab. **II** vermindert auch die Geschwindigkeit, mit der **I** der Lsg. entzogen wird. Die Speicherung von **II** innerhalb der Bakterienzellen erfordert ebenfalls Glucose u. wird durch **I** gehemmt. Die Hemmung der **I**-Speicherung durch a) **III**, b) **IV** oder c) **V** nimmt mit steigendem Verhältnis zu **I** zu. Ferner hängt die Hemmung für ein bestimmtes Verhältnis von den Absolutkonzz. ab. Die Abnahme der Geschwindigkeit der Speicherung von intracellulärer freier **I** ist hierbei von der Bldg. gebundener **I** in der Lsg. begleitet. Durch Papierchromatographie konnte Peptidbldg. nachgewiesen werden. Die extracellulären Peptide wurden hydrolysiert u. ergaben a) **I** + **III**, b) **I** + **IV** (oder **I** + **IV** + **V**) bzw. c) **I** + **V**. Im Fall c) fand unabhängig von **I** Bldg. eines Polyglycins statt. Für die Synth. der extracellulären Peptide ist die Ggw. von Glucose unentbehrlich. (Biochem. J. **50.** 34—43. Nov. 1951. Cambridge, Univ., Biochem. Labor., Med. Res. Counc. Unit for Chem. Microbiol.) K. MAIER. 4320

J. M. Wiame, R. Storck und **S. Bourgeois,** *Die an einer Bacillus subtilis-Variante untersuchte biosynthetische Transaminierungsaktivität.* Der *Bac. subtilis*-Stamm S_1^- benötigt zum Wachstum *L-Glutaminsäure* (**I**), *L-Arginin*, *L-Ornithin*, *L-Prolin* oder *L-Asparaginsäure* (**II**) u. verwertet NH_4^+ nicht. Stamm M_2^- wächst nicht n. mit **II** allein, jedoch in Ggw. von **II** + *Citronensäure* (**III**) oder von **II** + *α-Ketoglutarsäure* (**IV**). **III** u. **IV** sind auf Stamm S_1^- ohne Wirkung. Dies beweist die biosynthet. Aktivität der **II**–**I**-Transaminierung. **I** nimmt eine zentrale Rolle im N-Stoffwechsel der Zelle ein. Aller Zell-N stammt aus I. Gewisse andere Verbb. können I nach enzymat. Adaptation ersetzen. Bei II ist IV als NH_2-Acceptor erforderlich. Möglicherweise hat bei *B. subtilis* der Tricarbonsäurecyclus eine synthet. Funktion. (Biochim. biophysica Acta [Amsterdam] **10.** 627—28. April 1953. Bruxelles, Centre d'Enseignement et de Rech. des Ind. alimentaires, Labor. de Microbiol., u. Univ. Libre, Labor. de Biochim. des Microorganismes.) K. MAIER. 4320

Daniel L. Harris, *Die Wirkung von Thiamin und Pyridoxin auf Neurospora.* 1. Mitt. *Untersuchungen an Pyridoxin-freien Mutanten.* Alle *Pyridoxin* (**I**)-abhängigen Mutanten von *Neurospora crassa* u. *N. sitophila* wachsen besser, wenn dem Kulturmedium gleichzeitig *Thiamin* (**II**) zugesetzt wird. Auf Grund der Unters. der Wachstumskurven, des **II**-Bedarfs bei verschied. **I**-Konzz., der Beziehung zwischen **I, II** u. der Zeit, sowie der Best. des **I**- u. **II**-Geh. des Mycels nimmt Vf. an, daß **II** die Zerstörung von **I** kompetitiv hemmt, indem es wahrscheinlich mit einem oder mehreren der **I**-zerstörenden Enzyme in Konkurrenz-Rk. tritt. **I** hemmt seinerseits die **II**-*Biosynth.*; jedoch ist ausreichend endogenes **I** zur Deckung des n. Stoffwechselbedarfes, wenigstens soweit es das Wachstum betrifft, vorhanden. Die konkurrierende Hemmung des **I**-Abbaus bewirkt bei niedrigen **I**-Konzz. eine Wachstumsverbesserung. Exogenes **I** hemmt die **II**-Biosynthese. **I** u. **I**-ähnliche Verbb. hemmen das Wachstum mehrerer **II**-abhängiger Mutanten bei Züchtung in einer Nährlsg., die die *Pyrimidin*- u. *Thiazol*-Komponente von **II** enthält, während in Ggw. von **II** prakt. keine Hemmung beobachtbar ist. (Arch. Biochem. Biophysics **41.** 294—304. Dez. 1952. Pasadena, Calif., Inst. of Technol., William G. Kerckhoff Labors. of the Biol. Sci.; Chicago, Ill., Univ., Dep. of Physiol.) K. MAIER. 4320

Herbert P. Sarett, *Die Synthese folsäureähnlicher Verbindungen durch Lactobacillus arabinosus. L. arabinosus 17-5* bildet während des Wachstums in Ggw. von *p-Aminobenzoesäure* (**I**) eine oder mehrere Verbb. mit *Folsäure* (**II**)-ähnlicher Wrkg., wobei die gesamte gebildete **II**-Aktivität der zugesetzten **I** (bis 0,2 γ/Röhrchen) proportional ist. Die **II**-Aktivität liegt größtenteils in gebundener Form hauptsächlich in den Zellen vor, während der freie Anteil vorwiegend im Kulturmedium enthalten ist. Zunehmende *Sulfanilamid* (**III**)-Konzz. hemmen die **I**-Verwertung durch *L. arabinosus* konkurrierend u. setzen die Menge der synthetisierten freien u. gebundenen **II**-Verbb. herab. Äquimol. Mengen *p-Aminobenzoylglutaminsäure* u. **I** zeigen bei *L. arabinosus* annähernd gleiche wachstumsfördernde u. Anti-**III**-Wrkg. u. bewirken auch die Synth. ungefähr gleicher Mengen **II**-ähnlicher Verbindungen. *Thymidin* (**IV**) kann **I** bei der Entw. von *L. arabinosus* ersetzen. Die **IV**-Aktivität wird durch **III** sehr wenig gehemmt. **IV** u. *Thymidylsäure* sind viel weniger wirksam als **IV**. Krist. *Vitamin B_c*-Konjugat u. *Vitamin B_{12}* können **I** nicht ersetzen u. die Anti-**III**-Aktivität von **I** nicht steigern. Die wachstumsfördernde u. Anti-**III**-Aktivität von synthet. **II** (*Pteroylglutaminsäure*), *Citrovorumfaktor* (**V**) u. *Formylfolsäure* (**VI**) gegenüber *L. arabinosus* ist weit geringer als die äquimol. **I**-Konzentrationen. Möglicherweise sind die von *L. arabinosus* gebildeten Verbb. mit **II**-ähnlicher Wrkg. von **II, V** u. **VI** verschieden. (Arch. Biochem. Biophysics **34.** 378—90. Dez. 1951. New Orleans, La., Tulane Univ., School of Med., Dep. of Med. and Biochem., Nutrit. Res. Labor.) K. MAIER. 4320

M. Beljanski und **J. Guelfi,** *Untersuchung über die Akkumulation von Nucleinsäure mit Hilfe von ^{32}P bei Staphylococcus aureus und Salmonella enteritidis, die resistent oder sensibel gegenüber Streptomycin sind.* Gegen Streptomycin resistente Stämme von St. aureus u. Sal. enteritidis nehmen mehr ^{32}P u. damit mehr Nucleinsäure auf als die sensiblen, u. zwar beträgt die von der Nucleinsäure aufgenommene Menge an ^{32}P ca. 50% der von den Bakterien nach 24std. Wachstum fixierten Gesamtmenge. (Ann. Inst. Pasteur **86.** 115—18. Jan. 1954. Cannes, Inst. de Biol.) GERDA SCHULZE. 4320

T. G. Gilchrist Wilson und **E. R. Roberts,** *Stickoxydul als spezifischer mitwirkender Hemmstoff der bakteriellen Stickstoffbindung.* N_2O erwies sich als spezif. kompetitiver Hemmstoff bei der N-Bindung durch den freilebenden Azotobacter vinelandii. Dagegen wurde bei untersalpetriger Säure nichtkompetitive Hemmung festgestellt, gleichgültig ob sich die N-Aufnahme auf mol. N_2 oder gebundenen N bezog. (Chem. and Ind. **1952.** 87. 26/1. London, Imp. Coll. of Sci. and Technol., Dep. of Inorgan. and Physical Chem.) A. JACOB. 4320

Alfredo Paoletti und **Triggiani Luigi,** *Untersuchungen über die sporicide und bakteriostatische Wirkung einiger quaternärer Ammoniumbasen auf Milzbrandbakterien und Bacillus subtilis.* Geprüft wurden *Bradosol* (*β-Phenoxyäthyldimethyldodecylammoniumbromid*), *Cetavlon* (*Cetyltrimethylammoniumbromid*) u. *Steramin HP* (*Alkyldimethylbenzylammoniumchlorid*). Sporicide Konz. in Bouillon 1:800, in Agar weniger als

1:100, bakteriostat. Konz. in Bouillon 1:10 Millionen, Agar 1:100000. (Giorn. Batteriol. Immunol. **46.** 296—301. Jan./Febr. 1954. Napoli, Ist. di Igiene.) GERBER. 4330

Raoul Lecoq und **Pierre Landrin,** *Bedeutung von Stellung und Beweglichkeit der Nitrogruppen für die antibiotische Aktivität der Benzolderivate.* Vergleichende Unterss. über die Leichtigkeit der Abspaltbarkeit von NO_2-Gruppen aus *2.4-, 2.5-, 3.4-* u. *3.5-Dinitrophenol, 2.5-* u. *3.5-Dinitrobenzoesäure, 1.3-, 1.4- Di-* u. *1.3.5-Trinitrobenzol* durch Alkali u. der Hemmwrkg. dieser Verbb. gegenüber Tuberkelbakterien, sowie Streptokokken, ergaben, daß die antibiot. Aktivität der Benzolderivv. anscheinend von der Stellung der NO_2-Gruppen u. deren Beweglichkeit abhängt. Die 1.4-Stellung in den Dinitroverbb. erscheint bei Einführung einer elektronegativen Gruppe in 2-Stellung am vorteilhaftesten. *2.5-Dinitrochlorbenzol* u. *2.5-Dinitroacetanilid* besitzen eine bemerkenswerte antibiot. Aktivität u. hemmen Tuberkelbakterien in der Verdünnung $1:5 \cdot 10^{10}$ bzw. $1:10^6$. (C. R. hebd. Séances Acad. Sci. **232.** 762—64. 19/2. 1951.) K. MAIER. 4330

Eugene D. Weinberg, *Selektive Hemmung des Mikrobenwachstums durch Zugabe von Triphenyltetrazoliumchlorid zum Kulturmedium.* Grampositive Bakterien werden durch *2.3.5-Triphenyltetrazoliumchlorid* (I) stärker gehemmt als gramnegative. Durch Zusatz von 0,05% I zum Kulturmedium konnten grampositive, säurefeste Bakterien u. Aktinomyceten völlig gehemmt werden, während gramnegative sich zu stark gefärbten Kolonien entwickelten. Durch I-Konzz. von 0,05—1,0% werden folgende Organismen gehemmt: Rhizobiaceae u. Achromobacteriaceae > Enterobacteriaceae > Pseudomonaceae; Pilze vertragen bis zu 0,25% I, bilden aber nur sehr wenig red. I. Die durch red. I angefärbten Zellen blieben lebensfähig. Bei der Sterilisierung von I-haltigen Medien tritt Red. zur gefärbten Verb. ein, die jedoch keine höhere Toxizität als I besitzt. Zur Beobachtung der Gesamtbakterienflora werden 0,001% I empfohlen; sollen nur gramnegative Stämme beobachtet werden, empfiehlt Vf. einen Zusatz von 0,01—0,05% I zum Medium. (J. Bacteriol. **66.** 240—42. Aug. 1953. Bloomington, Ind., Indiana Univ., Dep. of Bacteriol.)
GOEBEL. 4330

Fred G. Drommond, Cecil C. Johnson und **Charles F. Poe,** *Toxizität einiger Opiumalkaloide.* 1. Mitt. Vff. untersuchten die Opiumalkaloide *Codein* (I), *Narcein* (II), *Narkotin* (III) u. *Papaverin* (IV). Sie bestimmten die tox. Wrkg. der Alkaloide bei intraperitonealer Injektion an der weißen Ratte. IV ist für die weiße Ratte ungefähr 12 mal toxischer als III. III ist für die alte Ratte etwas toxischer als für die junge. Geringe Differenzen der Toxizität für III u. IV fanden sich auch zwischen männlichen u. weiblichen Versuchstieren. II, III u. IV hatten gegenüber der fermentativen Tätigkeit der Bakterien der Arten Escherichia u. Aerobacter nur geringe tox. Wirkung. I ist in diesen Verss. bei Best. der Beeinflussung der Gasproduktion in Lactose-Phenolrot-Brühe toxischer. Wachstum trat bei E. typhi u. St. aureus ein nach Einw. von 5, 10 u. 15 Min. von I 1:20, III 1:10, IV 1:30. Gesätt. II-Hydrochlorid-Lsg. ergab für St. aureus ebenfalls Wachstum, während E. typhi nach 10 u. 15 Min. Einw. kein Wachstum mehr zeigte. St. aureus wurde nicht gehemmt von I 1:25 in 134 Min., II (gesätt.) in 30 Min., III-HCl 1:30 in 25 Min. u. IV-HCl 1:30 in 32 Minuten. (Acta pharmacol. toxicol. [Köbenhavn] **6.** 235—48. 1950. Boulder, Colo., Univ. of Colorado, Coll. of Pharm. and Dep. of Chem.) K. BÖHM. 4330

Cecil C. Johnson, Gladys Johnson and Charles F. Poe, *Toxizität von Alkaloiden gegen gewisse Bakterien.* 2. Mitt. *Berberin, Physostigmin und Sanguinarin.* (1. vgl. DROMMOND u. Mitarbeiter, C. **1954.** 8608.) An verschied. Stämmen von Escherichia u. Aerobacter wurden die bakteriostat. Wirkungen von *Berberin* (I), *Physostigmin* (II) u. *Sanguinarin* (III) untersucht. III unterbindet bei fast allen Stämmen in einer Konz. von 1:3000 Gas- u. Säurebldg., I hat diese Wrkg. bei einer Konz. von 1:800 u. II bei einer Konz. von 1:200. Die Gasbldg. trat bei I u. III häufig erst nach 10 Tagen u. mehr auf (deutlich verlangsamte Fermentation). Durch gesätt. Lsgg. von I u. II wird das Wachstum von E. typhi u. St. aureus während einer Einwirkungszeit von 5, 10 u. 15 Min. nicht beeinflußt, lediglich III unterbindet in gesätt. Lsg. bei 15 Min. Einw. das Wachstum von E. typhi. (Acta pharmacol. toxicol. [Köbenhavn] **8.** 71—78. 1952. Boulder, Colo., Univ. of Colorado, Coll. of Pharm. and Dep. of Chem.)
ZELLER. 4330

F. Gibson, *Die Hemmung der Alaninoxydation durch Acridine und verwandte Verbindungen.* Die Unters. der Wrkg. verschied. *Acridine* u. verwandter Verbb. auf *Bact. coli* läßt eine Wechselbeziehung zwischen bakteriostat. Aktivität u. Hemmung der *dl-Alanin* (I)-Oxydation durch ruhende *B. coli*-Suspensionen erkennen. Die reziproken Grenzverdünnungen, bei denen in 48° Std. (37°, 10%ig. Serumbouillon) sichtbares Wachstum vollkommen unterdrückt wurde, betrugen für *5-Aminoacridin* (II)

40000, *1-Methyl-5-aminoacridin* 40000, *5-Amino-3.4-benzacridin* 20000, *5-Amino-1.2-benzacridin* 20000, *4-Amino-5.6-benzochinolin* 20000, *5-Amino-6.7.8.9-tetrahydro-2.3-benzacridin* 10000, *2.7.9-Triaminophenanthridin* 5000, *5-Amino-6.7.8.9-tetrahydroacridin* <5000, *4-Oxy-5-aminoacridin* <5000, *Acridin* <5000, *2'.4'-Diamino-5.6-benzochinolin* <5000, *4-Aminochinolin* <5000; der entsprechende Hemmungsgrad der I-Oxydation war bei den erstgenannten 5 Verbb. stark, bei den übrigen schwächer (>20% geringere Hemmung als bei **II**). Hohe bakteriostat. Wirksamkeit geht einem großen Hemmungsvermögen bei der I-Oxydation parallel. Die Oxydationsverss. erfolgten im WARBURG-Respirometer in 0,025 mol. Phosphatpuffer (p_H 7,8) bei einer Konz. von 1,1—2,2·10^{-4} Substanz. (Austral. J. exp. Biol. med. Sci. **28.** 459—63. Juli 1950. Melbourne, Univ., School of Bacteriol.) K. MAIER. 4330

Haim Yaniv und **Bernard D. Davis,** *Die Beziehung zwischen Sulfonamidresistenz und p-Aminobenzoesäurebedarf.* Vff. fanden bei Verss. mit *Escherichia coli*-Mutanten (Abstammung vom Stamm 48A-33), daß einige gegen *Sulfathiazol* resistente Stämme erhöhten *p-Aminobenzoesäure*-Bedarf haben, andere jedoch nicht (vgl. auch DAVIS u. MAAS, Proc. nat. Acad. Sci. USA **38.** [1952.] 775). Der Mechanismus ist nicht völlig geklärt; angenommen wird eine Änderung der relativen Enzymaktivität gegenüber Substrat u. Antimetabolit. (J. Bacteriol. **66.** 238. Aug. 1953. New York, N. Y., Cornell Univ., Med. Coll., Tubercul. Res. Labor., U. S. Public Health Serv.) GOEBEL. 4330

Franz J. Geks, *Über den Einfluß des Serums mit Tb I behandelter Patienten auf die Tuberkelbakterienvermehrung.* 1. Mitt. Unterss. an Serum *Tb I*-behandelter Tuberkulöser zeigen, daß mit der angegebenen Meth. der Best. der Serumwrkg. auf submerse Tuberkelbakterienkulturen (Vermehrung in fl. Nährböden) im Serum *Tb I*-behandelter Patienten ein Faktor nachweisbar ist, der die Vermehrung der Erreger vorübergehend hemmt u. mit der *Tb I*-Verabreichung in ursächlichem Zusammenhang steht, da gesunde Personen u. unbehandelte Tuberkulöse diesen Effekt nicht geben. Eine gleiche bakteriostat. Wrkg. ist auch bei gesunden Personen bereits nach 0,1 g *Tb I* feststellbar. Bei allen Verss., bei denen eine wirksame Konz. des Patientenserums vorliegt, sind mkr. Schädigungen der Tb-Bakterien, wie Verlust der Säurefestigkeit u. morpholog. Veränderungen zu beobachten. Ob der Hemmfaktor im Serum mit *Tb I* ident. ist, kann aus den Verss. nicht abgeleitet werden. (Z. Hyg. Infektionskrankh. **130.** 622—34. 1950. Bielefeld, Städt. Krankenhaus.) K. MAIER. 4330

A. Deysine und **B. Bonet-Maury,** *Die biologischen Wirkungen der β-Strahlen von ^{32}P auf B. coli.* Colibakterien wurden in einer Nährlsg. mit 0,1 mC $^{32}P/cm^3$ gezüchtet u. im gleichen Medium 7 Passagen vorgenommen. Die photometr. Best. der Wachstumskurven ergab in diesem Zeitraum keine Veränderung unter dem Einfl. der ^{32}P-Strahlung. Unter der Wrkg. der Bestrahlung nahm die Zahl der lebenden Keime in den ersten Kulturen (2.—4. Passage) rascher ab als in den späteren (5. bis 7. Passage), was eine gewisse Adaptation der Bakterien an das radioakt. Milieu u. Entw. einer Art Strahlungsresistenz erkennen läßt. Abzentrifugierte, gewaschene u. in inakt. Nährlsg. gebrachte Keime zeigten eine schwächere Abnahme als solche der 2. Passage. Bei einer Anfangsaktivität von 1 mC $^{32}P/cm^3$ war die Strahlungswrkg. stärker, wenn auch die Wachstumskurven n. verliefen. Die Kulturen der beiden ersten Passagen waren nach 10—12 Tagen steril. Die Keimzahl der 3. Passage nahm langsamer ab u. noch stärker die gewaschener Bakteriensuspensionen. Die Messung der Bakterienatmung (nach WARBURG) erlaubte in einer Nährlsg. mit 1,0 mC keine Unterscheidung inakt. u. proliferierender, d. h. in der logarithm. Wachstumsphase befindlicher Kulturen. Das Verf. eignet sich nicht zur prakt. Sterilisation, dagegen aber zur Erzeugung von Mutationen, da die Mutationsrate höher ist als bei Einw. von Röntgenstrahlen. (C. R. Séances Soc. Biol. Filiales **145.** 1091—93. Juli 1951.) K. MAIER. 4330

T. W. Humphreys und **C. K. Johns,** *Verbesserungsvorschläge für die Methode nach Weber und Black zur Bestimmung von Germiciden.* Zur Vermeidung von fehlerhaften Ergebnissen u. zur Zeitersparnis bei dem Verf. nach WEBER u. BLACK (Amer. J. publ. Health Nation's Health **38.** [1948.] 1405) empfehlen Vff. die Verwendung von mit Kappen versehenen Gefäßen, die Zugabe der Inhibitorlsg. zur Testmischung erst in den PETRI-Schalen vorzunehmen u. die Expositionszeiten auf 7,5, 15, 30 u. 60 Sek. festzusetzen. (Appl. Microbiol. **2.** 1. Jan. 1954. Ottawa, Can., Dep. of Agric., Sci. Serv., Bacteriol. Div.) KRUSEN. 4330

—, *Eine verhältnismäßig einfache Methode zur Bestimmung der Streptomycinresistenz der Tuberkelbakterien.* Von FRÉOUR u. HUET (J. Méd. Bordeaux Sud-Ouest **127.** [1950.] 487) wurde eine einfache, für klin. Zwecke ausreichend genaue Meth. zur Best. der *Streptomycin* (**I**)-Resistenz von Tuberkelbakterien unter Verwendung von hämolysiertem Blut als Nährsubstrat angegeben. Venenblut (4 cm^3) des Patienten + Na-

Citrat (1 cm^3) wird mit 2 cm^3 1%ig. Saponinlsg. hämolysiert, filtriert, 1 cm^3 Glycerin zugesetzt, die Mischung in sterile Glaszylinder gegeben, die sich auf Objektträgern mit angetrocknetem Untersuchungsmaterial befinden. Letzteres ist direkt, nach Passage auf LÖWENSTEIN-Medium oder bei starker anderweitiger bakterieller Verunreinigung nach Vorreinigung durch die gebräuchlichen Verff. (Säurebehandlung, Penicillinzusatz) verwendbar. Die I-Resistenzbest. erfolgt durch Zugabe steigender I-Konzz. (1, 10, 20, 50, 100, 200 γ/cm^3) zu den Kulturbehältern, 7tägige Bebrütung u. anschließend mkr. Unters. nach Hitzefixierung u. ZIEHL-Färbung. (Presse méd. **58.** 1296. 18/11. 1950.) K. MAIER. 4340

Paul Numerof, Maxwell Gordon, Angelo Virgona und **E. O'Brien,** *Die Biosynthese von Streptomycin.* 1. Mitt. *Untersuchungen mit ^{14}C-markiertem Glykokoll und Acetat. Streptomyces griseus* (SQUIBB-Stamm *N*) (Schüttelkultur) verwertete in einer Nährlsg., die *Glucose* (**I**), *Acetat* (**II**) u. *Glykokoll* (**III**) als einzige *C*-Quellen enthielt, für die *Streptomycin* (**IV**)-Synth. nur **I**-*C*, obwohl **II** u. **III** zur Erzielung einer guten **IV**-Bldg. notwendig waren. Verss. mit $^{14}C_{(1)}$-**III**, $^{14}C_{(2)}$-**III**, $^{14}C_{(1)}$ u. $^{14}C_{(2)}$-Na-**II** ergaben, daß weniger als das Äquivalent eines *C*-Atoms (<3% des Gesamt-*C*) des **IV**-Mol. aus den 4 *C*-Atomen von **II** u. **III** stammte. Während der Gärung erschien mehr als die Hälfte des **II**- u. **III**-*C* als CO_2. Der Abbau des markierten **IV** zeigte, daß **II**-*C* sich in merklichen Mengen nur in den *Guanidin-C*-Atomen der *Streptidin*-Hälfte fand. Bei den Ansätzen mit markiertem **III** wurde die stärkste Aktivität ebenfalls in den *C*-Atomen beobachtet; daneben erfolgte jedoch auch Einbau in den *N-Methylglucosaminanteil* des *Streptobiosamins*. Die Wrkg. von **III** bei der Bldg. höherer **IV**-Konzz. scheint mehr auf einer Beteiligung an irgendeiner Phase des Zellstoffwechsels u. weniger auf einer Funktion als Vorstufe des **IV**-Mol. selbst zu beruhen. Unter den angewandten Bedingungen kann Stamm *N* **I** als alleinige Quelle des **IV**-*C* verwerten. (J. Amer. chem. Soc. **76.** 1341—44. 5/3. 1954. New Brunswick, N. J., Squibb Inst. for Med. Res.) K. MAIER. 4340

Giovanni Gulotta, *Darstellung des Streptomycins in Elektrophoresediagrammen.* Eine papierelektrophoret. Trennung verschied. *Streptomycin*-Präpp. von Serum ist bei p_H 5 möglich, da diese im Gegensatz zu Serum kathod. wandern. (Riv. Ist. sieroterap. ital. **29.** 44—50. Jan./Febr. 1954. Napoli, Univ., Ist. di Patol. Generale.) P. G. SCHEURLEN. 4340

Keene P. Dimick, *Die hämolytische Wirkung von Gramicidin und Tyrocidin.* Es wurde der Verlauf der Hämolyse durch *Gramicidin* (**I**), *Tyrocidin* (**II**) u. Mischungen von **I** + **II** ermittelt. **II** bewirkt rasche Hämolyse, wobei der Grad derselben von der **II**-Konz. abhängt. Die Hämolyse durch **I** setzt langsam ein u. erreicht dann eine der Anfangsgeschwindigkeit der durch **II** bedingten mindestens entsprechende Geschwindigkeit. **I** + **II** bewirken einen dem Mischungsverhältnis entsprechenden Hämolysenverlauf. Eine in der Zellwand von Rattenerythrocyten vorhandene alkohollösl. Substanz, vielleicht ein Phospholipid, vereinigt sich mit **II** u. in geringerem Maße mit **I**, wobei die hämolyt. Aktivität von **I** u. **II** (nach ca. 10 Min.) verlorengeht. (Proc. Soc. exp. Biol. Med. **78.** 782—84. Dez. 1951. Albany, Calif., Western Reg. Res. Labor.) K. MAIER. 4340

J. W. Hinman, E. Louis Caron und **C. DeBoer,** *Isolierung und Reinigung von Amicetin. Amicetin* (**I**), eine neues, gegenüber Mycobakterien wirksames Antibioticum, wird von *Streptomyces vinaceus-drappus* u. *St. fasciculatis* gebildet. Die Isolierung erfolgt aus Submerskultur-Fl. (Sojamehl–Cerelose–Hefeextrakt–Salze–Nähr-Fl.) durch Butanolextraktion ($^1/_4$ Vol.) bei p_H 8,5—9,5, Extraktion des Extraktes mit verd. H_2SO_4 ($^1/_4$ Vol.) (End-p_H 2) u. Wiederholung der Anreicherung, bis aus der wss. Phase bei p_H 8,5 u. Animpfen 70—90%ig. **I** als Hydrat der freien Base auskrist. (F. ca. 160 bis 165°); Nadeln. Die weitere Reinigung erfolgt durch Lösen in verd. HCl, Behandeln mit Aktivkohle u. Fällung als Base, die beim Erwärmen in Suspension auf 60—65° unter Rühren in die körnige, wasserfreie, hochschm. Form übergeht. **I**, $C_{29}H_{44}O_9N_6$ (?), F. 244—245°, $[\alpha]_D^{24}$ 116,5° (c = 0,5 in 0,1nHCl), λ_{max} 305 mμ, $E^{1\%}_{1\,cm}$ 465 (W.), 316 mμ, $E^{1\%}_{1\,cm}$ 433 (0,1nHCl), 322 mμ, $E^{1\%}_{1\,cm}$ 470 (0,1nNaOH), Ultrarotspektr.: 3405 u. 3230 cm^{-1} (OH oder N–H), 1684, 1654, 1614, 1567, 1522, 1491 cm^{-1} (monosubstituiertes Amid-CO u./oder konjugiertes CO), ca. 1252, 1176, 1104, 1072, 1046 cm^{-1} (CO- oder C—O—C-Bindungen), 692, 758, 790 cm^{-1} (substituierter aromat. Kern), R_F ca. 0,22 (1-Butanol–W., 90:10), ca. 0,46 (1-Butanol-gesätt. W.); Aktivität: 1000—1200 *Mycobacterium avium*-E./mg. **I** bildet zahlreiche Salze: *Hydrochlorid*, F. 190—192°; *Orange II-Salz*, F. 204—206°, karmesinrot; mit Citronensäure u. Ascorbinsäure leicht wasserlösl. Komplexe. Benzoylierung liefert biol. inakt. *Tribenzoyl*-**I**, $C_{50}H_{56}O_{12}N_6$, F. 177—179°

(A.), λ_{max} 227,5, 351 mμ, $E_{cm}^{1\%}$ 501, 351. (J. Amer. chem. Soc. **75.** 5864—66. 5/12. 1953. Kalamazoo, Mich., Upjohn Co., Res. Labors.) K. MAIER. 4340

Benoît Wurtz und **Rolande Mursch,** *Veränderung der biochemischen und morphologischen Eigenschaften von Milchsäurebakterien bei der Silage.* 1. Mitt. *Umwandlungsbedingungen.* Ein aus silierter Luzerne (1 Jahr) isolierter *Streptobacterium plantarum*-Stamm bildete auf Agar unbewegliche, stark grampositive Coccobacillen u. Diplobacillen; auf Glucose–Pepton-Bouillon entstand eine einheitliche Trübung u. Milchsäure (**I**)-Bldg. (p_H 3,8—4,0). Passagen auf n. Agar, dann in Luzernesaft enthaltenden, nährstoffarmen Medien führten gelegentlich zu einer vom Ausgangsstamm sehr verschied. Varianten: Polymorphe, gramnegative, stark bewegliche Bacillen u. Diplobacillen, in Peptonbouillon p_H 8—9, in Glucose–Pepton-Bouillon 5,2—7, keine Entw. unterhalb p_H 4,8, auf starke Eiweißzers. hindeutender Geruch, keine **I**-Bildung. Durch Züchtung in einer Nährlsg., die die bei der n. **I**-Bldg. entstehenden Stoffwechselprodd. enthält, erfolgt Umwandlung der proteolyt. wirksamen Form in den **I**-bildenden Ausgangsstamm. (C. R. hebd. Séances Acad. Sci. **233.** 327—28. 23/7. 1951.) K. MAIER. 4350

Egbert Charlet, *Über den chemischen und mikrochemischen Nachweis des Schwefels in Schwefelmikroben.* Die lichtbrechenden Einschlüsse der Schwefelmikroben wurden einwandfrei als S identifiziert nach folgender Meth.: Ausschütteln mit CS_2 (frisch dest.!), CS_2-Schicht eindampfen, Rückstand in 1—2 Tropfen CS_2 lösen, in Filterpapierstreifen aufsaugen, diesen in wenig CS_2 tauchen, um S oben in schmaler Zone zu sammeln, diese mit *Piperidin* (**I**) betupfen; die entstehende rotbraune Farbzone mit *Nitroprussid-Na-Lsg.* (**II**, 1%ig. in W.) behandeln: Violette bis himmelblaue Färbung, nach einigen Min. in Rosa übergehend. — Formalin-fixierte Ausstrichpräpp. geben die Rk. beim Behandeln mit 1 Tropfen **I** u. (sofort anschließend) 1 Tropfen **II** (schnell arbeiten!). (Zbl. Bakteriol., Parasitenkunde, Infektionskrankh. Hyg., II. Abt. **107.** 169—71. 8/6. 1953. Mahlum über Derneburg, Inst. für Mikrobiol.) SCHLOTTMANN. 4350

J. C. Vitucci, N. Bohonos, O. P. Wieland, D. V. Lefemine und **B. L. Hutchings,** *Untersuchungen über Lactobacillus bulgaricus-Faktor(en).* In einem aus *Bacillus subtilis*-Kulturfiltrat hergestellten Konzentrat wurde durch Papierchromatographie, mit W. gesätt. Butanol als beweglicher Phase, eine homogen erscheinende Form von *Lactobacillus bulgaricus-Faktor* (**I**), R_F 0,93, nachgewiesen. Bei Verwendung von wassergesätt. Amylalkohol, Äthylacetat oder $CHCl_3$-PAe. als Entwicklungs-Fl. u. bei der Verteilungschromatographie an *Celite 545* gelang die Zerlegung von **I** in 2 Hauptfraktionen. Bioautograph. Unterss. zeigten, daß aus *B. subtilis*-Konzentrat erhaltener natürlicher **I** nicht mit *Pantethin,* dem *Disulfid von N-(Pantothenyl)-β-aminoäthanthiol,* ident. ist. (Arch. Biochem. Biophysics **34.** 409—16. Dez. 1951. Pearl River, N. Y., Amer. Cyanamid Co., Lederle Labors. Div.) K. MAIER. 4350

L. Dardanoni und **P. Calvi,** *Intracelluläre Polysaccharidfärbung bei einigen Darmbakterien.* Anwendung der für Polysaccharide spezif. Färbung nach HOTCHKISS bei verschied. Darmbakterien: S. typhi, E. coli, Proteus vulgaris, Sh. flexner u. andere. Bei allen Arten, ausgenommen Proteus vulgaris, konnten ein oder zwei polständige Polysaccharidkörperchen beobachtet werden. (Riv. Ist. sieroterap. ital. **29.** 51—58. Jan./Febr. 1954. Palermo, Univ., Ist. d'Igiene e Microbiol.) P. G. SCHEURLEN. 4350

Tage Jensen und **Ole Maaløe,** *Untersuchung der Wirkung von Staphylococcustoxin auf Leukocyten. Staphylokokkentoxin* (**I**) (*St. aureus,* Stamm WOOD 46) bewirkt bei Leukocyten mkr. Veränderungen der Zellstruktur, Verklumpung der Zellen u. Abnahme des n. Reduktionsvermögens der Zellen, die durch einen geeigneten Redoxindicator, z. B. Dichlorphenolindophenol (**II**), verfolgt werden kann. Die Instabilität des Reduktionsvermögens von Leukocytenextrakten (**III**) u. -suspensionen (**IV**), die wahrscheinlich auf einer Oxydation der reduzierenden Zellsubstanzen beruht, kann durch Inaktivierung der n. oxydierenden Enzyme der Zellen, z. B. durch KCN, verringert werden. Die Reduktionswrkg. von **III** beruht fast ausschließlich auf Ggw. einer diffusiblen, niedermol., Glutathion (**V**) sehr ähnlichen Substanz. Hohe **I**-Konzz. hemmen die Red. sowohl in einem **III**- als auch in einem **V**-System. Diese Hemmung wird von Antitoxin nicht beeinflußt. Dialyse entfernt aus rohem **I** die Hauptmenge der Hemmsubstanz(en). Bei niedrigen **II**-Konzz. ist in **IV** die Reduktionsgeschwindigkeit der **II**-Konz. proportional. Das Reduktionsvermögen vergleichbarer **III**- u. **IV**-Mengen verhält sich annähernd wie 1:10. Bei der **I**-Behandlung intakter Leukocyten erfolgt quantitative Abspaltung der reduzierenden Substanz (**VI**) aus den Zellen. Die **I**-Wrkg. ist unspezif. u. besteht anscheinend nur in einer mechan. Abtrennung von **VI**. (Acta pathol. microbiol. scand. **27.** 313—24. 1950. Kopenhagen, Staatl. Seruminst.) K. MAIER. 4370

Maylis Guillaumie, A. Pesce de Fagonde und **A. Kréguer,** *Das oxydable Hämolysin von Clostridium bifermentans.* Die hämolyt. Aktivität von *Clostridium bifermentans* (8 Stämme) -Zentrifugaten oder -Filtraten verschwindet bei Kontakt mit Luft in 18 Std. bei 37°, allg. in 10—20 Tagen bei 2° (Titration in Ggw. gewaschener Hammelblutkörperchen). Filtrate, die in 14 Std. bei 37° inaktiviert worden sind, werden durch *Cystein* (I)-Zusatz nicht hämotoxisch. Dagegen steigert I die hämolyt. Aktivität der Zentrifugate oder stellt sie wieder vollkommen her, wenn innerhalb mehrerer Wochen bei 2° eine Abschwächung stattgefunden hatte. Das von verschied. *Cl. bifermentans*-Stämmen gebildete, oxydable *Hämolysin* wird durch sehr schwache Dosen von Anti-*perfringens*-Serum, das reich an *Antihämolysin* ϴ ist, sowie durch verschied. andere gegen oxydable Hämolysine wirksame Antisera, wie Anti-*sordellii*-, Antitetanus-, antihistolyt. u. Anti-*chauvoei* (lipidfrei)-Serum, gehemmt. (Ann. Inst. Pasteur **79.** 20—32. Juli 1950. Inst. Pasteur, Service des Toxines grangréneuses.) K. MAIER. 4370

A. A. Smorodinzew und **A. Ss. Kriwisski,** *Die Veränderlichkeit der Viren.* Allgemeinverständlich gehaltene Übersicht. (Природа [Natur] **42.** Nr. 12. 34—44. Dez. 1953.) ULMANN. 4374

Gunther S. Stent, *Die Vermehrung von Bakterien-Viren.* Unterss. über die Vermehrung von Bakteriophagen mittels isotoper Elemente lassen folgendes erkennen: Durch eine Eig. des Proteinmantels heftet sich das Virus an das Bacterium u. entleert nur seine Nucleinsäure (NS) in dieses. Die NS vermehrt sich dann in der Zelle teils aus NS des Bacteriums u. größtenteils aus vom Bacterium neu aufgenommener Substanz. Nur 40% der ursprünglichen NS des Virus bleiben dabei erhalten u. gehen auf die folgende Generation über. Nach der ersten Halbzeit der Latenzperiode induziert die Virus-NS die Bldg. neuen Proteins, das sich dann mit der NS zu ca. 200 exakten Kopien des ursprünglichen Bakteriophagen verbindet. (Sci. American **188.** Nr. 5. 36—39. Mai 1953.) SCHÖNBERG. 4374

M. Miglior und **A. Pirodda,** *Über den Lysozymgehalt des bebrüteten Hühnereis in Beziehung zur Herpesviruskultur.* Bei 5—14 Tage lang bebrüteten Hühnereiern wurde beobachtet, daß der Geh. an *Lysozym* (I) im Eiklar selbst n. ist, in der Allantois-Fl. u. im Amnion fehlt u. in Extrakten aus Chorionallantois herabgesetzt ist. Da das Herpesvirus meist nur in der Chorionallantois angeht, besteht die Möglichkeit, daß sein Wachstum durch I beeinflußt wird. (Riv. Ist. sieroterap. ital. **29.** 115—21. Jan./Febr. 1954. Cagliari, Univ., Ist. di Clin. Oculistica.) P. G. SCHEURLEN. 4374

Starke, *Elektronenmikroskop und Virusproblem.* Hinweis auf die Bedeutung des Elektronenmikroskops für das Virusproblem. (Dtsch. Apotheker-Ztg. **94.** 123—25. 18/2. 1954. Würzburg.) SCHÖNBERG. 4374

Antonio Angeletti, Guido Tappi und **Giuseppe Biglino,** *Über die Zusammensetzung der Mycele von Penicillium notatum baccus.* Vff. konnten bei ihren Unterss. über die Zus. des Mycels von *Penicillium notatum baccus n. 48479 Octadecanol* (I), *Pyrocalciferol* (II), *Ergosterinpalmitat* (III), *Pentosane* (IV), *Palmitin* (V)- u. *Ölsäure* (VI) isolieren, *Elaidinsäure* nachweisen u. den Rohproteingeh. mit ca. 30% des trockenen Mycels feststellen.

V e r s u c h e: *Octadecanol* (I), $C_{18}H_{38}O$, F. 57—58° (A.), 300 g trockenes Mycel wurden mit sd. Chlf. erschöpfend extrahiert, die rotbraunen Extrakte auf ein kleines Vol. eingeengt, mehrmals mit $NaHCO_3$-Lsg. u. W. gewaschen, über Na_2SO_4 getrocknet u. das Lösungsm. abgedampft. Der ölige Rückstand wurde mit PAe. aufgenommen, auf einer Tonerdesäule (4,5 mal 60 cm) chromatographiert u. mit PAe. eluiert. Aus der 1. Fraktion wurde nach Lösen des gelben Öls in sd. A. I gewonnen (0,13 g). — *Pyrocalciferol* (II), F. 92—93°, $[\alpha]_D^{20}$ +505° (c = 0,0119; A. absol.), λ_{max} 274, 283, 294 mμ; 450 g trockenes Mycel wurden nach mehrmaligem Waschen mit 5%ig. H_3PO_4 mit Ae. erschöpfend extrahiert, die Extrakte auf 1 Liter eingeengt, filtriert, mit 5%ig. Na_2CO_3-Lsg. u. W. gewaschen. Die äther. Phase wurde über Na_2SO_4 getrocknet u. eingedampft. Der orangegelbe Rückstand (5 g) wurde in 100 ml Bzl. gelöst u. an $Al(OH)_3$ chromatographiert. Aus den Fraktionen 2—3 wurde II in farblosen Prismen erhalten. Charakterist. Absorptionsmaxima bei 274, 283 u. 294 mμ. *Pyrocalciferoldinitrobenzoat,* F. 165°. — Aus den im UV violett fluorescierenden Fraktionen 4 u. 5 konnten 0,3 g III isoliert werden. F. 106—107°, $[\alpha]_D^{20}$ —50°. Identifizierung durch Verseifung: Palmitinsäure u. *Ergosterin,* F. 160—161°, $[\alpha]_D^{20}$ —128° (in Chlf.). Die Fraktionen 6—12 u. 13—25 wurden nicht untersucht. Der vom Ae.-Auszug verbliebene Mycelrückstand wurde mit sd. A. erschöpfend extrahiert. Die beim Erkalten gelierende weißgelbliche Substanz red. FEHLINGsche Lsg. u. zeigt schwache Rechtsdrehung; die Best. ergab 0,8% Pentosane. — Aus der wss. Na_2CO_3-Phase ließen sich 2,5 g IV u. 7 g V mit etwas VI isolieren. Der Gesamt-N ergab nach KJELDAHL 4,8% = ca. 30% Rohprotein. (Ann. Chimica **42.** 502–06. Juli/Aug./Sept. 1952. Torino, Univ., Ist. di Chim. farmac. e tossicol.) ENDRASS. 4380

Walter J. Nickerson, *Medizinische Mykologie.* Übersichtsbericht (bis Dezember 1952). Mykot. Infektionen u. Volksgesundheit; geograph. Verbreitung; Isolierung pathogener Pilze aus Boden (biol. Kontrolle pathogener Bodenpilze); Isolierung u. Identifizierung; experimentelle Infektionen mit pathogenen Pilzen; Pilzinfektionen nach antibakterieller Therapie; Chemotherapie von Pilzinfektionen (*Fettsäuren, Diamidine, Antibiotica*); Physiologie pathogener Pilze; Morphogenese. — 245 Literaturangaben. (Annu. Rev. Microbiol. **7.** 245–72. 1953. New Brunswick, N. J., Rutgers Univ., Dep. of Microbiol.) K. MAIER. 4380

Marcel Delépine, *Das Verhalten von Aspergillus niger in Gegenwart von Verbindungen der Platinmetalle.* Es wurde die Entwicklungsmöglichkeit von *A. niger* in Lsgg. von Komplexen der Pt-Metalle untersucht. Ir- u. Rh-Verbb. waren in den geprüften Konzz. nicht tox. (Entw. in $Na_3[IrCl_6]$-Lsg. 1:100). Bei Pd-, Pt-, Ru- u. Os-Verbb. hängt die Giftigkeit von der Art des Komplexes ab. In Lsgg. von 5 g $(NO_2)_2$(Pt·Pyridin$_4$) oder Cl_2(Pt·Pyridin$_4$)/Liter war noch Wachstum möglich, während $(PtCl_6)Na_2$ toxischer wirkte. Pd-Verbb. verhielten sich ähnlich. In Ggw. von $(Ru[NO]Cl_5)K_2$ (1:200–1:500) war Entw. möglich. NH_4-Os-Chlorid verhinderte das Wachstum in der Konz. 1:500. Die alkoh. Gärung wurde durch Chloroplatinat, jedoch nicht durch $(IrCl_6)Na_3$ (1:100) gehemmt. (C. R. hebd. Séances Acad. Sci. **230.** 1236–39. 27/3. 1950.) K. MAIER. 4380

Frank W. Hartman and others, eds. The dynamics of virus and rickettsial infections: international symposium. New York: Blakiston Co. 1954. (473 S. m. Abb., Diagr.) $ 7,50.

E_4: Pflanzenchemie. Pflanzenphysiologie. Pflanzenpathologie.

O. A. Angerer und **G. Barth,** *Über den Wirkungsmechanismus biologischer Ultraschallreaktionen.* 7. Mitt. *Untersuchungen in stehenden Ultraschallfeldern.* (5. vgl. C. **1951.** I. 2042.) Bericht über Ultraschallverss. an Erbsenkeimlingen im stehenden Wellenfeld von 30 bzw. 80 kHz. Versuchsanordnung wird skizziert. Es wurde nachgewiesen, daß die Keimlinge im Bewegungs- bzw. Beschleunigungsbauch im Bereich von 0,4–1,4 W/cm² geschädigt, aber im Druckbauch zum Wachstum angeregt werden; bei Steigerung der Intensität auf 2,25–2,5 W/cm² trat auch bei den geschädigten Keimlingen eine Wachstumssteigerung ein. (Strahlentherapie **93.** 473–77. 1954. Erlangen, Univ., Med. Klinik.) DOSSMANN. 4404

M. Uzan und **A. Dziri,** *Über den Jodreichtum und den Nährwert des Gombo.* Es wird auf den hohen J-Geh. des Gombo hingewiesen, einer Spielart von Hibiscus esculentus, einem Gemüse, das dazu dienen kann, prophylakt. zur Verhinderung von Kropf, Skrofulose, Arteriosklerose, Fettleibigkeit usw. angewendet zu werden. In 100 g Trockensubstanz sind durchschnittlich 63 mg J. Es werden tabellar. Angaben über den Nährwert u. die Ca/P- u. K/Na-Beziehungen gemacht. Der Kalorienwert beträgt ca. 39 Cal auf 100 g. (Tunisie méd. **42.** 127–29. Febr. 1954. Tunis.) BENISCHKE. 4410

A. Sch. Galstjan, *Über die Verteilung der Nitrate bei der Baumwollpflanze.* Auf carbonatfreier Braunerde durchgeführte Verss. zeigen, daß der *Nitrat* (**I**)-Geh. in den Blattspreiten der Baumwollpflanze am höchsten ist. In den generativen Organen ist **I** nicht nachweisbar. In diese Organe tritt N als Aminosäure u. Proteinverbindung. Während der Blüte u. Fruchtbldg. ist der **I**-Geh. am geringsten. Gegen Ende der Reifung (verminderte Aktivität der physiol. Prozesse) nimmt **I** wieder zu. Aus den Versuchsergebnissen ergibt sich, daß die beste N-Düngung darin besteht, daß N vor der Aussaat u. während der Blüte gegeben wird. (Известия Академии Наук Армянской ССР Биологические и Сельскохозяйственные Науки [Nachr. Akad. Wiss. ArmenSSR, biol. landwirtsch. Wiss.] **7.** Nr. 3. 85–91. März 1954. Armen. Wiss. Forschungsinst. für techn. Kulturen des Landwirtschaftsminist. der UdSSR.) LEBTAG. 4410

W. I. Runow und **Ss. Ss. Katschan,** *Der Ammoniakgehalt in den Blättern bei Fusariumwelke der Melone.* Durch Best. des NH_3 (**I**)-Geh. im Blatt der gesunden u. kranken Melone von der 2. Blattbldg. bis zur abgeschlossenen Fruchtbldg. wird festgestellt, daß bei Fusariosewelke nicht nur keine Anreicherung an **I**, sondern häufig eine **I**-Abnahme beobachtet wird. Die **I**-Best. in der ganzen Pflanze ergab zwischen kranker u. gesunder Pflanze geringere Unterschiede als bei verschied. alten gesunden Pflanzen. Entgegen der häufig vertretenen Ansicht, ist **I** demnach kein spezielles

Toxin des Fusariumpilzes. (Доклады Академии Наук СССР [Ber. Akad. Wiss. UdSSR] [N. S.] **93.** 717—19. 1/12. 1953. Mittelasiat. Stat. für Pflanzenschutz des Allunions-Inst. für Pflanzenschutz.) LEBTAG. 4410

Werner Zoberst, *Die physiologischen Bedingungen der Pigmentbildung von Merulius lacrymans domesticus Falck.* Es wurden die Bedingungen der Pigmentbldg. des Hausschwamms, *M. lacrymans domesticus* auf synthet. Nährsubstraten untersucht u. unter Verwendung zahlreicher C- u. N-Quellen festgestellt, daß der im Mycel wie in den Nährlsgg. vorhandene gelbe Farbstoff (I) anscheinend ein n. Stoffwechselprod. des Pilzes darstellt. Schwankungen in der I-Bldg. lassen sich auf veränderte physiol. Bedingungen (Wuchsstoffmangel) u. die Wrkg. von Hemmsubstanzen zurückführen. Die bisherigen gegensätzlichen Anschauungen über Ursachen u. Bedingungen der I-Bldg. sind nur 2 extreme Fälle, die zusammen mit Zwischenstufen experimentell verwirklicht werden können. Da pigmentierte Mycelien gegenüber farblosen eine um 100—150% gesteigerte Grundatmung aufweisen, ist auf Mitwrkg. von I bei oxydativen Prozessen zu schließen. I ist aus dem Kulturmedium durch Extraktion mit Ae. oder durch Adsorption an Hautpulver isolierbar. Konz. I-Lsgg. sind tiefrot. Der Ae.-Extrakt läßt sich mit n $NaHCO_3$-Lsg. quantitativ ausziehen, wobei die I-Lsg. über Grün u. Blau nach Braun umschlägt. Nach $Na_2S_2O_4$-Zusatz erfolgt wieder, je nach Konz., Gelb- oder Rotfärbung. I kann mit Chlorwasser u. Jod oder enzymat. mit Kartoffelpreßsaft oder einem Enzympräp. aus Hausschwammycel in $NaHCO_3$-Lsg. oxydiert werden. Die mit 2 n NaOH versetzte I-Lsg. ist tiefrot u. schlägt beim Ansäuern nicht um. Wss. oder alkoh. $FeCl_3$ bewirkt eine rötlichviolette, in dunkelolivgrün übergehende Färbung. Die I-Eigg. sprechen für eine chinoide Verbindung. Die Möglichkeit einer I-Beteiligung an Redoxvorgängen in der Pilzzelle wird erörtert. Außer I werden vom Hausschwamm bei Kultur auf synthet. Medien noch verschied. andere Farbstoffe gebildet. Die Assimilierbarkeit von *Aminosäuren* (II) hängt im wesentlichen von der Kettenlänge ab, wobei cycl. II schlechte *N*-Quellen darstellen. *Methionin* u. *Thioharnstoff* haben eine tox. Wirkung. II als C-Quelle geben nur geringe Myceltrockengewichte. Gut assimilierbare *C*- u. *N*-Quellen fördern allg. die I-Bldg., schwer oder langsam verwertbare geben keine oder nur geringe. Bei Wuchsstoffverarmung (*Aneurin!*) wird stark vermehrte I-Bldg. bei gleichzeitig geringerem Wachstum beobachtet. Im Mycel kommt eine *Polyphenoloxydase* vor, deren Wirkungen für ein der *Tyrosinase* aus Kartoffeln oder Psalliota campestris ähnliches Enzym sprechen. (Arch. Mikrobiol. **18.** 1—31. 1952. Karlsruhe, TH, Botan. Inst.) K. MAIER. 4420

Karl Egle und Walter Schenk, *Der Einfluß der Temperatur auf die Lage des CO_2-Kompensationspunktes.* Es werden die CO_2-Gleichgewichtslagen untersucht, die sich bei der phytochem. Photosynth. zwischen dissimilator. CO_2-Produktion u. assimilator. CO_2-Verbrauch einstellen. Vff. bezeichnen diese als Lichtkompensationspunkte, wenn (in Gebieten relativ hoher CO_2-Konzz. bei relativ geringer Lichtintensität) Licht u. CO_2-Konz. begrenzende Faktoren bilden, im Gegensatz zu den CO_2-Kompensationspunkten, bei denen nur noch die CO_2-Konz. den begrenzenden Faktor bildet. Die dabei gefundene Temperaturabhängigkeit wird auf Veränderungen der Reaktionsbedingungen zurückgeführt u. diskutiert. (Planta **43.** 83—97. 1953. Frankfurt/M., Univ., Botan. Inst.) LIPS. 4460

P. A. Wlassjuk und G. W. Porutzki, *Mangannahrung und Erhöhung der Lebenstätigkeit des pflanzlichen Organismus.* Durch Verss. mit Baumwollpflanzen wurde gezeigt, daß bei Mn-Schlammgaben neben Volldüngung der Mn-Geh. im Blatt 0,011% erreicht gegenüber 0,0053% ohne Mn-Düngung. Bei Mn-Versorgung werden die Baumwollpflanzen widerstandsfähiger gegen Nachtfröste u. besitzen einen höheren Ausnutzungskoeff. der Assimilate. Durch Samenbehandlung mit Mn-Salzen werden Jarowisation u. Wachstum beschleunigt, der Befall durch schädliche Bakterien u. Pilze vermindert, der Ertrag um 1,5—2 dz/ha erhöht. (Журнал Общей Биологии [J. allg. Biol.] **15.** 47—58. Jan./Febr. 1954.) LEBTAG. 4470

M. F. Temirowa, *Der Einfluß von Heteroauxin auf die Bewurzelung von Stecklingen bei Phlox paniculata L.* Durch 4std. Behandlung der Steckruten von *Phlox paniculata* L. mit 0,02%ig. *Heteroauxin* (I) wurde eine Beschleunigung der Bewurzelung erzielt. Das Maximum der I-Wrkg. (Kontrollwerte in Klammer) wurde mit 24% (13) nach 25 Tagen beobachtet. Nach 63 Tagen waren 91,5% (78,5) bewurzelt. Während bei der Kontrolle 21,5% der Stecklinge ohne Bewurzelung blieben, waren es mit I nur 5,0%. (Известия Академии Наук Армянской ССР, Биологические и Сельскохозяйственные Науки [Nachr. Akad. Wiss. ArmenSSR, biol. landwirtsch. Wiss.] **7.** Nr. 2. 101—02. Jan./Febr. 1954. Botan. Inst. der Akad. der Wiss. der ArmenSSR.) LEBTAG. 4485

E_5. Tierchemie. Tierphysiologie. Tierpathologie.

P. N. Campbell, D. H. Simmonds und **T. S. Work,** *Das Vorkommen von Glycerylphosphoryläthanolamin in Leber- und Hefeextrakten.* (Vgl. C. **1951.** II. 1307.) Dialysierter Leberextrakt wurde durch eine *Zeo-Karb 225*-Säule gegeben. Im Filtrat wurden die ninhydrinpositiven Substanzen als Hg-Salze gefällt, nach Zersetzen mit H_2S an einer Papiersäule mit Amylalkohol–Pyridin–W. fraktioniert u. hierbei *Taurin, Äthanolaminphosphorsäure* u. eine unbekannte Substanz (I) als viscoses Öl isoliert. Hydrolyse von I mit 5nHCl, 16 Std., bei 100° gab *Äthanolamin,* das auch bei 1std. Hydrolyse bei 100° mit verd. $Ba(OH)_2$ entstand. Mit Molybdatreagens von HANES u. ISHERWOOD war P nachweisbar. Das N : P-Verhältnis betrug 1 : 1. Im $Ba(OH)_2$-Hydrolysat von I war papierchromatograph. Glycerinphosphorsäure (II) nachweisbar. Säurehydrolyse bewirkte Freisetzung von anorgan. Phosphat aus II. Die Ggw. einer Glykolkomponente im I-Mol. wurde durch Perjodatoxydation u. nachfolgende positive Rk. mit SCHIFFschem Reagens bestätigt. I ist anscheinend *Glycerylphosphoryläthanolamin.* Im zweidimensionalen Chromatogramm (Phenol–NH_3 u. Kollidin–Lutidin als Lösungsmittel) nimmt I prakt. die gleiche Stellung wie *Citrullin* ein, das jedoch mit $CuCO_3$ reagiert. Auf diese Weise gelang der Nachw. von I in frischen wss. Extrakten von Schweineleber (nach Hg-Fällung), fötaler Lammleber, Kaninchenleber u. Ochsenleber, ferner in Bierhefeextrakten, jedoch nicht in Rattenleber. (Biochem. J. **49.** XVI–XVII. Juni 1951. London, Mill Hill, Nat. Inst. for Med. Res.) K. MAIER. 4520

Roland Lenel, *Die Art der Carotinoidfarbstoffe von Carcinus maenas Pennant.* Aus *Carcinus maenas* (Gesamttier) wurden mittels Acetons u. PAe. folgende *Carotinoide* (I) extrahiert, durch Verteilung zwischen verschied. Lösungsmitteln u. Chromatographie an Al_2O_3 getrennt: in größerer Menge *β-Carotin,* ein Pigment, das möglicherweise *Xanthophyll* darstellt (λ_{max} 475, 445, 420 mμ, Hexan), Ester des *Astaxanthins* (II) oder ähnlicher I, *Astacin,* das sich vielleicht erst bei der Isolierung durch Autoxydation von II bildet. (C. R. hebd. Séances Acad. Sci. **236.** 1090–92. 9/3. 1953.) K. MAIER. 4520

K. Nordmeyer, *Grundlagen der Hormontherapie.* An geschlechtsreifen, weiblichen Ratten wurden die physiol. Wirkungen der östrogenen Substanz, *Cyren B,* geprüft. Kleine Dosen fördern das Uteruswachstum u. unterstützen die Ovarialfunktion, stören jedoch das hormonale Zusammenspiel nicht. Große Dosen stimulieren den Hypophysenvorderlappen u. beeinflussen auch auf anderen Wegen den gesamten Organismus. Es werden therapeut. Folgerungen diskutiert u. der Vorschlag einer Standardisierung der Handelspräpp. mit Follikelhormonwrkg. nach klin. Einheiten vorgetragen. (Z. Geburtshilfe Gynäkol. **140.** 105–20. 1954. Berlin, Rudolf-Virchow-Krankenhaus.) LEUSCHNER. 4559

Roy Hertz, William Tullner und **Edward Raffelt,** *Progesteron-Aktivität von oral verabreichtem 17α-Äthinyl-19-nortestosteron.* Im Kaninchenvers. ist die orale Wirksamkeit von *17α-Äthinyl-19-nortestosteron* 5 mal größer als die von *17α-Äthinyltestosteron.* Es ist dies ein weiteres Beispiel für die Steigerung der Aktivität von Steroiden durch Fehlen eines Substituenten am $C_{(10)}$. (Endocrinology **54.** 228–30. Febr. 1954. Bethesda, Md., Nat. Cancer Inst.) NIEMANN. 4559

H. Donner und **E. Gitsch,** *Adenylsäuresystem und weiblicher Cyclus im Tierexperiment.* Ein Gemisch von Adeninderivv.: *Adenosin, Adenosinmono-, -di-* u. *-triphosphorsäure* (Organextrakt *Nucleoton,* HORMONCHEMIE, München) besitzt in hohen Dosen eine geringe antigonadotrope Wrkg. an der Maus, die sich in einer Verminderung der Östrustage während der Versuchszeit äußert. Ähnlich der Wrkg. von androgenem u. Follikelhormon u. Stilbenen steigt das gesamte Acetylcholin in der grauen Substanz des Tuber cinereum an. Ein Einfl. auf Gewicht u. Morphologie von Ratten- u. Meerschweinchenschilddrüsen wurde nicht beobachtet. (Z. Geburtshilfe Gynäkol. **140.** 133–38. 1954. Wien, II. Univ.-Frauenklinik.) LEUSCHNER. 4559

Lorenzo Abad Colomer, *Extragenitale Wirkungen des Progesterons.* Folgende extragenitale Wirkungen des *Progesterons* (I) werden angegeben: Bei hoher intraperitonealer Dosierung anästhet. u. sedative Wirkung. Antiblastomatöser Effekt bei Uterusmyomen. Veränderungen des Blutbildes unter I sind nicht sicher festzustellen. Der O_2-Verbrauch des Gewebes wird reduziert. Einflüsse auf den Ca-, Fett- u. Proteinstoffwechsel sind nicht bekannt. Auf das Gefäßsyst. wirkt I vasodilatatorisch. Die Magensaftsekretion wird erhöht, die der Galle vermindert. In vitro soll I auf Gonokokken baktericid wirken. Über die antiallerg. u. antirheumat. Wrkg. des I scheint keine einheitliche Ansicht zu bestehen. (Med. españ. **31** (**17**). 17–29. Jan. 1954.) P. G. SCHEURLEN. 4559

H. Gros und **W. Weiss,** *Akute Nebenniereninsuffizienz unter ACTH-Behandlung. Addisonismus* unter *ACTH* bei einer *Loutit*-Anämie nach vorhergehender Stimulierung der Nebennierenrinde. (Med. Klin. **49.** 551—53. 9/4. 1954. Mainz, Univ., Med. Klinik.) HANS THIELE. 4560

Holger Brodthagen, *Nebenwirkungen von ACTH bei der Therapie von Hautkrankheiten.* Bei 208 Patienten mit Hautkrankheiten wurde *ACTH* (I)-Therapie durchgeführt, beginnend in der Regel mit 45—60 mg u. Fortsetzung der Kur mit herabgesetzter Dosis. Bei 63 Fällen keine Nebenwirkungen, 6 Todesfälle, bei denen ein Einfl. von I nicht auszuschließen war, in 26 Fällen Absetzen von I wegen Unverträglichkeit. Häufigste Nebenwirkungen: Hypertension 33 Fälle, Mondgesicht 27 Fälle, sek. Infektionen 22 Fälle. Nach Vf. ist I-Therapie mit Risiko verbunden, bes. bei Patienten über 50 Jahren, die eine schlechte I-Toleranz aufweisen. (Acta dermato-venereol. [Stockholm] **34.** 25—30. 1954. Copenhagen, Finseninst., Rigshosp, u. Rudolph Berghs Hosp.) DOSSMANN. 4560

Flemming Reymann und **Paul Søbye,** *Nachuntersuchung von ACTH-behandelten Pemphigus-Patienten.* Besprechung von 19 Pemphigusfällen, die 3 Jahre nach *ACTH* (I)-Behandlung kontrolliert wurden. 12 blieben am Leben, 4 zeigten noch Symptome von akt. Pemphigus bei sehr gebessertem Allgemeinzustand, 8 waren symptomfrei, davon 4 von 12 schweren u. 4 von 7 leichten Fällen. Vff. halten trotz schwerer Komplikationen die Ergebnisse mit I in geringer Dosierung bei wiederholten Kuren für ermutigend. Verabreicht wurde im allg. eine Initialdosis von 10 mg I, 3 mal täglich, dann je nach Besserung des Zustandes Reduzierung der Dosis, Dauer einer Kur 1—4 Wochen, anschließend Pausen von 1—2 Wochen bis zu 2 Monaten. (Acta dermato-venereol. [Stockholm] **34.** 152—58. 1954. Copenhagen, Rudolph Bergh's Hosp., u. Righshosp.) DOSSMANN. 4560

Birgit Borch Jørgensen, *ATCH- und Cortisonbehandlung von drei Fällen mit Alopecia totalis.* Besprechung von 3 Fällen mit Alopecia totalis von mehrjähriger Dauer; der Vers., den Haarwuchs mit *ACTH* anzuregen u. *Cortison* als Erhaltungstherapie zu geben, brachte nur vorübergehende Erfolge. (Acta dermato-venereol. [Stockholm] **34.** 17—23. 1954. Copenhagen, Denmark, Finseninst.) DOSSMANN. 4560

W. S. C. Copeman und **O. Savage,** *Cortison bei rheumatischer Arthritis.* Entgegen einer allg. auftretenden pessimist. Auffassung über den Wert einer Behandlung mit *Cortison* u. *ACTH* berichten Vff. über gute therapeut. Erfolge bei rheumat. Arthritis an geeignetem Krankengut in Verbindung mit anderen Behandlungsverfahren. (Lancet **265.** 831. 17/10. 1953. West London Hosp.) K. KLEMM. 4561

Jean Nordmann und **Paul Mandel,** *Eine biochemische Untersuchung der Linse der Ratte während galaktosereicher Diät und bei Alloxandiabetes.* Ratten, die 8 bis 15 Tage lang eine an *Galaktose* reiche u. von anderen Kohlenhydraten freie Diät erhielten oder durch eine *Alloxan*-Injektion diabet. gemacht worden waren, zeigen beim Zeitpunkt des Auftretens von Linsentrübungen, sowie auch schon in der vorangehenden Periode eine Erniedrigung des Geh. an *Phosphagen* u. *Adenosintriphosphat* (I) u. des I/*Adenosindiphosphat*-Verhältnisses der Linse. Dies bestätigt die Arbeitshypothese der Vff., wonach die Verminderung der für die Linse in Form energiereicher Verbb. zur Verfügung stehenden Energie mit eine Ursache für das Auftreten des Kataraktes bilden kann. (C. R. hebd. Séances Acad. Sci. **236.** 426—27. 26/1. 1953.) K. MAIER. 4564

V. Erspamer und **B. Asero,** *Die Identifizierung von Enteramin, dem spezifischen Hormon des enterochromaffinen Zellsystems, als 5-Oxytryptamin. Enteramin* (I) ist das spezif. Sekretions- oder Speicherungsprod. der typ. enterochromaffinen Zellen der Magendarmschleimhaut der *Vertebrata* u. *Ascidia*, der chromaffinen Zellelemente der hinteren Speicheldrüsen der *Octopoda*, des Hypobranchialkörpers der *Muricidae* u. wenigstens eines Teiles der chromaffinen Granularzellen der Hautdrüsen der *Amphibien.* I wurde als *Pikrat* (II) aus Speicheldrüsenextrakten von *Octopus vulgaris* u. Hautextrakten von *Discoglossus pictus* rein erhalten; II erwies sich als ident. mit dem Pikrat des synthet. dargestellten *5-Oxytryptamins* (*5-Methoxyindol* → *5-Methoxyindolyl-β-acetonitril* → *5-Methoxytryptamin* → I). 1- u. 2-dimensionale Papierchromatogramme des natürlichen u. synthet. I waren ident. (n HCl-gesätt. n-Butanol, wassergesätt. n-Butanol, n-Butanol + 25%ig. CH_3NH_2 [8 : 3]). II, synthet., $C_{10}H_{12}ON_2 \cdot C_6H_3O_7N_3 \cdot H_2O$, F. 196—197,5° (Zers., bei 160° gelb, bei 190° ziegelfarben, bei 195° schwarz); *Octopus*-I, F. 191,5—193° (Zers.), Misch-F. 193—194° (Zers.); *Discoglossus*-I, Misch-F. 192,5—194° (Zers.). Während der Synth. wurde ein weiteres *Indol*-Deriv. gebildet u. als *Pikrat* isoliert; F. 222—223° (Zers.). Eine ident. Substanz wurde auch aus natürlichem I erhalten. Die pharmakol. Wirkungen von natürlichem u. synthet. I waren am Uterus der Ratte (Östrus), an der Blase des Hundes, beim Blutdruck von

Katze u. Kaninchen, am Molluskenherz, usw. identisch. Vff. betrachten **I** als echtes Hormon, das den Zirkulationsstrom (Blut, Hämolymphe) durch die Niere steuert. *Serotonin* ist zirkulierendes **I**. (Nature [London] **169.** 800—01. 10/5. 1952. Milano, Farmitalia S. p. A. Res. Labors.; Bari, Univ., Inst. of Pharmacol.)

K. MAIER. 4569

G. Reid und **M. Rand**, *Pharmakologische Wirkungen von synthetischem 5-Oxytryptamin (Serotonin, Thrombocytin).* Synthet. *5-Oxytryptamin* (**I**), in Form des *Kreatininsulfats,* hatte folgende pharmakol. Wirkungen: Kontraktion der Spiralstreifen der Schafcarotisarterie (0,03—0,5 γ, bezogen auf freies **I**), antagonist. Beeinflussung durch *Yohimbin,* potenzierende Wrkg. von *Cocain*; Kontraktion des Meerschweinchen-, Mäuse- u. Kaninchenjejunums (0,05—0,5, 0,05—1,0, 0,1 γ); Kontraktion des Rattenuterus (0,1—1,0 γ); alle vorst. Organe in 10 cm^3 Badlsg.; Kontraktion der Nickhaut u. Konstriktion der Pupille bei der gehirnlosen Katze (0,5—5 γ, intraarteriell); Freisetzung von *Adrenalin* (Injektion in den Stumpf der oberen Mesenterialarterie der Katze; 0,4—2 γ), während *Tryptamin* diese Wrkg. nicht zeigt; Erschlaffung des Uterus der nichtträchtigen, adrenalektomierten Katze (intravenös 24 γ, intraarteriell 9 γ); kurz anhaltende Apnoe u. Bronchokonstriktion der in Chloralosenarkose befindlichen Katze (intravenös 22 γ), sowie pressor. Wrkg. (intravenös 12—44 γ); Drucksteigerung in der Lungenarterie (intravenös, Lungenvene ausgenommen, 15—40 γ); nach intracutaner Injektion von 0,02 cm^3 **I** (Konzz. $1 \cdot 10^7$ bis $2 \cdot 10^4$) kein Blaßwerden der Haut (Mensch), in Konz. $\geqq 1 \cdot 10^5$ vielmehr Rötung ohne Brennen. (Nature [London] **169.** 801—02. 10/5. 1952. Melbourne, Univ., Dep. of Physiol.)

K. MAIER. 4569

Hans-Werner Koeppe, *Zur Bewertung der Methylenblauprobe im Harn.* Unterss. an 2068 *Bilirubin* (**I**)-haltigen u. -freien Urinen verschied. Patienten zeigten, daß der diagnost. Wert der *Methylenblau* (**II**)-Probe begrenzt ist, da ein positiver Ausfall keinen sicheren Schluß auf die Ggw. von **I** erlaubt u. auch diazopositive Harne bei **II**-Zusatz eine deutliche Grünfärbung geben, so daß in jedem Fall die anderen spezif. Rkk. anzustellen sind. Wegen der großen Empfindlichkeit eignet sich die **II**-Probe zur schnellen Allgemeinorientierung u. Beurteilung des Verlaufs gewisser diazopositiver oder mit **I**-Ausscheidung verbundener Erkrankungen (z. B. Hepatitis, Typhus, Masern), da bei Gesunden die Rk. im Harn stets negativ ist. Die Probe erfolgte stets in 5 ml Harn mit 5 bzw. 2 Tropfen 0,1- bzw. 0,25%ig. **II**-Lsg. (Beurteilung bei gutem Tageslicht). (Z. ges. inn. Med. Grenzgebiete **7.** 1040—42. 15/11. 1952. Halle/Saale, Univ., 1. Med. Klinik.)

K. MAIER. 4577

F. Reitman, W. Hulme und **B. Thomas**, *Die Bedeutung der Aminosäuren bei neuro-psychiatrischen Krankheiten.* Im Liquor cerebrospinalis fanden Vff. bei schwereren psych. Störungen neben *Glutamin, Glutaminsäure, Alanin, Glycin, Tryptophan* u. *Valin* erhöhte Zahlen von Aminosäuren parallel zu abnormen Elektrencephalogrammen. (J. Mental Sci. **100.** 149—53. Jan. 1954. Coulsdon, Netherne Hosp.)

ZEMKE. 4578

L. Tentori und **G. Vivaldi**, *Durch nervöse Störungen ausgezeichnetes tödliches Syndrom bei Ratten, die mit einer hochgradig gereinigten und Sulfonamidoguanidin enthaltenden Diät gefüttert wurden.* 3. Mitt. *Über die Schutzwirkung von Kot und Kotfraktionen normal ernährter Ratten.* (2. vgl. Rend. Ist. super. Sanità **14.** [1951.] 216.) Es werden verschied. Diäten angegeben, die an Ratten verfüttert, durch Mangelerscheinungen am Zentralnervensyst. zum Tode führen, sofern *Sulfonamidoguanidin* (**I**) der Diät beigegeben wird. Der Effekt beruht nicht auf einem Mangel an Folsäure, kann auch nicht durch Verabreichung von McCOLLUM-Diät erzeugt werden. Getrockneter u. pulverisierter Kot n. ernährter oder mit synthet., Streptomycin u. **I** enthaltender Diät gefütterter Ratten verhütet die letalen Prozesse, sofern der Kot nicht auf 100° erhitzt wird. Die Schutzwrkg. wird auf ein von Darmbakterien ausgeschiedenes Prod. zurückgeführt. (Rend. Ist. super. Sanità **17.** 19—32. 1954. Roma, Ist. Sup. di Sanità, Labor. di Biol.)

P. G. SCHEURLEN. 4585

L. Tentori und **G. Vivaldi**, *Durch nervöse Störungen ausgezeichnetes tödliches Syndrom bei Ratten, die mit einer hochgradig gereinigten und Sulfonamidoguanidin enthaltenden Diät gefüttert wurden.* 4. Mitt. *Beziehungen zu experimenteller Hyperthyreose.* (3. vgl. vorst. Ref.) Im Verlauf der durch eine besondere, *Sulfonamidoguanidin* enthaltende u. stark gereinigte Diät erzeugten nervösen, tödlichen Störungen bei der Ratte konnte ein Absinken des Grundumsatzes auf 65,5% beobachtet werden. Experimentelle Hyperthyreose beschleunigt nicht die letalen Prozesse, u. Tiere, die zusätzlich Jodcasein erhalten hatten, zeigten nicht die nervösen Störungen. (Rend. Ist. super. Sanità **17.** 33—43. 1954. Roma, Ist. Sup. di Sanità, Labor. di Biol.)

P. G. SCHEURLEN. 4585

R. Angelico und **M. Quintiliani,** *Wirkung der Pantothensäure auf den Glykogengehalt der Leber der nebennierenlosen Ratte.* Bei nebennierenlosen Ratten wird durch *Pantothensäure* (I) der Blutzuckerspiegel u. der Glykogengeh. der Leber gesenkt. Cortison wirkt demgegenüber antagonist., wird aber bei gleichzeitigen Gaben von I gehemmt. (Rend. Ist. super Sanità **17.** 13—18. 1954. Roma, Ist. Sup. di Sanità, Labor. di Biol.) P. G. SCHEURLEN. 4587

M. Lanier, *1000 γ Vitamin B 12 in der Rheumatologie.* Vf. weist auf die analget. Wrkg. von *Vitamin* B_{12} u. seinen therapeut. Wert bei Arthrosen hin. Dazu sind massive Dosen (1000 γ oral oder 300 γ parenteral) erforderlich, die mit Pyrazolderivv., Amidopyrinen oder Cinchophenen als Mischinjektion oder in getrennter Verabfolgung zusammen angewendet werden können. (Semaine Hôpitaux Paris **29.** 2616. 26—30/8. 1953.) K. KLEMM. 4587

René Wolff, Pierre Royer und **R. Karlin,** *Schwankungen des Vitamin* B_{12}*-Spiegels der Leber bei der experimentellen Tetrachlorkohlenstoffvergiftung.* Die mikrobiol. *Vitamin* B_{12} (I)-Best. unter Verwendung von *Lactobacillus leichmannii 4797* als Testorganismus in verschied. Organen von Ratte u. Meerschweinchen zeigt, daß die Leber am I-reichsten ist. I-Injektionen ermöglichen bei n. Bedingungen die Speicherung beträchtlicher I-Mengen. CCl_4-Vergiftung (Maus, Ratte, Meerschweinchen) ruft eine Verringerung der I-Reserven der Leber hervor, die einer fettigen Degeneration parallel geht. Ebenso sinkt der Geh. an *Desoxyribosiden* ab. Die Beeinflussung der Leber kann durch massive exogene I-Zufuhr kompensiert werden. Die Resistenz des Tieres gegenüber einer CCl_4-Intoxikation hängt allg. vom I-Spiegel der Leber ab. (Bull. Soc. Chim. biol. **34.** 538—47. 1952. Nancy, Fac. de Méd., Labor. de Chim. biol.) K. MAIER. 4587

P. Favarger und **E. F. Metzger,** *Die Resorption von Deuterocholesterin im Darm und seine Verteilung im tierischen Organismus in freier und veresterter Form.* Mit *Deuterium* markiertes *Cholesterin* (I) (3,42 Atom-% D), das nach einer Kombination der Methoden von BLOCH u. RITTENBERG (J. biol. Chemistry **149.** [1943.] 505) sowie von GOLDWATER u. STETTEN (C. **1948.** I. 724) hergestellt war, wurde frei oder als *Oleat* (II) Ratten, Hunden u. Menschen gegeben u. die Konz. von freiem u. verestertem markiertem I im Darminhalt, Darm, Stuhl, Blut u. in verschied. Organen des Hundes, im Darm der Ratte, im Stuhl u. Blut des Menschen bestimmt. Die gefundenen Werte erlauben die Berechnung des *wahren „Verdaulichkeits"-Koeff.* von I u. II beim Hund u. Menschen: (zugeführtes *D*-I–ausgeschiedenes *D*-I)/zugeführtes *D*-I (analog für II), sowie einen Einblick in die Funktion der Darmcholosterinesterasen beim Hund u. bei der Ratte. II wird bereits im Darmlumen der Ratte partiell hydrolysiert. Die Hydrolyse setzt sich in der Darmwand fort. Zwischen freiem u. verseiftem I scheint ein Gleichgewicht vorzuliegen. Eine Veresterung von zugeführtem freiem I war weder im Lumen noch in der Darmwand von Ratte u. Hund nachweisbar. Das Vork. von I-Estern in der Lymphe beruht wahrscheinlich, ähnlich wie beim Blutplasma, auf dem Vorhandensein eines I-Esterasesyst. in derselben. Die Resorptionsverhältnisse von I sind im Hinblick auf die Genese der Arteriosklerose wichtig. Auf Grund der Verss. nehmen Vff. an, daß der tier. Organismus sich gegenüber exogenem I selbst nach dessen Resorption anders verhält als gegenüber endogenem. Beim Menschen erreicht während des ganzen Verdauungsprozesses die alimentäre Cholesterinämie kein ausgeprägtes Maximum, wie dies bei der alimentären Hyperlipämie der Fall ist. Es ist lediglich ein leichter Anstieg während 24 Std. zu beobachten u. hat den Anschein, als ob der Organismus sich gegen jede Vermehrung von exogenem I im Plasma wehre. Exogenes I wird bei Mensch, Ratte u. Hund während oder unmittelbar nach der Resorption verestert. (Helv. chim. Acta **35.** 1811—19. 15/10. 1952. Genève, Univ., Inst. de Chim. physiol.) K. MAIER. 4594

Anthony San Pietro, *Die Synthese von* $^{14}C_{(2.3)}{}^{15}N$*-Asparaginsäure und ihre Umwandlung in Harnsäure bei der Taube.* $^{14}C_{(2.3)}$-^{15}N-*Asparaginsäure* (I) wurde nach dem folgenden Schema synthetisiert: $\overset{\times}{C}H_3COONa \rightarrow \overset{\times}{C}H_3COCl \rightarrow Br\overset{\times}{C}H_2COOC_2H_5$ (Ausbeute 42%) $\rightarrow C_2H_5OOC\cdot\overset{\times}{C}H_2\cdot CH(COOC_2H_5)_2$ (47%) $\rightarrow C_2H_5OOC\cdot\overset{\times}{C}H_2\cdot CBr\cdot(COOC_2H_5)_2 \rightarrow HOOC-\overset{\times}{C}H=\overset{\times}{C}H-COOH$ (41%) $\xrightarrow[\text{E. coli}]{NH_4Cl}$ I $^{14}C_{(2.3)}$-*Fumarsäure* wurde durch 2tägige Einw. einer *Escherichia coli*-Suspension auf das Na-Salz in Ggw. von markiertem NH_4Cl (32 Atom-% Überschuß ^{15}N) u. Phosphatpuffer (p_H 7,4) bei 37° erhalten u. über das *Cu*-Salz isoliert (47% Ausbeute). Die Unters. der Aktivität der aus den Exkreten von Tauben nach intraperitonealer I-Zufuhr isolierten *Harnsäure* (II), sowie von deren Abbauprodd. ($BaCO_3$, Hippursäure) spricht dafür, daß I keine spezif. *C*-Quelle der II-Synth. darstellt. (J. biol. Chemistry **198.** 639—42.

Okt. 1952. New York, N. Y., Columbia Univ., Coll. of Phys. and Surg., Dep. of Biochem.) K. MAIER. 4596

H. H. Hernandez, I. L. Chaikoff, W. G. Dauben und **S. Abraham,** *Die Resorption von ^{14}C-markiertem Epicholesterin bei der Ratte.* Ratten wurden mit *$^{14}C_{(4)}$-Cholesterin* (I) u. *$^{14}C_{(4)}$-Epicholesterin* (II) gefüttert. Die in der Lymphe erscheinenden Mengen I u. II wurden gemessen. I wurde zweimal so schnell absorbiert wie II. Etwa 50% des absorbierten I waren verestert im Gegensatz zu II, von dem prakt. nichts in der veresterten Form vorlag. Das zeigt, daß die Veresterung verantwortlich gemacht werden darf für die Resorptionsdifferenz von I u. II. Daraus erhellt die Wichtigkeit der Stereokonfiguration bei der Sterinabsorption. Die Trennung von I u. II wurde mit Digitonin vorgenommen. Die Identifizierung der ^{14}C enthaltenden Verbb. geschah chromatographisch. (J. biol. Chemistry **206.** 757–65. Febr. 1954. Berkeley, Calif., Univ., Dep. of Physiol., School of Med., Dep. of Chem.) BENISCHKE. 4596

H. Staub, *^{45}Ca bei Stoffwechseluntersuchungen.* Es wird eine Übersicht bezüglich Resorption, Verteilung u. Ausscheidung von *^{45}Ca* bei Tier u. Mensch gegeben u. speziell auf die Austauschvorgänge beim *Ca*-Umsatz im Knochensyst. hingewiesen, wobei die großen Oberflächen der relativ kleinen *Hydroxylapatit*-Kristalle bes. günstige Reaktionsorte für den Austausch Skelett-*Ca* gegen Serum-*Ca* bilden. Bei der Rachitis ist der *Ca*-Austausch („*turnover*") zwischen Knochen u. Serum verlangsamt. *Vitamin D* beschleunigt diesen u. verbessert die Resorption. Bei Knochenfrakturen wird eine beschleunigte Austausch-Rk. beobachtet. *^{45}Ca-Gluconat*-Bilanzunterss. am Menschen mit niedrigen, nicht tox. Aktivitätsdosen ergaben nach oraler Anwendung innerhalb 4 Tagen Ausscheidung von 60–80% in den Fäces u. 1–6% im Urin, nach intravenöser Zufuhr von 4–15% im Stuhl u. 10–20% im Urin. Nach rektaler Verabreichung wird prakt. das gesamte *^{45}Ca* im Stuhl entleert. Die positive *Ca*-Bilanz ist ca. 80 (intravenös) bzw. 20–25% (oral). — 24 Literaturangaben. (Schweiz. med Wschr. **84.** 499–506. 1/5. 1954. Basel.) K. MAIER. 4596

G. B. Arden, *Lichtempfindliches Pigment in den Sehzellen des Frosches.* Licht aus Doppelmonochromator geht durch Zellsuspensionen (s. unten); die Intensität wird mit Photomultiplier RCA 931 A gemessen. Die Retinae werden mit RINGER-Lsg. zentrifugiert. Es werden Absorptionsspektren der Sehpigmente in Funktion der Wellenlänge angegeben. Das Differenzspektr. des Pigmentes in den Zellen ist von dem des Sehpurpurs in Lsg. verschieden. Das Intensitätsmaximum liegt bei dem in den Suspensionen anwesenden Pigment bei einer längeren Wellenlänge als das des Sehpurpurs in Lösung. Die Zellsuspension wurde aus den Retinae dunkeladaptierter Rana temporaria Frösche hergestellt. (J. Physiology **123.** 377–85. 26/2. 1954. London, Inst. of Ophthalmol.) ZAESCHMAR. 4598

G. B. Arden, *Ein Engbandenpigment in Sehzellensuspensionen.* Suspensionen der Außenteile der Froschretina, Stäbchen u. Zäpfchen, enthalten wenigstens 2 Pigmente. Eines von diesen ist Sehpurpur. Das andere ist ein Engbandenpigment mit dem Absorptionsmaximum 535 mμ, es ist lichtempfindlicher als der Sehpurpur. Die Form des Absorptionsspektr. legt die Vermutung nahe, daß es für die spektrale Lichtempfindlichkeitsverteilung lichtadaptierter Froschaugen verantwortlich ist. Es ist nur in den Zäpfchen enthalten, dort ungleichmäßig verteilt. (J. Physiology **123.** 396–408. 26/2. 1954. London, Inst. of Ophthalmol.) ZAESCHMAR. 4598

E$_6$. Pharmakologie. Therapie. Toxikologie. Hygiene.

C. Phillip Miller, Carolyn W. Hammond und **Marianne Tompkins,** *Häufigkeit der Bakteriämie bei Mäusen nach Röntgenbestrahlung des Gesamtkörpers.* Männliche Mäuse wurden einer einmaligen Röntgengesamtbestrahlung (450 u. 600 r, 20 kV, 15 mA, Abstand ca. 70 cm, 0,5 mm Cu- u. 3 mm Bakelit-Filter) unterworfen u. anschließend 15–18 Tage täglich Kulturen von Herzblut u. Milz angelegt. In der 600 r-Reihe erreichte die Zahl der täglichen positiven Kulturen am 9. Tage ein Maximum (85%, 9% Todesfälle), in der 450 r-Reihe am 10. Tage (54%, 6% Todesfälle). Die relative Häufigkeit der identifizierten Mikroorganismen war: *Paracolobactrum* 42, *B. coliforme* 22, *Proteus* 13, *Pseudomonas* 9, *α-Streptococcus* 6, nichtidentifizierte gramnegative Stäbchen 3, *Alcaligenes* 2, Anaerobier 0,3%. In der 2. Woche nach der Bestrahlung, der Periode größter Mortalität, wanderten demnach Bakterien verstärkt aus dem unteren Verdauungstrakt in die Blutbahn ein. (Science [New York] **111.** 540–41. 19/5. 1950. Chicago, Ill., Univ., Dep. of Med.) K. MAIER. 4601

G. Joyet, *Allgemeine Methoden der Anwendung radioaktiver Isotopen in Therapie und Diagnostik. Dosierung, Kontrolle, Schutz.* Übersichtsreferat. — 27 Literaturangaben. (Schweiz. med. Wschr. **84.** 491—99. 1/5. 1954. Zürich, Univ., Inst. de Radiol., Labor. du Bétatron et des Isotopes.) K. MAIER. 4601

Johannes Männel, *Kombinierte Behandlung der Arthrosen mit Ultraschall und einem Roßkastanienextraktpräparat.* Bericht über gute Erfolge bei Ischias u. muskelrheumat. Beschwerden durch Kombination von *Venostasinsalbe*-Einreibungen u. Ultraschallbestrahlungen. (Arch. physik. Therap. **6.** 48—50. Jan./Febr. 1954. Berlin-Nikolassee, Henry-Bergers-Inst.) DOSSMANN. 4601

Dorin L. Hinerman, Robert C. Hendrix und **Carl V. Weller,** *Toxizität, Verteilung, Ausscheidung und morphologische Wirkungen von Hafnium-Natrium-Mandelat bei Ratten.* Weiße Ratten erhielten eine neutrale Lsg. von Hafnium-Natrium-*Mandelat* a) 3—16 Tage täglich 5—25 mg *Hf* durch Magenschlauch, b) 4 Wochen täglich 10 bis 20 mg *Hf* subcutan bzw. intramuskulär oder c) 3 Wochen täglich 35 mg *Hf* [wie b)] (Kontrollen: neutrales Na-Mandelat bzw. physiol. Salzlsg.). Es wurden keine allg. Vergiftungserscheinungen beobachtet. Infolge Bldg. unlösl. Verbb. war wie bei *Zirkonium* die Absorptionsgeschwindigkeit gering. An den Injektionsstellen trat Herdnekrose mit Abszeßbldg. auf, wobei in den betroffenen Bezirken sich große einkernige Phagocyten ansammelten, die Partikel unlösl. *Hf*-Verbb. enthielten. Diese wurden auch im Reticuloendothel der meisten Organe beobachtet. Eine bevorzugte *Hf*-Speicherung in bestimmten Organen war nicht feststellbar. Etwas *Hf* wurde im Urin u. in den Fäces ausgeschieden. (Amer. J. clin. Pathol. **24.** 150—52. Febr. 1954. Ann Arbor, Mich., Univ. of Michigan, Dep. of Pathol.) K. MAIER. 4606

George Rosenfeld, *Untersuchungen über den Germaniumstoffwechsel.* An Albinoratten wurden Stoffwechselunterss. bzgl. Aufnahme, Transport, Verteilung, Speicherung u. Ausscheidung von anorgan. *Ge* (*GeO_2*) durchgeführt. *Ge* (als *Na-Germanat*) wird nach oraler, subcutaner, intramuskulärer oder intraperitonealer Zuführung rasch resorbiert. Bei direkter Injektion in den Kreislauf oder bei Resorption nach oraler oder parenteraler Verabreichung wird *Ge* in ungebundener Form durch Plasmaproteine transportiert u. rasch aus dem Blutkreislauf eliminiert. *Ge* wird nicht selektiv abgelagert, sondern findet sich in allen Organen verteilt. Auch nach vielwöchentlicher Zuführung erfolgt keine spezif. Speicherung, sondern rasche Ausscheidung in Urin u. Fäces, wobei die Niere das Hauptausscheidungsorgan bildet. *Ge* kommt n. in Geweben unbehandelter Ratten nicht als Spurenelement vor. *Ge* verhält sich auf Grund dieser Befunde, in Übereinstimmung mit seiner geringen Toxizität, im Stoffwechsel relativ inert. (Arch. Biochem. Biophysics **48.** 84—94. Jan. 1954. Bethesda, Md., Nat. Naval Med. Center, Naval Med. Res. Inst.) K. MAIER. 4606

H. Haxthausen, *Allergisches Kobaltekzem. Verhalten von Kobalt in der Haut, beurteilt nach Verabreichung von radioaktivem Kobalt* (*^{60}Co*). Bericht über Verss. an 3 Porzellanarbeitern mit allerg. Co-Ekzem, der Läppchentest ergab heftige Rkk. auf 1%ig. $CoCl_2$-Lsg. die auch bei intracutaner Injektion von 0,1 ml 0,5‰ig. $CoCl_2$-Lsg. in physiol. NaCl-Lsg. auftraten. Zum Nachw. des Verbleibs von Co wurde eine gleiche Konz. mit ^{60}Co hergestellt u. subcutan in den Unterarm injiziert. Die β-Strahlung wurde abgeschirmt u. nur die γ-Strahlung in geeigneten Zeitabständen gemessen. Die Resorption von Co war in den allerg. u. in Kontrollpersonen gleich, nach 8 Std. waren 90% verschwunden, der Rest innerhalb 24 Stunden. (Acta dermato-venereol. [Stockholm] **34.** 57—58. 1954. Copenhagen, Denmark, Rigshosp.) DOSSMANN. 4606

William C. Nungesser und **E. P. Hiatt,** *Die Wirkung von Veratrum auf die Nierenzirkulation bei Hunden.* Eine intravenöse *Veratrum*-Gabe (*Veratron*) verursachte bei anästhesierten Hunden sowohl in der intakten als auch der denervierten Niere eine etwa gleich große Senkung des renalen Plasmastroms u. des Glomerulusfiltrats mit dem Abfall des Blutdrucks. Bei wiederansteigendem Blutdruck erhöhte sich — aber nur vorübergehend — die *p-Aminohippursäure* (*PAH*); ein Effekt, der bei atropinbehandelten Tieren nicht eintrat. Die Veratrum-Bradycardie wurde außer bei atropinisierten Tieren immer beobachtet. Eine renale Gefäßerweiterung war nur gering. Vagotomie hatte keinen nennenswerten Einfl. auf Blutdruck oder Nierenleistung. Die Urinmenge nahm unter Veratrum ab, tubuläre Resorption von W. blieb länger erhöht, als der übrigen Beeinflussung der Nierendynamik u. des Blutdrucks entsprach. Anästhesie u. Nierenoperation selbst ergaben bei Kontrolle keine signifikanten Änderungen der Nierenleistung. Vff. kommen entgegen früheren Meinungen zu der Ansicht, daß der PAH-Anstieg wie überhaupt die Nierenzirkulation nicht durch die Vasodilatation des depressor. Veratrumeffekts zustande kommt u. die Zirkulationsänderung in der Niere unabhängig von extrarenaler nervöser Beeinflussung ist. (J. Pharmacol. exp. Therapeut. **110.** 68—75. Jan. 1954. Chapel Hill, N. C., Univ. of North Carolina, School of Med., Dep. of Physiol.) JORDAN. 4608

Kimmo K. Mustakallio, *Verteilung von Quinacrine (Atebrin, Mepacrin) im menschlichen Gewebe nach Sichtbarmachung durch Fluorescenzmikroskopie. Betrachtungen über den Wirkungsmechanismus von Quinacrine bei Lupus erythematodes.* Bericht über 2 tödlich verlaufene Fälle mit Lupus erythematodes, deren akt. Hautläsionen mit *Atebrin* (I) bzw. mit I u. *Quinacrine* (II) behandelt worden waren. I u. II enthaltende Gewebsproben geben unter UV-Bestrahlung eine gelbgrüne Fluorescenz. Die intensivste u. typischste II-Fluorescenz zeigten Proben von Leber, Pankreas, Hypophysenvorderlappen, Schilddrüsenepithel u. Zellschichten der Epidermis. — Diskussion des vermuteten Wirkungsmechanismus von II. (Acta dermato-venereol. [Stockholm] **34.** 93—101. 1954. Helsinki, Finland, Univ., Dep. of Dermatol.) DOSSMANN. 4610

Sirkka Helanen, *Behandlung von chronischem Lupus erythematodes discoides mit Atebrin.* Bericht über 36 Fälle mit Lupus erythematodes, Behandlung mit *Atebrin* (I), meist 0,1 g 2mal täglich bis zur Gelbfärbung der Haut, 3 Wochen, dann Fortsetzung der I-Therapie mit 0,1 g/Tag. In 10 Fällen prakt. völliges Verschwinden der Läsionen, in 21 beträchtliche, in 5 Fällen leichte Reduzierung. Behandlungszeit in 20 Fällen unter 3 Monaten, in 16 Fällen 3—8 Monate. Rückfälle in $^1/_3$ der Fälle. Die Möglichkeit ambulanter Verabreichung von I u. die geringe Toxizität werden als besondere Vorzüge von I herausgestellt. (Acta dermato-venereol. [Stockholm] **34.** 59—66. 1954. Helsinki, Finland, Univ., Clinic for Skin and Veneral Diseases.) DOSSMANN. 4610

Robert A. Wehnert, *INH-Behandlung von Lupus vulgaris. Vorläufiger Bericht.* Bericht über erste Erfahrungen mit *INH* = *Diforin* (LEO PHARMACEUTICAL PRODUCTS TRADING LTD., Copenhagen) bei 30 Patienten mit Lupus vulgaris. In 22 Fällen lag prim. Empfindlichkeit der Tuberkelbacillen gegenüber *INH* vor. (Acta dermato-venereol. [Stockholm] **34.** 173—79. 1954. Copenhagen, Denmark, Finsen Inst.) DOSSMANN. 4610

B. Blumenthal, *Behandlung einiger Lupus-vulgaris-Fälle mit Isonicotinsäurehydrazid (INH).* Vf. berichtet über 28 Fälle mit Lupus vulgaris; seine ersten Erfolge mit *INH* = *Neoxin* (I; ASTRA CO.)-Therapie bestätigen die bisher mit I gemachten guten Erfahrungen. (Acta dermato-venereol. [Stockholm] **34.** 11—16. 1954. Stockholm, St. Göran's Hosp.) DOSSMANN. 4610

Guido Bardesono, *Klinischer Ersatz bei Resistenz des Kochbacillus gegen Isonicotinsäurehydrazid.* Nach einer Behandlung der chron. Tuberkulose von 3 bis 4 Monaten mit *Isonicotinsäurehydrazid* tritt wieder erhöhte Blutsenkung, Gewichtsverlust, Fieber u. positives Sputum auf. Diese Erscheinungen werden auf Resistenzausbildung bezogen u. Wechsel mit *PAS* u. *Streptomycin* empfohlen. (Giorn. Batteriol. Immunol. **46.** 302—13. Jan./Febr. 1954. Torino, Sanatorio Birago.) GERBER. 4610

A. Liener, *Beitrag zur INH-Therapie und deren Nebenwirkung.* Bericht über 100 Patienten mit schwerer Lungentuberkulose unter *INH* (I)- bzw. I + *Streptomycintherapie,* bei denen 24 I-Nebenwirkungen zeigten. Diskutiert werden das Nichtheilen von Cavernen, Blutbildveränderungen, z. B. der Nachw. patholog. Zellen, Kreislaufregulationsstörungen, I-Einw. auf die periphere Zirkulation. Auf den Zusammenhang dieser I-Störungen mit dem Hypophysen–Zwischenhirn-Syst. wird hingewiesen. (Beitr. Klin. Tuberkul. **111.** 287—92. 1954. Natters, Landeskrankenhaus für Tuberkulose.) DOSSMANN. 4610

E. I. Stoltz und **D. J. Hankinson,** *Die Wirkungen von Antibioticis in Milch auf die humanen coliformen Darmbakterien.* Die Aufnahme von 500 ml Milch täglich, die 0,1—1,0 mg/ml *Streptomycin* oder 0,25—0,50 γ/ml *Aureomycin* enthält, bewirkte signifikante Abnahme der humanen Darmbakterien. *Penicillin* (0,1—1,0 E./ml) war ohne deutlichen Effekt. (J. Milk Food Technol. **17.** 76—78. März 1954. Amherst, Mass., Univ. of Massachusetts, Dep. of Dairy Ind.) KRUSEN. 4611

Hans-Olof Mossberg, *Dosierung von Chloromycetinpalmitat bei Kindern. Chloromycetinpalmitat* (I) wird langsamer resorbiert als krist. *Chloromycetin* (II). Maximale Blutkonz. wird mit I (II) 3 (2) Std. nach Nüchternapplikation erreicht, bei gleicher Dosis ist die maximale Blutkonz. von II 3mal so hoch wie bei I, gleiche Konz. wird mit 3facher I-Dosis erzielt. Zur Aufrechterhaltung eines Blutspiegels von 5 γ/cm^3 muß I in 4 Dosen zu je 50 mg/kg/24 Std. verabreicht werden. (Acta paediatrica [Uppsala] **43.** 174—80. März 1954. Stockholm, Sweden, Barnsjukhuset Samariten.) DOSSMANN. 4611

Stig Hård und **Per Holmberg,** *Penicillinbehandlung von Lichen ruber.* Bericht über *Penicillin* (I)-Behandlung von 79 Fällen mit Lichen ruber, I-Verabreichung 6·10^5 E. täglich, insgesamt im Mittel 6,8·10^6 E. über 11—12 Tage. Heilung der Wunden mit I in 59 Fällen. (Acta dermato-venereol. [Stockholm] **34.** 72—81. 1954. Stockholm, Sweden, Karolinska Sjukhuset.) DOSSMANN. 4611

W. D. Spirow, *Penicillintherapie bei infektiöser Mastitis der Schafe.* Je 15 ml *Penicillin* (I) mit 15000 E. I/ml wurden intravenös u. gleichzeitig an 4—5 Punkten in den befallenen Teil des Euters 2mal täglich zugeführt. In allen 12 behandelten Fällen wurde eine Heilung erzielt. Bei I-Zufuhr durch die Zitzen blieb der Erfolg aus. (Ветеринария [Tierheilkunde] **30.** Nr. 9. 56. Sept. 1953.) LEBTAG. 4611

H. Feldreich, *Penicillinbehandlung der frühen Syphilis im St. Göran's Hospital.* Vf. berichtet über Erfahrungen bei 36 Fällen mit alleiniger *Penicillin* (I)-Behandlung der frühen Syphilis bei täglicher Injektion von je 2 ml I + *Procain* über 17 Tage. Gesamtdosis $10{,}2 \cdot 10^6$ E., Nachkontrolle über 1—10 Monate, in 89% der Fälle betrug die Heilungsziffer 96,87%. (Acta dermato-venereol. [Stockholm] **34.** 39—42. 1954. Stockholm, Sweden, St. Göran's Hosp.) DOSSMANN. 4611

Axel Perdrup, Bjørn Heilesen und **Bent Sylvest,** *Nachprüfung von 157 Patienten mit früher Haut- und Schleimhautsyphilis nach Penicillinbehandlung und Beobachtung über ein bis vier Jahre.* Bericht über 157 Syphilisfälle, Behandlung mit *Procain-Penicillin* täglich $6 \cdot 10^5$ E. über 10 Tage oder nach einem abgewandelten zeitlichen Schema. Unterschiede in den 7 verschied. Behandlungsgruppen waren nicht festzustellen. Nachbeobachtung über 1—4 Jahre. 2 Rückfälle, 6 Reinfektionen, in einigen Fällen blieben schwache Sero-Rkk. bestehen, in 4 von 29 Fällen zeigte die Liquorunters. eine leichte Pleocytose. (Acta dermato-venereol. [Stockholm] **34.** 133—35. 1954. Copenhagen, Denmark, Rudolph Bergh's Hosp. u. Kommunehosp.) DOSSMANN. 4611

W. Jaksch, *Blutspiegel-Bestimmungen nach l-Ephenamin–Penicillin-Gaben bei Pferd, Rind und Hund.* Bericht über *Penicillin* (I)-Blutspiegelbest. an 9 Pferden, 6 Rindern u. 9 Hunden nach Verabreichung von *l-Ephenamin–Penicillin G,* einem I-*G*-Salz von *l-N-Methyl-1.2-diphenyl-2-oxyäthylamin* in wss. Lsg. = *Copenamine* (II) bzw. *Copenamine-Aqueous* (COMMERCIAL SOLVENT CORP., Terre Haute, Ind.). II-Injektion 2500 E./kg beim Pferd, 10^4 E./kg beim Rind bedingte einen 2 Tage anhaltenden I-Spiegel von ca. 0,03 E./cm³ Serum, der durch Erhöhung der Dosis nur verlängert, aber nicht erhöht wurde. Beim Hund betrug die Spiegeldauer nach 1,25 bzw. 2,5 bzw. $5 \cdot 10^4$ E./kg 3 bzw. 7 bzw. 10—16 Tage, der I-Spiegel lag weit über dem therapeut. Mindestwert, zur Erhöhung des I-Initialblutspiegels wird bei den Großtieren u. beim Hund bei der $1{,}25 \cdot 10^4$ E.-Dosis die zusätzliche Injektion von wss. I empfohlen. (Mh. Tierheilkunde **6.** Nr. 1. 11—17. 1954. Wien, Tierärztl. Hochsch., Med. Klinik.) DOSSMANN. 4611

F. Garcia Guijarro, *Zwischenfälle und Komplikationen durch Antibiotica.* Allg. gehaltener Bericht über die bei lang dauernder Therapie mit Antibioticis auftretenden Komplikationen: Colitiden, Diarrhoe, Pilzinfektionen, allerg. Erscheinungen, Leberschädigungen. (Med. españ. **31** (**17**). 1—16. Jan. 1954.) P. G. SCHEURLEN. 4611

Martina Bescós, *Behandlung eines Hämatothorax-Empyems mit Streptokinase und Streptodornase.* Kasuist. Bericht über die Behandlung von traumat. Hämatothorax, der in Empyem überging. Alternierende Anwendung von *Streptokinase* (*Kinaden*) u. *Streptodornase* (*Varidase*), die bei Kombination mit Antibioticis u. Injektion in den Pleuraraum mäßig gute Resultate ergaben. (Clín. y Lab. **57** (**39**). 272—78. April 1954. Zaragoza.) P. G. SCHEURLEN. 4614

B. Issekutz sen., *Über die chemische Struktur und pharmakologische Wirkung der die vegetativen Ganglien lähmenden Verbindungen.* Ausführungen über den Wirkungsmechanismus des *Acetylcholins* u. die unterschiedlichen pharmakol. Eigg. quartärer Ammoniumverbindungen. Durch Quaternierung des *Atropins* läßt sich eine ganglionblockierende Wrkg. erzielen. Es wird im besonderen auf quartäre Ammoniumverbb., die sich von Tropeinen ableiten, u. bes. auf *N-310*, den *Mandelsäureester des N-[p-Phenylbenzyl]-tropins,* der die 40fache Wrkg. des Tetraäthylammoniums zeigte, hingewiesen. (Pharmazie **9.** 124—31. Febr. 1954. Budapest, Univ., Pharmakol. Inst.) CARSTENS. 4620

Bruce Sloane und **John W. Lovett Doust,** *Psychophysiologische Untersuchungen bei experimentellen Psychosen: Resultate der Anwendung des Dimethylamids der* D-*Lysergsäure bei psychiatrischen Patienten.* Applikation des *Dimethylamids* der D-*Lysergsäure* führte bei Gesunden, Depressiven u. Schizophrenen zu stärker ausgeprägten Stimmungen, Nachlassen des krit. Denkens u. vermehrter Atmung ohne sichere Unterschiede zwischen den Gruppen. (J. Mental Sci. **100.** 129—44. Jan. 1954. London, Univ., Maudley Hosp. and Inst. of Psychiatry.) ZEMKE. 4622

John H. Mendenhall und **John A. Ewing,** *Weitere psychometrische Bewertung der Wirkung von Mephenesin bei Angstzuständen.* Vff. sehen in der Behandlung von Angstzuständen mit *Mephenesin,* erprobt an 26 Alkoholikern, keinen Vorteil gegenüber fehlender Therapie. (J. Mental Sci. **100.** 262—66. Jan. 1954. Butner, N. C., State Hosp.) ZEMKE. 4622

F. Martinoli, *Das Dilaudid–Atropin und seine klinische Anwendung in der Narkoseeinleitung.* Bericht über die Anwendung des *Dilaudid–Atropins* zur Narkoseeinleitung. (Minerva Anestesiol. **20.** 14—15. Jan. 1954. Milano, Pio Ist. Bassini.) P. G. SCHEURLEN. 4627

A. Grassberger und **R. Wudy,** *Schmerzbekämpfung nach größeren Operationen mit Rhätocain. Rhätocain = p-Aminobenzoesäureäthylester* wurde nach großen Operationen (Magensekretionen, Strumaoperationen usw.) als 1½-, 3- u. 6%ig. Lsg. als Depotanästheticum benutzt u. eine Verminderung der Schmerzen erzielt. (Wiener med. Wschr. **104.** 134—35. 13/2. 1954.) CARSTENS. 4627

E. Szirmai, E. Bajusz und **I. Nyiri,** *Die Wirkung des neuen schmerzlindernden Mittels „Depridol" auf das Schmerzgefühl, auf die Dauer des Geburtsaktes und auf die Wehentätigkeit. Depridol = 4.4-Diphenyl-6-dimethylaminoheptanon-(3)-hydrochlorid* (**I**) wurde in 100 Fällen bei Geburten eingesetzt, wobei in 83,3% der Fälle eine Beschleunigung der Geburt eintrat u. bei 55% der Wehenschmerz herabgesetzt war. Zur quantitativen Best. von **I** bei Ggw. von Serum war die polarograph. Meth. ungeeignet, da sich die katalyt. Wellen von **I** u. der Eiweißkörper stören. (Pharmazie **9.** 116—23. Febr. 1954. Debrecen, Univ., Frauenklinik; Budapest, Fachärztl. Inst.) CARSTENS. 4627

R. Mannino und **R. Lauro,** *Die cellulären Nucleinsäuren in Beziehung zum Narkoseschock.* Vff. untersuchten den Einfl. von *Ae., Chlf., Pentothal* u. *Trilen* auf den Geh. an Nucleinsäuren in den Zellen von Hirn, Milz, Leber, Herz, Niere, Nebenniere, Pankreas u. Lunge bei Kaninchen nach Tod durch anästhet. Schock. (Minerva Anestesiol. **20.** 1—14. Jan. 1954. Palermo, Univ., Ist. di Patol. Chirurg.) P. G. SCHEURLEN. 4627

Gianfranco Montanari, *Die Anwendung von Largactil (4560 RP) zur Stabilisierung des vegetativen Nervensystems in der Narkose und bei Wiederbelebung nach Narkose. Largactil* (**I**) (Hydrochlorid des N-[3'-Dimethylaminopropyl]-2-chlorphenothiazins) hat neben seiner ganglienhemmenden Wrkg. anticholinerg., sympathicolyt., spasmolyt., temperatursenkende u. antiemet. Wirkungen u. eignet sich sehr gut zur Narkoseeinleitung, sowie vor allem mit *Fargan* u. *Antipar* kombiniert bei der Hibernation. Vf. untersuchte den therapeut. Effekt des **I** bei experimentellen Herzinfarkten u. im experimentellen Schock. Er gibt ferner einen Überblick über die Verwendung des **I** bei verschied. Narkosen der Neurochirurgie u. der Bauchchirurgie. Hier dient das **I** dazu, die narkot. Wirkungen verschied. anderer Narkotica zu unterstützen u. zu potenzieren. (Minerva Anestesiol. **20.** 124—35. März 1954. Milano, Ospedale Fatebenefratelli.) P. G. SCHEURLEN. 4628

Eldon M. Boyd, Carl E. Boyd, und **Wilfred A. Cassell,** *Die Brechreiz verhindernde Wirkung von Chlorpromazinehydrochlorid.* Bericht über Verss. mit *Chlorpromazinehydrochlorid = N-[3'-Dimethylaminopropyl]-2-chlorphenothiazinhydrochlorid = 4560 RP = Largactil* (**I**; POULENC LTD., Montreal) an Hunden zur Vermeidung von durch *Apomorphin* hervorgerufenem Erbrechen. **I** wird schnell resorbiert u. wirkt bes. schnell nach intramuskulärer Injektion. Wirkungsdauer je nach Höhe der Dosis bis zu mehreren Tagen. Bei Katzen ist die **I**-Wrkg. nicht ausgeprägt. (Canad. med. Assoc. J. **70.** 276—80. März 1954. Kingston, Ontario, Queen's Univ., Fac. of Med., Dep. of Pharmakol.) DOSSMANN. 4628

Kurt Uhlenbroock und **Gisela Möller,** *Zur Frage der spasmolytischen Wirkung des Khellins.* 2. Mitt. *Über das Verhalten des Khellins in den Organen und Geweben.* (1. vgl. C. **1952.** 1532.) Weitere Verss. an Kaninchen, denen 50 mg *Khellin* (**I**)/kg Körpergewicht intravenös injiziert wurden, ließen erkennen, daß Herz u. Milz **I** zu speichern vermögen u. in einer höheren Konz. festhalten als andere Organe. **I** wird im Körper nicht restlos zerstört. Es wird in beträchtlicher Menge durch die Leber über die Galle in den Darm ausgeschieden. **I** unterliegt einer direkten u. indirekten Kumulation (Resorption im Dünndarm), wodurch den **I**-Depots immer wieder **I** zugeführt wird. **I** greift wahrscheinlich an den glatten Muskelzellen, die sich in einem erhöhten Tonus (Krampfzustand) befinden, an. (Die Medizinische **1953.** 253—58. 21/2. Hamburg, Krankenhaus Helenenstift des Dtsch. Roten Kreuzes, u. Labor. der UPHA G. m. b. H.) RODERICH KÖNIG. 4628

George F. Badame, *Die Anwendung eines Cholinesteraseinhibitors bei neuromuskulären Störungen des Pferdes.* In 8 Fällen von spasmod. Myalgie u. chron. Myositis bei Pferden wurde durch intramuskuläre Injektionen von *Physotropin L. A.* (stabilisierte Lsg. von 15 mg *Physostigminsalicylat* u. 10 mg *Atropinsulfat* in 1 ml; S. F. DURST & CO., INC., Philadelphia, Pa.) 7 Tage lang von 1—4 ml ansteigend Heilung erzielt. Dagegen wurde locomotor. Ataxie nicht günstig beeinflußt. Als Nebenerscheinung trat in allen Fällen zu Beginn der Therapie Anorexie auf. (J. Amer. veterin. med. Assoc. **122.** 307—09. April 1953. Toronto, Ontario, Can.) KRUSEN. 4628

William E. J. Wilson und **Oliver E. F. Hodgson,** *Mysolin bei Epilepsie: ein Vergleich mit älteren Behandlungsmethoden.* Bei einer kleinen Gruppe von Epileptikern zeigte sich die Therapie mit *Mysolin* deutlich der mit Phenobarbiton (Luminal) oder Na-Phenytoin unterlegen. (J. Mental Sci. **100.** 250—61. Jan. 1954. Isle of Man, Bellamona Hosp.) ZEMKE. 4628

J. Elkes, C. Elkes und **P. B. Bradley,** *Der Effekt einiger Verbindungen auf die elektrische Aktivität des Gehirns und auf die Verhaltensweise.* Unterss. mit *Atropin, Hyoscyamin, Amphetamin,* dem *Diätylamid der Lysergsäure, Amytal* u. *Mephenesin* an Katzen, gesunden Menschen u. Katatonikern weisen auf verschied. Angriffspunkte der einzelnen Substanzen im Zentralnervensyst. hin. (J. Mental Sci. **100.** 125—28. Jan. 1954. Birmingham, Univ., Dep. of Exp. Psychiatry, u. Winson Green Hosp.) ZEMKE. 4628

Dietrich Schorer, *Kreislaufuntersuchungen bei Abschnürung von Gliedmaßen und Zufuhr sympathicolytischer Stoffe bei Hypertonie.* Die Blutdrucksenkung intravenös zugeführten *Hydergins* beruht auf einer akuten Vasodilatation im Splanchnikusgebiet. Daneben sind noch herzdynam. Änderungen maßgeblich. Diese Folgerung ließ sich aus Verss. mit arterieller Abschnürung der unteren Extremitäten ziehen. (Cardiologia [Basel] **24.** 241—56. 1954. Bern, Univ., Med. Poliklinik.) JORDAN. 4630

W. Gensler und **E. Gadermann,** *Über die klinische Anwendung des wasserlöslichen Theophyllinpräparates DHT (Dioxypropyltheophyllin).* Es wird über die Anwendung des Kombinationspräp. *DHT* (=Dioxypropyltheophyllin + Mg-Salz von α-Oxybenzylphosphin) bei pektanginösen Beschwerden, Myocardschaden u. cardialer Insuffizienz berichtet. Verbesserung des subjektiven Befindens u. des Kreislaufs sowie Herabsetzung des peripheren Widerstandes wurden bei intravenöser u. intramuskulärer Anwendung von DHT erzielt. Es besitzt diuret. Wrkg. (verbesserte Nierendurchblutung) u. ist gut verträglich. (Therap. d. Gegenwart **92.** 12—16. Jan. 1953. Hamburg-Eppendorf, Univ., II. Med. Klinik.) EGGSTEIN. 4630

Mário Gomes Marques und **José Alberto Rato,** *Zur Wirkung hydrierter Mutterkornalkaloide auf Herz und Kreislauf.* 0,3 mg *Hydergin* intravenös erwiesen sich beim akuten Lungenödem als prompt wirksam. Es wird eine Verbesserung der Arbeit des linken Ventrikels sowie eine Verminderung des capillaren u. arteriellen Lungenblutdruckes angenommen. (Cardiologia [Basel] **24.** 196—206. 1954. Lisbonne, Serv. Cardio-angiolog. „Dr. Anibal de Castro", Hosp. de Arroios.) JORDAN. 4630

George Maclean und **Ursula Hay,** *Ein Versuch zur Bekämpfung der Schistosomiasis.* Vff. behandelten auf der Insel Lake Nyasa 957 Infizierte mit *Nilodin.* 801 wurden nachuntersucht u. 45 noch positiv gefunden. (Ann. trop. Med. Parasitol. **48.** 21—27. März 1954. Univ. Mission to Central Africa.) K. BÖHM. 4649

P. S. Meyer, *Gedanken über dermatologische Therapie nebst Bemerkungen über Chloromycetin bei Hautinfekten.* Übersicht über den Wert von S, Hg, *Chrysarobin, Anthrarobin, Chlorisept, Fungichthyol, Orthovanillin, Mykotex* bei Hautinfektionen u. Angabe einer *Chloromycetin*-Salbe mit guten Heilerfolgen. (Z. Haut- u. Geschlechtskrankh. **16.** 243—48. 15/4. 1954. Haifa.) DOSSMANN. 4661

A. Scheerer, *Hauthyperämisierung in der medico-mechanischen Therapie mit Rubriment.* Vf. beschreibt die Verwendung von *Rubriment* (enthält Nicotinsäurebenzylester) als Salbe, Tinktur oder Öl als hyperämisierendes u. schmerzlinderndes Mittel in der medico-mechan. Therapie. (Therap. d. Gegenwart **93.** 157—58. April 1954. Lübbecke/Westf., Kreiskrankenhaus.) K. BÖHM. 4670

Bergith Graetz, M. Reiss und **G. Waldon,** *Entgiftung der Benzoesäure bei Schizophrenen.* Vff. fanden n. Ausscheidung von Hippursäure bei akuter, verminderte Exkretion bei chron. Schizophrenie. Zufuhr von *Glycin* oder *ACTH* wirkte verbessernd. (J. Mental Sci. **100.** 145—48. Jan. 1954. Bristol, Mental Hosp. and Barrow Hosp.) ZEMKE. 4675

R. R. MacGregor, *Naphthalinvergiftung durch Einnahme von Mottenkugeln.* Bericht über ein Kleinkind, bei dem nach Verschlucken von Mottenkugeln Fieber, Erbrechen, Anämie u. leichte Gelbsucht auftrat. Urinunters. ergab *Naphthalin*-Vergiftung, durch Bluttransfusion verschwanden die Symptome innerhalb von 5 Tagen. (Canad. med. Assoc. J. **70.** 313—14. März 1954. Kingston, Ontario, Can., Queen's Univ., Fac. of Med., Dep. of Paediatrics.) DOSSMANN. 4675

M. Christie, *Die Wirkungsweise von Öllösungen von DDT bei der Verwendung als Moskitolarvenbekämpfungsmittel.* Vf. beschreibt Experimente an Larven von A. gambiae, die zeigen, daß bei voller Dosierung die Larven eine tödliche Dosis von *DDT* in öliger Lsg. über den Spirakularapp. aufnehmen können. Es konnte aber nicht geklärt werden, ob bei freischwimmenden Larven der Darm oder der Spirakularapp. der wichtigste Weg des Eintritts für *DDT* ist. (Ann. trop. Med. Parasitol. **48.** 11–14. März 1954. Tanganyika Territory, Med. Dep.) K. BÖHM. 4675

Veikko Pirilä, *Die Rolle von Chrom und anderen Spurenelementen bei Zementekzemen.* Vf. gibt eine Analyse vom finn. Zement an, bei dem folgende Spurenelemente in % gefunden wurden: Cr, Cu 0,001–0,01; Co, Ni <0,01; Mg, Ti 0,01–0,1; V 0,0001 bis 0,001 u. Spuren Mo. Der Geh. an 6wertigem, wasserlösl. Cr betrug 0,0001%. Als wesentlich werden nur Ni, Co u. Cr besprochen. Insgesamt Unterss. von 1766 Personen auf gewerbliche Hautinfektionen, Durchführung vom Läppchentest bei 1227 Fällen auf $K_2Cr_2O_7$, $NiSO_4$ u. $Co(NO_3)_2$, davon waren 140 Fälle Cr-positiv, von 90 Fällen mit vermuteter Zementdermatitis reagierten 82% positiv auf $K_2Cr_2O_7$. Neben der Cr-Reizung scheint bei der Entw. des Ekzems die alkalitox. Wrkg. des Zements eine Rolle zu spielen, positive Rkk. auf Zementsuspensionen waren tox. Art. Co- u. Ni-Empfindlichkeit nur in 3 Fällen, bei denen Spuren dieser Metalle nicht die alleinige Ekzemursache waren. (Acta dermato-venereol. [Stockholm] **34.** 136–43. 1954. Helsinki, Finnland.) DOSSMANN. 4681

Fritz Gasser, Die Gaumenschleimhaut unter dem Einflusse zahnärztlicher Prothesen. München, Berlin: Urban & Schwarzenberg. 1954. (VIII+64 S. m. Abb.) DM 9,60.

Burckhardt Helferich u. Erika Schmitz, Über den Einfluß von Quarzstaub und von Aluminiumphosphat auf einige Fermente. — **Claus Steinbeck:** Zur Frage der Silikoseentstehung durch Feuerstein- und Knochenmehlstaub. Bochum: Bergbau-Berufsgenossenschaft. 1953. (48 S. m. Abb.) — Beiträge zur Silikose-Forschung H. 24. DM 4,—.

F. Pharmazie. Desinfektion.

Friedrich Kalthoff, *Zum Problem der chemischen Kurzbezeichnungen im internationalen Verkehr mit Arzneistoffen.* Im Rahmen des Fachausschusses der Internationalen Pharmakopöe wird von der WHO (Weltgesundheitsorganisation) das „Non-Proprietary-Name“-Problem bearbeitet: Arzneistoffe von internationaler Bedeutung sollen durch nicht geschützte Kurzbezeichnungen (nicht mehr als 4 Silben) gekennzeichnet werden. Veröffentlichung der empfohlenen Kurzbezeichnungen in amtlichen Blättern. (Pharmaz. Ind. **16.** 117–20. April 1954. Ingelheim/Rh.) ULEX. 4750

Hans Dieckmann, *Zum Gebrauch der lateinischen Sprache in der Pharmazie.* Der latein. Name für einen bestimmten Stoff kann im Laufe der Zeit beträchtlichen Wandlungen unterliegen. Z. B. sind für Kalomel in deutschen Arzneibüchern 14 verschied. offizielle Bezeichnungen (innerhalb ca. 150 Jahren) genannt. In zur Zeit gültigen Arzneibüchern sind die latein. Namen für einen Stoff verschieden (z. B. Ferrum sulfuricum-DAB, Ferri sulphas-USP u. BP). Schließlich werden unter gleicher Bezeichnung in verschied. Arzneibüchern unterschiedliche Arzneimittel gebracht (z. B. Prozentgeh. von Säuren). (Pharmaz. Ind. **16.** 120–23. April 1954. Madison, Wis., Univ. of Wisconsin, School of Pharm.) ULEX. 4750

F. Schlemmer, *Arzneimittel und Arzneibücher. Problematik der Nomenklatur.* Vf. erörtert Nomenklaturfragen im Hinblick auf das neue DAB. 7, das sich in Vorbereitung befindet. — 13 Literaturangaben. (Pharmaz. Ztg. verein. Apotheker-Ztg. **90.** 30–36. 15/1. 1954.) BARZ. 4750

—, *Bestimmung von m-Aminophenol in Natrium-p-aminosalicylat.* Entwurf eines Pharmakopöeartikels. Die Best. von *m-Aminophenol* (I) erfolgt durch colorimetr. Auswertung der Farb-Rk. mit p-Nitranilin u. $NaNO_2$ gegen eine Vergleichslsg. von I. (Ann. pharmac. franç. **11.** 392–93. Mai 1953.) v. GIZYCKI. 4750

v. Hoffmeister, *Ein Gebläse für den Laboratoriumsbetrieb.* (Vgl. MAYER, C. **1954.** 7236.) Beschreibung eines Wasserstrahlgebläses (Abb.) für das Apothekenlaboratorium. (Dtsch. Apotheker-Ztg. **94.** 27. 14/1. 1954. Bruchsal/Baden, Pharmazeut. Labor.) WALLIS. 4758

G. Jocks, *Salbendreiwalzwerk mit auswechselbaren Walzen und austauschbaren Einzelteilen.* Beschreibung des Salbendreiwalzwerkes „Unguenta“ (Hersteller: H. GRIESEL, Hamburg-Eidelstedt) an Hand von 4 Abbildungen. (Dtsch. Apotheker-Ztg. **94.** 495–97. 10/6. 1954. Hamburg.) BARZ. 4758

W. Fahrig, *Die rektale Arzneimittelzufuhr mittels Suppositorien.* 1. Mitt. *Eine kritische Betrachtung des Gesamtproblems unter besonderer Berücksichtigung der industriellen Suppositorienherstellung.* Man unterscheidet 3 Resorptionswege für rektal verabreichte Arzneimittel: 1. den direkten venösen Weg über die Hohlvenen; 2. den indirekten venösen Weg über Pfortader u. Leber; 3. den lymphat. Weg. Um als

Suppositorienmasse brauchbar zu sein, muß ein Stoff folgende Forderungen erfüllen: Physiol. Indifferenz, Eignung als Arzneiträger, gute Haltbarkeit u. gute Eigg. zur Verarbeitung. Zu den gebräuchlichen Fettgrundlagen gehören: Ol. Cacao, Suppositol, Imhausenmassen H, E u. V, Stadimolmasse, Copraol u. Ol. Arachidis hydrogenatum. Ferner sind von Interesse: Lasupol (Fettalkoholphthalsäureester) u. Lipositoria (Cholesterin–Kohlenhydrat-Mischung). (Pharmaz. Ind. **16.** 123—26. April 1954. Mannheim-Waldhof, Boehringer Soehne G. m. b. H.) Ulex. 4766

O. I. Belowa und **Ja. Ch. Nolle,** *Der flüssige Extrakt der großblütigen Magnolie als neues Arzneimittel.* Der mit 70% ig. A. (1:1) aus den Blättern von *Magnolia grandiflora* gewonnene aromat. fl. Extrakt (I) ist von dunkelgrüner Farbe, scharf bitterem Geschmack, $D.^{20}$ 0,974, u. enthält 23,3% Extraktstoffe u. 65—67 Vol.-% Alkohol. I als wss. Lsg. peroral u. subcutan bei weißen Mäusen angewandt, ist ohne tox. Wrkg., ruft nach intravenöser Zufuhr bei urethanisierten Katzen ein rasch einsetzendes u. 25—50 Min. anhaltendes Absinken des Blutdruckes hervor (bis zu 30—50% des Ausgangswertes). I ist nach klin. Prüfung als hypotensives Mittel zugelassen. (Аптечное Дело [Apotheken] **2.** Nr. 2. 65—66. März/April 1953. Zentrales Wiss. Forschungs-Apothekeninst. des Gesundheitsminist. der RSFSR, Pharmakol. Labor.)
Müller-Mulot. 4790

A. Schroeder, *Die Eignung der Methacrylate als Prothesenstoffe im Lichte neuer Untersuchungen.* Prothesen aus *Methacrylaten* (I; *Stellon*) zeigen geringere Festigkeitswerte u. schlechtere Paßform (wegen der therm. Kontraktion) als Platten aus *Autopolymerisaten* (*Palavit, Palatex*). *Perlon*-Armierung ist für Platten aus I ungeeignet. I verursachen häufig Schleimhautaffektionen, die bei den anderen Werkstoffen nicht beobachtet werden. (Schweiz. Mschr. Zahnheilkunde **63.** 961—71. Okt. 1068—90. Nov. 1953. Basel, Volkszahnklinik.) Klesse. 4798

G. Kuschinsky, *Wichtige neue Arzneimittel. Ophtopen* (Dr. Winzer, Konstanz). Lsg. von Penicillin G in Öl. Augentropfen. (Dtsch. med. Wschr. **77.** 1290. 17/10. 1952.)
Hotzel. 4800

—, *Neue Arzneimittel. Acetyldigitoxin* (Sandoz, Basel): Aus Digitalis lanata. Cardiacum mit kürzerer Wrkg. als Digitoxin. — *Bromomycetin*: Synthet. Antibioticum. Es entspricht dem Chloramphenicol, in dem Cl durch Br ersetzt ist. — *Chloropromazine*: Chlor-3-[dimethylamino-3′-propyl]-10-phenothiazin. Steigert die Wrkg. von Analgeticis, der Schmerz wird noch empfunden, wird aber durch die Beeinflussung der Psyche gleichgültig. — *Diagnex* (Squibb & Sons, USA): Ionenaustauscher mit Chinin. Zum Nachw. der Magensäure. Bei Ggw. von HCl wird Chinin frei u. erscheint im Harn. Bei Anaciden tritt die Rk. nicht ein. — *Succinyl-Methionin* (Laboratoires Lobica, Paris): Synonym *Lobamin forte.* Leberschutztherapie. — *Sulfion* (Nordmarkwerke, Ütersen) u. *Sulfogal* (Pharmacia, Amsterdam): 5-Thion-3-p-methoxyphenyl-1.2-dithiol. ChoLereticum. Dragees zu 0,0125 g. — *Thinoarcex* (Laboratoires Crinex-Uve, Paris): Na-Salz der 5-Äthyl-5-[äthylbutyl]-2-thiobarbitursäure. Intravenöses Kurznarkoticum. (Subsidia med. [Wien] **5.** 117—25. Juni 1953.) Hotzel 4800

T. F. Galley, *Einiges über Salicylsäure und ihre Derivate.* Allg. Überblick über Verbb., die sich von der Salicylsäure ableiten. Neben Aspirin als dem bekanntesten Deriv. der Salicylsäure werden Ester, Salze u. Kernsubstitutionsprodd. beschrieben. Es folgen Einzelheiten über Anwendungsmöglichkeiten. — 24 Literaturstellen. (Chem. Products chem. News [N. S.] **15.** 165—70. Mai 1952. Graesser Salicylates, Ltd.)
Rangnick. 4806

R. W. Richards, *Einige neuzeitliche blutdrucksenkende Arzneimittel.* Folgende Substanzen (bzw. deren Derivv.) u. Drogen finden gegen Hypertonie Anwendung: Dekamethylen-bis-[trimethylammonium] (*Dekamethonium*); Pentamethylen-1.5-bis-[N-methylpyrrolidinium]-hydrogentartrat (*Ansolysen*; *M & B 2050 A*); d-3.4-[1′.3′-Dibenzyl-2′-ketoimidazolidino]-1.2-trimethylenthiophan-d-camphersulfonat (*Arfonad*; *Nu 2222*); 1-Hydrazinophthalazin (*Hydrallazin*); 1.4-Dihydrazinophthalazin (*Nepresol*); Veratrum viride u. Rauwolfia serpentina. — 30 Literaturangaben. (Pharmac. J. **172** ([4] **118**). 269—71. 3/4. 1954.) Ulex. 4806

E. I. Rosenblum und **W. S. Taylor,** *Bevorzugte Kristallisation eines Stereoisomeren aus Lösungen von Atropinsulfat in Äthanol.* Atropin- u. *l*-Hyoscyaminsulfat (I) krist. aus A. mit Kristallalkohol. 20% ig. Lsgg. von inakt. Atropinsulfat (II) in 99,5% ig. A. sind lange Zeit haltbar. Beim Animpfen mit II ($[\alpha]_D$ 0°) erhält man Kristalle von $[\alpha]_D$ —0,3°, mit I solche von $[\alpha]_D$ —6,5° u. mit d-Hyoscyamin solche von $[\alpha]_D$ +6,2°. Diese Beobachtungen erklären die Feststellungen von Anderson u. Hill (J. chem. Soc. [London] **1928.** 993) über die „spontane Auflösung" von II bei Kristallisationsversuchen. (J. Pharmacy Pharmacol. **6.** 256—58. April 1954. Melbourne, Drug Houses of Australia.) Fresenius. 4806

A. A. Gellerowa, *Die Herstellung haltbarer 5%iger Lösungen von Ascorbinsäure in Ampullen.* Vf. schlägt vor, die nach der Pharmakopoe der UdSSR unter CO_2 hergestellte 5%ig. *Ascorbinsäure*-Ampullenlsg. durch Zusatz von 0,005% $CS(NH_2)_2$ oder 0,75% NaCl für 1 Jahr haltbar zu machen. Eine Aufbewahrung im Dunkeln erübrigt sich, da die stabilisierte Lsg. von gestreutem Licht nicht zers. wird. (Аптечное Дело [Apotheken] **2.** Nr. 2. 33–38. März/April 1953. Charkow, Chem. Pharmaz. Wiss. Forschungsinst.) MÜLLER-MULOT. 4808

R. Claude, *Penicillin-Implantationskompretten mit verzögerter Wirkung.* Vf. stellt *Procain–Penicillin* (I)-Tabletten her, die direkt unter die Haut implantiert werden, um auf dem Weg der langsamen Resorption eine Depotwrkg. zu erreichen. Die Herstellungstechnik wird genau beschrieben. 1 Tablette mit 400000 E. wiegt ohne Zusätze 400 mg. Um glatte Stücke zu erhalten u. ein Verkleben der Matrize zu verhüten, werden je Tablette 2 mg *Mg-Stearat* beigemischt. Durch Tierverss. u. Erprobung an 16 Patienten wurde einwandfreie Verträglichkeit, kein Abstoßen der Implantate festgestellt. Die Patienten erhielten 4 Kompretten zu je 600000 E. implantiert. Die Resorption erreicht nach 24 Std. ihr Maximum mit 0,39 E./cm^3, bleibt dann annähernd konstant, zeigt am 11. Tag noch 0,25 E./cm^3 u. am 16. noch 0,05 E./cm^3. Die Konstanz des I-Spiegels wird auf das während der Resorption wachsende Verhältnis Tablettenoberfläche/Tablettenvol. zurückgeführt. (Ann. pharmac. franç. **10.** 447–55. Juni 1952. Paris, Fac. de Pharm., Labor. de Pharm. gelénique, u. Inst. de Recherches „Roussel-Sofrapen".) ENDRASS. 4810

K. F. Hoffmann, *Mundspülmittel.* Rezepte für Mundspülmittel sowie Aufzählung u. Zus. entsprechender Arzneifertigwaren. (Dtsch. Zahnärztebl. **8.** 324–26. 22/4. 1954. Türkenfeld über Fürstenfeldbruck bei München.) KLESSE. 4822

Hugh Cleland, *Hexachlorophen (G 11) bei Desinfektion in der Chirurgie. Ein Waschmittel des Chirurgen ohne Verwendung der Bürste.* Grüner Seife oder Phisoderm wurden 3% *Hexachlorophen* (*G 11*; *Bis-[2-oxy-3.5.6-trichlorphenyl]-methan*; I) zugesetzt. Wegen der Haftfähigkeit von I an der Haut konnte bei dauernder Benutzung die Zeit des Waschens herabgesetzt werden. Dabei nahm im Verlaufe einiger Tage die Zahl der aus dem Waschwasser gezüchteten Bakterienkolonien erheblich ab. Bei Verwendung von Bürsten zum Waschen kann es zu Hautreizungen kommen. (Canad. med. Assoc. J. **66.** 462–64. Mai 1952. Toronto, Ontario, Can., Gen. Hosp., Dep. of Surg. and Bacteriol.) BROSEMANN. 4832

W. Maassen und **H. Müller,** *Beurteilung des Desinfektionsmittels „Euphagol" auf seine Anwendbarkeit bei der laufenden Desinfektion und bei der Schlußdesinfektion.* Verss. wurden durchgeführt über Hautprobe, Raumdesinfektion, Beeinflussung der Raumluft, Haftbarkeit an Tapeten, Leder, Bezügen, Wäsche, Wolle, Abschirmmaterial für Fenster, Fußbodenbelag, empfindlichen Hölzern, weiter über prakt. Arbeitsweise mit der Zerstäuberdose, Explosivität u. Wirtschaftlichkeit. (Desinfekt. u. Gesundheitswes. **46.** 50–52. April 1954. Kiel, Univ., Hyg. Inst., u. Schleswig, Kreisgesundheitsamt.) BOYE. 4832

E. Langenscheidt, *Euphagol, ein neues Desinfektionsmittel für die Raumdesinfektion.* Untersucht u. besprochen werden: Brennbarkeit u. Entzündlichkeit von *Euphagol* (I, äther. Öl, vom DRÄGERWERK, Lübeck, zu einem endgültigen Desinfektionsmittel weiterverarbeitet), Prüfung auf Explosionssicherheit, Verträglichkeit von I für Versuchstiere, Einfl. von I auf Schlachttiere im Hinblick auf Fleischqualität u. auf Lebensmittel (Milch), Prüfung auf baktericide Wrkg. im Laboratoriumsvers., prakt. Desinfektion im Tierstall. I entspricht den physikal., atox. u. baktericiden Anforderungen. (Berliner Münchener tierärztl. Wschr. **67.** 104–06. 1/4. 1954. Stuttgart, Tierärztl. Landesuntersuchungsanstalt.) BOYE. 4832

Hans Braun und **Heinrich Huber,** *Experimentelle Untersuchungen über die Prüfung der Zerfallsgeschwindigkeit von Tabletten mit einer neuen Apparatur.* Nach einem Überblick über die bereits bekannten Prüfmethoden (5 Abb.) u. die Pharmakopoevorschriften verschied. Länder beschreiben Vff. eine neue App. (1 Abb.) zur Prüfung des Tablettenzerfalls. Die hiermit ermittelte durchschnittliche Zerfallszeit von Tabletten betrug bei Verwendung eines Siebes von 2,0 mm Maschenweite u. W. von 37° als Lösungsm. 15–60 Sekunden. Nur Ca-Präpp. hatten eine wesentlich längere Zerfallszeit. Da verschied. Proben gleicher Arzneimittel längere Zerfallszeiten hatten, halten Vff. es für angebracht, die Prüfung des Tablettenzerfalls in einem neuen Deutschen Arzneibuch vorzuschreiben. — 13 Literaturangaben. (Dtsch. Apotheker-Ztg. **94.** 149–52. 25/2. 1954. München, Univ., Med. Poliklinik.) BARZ. 4880

Maurice Denoël, *Dimethylphenylpyrazolonmethylaminomethansulfonsaures Natrium. Dimethylphenylpyrazolonmethylaminomethansulfonsaures Na* (I, Novalgin) läßt sich bestimmen durch seinen Sulfit-S, durch den abspaltbaren CH_2O, durch Titration der nach SO_2- u. CH_2O-Abspaltung erhaltenen Base u. durch seinen Na-Gehalt. Best. des Sulfit-S: Man gibt nacheinander zusammen: 10 ml n/10 Jodlsg., 20 ml A., 15 ml 10%ig. H_2SO_4 u. 100 mg in 20 ml W. gelöste Probe; nach 3 Min. wird der Jodüberschuß mit n/10-Thiosulfatlsg. titriert. Best. des CH_2O: 1. In einen Erlenmeyer-Kolben gibt man nacheinander: 25 ml n/10 Jodlsg., 25 ml A., 15 ml nHCl u. 200 mg Probe (gelöst in 30 ml W.). Nach 3 Min. wird das J mit n/10 Thiosulfatlsg. titriert. Nach Neutralisation mit nNaOH (gegen Phenolphthalein) gibt man 1 ml Eisessig u. 50 ml 1%ig. wss. Dimedonlsg. hinzu, läßt 24 Std. bei 20° stehen, erhitzt dann noch 10 Min. auf dem Wasserbad, filtriert u. trocknet den mit W. ausgewaschenen Nd. bei 60°. 2. Nach der Titration mit Thiosulfat wird die Lsg. mit NaOH gegen Thymolphthalein neutralisiert, mit Na_2SO_3 versetzt u. die frei gewordene Lauge wird mit n/10 HCl titriert. Best. der Base: 200 mg Probe werden mit 40 ml W. + 10 ml verd. HCl bis zum Verschwinden der CH_2O erhitzt; dann extrahiert man mit Chlf. aus alkal. Medium, trocknet die Chloroformlsg. u. verdampft das Chlf. nach Zugabe von 25 ml Wasser. Die wss. Lsg. wird mit n/10 H_2SO_4 gegen Methylorange titriert. Die entsprechenden Berechnungen sind angegeben. (J. Pharmac. Belgique [N. S.] **7.** 544—52. Nov./Dez. 1952.) K. F. Müller. 4880

K. G. Krebs und **A. Wankmüller,** *Zur Papierelektrophorese von Arzneimitteln.* Die Grundlagen der Papierelektrophorese (Pe) werden erörtert. In eigenen Unterss. wurde das Verh. von Äsculin (**I**), Äsculetin (**II**), Fraxin (**III**), Scopolin (**IV**), Scopoletin (**V**), 7-Oxycumarin (**VI**) u. 4-Methyl-7-oxycumarin (**VII**) bei der Pe geprüft. In Veronalpufferlsg. p_H 8,6 wandern **I**—**III** u. **V**—**VII** zur Anode, **IV** zur Kathode. In 2%ig. NaCl-Lsg. u. in Citrat–Phosphatpuffer (**VIII**), p_H 5,6, verbleibt **VII** am Startpunkt. Die Unters. von Tinkturen mit den genannten Inhaltsstoffen führte zu prinzipiell gleichen Ergebnissen. Die Ballaststoffe wandern zum größten Teil nicht. Wanderungsrichtung u. -geschwindigkeit sind, wenigstens bei den Cumarinderivv., stark abhängig von der Wahl der Startstelle. Die „Wanderungswerte" sind im Gegensatz zu den R_F-Werten der Papierchromatographie keine Konstanten, aber bei Einhaltung der Bedingungen doch reproduzierbar. Für die Pe der kathod. wandernden synth. Muskelrelaxantien (**IX**), z. B. Succinyl-bis-cholinchlorid, u. für Phenothiazinabkömmlinge, wie Methylenblau, Casantin, Atosil, Megaphen, Latibon u. Pasidal, eignet sich **VIII**. Neutral oder alkal. tritt keine Wanderung ein. **IX** sind bei der Pe nicht mit $CuSO_4$ unterscheidbar. Vorbehandlung der Papierstreifen für die Pe mit Lsgg. von Periston, Postonal, Präcutan, Quartamon, Zephirol, Tween 40 oder Myxal kann zu markanten Änderungen der Wanderungsgeschwindigkeit u. zur Umkehr der Wanderungsrichtung führen. Das gilt für anod. u. für kathod. wandernde Substanzen. Nicht dissoziierende Substanzen können durch solche Zusatzstoffe zum Wandern veranlaßt werden. — 25 Literaturangaben. (Dtsch. Apotheker-Ztg. **94.** 171—72. 4/3. 192—94. 11/3. 234—36. 25/3. 1954. Tübingen, Univ., Apotheke.) Fresenius. 4880

Carl-Gunnar Lindblad und **Allan Ågren,** *Gehaltbestimmung von Tetrapon.* Zur Best. der Alkaloide in Tetrapon wird die Verteilungschromatographie angewandt. Man löst 0,400 g in 20 cm³ W., setzt 5 cm³ 0,2nNaOH zu u. extrahiert 2 mal mit 10 cm³ Chlf. + 30 cm³ Ae., zuletzt mit 10 cm³ Chfl., filtriert die Extrakte, dampft auf 0,5—1 cm³ ein, setzt 25 cm³ Ae. zu u. gibt auf die Säule (15 g Kieselgur + 3 cm³ H_3PO_4–KH_2PO_4-Pufferlsg. p_H 2,0—2,1 + 150—200 cm³ Ae., Durchmesser ca. 17 mm). Zuerst wird Narcotin mit 200 cm³ Ae. (wassergesätt.) eluiert (2 cm³/Min.), der Hahn mit 10 cm³ Chlf. gewaschen, dann wird ebenso Papaverin mit 150 cm³ Chfl. u. Codein mit 250 cm³ NH_3-gesätt. Chlf. eluiert u. die einzelnen Alkaloide nach üblichen Methoden bestimmt. (Farmac. Revy **53.** 69—79. 28/1. 1954. Farm. Inst., Kem. Avd.) R. K. Müller. 4880

N. Kaniss, *Chromatographische Untersuchungen an Xanthocillin.* Das Verh. von *Xanthocillin* (**I**) bei der Adsorptionschromatographie an Al_2O_3 wird beschrieben. Durch Umkristallisation aus Aceton (**II**) gereinigtes **I** wird in alkoh. Lsg. durch eine Al_2O_3-Säule gegeben, wobei sich deutlich 3 Zonen ausbilden, von denen die obere schmal u. kaffeebraun, die mittlere breiter u. orangebraun, die untere citronengelb ist. Sie läßt sich mit A. eluieren. Aus dem Eluat sind gelbe Kristalle erhältlich (Komponente X) (**III**), die sich aus **II** in Form einer Mol.-Verb. von weißer Farbe als Kristalle gewinnen lassen. Diese spalten beim Liegen **II** ab u. werden wieder gelb. **III**, von der Formel $C_{18}H_{14}O_2N_2$, verkohlt ab 210°, ohne zu schmelzen. **III** ist unlösl. in W., verd. Säuren, Bzl., PAe., Chlf., Äthylenchlorid u. CS_2, sehr schwer lösl. in CCl_4, schwer in Isoamylalkohol, Nitrobenzol u. Ae., bis zu 1% lösl. in Methanol, A., **II** u. Dioxan, in Laugen lösl. unter tiefer Gelbfärbung. Aus alkal. Lsg. ist **III** fällbar mit CO_2 (Phenolcharakter). III bildet mit ammoniakal. $AgNO_3$ ein rotes unlösl. Ag-Salz. I wird nicht adsorbiert an $CaCO_3$, $CaSO_4$, $MgSO_4$, KH_2PO_4, Zucker, Lactose, Dextrin, Stärke, Talk, Kaolin. Bei MgO treten 2 Zonen auf (X u. Y). $Ba(OH)_2$ liefert in der Reihenfolge ein blaues (b), ein gelbes (g), ein breites gelbes (G) Eluat u. eine ziegelrote u. eine schwarze Zone. Die Eluate b u. g stammen von Verunreinigungen, G entspricht III, die beiden zurückbleibenden Zonen den Komponenten Y u. Z. Y wird mit $AgNO_3$ rot bis schwarz, III beige bis grau. Mit 2nNaOH wird Y rotbraun u. bleibt auf Al_2O_3 haften, III ist gelb eluierbar, Z bleibt kaffeebraun haften. Im UV besteht das gleiche Bild. Mit $FeCl_3$ auf Al_2O_3 wird Y tief olivgrün, III gibt keine Farbänderung der Säulenfüllung. Y u. Z sind nach Elution von III mit Methanol (IV) mit brauner Farbe mit salzsaurem IV eluierbar. Zur Papierchromatographie von I verwendet man ein Gemisch von 5 Vol. Xylol + 1,5 Vol. einer Mischung aus 10 Vol. 95% ig. A. u. 1 Vol. Eisessig. Dabei erfolgt Auftrennung von I in 3 Teile mit den R_F-Werten 0,53 (III), 0,34 (Y) u. 0,13 (Z). Identifizierung im UV u. nach Behandlung mit NaOH, $AgNO_3$, $FeCl_3$ u. Br_2-Dämpfen. Y wird aus der Al_2O_3-Säule mit IV-Eisessig (500:30) ausgewaschen, nachdem III vorher entfernt wurde. Das Eluat wird im Vakuum bei 30° unter N_2 eingeengt, bis sich Kristalle bilden. Diese werden in A. gelöst u. die Lsg. dann wieder im Vakuum eingeengt, wobei Y als gelbliches Kristallpulver gewonnen wird. Y hat, wie III, keinen F., es verkohlt über 200°. Es ist im biol. Test gleich wirksam wie III. Die Isolierung von Y ist mit großen Verlusten verbunden. (Pharmazie **9.** 203—09. März 1954. Radebeul-Dresden, Inst. für Arzneimittelprüfung; Dresden, TH, Inst. für Elektrochem. u. Physikal. Chem.) ——————— FRESENIUS. 4880

Knoll Akt.-Ges. Chemische Fabriken, Deutschland, *Extraktion von organischem Material durch schonende Reduktion.* Man behandelt das organ. Material (z. B. Rhizoma curcumae, Herba ephedra, Flores chamomillae, Cortex chinae, Fructus cardamoni, Leberöl, getrocknete Hefe) bei weniger als 30° mit fl. SO_2. — Z. B. entfettet man 100 g Rhizoma curcumae mit PAe., wobei man 2,7% Öl gewinnt, u. extrahiert die entfettete Droge dreimal mit fl. SO_2. Man erhält insgesamt 7,85 g braunen Extrakt, welcher sich leicht pulverisieren läßt u. unter dem Mikroskop eine kristalline Struktur zeigt. (**F. P. 1 015 459** vom 23/8. 1948, ausg. 13/10. 1952.) OPPERMANN. 4791

Knoll Akt.-Ges. Chemische Fabriken, Deutschland, *Stabilisieren von aktive Substanzen enthaltenden Pflanzenextrakten.* Man stellt die auf das Herz wirkenden, Glucoside enthaltenden Extrakte (z. B. von Adonis vernalis, Convallaria majalis, Digitalis purpurea, Bulbus scillae) mittels einer Lsg. einer geeigneten Puffersubstanz auf ein p_H ein, welches für die betreffende Pflanze spezif. ist. — Z. B. stellt man einen verd. alkoh. Extrakt von Adonis vernalis auf ein p_H von 4,2 ein. (**F. P. 1 015 460** vom 23/8. 1948, ausg. 13/10. 1952.) OPPERMANN. 4791

Nordmark-Werke G. m. b. H., Hamburg (Erfinder: **Theodor Reetz,** Uetersen), *N-Alkyl-bis-oxyäthylaminäther* der Formel $R_2 \cdot O \cdot CH_2 \cdot CH_2 \cdot N(R_1) \cdot CH_2 \cdot CH_2 \cdot O \cdot R_3$, worin R_1 für einen niederen Alkylrest u. R_2 u. R_3 für gleiche oder verschied. Alkylreste mit 4—7 C-Atomen oder für den Benzylrest stehen, wirken *analgetisch.* — *N-Methyl-bis-(β-benzyloxyäthyl)-amin.* Aus Na-Benzylat u. N-Methyl-bis-(β-chloräthyl)-aminhydrochlorid, $Kp._{0,05}$ 164—168°. — Analog: *N-Methyl-bis-(β-amyloxyäthyl)-amin,* $Kp._{0,5}$ 95°. — *N-Methyl-bis-(β-hexyloxyäthyl)-amin,* $Kp._{0,5-1}$ 137—140°. — *N-Methyl-bis-(β-butyloxyäthyl)-amin,* $Kp._2$ 116—117°. (**D. B. P. 907 298** Kl. 12q vom 15/12. 1951, ausg. 22/3. 1954.) LANGER. 4807

Badische Anilin- & Soda-Fabrik, Ludwigshafen/Rh., *Cholinderivate* von *antirheumatischer Wirkung.* Durch Rk. von NH_2 COCl mit β-Methylcholinchlorid in Chlf. erhält man *β-Carbamoyl-β-methylcholinchlorid,* F. 213—215°. Analog: *β-Carbamoylcholinchlorid,* F. 170—180°, sowie die *Carbaminsäureester* des *N-Cetyl-N.N-dimethyl-N-(β-oxyäthyl)-ammoniumbromids,* Zers. 170°, des *N-Benzyl-N-(β-oxyäthyl)-pyrrolidiniumchlorids* u. des *N-Äthyl-N-(β-oxyäthyl)-piperidiniumchlorids.* (**E. P. 708 389** vom 4/4. 1952, ausg. 5/5. 1954. D. Prior. 5/4. 1951.) BRÖSAMLE. 4807

Rheinpreußen Akt.-Ges. für Bergbau und Chemie, Homberg, *Ester von N-monoalkylierten und N-monoalkyloxyalkylierten Aminooxybenzoesäuren mit am N-Atom substituierten Aminoalkoholen.* In die aromat. Aminogruppe der Alkaminester von Aminooxybenzoesäuren wird eine einfache oder substituierte Alkyl- oder Alkyloxyalkylgruppe eingeführt. Diese Einführung erfolgt z. B. durch Umsetzung der Alkaminester von Aminooxybenzoesäuren mit Alkylhalogeniden oder Alkyloxyalkylhalogeniden, bes. -bromiden, in Ggw. eines säurebindenden Mittels, wie Pyridin, in einem Lösungs- oder Verteilungsmittel, wie Bzl. oder absol. A., u. gegebenenfalls in Ggw. eines inerten Gases, wie N_2 oder CO_2. — 4-Amino-2-oxybenzoesäurediäthylamino-

äthylester u. n-Butylbromid in Bzl. 24 Std. bei 100° erhitzt, bilden die 4-n-Butylaminoverb., welche als das salzsaure Salz des *β-Diäthylaminoäthylesters der 4-n-Butylamino-2-oxybenzoesäure*, aus Isopropanol krist., F. 135°. — In gleicher Weise wird hergestellt das Hydrochlorid des *5-n-Propylamino-2-oxybenzoesäurediäthylaminoäthylesters*, F. 150°. — Mit β-Methoxyäthylbromid wird analog der *4-β-Methoxyäthylamino-2-oxybenzoesäuredimethylaminoäthylester* erhalten, welcher als salzsaures Salz isoliert u. als Pikrat, F. 140°, krist. wird. — Die Umsetzung kann auch in der Weise erfolgen, daß die Alkaminester der Aminooxybenzoesäuren zunächst mit Aldehyden oder Ketonen bzw. mit Alkyloxyaldehyden oder Alkyloxyketonen zu den entsprechenden Schiffschen Basen kondensiert werden, welche danach zu den entsprechenden N-Monoalkyl- oder N-Monoalkyloxyalkylverbb. hydriert werden. Die Kondensation kann auch unmittelbar unter hydrierenden Bedingungen durchgeführt werden, wobei eine Isolierung der Kondensationsprodd. (Schiffsche Basen) nicht erforderlich ist. Für beide Reaktionswege eignen sich bekannte Hydrierungskatalysatoren, z. B. Raney-Nickel oder Platinoxyd. — Der β-Piperidinoäthylester der 4-Amino-2-oxybenzoesäure wird in Form des HCl-Salzes (F. 227°) mit Methoxyacetaldehyd in CH_3OH suspendiert u. nach Zugabe von 2 g Ni mit H_2 bis zur Sättigung bei 40—50° in einer Druckflasche behandelt. Durch Filtrieren u. Eindampfen erhält man das salzsaure Salz des *β-Piperidinoäthylesters der 4-β-Methoxyäthylamino-2-oxybenzoesäure*. Das Pikrat der freien Esterbase hat F. 140°. — Die nach dem Verf. erhältlichen Prodd. besitzen eine starke *lokalanästhet.* Wrkg. neben einer *bakterio-* u. *tuberkulostat. Wirkung*. (**Oe. P. 177 772** vom 29/1. 1952, ausg. 10/3. 1954. D. Prior. 7/2. 1951.)
M. F. Müller. 4807

Akt.-Ges. vormals B. Siegfried, Zofingen, Schweiz, *1-Cyclopentyl-2-methylaminopropan*, $Kp._{14}$ 62—65°; n_D^{20} 1,4581, erhält man durch katalyt. Red. von Δ^2-Cyclopentenylaceton in Ggw. von Methylamin u. ca. 30 at H_2-Druck bei ca. 100° in A. in Ggw. von Ni. Ausbeute quantitativ. *Arzneimittel* u. Zwischenprodukt. (**Schwz. P. 294 898** vom 20/4. 1951, ausg. 16/2. 1954.) Krauss. 4807

Cilag Akt.-Ges., Schaffhausen, Schweiz, *2-(Δ^1-Cyclohexenyl)-2-äthylpropandiol-(1.3)*, F. 68—69°, erhält man durch Red. einer Verb. der Formel I (X_1 u. X_2 = durch Red. in Oxymethyl überführbare Gruppen, wie COOH, Carbalkoxy, Carbothiolalkyl, Formyl), z. B. von (Δ^1-Cyclohexenyl)-äthylmalonsäure mit $LiAlH_4$ oder Raney-Ni. Zwischenprod. zur Herst. von Verbb. mit *curareähnlicher* Wirkung. (**Schwz. P. 294 224** vom 23/8. 1950, ausg. 16/1. 1954. **Zusatz zu Schwz. P. 288 426; C. 1954. 2227.**)

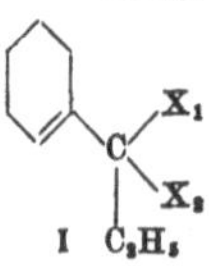
I

Krauss. 4807

Burroughs Wellcome & Co. (USA), Inc., Tuckahoe, übert. von: **George H. Hitchings,** Tuckahoe, und **Peter B. Russel,** Crestwood, N. Y., V. St. A., *5-Phenylpyrimidinderivate* der allg. Formel I (X = H, Halogen, Nitro-, Amino- oder Acylamidorest; Y = H oder Halogen) erhält man durch Rk. eines geeigneten α-Formylphenylessigsäureesters mit Guanidin. Durch anschließende Chlorierung u. Aminierung erhält man das 2.4-Diaminopyrimidinderivat I. — Phenylessigsäureäthylester + Ameisensäureäthylester + Na in Ae. + Guanidin → Oxyaminopyrimidin vom F. 244—247°, welches nach Chlorierung mit $POCl_3$ durch Behandlung mit NH_3 im Druckrohr in *2.4-Diamino-5-phenylpyrimidin*, F. 163—164°, übergeführt wird. — *2.4-Diamino-5-p-chlorphenylpyrimidin*, F. 187—190°. — *2.4-Diamino-5-p-bromphenylpyrimidin*, F. 205—207°. — *2.4-Diamino-5-(3.4-dichlorphenyl)-pyrimidin*, F. 208—210°. — *2.4-Diamino-5-m-chlorphenylpyrimidin*, F. 198—200°. — *2.4-Diamino-5-m-bromphenylpyrimidin*. — *2.4-Diamino-5-p-nitrophenylpyrimidin*, F. 315—317°. — *Malariamittel*. (**A. P. 2 624 731** vom 15/2. 1950, ausg. 6/1. 1953.) Sievers. 4807

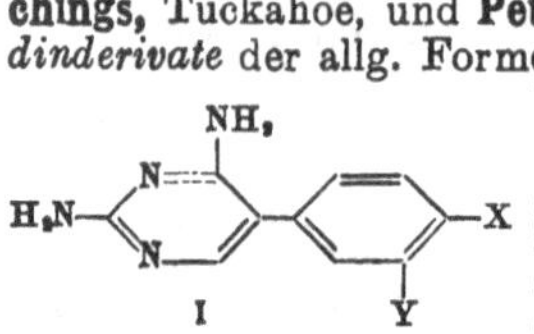
I

British Industrial Solvents Ltd., London (Erfinder: **Richard Norman Lacey,** Hedon, Hull), England, *Substituierte Thiouracile*. Man setzt Diketen mit einer Verb. der allg. Formel R_1—HN—CS—NHR_2 (R_1 u. R_2 = H, Alkyl, Aralkyl, Aryl, oder wenigstens eine dieser Gruppen R_1 bzw. R_2 = H, Alkyl, Aralkyl oder Aryl) in Ggw. eines Verdünnungsmittels, wie Essigsäure, Dioxan, Bzl., Chlf. oder Äthylacetat, bei 40—200°, bes. bei ca. 100°, oder beim Kp. des Verdünnungsmittels um. — Diketen (I) + Thioharnstoff in Essigsäure → *4-Methylthiouracil*. — I + N.N'-Diäthylthioharnstoff → *1.3-Diäthyl-4-methylthiouracil*, F. 97—98°. — *1-Phenyl-4-methylthiouracil*, F. 266°. — *3.4-Dimethylthiouracil*, F. 235—245°. — *1-Phenyl-3.4-dimethylthiouracil*, F. 197—199°. — Zwischenprodd. für die Herst. chem. Verbb., *Pharmaceutica*. (**D. B. P. 899 502** Kl. 12 p vom 20/11. 1951, ausg. 14/12. 1953. E. Prior. 29/11. 1950.) Sievers. 4807

G. D. Searle & Co., Chicago, übert. von: **John W. Cusic**, Skokie, Ill., V. St. A., *Basisch substituierte 10-Phenothiazincarboxamide* der allg. Formel I (R = H, Alkyl, Cycloalkyl, Aryl oder Aralkyl; A = zweiwertiger gesätt. aliphat. KW-stoffrest; NR'R'' = Dialkylamino- oder N-heterocycl. Rest, der über das N-Atom mit der Gruppe A verbunden ist) erhält man durch Umsetzung von 10-Phenothiazincarbonsäurehalogeniden mit substituierten Alkylendiaminen der allg. Formel R—NH—A—NR'R'' (A, R', R'' wie vorst.) in Ggw. eines wasserfreien organ. Lösungsm. u. Abtrennung des gebildeten Halogenhydrats durch Extraktion mit Mineralsäure. — 10-Chlorformylphenothiazin + N.N-Dimethyläthylendiamin → *N-(β-Dimethylaminoäthyl)-10-phenothiazincarboxamid* (**II**), *Hydrochlorid*, F. 198—200°. — II + CH_3J → *β-(10-Phenothiazincarboxyäthyl)-trimethylammoniumjodid*, F. ca. 223—224°. — *N-Diäthylaminoäthyl-10-phenothiazincarboxamid*, *Citrat*, F. ca. 165 bis 166°. — *N-(γ-Dimethylaminopropyl)-10-phenothiazincarboxamid*, *Hydrochlorid*, F. ca. 193—194° (Zers.). — *N-(γ-Diäthylaminopropyl)-10-phenothiazincarboxamid*, F. ca. 82 bis 83°. — *N-Dimethylaminoäthyl-10-phenothiazincarboxanilid*, *Hydrochlorid*, F. ca. 223—224°. — *N-Diäthylaminoäthyl-10-phenothiazincarboxanilid*, *Hydrochlorid*, F. 179—180°. — *N-(β-Diäthylaminoäthyl)-3'-chlor-10-phenothiazincarboxanilid*, *Hydrochlorid*. — *N-Diäthylaminoäthyl-N-benzyl-10-phenothiazincarboxamid*, *Hydrochlorid*, F. ca. 142—143°. — *N-Benzyl-10-phenothiazincarboxanilid*, F. ca. 112—113°. — *N-(β-Morpholinoäthyl)-10-phenothiazincarboxamid*, *Hydrochlorid*, F. ca. 214—215°. — Zwischenprodd. für *organ. Synthesen*, *Kreislaufmittel*, *Diuretica*, *Antihistaminica*, *Spasmolytica*. (**A. P. 2 627 517** vom 1/9. 1950, ausg. 3/2. 1953.) SIEVERS. 4807

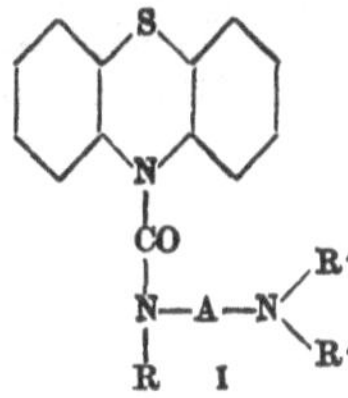

I

Helmut Legerlotz, Jersey City, V. St. A., *p-Oxyphenyläthanolamin-d-β-camphersulfonat*, wasserlösl., aus verd. A., F. 165—167°. p-Oxyphenylaminomethylketon wird mit d-β-Camphersulfonsäure (von REYCHLER) neutralisiert u. die gebildete Verb. mit H_2 in Ggw. von Pd-Kohle oder Ni reduziert. Verwendung in der *Human-* u. *Veterinärtherapie* zur Behandlung von *Kreislauf-* u. *Herzstörungen*. (**Schwz. P. 294 578** vom 23/12. 1949, ausg. 1/2. 1954. **Zusatz zu Schwz. P. 290 138; C. 1954. 3989.**) KRAUSS. 4807

F. Hoffmann-La Roche & Co. Akt.-Ges., Basel, Schweiz, *Herstellung eines Polyenaldehyds*. Man kondensiert 4-[2'.6'.6'-Trimethylcyclohexen-(1')-yl-]-2-methylbuten-(2)-al-(1) mit 1-Methoxy-2-methyl-2-oxybutin-(3) u. überführt das erhaltene 1-Methoxy-2.6-dimethyl-2.5-dioxy-8-[2'.6'.6'-trimethylcyclohexen-(1')-yl]-octen-(6)-in-(3) durch Allylumlagerung, Partialhydrierung der Dreifachbindung, Dehydratisierung u. Behandlung mit Säure in *8-[2'.6'.6'-Trimethylcyclohexen-(1')-yl]-2.6-dimethyloctatrien-(2.4.6)-al-(1)*, F. 64,5°. — *Zwischenprod.* zur Totalsynth. des *β-Carotins*. (**Schwz. P. 296 661** vom 12/4. 1951, ausg. 1/5. 1954. D. Priorr. 21/4. u. 25/5. 1950.) BRÖSAMLE. 4809

Hartford National Bank & Trust Co., Hartford, Conn., V. St. A., übert. von: **Jan Anne Keverling Buisman**, Eindhoven, Holland, *7-Dehydrosterine* entstehen durch Wasserabspaltung aus 7-Oxysterin-3-monoestern in Ggw. von anorgan. Säurehalogeniden oder Oxyhalogeniden ($SOCl_2$, SO_2Cl_2, $POCl_3$, PBr_3) in Ggw. eines tert. Amins (Pyridin, dessen Homologe, Chinolin, Alkylaniline oder deren Mischungen). — 7α-Oxycholesterin-3-benzoat gibt beim Erhitzen mit $POCl_3$ in Dimethylanilin-Collidin u. Verseifung mit 3%ig. alkoh. KOH *7-Dehydrocholesterin*. Zwischenprod. für *Vitamin D_3*. (**A. P. 2 579 295** vom 28/4. 1947, ausg. 18/12. 1951. Holl. Prior. 5/6. 1946.) KRAUSS. 4809

Simon L. Ruskin, New York, N. Y., V. St. A., *Borsäurederivate der Ascorbinsäure* von gesteigerter Stabilität, geringerer Hygroskopizität u. Toxizität erhält man, wenn man z. B. zu 120 cm³ eines wss., 45 (g) ascorbinsaures Ca enthaltenden Sirups 7 $B(OH)_3$ gibt, 20 Min. unter Rühren auf 50° erwärmt, 2000 cm³ CH_3OH zugibt, über Nacht im Eisschrank stehen läßt u. die erhaltenen 90% *Ca-B-Ascorbinat* im Vakuum trocknet. (**A. P. 2 635 102** vom 12/3. 1945, ausg. 14/4. 1953.) MÜLLER-MEININGEN. 4809

Lakeside Laboratories, Inc., übert. von: **John H. Biel**, Milwaukee, Wis., V. St. A., *Östradiole* erhält man durch Red. von Östronen mit Na-Borhydrid bei Raumtemp. in einem inerten Lösungsmittel. — Östron (I) → *Östradiol* (II), F. 172—174°. — I-Trimethylacetat → II-*Trimethylacetat*, F. 178—180°. — II-*tert.-Butylacetat*, F. 127 bis 129°. (**A. P. 2 623 886** vom 31/7. 1950, ausg. 30/12. 1952.) SIEVERS. 4809

Ciba Akt.-Ges., Basel, Schweiz, *Herstellung von d-Östron* aus 1-Oxo-2-methyl-7-methoxy-1.2.3.4.9.10.11.12-oktahydrophenanthren-2-carbonsäuremethylester (I), F. 133—135°, durch Einw. eines Halogenessigsäuremethylesters u. Zink u. durch anschließende Hydrolyse zu dem entsprechenden Oxyester. Aus diesem wird W. abgespalten u. die entstandene Doppelbindung mit wird H_2 abgesättigt. Es entsteht der *rac.7-Methylmarrianolsäuredimethylester* (II), F. 95—96°, in welchem die Carbomethoxygruppe in der 1ständigen Seitenkette verseift wird. Der bei 171—173° schm. Halbester wird nach der Rk. von ARNDT-EISTERT in das nächsthöhere Homologe übergeführt. Dieses wird einer Verseifung unterworfen u. über das Säurechlorid u. Diazoketon in die *rac.7-Methylhomomarrianolsäure*, F. 225—227°, übergeführt. Durch Behandlung mit einem Cyclisierungsmittel entsteht der *rac. Östronmethylester*, F. 139 bis 140°, welcher durch Hydrolyse in das freie rac. Oxyketon, F. 248—250°, übergeht.

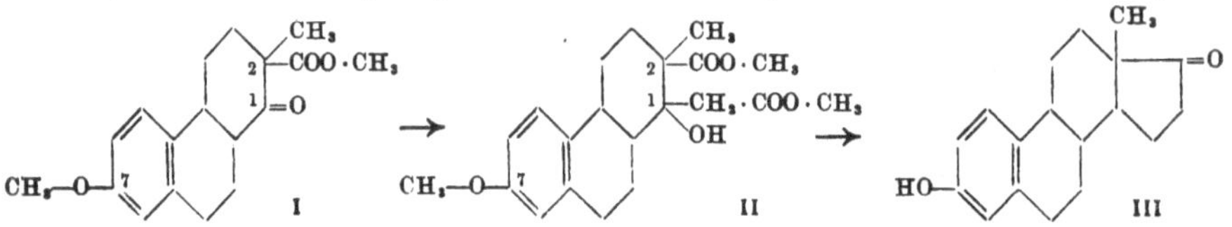

Dieses Keton wird in das Gemisch der beiden diastereoisomeren *l*-Menthoxyacetate übergeführt u. daraus wird das bei 132—134° schm. *l*-Menthoxyacetat durch Kristallisation abgetrennt u. zum d-Östron (III) hydrolysiert. — Die Rk. wird durch die Formelbilder erläutert. (**Schwz. P. 266 510** vom 23/12. 1947, ausg. 1/7. 1950.) M. F. MÜLLER. 4809

Alain Horeau, Sceaux, und **Jean Jacques**, Paris, Frankreich, *Östrogene Naphthalinderivate* der allg. Formel **I** (X gleich H oder, wie R_1, R_2, R_3, gleich CH_3 oder C_2H_5; R_4 = Alkyl). 2-Brom-6-methoxynaphthalin gibt mit CuCN 2-Cyan-6-methoxynaphthalin (= Cyannerolin), $C_{12}H_9ON$, F. 103°, daraus mit Bromisobutyrat u. Zn in Bzl. der β-Ketonester $C_{18}H_{20}O_4$, F. 72,5—73,5°, daraus mit C_2H_5MgBr der Esteralkohol $C_{20}H_{26}O_4$, F. 66—68°, aus dem durch Wasserabspaltung mit $KHSO_4$ der Äthylenester $C_{20}H_{24}O_3$, F. 48—51°, gebildet wird, der beim Hydrieren mit Pt + H_2 in Ae. [*3-(6-Methoxy-2-naphthyl)*]-*2.2-dimethylpentansäureäthylester*, $C_{20}H_{26}O_3$, liefert; daraus durch Verseifen mit Na_2CO_3 in Methylglykol [*3-(6-Methoxy-2-naphthyl)*]-*2.2-dimethylpentansäure*, $C_{18}H_{22}O_3$, aus Essigsäure—W., F. 131,5—132,5°, daraus durch Entmethylierung mit Pyridinhydrochlorid [*3-(6-Oxy-2-naphthyl)*]-*2.2-dimethylpentansäure*, $C_{17}H_{20}O_3$, F. 170,5 bis 171°. (**A. P. 2 547 123** vom 20/2. 1948, ausg. 3/4. 1951. F. Prior. 6/3. 1947.)

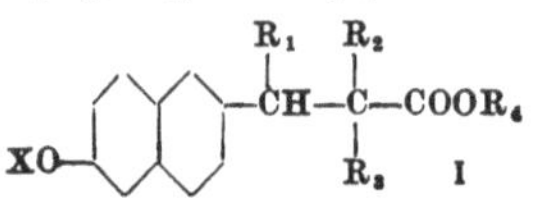

I

KRAUSS. 4809

Nopco Chemical Co., Harrison, übert. von: **Ralph Wechsler**, Maplewood, und **Joseph Levy**, Union, N. J., V. St. A., *$\Delta^{5.6}$-Androsten-3.17-diol-17-monobenzoesäureester*, F. 220—223°, erhält man durch partielle Verseifung des entsprechenden 3.17-Dibenzoats, F. 218—220°, mit Methanol-NaOH oder -KOH bei über 50°, vorteilhaft bei Rückflußtemperatur. Ausbeute ca. 45%. Das als Nebenprod. gebildete freie Diol wird mit Benzoylchlorid wieder in das Dibenzoat übergeführt. — Zwischenprodukt. (**A. P. 2 565 670** vom 8/6. 1949, ausg. 28/8. 1951.) KRAUSS. 4809

Laboratoires Français de Chimiothérapie, Georges Sandulesco und **André Girard**, Paris, Frankreich, *Verfahren zur Gewinnung von höhermolekularen organischen Hydroxylverbindungen* (**I**) aus solche enthaltenden Gemischen, dad. gek., daß man die **I** in Betainester überführt, diese durch Lösen in W. von den nichthydroxylierten Verbb. trennt, die Ester zu den **I** verseift u. diese mit geeigneten Lösungsmitteln auszieht. — Eine Cholesterin (**II**)-Olivenöllsg. wird in Dioxan mit Chloressigsäureanhydrid 6 Std. auf dem Wasserbad erwärmt. Nach dem Waschen der Isopropylätherlsg. mit wss. Na_2CO_3 u. Verjagen des Lösungsm. wird das Prod. mit Toluol entwässert u. in Dioxan mit Trimethylamin 2 Std. erhitzt. Nach Zusatz von W. u. 10%ig. Essigsäure wird aus der gebildeten wss. Schicht in Ggw. von Ae. das **II** mit verd. NaOH freigemacht, das durch Kristallisation aus A. rein erhalten wird. Ferner werden rein hergestellt: *Pregnandiol* aus hydrolysiertem Schwangerenharnextrakt, *Pregnenolon* u. *Testosteron*. (**D. B. P. 902 496** Kl. 12o vom 26/3. 1939, ausg. 25/1. 1954. Anmeldung bekanntgemacht 21/5. 1953. F. Prior. 28/3. 1938.) KRAUSS. 4809

President & Board of Trustees of St. Louis University, St. Louis, Miss., V. St. A., *Gewinnung von Chorion-Gonadotropin aus Harn von trächtigen Rindern*. Man adsorbiert das Hormon zusammen mit Verunreinigungen u. trennt diese durch selektive Desorption ab. Man adsorbiert z. B. aus alkoh. Lsg. an Zeolith u. desorbiert zunächst mit einer neutralen wss. oder alkoh.-wss. Lsg. mit NH_4-Ionen, z. B. einer wss.-alkoh. Ammoniumacetatlsg. mit ca. 70% Alkohol. Anschließend desorbiert man das Hormon mit einer analogen Lsg., die nur ca. 40% A. enthält. (**Dän. P. 74 884** vom 8/8. 1947, ausg. 27/10. 1952. A. Prior. 20/3. 1942.) JÜRGEN SCHMIDT. 4809

Merck & Co., Inc., Rahway (Erfinder: **William Freeman Newhall**, Metuchen), N. J., V. St. A., *1-Oxy-4-methoxy-7-keto-13-methyl-5.6.7.9.10.13-hexahydrophenanthren* (I), $C_{16}H_{18}O_3$, blaßgelbe Prismen, F. 178—180°. Hydrochinondimethyläther gibt mit Bernsteinsäureanhydrid in Nitrobenzol in Ggw. von $AlCl_3$ bei 10 bzw. 35 bzw. 60° β-(2-Oxy-5-methoxybenzoyl)-propionsäure, aus Methanol–W. (1 : 1), F. 137—142°; daraus durch Red. mit H_2 bei 240 at u. 160—180° in Ggw. von Cu-Chromit γ-(2-Oxy-5-methoxyphenyl)-buttersäure, Kp.$_{0,1}$ 170—178°, Prismen aus PAe., F. 68—69°. Durch Erhitzen mit konz. H_2SO_4 entsteht 5-Oxy-8-methoxytetralon-(1), $C_{11}H_{12}O_3$, hellgelbe Platten, F. 167—170°, daraus mit CH_3–MgJ 1-Oxy-4-methoxy-5-methyl-7.8-dihydronaphthalin, $C_{12}H_{14}O_2$, aus Hexan, F. 80—84°, Kp.$_{<0,1}$ 115—130°, das mit OsO_4 u. Hydrolyse mit Na_2SO_3 in A. 1.5.6-Trioxy-4-methoxy-5-methyl-5.6.7.8-tetrahydronaphthalin, $C_{12}H_{16}O_4$, liefert, aus Chlf.–PAe., F. 147—148°; daraus durch Erhitzen mit konz. H_2SO_4 in A. 5-Oxy-8-methoxy-1-methyltetralon-(2), $C_{12}H_{14}O_3$, aus A.–W. Nadeln, F. 139—140°; dieses wird dann mit Diäthylaminobutanon-2-methjodid u. K-Äthylat in A. zu I umgesetzt. — Zwischenprod. zur *Totalsynth. von Steroiden*, bes. von *11-Dehydro-17-oxycorticosteron* (*Cortison*). (**D. B. P. 905 486** Kl. 12o vom 30/10. 1951, ausg. 1/3. 1954. Anmeldung bekanntgemacht 2/7. 1953. A. Prior. 31/10. 1950.) KRAUSS. 4809

Aktiebolaget Leo, Hälsingborg, Schweden (Erfinder: **O. Fernö** und **T. Linderot**), *Herstellung von 3.5-Dijodid-4-pyridon-N-toluylsäure.* Zur Herst. von Toluylsäuren der Formel I setzt man 3.5-Dijodid-4-pyridon (**III**) oder deren Alkalisalze mit Halogenverbb. der Formel **II** um, in der X eine Carboxyl-, Nitril-, Amid- oder Estergruppe bedeutet, u. stellt

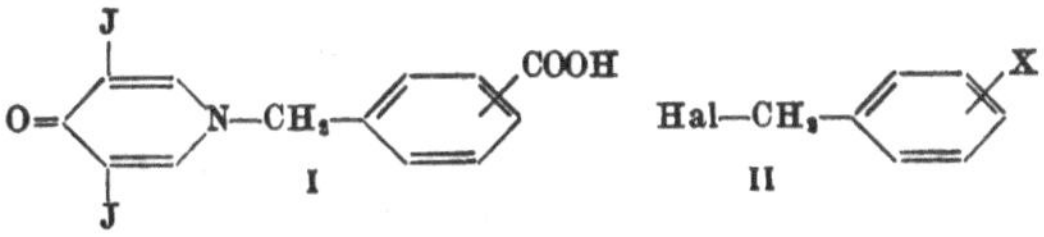

anschließend, falls X ein funktionelles Deriv. einer Carboxylgruppe ist, die freie Carboxylgruppe her. Die Prodd. dienen als *Röntgenkontrastmittel* für die Gallenblase. — Z. B. setzt man p-Chlormethylbenzoesäure in verd. NaOH mit **III** bei 90—95° um. Man erhält *ω-[3.5-Dijod-4-pyridon]-N-p-toluylsäure*, F. 295—300° (Zers.). Analog können hergestellt werden *ω-[3.5-Dijod-4-pyridon]-N-m-toluylsäure*, *ω-[3.5-Dijod-4-pyridon]-N-o-tolunitril*, F. 233—235°, *ω-[3.5-Dijod-4-pyridon]-N-o-toluylsäure*, *ω-[3.5-Dijod-4-pyridon]-N-p-toluylsäureäthylester*, F. 223—225°, *ω-[3.5-Dijod-4-pyridon]-N-m-toluylamid*, F. 269—270°. (**Schwed. P. 137 579** vom 24/1. 1951, ausg. 14/10. 1952.) JÜRGEN SCHMIDT. 4825

Vial & Uhlmann, Inh. Apoth. E. Rath, Deutschland, *Herstellung des Sulfosalicylats des p-Aminobenzolsulfonsäureamids.* Man läßt die Komponenten in konz. Lsg. bei 80—100° aufeinander einwirken. — Z. B. erhitzt man eine Lsg. von 15 kg Sulfosalicylsäure in 33 kg W. auf 90—95° u. versetzt mit 10 kg p-Aminobenzolsulfonsäureamid. Nach Zusatz von 200 g Tierkohle filtriert man die Lsg., scheidet durch Abkühlen das Sulfosalicylat ab u. wäscht es mit ca. 5 Litern kaltem Wasser. Man erhält 20 kg reines Sulfosalicylat, F. 237°. Man kann ebenso Derivv. dieses Sulfosalicylats herstellen (z. B. das Sulfosalicylat des Acetamids, des Thiazolamids oder des Pyridinamids der p-Aminobenzolsulfonsäure). Die Sulfosalicylate sind *Desinfektionsmittel.* (**F. P. 1 008 533** vom 23/4. 1948, ausg. 19/5. 1952.) OPPERMANN. 4835

Kurt Bodendorf, Kurzes Lehrbuch der pharmazeutischen Chemie. Auch zum Gebrauch für Mediziner. 4. verb. Aufl. Berlin, Göttingen, Heidelberg: Springer. 1954. (VII+482 S.) DM 31,50.

G. Analyse. Laboratorium.

William Nye, *Einfache automatische Pipette.* Die abzumessende Fl. verdrängt Hg aus einem U-Rohr bis zu einem elektr. Kontakt, der das Anheben eines doppelt wirkenden Glasventils auslöst, wodurch die Fl. ausfließt, bis ein 2., inzwischen von einem Relais unter Strom gehaltener Kontakt durch das sinkende Hg freigegeben, dadurch das Ventil fallengelassen u. der Vorgang wiederholt wird. Der Fehler beträgt bei 4—5 ml Füllung in je 4 Sek. 0,4—0,6%. (Analytic. Chem. **22.** 848. Juni 1950. Stanford, Calif., Univ., Dep. of Chem.) BLUMRICH. 5014

Leo Cavallaro, Antonio Indelli und **Gabriella Pancaldi**, *Über einige Vervollkommnungen an einer kryoskopischen Präzisionsapparatur und die Kontrolle eines Thermoelements.* (Vgl. C. **1942.** I. 1727.) Bei dem früher beschriebenen App. wird der Spiralrührer durch eine Druckluftpumpe ersetzt. Die konduktometr. Konzentrationsbest.

wird erläutert. Bei der Eichung des Thermoelements werden feste Temperaturpunkte u. Punkte kryoskop. Gleichgewichtstemp. aus der Literatur zugrunde gelegt. Die Prüfung der neuen App. an wss. KCl-Lsgg. zeigt gute Übereinstimmung mit Werten der Literatur. (Ricerca sci. **23.** 2237—43. Dez. 1953. Ferrara, Univ., Ist. chim.)
R. K. MÜLLER. 5016

Albert J. Castro und **Alden E. Blood,** *Ein leicht herzustellendes Manometer.* Ein oben geschlossenes 6 mm-Glasrohr, unten mit einer Verengung, wird umgekehrt, mit Hg gefüllt, ausgeheizt, an der Verengung abgeschnitten u. in ein weites, unten geschlossenes Rohr mit Stutzen im oberen Teil u. etwas Hg mittels Gummistopfen eingesetzt. — Meßbereich 1—110 Torr. (J. chem. Educat. **31.** 23. Jan. 1954. San Jose, Calif., State Coll.)
BLUMRICH. 5016

C. C. Kiplinger, *Ein billiges Heizgestell.* Ergänzung des Schmelzpunktsapp. von WALTER (C. **1954.** 5356) durch eine vergrößernde Beobachtungsvorr. (im polarisierten Licht), Wärmeisolierung, Einschließen der Proben zwischen kleinen Deckgläschen, die auf dem Thermometergefäß aufliegen usw. (J. chem. Educat. **31.** 33. Jan. 1954. Williamsport, Pa., Lycoming Coll.)
BLUMRICH. 5018

I. R. C. Bick und **P. S. Clezy,** *Soxhlet-Extraktion bei reduzierter Temperatur.* Um bei niedriger Temp. wärmeempfindliche Alkaloide zu extrahieren, wurde ein großer Exsiccator, in dem sich kochendes Chlf. befindet, mit Vakuumanschluß u. der Möglichkeit versehen, ein Rohr für Luft oder N_2 bis auf den Boden zu führen. Auch im Deckel wird ein Anschluß zur Vakuumpumpe u. eine Verbindung zu einem Kondensator eingebaut. Das Extraktionsgefäß mit einem Syphonverschluß befindet sich im Inneren dieses Exsiccators. Der Druck wird durch eine Art CARTESIschen Taucher reguliert. (Science [Washington] **116.** 207—08. 22/8. 1952. Hobart, Tasmania, Univ., Dep. of Chem.)
MIETHING. 5034

Wolf Bodenheimer, *Destillation und Bestimmung von Siedepunkten auf einer Mikroskala.* Ein Rohr B von 1 mm Durchmesser u. 8 mm Länge nimmt das zu destillierende Material auf. In einem Block, in dem sich auch 2 Thermoelemente befinden, wird es geheizt u. das Destillat wird in einem 3 mm weiten Rohr A aufgefangen. Beim Kondensieren der Fl. wird das mattgeschliffene Rohr A durchsichtig; man kann die Temp. ablesen, bei der das Destillat übergeht u. aus der Größe des Fleckes auf die Menge der verdampften u. kondensierten Fl. schließen. Es werden mit dem App. die Kpp. von W. verschied. Alkoholen, Aceton, Anilin usw. bestimmt. Die überdest. u. gemessene Menge Bzn., Toluol u. Xylol stimmte gut mit anderen Messungen, überein. (Nature [London] **173.** 124—25. 16/1. 1954. Tel-Aviv, Isr. Ministry of Defence, Sci. Dep., Analyt. Labor.)
MIETHING. 5038

Paul E. Wenger, *Die Anwendbarkeit mikrochemischer Reaktionen bei der modernen technischen Analyse.* Kurze Übersicht über die mikroanalyt. Verff., bes. über die früher vom Vf. entwickelten zur Best. von Cu, Cr, Ni, Au, SO_4, S'', Fe sowie einige weitere Verff., wie die polarograph. Best. von K mit Dipikrylamin, die Verwendung von α-Nitroso-β-naphthol, die Best. des Gammexans (neben Heptachlorcyclohexan), u. des Borax-B (mit Sulfosalicylsäure, Fe^{3+}, u. F'-Ion, wobei das farblose FeF_6^{3-} entsteht). Der Grundgedanke der vom Vf. aufgebauten halbquantitativen Bestimmungen beruht auf der Auswahl von 2—3 Sonderreagentien, bei deren Verwendung, infolge ihrer unterschiedlichen Empfindlichkeit, die angenäherten Mengen des zu bestimmenden Körpers in der Prüfsubstanz ermittelt werden können. (Гласник Хемиског Друштва Београд [Ber. chem. Ges. Belgrad] **16.** 129—40. 1951. Genf.)
v. WILPERT. 5050

E. M. Crook, M. K. El-Marsafy, E. M. Shooter und **F. B. Ward,** *Fraktionierzellen und anderes Zusatzgerät aus Perspex zur Tiseliusschen Elektrophoreseapparatur.* Beschreibung einer Zelle zur beliebigen, definierten Fraktionsgewinnung ohne Gefahr der Durchmischung. (Biochem. J. **57.** XVI. Juni 1954. London, Univ. Coll., Dep. of Biochem.)
MOISAR. 5054

G. Dicastro, *Einige Bemerkungen zur zweidimensionalen Papierelektrophorese.* Bei der Anordnung zur Papierelektrophorese nach KUNKEL u. TISELIUS (C. **1953.** 4096) tauchen zwei gegenüberliegende Seiten des quadrat. Papiers in die Pufferlsg. ein. Dabei kann — auch ohne Strom — allein durch die Wrkg. der Puffer bereits eine Bewegung der Substanz auftreten, die die Ergebnisse der Elektrophorese (bes. bei Aminosäuren) merklich beeinflußt. Sie ist in der Mitte des Papiers klein u. wächst zu den mit Pufferlsg. in Berührung stehenden Rändern. Dieser störende Einfl. wird durch eine Anordnung des Vf. vermieden, bei der die Verbindung zwischen dem horizontal gelagerten Papierblatt u. der Pufferlsg. durch 4 15 mm breite Heber aus dem gleichen Papier in 7 cm Abstand hergestellt wird. Unter diesen Bedingungen hängt die Bewegung der Substanzen ausschließlich von der Potentialdifferenz u. dem elektroendosmot. Fließen ab. Der Einfl. des letzteren wird red. durch Verwendung von MUNKTELL-Papier 20/150. Beim Übergang zur zweiten Phase der zweidimensionalen Papierelektrophorese wird einfach das zwischen Glasplatten befindliche Papier um 90° gedreht. Dabei können nicht nur die elektr. Bedingungen variiert, sondern auch der p_H-Wert u. die Ionenstärke der Pufferlsg., u. damit die Beweglichkeiten der Substanzen, geändert werden. Als Beispiel hierfür wird eine Trennung von *γ-Globulin, Fibrinogen, β-* u. *α-Globulin* u. *Albumin* einer menschlichen Plasmafraktion angeführt. Die scharf begrenzten Flecke liegen auf einer Geraden, da das Verhältnis der Wanderungsgeschwindigkeiten der individuellen Komponenten bei Variation der Potentialdifferenz konstant bleibt. Die beobachteten isoelektr. Punkte liegen etwas höher, als sie bei der freien Elektrophorese gefunden werden, z. B. für Fibrinogen bei p_H 5,68 bis 5,73 statt 5,53. Dies ist vielleicht dem Einfl. der Elektroendosmose zuzuschreiben. (Experientia [Basel] **10.** 27—28. 15/1. 1954. Rome, „Medital" Labor., Res. Div.) UMLAND. 5054

C. G. Lynam und **H. Weil,** *Eine neue Anlage für radiale Chromatographie.* Vff. beschreiben ihren neuen, zeitsparenden, radialchromatograph. App. (LYNAM-WEIL, Modell 1 A) für Demonstrationszwecke. Im prakt. kontinuierlichen Arbeitsgang fließt die zu chromatographierende Lsg. radial durch einen mit dem Adsorptionsmittel gefüllten Innenbehälter von der Achse zum Außenbehälter. Der Fluß wird durch Anlegung von Druck u./oder Saugkraft beschleunigt. Jede der 4 Zonen des Chromatogramms wird für sich allein u. getrennt vom radialen Separator eluiert. (Manufact. Chemist **21.** 195—99. Mai 1950.) RANG. 5062

A. G. Emslie und **Gilbert W. King,** *Spektroskopie vom Gesichtspunkt der Kommunikationstheorie.* 2. Mitt. *Linienbreiten.* (1. vgl. C. **1952.** 1213.) Fortsetzung der theoret. Betrachtungen über apparative Einzelheiten der Spektroskopie vom Standpunkt der Kommunikationstheorie. Bei der Beurteilung der Linienbreiten wird bes. die CAUCHYsche Linienform zugrunde gelegt. Vff. zeigen ausführlich, daß diese Form mathemat. u. experimentell am einfachsten zu erfassen ist. (J. opt. Soc. America **43.** 658—63. Aug. 1953. Cambridge, Mass., Arthur D. Little, Inc.) HEINSOHN. 5063

Gilbert W. King und **A. G. Emslie,** *Spektroskopie vom Gesichtspunkt der Kommunikationstheorie.* 3. Mitt. *Der Betrag der Information in einem Spektrum.* (2. vgl. vorst. Ref.) Das Spektroskop wird als Kommunikationskanal betrachtet, wobei der Meßraum Klasse aller möglichen Spektren ist, die im wesentlichen Systeme von zufällig verteilten Delta-Funktionen mit GAUSSscher Amplitudenverteilung sind. In theoret. Betrachtungen werden die Apparatekonstanten auf der Basis der Kommunikationstheorie mit der Information in einem Spektr. in Verbindung gebracht. (J. opt. Soc. America **43.** 664—68. Aug. 1953. Los Angeles, Calif., Internat. Telemeter Corp., u. Cambridge, Mass., Arthur D. Little, Inc.) HEINSOHN. 5063

N. Astoin und **B. Vodar,** *Methode zur photographischen Spektralphotometrie im fernen Ultravioleit.* Vff. arbeiten mit einem Gleitfunken (vgl. ASTOIN, C. **1953.** 3838), KODAK SWR-Film u. Veränderung der Expositionszeit unter Verwendung eines Gitterspektrographen mit streifendem Einfall. Die Messung der Durchlässigkeit eines Cu-Drahtnetzes von 8 Maschen/mm mit dieser Meth. ist in Übereinstimmung mit photometr. Messungen im Sichtbaren. (J. Physique Radium **14.** 494—95. Juli/Sept. 1953. Paris, Sorbonne, Labor. de Physique-Enseignement.) EICHHOFF. 5064

André Desjobert und **Fahrettin Petek,** *Beitrag zur Untersuchung der Einstellung von Normalsäurelösungen.* Eingehende krit. Betrachtung der üblichen Methoden zur Einstellung von n Säurelsgg., u. zwar am Beispiel der Schwefelsäure. Es wird die Verwendung von K_2CO_3 als Urtitersubstanz zur genauen Einstellung von Säuren empfohlen. Man erhält es durch Erhitzen von Kaliumbicarbonat. Ausführliche Arbeitsvorschrift u. krit. Beurteilung dieser Methode. (Analytica chim. Acta [Amsterdam] **10.** 10—22. Jan. 1954. Paris, Labor. de Chim. biol.) FEIT. 5070

Robert D. MacPhee, *Die Verwendung von Molybdaten zur Bestimmung des Gehaltes an Olefinkohlenwasserstoffen in Luft.* Zur colorimetr. Best. von geringen Mengen olefin. KW-stoffe (C_3 u. höher) in Luft wurde ein empfindliches, stabiles, Na-Molybdat, Pd-Sulfat, Essigsäure u. H_2SO_4 enthaltendes Reagens entwickelt, dessen Farbe in Ggw. reduzierender Agentien von goldgelb nach blaugrün umschlägt. Die Luftprobe wird 1 Std. mit einer Geschwindigkeit von 3 Liter/Min. durch ein Rotameter u. eine Ascaritröhre geleitet u. in einer mit fl. O_2 gekühlten Falle aufgefangen. Die Kühlfalle wird dann zur Entfernung von O_3 u. CO in fl. N_2 gebracht u. auf 5 mm evakuiert. Anschließend überführt man den Inhalt der auf 60° erwärmten Kühlfalle durch über Hopcalit geleitete Luft in einen 2 Liter-Rundkolben. Man versetzt mit 20 ml Reagens (s. unten) u. erwärmt 1½ Std. auf 60 ± 2°; nach 15 Min. Abkühlen

mißt man die Extinktion bei 685 mμ gegenüber einem gleichartig behandelten Blindversuch. Innerhalb des Fehlerfaktors 2 gilt die Gleichung: p.p.m. Olefin = Extinktion bei 685 mμ·ml Reagens·9,7/Luftmenge (in Liter). Reagens: 6,1 g Na-Molybdat, 25 ml W., 0,35 ml wss. 10%ig. $PdSO_4$-Lsg., 40 ml Eisessig u. 40 ml konz. H_2SO_4 werden in dieser Reihenfolge unter Wasserkühlung zusammengegeben. Es kann mehrere Wochen in einer verschlossenen Flasche aufbewahrt werden; setzt man es dem Sonnenlicht aus, so wird es grün. — Die Luft in Los Angeles County enthält manchmal mehr als 0,5 p.p.m. ungesätt. KW-stoffe. (Analytic. Chem. **26.** 221—25. Jan. 1954. Los Angeles, Calif., Los Angeles County Air Pollution Control District.)
K. F. MÜLLER. 5088

a) Elemente u. anorganische Verbindungen.

Mario Milone, Giuseppe Cetini und **Franco Ricca,** *„Fällungs"-Chromatographie anorganischer Ionen.* 1. Mitt. Lsgg. der Ionen Ag^+, Hg^+, Pb^{2+}, Hg^{2+}, Cu^{2+}, Cd^{2+}, Fe^{3+}, Zn^{2+}, Mn^{2+}, Co^{2+} u. Ni^{2+} wurden auf WHATMAN-Papier Nr. 1 chromatographiert, das vorher mit Lsgg. von *Na-Silicat, Na-Aluminat, Na-Arsenit, K-Pyroantimoniat* oder *Na-Tetraborat* getränkt u. getrocknet war. Vff. ließen die Lsgg. durch Eintauchen des unteren Randes im Streifen 2—3 cm hochsteigen, entwickelten mit W. bis zu einer Höhe von 15—20 cm weiter, trockneten u. besprühten mit geeigneten Reagentien. Die Chromatogramme ergaben: Die Zonenfolge der untersuchten Metallionen ist vom Fällungsmittel abhängig. Benachbarte Zonen sind nicht durch einen Zwischenraum getrennt, sondern liegen unmittelbar nebeneinander. Die Ausdehnung der einzelnen Zonen steht in geradliniger Beziehung zur Konzentration. Die Zugabe eines zweiten Kations ruft eine Verlängerung der Zone des 1. Kations hervor. Dies ist auf die Ausbldg. einer Mischzone zurückzuführen. Je enger in der chromatograph. Folge die Metallionen benachbart sind, um so größer ist die Möglichkeit der Mischzonenbildung. (Ann. Chimica **43.** 652—58. Okt. 1953. Torino, Univ., Ist. di Chim. e di Chim. fisica.) ENDRASS. 5106

Mario Milone, Giuseppe Cetini und **Franco Ricca,** *Fällungschromatographie anorganischer Ionen durch Diffusion in Gelen.* 2. Mitt. (1. vgl. vorst. Ref.) Lösungsgemische von Metallsalzen lassen sich durch Diffusion in *Gelatine*-Gelen, denen geeignete Fällungsmittel zugesetzt sind, chromatograph. trennen. Zur Unters. kamen Nitratlsgg. von Hg^+, *Pb*, Cu^{2+}, *Cd*, Fe^{3+}, *Al*, *Zn*, Mn^{2+}, *Co* u. *Ni*. Als Fällungsmittel dienten *Na-Silicat, Na-Arsenit, Na-Tetraborat* u. K_2HPO_4. Von den Proben wurden 0,5 ml in 0,1 mol. Konz. auf 8—10 cm hohe Gelsäuren in Reagensgläsern gegeben. Die Entw. der Chromatogramme dauert durchschnittlich 24 Std. bis 3 Tage. Die Zonen sind meist durch klare Zwischenräume scharf getrennt, manchmal aneinandergrenzend oder sich überlagernd. Die Zonenfolge variiert mit dem benutzten Fällungsmittel. Für jedes Fällungsmittel werden die besten Trennungen angegeben, die bei Salzpaaren erzielt wurden. Die Trennungen werden von mehreren Faktoren beeinflußt. Die Größe der Zwischenräume zwischen den einzelnen Zonen steht zur Konz. des Fällungsmittels in umgekehrter, gerader Beziehung, wächst linear mit der Konz. der Metallionen (0,1—1,0 n) u. der Konz. der *Gelatine* (1—10%); Temperatursteigerungen vergrößern die Zwischenräume, entweder auf Grund der größeren Diffusionsgeschwindigkeit oder erhöhter Löslichkeit der gebildeten Verbindungen. Auch bei Zonen, die durch klare farblose Zwischenräume voneinander getrennt sind, enthalten beide Zonen Spuren der anderen, vermutlich wegen der äußerst großen Adsorptionsoberfläche u. weil das 2. Ion den Nd. des 1. durchwandern muß. Die beeinflussenden Faktoren werden schließlich im Zusammenhang mit dem LIESEGANGschen Phänomen diskutiert. (Ann. Chimica **43.** 659—69. Okt. 1953.) ENDRASS. 5106

M. S. Jovanović und **B. M. Jovanović,** *Neues Verfahren zur qualitativen Abscheidung der Sulfide der Kupferuntergruppe.* HNO_3-Mangel veranlaßte zu einer Änderung des qualitativen Analysenganges: die Sulfide der Pb–Cu-Gruppe wurden in konz. HCl gelöst, unter Zusatz geringer Mengen $KClO_3$ erhitzt, S filtriert, eingedampft, $PbCl_2$ in heißem W. gelöst, mit Überschuß an NH_3 u. NH_4-Acetat Pb, Hg, Bi gefällt, u. Pb wieder gelöst; Bi + Hg werden in HCl gelöst, Hg mit $SnCl_2$ u. Bi im Filtrat mit NaOH nachgewiesen. Hg kann auch als grauer oder silberiger Nd. auf einem Cu-Blech sowie Bi durch Gelbfärbung mit KJ nachgewiesen werden. — Im Filtrat vom NH_4-Acetat-Nd. wird Pb mit K_2CrO_4 sowie Cu u. Cd auf übliche Weise nachgewiesen. (Гласник Хемиског Друштва Београд [Ber. chem. Ges. Belgrad] **16.** 167—70. 1951. Belgrad, Univ., Technol. Fakultät, Chem.-Techn. Inst. u. Veter. Fakultät. Chem. Inst.) v. WILPERT. 5106

O. Horak, *Eine neue Schnellmethode zur Bestimmung des Schwefels in Pyriten und Kiesen.* Der Gesamt-S von *Pyriten* (I) ist durch H_3PO_4 in Ggw. von metall. Fe als H_2S austreibbar, wenn man Tempp. über 300° anwendet. Die Meth. ist bei kleinen Einwaagen mit Nachteilen verbunden. Diese werden vermieden, wenn 10 mg **I** im Quarzschliffkolben mit 25 ml H_3PO_4 (D. 1,43) + 10 ml H_3PO_2 (D. 1,30) im CO_2-Strom langsam bis auf 320—340° erhitzt werden. Das Destillat wird nach Kühlung in einer Vorlage aufgefangen, die 60 ml Cd-Acetatlsg. (25 g Cd-Acetat + 200 g Eisessig/Liter) enthält. Nach Beendigung der Dest. nach $^1/_2$std. Erhitzung auf die genannte Temp. werden die Reste von PH_3 unter Durchleiten von CO_2 aus der Vorlage-Fl. verkocht u. dann H_2S nach Reinhardt (Stahl u. Eisen **26**. [1906.] 800) jodometr. bestimmt. Das Verf. ist auch für den Makro- u. Mikromaßstab geeignet. (Z. analyt. Chem. **139**. 196—201. 1953. Wien, TH, Inst. für anorgan.-chem. Technol.) Fresenius. G 253

S. Z. Haider, *Bestimmung von Borsäure bei Gegenwart von Silber*. Vf. arbeitete ein Verf. aus, um Borsäure bei Ggw. von Ag sicher u. schnell zu bestimmen. Ag wird mit $Na_2S_2O_3$ (**I**) maskiert. Vf. überführt das Ag zuerst in AgCl u. löst dieses in 0,1 n **I**-Lsg. auf. Dann wird die Lsg. genau neutralisiert u. die Borsäure nach Zugabe von genügend Glycerin unter Verwendung von Phenolphthalein als Indicator titriert. Bei genauer Einhaltung der Bedingungen sind die erhaltenen Resultate gut. Der Fehler beträgt ±0,7% bezogen auf die Einwaage. (Analyst **78**. 673—75. Nov. 1953. Dacca, East Pakistan, Univ., Dep. of Chem.) Hackstein. G 258

Paul L. Norton, *Ein neues Flußmittel zur Bestimmung des Gesamt-Kohlenstoffes in Siliciumcarbid*. Zur C-Best. in *Siliciumcarbid* (**I**) werden 0,25 g **I** mit 3 g Flußmittel, bestehend aus 20 g *Kryolith* (**II**), 100 g Pb_3O_4 (beides 15 Min. im O_2-Strom erhitzt, **II** bei 820° u. Pb_3O_4 bei 540°) in einem Ni-Tiegel gemischt unter Zusatz von 6 g Alundum. Die Mischung wird im O_2-Strom 15 Min. bei 1700—1750° F erhitzt u. CO_2 in KOH-Lsg. aufgefangen. Der Fehler der Best. beträgt ca. ±0,02% absolut. (Analytic. Chem. **25**. 1761—62. Nov. 1953. Tonawanda, N. Y., Exolon Co.) Moslé. G 260

C. L. Luke, *Photometrische Bestimmung von Antimon in Blei unter Verwendung der Rhodamin-B-Methode*. Zur photometr. Best. von Spuren von Sb in Pb muß die Hauptmenge Pb als Sulfat entfernt werden, wobei die etwa okkludierten Sb-Mengen so gering sind, daß sie vernachlässigt werden können. Mikrogramm-Mengen von Pb, Se, Te, Bi, Cu, Zn, Fe, Sn u. As stören nicht. Der Rhodamin-B-Zusatz soll unmittelbar nach der Oxydation des Sb mit Cerisulfat erfolgen. Analysenvorschrift: 0,25 bis 1,0 g der Probe in einer Mischung von 6 cm^3 H_2SO_4 u. 5 g $KHSO_4$ auflösen. Nach Lösung auf 5 cm^3 H_2SO_4 einkochen u. 25 cm^3 W. u. 5 cm^3 HCl zugeben u. zum Sieden erhitzen. Nach Abkühlung auf Zimmertemp. Nd. von $PbSO_4$ abfiltrieren. Nach Zusatz von 10 cm^3 HCl u. 5 cm^3 einer 6%ig. H_2SO_3 wird auf 60 cm^3 verdünnt. Auf 40 cm^3 herunterkochen. Lsg. dann in 150 cm^3-Scheidetrichter überführen, auf 60 cm^3 verdünnen, 1 cm^3 einer Cerisulfat-Lsg. zufügen (0,5 g $H_4Ce(SO_4)_4$ gelöst in 100 cm^3 H_2SO_4–W. 3 : 97). Dann 3 cm^3 einer 0,2%ig. wss. Lsg. von Rhodamin-B zugeben u. mischen. Aus einer Bürette werden 15 cm^3 C_6H_6 zugegeben, Mischung 1 Min. stark geschüttelt. Die wss. Schicht wird abgetrennt u. verworfen. Die Benzolschicht wird durch Glaswollepfropfen in die 2 cm^3-Absorptionszelle filtriert. Messung bei 565 mμ unter Verwendung von C_6H_6 als Bezugslösung. Herst. der Eichlsgg. in gleicher Weise. Es wird berichtet, daß Au u. Tl stören. Bei mehr als 100 Mikrogramm Sb ist doppelte Benzolextraktion zur Entfernung des gefärbten Komplexes erforderlich. — Beleganalysen. (Analytic. Chem. **25**. 674. April 1953. Murray Hill, N. J., Bell Telephone Labor.) O. Werner. G 266

W. Geilmann und **W. Gebauhr**, *Zur Fällung der Alkalimetalle als Tetraphenylborverbindungen*. Die Best. von *K*, *Rb* u. *Cs* mit Tetraphenylbor (**I**)-Na wird mit radiochem. Meth. überprüft. Die Löslichkeit (L.) u. Lösungsgeschwindigkeit der **I**-Alkaliverbb. in W. sowie der Einfl. eines Reagensüberschusses werden festgestellt. Der zur Zurückdrängung der L. erforderliche Reagensüberschuß ist allein abhängig vom Lösungsvol. u. nicht von der zu fällenden Alkalimenge. Als Wasch-Fl. eignet sich am besten eine 1%ig. Essigsäure, die auf 100 ml 3 ml Fällungsreagens enthält. Die Waschlsg. nach Flaschka (C. **1953**. 7151) ergibt Überwerte. Die Fällung von K ist im p_H-Bereich von 4—6,5 nicht oberhalb von 30—40°, die von Rb bei 20°, die Filtration unterhalb von 20° vorzunehmen. Die Bldg. des Rb-Nd. verzögert sich bei tiefer Temperatur. Der Zusatz von $AlCl_3$ zur Erleichterung der Filtration ist unzweckmäßig, da der Nd. Al-haltig wird. Die Trockentemp. kann bis 130° gesteigert werden. Große Überschüsse von Na u. Li bei hoher Konz. führen aus verschied. Gründen zu Überwerten, die unter Umständen durch andere Ursachen kompensiert werden können, so daß gute Werte vorgetäuscht werden. Die L. der K-Verb. wird durch einen Aussalzeffekt verringert. In Ggw. der genannten Fremdsalze wird die 1. K-Fällung nach Auflösen in Aceton umgefällt, wobei zuverlässige Ergebnisse erhalten werden. (Z. analyt. Chem. **139**. 161—81. 1953. Mainz, Univ., Chem. Inst.) Fresenius. G 272

Charles L. Rulfs, E. P. Przybylowicz und **C. E. Skinner,** *Cadmiumbestimmung mit Thioharnstoffreineckat.* Vff. untersuchen die Cd-Best. mit Thioharnstoffreineckat nach MAHR u. OHLE (Z. analyt. Chem. **109.** [1937.] 1) u. bestätigen die von denselben gegebene Strukturformel für den Niederschlag. Die Best. wird durch Sn^{2+}, Sb, Cu^{2+}, Bi^{3+}, Hg^{2+} u. Pb^{2+} gestört, ist jedoch für die Abtrennung des Cd von größeren Mengen Zn^{2+} geeignet. Genauigkeit der Meth.: 0,4%. (Analytic. Chem. **26.** 408—10. Febr. 1954. Ann Arbor, Mich., Univ. of Michigan.) BRAASCH. G 289

Sreten Šljivić, *Nachweis geringer Bleimengen durch Fluorescenz.* CdJ_2 wird fluorescierend, wenn es mit geringen Mengen von Pb oder Pb-Salzen zerrieben wird. Wesentlich ist, daß Pb in geringer Konz. vorliegt (10^{-5} bis 10^{-7}g), bei geringer (gegenüber Pb) CdJ_2-Menge tritt keine Fluorescenz auf. Bei dieser geringen Konz. des Pb ist ein Abdampfen einer CdJ_2-Lsg. auf einem Pb-Blech oder das Eintauchen eines Minerals (Galenit) in eine (20%ig.) CdJ_2-Lsg. ausreichend, um die Fluorescenz zu erzeugen. Wesentlich ist ein Austrocknen, Lsgg. fluorescieren nicht. Die Fluorescenz umfaßt das Gebiet 6500—4500 Å u. ist mit einer gewöhnlichen Glühbirne u. Filter zu beobachten (Hg-Quarzlampe nicht erforderlich). Auch eine Pb–Cd-Legierung fluoresciert, wenn man sie J-Dämpfen aussetzt. (Гласник Хемиског Друштва Београд [Ber. chem. Ges. Belgrad] **16.** 147—50. 1951. Belgrad, Physikal. Inst. der Serb. Akad. der Wiss.) v. WILPERT. G 328

Dušan Živanović, *Eine neue Analysenmethode für Chromerze.* Zur Best. von *Cr, Fe* u. *SiO_2* in Cr-Erzen wird 0,5 g Chromit (Sieb 200) nach SMITH-GETZ (etwas abgeändert) in einem Gemisch von Königswasser, H_2SO_4 u. H_3PO_4 (10 : 10 : 20 ml) unter Erhitzen in 10—15 Min. gelöst, nach Zusatz von 60 ml W. gekocht bis zur erneuten Auflösung, nach dem Abkühlen verd., auf 250 ml aufgefüllt u. in je 100 ml Cr u. Fe bestimmt. Best. des Cr: Es werden 3 Tropfen 5%ig. $MnSO_4$-Lsg. sowie etwa 30 ml 30%ig. NH_4–Persulfatlsg. zugesetzt, bis Permanganatfarbe 3—4 Min. bestehenbleibt, ferner von 5 ml 5%ig. NaCl-Lsg. u. 3—4 Min. gekocht (MnO_2 in etwas konz. HCl lösen). Dann wird mit 0,05 n $FeSO_4$ oder MOHRschem Salz titriert (gegen Ende unter Zusatz von einigen Tropfen 3%ig. Diphenylaminlsg. in kalter konz. H_2SO_4), am besten potentiometr. (gegen Pt/Fe^{3+}-Elektrode) bis stromlos ($FeSO_4$-Titerstellung mit Bichromat). Best. des Fe: Zu den 100 ml werden 50 ml konz. HCl zugesetzt, aufgekocht, Fe mit konz. $SnCl_2$-Lsg. in Ggw. von Silico-Mo-Säure [Indicator: 0,17 g Na_2SiO_3 + 0,44 g $(NH_4)_2MoO_4$ + 25 ml W. + 1,2 ml H_2SO_4 1 : 1] versetzt; Sn^{2+}-Überschuß mit $HgCl_2$ entfernt; (noch besser jedoch potentiometr. Best. des Endpunktes) mit Na-Diphenylsulfonat bis Blau titriert. Best. des SiO_2: wie gewöhnlich, jedoch nach Zusatz von 0,5 g Na_2WO_4, um die H_3PO_4 zu binden. (Гласник Хемиског Друштва Београд [Ber. chem. Ges. Belgrad] **16.** 151—66. 1951. Belgrad, Zentr. Wiss. Forschungs-Inst. für Metallurgie.) v. WILPERT. G 335

Arthur de Sousa, *Die Trennung und die Bestimmung von Wolfram und Molybdän mit Hilfe von Calciumchlorid.* Die in Frage kommenden Mineralien werden mit Na_2CO_3 u. Na_2O_2 aufgeschlossen. Die Lsg. der Schmelze wird filtriert u. das Filtrat durch HCl-Zusatz auf p_H 8 gebracht. Es wird zum Sieden erhitzt, mit etwas Glycerin u. gesätt. $CaCl_2$-Lsg. versetzt. Die Ndd. von Ca-Wolframat u. -Molybdat werden filtriert, gewaschen u. mit konz. HCl behandelt. Ca-Molybdat geht in Lsg., Wolframsäure fällt aus. Es wird filtriert, gewaschen, zu WO_3 verglüht u. gewogen. Das Filtrat wird in der Siedehitze ammoniakal. gemacht u. das ausgefallene Ca-Molybdat durch einen Porzellanfiltertiegel filtriert. Nach Auswaschen mit verd. $CaCl_2$-Lsg. u. W. wird getrocknet, bei 800—850° geglüht u. als $CaMoO_4$ ausgewogen. — Die Meth. eignet sich auch, sinngemäß abgeändert, zur W- u. Mo-Best. in anderen Materialien. — Beleganalysen u. Arbeitsvorschrift. (Analytica chim. Acta [Amsterdam] **10.** 29—33. Jan. 1954. Lissabon, Labor. de Chim-Phys.) FEIT. G 337

F. T. Rabbitts, *Bestimmung von Uran in Erzen. Überblick über die chemischen Methoden.* Beschreibung der 4 Methoden zur U-Best., wie sie zur chem. Analyse von U-Erzen verwendet werden oder wurden: 1. *Typ. Textbook-Meth.*, nach welcher mit Säuren aufgeschlossen wird, von SiO_2 u. $PbSO_4$ abfiltriert u. in üblicher Weise die verschied. Metallgruppen durch aufeinanderfolgende Fällung mit H_2S, $(NH_4)_2CO_3$, $(NH_4)_2S$ entfernt werden, worauf durch Zugabe von NH_4OH das NH_4-Uranat ausgefällt u. zu U_3O_8 geglüht wird. Diese Meth. besitzt nur noch histor. Interesse. — 2. *Quecksilberkathoden–Cupferron-Meth.*, nach welcher wie vorher aufgeschlossen wird u. nach Entfernung von SiO_2 u. $PbSO_4$ an der Hg-Kathode 30 Elemente ausgeschieden u. abfiltriert werden (Abb.). Das saure Filtrat wird mit $KMnO_4$ oxydiert, mit $C_6H_5N(NO)ONH_4$ gefällt u. mit kaltem Chlf. Nb, Ta, W, Th, Ce, Ti, V, Zr extrahiert. Nach weiterer Oxydation mit $KMnO_4$ Red. im JONES-Reduktor, nach Zugabe von $FeCl_3$ wird mit

$K_2Cr_2O_7$ auf U_3O_8 titriert. Letztere Meth. wird durch die beiden folgenden ersetzt. — 3. *Cellulosesäule-Meth.*, nach Aufschluß u. Fällung mit NH_4OH wird in einer Adsorptionssäule (Abb.) mit Watte in Ae.-HNO_3-Lsg. als $UO_2(NO_3)_2$ extrahiert, wobei prakt. alle übrigen Kationen in der Säule bleiben. Bei Erzen mit geringem Geh. (unter 1%) wird U_3O_8 colorimetr., bei reichen Erzen volumetr. nach Entfernung des Ae. bestimmt. Bei Erzen mit 0,01% U_3O_8 ist die Bestimmungsgenauigkeit gut, bei 0,01—0,05% beträgt der mittlere Fehler ±8%. Ein geschulter Laborant kann im Tage 8 Bestimmungen ausführen. — 4. *Mikrofluorometr. Meth.*, nach Aufschluß u. gegebenenfalls Reinigung an der Hg-Kathode wird eine Schmelze mit NaF in Pt-Schale ausgeführt u. U_3O_8 fluorometr. bestimmt. Die Meth. ist bes. für Erze mit weniger als 1% U_3O_8 geeignet; der mittlere Fehler beträgt für solche mit 0,01—1% U_3O_8 ±5%. (Mines Mag. **41.** 13—15. Jan. 1951. Ottawa, Can., Mines Branch, Dep. of Mines and Techn. Surveys, Radioact. Div.) Rotter. G 339

Motoharu Tanaka, *Maßanalytische Bestimmung von Mangan und Chrom mit Silberperoxyd.* Zur Best. von Mn u. Cr werden die in Frage kommenden Verbb. in schwefelsaurer Lsg. zu Permanganat u. Chromat oxydiert. Als Oxydationsmittel schlägt Vf. eine Aufschlämmung von Silberperoxyd vor. Die Oxydation ist vollständig, u. der Überschuß des Silberperoxydes kann — im Gegensatz zu den üblichen Oxydationsmitteln — schnell durch Erwärmen zerstört werden. Das entstandene Permanganat wird mit überschüssiger Oxalat-Lsg., das Chromat mit überschüssiger $FeSO_4$-Lsg. versetzt u. der jeweilige Überschuß mit Permanganat-Lsg. titriert. Die Entfernung bzw. Unschädlichmachung einiger störender Elemente wird beschrieben. (Bull. chem. Soc. Japan **26.** 299—302. August 1953. Nagoya, Univ., Inst. de Chim. [Orig.: französ.]) Feit. G 350

G. H. Aylward und **A. Bryson,** *Quantitative Trennung von Kupfer, Blei und Zinn durch kathodische Abscheidung.* Vff. beschreiben eine Meth. zur quantitativen Trennung von Cu, Pb u. Sn durch Elektrolyse aus phosphorsaurer Lösung. Sn bildet mit H_3PO_4 einen Anionenkomplex, der an der Kathode nicht red. wird. Vff. scheiden zuerst das Cu bei kontrolliertem Potential (—0,35 V bezogen auf die gesätt. Kalomelelektrode) bei einer Stromdichte von 1,5 A/dm² ab. Die Elektrode wird gewogen u. dient zur anschließenden Pb-Abscheidung. Das Elektrodenpotential soll nicht niedriger als —0,80 V sein. Nach Abscheidung des Pb wird die Lsg. mit NH_4OH neutralisiert u. die Elektrode unter Stromfluß mehrfach in eine 0,1%ig. $(NH_4)_2SO_4$-Lsg. getaucht. Der Vorgang wird mit W., A. u. Ae. nacheinander wiederholt. Dann wird die Elektrode bei 100° getrocknet. In der phosphorsauren Lsg. kann Sn nach Zusatz von HCl u. Red. mit Ni-Pulver jodometr. bestimmt werden. (Analyst **78.** 651—55. Nov. 1953. Sydney, Univ. of Technol., Dep. of Analyt. Chem.) Hackstein. G 358

H. W. Fairbairn, *Präzision und Genauigkeit chemischer Analysen von Silicatgesteinen.* Inhaltlich ident. mit der C. **1954.** 6068 referierten Arbeit. (Geochim. cosmochim. Acta [London] **4.** 143—56. Sept. 1953. Cambridge, Mass., M.I.T., Dep. of Geol. and Geophys.) Hiller. 5292

b) Organische Verbindungen.

D. Jerchel und **W. Jacobs,** *N-Oxyde der Pyridin-Reihe und deren Verwendung zur papierchromatographischen Analyse von Pyridinbasengemischen.* Gemische von Pyridinbasen werden durch Behandeln mit H_2O_2 in Eisessig in die entsprechenden N-Oxyde übergeführt, die sich sowohl durch fraktionierte Dest. im Vakuum wie auch papierchromatograph. mit sek. Butanol/Ameisensäure (**I**)/W. (75 : 15 : 10) als Lösungsm. trennen lassen. Nach Besprühen des im Trockenschrank von **I** befreiten Papieres mit einer 0,005%ig. alkoh. Lsg. von Acridin erscheinen die Pyridinbasen-N-Oxyde unter der UV-Lampe als dunkle, die entsprechenden Carbonsäuren als gelbe Flecke auf tiefblauem Grund. Im einzelnen wurden untersucht: *Pyridin* ($Kp._{760}$ 115°; [*N-Oxyd*], $Kp._{15}$ 138—140°; [R_F-Wert] 0,60), *Chinolin* ($Kp._{760}$ 238°; $Kp._{14}$ 175°; 0,78), α- ($Kp._{760}$ 129°; $Kp._{12}$ 127°; 0,71), β- ($Kp._{760}$ 143°; $Kp._{16}$ 156—158°; 0,69) u. *γ-Picolin* ($Kp._{760}$ 145°; $Kp._{11}$ 151—153°; 0,66), β- ($Kp._{760}$ 165—166°; $Kp._{15}$ 154°; 0,78) u. *γ-Äthylpyridin* ($Kp._{760}$ 164—165°; $Kp._{16}$ 170—172°; 0,75), *2.4-* ($Kp._{760}$ 157°; $Kp._{13}$ 148°; 0,75) u. *2.6-Lutidin* ($Kp._{760}$ 143°; $Kp._{22}$ 131°; 0,79), *2-Methyl-5-äthylpyridin* [*Aldehydkollidin*] ($Kp._{760}$ 174°; $Kp._{15}$ 151°; 0,83), *Picolinsäure* (F. 136°; F. 161°; 0,55), *Nicotinsäure* (F. 232°; F. 254°; 0,57), *Isonicotinsäure* (F. 317°; F. 272—273°; 0,60) u. *6-Methylpyridincarbonsäure-(2)* (F. 128—129°; F. 177°; 0,74). — Ein Proportionalzirkel zur schnellen Best. der R_f-Werte wird beschrieben. (Angew. Chem. **66.** **295.** 7/6. 1954. Mainz, Univ., Org.-chem. Inst., u. Heidelberg, MPI. für Med. Forsch., Inst. für Chem.) Moisar. G 3231

Blanche D. E. Gaillard, *Anwendung nicht neutralisierter Hydrolysate in der Papierchromatographie der Zucker.* Bei Verwendung von Anilinphosphat bzw. -phthalat als Sprühmittel u. Bzl./Butanol/Pyridin/W. (1 : 5 : 3 : 3) als Entwickler in der Papierchromatographie der Polysaccharidhydrolysate ist eine Neutralisation letzterer nicht erforderlich. Die quantitative colorimetr. Best. von *Galactose* (**I**), *Glucose* (**II**), *Arabinose* (**III**) u. *Xylose* (**IV**) in 1 n H_2SO_4 mit u. ohne Neutralisation ergab gleiche Werte. Das gleiche Verh. zeigt ein Hydrolysat, das neben *Galacturonsäure* **I, II, III** u. **IV** enthielt. (Nature [London] **171.** 1160. 27/6. 1953. Wageningen, Agric. Univ. Coll., Labor. of Animal Physiol.) E. BRINCKMANN. G 3400

Giorgio Torraca, *Über die Verwendung des p-Anisidins als Reagens zur Identifizierung der Zucker in der papierchromatographischen Analyse.* Vf. prüft die Rk. von *p-Anisidin* (**I**) auf *Aldosen, Ketosen, Glycerinaldehyd* u. *Dioxyaceton.* Beim Besprühen von Zucker-Papierchromatogrammen mit einer Lsg. von **I** in n-Butanol ist die Rk. nicht nur von der Zuckerart, sondern auch vom HCl-Geh. abhänig. Die Ergebnisse aus 3 Versuchsreihen mit **I**-Lsgg., die pro Mol **I** 0,5, 1,0 u. 1,5 Mol HCl enthielten, zeigen, daß Lsgg. mit 0,5 u. 1,0 Mol HCl empfindlich auf Alsoden, schwach auf Ketosen reagieren. Lsgg. mit 1,5 Mol HCl gaben mit Ketohexosen intensiv citronengelbe Flecken, mit den entsprechenden Aldosen nur schwache Farb-Rkk. von Gelbbraun, Rosa, Strohgelb. In einer Tabelle werden die Farbtönungen bei den verschied. HCl-Konzz. für *Aldohexosen, Ketohexosen, Aldopentosen, Ketopentosen, Desoxyhexosen, Glycerinaldehyd* u. *Dioxyaceton* angegeben. **I**-Lsgg. haben den Nachteil rascher Bräunung, die bei bas. Lsgg. schneller auftritt als bei sauren. (Ricerca sci. **24.** 113—14. Jan. 1954. Roma, Univ., Ist. di Chimica applicata e industriale.) ENDRASS. G 3400

L. Jaenicke, *Die Papierelektrophorese von Zuckern und Zuckerderivaten.* Einzelne Zuckerarten, bes. die ster. günstigen cis-Formen, können (da stärker sauer) als Boratkomplexe papierionophoret. getrennt werden. Hierzu wird ein einfacher App., 220 V, m/10 Boratpuffer, p_H 9,2, bei einer Elektrophoresezeit von 6—9 Std. benutzt. Hiernach wird mit mol./5 ammoniakal. $AgNO_3$-Lsg. entwickelt u. mit Thiosulfat fixiert, wobei die Zucker durch schwarze Flecken lokalisiert werden. Angewandt wurde die Meth. auf verschied. *Pentosen* u. *Hexosen.* (Naturwissenschaften **39.** 86. Febr. 1952. Marburg/Lahn, Univ., Physiol.-Chem. Inst.) TIEDEMANN. G 3400

L. Jaenicke und **Ingrid Vollbrechtshausen,** *Die papierelektrophoretische Trennung von Ribosiden als Boratkomplexe.* Das in der vorst. referierten Arbeit beschriebene Verf. wurde auf Ribosederivv. übertragen, die durch Spaltung von Nucleinsäuren entstehen. Durch Anwendung des Kunstgriffes, erst Acetatpuffer (p_H 3,2), dann Boratpuffer (p_H 9,2) anzuwenden, lassen sich die vier Riboside in einem Elektropherogramm trennen. Der Nachw. erfolgt zweckmäßig durch UV-Photokopie. Die zwei isomeren *Adenylsäuren* lassen sich durch die gleiche Meth. trennen. (Naturwissenschaften **39.** 86—87. Febr. 1952.) TIEDEMANN. G 3400

F. Micheel und **H. Schweppe,** *Ein Verfahren zur papierchromatographischen Trennung und Analyse hydrophober Substanzen.* Für die Papierchromatographie geeignetem Papier, z. B. SCHLEICHER u. SCHÜLL Nr. 602 h:P, wird unter Erhaltung der Faserstruktur hydrophober Charakter durch partielle Acetylierung mittels Bzl.–Essigsäureanhydrid–H_2SO_4 verliehen. So behandeltes Papier mit einem Acetylgeh. von 24—25% ist gegen W. resistent u. zeigt gute Saugfähigkeit. Mit Lösungsmittelgemischen, wie A.–Butanol, Essigsäure u. Isopropanol–W., können Penta- u. Tetraacetate von Hexosen, Tetraacetate von Pentosen u. a. getrennt werden. Nach der Entw. werden die Zuckeracetate u. die Acetylcellulose bei 50° in einer *Diäthylaminmethanol*-Atmosphäre verseift u. die freien Zucker durch die üblichen Reagentien nachgewiesen. Die Trennung von je 120 g *Tetraacetyl-d-glucose, β-Pentaacetyl-d-glucose, β-Pentaacetyl-d-galaktose, β-Tetraacetyl-d-xylose* u. *β-Tetraacetyl-l-arabinose* mittels n-Butanol–Pyridin–W. 3:1:1 wird demonstriert. (Naturwissenschaften **39.** 380. 2. Augustheft 1952. Münster, Univ., Organ.-Chem. Inst.)
E. BRINCKMANN. G 3400

L. R. Axelrod, *Ein spezifischer Test zur Unterscheidung zwischen α-Ketol- und Dioxyacetongruppen in C_{21}-Sterinen auf Papierchromatogrammen.* Zur Unterscheidung der Dioxyacetongruppierung in der Seitenkette von der entsprechenden einfachen α-Ketolgruppierung wird ein zweiter Streifen des Papierchromatogramms mit 0,1 n wss. NaOH getränkt, auf 100° erhitzt, mit übergedeckter Glasplatte 3 Min. bei dieser Temp. belassen, getrocknet, mit alkal. Triphenyltetrazoliumchloridlsg. (vgl. BURTON u. Mitarbeiter, C. **1951. II.** 2206) getränkt u. bis zur Entw. einer kräftigen Farb-Rk. (über 15 Sek.) auf der gleichen Heizplatte erhitzt. Das Erscheinen einer roten Farbe zeigt eine α-Ketolgruppierung in C_{17}, keine Farb-Rk. bzw. leicht gelb-rosa Färbung

zeigt die Anwesenheit der leichter zerstörbaren Dioxyacetongruppierung an. Durch diese Meth. gelang die Unterscheidung der Seitenketten von *Cortison, Hydrocortison, Reichstein-Substanz S, Reichstein-Substanz D, Corticosteron, Desoxycorticosteron* u. *Allopregnan-3β-21-diol-20-on.* (J. Amer. chem. Soc. **75.** 4074—75. 20/8. 1953.)
E. Brinckmann. G 3700

E. Schram, S. Moore und **E. J. Bigwood,** *Chromatographische Bestimmung von Cystin als Cysteinsäure.* Cystin- u. Cysteingruppen in Proteinen werden durch 16 std. Behandeln mit Perameisensäure (aus 1 Vol. 30%ig. H_2O_2 u. 9 Vol. 88%ig. Ameisensäure) bei 0° oxydiert. Nach saurer Hydrolyse wird die gebildete Cysteinsäure an einer — mit einer 1 n Lsg. von chloressigsaurem Na vorbehandelten — Austauschersäule aus Dowex-2-X-10 bei p_H 5 adsorbiert, mit 0,1 n Chloressigsäure eluiert u. photometr. nach Schram u. Mitarbeiter (Analytica chim. Acta [Amsterdam] **9.** [1953.] 149) mittels Ninhydrins bestimmt. (Biochem. J. **57.** 33—37. Mai 1954. Brüssel, Univ., Labor. of Biochem.)
Moisar. G 4070

d) Medizinische u. toxikologische Analyse.

G. Reißmann, *Erfahrungen mit der Filterpapierelektrophorese.* Die Anwendung der Papierelektrophorese mit selbstgebautem Gerät in der Klinik an Hand einiger Krankheitsbilder. (Folia haematol. [Leipzig] **71.** 631—36. 1953. Plauen, Stadtkrankenhaus.)
Matthies. 5725

Mary Martinette, *Filterpapierelektrophorese. Ein biophysikalischer Laboratoriumsversuch.* Einfache Ausführung der Elektrophorese (110—220 V, 3—15 Std.) von *Serum*-Tropfen auf Papierstreifen, die mit Puffer von p_H 7,5 getränkt u. zwischen Glasplatten gelegt werden. Sichtbarmachen der Wanderung von α-, α_2-, β- u. γ-Albumin durch Färben mit 1%ig. alkoh. Lsg. von Bromphenolblau, Trocknen u. Entw. in NH_3-Gas. — Große Unterschiede zwischen gesunden u. patholog. Seren. (J. chem. Educat. **31.** 18—19. Jan. 1954. Chicago, Ill., Mundelein Coll. for Women.)
Blumrich. 5728

H. J. Hübener, H. Maurer und **T. Walther,** *Eine einfache Differenzmethode zur genauen flammenphotometrischen Serum-Calcium-Bestimmung.* Die bei flammenphotometr. Ca-Analysen in Serum häufig auftretenden Fehler können nach Unterss. der Vff. dadurch ausgeschaltet werden, daß zu einer von 2 gleichen Serumverdünnungen eine bestimmte Ca-Menge (2 ml einer salzsauren Lsg. von 8 mg $CaCl_2$ in 100 ml) gegeben wird u. aus dsm Vgl. der erhaltenen Differenz mit dem Ergebnis eines 3. Ansatzes, der nur die zugesetzte Ca-Menge enthält, ein Korrekturfaktor ermittelt wird. (Klin. Wschr. **31.** 1095—96. 1/12. 1953. Frankfurt/M., Inst. für vegetative Physiol.)
Krusen. 5728

S. Berkman, R. J. Henry, O. J. Golub und **M. Segalove,** *Wolframsäurefällung der Blutproteine.* Die Proteinfällung durch Wolframsäure nach Folin u. Wu bei Serum, Plasma u. Blut ist maximal, u. die Filtrate sind klar, wenn das p_H der Filtrate 5,1 oder weniger beträgt. Ob zuerst H_2SO_4 oder Na-Wolframat (I) zugefügt wird, hat keinen Einfl. auf die Ergebnisse. Die p_H-Werte von Serum- u. Blutfiltraten lagen im Bereich von 3,2—4,7; Mittel 4,1. Mehrere Fällungen der gleichen Blutprobe ergaben eine p_H-Verteilung mit einer mittleren Abweichung von 0,21 p_H-Einheiten. Die p_H-Werte der Filtrate stiegen bei steigendem Proteingeh. des Blutes, jedoch blieben die Fällungen bei Proteingehh. innerhalb der klin. Grenzen maximal u. die Filtrate klar. Bei Verwendung von analysenreinem **I** ist eine Neutralisation des überschüssigen Alkalis nicht notwendig. Die Ggw. vom 10 fachen der empfohlenen Menge K-Oxalat als Antikoagulant hatte keinen wesentlichen Einfl. auf das p_H des Filtrats. (J. biol. Chemistry **206.** 937—43. Febr. 1954. Beverly Hills, Calif., Bio-Sci. Labors.)
Nehring. 5728

Harold H. Brown, Albert Zlatkis, Bennie Zak und **A. J. Boyle,** *Eine Schnellmethode zur Bestimmung des freien Serumcholesterins.* Zur schnellen Best. des freien *Serumcholesterins* (I) wurden 2 Methoden ausgearbeitet, welche die zur Fällung des **I**-Digitonids erforderliche Zeit abkürzen. Die eine Meth. verwendet zur Abtrennung des Digitonids eine Adsorption an Al-Hydroxyd; bei der anderen Meth. wird das Digitonid durch $AlCl_3$ ausgeflockt u. abzentrifugiert. 1. (Al-Hydroxydmeth.): 20 ml A.-Aceton (1:1) werden mit 2,0 ml Serum bis zur Bldg. eines feinen Nd. gerührt; nach dem Erhitzen zum Sieden wird auf 50,0 ml aufgefüllt u. filtriert. 2,5 ml Filtrat werden mit 2,0 ml 0,5%ig. Lsg. von Digitonin in A.-W. (1:1) u. 1 Tropfen 5%ig. $AlCl_3$-Lsg. gemischt u. nach Zusatz von 1 Tropfen konz. NH_4OH 5 Min. mit 3500 Touren/Min. zentrifugiert. Nach Abgießen der überstehenden Fl. wird der Nd. mit 4,0 ml 50%ig. A. u. 1 Tropfen 6 n HCl versetzt u. nach Erwärmen auf dem Wasserbad wieder 5 Min. zentrifugiert. Der Nd. wird in 3,0 ml Eisessig gelöst u. mit 2,0 ml

Farbreagens (1,0 ml einer Lsg. von 1,0 g $FeCl_3 \cdot 6H_2O$ in Eisessig wird mit konz. H_2SO_4 zu 100 ml ergänzt) versetzt. Man läßt abkühlen u. bestimmt die Extinktion bei 560 mμ unter Verwendung einer Schichtdicke von 1,9 cm. Die Auswertung erfolgt durch eine geradlinige Eichkurve, die mit 0,1, 0,2—0,4 ml einer Standard-I-Lsg. (0,3 mg I/ml Eisessig) gewonnen wird. — 2. ($AlCl_3$-Meth.): 2,5 ml Serumextrakt (s. oben) werden mit 2 Tropfen 30%ig. $AlCl_3$-Lsg. vermischt u. 5 Min. mit 1%ig. Digitoninlsg. (in A.-W. 1:1) auf 50° erhitzt. Nach 5 Min. Zentrifugiren gießt man die überstehende Fl. ab, gibt den Rückstand in 3,0 ml Aceton u. zentrifugiert 15 Min.; der in 3,0 ml Eisessig gelöste Rückstand wird mit 2,0 ml Farbreagens versetzt. Die colorimetr. I-Best. erfolgt wie oben. (Analytic. Chem. **26.** 397—99. Febr. 1954. Detroit, Mich., Wayne Univ., Dep. of Pathol. and Med., Coll. of Med., u. Detroit Receiving Hosp., u. Dep. of Chem.) K. F. MÜLLER. 5728

Th. Bücher, D. Matzelt und **D. Pette,** *Papierelektropherogramm der Eiweißkörper des Liquor cerebrospinalis.* Papierelektropherogramme der durch Aceton gefällten u. 100—200fach konzentrierten, in Elektrophoresepuffer gelösten Proteine des Liquor cerebrospinalis zeigen einen dem Serumpherogramm ähnlichen Aufbau mit reichhaltigerer Strukturierung u. 2 spezif. im Serumpherogramm nicht enthaltenen Banden, deren eine vor der Albumin- u. deren andere dicht hinter der β-Fraktion liegen. Diese Individualität läßt sich in Mischpherogrammen erkennen, bei denen dem Liquor vor der Konzentrierung Serum zugesetzt wurde. Auf die Möglichkeit der Erkennung patholog. Prozesse durch Veränderung der liquorspezif. Banden wird hingewiesen u. an einem Beispiel von Panencephalitis durch die Vermehrung der γ-Globulinfraktion des Liquors belegt. (Naturwissenschaften **39.** 114. März 1952. Hamburg, Univ., Physiol.-Chem. Inst.) E. BRINCKMANN. 5730

Eileen I. Short, *Nachweis von Isoniazid.* Angabe einer schnellen u. sicheren Meth. zum Nachw. von *Isoniazid* (**I**) in *Plasma, Serum, Urin* u. *Gewebe* bei Konzz. zwischen 0,125 u. 0,6 mg/100 ml, die auf der Rk. der NH_2-Gruppe des Hydrazidanteils im I-Mol. mit der *1.2-Naphthochinon-4-sulfonsäure* beruht. *Streptomycin* stört die Rk. nicht, dagegen *PAS.* (Lancet **266.** 656—57. 27/3. 1954. Beckenham, Kent, Wellcome Res. Labors.) DOSSMANN. 5750

G. Dotzauer, K. Johannsmeier und **H. Redetzki,** *Die Verwendbarkeit von Goldbergs Auswertungsmethoden bei Alkoholbelasteten.* Vff. kontrollierten die von GOLDBERG (Alcohol and Road Traffic, Kugelbergs Boktryckeri, Stockholm [1951]) angegebenen A.-Belastungsverss. durch eigene Unterss. u. Berechnungen nach WIDMARK u. kommen zu dem Ergebnis, daß die komplexen physiol. Rkk. der Resorption, Diffusion u. des Konzentrationsabfalles von A. durch einfache Formeln nicht befriedigend erfaßt werden können. Bei diesen Unterss. wurde die Genauigkeit der WIDMARK-Meth. bestätigt. (Dtsch. Z. ges. gerichtl. Med. **42.** 247—53. 1953. Hamburg, Univ., Inst. für gerichtliche Med. u. Kriminalistik.) KRUSEN. 5762

J. Gillis, J. Hoste & Y. Van Moffaert, 2.2'-Dilepidine als spectrophotometrisch reagens op koper. Brussel: Palais der Academiën. 1953. (12 S. m. Abb., Diagr.) Fr. 17,50.

Lothar Hallmann, Bakteriologische Nährböden. Ausgewählte Nährbodenrezepturen f. d. medizinisch-bakteriologische Laboratorium. Stuttgart: Thieme. 1953. (VIII+252 S. m. 52 Abb. im Text.) DM 19,80.

W. W. Ratschinski und **T. B. Gapon,** Chromatographie in der Biologie. (Inst. für physikal. Chemie). Verlag der Akad. der Wiss. der UdSSR. 1953. (190 S. m. Abb.) 9 Rbl. 35 Kop. [russ.]

—, Inorganic chromatography. New York: Van Nostrand. 1953. (142 S. m. Abb.) $ 5,—.

H. Angewandte Chemie.

I. Allgemeine chemische Technologie.

Hans Broche und **Otto Fuchs,** *Die Entwicklung der Forschung auf dem Gebiet des chemischen Apparatewesens und der Verfahrenstechnik.* Schilderung der Entw. in Deutschland an Hand der Leistungen auf organisator., chem.-techn. u. fachliterar. Gebiet. (Chemie-Ing.-Techn. **25.** 553—56. Okt. 1953.) F. HEINRICH. 5802

J. Moss, *Wärmeübertragung. Rekuperation, Regeneration, feste Stromläufe, Transpirationskühlung, Strömungen, Verdampfung beim Sieden, Kondensation, Strahlung.* Nach 116 Literaturzitaten werden die Messungen zusammengestellt, die zur Klärung der Fragen des Wärmeübergangs beitragen. Leitfähigkeitsmessungen wurden an vielen Isolatoren, dem Erdboden, Gasen u. vielen anderen Stoffen vorgenommen. Konvektionsmessungen an strömenden Medien wurden in Abhängigkeit von der REYNOLDSschen u. PRANDTLschen Zahl in laminaren Grenzschichten bei hohen u. Überschallgeschwindigkeiten, beim Vorhandensein von festen Körpern u. Wänden u. bei fl. Metallen unternommen. Die Zusammenstellung wird fortgeführt mit Messungen an

Wärmeaustauschern, Rekuperatoren, Regeneratoren, in festen Stromläufen mit Kühlung u. porösen Materialien. Schließlich folgen Wärmeübertragungsmessungen bei Verdampfung, Kondensation, Strahlung u. induktiver Heizung. (Chem. Process Engng. **35.** 10—13. 20. Jan. 1954.) MIETHING. 5814

T. J. Walsh, G. H. Sugimura und **T. W. Reynolds,** *Untersuchungen an Füllkörpersäulen.* Es werden Versuchsergebnisse über theoret. Bodenzahlen u. vergleichbare Schütthöhen von großen Labordestillationskolonnen von 25 u. 50 mm Durchmesser u. 1,8 bzw. 9 m Füllhöhe bei der Trennung von KW-stoffgemischen mitgeteilt unter Verwendung von Methylcyclohexan–2.2.4-Trimethylpentan bzw. n-Heptan–Methylcyclohexan bzw. Cyclohexylcyclopentan–Dodecan bzw. Toluol–Methylcyclohexan als Testgemischen. Die relativen Flüchtigkeiten dieser Testgemische werden in Abhängigkeit von der Konz. u. teilweise vom Druck angegeben sowie die Brechungsindices dieser Gemische u. die diesen Werten entsprechenden theoret. Bodenzahlen. Weiter wird die Abhängigkeit der gemessenen Bodenzahlen sowie der vergleichbaren Schütthöhen je theoret. Boden von der Dampfgeschwindigkeit u. der Füllkörperform mitgeteilt. (Ind. Engng. Chem. **45.** 2629—33. Dez. 1953.) BLAUHUT. 5864

F. Kneule und **H. Schlachter,** *Einfluß der Schwindung auf den Trocknungsvorgang.* Im nichthygroskop. Bereich ist die beim Trocknen verdunstende Wassermenge proportional der Oberfläche. Für den Fall einer mit der Gewichtsabnahme proportionalen oder davon verschieden starken Veränderung der Oberfläche durch Schwindung werden Formeln aufgestellt u. an Hand der Ergebnisse experimenteller Unterss. diskutiert. (Chemie-Ing.-Techn. **25.** 617—19. Okt. 1953. München, TH.) F. HEINRICH. 5874

Rudolf Mosebach, *Zur mikroskopischen Bestimmung der Zusammensetzung heterodisperser Korngemische.* Ein mkr.-photogrammetr. Verf. zur Ermittlung des Kornaufbaues, das sich im Bereich der Sedimentationsanalyse (Korndurchmesser 0,5—60 μ) als brauchbar erwies, wurde an einem Portlandzementmehl näher geprüft. Zum Vgl. mit anderen Verff. wurden Näherungsformeln für die innere Oberfläche, die Korngewichte u. Kornvoll. entwickelt u. geprüft. Exakte oder quasiexakte Formeln sind nur bei bekanntem Kornsummengesetz möglich, das in der Sedimentpetrographie im allg. nicht gegeben ist. (Erdöl u. Kohle **7.** 199—203. April 1954.) SCHUSTER. 5888

O. Ss. Stepanowa, *Hydrierungsprozesse in der Industrie.* Allg. über die Theorie der Hydrierung, deren Katalysatoren, die Fetthärtung, Darst. von fl. Brennstoffen, die Synth. von Wassergas, Bzn., Methylalkohol u. Syntholen. (Химия в Школе [Chem. Schule] **1953.** Nr. 6. 16—23. Nov./Dez.) LEBTAG. 5896

Chemieprodukte G. m. b. H., Leverkusen-Rheindorf, *Korrosionsschutz- und Dichtungsmittel* aus bituminösen Stoffen durch Behandlung mit chlorierten Hochpolymeren, wie Chlorkautschuk, bei 140—180° in Ggw. von O_2 u. Redoxkatalysatoren, welche katalyt. oxydierende u. katalyt. reduzierende Komponenten enthalten. Als Reduktionsmittel dienen Fe oder Metallegierungen, bes. Ferrosilicium. Für die Oxydation dient atmosphär. Luft oder O_2 abgebende Verbb., z. B. MnO_2, CrO_3 oder Pb_3O_4. Das Ausgangsprod. kann auch einer reduzierenden u. danach einer oxydierenden Behandlung unterworfen werden. — 30—50 (Teile) präparierter Steinkohlenteer (Erweichungspunkt 20—30°), 10—20 Ferrosiliciumpulver, 5—10 Chlorkautschuk, 10—20 Hartpech, 20—30 Talkum werden unter Rühren u. Einblasen von Luft bei 150° erhitzt. Es entsteht ein unterhalb des Tropfpunktes plast.-hochelast. Produkt. — Weitere Beispiele: 40—50 (Teile) Weichbitumen, 5—15 Si-Pulver, 2—6 Siliconharze, 10—30 Hartpech, 4—8 Bleicyanamid, 25—35 Asbestmehl, — oder 70—80 (Teile) präparierter Teer (Erweichungspunkt 35—40°), 5—15 Zn-Pulver, 4—10 Polystyrol, 20—30 Talkum als Füllstoff u. Oxydation durch lebhaftes Einrühren von Luft. (**Oe. P. 177 856** vom 3/1. 1952, ausg. 10/3. 1954. D. Priorr. 25/1., 15/8. u. 25/8. 1951.) M. F. MÜLLER. 5809

Permutit Co. Ltd. und **Theodore Roger Ernest Kressman,** London, England, *Ionenaustauschharze.* Zur Herst. des Ionenaustauschers in Form von Platten, Stäben, Scheiben oder Röhren mit oder ohne poröse Trägerstoffe wird durch Polykondensation zunächst ein Gel gebildet u. durch darauffolgende Erhitzung die Kondensation zu Ende geführt. Die Gelbldg. wird am Rückflußkühler begonnen, sodann wird die Rk. in einem geschlossenen Gefäß, das die gewünschte Form des Austauschers hat, in einer Atmosphäre von gesätt. Wasserdampf durchgeführt. Die Ausgangsmischung enthält Feststoffe u. W. in einer Menge, daß das Endprod. mit W. gesätt. ist, wobei ein Entweichen von W. während der Rk. verhindert wird. (**E. P. 693 166** vom 2/11. 1949, ausg. 24/6. 1953.) REICHELT. 5827

Siemens-Schuckertwerke Akt.-Ges., Berlin und Erlangen (Erfinder: **Paul Wenk,** Erlangen, und **Eugen Sauter,** Nürnberg), *Trennen von Wasser und Öl* u. ähnlichen Gemischen aus fl. Stoffen mit unterschiedlicher D.; das zu trennende Gemisch wird in einem Gefäß in senkrechter Richtung Schall- oder Ultraschallschwingungen ausgesetzt, so daß sich in dem Gemisch stehende Wellen ausbilden. — Vorrichtung. (**D. B. P. 886 884** Kl. 12d vom 30/10. 1951, ausg. 17/8. 1953.) Reichelt. 5829

Dirk van der Made, Putterchoek, und **Pieter Smit**, Santpoort, Holland, *Filtrieren von Flüssigkeiten* mittels körniger oder pulverförmiger Filtermassen (I). Innerhalb der I ist eine Entnahmevorr. (II) für die filtrierte Fl. so angeordnet, daß die Schicht der die II umgebenden I nicht weniger als 20 cm beträgt. Die zu reinigende Fl. wird hauptsächlich von unten nach oben durch die I geleitet, der Raum über der I ist unter Druck gesetzt. — Vorrichtung. (**D. B. P. 883 889** Kl. 12d vom 24/2. 1950, ausg. 23/7. 1953. Holl. Prior. 24/2. 1949.) Reichelt. 5831

Ruhrchemie Akt.-Ges. (Erfinder: **Heinrich Biederbeck**), Oberhausen-Holten, *Kontinuierliche CO_2-Entfernung aus Gasen.* Die in großer Schichthöhe angewandten Kalkformlinge, bes. Kalkkugeln (I), werden vor Einbringung in die Absorber (II) oberflächlich getrocknet u. mit einer der Temp. der zu behandelnden Gase etwa entsprechenden Temp. in die II eingebracht. Die I erhalten dadurch bereits in den oberen Schichten weitgehende Festigkeit. (**D. B. P. 876 837** Kl. 12e vom 23/3. 1939, ausg. 18/5. 1953.) Heinsen. 5849

Maurice Victor Girard und **British Ceca Co. Ltd.**, England, *Reinigung von Gasen.* Man läßt auf die im Gase suspendierten festen oder fl. Teilchen bei hoher Geschwindigkeit einen anderen Strom eines Aerosols oder sehr feinen Nebels einwirken, wobei die mit den fl. Teilchen zusammenstoßenden festen Teilchen benetzt werden u. sich abscheiden. — Vorrichtung. (**F. P. 1 032 511** vom 15/2. 1951, ausg. 2/7. 1953. E. Priorr. 21/2. 1950 u. 24/1. 1951.) Oppermann. 5851

Carrier Corp., Syracuse, N. Y., V. St. A., *Kühlmittel für Kompressionskühlmaschinen,* bestehend aus *Dichlordifluormethan* u. unsymm. *Difluoräthan,* dessen Menge (bes. 24 Gew.-%) so abgestimmt ist, daß der Dampfdruck des Gemisches merklich höher liegt als der des Dichlordifluormethans. (**Dän. P. 74 730** vom 21/5. 1948, ausg. 22/9. 1952. A. Prior. 10/5. 1946.) Jürgen Schmidt. 5859

Dearborn Chemical Co., V. St. A., *Schaumverhindernde Mittel.* Polyalkylpolyamine, deren prim. NH_2-Gruppen mit Carbonsäuren mit mindestens 12 C-Atomen im Mol. acyliert sind, werden mit einer 2—10 C-Atome im Mol. enthaltenden Carbonsäure kondensiert. — Man erhitzt 57 (g) Stearinsäure u. 19 Triäthylenpentamin 8 Std. auf 140—180° u. erhält ein hartes, braunes, in W. lösl. Wachs, neutral gegen Phenolphthalein, VZ. 4,65. 64,7 dieses Prod. werden mit 14 Essigsäureanhydrid 5 Std. auf 143—170° erhitzt. Man erhält 76,6 schokoladenbraunes Wachs, lösl. in A., Aceton, Toluol. Auf 1 Liter W. kommt 1 mg, das bereits eine Schaumbldg. beim Erhitzen von W. unter Druck verhindert. (**F.P. 986 199** vom 13/5. 1949, ausg. 27/7. 1951. A. Prior. 9/6. 1948.) Wittholz. 5865

Atlas-Werke Akt.-Ges. (Erfinder: **Willy Kunze**), Bremen, *Schaumbeseitigung.* Die Schaummassen werden der Einw. von starken Luftschallfeldern niedriger Frequenz ausgesetzt. Man benutzt einen oder mehrere Schallsender, z. B. Sirenen, Pfeifen oder auch elektr. Membransender, die auf eine Frequenz von 100 Hz abgestimmt sind u. mit Wechselstrom von 50 Hz unpolarisiert unmittelbar vom Netz aus betrieben werden. (**D. B. P. 871 438** Kl. 12a vom 20/9. 1940, ausg. 23/3. 1953.) Heinsen. 5879

III. Elektrotechnik.

Ruhrchemie Akt.-Ges., Oberhausen (Erfinder: **Herbert Spengler** und **Eduard Justi**, Braunschweig), *Direkte Umwandlung der chemischen Energie von Kohle oder brennbaren Gasen in elektrische Energie* in Brennstoffketten unter Verwendung eines Festleiters als Elektrolyt. Als Festleiter wird ein poröses keram. Rohr, z. B. aus MgO, verwendet, das mit einem Alkali- oder Erdalkalicarbonat (I) getränkt ist, oder ein trägerloses Rohr, das durch Schmelzen oder Sintern von I hergestellt wird. Das Brennstoffelement wird bei einer Temp. betrieben, die unterhalb der FF. von I liegt, z. B. bei 600—850°. Der innere Widerstand des Elementes u. dessen äußere Belastung werden derart geregelt, daß die Wärmeverluste der Zelle gedeckt werden. (**D. B. P. 899 212** Kl. 21b vom 5/6. 1951, ausg. 10/12. 1953.) Laass. 5971

Accumulatoren-Fabrik Akt.-Ges. (Erfinder: **Paul Hagspihl** und **Freimut Peters**), Hagen, *Herstellung von Sinterelektroden für alkalische Akkumulatoren.* Zur Verbesserung der Haftfestigkeit des porösen Sinterkörpers auf dem Träger wird dieser ohne nachfolgende Galvanisierung oberflächlich aufgerauht, z. B. durch Aufspritzen einer Metallschicht, durch Aufsintern von Metallpulverteilchen oder durch Oxydation u. anschließende Reduktion. (**D. B. P. 899 215** Kl. 21 b vom 10/11. 1951, ausg. 10/12. 1953.) LAASS. 5971

A/B Tudor, Stockholm (Erfinder: **Erik Gustav Sundberg,** Nol), Schweden, *Erhöhung der Lagerfähigkeit von Akkumulatoren.* Die einzelnen Zellen einer Batterie werden nach dem Einbau der trocken geladenen Pb-Platten durch die Füllöffnungen, die am unteren Rand eine ausstoßbare Membran mit einer feinen Öffnung besitzen, mit einem indifferenten Schutzgas, z. B. N_2, gefüllt u. darauf durch Abdichten der feinen Öffnung hermet. verschlossen. (**D. B. P. 899 213** Kl. 21 b vom 11/12. 1951, ausg. 10/12. 1953. Schwed. Priorr. 9/12. 1950 u. 28/9. 1951.) LAASS. 5971

Lumalampan Aktiebolag, Stockholm, Schweden, *Überziehen von Lampenkörpern mit pulverförmigen Stoffen, besonders Leuchtstoffen,* die zusammen mit einem brennbaren Bindemittel aufgebracht werden, worauf das Bindemittel weggebrannt wird. Dem Bindemittel wird vorzugsweise eine geringe Menge eines härtbaren Siliconharzes zugesetzt, die beim Wegbrennen das Bindemittel härtet. — Z. B. wird 1 kg Leuchtstoffpulver zusammen mit 750 cm^3 Butylacetat, 30 g einer 20%ig. Kollodiumpaste u. 1,5—12 cm^3 einer 60%ig. Lsg. eines Siliconharzes in einem geeigneten aromat. KW-stoff auf passende Korngröße vermahlen. Der Lampenkörper oder -schirm wird nach dem Überziehen mit der M. u. Abtrennen des Bindemittels durch Erhitzen geformt, ohne daß das Leuchtstoffpulver abblättert, was z. B. für die Herst. von *Neonzeichen* von besonderem Vorteil ist. In gleicher Weise können Überzüge aus anderen Pulvern, z. B. aus Pigmenten auf Lampenkörper oder -schirme aufgebracht werden. (**Oe. P. 174 158** vom 19/9. 1950, ausg. 10/3. 1953. Schwed. Prior. 9/9. 1949.) BEWERSDORF. 5975

Siemens-Reiniger-Werke Akt.-Ges., Erlangen (Erfinder: **Josef Heinrich Hartmann,** Rudolstadt/Thür.), *Leuchtschirm.* Leuchtflächen, die verschied. Leuchtstoffe enthalten, werden in Form von mindestens 2 Einzelschichten hergestellt, die in bezug auf den darin enthaltenen Leuchtstoff verschieden, in bezug auf das Mengenverhältnis von Leuchtstoff zu Bindemittel annähernd gleich sind. Dadurch wird das Entmischen von Leuchtstoffgemischen mit Bestandteilen von stark verschied. D. bei der Sedimentierung vermieden. (**D. B. P. 887 732** Kl. 57 b vom 13/10. 1933, ausg. 27/8. 1953.) KALIX. 5975

C. H. F. Müller Akt.-Ges. (Erfinder: **Hansheinrich Verse** und **Helmut Witte**), Hamburg, *Leuchtschirm.* Für Grobstrukturunterss. von großen Werkstücken, z. B. Motorengehäusen, die konkave Teile besitzen, mit Röntgenstrahlen werden starre Leuchtschirme verwendet, deren Flächen der Oberfläche des Untersuchungsobjekts möglichst angepaßt sind. (**D. B. P. 887 909** Kl. 57 b vom 23/12. 1941, ausg. 27/8. 1953.) KALIX. 5975

IV. Wasser. Abwasser.

W. I. Usspenskaja, *Untersuchung der Ernährungsphysiologie von Oscillatoria splendida Grew und Oscillatoria agardhii Gom. im Zusammenhang mit der Bildung und Verstärkung von Gerüchen und des Beigeschmacks im Wasser.* 1. Mitt. *Versuche mit künstlichen Nährlösungen.* In Verss. mit *Oscillatoria splendido* (O. sp.) in verschied. mineral. Nährlsgg. läßt sich bei plötzlichem Wechsel der Ernährung oder länger dauerndem Nahrungsentzug ein Erdgeruch wahrnehmen, bedingt durch das Absterben von Fäden u. Autolyse derselben sowie durch starke Erhöhung der Oxydierbarkeit. Ein Erdgeruch leichteren Grades entsteht beim period. Auftreten von Hormogonien infolge Alkalisierung oder Mangel an N bzw. Fe-Verbindungen. Bei *Oscillatoria agardhii* (O.ag.) kommt es nach Alkalizusatz, bei Hunger oder hoher Temp. zum Auftreten eines Geruchs nach faulendem Gemüse oder zu einem scharfen Grasgeruch des Wassers. Beide Arten wachsen besser bei einem höheren als bei einem niedrigen Geh. der Nährlsg. an organ. Substanz. Bei regelmäßigem Zusatz von Nitrat-N zur Lsg. einer organ. Substanz wächst O.sp. 3—4 mal u. O.ag. 4—6 mal intensiver als ohne diesen Zusatz. (Микробиология [Mikrobiologie] **22.** 517—24. Sept./Okt. 1953. Moskau, Lomonossow-Univ., Wiss. Biol. Bodenforschungsinst.) RENTZ. 6010

Elwood L. Bean, *Untersuchung physikalischer Einflüsse bei der Ausflockung.* Eingehende Modell- u. Betriebsunterss. der Wrkg. von Art, Form u. Drehzahl der Rührwerke in Ausflockungsanlagen auf die für Mischen u. Absetzen erforderliche Zeit. Der Mischungs- oder Umlauffaktor D/F (F Gesamtdurchlauf, D Gesamtumlauf in Kubikfuß je Min.) gibt einen Maßstab für die Wrkg., er soll mindestens 30 u. im Optimum 35—40 betragen. (Water Works Engng. **106.** 33—34. 65—68. Jan. 1953. Philadelphia, Pa., Water Dep.) MÜHLMEISTER. 6016

Francis F. Heyroth, *Wirksamkeit und Gefahrlosigkeit der Fluorierung öffentlicher Wasserversorgungen.* Seit 8 Jahren vorgenommene systemat. Überprüfungen des Zusatzes von 1 mg F/Liter in 4 Städten stellen einen Zusammenhang zwischen F-Geh. des Trinkwassers u. der Kinderzahncaries durch deren Rückgang um 60% fest. Schädliche Wrkg. konnte bei Zusatz bis zu 3 mg F/Liter nicht beobachtet werden. (Ind. Engng. Chem. **45.** 2369—70. Okt. 1953. Cincinnati, O., Univ., Kettering Labor.) MÜHLMEISTER. 6018

H. O. Hettche, *Chlordioxyd zur Geruchs- und Geschmacksbeseitigung in Oberflächenwässern.* Verss. mit unfiltriertem Elbwasser ergaben Coliabtötung bei 0,5 mg ClO_2/Liter, Vernichtung aller Keime bei 0,8 mg in 30 Minuten. ClO_2 wirkt lange nach, ist in den Endsträngen noch nachweisbar u. beseitigt Geruch schon weitgehend mit 0,1 mg/Liter, 0,5 mg ließen noch Spuren von Modergeruch erkennen, 0,8 mg machten das W. geruchfrei. (Städtehygiene **5.** 5—6. Jan. 1954. Hamburg, Hyg. Inst.) MÜHLMEISTER. 6024

F. Killewald, *Korrosionsfragen in Heizungs- und Warmwasser-Versorgungsanlagen.* Überblick. Bes. wird auf die Schutzverff. mit Phosphaten (KCS-Phosphatverf., Glühphosfilter, Schutz mit polymeren Phosphaten) eingegangen. (Gesundheits-Ing. **74.** 184—87. Juni. 229—31. Juli 1953. Berlin.) SPINDLER. 6030

W. A. Dale, *Speisewasserbehandlung in der Holzfaser B. C. Fabrik der Alaska Pine and Cellulose Ltd.* Flußwasser aus dem Cedar-Creek mit geringem Salz- u. Si-Geh. wird durch Sand gefiltert, vorgewärmt u. entlüftet. Na_2CO_3 u. eine Stärke–Orthophosphat-Mischung enthärten u. entkieseln, ein Ligninderiv. mit Antischaummittel verhindert Phosphatablagerungen im Kessel, Na_2SO_3 bindet O_2. Korrosion durch CO_2 des Kondenswassers wird durch Zusatz eines Amins behoben, das dieses auf p_H 7,5 bringt u. die CO_2 bindet. (Pulp Paper Mag. Canada **54.** Nr. 13. 121—22. 125. Dez. 1953.) MÜHLMEISTER. 6030

Ralph Stone, *Ländliche Beseitigung von Abwässern und industriellen Abfällen.* Es werden behandelt: Die Behandlung bei niedrigen Kosten, Bewässerung u. unterbrochene Versprühung, aerobe Umgebung, Stabilisierung u. Reinigungsmöglichkeit, Bewässerungsgeschwindigkeiten, die Versprühung in Oberflächenbehältern, Oxydationsteiche, das Gesetz von DARCY, der Einfl. des Bodens auf die Durchlässigkeit u. deren Unters., biol. Wachstum in den Oberflächenböden, klimat. Faktoren sowie ernährungsmäßige u. gesundheitliche Faktoren. (Sewage ind. Wastes **25.** 406—18. April 1953. Los Angeles, Calif.) BOYE. 6036

Atlas Powder Co., Wilmington, Del., übert. von: **Walter A. Helbig**, Yonkers, N. Y., V. St. A., *Behandlung von Flüssigkeiten mit Aktivkohle.* Für die *Wasserbehandlung* wird eine wss. konz. Aufschlämmung (**I**) von pulverförmiger Aktivkohle hoher D. hergestellt, die man unter Rühren agglomerieren läßt. Das zu behandelnde W. wird durch die am Boden eines Klärbehälters befindliche Schicht der agglomerierten Aktivkohle geleitet, während sich darüber eine Klärzone bildet, aus der kontinuierlich geklärtes W. entnommen wird. Die Aktivkohleschicht wird in Abständen entsprechend der behandelten Wassermenge ergänzt. Die Teilchengröße von **I** ist eine solche, daß 70—95% durch ein Sieb mit 325 Öffnungen „per linear inch" gehen. Konz. der **I** ist 2 Teile Aktivkohle/100 Wasser. (**A. P. 2 620 926** vom 22/12. 1949, ausg. 9/12. 1952.) REICHELT. 6017

I. G. Farbenindustrie Akt.-Ges., Frankfurt/M. (Erfinder: **Hellmuth Reichelt**, Bitterfeld), *Aufbereitung calciumsulfatreicher Wasser für Kühlzwecke* durch Ionenaustausch. Ein Teil des Rohwassers wird über mit NaCl-Lsg. nacheinander regenerierte Kationen- u. Anionenaustauscher geführt u. das erhaltene kalk- u. sulfatfreie W. mit Rohwasser in solchem Verhältnis gemischt, daß entsprechend den jeweiligen Betriebsbedingungen die Ausscheidung von Gipsstein unterbleibt. (**D. R. P. 761 219** Kl. 85b vom 9/9. 1941, ausg. 31/8. 1953.) REICHELT. 6021

Ernst Kreiselmaier Wasser- und Metall-Chemie, Gelsenkirchen, *Verhinderung bzw. Erschwerung von Kesselsteinansatz.* Die Heizflächen werden mit Lsgg. von Alkalihydroxyden bzw. Alkalicarbonaten oder Gemischen beider in der Wärme behandelt. Es können auch gebrauchte, bei der Entfernung von Kesselstein anfallende Alkalilaugen verwendet werden. (**D. B. P. 886 277** Kl. 85b vom 12/1. 1951, ausg. 13/8. 1953.) REICHELT. 6031

Lambro Società à r. l., Mailand, Italien, *Reinigung von Kesselwasser.* Zur Abtrennung des Schlammes beim Abschlämmen der Kessel wird das W. unter Thermosyphonwrkg. durch ein Dekantiergefäß geführt, in dessen oberem Teil die an ihrer Unterkante mit Durchbohrungen versehenen Zuleitungsrohre angeordnet sind. Infolge geringer Durchflußgeschwindigkeit sammelt sich der Schlamm in einem Schlammsumpf im unteren Teil des Behälters, während das geklärte W. oben entnommen u. in den Kessel zurückgeführt wird. (**E. P. 691 480** vom 18/7. 1950, ausg. 13/5. 1953.) REICHELT. 6031

Dorr Co., Stamford, Conn., V. St. A., *Klären und Reinigen von verunreinigten Flüssigkeiten, wie Abwasser.* Das in einem ersten Klärbehälter (I) vorgeklärte W. wird über einen Hochleistungstropfkörper (II) geführt. Ein Teil des aus II abfließenden W. wird in I zurückgeführt, der Hauptteil wird über eine Belüftungsvorr. in einen zweiten Klärbehälter (III) geleitet. Ein Teil des aus III abfließenden geklärten W. u./oder des Schlammes wird in die von I in II führende Leitung zurückgeführt. — Vorrichtung. (**E. P. 691 879** vom 16/2. 1951, ausg. 20/5. 1953. A. Prior. 17/2. 1950.) REICHELT. 6041

S. Cyril Fox, El agua, Estudio de sus propiedades, su constitución, su circulación sobre la Tierra y su utilización por el hombre. Barcelona: Omega. 1953. (I—XXII+251 S.) ptas 90,—.

V. Anorganische Industrie.

Aluminium Laboratories Ltd., Montreal, übert. von: **Norman W. F. Phillipps, Ethan A. Hollingshead** und **James S. Mutchmor,** Arvida, Quebec, Canada, *Entfernung von anorganischen Verunreinigungen aus Koks und Kohle* durch Behandeln mit Cl_2 bei $>1400^0$, wodurch die Verunreinigungen, bes. Fe u. Si, in flüchtige Verbb. übergeführt werden, die ausgetrieben werden. — Abbildung. (**A. P. 2 657 118** vom 21/9. 1950, ausg. 27/10. 1953.) ZÜRN. H 260

Daniel Gardner, New York, N. Y., V. St. A., *Herstellung von synthetischem, feinteiligem schmierfähigem Graphit.* Unfühlbar feiner Kohlenstoff wird in einem hochsd. KW-stoff, bes. Anthracen, verteilt u. in einer inerten Atmosphäre auf 360—600^0 erhitzt, worauf der Graphit abgetrennt wird. Die Verteilung des C im KW-stoff wird durch Zusatz geringer Mengen von Bzn. u. Ammoniumoleat erleichtert. (**A. P. 2 655 433** vom 22/1. 1949, ausg. 13/10. 1953.) ZÜRN. H 260

United States of America, übert. von: **French T. Hagemann,** Chicago, Ill., V. St. A., *Trennung des Actiniums vom Radium.* Man bringt eine wss., angesäuerte Lsg. von Ac- u. Ra-Salzen vom p_H 2,5 mit einer Benzollsg. eines fluorierten β-Diketons, z. B. 2-Thenoyltrifluoraceton, zusammen u. trennt die wss. Ra-Phase von der Ac-haltigen organ. Phase ab. (**A. P. 2 632 763** vom 25/5. 1948, ausg. 24/3. 1953.) NEBELSIEK. H 286

Klöckner-Humboldt-Deutz Akt.-Ges. (Erfinder: **Otto Diettrich**), Köln, *Gewinnung von Tonerde* (I) aus Al_2O_3-haltigen Stoffen, wie Tonen, SiO_2-haltigen Bauxiten, Kesselaschen, unter Zuschlag von CaO u. Fe_2O_3. Die Rohstoffe werden unter CaO- u. Kokszuschlag im Schachtofen niedergeschmolzen. Dabei bildet sich eine schmelzfl. Schlacke, das Fe_2O_3 wird zu FeO red. u. dieses tritt mit SiO_2 zu $2FeO \cdot SiO_2$ zusammen. I laugt man aus den Brennerzeugnissen des Ofens mit Na_2CO_3-Lsg. heraus. (**D. B. P. 906 218** Kl. 12 m vom 3/1. 1942, ausg. 11/3. 1954.) NEBELSIEK. H 294

Metallgesellschaft Akt.-Ges., Frankfurt/M. (Erfinder: **Kurt Göhre, Kurt Meyer,** Frankfurt/M., und **Helmut Wendeborn,** Bad Homburg), *Tonerdegewinnung* durch Saugzugsinterung einer befeuchteten Mischung von Al_2O_3-haltigem Gut mit calcinierter Soda u. Brennstoff, Auslaugen des erbrannten Sinters u. weitere Verarbeitung der Aluminatlauge. Dabei mischt man der zu sinternden Mischung ca. 40—80, bes. 60%, ganz oder teilweise gebranntes Gut als Rückgut in Körnungen <8 mm vor dem Befeuchten u. Krümeln des Gutes bei. Ebenso kann man die Soda ganz oder teilweise durch wss. NaOH-Lauge ersetzen. (**D. B. P. 906 570** Kl. 12 m vom 13/5. 1943, ausg. 15/3. 1954.) NEBELSIEK. H 294

Ethyl Corp., New York, N. Y., **James B. Hinkamp,** Birmingham, Mich., V. St. A., *Herstellung von Aluminiumborhydrid.* Al-Halogenid u. Alkaliborhydrid (I) werden bei ca. 150^0 u. <5 mm Hg in Ggw. von <5, bes. 0,5—2 Gew.-% eines Phosphorsäureesters (bezogen auf I) umgesetzt. Bes. ist Tri-n-butylphosphorsäureester geeignet. (**A. P. 2 657 975** vom 31/7. 1952, ausg. 3/11. 1953.) ZÜRN. H 294

I. G. Farbenindustrie Akt.-Ges. (Erfinder: **Rudolf Staeger,** Friedelsheim, **Peter Aßmann,** Berlin, und **Kurt Ehrmann,** Mannheim), Frankfurt/M., *Herstellung von Metallcarbonylen* aus carbonylbildenden Metallen, bes. Fe u. Ni, mit CO, zweckmäßig bei Druck, unter Zusatz von Reaktionsbeschleunigern, bes. Oxyden. Man verwendet für die Rk. auf dem Schmelzweg erhaltene, weitgehend S-freie Ausgangsstoffe, die durch S-freie, sich beim Erkalten der Schmelze an den Korngrenzen des Metalls ablagernde Stoffe, bes. O_2 u. Oxyde, aktiviert wurden. — (**D. R. P. 761 403** Kl. 12 n vom 14/10. 1938, ausg. 2/11. 1953.) NEBELSIEK. H 354

Chemical Construction Corp., New York, übert. von: **Patrick J. McGauley**, Glen Cove, N. Y., V. St. A., *Nickelgewinnung* aus Ni-, Co- u. Cu-haltigen $(NH_4)_2SO_4$-Lösungen. Man fügt der Lsg. genügend wss. $NH_4 \cdot OH$ bis zum p_H 4—6,5 zu. Dabei bleiben Co u. Cu in Lsg., Ni fällt als Doppelsalz, $NiSO_4 \cdot (NH_4)_2SO_4$, aus. Daraus kann man in bekannter Weise die Ni-Verb. gewinnen. (**A. P. 2 647 828** vom 4/6. 1949, ausg. 4/8. 1953.) NEBELSIEK. H 356

VI. Silicatchemie. Baustoffe.

Taro Moriya und **Teruo Sakaino,** *Über die Festphasenreaktion im System Na_2CO_3–SiO_2*. 3. Mitt. *Aus der „Restkieselsäure" bestimmte Reaktionsgeschwindigkeit.* (2. vgl. C. **1954.** 8421.) Eine *Na_2CO_3-Quarz* (2:1)-Mischung wurde auf 698—833° erhitzt. Die meßbare Reaktionsgeschwindigkeit x wurde berechnet durch Best. des unverbrauchten SiO_2-Rests. Zwischen der so berechneten Geschwindigkeit u. der durch Best. des zers. Na_2CO_3 wurde kein merklicher Unterschied festgestellt. Die Zus. des gebildeten *Na-Silicats* war nahezu Na/Si = 2:1. Über 803° ist die Beziehung zwischen Zeit u. $-\log(1 - x)$ linear, aber unter 796° wird sie durch Kurven dargestellt. (J. ceram. Assoc., Japan [Yogyo Kyokai Shi] **61.** 475—78. 28/10. 1953. Tokyo, TH. [Orig.: japan.]) SCHULER. 6168

Junnosuke Yamamoto, *Über die Viscosität und elektrische Leitfähigkeit von Na_2O–B_2O_3–SiO_2-Gläsern.* 2. Mitt. In sieben Dreiecksdiagrammen wird die nach dem Verf. der Faserstreckung bestimmte Viscosität des Syst. *Na_2O–B_2O_3–SiO_2* bei 500—1100° dargestellt. Die Si–Q-Linie deutet auf eine Umwandlungstemp., die in Zusammenhang mit der Wasserbeständigkeit steht. (J. ceram. Assoc., Japan [Yogyo Kyokai Shi] **61.** 108—11. 28/3. 1953. [Orig.: japan.]) SCHULER. 6200

Junnosuke Yamamoto, *Viscosität und elektrische Leitfähigkeit von Na_2O–B_2O_3–SiO_2-Gläsern.* 3. Mitt. (2. vgl. vorst. Ref.) In Dreiecksdiagrammen wird der Zusammenhang zwischen der Zus. u. der D., sowie mit β (= Verhältnis der Aktivierungsenergie AE der Viscosität zu der der reziproken Leitfähigkeit) u. der Änderung von β mit dem Na_2O-Geh. sowie die Abhängigkeit der AE von der Temp. u. die der Temp. des AE-Maximums von der Zus. dargestellt. (J. ceram. Assoc., Japan [Yogyo Kyokai Shi] **61.** 211—14. 28/5. 1953. [Orig.: japan.]) SCHULER. 6200

Junnosuke Yamamoto, *Wirkung von PbO und ZnO auf ein Glas des Systems Na_2O–B_2O_3–SiO_2.* Bei einem *Glas* der Zus. 80 (%) SiO_2, 15 B_2O_3, 3 Na_2O wurde die Wrkg. der Substitution von SiO_2 durch 4, 8, 12 u. 16% *PbO* bzw. *ZnO* auf Wärmeausdehnung, Umwandlungspunkt, Erweichungspunkt, Viscosität, D., elektr. Widerstand u. chem. Dauerhaftigkeit untersucht. (J. ceram. Assoc., Japan [Yogyo Kyokai Shi] **61.** 257—65. 28/6. 1953. [Orig.: japan.]) SCHULER. 6200

Junnosuke Yamamoto, *Wirkung von BaO auf Glas des Systems Na_2O–B_2O_3–SiO_2.* Es wurden die Auswirkungen untersucht, die ein Ersatz des SiO_2 durch *BaO* in dem *Borsilicatglas*-Syst. Na_2O–B_2O_3–SiO_2 hervorruft. Umwandlungs- u. Erweichungstemp. stiegen mit dem BaO-Geh. an. Die Wärmeausdehnung u. der spezif. elektr. Widerstand zwischen Umwandlungs- u. Erweichungstemp. nahmen zu. Die chem. Beständigkeit (Dauerhaftigkeit) wurde nicht verbessert. (J. ceram. Assoc., Japan [Yogyo Kyokai Shi] **61.** 491—94. 28/10. 1953. [Orig.: japan.]) SCHULER. 6200

Junnosuke Yamamoto, *Wirkung von CaO und MgO auf Glas des Systems Na_2O–B_2O_3–SiO_2.* Der Einfl. des Ersatzes von *SiO_2* durch *CaO* u. *MgO* in *Borsilicatglas* auf die physikal. Eigg. wurde untersucht. Mit Zunahme des CaO- u. MgO-Geh. nahm die Wärmeausdehnung zu. Umwandlungs- u. Erweichungstemp. stieg mit dem MgO-Geh. an, maximal bei 72% SiO_2 u. 15% B_2O_3. Der spezif. elektr. Widerstand nahm durch den Einbau von CaO erheblich zu, durch MgO dagegen ab. Die chem. Beständigkeit wurde weder durch CaO noch durch MgO beeinflußt. (J. ceram. Assoc., Japan [Yogyo Kyokai Shi] **61.** 495—99. 28/10. 1953. [Orig.: japan.]) SCHULER. 6200

Junnosuke Yamamoto, *Wirkung von Al_2O_3 auf Gläser das Systems Na_2O–B_2O_3–SiO_2.* Durch Ersatz von SiO_2 durch *Al_2O_3* in *Borsilicatglas* (16 Mischungen) wird die Hitzebeständigkeit u. chem. Haltbarkeit verbessert. (J. ceram. Assoc., Japan [Yogyo Kyokai Shi] **62.** 125—28. 1954. [Orig.: japan.]) SCHULER. 6200

M. Kollmar, *Flüssige Edelmetallpräparate zum Metallisieren von keramischem Material und Kunststoffen.* Es werden die Zus., Verarbeitungsweise u. Anwendung von Edelmetallpräparaten zur Erzeugung von Edelmetallüberzügen auf Porzellan, keram. Sondermassen, Glas, Quarz, Glimmer u. Kunststoffen u. die Eigg. der so erzeugten Überzüge beschrieben. (Metall **7.** 427—29. Juni 1953. Frankfurt/M.) MARKHOFF. 6202

F. R. C. Heath, *Die moderne Entwicklung der Filterpressung.* Bericht über Vergleichsverss. zwischen Baumwollfiltertüchern mit solchen aus synthet. Fasern, wie Polyvinylchlorid, Nylon, Terylene. Die synthet. Fasern zeigen erhebliche Vorteile. (Trans. Brit. ceram. Soc. **52.** 153—73. April 1953.) SCHÜTZ. 6206

Hubert Ankerst, *Einige Erfahrungen über Dekorierung von titanweißemaillierter Ware.* Für jede Ti-Emailtype können nur bes. ausgesuchte Farbkörper verwendet werden, die sich nicht mit dem Email umsetzen. Eine Erniedrigung der Dekorbrandtemp. ist das universelle Abhilfemittel, wenn Fehler auftreten, die auf Wechselwrkg. zwischen Ti-Email u. gewöhnlichem Email beruhen. Die borhaltige, zinkfreie Titanweißtype läßt sich gut mit Au dekorieren, die zinkhaltige dagegen schlecht. (Glas-Email-Keramo-Techn. **4.** 445—46. Dez. 1953. Celje, Jugoslawien, Emailwarenfabrik Emajl.) MARKHOFF. 6212

Karl Krahl, *Über die Rohbruchfestigkeit von Tonen und Kaolinen.* Es wird über Verss. zur Gewinnung von besser reproduzierbaren Werten der Rohbruchfestigkeit keram. Rohstoffe u. Massen berichtet, um die sonst bei dieser Best. vielfach auftretenden Mängel auszuschalten. Für die Prüfung der Änderung der Rohbruchfestigkeit, die, wie bes. aus den Angaben des Vf. hervorgeht, vom Wassergeh. abhängig ist, wurden nach sorgfältiger Aufbereitung getrocknete Prüfkörper ($20 \times 10 \times 200$ mm; auf Kolbenstrangpresse gezogen) nach Best. des Null-Stunden-Wertes bei hygroskop. Wiederbewässerung (abgestuft nach Lagerzeiten bis zu 96 Std.) verwendet. Es wurden 8 Kaoline (von Seilitz, Börtewitz, Kemmlitz, Zettlitz, Spergau, Boltze, Prossnaja u. Seok-Kaolin „Meha") u. 7 Tone (von Tschassow-Jar, Luckenau, Saarau, Wildstein [Blauton B], Lieskau, Michelober u. Römer Ton Ia hell) nach der vom Vf. beschriebenen Meth. untersucht. Die erhaltenen Festigkeitswerte u. auftretenden Abweichungen werden diskutiert u. die Bedingungen zur Erzielung reproduzierbarer Rohbruchfestigkeiten festgelegt. Diese ergeben dann mit anderen üblichen Daten (Korngrößenverteilung, Enslinwerte, Glühverlust, Thermodifferentialanalyse u. a.) ein genaueres Kriterium für Rohstoffe u. Massen, bes. auch für Einbrandwaren. (Silikattechnik **2.** 305—09. Okt. 1951. Hermsdorf/Thür., Labor. des Keram. Werkes „Hescho-Kahla".) WINGCHEN. 6216

S. T. E. Davenport, *Ausblüherscheinungen durch den Brand.* Das SO_2 der Heizgase u. der Wasserdampf der trocknenden Waren bilden mit den bas. Bestandteilen der Tone Sulfate, welche Ausblüherscheinungen hervorrufen können. Verhütung: Fertigtrocknen der Ware mit heißer Luft statt mit Brenngasen. (Trans. Brit. ceram. Soc. **52.** 188—91. April 1953.) SCHÜTZ. 6216

Hugh H. Wilson jr., *Langfristige Druckerweichungsversuche mit halbsauren feuerfesten Steinen im Vergleich zu normalen feuerfesten Steinen.* Verschied. halbsaure Fabrikate wurden im Vgl. zu anderen Steinen dem Erhitzungsvers. unter Druck unterworfen. Die Proben wurden innerhalb 4½ Std. auf 2640° F erhitzt u. bis zu 170 Std. bei dieser Temp. unter Druck gesetzt u. die räumliche Veränderung gemessen. Während das Vol. der halbsauren Steine mit der Bezeichnung H u. O nach anfänglicher Zunahme konstant wurde, nahm dasjenige eines Vergleichkörpers erheblich ab. (Brick Clay Rec. **119.** Nr. 1. 45—46. Juli. Nr. 2. 51—53. Aug. 1951. Raleigh, N. C., Univ. of North Carolina.) K. SEIDEL. 6218

A. Staerker, *Neue Erkenntnisse auf dem Gebiet des Oberflächenschutzes feuerfester Baustoffe.* 2. Mitt. (1. vgl. C. **1952.** 1224.) Beziehungen der Oberflächenspannung zweier Körper führen in der Steingutindustrie zu schützenden Substanzen, die sich als Schutzschichten gegen aggressive Gase u. Schlacken eignen. Solche Schutzschichten lassen sich berechnen u. entsprechend herstellen. Vanal als dünner Überzug auf Schamottesteinen, Silimanit- oder Siliciumcarbidplatten aufgebracht, schützt diese prakt. zeitlich unbegrenzt gegen Korrosion durch Gase u. Glasuranflug bis zu Tempp. von 1350° im Dauerbetrieb. Vanalierte Tiegel erweisen sich resistent gegen Kesselschlacke u. Metallschmelzen bis zu Tempp. von 1300—1400°. (Ber. dtsch. keram. Ges. e. V. Ver. dtsch. Emailfachleute e. V. **29.** 122—23. April 1952. Coburg.) OLBRICH. 6218

F. Conrad, *Holzfaserbeton.* Bericht über Eigg. u. Anwendungsgebiete von Holzfaserbeton, einem Leichtbeton aus imprägnierten u. mineralisierten Holzabfällen (grobe Säge-, Hobelspäne, zerfaserte Holzstücke). Verwendung von Bauelementen aus Holzfaserbeton: a) bei Skelettbauten als 2seitig mit Putz versehene Ausfachungsplatte, bewehrten u. mit 1seitigem Putz versehene Decken- u. Dachplatten; b) bei eingeschossigen Bauten durch fertige Vertikalelemente für Außen- u. Innenwände; c) bei Hochbauten in Massivbauweise durch Verwendung eines Schalungssteines für Außenwände, wobei Hohlräume mit Beton gefüllt; d) im Massivdeckenbau durch entsprechend geformte nichttragende Füllkörper für Stahlbetonrippen- u. Stahlleichtträgerdecken. (Betonstein-Ztg. **18.** 339—41. Sept. 1952. Kaiserslautern.)

OLBRICH. 6228

Sun Chemical Corp., Long Island City, übert. von: **Edward N. Horn**, New York, und **John Samko jr.**, Newark, N. Y., V. St. A., *Nichtglänzende Überzüge auf Glas* zur Herst. von Blendschutzscheiben erhält man aus Mischungen von 5—20 (%) wasserlösl. Pflanzenleim (Gummi arabicum, Traganth, Locustbohnengummi), Celluloseäther, Na-Alginat, Polyvinylalkohol oder Na-Polyacrylat, 0,25—5 eines wasserlösl. organ. Farbstoffs (Brillant-, Säure-, Malachitgrün u. a.) u. 0,05—2 eines wasserlösl. Netzmittels (Dioctylester des Na-Salzes der Sulfobernsteinsäure). (**A. P. 2 651 583** vom 19/9. 1951, ausg. 8/9. 1953.) SALZMANN. 6189

Soc. An. des Manufactures des Glaces et Produits Chimiques de Saint-Gobain, Chauny & Cirey, Seine, Frankreich, *Spezialphosphoboratglas zur Herstellung von Schaumglas* mit etwa folgender Zus.: 38—50 (%) P_2O_5, 22—30 Al_2O_3, 4—10 B_2O_3, 2,5—5 ZnO, 8—17 Na_2O, 5—12 K_2O, ca. 2 As_2O_3. Zur Herst. dieser Gläser benutzt man z. B. eine Mischung aus 870 kg Al-Phosphat, 137 kg Borax, 80 kg Phosphorsäure (55° Bé), 230 kg Na_2CO_3, 162 kg K_2CO_3, 40 kg ZnO, 20 kg As u. 40 kg $NaNO_3$. Die Mischung wird bei 1260—1280° geschmolzen, u. die Schmelze wird dann in W. gegossen u. gefrittet. Die Glaskörner werden feinst vermahlen u. erhalten beim Vermahlen einen Zusatz von 0,6 feinstem Ruß. Man erhitzt in einer Stahlform ca. 300 g 60—70 Min. auf 565°. Der geformte Gegenstand wird sogleich vom Ofen weggeführt u. bis 370° mit einem Temperaturabfall von 30° pro Std. abgekühlt. (**F. P. 1 044 142** vom 25/10. 1951, ausg. 16/11. 1953.) BEWERSDORF. 6201

Kaiser Aluminum & Chemical Corp., Del., übert. von: **Leslie W. Austin**, San Jose, Calif., V. St. A., *Feuerfeste Magnesiakörper.* Körner aus nichtgeschmolzener Magnesia, die mindestens 95 (%) MgO u. höchstens 2 SiO_2 enthalten, werden mit feinverteilter Magnesia der gleichen Zus. u. der wss. Lsg. eines Mg-Salzes, wie $MgCl_2$ oder $MgSO_4$, vermischt, geformt u. gesintert. Durch das Mg-Salz entsteht in der Formmasse ein Sorelzement als Bindung, der den Formlingen eine derartige Festigkeit gibt, daß sie auch ungebrannt verwendet werden können. Die Massen können auch als Stampfmassen benutzt werden. — Abbildungen. (**A. P. 2 572 688** vom 30/4. 1947, ausg. 23/10. 1951.) REINHART. 6219

Pietro Ciferi, Genua, Italien, *Feuerfestes Material.* Natürliche Stoffe, die ca. 98% SiO_2 in pulvriger Form enthalten, werden mit 25—35% W. ca. 1 Std. gemahlen, bis ein klebriger Brei entsteht. Die M. wird wenigstens einen Monat gemaukt u. gegebenenfalls nach Formung bei 1000—1500° gebrannt. Der bildsamen M. können bis zu 50% gebrochene Scherben von kieselsäurereichen feuerfesten Körpern zugesetzt werden. Die Prodd. eignen sich zu feuerfesten Auskleidungen, die Tempp. bis zu 1800° widerstehen. (**A. P. 2 617 736** vom 29/12. 1947, ausg. 11/11. 1952. It. Prior. 17/10. 1945.)

REINHART. 6219

Wilhelm Schmellekamp, Essen, *Herstellung von feuerfesten Steinen und Stampfmassen aus Sinterdolomit.* Im Schachtofen entsäuerter Dolomit wird mit W. hydratisiert, trocken oder feucht zu kleinen Körpern verpreßt u. bei Tempp. von ca. 1600° gesintert. Diese Körper schließen minimale Poren ein, deren Zahl sich mit der Höhe des Preßdruckes vermindert. Nach dem Sintern werden die Stücke in übliche Korngrößen zerkleinert. Das Gemenge kann als Stampfmasse Verwendung finden. Man kann aber auch daraus durch Pressen oder Stampfen Körper formen u. diese bei üblichen Tempp. brennen. (**Oe. P. 175 534** vom 23/2. 1950, ausg. 25/7. 1953.) BEWERSDORF. 6219

Erich Werner Rath, Lauf/Pegnitz, *Keramische Erzeugnisse.* Schaufeln für Gasturbinen, Auskleidungen u. Einzelteile für Brennkammern u. Wärmeaustauscher mit hoher mechan. Festigkeit u. geringer Temperaturwechselempfindlichkeit, bes. bei Tempp. über 600°, werden in der Weise hergestellt, daß einer keram. Grundmasse mit feinkristalliner Eigenstruktur weniger als 50% feste feinkörnige Stoffe hoher Wärmeleitfähigkeit zugemischt werden u. die Mischung unter Vermeidung von chem. Umsetzungen gebrannt wird. Als wärmeleitende Stoffe werden SiC oder die Carbide, Boride oder Nitride von Ti, Zr, V, Ta, W u./oder Mo, sowie das metall. Si oder FeSi verwendet. (**Schwz. P. 284 315** vom 17/2. 1950, ausg. 17/11. 1952.) REINHART. 6221

Heinrich Koppers G. m. b. H. (Erfinder: **Elisabeth Lux**), Essen, *Mullit und mullithaltige Erzeugnisse.* Es wird eine leichte Bldg. von Mullit erzielt, wenn man von Tonerdehydrat oder ähnlichen Verbb. ausgeht, die in frisch gefälltem, noch feuchtem Zustande vorliegen. Diese Verbb. werden mit Kaolin oder dgl. kieselsäurehaltigen Verbb. gemischt, zu Batzen geformt, getrocknet u. bei Tempp. von 1500° u. darüber

gebrannt. Ein wirtschaftlicher Ausgangsstoff ist z. B. das im BAYER-Prozeß gewonnene Tonerdehydrat. (**D. R. P. 766 500** Kl. 80b vom 2/12. 1936, ausg. 4/5. 1953.)
REINHART. 6221

Demetro Martyniak, Seine, Frankreich, *Wasserdichtes Bindemittel.* Moosartige Flechtenteilchen werden in W. aufgekocht u. laufend darin umgerührt, bis eine dicke Konsistenz der M. erreicht ist. Nach dem Erkalten fügt man die gleiche Menge W. zu, wie vorher verwandt worden ist u. kocht wieder auf, bis die M. fl. u. ölig geworden ist (A). Man löst dann 3 Teile Alaun in sd. W. auf, setzt 1 kg Sulfat zu u. kocht, bis die M. fl. geworden ist (B). Nun werden A u. B in der Wärme vermischt u. 2% Gas- oder Mineralöl zugemischt. Die Mischung haftet gut an Holz, Holzfasern, Schilfrohr, auf Gips-, Zement- oder Kalksteinen. Sie kann bes. als Bindemittel für Steinholz, ferner zur Herst. von Kunststeinen aller Art, als Überzug u. als Bindemittel zum Verlegen von Parkett Verwendung finden. (**F. P. 1 013 295** vom 27/2. 1950, ausg. 25/7. 1952.)
BEWERSDORF. 6227

Marcel Merkli, Genf, Schweiz, *Verarbeiten von Holzabfällen* durch Imprägnieren mit einer Lsg., die man durch Mischen von CH_2O u. Harnstoff in wss. Medium erhält, Trocknen u. Pressen der M. bei ca. 150° zu Platten oder anderen Gegenständen für Bau-, Isolier- oder Dekorationszwecke. (**Schwz. P. 265 204** vom 8/11. 1948, ausg. 16/2. 1950.)
PANKOW. 6229

Gustàv Martin Martinson, Fellingsbro, Schweden, *Faserige Isoliermasse zur Herstellung von Platten oder dergleichen Formkörpern.* 90—95 Mol-% der bei der Holzbreiherst. in Holzschliffmühlen auf den Vibrationssieben anfallenden faserigen Abfälle werden mit 10—5 eines hydraul. Bindemittels, bes. Portlandzement, gebunden. Eine geringe Menge Wasserglas kann der Mischung vor dem Abbinden zugesetzt werden. (**D. B. P. 898 271** Kl. 80b vom 9/9. 1951, ausg. 30/11. 1953. Schwed. Prior. 28/4. 1945.)
HANS HOFFMANN. 6229

Wilhelm Hermann Julius Eitel, The physical chemistry of the silicates. 3rd ed. Chicago: Univ. of Chic. Press. 1954. (1609 S., Diagr.) $ 30,—.

VII. Agrikulturchemie. Schädlingsbekämpfung.

I. Stephen, *Die petrographische Untersuchung einer tropischen Schwarzerde und Grauerde von der Goldküste.* Eine vergleichende Unters. des mineral. Anteils bei Böden ergab, daß der dunkle Typ, durch Verwitterung eines Hornblende–Granat-Gneißes entstanden, ein sandiger Tonboden ist, bestehend aus Quarz-Granat u. Montmorillonit. Der graue Typ stellt das Verwitterungsprod. von Feldspat–Quarz–Schiefer dar u. besteht aus Quarzsand neben wenig Kaolin u. Montmorillonit. (J. Soil Sci. **4.** 211—19. Juli 1953. Harpenden, Rothamsted Experimental Stat.) v. PILINSZKY. 6300

R. K. Schofield, *Bodenkolloide,* Eine Darst. der geschichtlichen Entw. der Anschauungen über die koll. Erscheinungen im Boden wird gegeben. Bes. wird eingegangen auf GOUYs Theorie der diffusen elektr. Doppelschicht, um zu erklären, daß das Verhältnis der Aktivitäten von $H^{\cdot}$ u. $Ca^{\cdot\cdot}$ bei Verdünnung einer $CaCl_2$-Lsg. im Boden konstant ist. (Chem. and Ind. **1952.** 76—78. 26/1.) A. JACOB. 6302

G. Titta, *Über die „Fruchtbarkeitshorizonte" in Böden verschiedener Beschaffenheit.* Verss. an Sand-, Lehm- u. Mischböden zeigten, daß jeweils die obersten Schichten (bis zur Tiefe von 10 cm) am fruchtbarsten sind. In tieferen Schichten nimmt die Fruchtbarkeit ab. (Ann. Fac. Agrar. Univ. Pisa [N. S.] **11.** 253—71. 1950.) WINIKER. 6304

R. P. Mitra und **K. S. Rajagopalan,** *Ursprung der Basenaustauschfähigkeit von Tonen und Bedeutung ihres oberen Grenzwertes.* Die für die Basenaustausch- bzw. -bindungsfähigkeit verantwortliche negative Oberflächenladung eines Tonkristalls hat einen definierten Grenzwert. Die negative Gesamtladung, verursacht teils durch isomorphen Ersatz von Kationen im Gitter, teils durch Dissoziation von OH-Gruppen im Kristall, ergibt sich aus dem letzten Wendepunkt auf der elektrometr. Titrationskurve des H-Minerals mit einer Alkalilsg. (p_H/Milliäquivalent Base): Durch rein analyt. Best. des Austauschvermögens, also der von einem Ton aus Salzlsgg. aufgenommenen Kationmenge, erhält man gewöhnlich zu niedrige Werte für die Gesamtladung. — 12 Literaturzitate. (Soil Sci. **73.** 349—60. Mai 1952. Delhi [Indien], Univ.) GRIMME. 6304

A. Mehlich, *Einfluß von Eisen- und Aluminiumoxyd auf die Freisetzung von Calcium und die Kation–Anion-Austauscheigenschaften von Böden.* Untersucht wurde der Einfl. von Bodenkolloidtypen [Montmorillonit (**I**), Kaolinit (**II**), Gibbsit (**III**), Goethit (**IV**), Hämätit (**V**)] auf die Ca-Freisetzung (A) mit äquivalenten Konzz. u. auf den Kationgeh. des oberird. Teils von Baumwolle u. Rüben auf diesen Bodenpräparaten. A stieg mit zunehmender $Ca^{\cdot\cdot}$-Sättigung des Kolloids u. — bei gegebenem Ca-

Niveau — in der Reihenfolge I → II → Gemisch {II + III + IV + V + Bauxit}. A u. der Ca-Geh. der genannten Pflanzen stiegen mit Zusätzen von **V**, Fe-Oxydhydrat u. **IV**—**V**-reichem Boden. Im allg. stieg A mit abnehmendem Verhältnis Kationenaustauschfähigkeit/Anionenaustauschfähigkeit, also mit abnehmender H-Kolloidstärke. Bei extrem niedrigem Kation/Anionverhältnis u. in Ggw. sehr akt. OH-Gruppen an einem Austauscher oder an Al-Oxydhydrat wurde die freie Verfügbarkeit des Ca ganz unterdrückt, infolge teilweiser Neutralisation von $H^{\cdot}$, welches somit nicht zur Verdrängung von $Ca^{\cdot\cdot}$ von der Oberfläche verfügbar war. Einige Fe- u. Al-Oxydmineralien zeigten Kationaustauschfähigkeit u. sehr hohes A. (Soil Sci. **73.** 361—74. Mai 1952. Raleigh, N. C., North Carolina Agric. Expt. Station.) GRIMME. 6304

James M. Blume, *Calciumauslösung in feinem sandigen Lehm, bestimmt mit Hilfe von ^{45}Ca.* Mitgeteilt werden Laborverss. über die Wanderung von Ca in einem feinsandigen Norfolklehm beim Auslaugen mit W.; die obere Schicht der Bodensäulen war zuvor mit je einer von verschied. ^{45}Ca-haltigen Ca-Verbb. behandelt. Die Ca-Wanderung aus der behandelten Bodenschicht war gering, auch wenn die Gesamtmenge des aus dem Boden ausgelaugten Ca erheblich war. Offensichtlich wanderte Ca abwärts vermittels einer kontinuierlichen Reihe von Platzwechseln, wobei in den Waschlaugen das Ca erscheint, welches ursprünglich in den unteren Bodenschichten vorlag. Aus N-P-K-gedüngtem Boden wurde nach Brachliegen mehr Ca ausgelaugt als nach Bepflanzen. (Soil Sci. **73.** 383—89. Mai 1952. U. S. Dep. Agric.) GRIMME. 6304

Henry C. Harris, W. H. MacIntire, C. L. Comar, W. M. Shaw, S. H. Winterberg und **S. L. Hood,** *Radioaktives Calcium bei der Untersuchung der additiven und nativen Vorräte im Boden.* Der Zusatz von ^{45}Ca zu $CaCO_3$ ermöglichte es, festzustellen, in welchem Verhältnis das Boden-Ca u. das dem Boden zugesetzte Ca aus gekalkten Böden ausgewaschen u. von den Pflanzen aufgenommen werden. Erhöhung der Zufuhr von Ca zum Boden bewirkte eine Verstärkung der gesamten Ca-Auswaschung u. der Ca-Aufnahme durch die Pflanzen. Der Anteil des Boden-Ca an Auswaschung u. Entzug durch die Pflanzen nahm mit steigender Kalkzufuhr ab, allerdings verhielten sich die beiden untersuchten Böden verschieden. (Science [Washington] **113.** 328—29. 23/3. 1951. Knoxville, Tennessee Agricult. Exp. Stat. u. Univ. of Tennessee, Atomic Commission.) A. JACOB. 6304

Walter Reuther, Paul F. Smith und **Alston W. Specht,** *Anhäufung von stärkeren Basen und Schwermetallen in Florida-Citrusböden in bezug zur Phosphatdüngung.* Bei Dauerdüngungsverss. auf Orangenböden Floridas mit u. ohne Superphosphat wurde vor Beginn u. nach 7 Jahren der Geh. der Böden an Ca, Mg, K, Cu, Mg u. Zn bestimmt. Hierbei ergab die Anhäufung von P_2O_5 keinen großen Einfl. auf den Kationengeh., nur der Geh. an K war etwas erhöht, der an Mg etwas erniedrigt. Erhöhte Zufuhren von Cu, Mn u. Zn werden in der Oberkrume gespeichert, ohne Beziehung zur Phosphatbehandlung. (Soil Sci. **73.** 375—87. Mai 1952. Orlando, Fla., U. S. Subtropienz Fruit Field Station, U. S. Dep, Agric.) GRIMME. 6304

F. A. Lut, *Wirkung der Phosphordüngemittel auf den Ertrag von Winterweizen.* Einbringen von granuliertem *Superphosphat* (**I**) u. von granulierten Mischungen von **I** mit Humus in die Reihen im Gemisch mit dem Saatgut ergab die beste Ausnutzung der P_2O_5 (**II**). Auf podsoligen Tschernosemen u. dunkelgrauen podsoligen Böden ist es zweckmäßig, 20 kg **II**/ha (als *Phosphorit*) anzuwenden. Bei Reiheneinbringung zu Winterweizen nach Klee gibt man 7,5 kg **II** u. 7,5 kg K_2O je ha. (Земледелие [Ackerbau] **1953.** Nr. 5. 65—68. Okt. Tschernowitz, Wiss. Forschungs-Station für Ackerbau.) A. JACOB. 6304

E. E. Orchard und **W. J. Fölscher,** *Die Anwendung von Radio-Phosphor bei der Untersuchung der Phosphataufnehmbarkeit in 2 Natalböden.* Die Phosphoraufnahme aus 2 sauren Natalböden wurde durch Gefäßverss. untersucht. Als Dünger wurde durch radioakt. P gekennzeichnetes Superphosphat benutzt. Die gesamte P-Aufnahme war auf beiden Böden verschieden. Auf dem einen Boden war eine Anwendung der Düngung 2—6 Wochen vor der Saat einer Anwendung bei der Saat überlegen, der andere Boden verhielt sich eher umgekehrt. Die Aufnahme von Boden-P wurde durch die Düngung mit Superphosphat nicht verbessert. Gleichzeitige Anwendung von Kalk erhöhte den Ertrag, war aber von wechselndem Einfl. auf die P-Aufnahme. $(NH_4)_2SO_4$ erhöhte den Ertrag u. die P-Aufnahme. Die Anwendung von organ. Substanz brachte keine Vorteile. Das Verhältnis der Aufnahme von Dünger-P u. Boden-P war verschieden. Die Ausbeute des als Superphosphat zugesetzten P war 30% auf dem einen, 44% auf dem anderen Boden. (South African ind. Chemist **8.** 45—49. März 1954. Univ. of Natal, Natal Agric. Research Inst.) A. JACOB. 6304

José Mattei, *Wirkung von Wuchsstoffen auf die Bewurzelung der Ziermalvacee, Hibiscus rosa sinensis L.* Bei den angestellten Verss. kennzeichnete sich *Indolbutter-*

säure als wirksamstes Mittel zur Bewurzelung u. Steigerung des Wachstums von Hibiscus rosa sinensis. (C. R. hebd. Séances Acad. Sci. **235.** 205—07. 16/7. 1952.)
GRIMME. 6304

N. Ss. Awdonin, *Kopfdüngung der Pflanzen.* Allg. Ausführungen auf Grund neuerer sowjet. Untersuchungen. (Естествознание в Школе [Naturwiss. Schule] **1954.** Nr. 1. 30—35. Jan./Febr. Moskau, Lomonossow-Univ.) LEBTAG. 6304

Je. P. Schumilenko, *Die Wirkung einiger Mikroelemente auf die Widerstandsfähigkeit der Pflanzen.* Die Verbesserung der Keimung von Kleesamen unter dem Einfl. einer Behandlung mit Spurenelementen erklärt sich dadurch, daß sich daraus für die Entw. von Parasiten ungünstige Bedingungen ergeben. Eine Unterdrückung von Fusarium avenaceum u. Alternaria tenutis wird bei Zusatz von *B* u. *Mn* beobachtet; aber auch auf die Wirtspflanze üben die Spurenelemente zweifellos eine kräftigende Wrkg. aus. (Земледелие [Ackerbau] **1953.** Nr. 5. 116—18. Okt. Inst. für Biol. der Ural-Zweigstelle der Akad. der Wiss. der UdSSR.) A. JACOB. 6312

W. A. Harvey und **A. S. Crafts,** *Toxizität von Pentachlorphenol und seines Natriumsalzes in drei Yoloböden.* Verss. mit steigenden Gaben *PCP* (Pentachlorphenol) (5,12—1213 p.p.m.) zeigten, daß die Verb. im Boden nur sehr langsam abgebaut wird, so daß seine Toxizität ziemlich beständig ist. PCP wird vor allem von der Tonfraktion des Bodens ziemlich fest gebunden. Die Zers. u. Auswaschung des Na-Salzes erfolgt bedeutend schneller. (Hilgardia **21.** 487—98. Aug. 1952. Davis, Exp. Stat.) GRIMME. 6312

E. Levi und **A. S. Crafts,** *Toxizität von Maleinsäurehydrazid in kalifornischen Böden.* Maleinsäurehydraziol (I) verhält sich abweichend von anderen Herbiciden. Gewächshausverss. mit I als Diäthanolaminsalz ergaben, daß seine tox. Wrkg. auf Pflanzen u. seine bodensterilisierende Wrkg. u. deren Dauer weitgehend mit der Bodenart variieren (übersichtliche Kurven u. Tabellen). In genügend großer Menge kann es den Boden gegen Pflanzenwuchs bis zu einigen Monaten steril machen, doch zers. es sich im allg. zu rasch, um als zeitweiliges Bodensterilisans gelten zu können, bes. unter feuchtwarmen Bedingungen. (Hilgardia **21.** 431—63. Aug. 1952. Davis, California Exp. Station.) GRIMME. 6312

W. A. Harvey, *Toxizität von drei 2.4-D-Präparaten in kalifornischen Böden.* Die Verss. wurden ausgeführt mit den wasserlösl. Na- u. Triäthanolaminsalz von 2.4-D u. dem öllösl. Butylester. Alle drei Formen zeigten gleiche herbicide Wirkung. Bei den angebauten Nachfrüchten Hafer u. Sonnenblumen zeigte sich eine beachtliche Wachstumssteigerung, Wicken wurden kaum beeinflußt. (Hilgardia **21.** 499—513. Aug. 1952. Davis, Exp. Stat.) GRIMME. 6312

Paola Morini, *Hormonisierungsversuche bei der Kultur einiger Nähr-, Würz- und Heilpflanzen.* Bei den Verss. wurden Weizenkörner u. Samen von Schlafmohn, Baldrian u. Stramonium 10 Std. lang in einer Lsg. von *Hormothan* (100 g/25 Liter W.) gehalten u. nach dem Trocknen an der Luft in n. Weise ausgesät. Die Samen keimten normal u. ergaben nach kräftigem Wachstum um ca. 25% erhöhte Ernten. (Riv. ital. Essenze, Profumi, Piante officin., Olii veget., Saponi **34.** 598—99. 12/12. 1952. Broni.)
GRIMME. 6312

D. D. Hemphill, *Lichten von Äpfeln durch Sprays.* Zur Lichtung des Fruchtbestandes von Apfelbäumen eignen sich die Dinitroverbb. *Elgetol* (20%) u. *DN-No. 1*, ferner *NAA* (Naphthylessigsäure; 10—20 p.p.m. je nach Sorte) u. bes. *Amid-Thin* (Naphthylacetamid, 30—50 p.p.m.). Dieses Präp. bewirkt keine Blattabnormitäten. (Amer. Fruit Grower **74.** Nr. 2. 36—39. Febr. 1954. Missouri-Exp. Stat.) RANG. 6312

M. F. Subow, *Anwendung schwefelhaltiger organischer Präparate gegen die Weißfäule der Weintraube.* Von 7 untersuchten S-haltigen Präpp. (nicht näher bezeichnet) hat sich als Mittel gegen Pflanzenkrankheiten am besten 15%ig. *Tetramethylthiuramdisulfid* bewährt (kein Fall von Weißfäule bei Weintrauben). Weniger wirksam war (15%ig. *Fe-Dimethyldithiocarbaminat*). Beide Präpp. sind hingegen gegenüber Mehltau nicht genügend wirksam. (Виноделие и Виноградавство СССР [Weinbereit. u. Weinbau UdSSR] **12.** Nr. 5. 40. Mai 1952. Wiss. Inst. für Düngemittel u. Insektofungicide.)
v. WILPERT. 6312

W. F. Iwanenko, *Mechanisierung der Wurzelbehandlung von Sämlingen mit Hexachloran.* Bei mechan. Bestäubung der Wurzeln der 1jährigen Kiefernsämlinge mit *Hexachloran* (0,5 g pro Sämling) ließ sich keine Schädigung der Kulturen durch Larven des Maikäfers nachweisen. (Лесное Хозяйство [Forst-Wirtsch.] **5.** Nr. 7. 89. Juli 1952.) M. GORDIENKO. 6312

D. F. Rudnew und **I. K. Sagaikewitsch,** *Giftringe bei der Bekämpfung des Kiefernspinners.* Durch ringförmiges Anstreichen der Kiefernstämme mit einer 5%ig. Lsg. von *DDT* in Petroleum erzielt man eine 100%ig. Vernichtung des Kiefernspinners, wenn die Breite der Ringe 60 cm beträgt, dagegen ist bei geringerer Breite der Ringe die Vernichtung des Schädlings unvollständig. Eine Schädigung der Kiefernstämme wurde nicht beobachtet. (Лесное Хозяйство [Forst-Wirtsch.] **5.** Nr. 7. 56—57. Juli 1952.) M. GORDIENKO. 6312

W. H. K. Coetzee, I. J. Burger und **J. F. du T. Hugo,** *Durch Besprühen der Pflanzen mit Parathion hervorgerufener Fremdgeschmack in Tomatensaft.* Als Ursache eines unangenehmen Geschmackes in Tomatensaft wurde *Parathion* (**I**) festgestellt, mit dem die Pflanzen zu ausgiebig besprüht worden waren. Experimentelle Besprühung von Tomatenpflanzen mit I in vorgeschriebener Konz. ergab im Saft der Früchte keinen Beigeschmack. Es wird auf die hohe Toxizität von I hingewiesen u. vor zu hohen Konzz. in seiner Anwendung als Insekticid gewarnt. (Farming South Africa **28.** 298. Sept. 1953. Stellenbosch, Western Province Fruit Res. Stat.) KRUSEN. 6312

A. I. Bandin, *Einfluß der Behandlung von Haustieren mit DDT-Präparaten auf die Population von Anopheles in der Ortschaft.* Werden sämtliche Haustiere einer Ortschaft mit Kontaktinsekticiden behandelt, so kommt es zum völligen Verschwinden der epidemolog. gefährlichen Altersgruppen der Population u. die Anzahl der Anopheles nimmt ab. Das *DDT* in Pulverform oder als wss. Suspension bzw. Terpentinemulsion (1 g akt. Substanz auf 1 m^2 Oberfläche) hält sich jedoch nicht lange im Fell der Tiere; die insekticide Wrkg. ist in 4—5, spätestens 8 Tagen (Terpentinemulsion), vorbei. Vergiftungen durch DDT wurden nicht beobachtet. Die DDT-Behandlung der Tiere ist wirksamer als die Behandlung der Gebäude. (Медицинская Паразитология и Паразитарные Болезни [Med. Parasitol. parasit. Krankh.] **1953.** Nr. 1. 20—24. Jan./Febr. Inst. für Malaria, Med. Parasitol. u. Helminthol. des Gesundheitsminist. der UdSSR.) RENTZ. 6312

Wilford Gardner und **Don Kirkham,** *Bestimmung der Bodenfeuchtigkeit durch Neutronenstreuung.* Die Meth. beruht auf der Überlegung, daß H prakt. das einzige Element ist, welches schnelle Neutronen verlangsamt, u. daß H in mineral. Böden fast ganz als H_2O vorliegt. Die Neutronenquelle — ein Polonium–Beryllium-Gemisch — wird in ein kleines Bohrloch im Boden versenkt, kombiniert mit einem BF_3-Zählrohr für langsame Neutronen, deren Zahl pro Zeiteinheit ein empir. Maß für den Wassergeh. des Bodens ist. Die Meth. ist anscheinend unabhängig von Bodentemp., Bodenstruktur u. -zusammensetzung, Konz. der Bodenlsg., u. geeignet zur Feuchtigkeitsbest. von mineral. Böden in situ; dagegen stört hoher Humusgehalt. (Soil Sci. **73.** 391—401. Mai 1952. Amer. Iowa Agricult. Experim. Station.) GRIMME. 6324

H. Kick, *Vorschlag einer einfachen Methode zur Untersuchung der Böden auf Nährstoffzustand, Kalkbedarf und Sorptionskapazität.* Die vorgeschlagene Meth. gestattet, mit nur einer Einwaage ziemlich rasch u. einfach verschied. Bodeneigg. zu bestimmen, so z. B. die Pufferung, den Kalkbedarf u. das Verhältnis Ca/K u. Ca/Na im Sorptionskomplex. Die Probe wird mit einer Na- bzw. NH_4-Boratlsg. vom p_H 9,6—9,3 bzw. 8,7 geschüttelt. In aliquoten Teilen des Filtrats hiervon wird durch Titration die vom Boden aufgenommene Basenmenge (der [T–S]-Wert) bestimmt, ferner werden in Lsg. gegangene H_3PO_4, Ca, K (u. Na, falls NH_4-Boratauszug vorliegt) flammenphotometr. bestimmt. Der Rest der Bodensuspension wird mit HCl auf 0,05 n HCl gebracht; auch in diesem Auszug werden H_3PO_4, K, Ca, Na u. gegebenenfalls andere Elemente bestimmt. Carbonat (CO_2) müßte, falls vorhanden, gesondert bestimmt werden. Aus dem Gesamtverbrauch an HCl (S-Wert) u. der Differenz S — (Ca + K + Na) kann auf den ungefähren Mg-Geh. geschlossen werden. Die im Boratauszug u. in 0,05 n HCl lösl. Anteile an P_2O_5 u. K stehen in enger Beziehung zu den entsprechenden Werten der Lactatmethode. (Z. Pflanzenernähr., Düng., Bodenkunde **60.** 149—62. 1953. Hohenheim, Landw. Hochschule, Inst. für Pflanzenernährung u. Bodenbiol.) RANG. 6324

Robert D. Pike, Greenwich, Conn., V. St. A., *Herstellung von Kaliumnitrat–Natriumnitrat-Düngemitteln aus Wyomingit.* Gemahlene K-Silicat-Mineralien mit basenaustauschenden Eigg., bes. Wyomingit, italien. Leucit, werden in geschlossenen Behältern, z. B. Autoklaven, mit wss. $NaNO_3$-Lsgg. unter Druck auf ca. 200° erhitzt. Nach Basenaustausch wird der feste Rückstand von den Lsgg. durch Filtration getrennt, aus den Lsgg. nach Eindampfen zunächst $NaNO_3$ auskrist., durch Zentrifugieren abgetrennt u. die erhaltenen Lsgg. werden unter Kühlung nochmals kristallisiert. Die ausgeschiedenen KNO_3–$NaNO_3$-Mischkristalle werden abgetrennt, in heißem W. zu einer gesätt. Lsg. gelöst, KNO_3 auskrist., die Lsg. unter Kühlung zur Kristallisation gebracht u. die abgeschiedenen Mischkristalle abgetrennt. Die Mutterlauge wird eingedampft. (**A. P. 2 635 945** vom 19/7. 1950, ausg. 21/4. 1953.) KARST. 6285

Kali-Chemie Akt.-Ges., Hannover, *Sinterphosphat in granulierter Form.* **Das durch** Zusammensintern von Rohphosphat, Alkalisulfaten u. Kohle bei schwacher Rotglut nach dem Verf. des Pat. 109 963 hergestellte Sinterphosphat wird in granulierter Form als *Düngemittel* verwendet. Auf 1 (Mol) $Ca_3(PO_4)_2$ gelangen 2 Alkalisulfat zur Anwendung. Bei dem auf eine Körnung von 0,1—0,5 mm granulierten Prod. besteht keine Gefahr des Rückganges der Phosphorsäurelöslichkeit infolge Oxydation des Sulfid-S durch zu weit gehende Mahlung oder Erhitzung beim Mahlen. Die Lagerbeständigkeit des Prod. wird wesentlich verbessert. (**D. B. P. 899 358** Kl. 16 vom 5/4. 1951, ausg. 10/12. 1953.) KARST. 6291

Soc. An. des Manufactures des Glaces et Produits Chimiques de Saint-Gobain, Chauny & Cirey, übert. von: **Antime Constant,** Paris, Frankreich, *Herstellung von Düngemitteln.* Phosphatmaterialien, z. B. Florida-, Marokko-, Glüh-, Flotations-, Mono-, Dicalcium- u. Schlackenphosphate, werden mit konz., 70—90%ig. HNO_3 zu einem fl. Gemisch aus $Ca(NO_3)_2$ u. H_3PO_4 (D. 1,6) aufgeschlossen. In die fl. M. werden weitere Mengen an Phosphaten u. HNO_3 eingetragen, wobei Reaktionstempp. von ca. 35° eingehalten werden, worauf das fl. Gemisch von der Reaktionsmasse abgezogen, mit Fertiggut versetzt, unter Kühlung verfestigt, zerkleinert u. granuliert wird. Zum Aufschluß der Phosphate kann auch H_2SO_4 mitverwendet u. der M. können NH_4NO_3 u. K_2SO_4 zugesetzt werden. Man erhält Düngemittel mit ca. 15 (%) lösl. P_2O_5 u. 7,5 Nitrat-N. — Vorrichtung. (**A. P. 2 635 955** vom 14/5. 1947, ausg. 21/4. 1953. F. Prior. 29/5. 1946.) KARST. 6291

Josef Scharfetter, Salzburg, Österreich, *Herstellung von Feingülle aus Stallmist.* Die zerkleinerungsfähigen Anteile des Stallmistes erfahren unter Ausschluß einer Vermahlung eine bis zur völligen Zerreißung erfolgende Zerkleinerung, worauf die M. mit W. versetzt u. ständig durchgerührt wird, damit ein Auslaugen u. Aufschlämmen des Stallmistes vor sich geht. Die verbleibenden festen Bestandteile werden ausgeschieden. Man erhält eine an Pflanzennährstoffen reiche Gülle, die mit Pumpen u. Berieselungsanlagen leicht auf Kulturböden verteilt werden kann. — Vorrichtung. (**Schwz. P. 289 001** vom 16/6. 1950, ausg. 16/6. 1953. Oe. Prior. 25/10. 1949.) KARST. 6295

Research Corp., New York, N. Y., V. St. A., übert. von: **Victor F. B. de Mello,** São Paulo, Brasilien, **Ernst A. Hauser,** Brookline, und **Thomas W. Lambe,** Cambridge, Mass., V. St. A., *Stabilisierung von Böden.* Zur Verfestigung u. Verbesserung der Struktur werden feinkörnige Lehmböden oder dgl. mit 4—25 (%), bes. 5—10, eines Acrylates des Ca, Sr oder Zn u. 5—50 eines Redoxkatalysators, z. B. $(NH_4)_2S_2O_3$ oder tert. Butylhydroperoxyd u. $Na_2S_2O_3$ oder Hydrazinhydrat, innig vermischt. Nach Basenaustausch im Boden findet eine Polymerisation statt, die die Verfestigung bewirkt. (**A. P. 2 651 619** vom 25/1. 1951, ausg. 8/9. 1953.) KARST. 6305

B. F. Goodrich Co., New York, übert. von: **William D. Stewart,** Yonkers, N. Y., V. St. A., *Das Pflanzenwachstum regulierende Mittel.* Pflanzen, Schnittlinge, Stecklinge, Saatgut oder Knollen werden vor dem Auspflanzen mit Lsgg. behandelt, die ca. 0,0001—5% einer Verb. der allg. Formel $X-CH_2CH_2COOH$, in der X ein Halogenatom bedeutet, oder Derivv. davon als akt. Stoff u. einen oberflächenakt. Stoff enthalten. Beispiele: *β-Halogenpropionsäuren,* ihre *Ester, Salze* u. *Amide.* Die Mittel können auch ein Gemisch mit inerten Trägerstoffen, Lanolin u. dgl., verwendet werden. Bes. geeignet: *β-Chlorpropionsäure, n-Butyl-β-chlorpropionat, Äthyl-β-brompropionat, N.N-Diäthyl-β-chlorpropionamid* u. dergleichen. — Beschleunigung des Wachstuns, der Keimung u. Wurzelbildung. (**A. P. 2 636 816** vom 3/12. 1947, ausg. 28/4. 1953.) KARST. 6313

Imperial Chemical Industries Ltd., London, England (Erfinder: **F. Talbot** und **R. T. Foster**), *Wasserlösliche Salze von 2-Methyl-4-chlorphenoxyessigsäure.* Das rohe, fl. Prod. der Kondensation von Monochlor-o-kresol u. Monochloressigsäure in alkal. wss. Lsg. wird bei einer Temp. oberhalb des F. von 2-Methyl-4-chlorphenoxyessigsäure angesäuert u. die saure fl. Säure darauf mit einem alkal. Reagens unter Bldg. der wasserlösl. Salze gebunden, wobei ca. 0,5—1,7% Alkaliüberschuß zugeführt wird. (**Schwed. P. 134 720** vom 28/3. 1950, ausg. 4/3. 1952. E. Prior. 28/3. 1949.) JÜRGEN SCHMIDT. 6313

E. I. du Pont de Nemours & Co., übert. von: **Charles W. Todd,** Wilmington, Del., V. St. A., *Unkrautvernichtungsmittel.* Man verwendet in Verb. mit einem üblichen Trägerstoff oder einem oberflächenakt. Dispergiermittel einen 1.3-substituierten Harnstoff der allg. Formeln A bis F, in denen R′ für ein Alkyl mit bis zu 2 C-Atomen, R″ für H oder Alkyl, X für Halogen, Y für H, R oder OR stehen, worin R ein einwertiger aliphat. KW-stoffrest mit höchstens 4 C-Atomen ist, der eine Äthylenbindung hat; Z ist ein Alkenyl- oder Alkenoxyrest, wobei der erstere Substituenten bis zu 4 C-Atomen enthält. n bedeutet bis zu 2 u. der aromat. Substituent hat H an wenigstens einem der Kern-C-Atome in o-Stellung zu dem Kern-C-Atom, an welchem das Harnstoff-

N-Atom gebunden ist. Beispiele: 3-(p-Chlorphenyl)-1-methylharnstoff; 3-(m-Fluorphenyl)-1-methylharnstoff; 3-(2'-Methyl-4'-chlorphenyl)-1-methylharnstoff; 3-Phenyl-

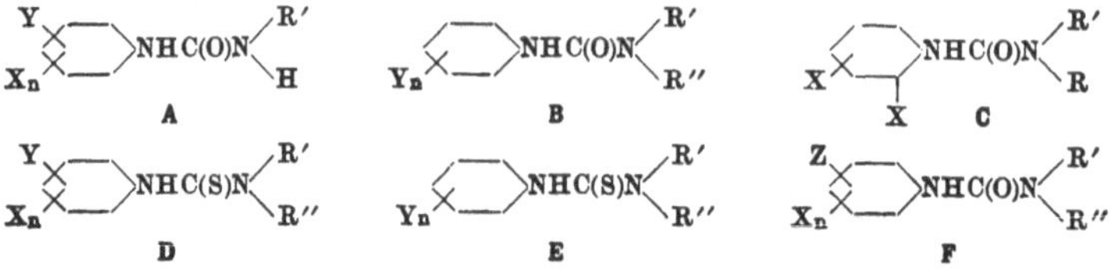

1-äthylharnstoff; 3-(4'-tert.-Butylphenyl)-1.1-dimethylharnstoff; 3-Phenyl-1.1-dimethylharnstoff; 3-Phenyl-1.1-diäthylthioharnstoff. (**A. P. 2 655 447** vom 14/2. 1952, ausg. 13/10. 1953.) NEBELSIEK. 6313

Phillips Petroleum Co., übert. von: **Lyle D. Goodhue** und **Carolyn E. Tissol**, Bartlesville, Okla., V. St. A., *Unkrautvernichtungsmittel*, bestehend aus einem organ. Peroxyd der allg. Formel R–O–O–R, worin jedes R ein, gegebenenfalls substituierter, KW-stoffrest u. die Summe der C-Atome in den R-Gruppen nicht mehr als 25 ist, oder einem organ. Hydroperoxyd der allg. Formel $(R)_3$–C–O–O–X, worin R entweder H, ein KW-stoffrest oder ein carboxycycl. Ring ist, dessen 2 R in dem Ring enthalten sind; X bedeutet entweder H oder ein Alkaliatom; es sollen zur gleichen Zeit jedoch nicht mehr als 2 R für H stehen u. die Summe der C-Atome in den R-Gruppen soll 3—30 betragen. Beispiele: Tert. Butylbenzoylperoxyd, Isopropylbenzolhydroperoxyd, Diisopropylbenzolhydroperoxyd, tert. Butylisopropylbenzolhydroperoxyd. (**A. P. 2 657 125** vom 20/12. 1949, ausg. 27/10. 1953.) NEBELSIEK. 6313

Sam Rosenzweig und **Walter M. Fuchs**, New York, N. J., V. St. A., *Flüssige Komplexverbindungen aus Schwermetallen, Aminen und Sulfonamiden*, die als *Bactericide, Fungicide, Germicide* verwendet werden, erhält man durch Rk. von NH_3 bzw. Aminen mit Metallsalzen von Sulfanilamid, Sulfadiazin, Sulfathiazol, Sulfapyridin usw. Als Amine kommen z. B. Methyl-, Äthyl-, Propylamin, Äthanolamin, Ephedrin, Pyridin, Chinolin, Morpholin, als Schwermetalle Ag, Cu, Hg, Au, Zn, Pd in Frage. (**A. P. 2 629 682** vom 3/6. 1947, ausg. 24/2. 1953.) BRÖSAMLE. 6313

J. R. Geigy Akt.-Ges. (Erfinder: **Hans Gysin**), Basel, Schweiz, *Bekämpfung von Insekten und anderen Arthropoden* durch Verwendung von Dihydroresorcincarbaminsäureestern der Formel **I**, worin R_1 u. R_2 = H oder CH_3, R_3 u. R_4 = gleiche oder verschied., niedrige, gesätt. oder ungesätt. Alkylreste. Anwendung in Form von Stäubemitteln, gemischt mit Talkum u. Haftmitteln, als Spritzmittel, innertherapeut. Mittel, Imprägniermittel, Räuchermittel, Insektenvergrämungsmittel. (**D. B. P. 859 234** Kl. 451 vom 22/11. 1949, ausg. 11/12. 1952. Schwz. Prior. 8/12. 1948.) DUTTENHÖFER. 6313

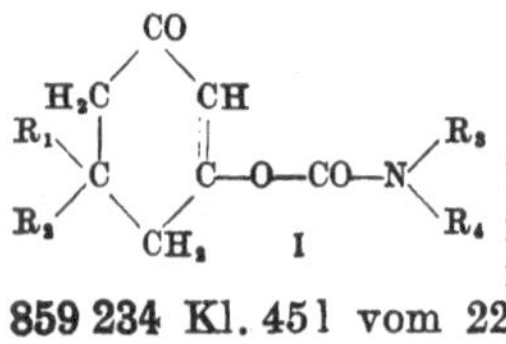

E. I. du Pont de Nemours & Co., übert. von: **Norman E. Searle**, Wilmington, Del., V. St. A., *2.2-Di-(p-chlorphenyl)-1.1.1-trichloräthan* erhält man durch Rk. von 1 (Mol) Chloral mit 2.2 Monochlorbenzol in Ggw. von 95—98%ig. H_2SO_4, bes. bei 10—40°. Die Konz. der H_2SO_4 wird durch Zugabe von Oleum oder SO_3 erhöht. (**A. P. 2 610 213** vom 29/11. 1945, ausg. 9/9. 1952.) G. KÖNIG. 6313

Jean Pierre Blaser, St.-Imier, Bern, Schweiz, *Insecticides Mittel*, bestehend aus einer pulverförmigen Mischung von 50 (%) Na-Borat, 25 Mehl u. 25 Zucker. (**Schwz. P. 290 188** vom 30/6. 1951, ausg. 16/7. 1953.) NEBELSIEK. 6313

Pest Control Ltd., Bourn (Erfinder: **Gilbert Spencer Hartley**, Fulbourn), England, *Schädlingsbekämpfungsmittel*, bestehend aus oder enthaltend Bis-(monoisopropylamino)-fluorphosphinoxyd der Formel $[(CH_3)_2CHNH]_2P(:O)F$. (**D. B. P. 895 228** Kl. 451 vom 21/12. 1950, ausg. 2/11. 1953. E. Prior. 23/12. 1949.) NEBELSIEK. 6313

Hercules Powder Co., Wilmington, übertr. von: **William D. Stonacipher**, Newark, Del., V. St. A., *Insekticides Mittel*, bestehend aus einem cycl. chlorierten Oxyterpenderiv. (**I**) (Cl-Geh. ca. 40—70%) in Verb. mit einem üblichen Trägerstoff oder einem oberflächenakt. Dispergiermittel, z. B. einer Harzseife, gegebenenfalls in Verbindung mit einem anderen bekannten tox. Mittel, z. B. Rotenon oder Pyrethrum. **I** wird gewonnen durch Chlorierung von cycl. Oxyterpenen, z. B. Isobornylacetat, Isobornylchloracetat, Isopornylpropionat, Isoborneol, gelöst in einem inerten Lösungsm., z. B. CCl_4, mit gasförmigem Cl_2 in Ggw. eines Katalysators, z. B. Pb-Alkyl oder organ. Peroxyd, bei 50—150°. (**A. P. 2 657 166** vom 7/10. 1950, ausg. 27/10. 1953.) NEBELSIEK. 6313

Frank J. Sowa, Crandon, N. J., V. St. A., *Additionsverbindungen von Al und B*, bes. komplexe Amine u. Halogenide, die als *Schädlingsbekämpfungsmittel* oder *Antisepticum* Verwendung finden, der allg. Formel $[(R_1)(R_2)(R_3)N]_nEX_3$, in der R_1 für Alkyl-, Alkenyl- oder Alkadienylreste mit 8—18 C-Atomen in einer geraden Kette u. einem End-C-Atom dieser Kette, das an das N-Atom des Amins gebunden ist; R_2 u. R_3 für H, Alkyl- mit 1—5 C-Atomen, einen Cyclohexyl-, Phenyl- oder Benzylrest; E für Al oder B stehen. Ist X = Cl, Br oder J, so ist n = 4, u. wenn E = B u. X = F ist, so ist n = 1—3. (**A. P. 2 655 524** vom 11/4. 1951, ausg. 13/10. 1953.) NEBELSIEK. 6313

Karl Scharrer, Agrikulturchemie. 1. Berlin: de Gruyter. 1953. — Sammlung Göschen. Bd. 329. 1. Pflanzenernährung. (143 S.) DM 2,40.

VIII. Metallurgie. Metallographie. Metallverarbeitung.

B. de Borde, *Die Verbesserung der Haltbarkeit des Materials im Bergbau durch Verwendung von legierten Stählen, Spezialguß und besonders von gewissen Nickellegierungen.* Vf. diskutiert die charakterist. Eigg. der legierten Baustähle, der zunder- u. korrosionsbeständigen Stähle u. des Stahlgusses mit 0—20 (%) Ni, 0—35 Cr, 0—0,3 Mo, 0—13 Mn, 0—2 Si, Cu u. 0,10—3,4 C u. überprüft ihren Einsatz auf allen Gebieten des Bergbaus unter Berücksichtigung der mechan. Eigg. u. der Schweißbarkeit. (Doc. métallurg. **1952.** 49—78. April, Mai, Juni.) WEITBRECHT. 6388

H. W. Grönegress, *Oberflächengehärtete Führungsbahnen im Werkzeugmaschinenbau.* Die Härteannahme von *Grauguß* ist von dem Anteil an gebundenem C abhängig, während der Graphitanteil, sofern die Härtetemp. nicht über 1000° liegt, ohne Einfl. auf die erzielbare Oberflächenhärte ist. *Perlitgußeisen* mit 0,5—0,6% gebundenem C erwies sich als am besten für die Oberflächenhärtung geeignet. Der bei der Oberflächenhärtung an Führungsbahnen auftretende Verzug ist bei einwandfreier Alterung der Betten gering u. kann durch Schleifen beseitigt werden. — Schrifttumsangaben. (Schweissen u. Schneiden **4.** 328—31. Sept. 1952. Gevelsberg/Westf.) HOCHSTEIN. 6402

B. F. Ssobolew, *Modifikation von Temperguß durch Aluminium und Ferrotitan.* Durch Verss. wird gezeigt, daß bei Temperguß die Verwendung von Ferrotitan als Modifikator für die Erhöhung der Graphitisierungsgeschwindigkeit u. zur Erhöhung der mechan. Eigg. nicht vorteilhaft ist, weil diese Erhöhungen durch Al billiger erzielt werden können. Außerdem wird gezeigt, daß Ti bei Überschreitung einer bestimmten Menge in feste Lsg. geht oder selbst Carbide bildet, wodurch die Perlitmenge im Gefüge des Gußeisens erhöht wird. Zusätze von Al u. Ferrotitan in Mengen, die hinsichtlich des Ti-Geh. 0,015% übersteigen, rufen im weißen Gußeisen freien Graphit hervor. Durch Al-Zusatz wird auch eine im Elektronenmikroskop beobachtbare Veränderung des Ferritgefüges des Gußeisens erzielt. (Литейное Производство [Giessereiwesen] **1953.** Nr. 6. 19—22. Juni.) HOCHSTEIN. 6406

Howard E. Boyer, *Oberflächenbeschaffenheit und mechanische Eigenschaften.* 1. Mitt. In einer Übersicht über die mechan. Eigg. von Stählen wird ausgeführt, daß die meisten mechan. Fehler, die in der Praxis entstehen, ihre Ursache in der Ermüdung haben. Die Dauerfestigkeit eines Metalles ist bedingt durch die Zus. des Materials u. durch Restspannungen. Einen sehr starken Einfl. haben die Entkohlung u. die H-Beladung als Folge einer Elektrolyse. Ebenso ungünstig sind die Restspannungen, die die Oberfläche u. die Ermüdungsgrenze beeinflussen. (Steel Processing **39.** 330—34. 44. Juli 1953. American Bosch Corp.) J. FISCHER. 6408

Howard E. Boyer, *Oberflächenbeschaffenheit und mechanische Eigenschaften.* 2. Mitt. (1. vgl. vorst. Ref.) Grundlegend für einwandfreie Oberflächeneigg. ist die richtige Auswahl der *Stähle* u. eine sorgfältig durchgeführte Wärmebehandlung. Stähle mit hoher Härtbarkeit sollen vermieden werden, wenn solche mit niedriger Härtbarkeit den gestellten Anforderungen genügen. Durch eine geeignete Wärmebehandlung u./oder durch eine Nitrierung in NH_3-Gas oder durch eine Aufkohlung kann die Ermüdungsgrenze u. die Oberflächenhärte der Stähle gesteigert werden. Der erwartete Effekt ist aber nur dann zu erreichen, wenn die Arbeitsprozesse sorgfältig überwacht werden. Als oberste Grenze für die C-Gehh. werden 0,85% angesehen. (Steel Processing **39.** 383—85. 407. Aug. 1953.) J. FISCHER. 6408

Franz Rapatz, *Zusammenhang zwischen Zerspanbarkeit und anderen Werkstoffeigenschaften.* Die Standzeit eines Werkzeuges ist selbst bei ähnlichen Werkstoffen nicht aus ihrer Zugfestigkeit bestimmbar. Auch die V_{60}-Werte sind kein allg. gültiger Maßstab für das Verh. bei längeren Standzeiten. Das Oberflächenaussehen wird dadurch beeinflußt, ob ein Scher-, Fließ- oder Reißspan abgetrennt u. durch Bldg. eines Schneidenansatzes verschlechtert wird. Eine Erhöhung der Schnittgeschwindigkeit verbessert die Oberflächengüte. Eine weitere Verbesserung kann auch durch eine besondere Wärmebehandlung des Werkstückstoffes mit dem Ziel einer Versprödung oder Erhöhung der Zugfestigkeit erreicht werden. Es wird die gute Zerspanbarkeit der *Automatenstähle* in bezug auf Werkzeugverschleiß u. Oberflächenaussehen, auf die Schmierwrkg. der Einschlüsse, die den Reibungsbeiwert vermindern, u. auf die größere Sprödigkeit des Stahles zurückgeführt. Für Kurzprüfverff. eignet sich der Standwegvers. zur Beurteilung des Zerspanungsverh. im Betrieb am besten. (Stahl u. Eisen **73.** 1169—74. 27/8. 1953. Kapfenberg, Steiermark.) HOCHSTEIN. 6408

Karl Bungardt, *Werkstofffragen zur Anwendung hitzebeständiger hochwarmfester Stähle.* Ein *Mo*-Zusatz ist zur Verringerung der Kriechgeschwindigkeit bedeutungsvoll. Ausscheidungen u. andere ungelöste Gefügebestandteile (Carbide, Nitride, intermetall. Verbb.) erhöhen im allg. je nach der Art, Form, Größe u. Verteilung den Kriechwiderstand. Eine Erholungs- u. Rekristallisations-Wärmebehandlung beeinflussen stark das Zeitstandverh., zu dessen Verbesserung eine Kaltverformung angewendet wird. Mit zunehmender Korngröße wächst der Kriechwiderstand. Für die Anwendung hochwarmfester Stähle ist eine ausreichende Korrosionsbeständigkeit Voraussetzung. Die Forderung ausreichender Zunderbeständigkeit wird im allg. durch *Cr*-Gehh. zwischen 12 u. 20% erfüllt. Die durch V_2O_5-haltige Verbrennungsrückstände ausgelöste schnelle Oxydation hat zu vorzeitigen Ausfällen geführt. (Stahl u. Eisen **73.** 1496 bis 1503. 5/11. 1953. Krefeld.) HOCHSTEIN. 6410

B. A. Mowtschan, *Über die chemische Ungleichmäßigkeit des Primärkornes bei Überhitzung.* Bei der Erhitzung legierter *Stähle* auf hohe Tempp. tritt auf dem Wege der Diffusion eine Anreicherung der Grenzzonen des Primärkornes an *Cr* u. *W* auf. Infolge einer verhältnismäßig schnellen Abkühlung bleibt die Anreicherung der Grenzzonen erhalten u. bewirkt Sprödbruch des Werkstoffes. Durch eine geeignete Wärmebehandlung wird das Auftreten von Sprödbruch vermieden u. können zufriedenstellende Festigkeitseigg. erhalten werden. Bei einer elektr. Schweißung legierter Stähle tritt infolge örtlicher Überhitzung eine stellenweise Anreicherung der Grenzzonen des Primärkornes an Legierungselementen auf, deren Festigkeitseigg. von der Wärmebehandlung sowie der Neigung des Grundwerkstoffes zu Überhitzungen abhängt. (Автоматическая Сварка [Automat. Schweissen] **6.** Nr. 5. 28—37. Sept. Okt. 1953.) HOCHSTEIN. 6410

E. Hennig, *Fertigung von Dampfturbinenschaufeln.* Für Dampfturbinenschaufeln, die bei Betriebstempp. von 400—500° arbeiten, reichen die üblichen *Ni-Cr-Mo-Stähle* mit 60 (%) Ni, 15 Cr, 7 Mo u. 15 Fe aus. Für Schiffsturbinen werden wegen des vielfach durch Seewasser verunreinigten Dampfes Schaufeln aus *Phosphorbronze* (90—94 Cu), *Mangankupfer* (85 Cu u. 15 Mn), *Admiro-Metall* (50 Cu, 20 Zn u. 10 Ni) oder *Messing* (72 Cu u. 28 Zn) verwendet. Für Gasturbinenschaufeln, die mit Betriebstempp. weit über 500° arbeiten, werden Legierungen aus 0,1—0,2 C, 18—22 Ni, 18—22 Cr, 2,5—3,5 Mo, 18—22 Co, 0,75—1,25 Nb, 0,1—0,2 N, 1,5—3.5 W, Rest Fe oder 0,3—0,45 C, 18—22 Ni, 18—22 Cr, 3—5 Mo, 38 Co, 2,5—4 Nb, 3,5—6 W, Rest Fe oder bis 0,8 C, 71—75 Ni, 14—16 Cr, 0,7—1,2 Nb, 2,25—2,75 Ti u. 0,4—1 Al verwendet. Es werden Angaben über die Herst. u. Verarbeitungsverff., Werkstoffprüfungen u. zusätzliche Behandlung der Schaufeln zur Erhöhung der Beständigkeit gegen Erosion u. Korrosion durch Verchromen oder Nitrieren gemacht. (Fertigungstechnik **3.** 154—58. Mai; 191—94. Juni 1953. Berlin-Wilhelmsruh.) APEL. 6410

C. H. Hannon, *Neue Kupferlegierungen mit hoher Spannungskorrosionsbeständigkeit.* Die Cu-Legierung enthält 3,5—5 (%) Ni, 0,7—2 Si u. 0,3—1 Fe. Sie ist für Sandguß u. zur Warmverformung geeignet. Im letzteren Falle soll der Si-Geh. 1 u. der Fe-Geh. 0,5 nicht übersteigen. Die Legierung ist durch Glühen bei 900°, Abschrecken u. 2std. Anlassen bei 450° vergütbar. Sie hat sich gegen NH_3-Dämpfe u. Hg-Nitratlsg. als beständig erwiesen. (Iron Age **170.** Nr. 21. 131—33. 20/11. 1952. Pittsfield, Mass., General Electric Co.) APEL. 6432

N. H. Polakowski, *Diskontinuierliches Fließen und Kaltverfestigung bei einer Phosphorbronze mit 6% Zinn.* An einer Stange aus α-Bronze wurden nach verschied. Vorbehandlungen Zugverss. ausgeführt. Der Einfl. folgender Faktoren auf die Verformbarkeit wurde untersucht: Korngröße, Zuggeschwindigkeit, schnelle u. langsame Abkühlung von der Glühtemp., Art u. Höhe der Vorbelastung, Restspannungen - Wärmebehandlung u. Versuchstemperatur. Es wurde gefunden, daß das mec' an. Verh. in allen Fällen dem von niedrig gekohltem Stahl unter gleichen Bedingungen entsprach. Dagegen rief im Gegensatz zu Stahl Abschrecken oder Kaltverfestigung keine Versprödung der Bronze unterhalb der n., durch plast. Verformung allein bedingten Duktilitätsgrenze hervor. Der Verlauf der Fließlinien längs der kaltverfestigten Stangen wurde durch direkte Durchmessermessungen verfolgt. Die Streckgrenze nahm ungleichmäßig mit der Spannung zu; die Ungleichmäßigkeit erreichte bei vorverformten u. anschließend gealterten Proben ca. 7%. Die Begrenzung der Fließfiguren war in grobkristallinen Proben scharf ausgeprägt, in feinkörnigen verschwommen. Die Spannungsverteilung im verformten Metall u. die Kaltverfestigungsgeschwindigkeit scheinen die Form u. die Ausbreitung der Fließlinien zu bestimmen. — 20 Schrifttumsangaben. (J. Inst. Metals **81**. 617—24. Aug. 1953. Swansea, Univ. Coll., Metallurgical Dep.) APEL. 6432

E. Brunhuber, *Rotgefärbte Sondermessinge.* Bei reinen Messingen, also *Cu–Zn*-Legierungen ohne andere Zusätze, variiert die Farbe von Hellgelb über Goldgelb, Rötlichgelb, Grünlichgelb, Hellrot bis Goldrot. Dieser Farbumschlag beruht auf der Mischkristallbldg. von α- u. β-Messing. Die β-Phase besitzt gegenüber der gesätt. α-Phase einen rötlichen Schimmer. Je nach der Legierungskonz. u. damit je nach der Löslichkeit von Zn in den gebildeten Mischkristallen entsteht die Farbvariation. Durch Zusätze dritter Komponenten kann einerseits eine weitere Farbnuancierung, anderseits die Verminderung des Anlaufens u. Oxydierens erreicht werden. Ein Zusatz von *Ni* führt zu silberweißen Legierungen (Neusilber). *Mn* gibt als Zusatz zu β-Messingen eine rotbraune Färbung. *Al* verleiht dem Messing Rotgußfarbe, die sich von *Rg5* u. *Rg9* nicht unterscheiden läßt. (Giessereipraxis **71**. 204. 10/6. 1953.) APEL. 6432

H. A. Jahnle, *Beständigkeit von Titan im Bereich der wesentlichen Betriebstemperaturen.* Wegen der Unbeständigkeit von Ti-haltigen Fliegwerkstoffen bei den üblichen Betriebstempp. von 600—900° F wurde die Wrkg. einer Wärmebehandlung bei 500, 550 u. 600° F auf eine Ti–Fe–Cr-Legierung mit 1,3 (%) Fe u. 2,3 Cr physikal. u. metallograph. untersucht. Durch 75—275 std. Erwärmung wird die Legierung unbeständig u. zeigt typ., durch Ausscheidung von α-Kristallen bedingte Alterungshärtung sowie eine deutliche Kornverfeinerung, höhere Zugfestigkeit u. geringere Duktilität. — Schrifttumsangaben. (Iron Age **172**. Nr. 17. 116—19. 22/10. 1953. South Philadelphia, Pa., V. St. A., Westinghouse Electric Corp.) APEL. 6448

F. B. Cuff jr. und **N. J. Grant,** *Kriecheigenschaften von unlegiertem Titan.* Die Dauerstandfestigkeit, Lebensdauer, Kriechgeschwindigkeit, Dehnung u. Einschnürung von handelsüblich reinem Ti bei Tempp. von 700—1440° F (389—779° C) wurden untersucht. Das Kriechverh. von an Luft geglühtem Ti ist verwickelt. Der Einfl. von Oberflächenbehandlungen u. die bei den Verss. verwendeten Atmosphären sind, bes. bei Probestücken geringen Querschnitts, infolge der Verb. von Ti mit O_2 u. N_2 von Bedeutung. Die Einw. dieser Verbb. u. der Korngröße auf die Festigkeit ist nicht restlos erkannt. Diese Oberflächen-Rkk. sind auf eine Erhöhung der Lebensdauer von Ti bei Tempp. über ca. 900° oder 1000° F (500 oder 556° C) gerichtet. An 30 oder mehr Std. bei 1200° F (667° C) untersuchten Proben wurde eine Kornvergröberung festgestellt. — Schrifttumsangaben. (Iron Age **170**. Nr. 21. 134—39. 20/11. 1952. Cambridge, Mass., Massachusetts Inst. of Technol.) APEL. 6448

A. P. Thompson und **H. R. Harner,** *Gallium als Nebenprodukt.* Überblick über die Gewinnung u. Eigg. von Ga. (J. Metals **191**. 91—94. Febr. 1951. Joplin, Mo., Eagle-Picher Res. Labor.) HOCHSTEIN. 6448

W. R. Pitkin und **D. J. Jones,** *Pulvermetallurgie in der metallurgischen Forschung.* An Beispielen werden die pulvermetallurg. Eigg. einiger Metalle u. Legierungen untersucht. Da die Lebensdauer von *W*-Drähten für Glühfäden durch Rekristallisations- u. Kornwachstumsvorgänge vermindert wird, ist auf ein feinkörniges oder grobkörniges, auf jeden Fall aber stabiles Gefüge hinzuarbeiten. Dies wird bei feinkörnigem Gefüge durch Zusatz hochschm. Oxyde, z. B. 0,5% Th-Oxyd u. bei grobkörnigem durch Spuren von Alkali oder SiO_2 erreicht; bei Ni-Al-Legierungen dient ein Al_2O_3-Zusatz demselben Zwecke. Schließlich wird die Anwendung des pulvermetallurg. Verf. auf Legierungen aus Metallen mit weit auseinanderliegenden Schmelzpunkten, z. B. *W–Ni–Cu* mit ca. 90 W, *Ni–Fe*-Legierungen mit bestimmten Ausdehnungskoeffizienten in der Elektroindustrie bes. für *Glas–Metall*-Verschmelzungen u. für Legierungen aus miteinander vollkommen unmischbaren Metallen, z. B. *Cu–W* u. *Ag–W* für elektr. Kontakte besprochen. (J. Inst. Metals **81**. Bull. **1**. Nr. 18. 157—61. Febr. 1953. Wembley, Middlesex, General Electric Co. Ltd.) APEL. 6474

H. Buchholtz, *Bewertung der Kesselwerkstoffe und Wanddickenbemessung.* Erörtert werden die *DVM*-Kriechgrenze u. Langzeitkennwerte sowie die Berechnung der Bauteile auf Lebensdauer u. Sicherheitsvergleiche bei hohen Temperaturen. (Z. Ver. dtsch. Ing. **95**. 809—11. 21/8. 1953. Düsseldorf.) PAHL. 6480

P. A. Heller und **K. Daeves,** *Großzahl-Auswertung von Gefügekennziffern bei Kolbenringen.* (Giesserei **39.** 601—03. 13/11. 1952. Burscheid bzw. Düsseldorf.) HABBEL. 6480

R. Böklen, *Über den Zusammenhang Ludwikhärte-Fließkurve mit Hilfe der Energiebilanz.* Der Zusammenhang LUDWIK-Härte-Fließkurve wird mit Hilfe der Energiebilanz, Gleichheit der verformten Voll. u. der Annahme gleichen hydrostat. Druckes berechnet. Als einzige empir. Größe wird dabei die statist. ermittelte Umrechnungszahl u. nach LUDWIK verwendet. Aus der Endformel läßt sich bei bekannter Umrechnungszahl die Gleichmaßdehnung für rein bildsame Stoffe, deren Fließkurve sich bei Zug- u. Druckbeanspruchung ausreichend deckt, angeben. Verss. an verschied. Metallen ergaben: nur *Siliziumbronze* u. nichtrostender *Stahl* folgen der Theorie sowie mit zunehmender Verformung u_L u. u_B (BRINELL-Umrechnungszahl) abnehmen, liegt eine plast. Ungleichförmigkeit vor; u_L variiert weniger als u_B; die mittleren Umrechnungszahlen aller untersuchten Proben waren $u_L = 0{,}29$ u. $u_B = 0{,}34$. — Schrifttumsangaben. (Metall **7.** 436—41. Juni 1953. Stuttgart.) APEL. 6480

Hans Bühler, *Die lückenlose Bestimmung eines Eigenspannungszustandes in metallischen Voll- und Hohlzylindern.* Das angewendete elektr. Dehnungsmeßstreifenverf. wird an Voll- u. Hohlzylindern aus *Stahl* u. *Messing* beschrieben. (Z. Metallkunde **43.** 388—95. Nov. 1952. Saarbrücken, Inst. für Metallforschung.) HOCHSTEIN. 6480

H. Bühler und **W. Schreiber,** *Lückenlose Bestimmung eines Eigenspannungszustandes in metallischen Hohlzylindern.* (Vgl. vorst. Ref.) Versuchsdurchführung u. Formeln zum Errechnen der Eigenspannungskomponenten. (Z. Ver. dtsch. Ing. **94.** 1147—51. 11/12. 1952. Saarbrücken.) PAHL. 6480

L. G. Tottle, *Die Verwendung von Diamantstaub zum metallographischen Polieren.* Hinweis auf die Vorteile. (J. Inst. Metals **81.** Bull. **1.** Nr. 18. 146—50. Febr. 1953. Birmingham, Mond Nickel Co. Ltd.) MARKHOFF. 6482

R. L. Hancher, *Ein verbessertes Verfahren zum elektrolytischen Polieren von Proben zur Untersuchung des Feingefüges.* Nach Beschreibung eines zum Elektropolieren geeigneten App. wird über einige Verss. unter Verwendung von Lsgg. nach JACQUET ($HClO_4$ u. Eisessig) u. nach DE SY u. HAEMER ($HClO_4$, Äther, W. u. A. oder $HClO_4$, Glycerin u. A. oder $HClO_4$, Äthylenglykolmonobutyläther u. A.) berichtet. Alle diese Lsgg. ergaben gute Resultate. Die günstigsten Polierbedingungen sind von Fall zu Fall zu ermitteln. Sie sind von der Zus. der Proben u. vom Alter des Elektrolyten abhängig. (Metallurgia [Manchester] **49.** 47—51. Jan. 1954.) MARKHOFF. 6482

Martin Kühn, *Physik der Schmierung.* Überblick über die wesentlichsten Arbeiten des ausländ. Schrifttums, die sich mit den Fragen der Grenzflächenschmierung bei der Metall-Kaltverformung befaßt haben. — 38 Schrifttumsstellen. (Stahl u. Eisen **73.** 1418—22. 22/10. 1953.) HABBEL. 9490

—, *Ultraschall in der Gießerei.* Anwendung von Ultraschall beim Ausbessern von Fehlstellen an Leichtmetallgußstücken durch *Löten.* (Vgl. auch C. **1953.** **7647.**) (Metal Ind. [London] **81.** 484. 9/12. 1952.) PAHL. 6504

J. Ruge, *Fortschritte auf dem Gebiete des Schweißens und Schneidens.* (Vgl. C. **1954.** 8207.) Wichtige neuere Veröffentlichungen über die Lichtbogenschweißverfahren. — 65 Schrifttumsangaben. (Schweissen u. Schneiden **6.** 86—89. Febr. 115—17. März 1954.) PAHL. 6506

O. Tänzer, *Die Verwendung von Acetylen und Leuchtgas als Mischgas in der Schweißtechnik.* Erörterung von Betriebsergebnissen u. der Arbeitsweise der Anlage. (Schweißtechnik **3.** 313—15. 10/10. 1953. Böhlen.) HOCHSTEIN. 6506

Ss. W. Awakjan und **N. F. Laschko,** *Über den Einfluß der Zusammensetzung von Aluminiumlegierungen auf ihre Neigung zur Rißbildung beim Gasschweißen.* Beim Gasschweißen von Al-Legierungen (*Al–Cu, Al–Si, Al–Sn*) entstehen in der Schweißnaht häufig Risse, wenn mit Schweißstäben von gleicher Zus. wie die des Grundwerkstoffs geschweißt wird. Wählt man als Zusatzwerkstoff hingegen Al-Legierungen der gleichen Grundart, aber mit niedrigerem F. u. ohne Neigung zur Rißbldg., so werden die Risse im Grundwerkstoff unter der Wrkg. der Oberflächenspannung ausgefüllt. (Автогенное Дело [Autogene Ind.] **22.** Nr. 12. 7—9. Dez. 1951.) VOLLENBRUCK. 6506

I. A. Rohrig und **R. M. van Duzer,** *Prüfung und Wiederherstellung von graphitisierten Schweißstellen.* Infolge langer u. hoher Temperaturaussetzung von Schweißstellen wandelt sich das C von Stahlrohren in freien Graphit (**I**) um. Es werden die Prüfverff. für solche Fehlerstellen u. die verschied. Ausbildungsformen des **I** besprochen. In solchen Fällen, wo die **I**-Bldg. noch nicht zu weit vorgeschritten ist, kann zur Auflösung des **I** eine induktive Wärmebehandlung bei 925—940° vorgenommen werden. Bei vorgeschrittener Graphitisierung müssen zunächst die der Schweißstelle benachbarten Gebiete durch einen Sauerstoff-Acetylen-Brenner entfernt werden; dann muß nach Abschmirgeln neu geschweißt werden. — 15 Literaturzitate. (Combustion [New York] **23.** 36—42. Jan. 1952.) HOCHSTEIN. 6506

P. Joumat, *Punktschweißung halbgehärteter, schwach legierter Stähle. Vorschläge zur Kennzeichnung einer guten Schweißung und zur Regelung von Schweißmaschinen mit Elektronenüberwachung.* Ein einfaches Verf. zur Prüfung von Punktschweißungen wird angegeben. Man trennt 2 aneinandergeschweißte Platten, indem man eine Platte in einen Schraubstock einspannt u. die andere mit Hilfe eines Hebelarmes langsam u. gleichmäßig auf Torsion bis zum Bruch beansprucht. Dabei treten die Sprödigkeit der nicht behandelten Punkte u. die Festigkeit gegenüber stat. Beanspruchungen zutage. Die Schweiße läßt sich durch Beobachtung der Bruchstellen mit unbewaffnetem Auge beurteilen. Das Verf. wird an mehreren Schweißen von Blechen verschied. Dicke u. an Schweißen von 3 Elementen angewandt. Schweißmaschinen sollen durch Beobachtung der beiden veränderlichen Faktoren (Stärke des Schweißstromes u. des Heizstromes) überwacht werden. (Vgl. auch C. **1954. 4934.**) (Soudure Techn. connexes **7.** 113—30. Mai/Juni 1953. Soc. de Nat. des Chemins de Fer, Labor. de Levallois.) WESLY. 6506

Miloš Kubát, *Weiterer Beitrag zur Konstruktion und Schweißung von Schrämmessern mit Hartlegierungen.* Aus Betriebsunterss. geht hervor, daß die zur Auftragschweißung von Schrämmessern verwendeten Elektroden von geometr. Form sein u. einen Carbidmantel auf Ferrochrombasis besitzen sollen. Durch Beachtung dieser Vorschläge läßt sich die Kapazität erhöhen u. können teure Legierungen ersetzt werden. (Uhlí a Rudy **1.** 141—43. 30/6. 1951. Prag [Praha].) ROTTER. 6506

Camille De Rop und **Hans Schmidt-Bach,** *Die Entwicklung kalkbasisch umhüllter unlegierter Schweißelektroden.* (Stahl u. Eisen **73.** 1212—15. 10/9. 1953. Aachen.) HOCHSTEIN. 6506

Friedrich Erdmann-Jesnitzer und **Hans Kowalkowski,** *Einfluß der Umhüllung von Schweißelektroden auf die Fleckenbildung im unlegiertem Schweißgut von Stahl und ihre Entstehung.* Bei der Unters. verschied. Umhüllungszuss. zeigte sich, daß Holzmehl u. Kaolin als H_2-Bildner anzusehen sind u. ein Zusatz von Hochofenmangan die Fleckenbldg. fördert. Mit ungeglühten sowie geglühten u. kathod. mit atomarem H beladenen geschweißten Proben wurden Zug- u. Faltverss. durchgeführt u. die Schweißzugstäbe während des Zugvers. auch geröntgt, die zeigten, daß Flecken erst durch eine Zugbeanspruchung im Gebiet der Streckgrenze auftreten. Sonderröntgenunterss. zeigen, daß es sich bei den Flecken um Sprödbrüche handelt, was auch durch Ätzungen in verd. H_2SO_4 bestätigt wird. (Arch. Eisenhüttenwes. **24.** 361—68. Juli/Aug. 1953. Freiberg/Sachsen, Bergakademie.) HOCHSTEIN. 6506

Reinhold Kühnel, *Elektrisches Widerstands-Abbrennschweißen von Eisenbahnschienen.* Die zu verschweißenden Enden dürfen in ihrer chem. Zus. u. in ihrem Querschnitt nur sehr geringe Unterschiede aufweisen. (Stahl u. Eisen **72.** 1346—49. 23/10. 1952. Minden.) HOCHSTEIN. 6506

Ottomar Schaffer und **Wilhelm Feldmann,** *Betriebsuntersuchungen an einer Anlage zum elektrostatischen Oberflächeneinölen von Stahlrohren.* Berichtet wird über ein elektrostat. Spritzverf. zum Einölen oder Einfärben von Rohren u. Profilen, bei dem der Überzugsstoff durch stets in Richtung zum Werkstück weisende elektr. Kräfte niedergeschlagen wird. Bei geringer Schichtdicke hat die Oberfläche ein gleichmäßiges u. glattes Aussehen. Die Schichtdicke des Öles wurde mit einer Senkwaage ermittelt. — Abb. u. Zeichnung. (Stahl u. Eisen **72.** 1662—65. 18/12. 1952. Witten/Ruhr u. Egelsbach/Hessen.) MARKHOFF. 6508

T. W. Alexander jr., *Schutz von unterirdisch verlegten Kabelmänteln.* Beschrieben wird der kathod. Schutz unter Verwendung von Mg-Anoden. — Diskussion. (Iron Steel Engr. **30.** Nr. 4. 97—102. April 1953. Pittsburgh, Pa., Bell Telephone Co. of Pennsylvania.) MARKHOFF. 6538

Georges Rivière, *Ein neues Entfettungsmittel: Paroxal 2.* Das Mittel ist auf einer Grundlage von H_3PO_4 aufgebaut. Es entfettet u. reinigt *Al*-Oberflächen. (Rev. de l'Aluminium **31.** 101—02. März 1954.) MARKHOFF. 6512

C. G. Rising, *Neues Plattierverfahren erzeugt glänzendere und besser haftende Nickelüberzüge.* Als Elektrolyt wird eine $NiSO_4$, $NiCl_2$ u. $B(OH)_3$ enthaltende Lsg. verwendet, der Zusatzstoffe der HANSON-VAN WINKLE MUNNING CO., Mattawan, N. J., zugesetzt werden. (Iron Age **172.** Nr. 26. 78—81. 24/12. 1953. Elizabeth, N. J. S. E. & M. Vernon Co.) MARKHOFF. 6520

T. A. Evans, *Einige Schutzmethoden gegen die metallische Korrosion.* Überblick. (Vgl. auch C. **1953.** 3950.) (Indian Eastern Engr. [N. S.] **108** (**93**). 1043—50. Juni 1951.) J. FISCHER. 6538

Bruno Schulze, *Das Verhalten von Alkalihydrogenfluoriden, insbesondere des Hydrogenfluoridgemisches „WB_4" gegenüber Eisen.* Das unter der Bezeichnung *WB_4* bekannte Gemisch von *KF·HF* u. *NH_4F·HF*, das zur Bekämpfung der Larven holzzerstörender Insekten dient, wurde auf sein Verh. gegenüber Fe geprüft, u. zwar im Standvers. bei 80° + 20°, im Schrauben- u. Gaseinwirkungsversuch. KF·HF greift Fe nicht an; NH_4F·HF dagegen korrodiert Fe im Stand- u. Schraubenversuch. Ein Gemisch beider Verbb. unter Zusatz eines Hemmstoffes wirkt Fe-schützend. Es wurde keine wesentliche Gaseinwrkg. von „WB_4" auf Fe festgestellt. (Werkstoffe u. Korrosion **4.** 349—56. Okt. 1953. Berlin-Lichterfelde, Labor. für Holzschutztechnik.)
MARKHOFF. 6540

International Standard Electric Corp., New York, N. Y., V. St. A., übert. von: **Simon Ernest Mayer,** London, England, *Metalloxalate* (**I**) als Ausgangsstoffe zur Herst. der entsprechenden reinen Metalle, deren Legierungen oder Oxydgemische, z. B. von *Fe, Co, Ni, Zn* u. dgl., erhält man durch Fällung der entsprechenden Metallsulfatlsgg. bei 40—90°, bes. 60—70°, mit Oxalsäure in Ggw. eines milden organ. Reduktionsmittels u. mit so viel H_2SO_4, daß das p_H nicht > 3 ist. Die Zers. der **I** erfolgt bei 400—800°. (**A. P. 2 636 892** vom 21/4. 1949, ausg. 28/4. 1953. E. Prior. 23/4. 1948.)
MÜLLER-MEININGEN. 6381

Kalle & Co. Akt.-Ges. (Erfinder: **Kurt Sponsel,** Krefeld und **Heinrich Langhard**), Wiesbaden, *Herstellung von Gießformen.* Das Verf. zur Herst. von Gießereikernen aus Gemischen von *Kernsand, Zement* u. *W.*, denen Abbindebeschleuniger sowie leimartige Stoffe zugesetzt werden, gemäß D. B. P. 752 171, wird zur Herst. von Gießformen angewendet. (**D. B. P. 903 267** Kl. 31c vom 14/2. 1942, ausg. 4/2. 1954. Anmeldung bekanntgemacht 3/6. 1953. **Zusatz zu D. R. P. 752 171; C. 1953. 3471.**)
HANS HOFFMANN. 6383

General Electric Co., New York, übert. von: **Robert D. Ahls,** Schenectady, N. Y., V. St. A., *Masse für Gießereiformen* besteht aus einem Gemisch von je 0,4—0,5 quartärem *Leinöl* auf je 15 lbs. *Zirkonitmehl*, welches so fein ist, daß 98% durch ein 325-Maschensieb hindurchgehen. Die aus dieser M. hergestellten Formen eignen sich bes. zum Gießen von hochschm. Legierungen. (**A. P. 2 535 662** vom 10/3. 1948, ausg. 26/12. 1950.)
HANS HOFFMANN. 6383

United States Gypsum Co., Chicago, Ill., übert. von: **Manvel C. Dailey,** Elmhurst, und **Joseph R. Parsons,** Chicago, Ill., V. St. A., *Herstellung von Metallgießformen.* In einen mit einem Schaummittel vermischten wss. fließfähigen Gipsbrei wird Luft eingerührt, so daß eine schaumige M. entsteht. Diese wird in einen Gießkasten gefüllt, in dem sich ein Modell befindet, an dessen Oberfläche die unmittelbar in Berührung kommenden Schaumblasen zerstört werden. (**A. P. 2 529 835** vom 18/1. 1947, ausg. 14/11. 1950.)
HANS HOFFMANN. 6383

Foundry Services Ltd. und **Kossy Strauss,** Birmingham, England, *Verbinden von Sandkernen für Gießereizwecke.* Die zu verbindenden Flächen der Sandkerne werden mit einem Kunstharz, z. B. einem Harnstoff-Formaldehydharz, behandelt, dessen Verfestigung durch ein Härtemittel, wie eine in W. gelöste (NH_4)-Verb., beschleunigt wird. Das Härtemittel wird auf eine der beiden mit Kunstharz behandelten Oberflächen aufgebracht, worauf diese vereinigt werden. (**E. P. 643 778** vom 1/6. 1948, ausg. 27/9. 1950.)
HANS HOFFMANN. 6383

Polygram Casting Co. Ltd., London, England, *Modellschmiere* besteht aus einem Gemisch aus 0,8—1,2 oz. unbehandeltem *Montanwachs* u. 1 pint *Paraffin.* (**E. P. 677 434** vom 30/8. 1949, ausg. 13/8. 1952.)
HANS HOFFMANN. 6383

Gebr. Böhler & Co. Akt.-Ges., Wien, *Stranggußkokille.* Der untere Teil des Kokillenzylinders ist außen mit einer oder mehreren Schichten überzogen, die aus einem Material bestehen, dessen Wärmeleitfähigkeit geringer ist als die des Kokillenzylindermaterials. — Beispielweise wird auf einen *Cu*-Zylinder bis zu ca. $^2/_3$ der Kokillenhöhe außen eine dünne *Fe*-Schicht aufgespritzt. (**Oe. P. 176 314** vom 9/3. 1951, ausg. 10/10. 1953.)
HANS HOFFMANN. 6383

Steel Co. of Wales Ltd., Glamorganshire, Wales (Erfinder: **Noel Llewellyn [illegible]linson**), England, *Gießen von Stahlblöcken.* Zur Herst. von walzfähigen Stahlblöcken wird unberuhigter oder schäumender Stahl in eine Form gegossen, bis diese zum größten Teil gefüllt ist. Während der Guß fortgesetzt wird, wird ein desoxydierendes Metall eingeführt. (**E. P. 668 871** vom 23/6. 1949, ausg. 26/3. 1952.) HANS HOFFMANN. 6383

Wilhelm Runde, Arthur Hanke und **Emil Erlitz,** Dresden, *Herstellen von NE-Metallgußstücken hoher Dichtigkeit und großer Gefügegleichmäßigkeit in Sandformen und Kokillen,* bes. von *Sondermessing, Mn–Si-, Sn-Bronzen, Al*-Legierungen, *Rotguß*

u. *Zn*, dad. gek., daß die gesamte Formeinrichtung während des Gießens um 120° gekippt wird. — In den Eingußkanal wird ein vor der eigentlichen Gußform liegender Druckknopf beigelegt, welcher durch das Kippen der Form senkrecht über das Gußstück gebracht wird. — Zeichnungen. (**D. P. [DDR] 171** Kl. 31c vom 24/6. 1950, ausg. 4/3. 1952 [Wirtschaftspatent].) M. F. MÜLLER. 6383

Swift Levick & Sons Ltd. und **George Donald Lee Horsburgh,** Sheffield, England, *Herstellung von gegossenen Dauermagneten.* Eine *Al–Ni–Fe-* oder *Al–Ni–Co–Fe-*Legierung, welche außerdem noch *Cu* oder andere Legierungsbestandteile enthalten kann, wird bei Tempp. von mindestens 1500° in eine vor oder gleichzeitig bei dem Guß erhitzte Form gegossen. Unter Verzögerung der Abkühlung des Gusses von den Seiten her wird diese von einem Ende her so vorgenommen, daß sich in Richtung zu diesem Ende durchlaufend stengelförmige Kristalle bilden. (**E. P. 652 022** vom 18/11. 1948, ausg. 11/4. 1951.) HANS HOFFMANN. 6383

Sachtleben Akt.-Ges. für Bergbau und chemische Industrie, Köln/Rhein (Erfinder: **Adolf Krus,** Stürzelberg), *Entfernen von Phosphor aus Eisen und Eisenlegierungen.* Das fl. Metall wird unter Vermeidung der Entkohlung (durch Zusatz von wenig Koksgrus) im Drehofen mit schwach oxydierender Flamme (mindestens gegen Ende des Prozesses) behandelt. Weiterer Zusatz von Aufkohlungsmitteln ermöglicht Erhöhung des C-Gehalts. (**D. P. [DDR] 1441** Kl. 18b vom 8/2. 1949, ausg. 23/9. 1952 [Ausschließungspatent].) HOLM. 6409

Carpenter Steel Co., Reading, Pa., V. St. A. (Erfinder: **C. B. Post** und **M. C. Fetzer**), *Verschleißfeste Stahllegierung,* gek. durch etwa 1,5—6 (%) *Nb.* Ferner soll so viel C vorhanden sein, daß alles Nb als Carbid gebunden wird u. weiter noch 0,3—1,5 C vorhanden sind. Das Verhältnis von NbC u. überschüssigem C soll aufeinander entsprechend einer beigefügten Kurve abgestimmt sein. Bes. soll die Legierung 2—3 *Mn*, 1—2 *Cr*, 1—2 *Mo*, 1,5—3 *Nb* u. 0,9—1,2 nicht an Nb gebundenen *C* enthalten, oder 7—12 *W*, 2,75—4 Cr, 0,2—0,6 *V*, 3—5 Nb u. 0,3—0,5% nicht an Nb gebundenen C aufweisen. — Diagramme. (**Schwed. P. 134 207** vom 3/4. 1945, ausg. 15/1. 1952. A. Prior. 3/4. 1944.) JÜRGEN SCHMIDT. 6411

Allgemeine Elektricitäts-Gesellschaft (Erfinder: **Franz Pawlek**), Berlin, *Zinklegierungen* bestehen aus 0,1—1 (%) *Fe*, *Ni*, *Co* einzeln oder zu mehreren, Rest reines *Zn*. Sie eignen sich als Walz-, Preß- u. Knetlegierungen für Gegenstände mit hoher Dauerstandfestigkeit. (**D. B. P. 900 614** Kl. 40b vom 10/7. 1940, ausg. 28/12. 1953.) GÖTZE. 6427

Deutsche Edelstahlwerke Akt.-Ges. (Erfinder: **Karl Meier**), *Kupferlegierungen* bestehen aus 0,1—1 (%) *Cr*, 0,05—0,5 *Ag*, Rest *Cu*. Sie eignen sich für elektr. Kontakte u. Elektroden für Widerstandsschweißung. (**F. P. 1 029 784** vom 16/12. 1950, ausg. 5/6. 1953. D. Prior. 16/12. 1949.) GÖTZE. 6433

Soc. An. de Commentry-Fourchambault & Decazeville, Frankreich, *Nickel–Kobalt–Chrom-Legierungen* bestehen aus 25—40 (%) *Ni*, 18—30 *Co*, 9—18 *Cr*, bis 2 *Mn*, bis 2 *Si*, $\leq$0,15 *C*, bis 5 *Ti*, Rest *Fe*. Als Härtner können noch 2—6 *W*, 1—4 *Mo* u. bis 4 *Al* zugesetzt werden. Die Legierungen werden bei 800—1300° getempert, 2 bis 300 Std. zwischen 400 u. 900° gehalten u. darauf luftabgekühlt. Sie besitzen gute mechan. Eigg., sind schmiedbar u. oxydationsfest bei hohen Tempp. u. eignen sich bes. für Gasturbinenschaufeln. Nach Zusatzpatent 57 294 beträgt der Cr-Geh. bei diesen Legierungen bis 25%. Außer den genannten Bestandteilen können sie noch bis 0,2 *B* enthalten. (**F. PP. 1 004 175** vom 14/3. 1947, ausg. 26/3. 1952 u. **57 294** [Zusatzpatent] vom 25/2. 1948, ausg. 31/12. 1952.) GÖTZE. 6435

William Jessop & Sons Ltd., England, *Kobalt–Chrom-Legierungen* bestehen aus 20—70 (%) *Co*, 10—30 *Cr*, 0,5—25 *Fe*, 1,01—3 *C*, 0—2 *Si*, 0—2 *Mn*, 0—0,5 *B*, 0 bis 10 *V*, 0—10 *W*, 0—10 *Mo*, 0—6 *Nb*, 0—2 *Ti*, 0—10 *Ta*, wobei die carbidbildenden Metalle, V, W, Mo, Nb, Ti, Ta, zusammen 6,7—16% betragen. Die Gußstücke haben eine hohe Streckgrenze u. sind widerstandsfähig gegen Oxydation bei Tempp. um 750°. (**F. P. 1 027 064** vom 31/10. 1950, ausg. 7/5. 1953. E. Prior. 1/11. 1949.) GÖTZE. 6435

Aluminiumwerke Nürnberg G. m. b. H., Deutschland, *Aluminium–Magnesium-Legierungen* bestehen aus 0,05—1 (%) *Ti* u./oder *Zr*, 3—15 *Mg*, 0,1—2 *Mn*, 0—5 *Si*, 0—2 *Fe*, 0—1 *Cu*, Rest *Al*. Die Legierungen eignen sich zum Gießen unter Druck. (**F. P. 1 004 523** vom 6/5. 1947, ausg. 31/3. 1952.) GÖTZE. 6443

Leslie Kay Gulton, V. St. A., *Aluminium-Legierungen* bestehen aus 0,5—5 (%) *Fe*, bis 2 *Co*, 15—30 *Si*, Rest *Al*. Außerdem können die Legierungen enthalten bis 4 *Cu* u. *Ni*, bis 2 *Mg*, *Mn*, *Zn*, *Pb*, bis 0,5 *Cr*, *V*, *Ti*, *Mo*, *Sb*, *Bi*, *Sn* u. bis 5 *Graphit*. Die

Legierungen besitzen bei erhöhten Tempp. hohe mechan. Festigkeit u. einen niedrigen Ausdehnungskoeffizienten. (**F. P. 998 474** vom 9/10. 1945, ausg. 18/1. 1952.) GÖTZE. 6443

Hans Beck und **Heinz Janus**, Berlin-Lankwitz, *Gewinnung von Feinsilber aus salpetersauren Elektrolyten.* Bei der Verarbeitung von Rohsilberanoden wird die den zu lösenden Fremdmetallen äquivalente Menge HNO_3 laufend zugegeben. Zur Vorscheidung von Au-Legierungen wird eine gebräuchliche Scheidelegierung hergestellt; der Anfangssäure- u. -silbergeh. beträgt $<1\%$. (**D. P. [DDR] 1 280** Kl. 40c vom 17/11. 1951, ausg. 24/8. 1952 [Wirtschaftspatent].) HOLM. 6461

P. R. Mallory & Co., Inc., übert. von: **Franz P. Hensel, William E. Lynch, Robert M. Strain, Earl I. Larson** und **Arnold S. Doty**, Indianapolis, Indiana, V. St. A., *Plattieren von Stahlblechen und -bändern mit solchen aus Aluminium und seinen Legierungen.* Je eine Seite der Bleche oder Bänder wird gereinigt u. mit einem Ag-Überzug versehen; die versilberten Seiten werden aufeinandergelegt u. heiß gewalzt. Die Silberschicht beträgt bis zu 0,075 mm. *Si*-haltiges *Al* wird vorher oberflächlich mit HF von Si befreit, *Cd*- u./oder *Sn*-haltige Al-Legierungen erhalten vor dem Versilbern einen Überzug aus reinem Al. Die Versilberung erfolgt vorzugsweise elektrolytisch. Beim Auswalzen bei einer Temp. unter dem F. des Ag diffundiert die Ag-Schicht nach beiden Seiten, so daß keine spröden Al–Fe-Verbb. entstehen. Die Zwischenschicht ist dicht u. haltbar. — Zeichnung. (**Can. PP. 474 599** vom 30/7. 1945, ausg. 18/6. 1951. A. Prior. 7/10. 1944, **474 600** vom 25/9. 1945, ausg. 19/6. 1951. A. Prior. 27/2. 1945, **474 601** vom 27/3. 1946, ausg. 19/6. 1951. A. Prior. 31/7. 1945, **474 602** vom 8/5. 1946, ausg. 19/6. 1951. A. Prior. 19/9. 1945 u. **474 603** vom 8/5. 1946, ausg. 19/6. 1951. A. Prior. 20/9. 1945.) HOLM. 6479

Vakuumschmelze Akt.-Ges., Hanau/M. (Erfinder: **Friedrich Wilhelm Ackermann**, Göttingen), *Temperaturabhängiger magnetischer Mehrfachwerkstoff.* Der Werkstoff wird hergestellt durch schichtweise Plattierung von metall. Werkstoffen mit verschied. Wärmeausdehnungskoeffizienten, wobei zum Plattieren Werkstoffe mit entgegengesetzter Magnetostriktion oder ein magnet. u. ein unmagnet. Werkstoff verwendet werden, derart, daß der Werkstoff mit negativer Magnetostriktion einen größeren u. derjenige mit positiver Magnetostriktion einen kleineren Ausdehnungskoeff. besitzt als der Plattierungspartner. So ist z. B. ein Streifen aus einer Legierung mit 36% *Ni*, Rest *Fe* beiderseits mit Streifen aus *Ni* plattiert. — Permeabilitätskurve. (**D. B. P. 897 925** Kl. 40d vom 10/1. 1943, ausg. 26/11. 1953.) GÖTZE. 6479

Office National d'Études & de Recherches Aéronautiques, Chatillon-Sous-Bagneux, Frankreich (Erfinder: **M. P. Galmiche**), *Herstellung von Diffusionslegierungen, besonders Cr-Legierungen, auf Metalloberflächen.* Man behandelt die Oberflächen zunächst mit Cr-Halogenid, um eine Ablagerung von Cr-Halogenid zu erreichen, gleichzeitig bringt man ein Zementierungsmittel auf, so daß in einem Ofen zunächst das Cr-Halogenid mit dem Zementierungsmittel, z. B. Al, zu Al-Halogenid reagiert u. dieses in der 2. Zone des Ofens mit der Unterlage Fe unter Bldg. eines festhaftenden Al-Überzugs weiterreagiert. Man kann aber auch das Cr-Halogenid, bes. CrF_2, mit H_2 zu Cr u. HF umsetzen, das HF mit Si zu SiF_4 reagieren lassen, wobei wiederum H_2 gebildet wird, u. dieses SiF_4 in Ggw. von H_2 dient in der 2. Zone zur Abscheidung auf dem Grundmetall (Fe). (**F. P. 1 030 726** vom 13/12. 1950, ausg. 16/6. 1953. **Schwed. P. 138 692** vom 5/2. 1951, ausg. 7/1. 1953. F. Prior. 13/12. 1950.) JÜRGEN SCHMIDT. 6493

Robert von Linde, Planegg bei München, *Zinkhaltige Lote* bestehen aus einem im wesentlichen aus *Zn* gebildeten Kern, der mit einer Ummantelung versehen wird, die einen höheren F. aufweist als der Kern, z. B. aus *Cu, Ag* oder deren Legierungen. Diese Ummantelung schützt das Kernmetall während des Schmelzvorganges so lange vor der Einw. von CO_2 u. Wasserdampf, bis das Lot so leichtfl. geworden ist, daß es in die Lötfugen eindringen kann. Enthält die Ummantelung 50—60% *Cu*, so entsteht im Verlauf des Lötvorganges ein n. Messinglot, dessen Schmelztemp. 800—900° beträgt. (**D. B. P. 898 536** Kl. 49h vom 6/2. 1943, ausg. 30/11. 1953.) GÖTZE. 6505

Rene D. Wasserman, Stamford, Conn., V. St. A., *Schweißelektrode.* Eine Elektrode zum Schweißen von Al besteht aus einem Kern mit 85—93 (Gew.-%) *Al* u. 15—7 *Si* sowie einem Überzug aus einem Gemisch mindestens eines *Fluorids* u. eines *Chlorids* der Metalle *Na, Li, K, Ba, Ca, Zn, Sn* u. *Cd.* Das Fluorid soll 15—45 der Überzugsmasse u. das Chlorid den Rest derselben ausmachen. — Beispielsweise besteht der Kern aus 85 Al u. 15 Si u. der Überzug aus 30 Fluorid u. 70 Chlorid. (**A. P. 2 632 080** vom 20/7. 1950, ausg. 17/3. 1953.) HANS HOFFMANN. 6507

Underwood Corp., New York, übert. von: **Armand W. Faucher**, West Hartford, Conn., V. St. A., *Lösung zum Polieren und Passivieren* der Oberflächen von Gegenständen aus Zn oder Cd, bestehend aus einer wss. Lsg. von 100 (g/Liter) CrO_3, 6,16 H_2SO_4, 2,9 H_3PO_4 u. 7—70 HNO_3. (**A. P. 2 634 224** vom 22/12. 1949, ausg. 7/4. 1953.) REICHELT. 6513

Unilever Ltd., Port Sunlight, England (Erfinder: **Edgar Elwood Ruff** und **Robert Elsworth Dukeshire,** Cambridge/Middlesex, Mass., V. St. A.), *Wasserlösliche Polyphosphate enthaltendes Reinigungsmittel.* Es enthält als das Anlaufen von *Ni*- oder *Cu*-Legierungen verminderndes Mittel Verbb. der allg. Formel I, in der X O oder S, Y eine Amino- oder Mercaptogruppe ist u. eine der bei jedem der benachbarten C-Atome als unverbunden dargestellten Valenzen durch eine Doppelbindung zwischen diesen C-Atomen verbraucht sein kann, z. B. ein Thiazol, Thiazolin, 2-Mercaptothiazolin, Oxazol, Oxazolin, 2-Mercaptooxazolin, wie 2-Amino-5-methylthiazolin oder 4.5-Tetramethylen-2-aminooxazolin, in einer Menge zwischen 0,005 u. 5%. (**D. B. P. 890 252** Kl. 22g vom 5/7. 1951, ausg. 17/9. 1953. A. Prior. 8/7. 1950.) GRÄGER. 6513

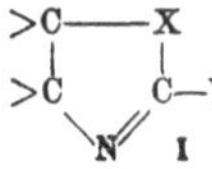
I

Ciba Akt.-Ges. (Erfinder: **Carlo Rossi**), Basel, Schweiz, *Entfernen von Schwermetalloxyden oder von wasserunlöslichen Schwermetallsalzen.* Die zu reinigenden Materialien, Fe-Bleche, Rostflecken aufweisendes Baumwolltuch, werden mit alkal. Lsgg. behandelt, welche neben Salzen von N-freien, wasserlösl. komplexe Schwermetallverbb. bildende Carbon- oder Sulfonsäuren noch starke Reduktionsmittel enthalten, welche eine Red. der Ferristufe zur Ferrostufe ohne H_2-Entw. bewirken u. deren Reduktionsvermögen größer ist als das der Glucose. — Beispiel: Zum Entrosten von Fe verwendet man eine Lsg. von 20 (Teilen) *Seignettesalz*, 5 Na_2CO_3 u. 3 $NaHSO_3$ in 150 *Wasser*. (**D. B. P. 885 334** Kl. 48d vom 1/1. 1949, ausg. 3/8. 1953. Schwz. Priorr. 27/6. 1946 u. 14/4. 1947.) MARKHOFF. 6513

General Motors Corp., Detroit, Mich. (Erfinder: **Rea I. Hahn,** Rochester, N. Y., V. St. A., *Überziehen von Metallgegenständen mit Metall auf schmelzflüssigem Wege.* In der Mitte eines oben offenen Schmelztiegels wird mittels eines hochfrequenten Feldes eine Anhäufung des geschmolzenen Überzugsmetalles über dessen n. Spiegel von einer solchen Höhe erzeugt, daß der zu überziehende Gegenstand, z. B. ein Draht oder Band, der quer über die Tiegelöffnung geführt wird, durch einen Wall des geschmolzenen Metalls hindurchläuft. Die Höhe des aus der n. Oberfläche heraustretenden Metallwalles wird durch die Höhe der Induktionsspule geregelt. Zweckmäßig wird in reduzierender Atmosphäre gearbeitet. Das Verf. eignet sich bes. zum Überziehen von Rohren. — Zeichnung. (**D. B. P. 883 222** Kl. 48b vom 1/11. 1951, ausg. 16/7. 1953. A. Prior. 31/10. 1950.) MARKHOFF. 6517

Johann Fuß, Sürth/Rhein, *Überziehen von Metalloberflächen mit schmelzflüssigen Metallschichten.* Das schmelzfl. Überzugsmetall wird auf der bis zur Schmelztemp. des Überzugsmetalls erwärmten Metalloberfläche aufgetragen u. mit einer Messingdrahtbürste auf der Oberfläche verrieben. Das Verf. eignet sich bes. zum Überziehen von mit Schweißstellen versehenen Gegenständen. (**D. B. P. 890 016** Kl. 48b vom 24/5. 1951, ausg. 14/9. 1953.) MARKHOFF. 6517

Fürstlich Hohenzollernsche Hüttenverwaltung, Laucherthal/Hohenz. (Erfinder: **Fritz Düsterloh,** Laiz über Sigmaringen), *Herstellung von Verbundsträngen, besonders aus Eisen und Bronze.* Ein endloses Stahlband wird durch ein schmelzfl. Bronzebad unter Kühlung der einen Bandseite geführt, wodurch das Überzugsmetall an der andern Seite angefroren wird. Die einseitige Kühlung wird in der Weise erzielt, daß das Band um eine zum Teil in das Schmelzbad eintauchende Trommel geführt wird, die von innen gekühlt wird. Nach dem Abheben des Bandes von der Trommel wird das Band stark erhitzt u. danach sofort abgekühlt. Die beiden Schichten haften gut aneinander. Die Verbundstränge lassen sich noch auswalzen. — Zeichnung. (**D. B. P. 881 292** Kl. 48b vom 1/3. 1942, ausg. 29/6. 1953.) MARKHOFF. 6517

Deutsche Hydrierwerke Akt.-Ges. (Erfinder: **Ernst Götte**), Düsseldorf, *Erzeugen festhaftender und glänzender galvanischer Metallüberzüge.* Dem Elektrolyten werden vor oder während der Elektrolyse neben organ. Disulfimiden oder deren wasserlösl. Salzen in wss. Lsg. dissoziierbare organ. Verbb. mit höhermol. Kationen zugesetzt. — Beispiel: einem *Ni*-Bad mit 210 (g/Liter) $NiSO_4$, 60 $NiCl_2$ u. 35 $B(OH)_3$ vom p_H-Wert 4,5 werden 0,5 *dodecylschwefelsaures Na,* 3 *Di-p-toluoldisulfimidnatrium* u. 0,05 *Laurylpyridiniumsulfat* zugesetzt. Temp. 45°. Stromdichte 5 A/dm². (**D. B. P. 871 392** Kl. 48a vom 31/10. 1950, ausg. 23/3. 1953.) MARKHOFF. 6517

Dr. W. Kampschulte & Cie. (Erfinder: **Karl Küll,** Solingen, und **Adolf Schwedhelm,** Düsseldorf), *Elektrolytische Abscheidung von glänzenden Niederschlägen aus cyanidischen Kupferbädern.* Es werden Bäder mit einem Zusatz von *Alkaliformaldehydsulfoxylat,* ca. 0,3—3,2 g/Liter, verwendet. Die Glanzwrkg. wird durch Zusatz mehrfach ungesätt. Alkohole verstärkt. (**D. B. P. 895 686** Kl. 48a vom 9/11. 1951, ausg. 5/11. 1953.) MARKHOFF. 6517

Wilmot-Breeden Ltd., Birmingham, England (Erfinder: **Ernest James Blewett**), *Galvanisches Kupferbad* besteht aus einer Lsg. von *$Cu(CN)_2$*, *NaOH* oder *KOH*, *$Na_2S_2O_3$* u. *$Ba(OH)_2$*. Der Zusatz von $Ba(OH)_2$ fällt während der Elektrolyse sich bildendes *Na_2CO_3* u. *Na_2SO_4* aus der Lösung. (**E. P. 694 893** vom 19/2. 1951, ausg. 29/7. 1953.) MARKHOFF. 6517

Anderson Brass Works, Alabama, übert. von: **Carl R. Culverhouse jr.**, Birmingham, Ala., V. St. A., *Herstellen von Kupferüberzügen auf Aluminium.* Die Gegenstände aus Al werden nacheinander mit HNO_3-sauren u. alkal. Lsgg. u. danach mit einer Mischung von konz. HNO_3 u. H_2F_2 vorbehandelt u. durch Tauchen in eine Zinkatlsg. mit einem Zn-Überzug versehen. Der Zn-Überzug wird durch Tauchen in eine Cu-Fluoboratlsg. gegen Cu ausgetauscht. (**A. P. 2 662 831** vom 19/7. 1950, ausg. 15/12. 1953.) VIER. 6517

John Ireland, Hendon, Middlesex, England (Erfinder: **Norman Parkinson**), *Elektrolytische Erzeugung von Zinn–Kobalt-Legierungsniederschlägen.* Als Elektrode werden fluoridhaltige Lsgg. von Sn- u. Co-Salzen verwendet. — Beispiel: 100 (g/Liter) *$SnCl_2 \cdot 2\,H_2O$*, 450 *$CoCl_2 \cdot 6\,H_2O$* u. 55 *NaF*. Temp. 65°. Stromdichte 18 A/sq.ft. (1,9 A/dm²). Der Nd. enthält 80 (%) Sn u. 20 Cu. (**E. P. 694 811** vom 1/1. 1951, ausg. 29/7. 1953.) MARKHOFF. 6517

Jean Marie Reynaud, Frankreich, *Erzeugen eines Überzugs von Aluminiumoxyd auf Heizdrähten, z. B. auf Elektronen emittierenden Kathoden.* Die Drähte werden in instabilen Alkalialuminatlsgg. auf 55—60° in einem geschlossenen Behälter erhitzt. Das Aluminat zers. sich durch Hydrolyse u. bildet mit dem Draht einen Überzug aus Al_2O_3. — Abbildung. (**F. P. 1 031 197** vom 19/1. 1951, ausg. 22/6. 1953.) MARKHOFF. 6529

Consolidated Vultee Aircraft Corp., San Diego, Calif., übert. von: **Norman H. Simpson** und **Paul R. Cutter**, Fort Worth, Texas, V. St. A., *Schutzschichten für Magnesium und seine Legierungen durch anodische Behandlung.* Der erwärmte Elektrolyt besteht aus einer wss.-alkal. Lsg. mit 21—25 (Gew.-%) *NaOH*, 0,09—15 *Phenol* u. 2—3 Vol.-% *Na-Silicat*. (**Can. P. 474 570** vom 27/3. 1945, ausg. 19/6. 1951.) HOLM. 6529

Emanuele Stieri, Sheet metal principles and procedures. New York: Prentice-Hall. 1953. (242 S. m. Abb., Diagr.) $ 6,50.

IX. Organische Industrie.

G. D. Ssirotkin, *Über die Ausnutzung von Kohlenoxyd bei der Herstellung von Natriumformiat.* Zur Unters. des bei der Na-Formiatsynth. vorliegenden Gleichgewichts NaOH + CO ⇌ HCOONa wurde ein Gemisch von *HCOONa* (**I**) u. NaOH bei 140° 4 Std. mit einem Gemisch aus CO u. wechselnden Mengen N_2 behandelt, wobei der CO-Druck von 1,0—0,15 at variierte. Die **I**-Synth. war hierbei direkt proportional dem CO-Druck. Die **I**-Synth. ist auch bei geringem CO-Druck möglich. Die Reaktionsgeschwindigkeit ist jedoch hier gering. Es wird angenommen, daß die **I**-Herst. dadurch rationalisiert werden kann, daß man CO aus den Endgasen mit einer Cu(I)-Lsg. auffängt. (Журнал Прикладной Химии [J. an. gew. Chem.] **26**. 340—43. März 1953. Iwanowo, Chem.-Technol. Inst., Lehrstuhl für anorgan. Stoffe.) LEBTAG. H 810

National Research Development Corp., London (Erfinder: **Edgar Charles Evans**, Stanmore, **Hugh Ford** und **Nolan Peter William Moore**, London), England, *Steuerung von partiellen Oxydationen oder Spaltungen von organischen Stoffen*, wie KW-stoffen, in gasförmiger oder feinverteilter Form in heißen Gasen, dad. gek., daß die Rkk. in einer ein- oder mehrstufigen Turbine durchgeführt u. durch Herabsetzung der Temp. u./oder des Druckes, z. B. durch adiabat. Entspannung, an einer oder mehreren Stellen unterbrochen werden. Eine Steuerung kann auch dadurch erzielt werden, daß man die mit dem heißen Gasstrom in Berührung stehenden Turbinenteile an einer oder mehreren Stellen kühlt. Den strömenden Gasen können vor oder in der Verbrennungskammer oder in der Turbine ein Verbrennungsbeschleuniger, wie Äthylnitrit oder -nitrat, oder Stoffe zugesetzt werden, die die Geschwindigkeit, das Ausmaß oder die Natur der ablaufenden chem. Rk. beeinflussen, z. B. Äthylendibromid. (**D. B. P. 898 745** Kl. 12o vom 5/10. 1950, ausg. 3/12. 1953. E. Priorr. 4/10. u. 10/11. 1949.) SCHWECHTEN. 6583

Phillips Petroleum Co., Del., übert. von: **Jack F. Eberle**, Bartlesville, Okla., V. St. A., *Zersetzungskatalysator für organische Fluoride*. Metallstückchen, bes. von Al, Cd, Zn u. Cu, werden nach Behandlung mit einer Säure (H_3PO_4, H_2CrO_4, H_2WO_4) vom Säureüberschuß abgetrennt u. bei 500—700° F calciniert. In Ggw. eines Adsorbens für HF (Knochenkohle, Al_2O_3-Granulat, NaF, KF) dient der Katalysator dazu, aus unter Verwendung von HF-haltigen Katalysatoren alkylierten, Alkylfluoride enthaltenden KW-stoffen das F zu entfernen. (**A. P. 2 656 322** vom 4/1. 1949, ausg. 20/10. 1953.) MATTHAES. H 500

N. V. de Bataafsche Petroleum Mij., Den Haag, Holland, *Raffinieren von Alkenen*. Eine zwischen 55 u. 135° sd. Fraktion eines Spaltprod. aus einem mehr als 50% Paraffinwachs enthaltenden Anteil eines rohen Mineralöls oder sonstigen KW-stoffgemisches wird in der Wärme mit nicht mehr als 5 Gew.-% H_2SO_4 von mindestens 90% so lange behandelt, bis kein weiterer Temperaturanstieg infolge Reaktionswärme mehr eintritt. Der Säureschlamm wird abgetrennt, die behandelte Fraktion mit W., verd. NaOH u. schließlich wieder mit W. gewaschen. Danach wird fraktioniert dest. u. dabei *Penten-(1)*, *Hexen-(1)*, Kp. 63—64°, *Hepten-(1)*, Kp. 94—95°, u. *Octen-(1)* erhalten. (**E. P. 687 247** vom 24/5. 1951, ausg. 11/2. 1953. Holl. Prior. 26/5. 1950.) HERBST. H 520

Henkel & Cie. G. m. b. H. (Erfinder: **Ludwig Mannes** und **René Hirth**), Düsseldorf, *Ungesättigte Kohlenwasserstoffe*. Aus den durch Rk. von gesätt., aliphat. KW-stoffen von mindestens 6 C-Atomen mit SO_2 u. Cl_2 oder mit SO_2Cl_2 erhaltenen Reaktionsprodd. wird durch Erhitzen auf über 100°, bes. auf 150—250°, SO_2 u. HCl abgespalten. — Aus durch Hydrierung von CO nach FISCHER gewonnenen Paraffin-KW-stoffen, Kp. 210—320°, erhält man mit $SO_2 + Cl_2$ ein Prod. mit 15,2 (%) Cl u. 11,7 S, das nach dem Erhitzen auf 200—220° nach ca. 2 Std. ein *Olefin* mit JZ. 112; S 0,48; Cl 1,2 liefert. — Aus einer Dieselölfraktion, Kp. 220—350°, entsteht ein Prod. mit JZ. 108, Gesamtolefingeh. nach KATTWINKEL 78. (**D. B. P. 886 909** Kl. 12o vom 15/3. 1940, ausg. 17/8. 1953.) KRAUSS. H 520

Ruhrchemie Akt.-Ges., Oberhausen (Erfinder: **Karl Büchner**, Duisburg), *Gewinnung von aliphatischen Alkoholen* aus deren wss. Lsgg. durch Dest., dad. gek., daß den wss. Lsgg. vor oder während der Dest. wasserlösl. Salze, bes. solche von Carbon-, Dicarbon-, Oxysäuren oder anderen substituierten Carbonsäuren zugesetzt werden u. die Dest. nur bis zu jenem Punkt durchgeführt wird, an dem im Destillat zwei Schichten auftreten. Im Fall der Aufarbeitung von Prodd. der CO-Hydrierung werden die gleichen Salze verwendet wie sie nach der Neutralisation der in diesen Prodd. vorliegenden Säuren u. nach Spaltung der gleichfalls vorhandenen Ester mit Alkali bereits vorhanden sind. — Man geht z. B. von Prodd. der CO-Hydrierung an Fe-Kontakten aus. (**D. B. P. 896 794** Kl. 12o vom 4/12. 1951, ausg. 16/11. 1953.) G. KÖNIG. H 550

Henkel & Cie. G. m. b. H. (Erfinder: **Ludwig Mannes** und **Hans Frauenhof**), Düsseldorf, *Herstellung von im wesentlichen aus primären und sekundären Alkoholen bestehenden Gemischen* aus bei der Oxydation von aliphat. KW-stoffen mit mol. O_2 oder solchen enthaltenden Gasen anfallenden Oxydationserzeugnissen, dad. gek., daß man die bis ca. 350° sd. Oxydationsgemische oder Anteile derselben einer ketonisierenden Behandlung durch Überleiten über Katalysatoren, wie Schwermetalle oder Gemische von Erdalkalicarbonaten mit Metalloxyden, bei Tempp. zwischen ca. 300 u. 450° unterwirft u. die Prodd. hydriert bzw. reduziert. (**D. B. P. 897 703** Kl. 12o vom 22/7. 1941, ausg. 23/11. 1953.) G. KÖNIG. H 550

E. I. du Pont de Nemours & Co., Wilmington, Del. (Erfinder: **Virgil Leland Hansley**, Niagara Falls, N. Y.), V. St. A., *Herstellung von hochmolekularen Alkoholen* durch Red. von Estern von hochmol. Carbonsäuren mit aus Alkalimetallen u. Alkohol entwickeltem, nascierendem H in Ggw. eines Äthers als Lösungsm., bes. bei einer oberhalb des F. des Alkalimetalls liegenden Temp., dad. gek., daß man als Lösungsm. aliphat. Äther von zweiwertigen Alkoholen, bes. Alkyläther des Äthylenglykols, gegebenenfalls in Verbindung mit anderen Lösungsmitteln, verwendet. Es werden hergestellt: *Ricinoleylalkohol*, $Kp._2$ 180—205°; *Dekamethylenglykol*, F. 72—73°; *Abietylalkohol*. (**D. B. P. 897 098** Kl. 12o vom 21/10. 1936, ausg. 19/11. 1953.) G. KÖNIG. H 550

Glaxo Laboratories Ltd., Greenford, England, *Herstellung von 6-Methyloctatrien-(3.5.7)-ol-(2)* (**I**). *3-Methyloctatrien-(1.4.6)-ol-(3)* (**II**), $Kp._{0,5}$ 52—54°, n_D^{14} 1,4985, wird durch Einw. einer wss., nicht oxydierenden Fl. mit p_H 1—4, wie wss. HCl, H_2SO_4, H_3PO_4, Oxalsäure oder Essigsäure, umgelagert. Die Rk. kann durch Schütteln der Lsg. von **II** in einem organ. Lösungsm. mit der sauren wss. Fl. durchgeführt werden. —

Z. B. wird ein Gemisch aus **II**, erhalten aus 3-Methyloctadien-(4.6)-in-(1)-ol-(3) durch Behandeln mit H_2 in Ggw. eines Pd–$CaCO_3$-Katalysators in Essigester, u. einer HCl-Pufferlsg. vom p_H 2, die KCl, HCl u. eine Spur Hydrochinon als Antioxydationsmittel enthält, 90 Min. bei n. Temp. geschüttelt. Das Prod. wird in Ae. aufgenommen, mit $NaHCO_3$-Lsg. gewaschen, getrocknet u. fraktioniert; **I**, $Kp._{15}$ 79—80°, n_D^{15} 1,5550. (**Schwz. P. 288 164** vom 21/3. 1950, ausg. 1/5. 1953. E. Prior. 22/3. 1949.) R. HERBST. H 560

Badische Anilin- & Soda-Fabrik Akt.-Ges. (Erfinder: **Heinrich Paxdach** und **Adolf Steinhofer**), Ludwigshafen/Rh., *Herstellung von Butandiol-(1,2)*, dad. gek., daß man Butandiol-(1.4)-on-(2) in Ggw. von Hydrierungskatalysatoren mit H_2 von Anfang an bei Tempp. von 100° u. darüber behandelt. Als Nebenprod. kann auch *Butantriol-(1.2.4)* entstehen. (**D. B. P. 899 190** Kl. 12o vom 5/7. 1941, ausg. 10/12. 1953.) G. KÖNIG. H 570

Distillers Co. Ltd., Edinburgh (Erfinder: **Alfred Frank Millidge** und **William Webster**, Epsom), England, *Herstellung von Epoxyden* durch Oxydation von Olefinen mit wenigstens 3 C-Atomen im Mol. in der fl. Phase mittels mol. O_2, dad. gek., daß wenigstens ein Teil der bei der Oxydation anfallenden Mischung nach ihrer Entfernung aus der Reaktionssphäre durch eine Zone geleitet wird, in welcher die während der Oxydation gebildeten Säuren daraus entfernt werden, u. die so behandelte Reaktionsmischung sodann in die Oxydationsreaktionszone zurückgeführt wird. HCOOH soll vollständig entfernt werden. Reaktionstemp. in der Säureextraktionszone nicht $>50°$. Die Drücke sollen zur Aufrechterhaltung der fl. Phase ausreichen. — Butylen mit einem Geh. von etwa 7% Butylen-(1), in Ggw. von V-Naphthenat mit O_2 bei 130—140° behandelt, ergibt *2.3-Butylenepoxyd* neben kleinen Mengen an *Methylacetat, Acetaldehyd, Crotonaldehyd, Methyläthylketon, Ameisen-, Essig-* u. *Propionsäure*. (**D. B. P. 896 941** Kl. 12o vom 17/10. 1951, ausg. 16/11. 1953. E. Prior. 26/10. 1950.) G. KÖNIG. H 570

Badische Anilin- & Soda-Fabrik Akt.-Ges. (Erfinder: **Heinrich Hopf** und **Wilhelm Münster**), Ludwigshafen/Rh., *Herstellung reiner Polyglykoläther* (**I**) *oder ihrer Derivate*, dad. gek., daß man **I** oder deren Reaktionsprodd. mit Alkoholen, Carbonsäuren, Aminen, Amiden oder Mercaptanen einer Hydrierung unterwirft, durch die **I** bzw. ihre Prodd. selbst prakt. nicht verändert werden. (**D. B. P. 903 455** Kl. 12o vom 28/10. 1951, ausg. 8/2. 1954.) G. KÖNIG. H 570

N. V. de Bataafsche Petroleum Mij., Den Haag, Holland, *Herstellen von Salzen saurer Alkylester* aus den Reaktionsprodd., die durch Absorption von höhere Olefine enthaltenden therm. Zersetzungsprodd. von C-haltigen Materialien mit Säuren des S oder P gebildet werden, dad. gek., daß man die Reaktionsprodd., bes. nach Entfernung der anwesenden freien Mineralsäure (**I**), mit der zur Neutralisation der sauren Anteile, also der sauren Alkylester u. der gegebenenfalls noch vorhandenen freien **I**, sowie zur Verseifung der neutralen Alkylester in Salze saurer Alkylester notwendigen Menge eines alkal. Mittels versetzt u. die Verseifung in an sich bekannter Weise bei erhöhter Temp. bewirkt. Vor der Verseifung der neutralen Alkylester kann man die freie **I** u. auch die sauren Alkylester entfernen. (**D. B. P. 895 289** Kl. 12o vom 3/7. 1935, ausg. 2/11. 1953. Holl. Prior. 3/7. 1934.) G. KÖNIG. H 590

Ciba Akt.-Ges. (Erfinder: **Otto Albrecht**, und **Richard Sallmann**), Basel, Schweiz, *Kondensationsverbindungen aus Methylolamiden* (**I**) *und Mercaptanen* (**II**), die als Hilfsstoffe in der *Textil-, Leder-* u. *Papierindustrie* wie auch als *Netz-, Emulgier-* u. *Weichmachungsmittel* dienen, entstehen, wenn man **II** oder deren Salze mit solchen **I** umsetzt, deren Amid-N-Atom an einer CO-Gruppe haftet u. die mindestens 8 C-Atome im Säurerest enthalten. — *Stearoylaminomethylmercaptoessigsäure*, man erwärmt Stearinsäuremethylolamid mit Thioglykolsäure u. Eisessig auf 55°, Kristalle. — Analog: *Lauroylaminomethylmercaptoessigsäure*, Kristalle. — *Lauroylaminomethylmercaptoglycerin*. — *Stearoylmethylaminomethylmercaptoessigsäure*. — *Lauroylmethylaminomethylmercaptoäthansulfonsäure*. — *S-[Carbooctadecyloxyaminomethyl]-mercaptoessigsäure*. (**D. B. P. 881 513** Kl. 12q vom 27/7. 1939, ausg. 29/6. 1953. Schwz. Priorr. 11/8. 1938 u. 19/7. 1939.) LANGER. H 600

Badische Anilin- & Soda-Fabrik, Deutschland, *Herstellung von Methylal* durch Acetalisieren eines wss. Gemisches von CH_2O u. Methanol unter Einw. von 1 Mol O_2 auf 5—15 Mol Methanol. — Durch ein Quarzrohr, welches mit etwa gleichen Mengen Silber- u. Kupferwolle gefüllt ist, wird ein Gemisch von 300 g Methanoldampf u. 140 Liter Luft in der Std. hindurchgeleitet. Reaktionstemp. 500—550°. Das Kondensat enthält unverändertes CH_3OH u. CH_2O neben W. u. nicht kondensierbaren Gasen. Dem Kondensat werden 2% H_2SO_4 zugesetzt, worauf unter Rückfluß erhitzt wird.

Es dest. ein azeotropes Gemisch von 92 (%) Methylal u. 8 Methanol über. (**F. P. 1 003 263** vom 30/12. 1946, ausg. 17/3. 1952.) M. F. MÜLLER. H 670

British Celanese Ltd., London, *Acetale* erhält man beim Umsetzen von Alkoholen mit Aldehyden oder Ketonen bei erhöhter Temp. in Ggw. eines sauer wirkenden Katalysators u. einer mit W. nicht mischbaren Fl., die ein Azeotrop mit W. bildet, dessen Kp. niedriger liegt als der der Ausgangsstoffe. — Aus n-Propylalkohol u. CH_2O erhält man in Ggw. von H_2SO_4 u. Cyclohexan als azeotropes Mittel *Di-n-propylformal*. (**E. P. 664 956** vom 23/5. 1949, ausg. 16/1. 1952. A. Prior. 29/5. 1948.) G. KÖNIG. H 670

Farbenfabriken Bayer, Leverkusen, *Herstellung von Dialkylacetalen des Acetylacetaldehyds*. Durch Anlagerung von 3—4 Mol eines Alkohols an Diacetylen erhält man ein Gemisch von β-Alkoxycrotonaldehyddialkylacetal u. Acetylacetaldehydtetraalkylacetal, welches vorsichtig verseift wird, indem es z. B. mit W. 3 Std. bei Zimmertemp. verrührt wird. (**Oe. P. 175 560** vom 22/3. 1952, ausg. 25/7. 1953. D. Prior. 24/3. 1951.) M. F. MÜLLER. H 670

Imperial Chemical Industries Ltd., London (Erfinder: **Herbert Booker** und **Richard John Young**, Norton-on-Tees), England, *Keten und seine Homologen*. Aceton oder ein entsprechendes Keton wird in einem keram. Gefäß in Ggw. von sich bewegendem keram. Material aus Kügelchen oder einem feinverteilten, festen Stoff (Durchmesser ca. 3—19 mm, Mullit, Sillimanit, gebrannter Sillimanitzement, Vermiculit) in Form eines fließenden oder nichtfließenden Bettes auf ca. 570—750°, bes. 675—725°, erhitzt; zweckmäßig verwendet man einen Kügelchenerhitzer. — Aceton → Keten, höchste genannte Ausbeute 67,6%. (**D. B. P. 873 546** Kl. 12o vom 8/8. 1950, ausg. 16/4. 1953. E. Prior. 12/8. 1949.) KRAUSS. H 710

Distillers Co. Ltd., Edinburgh (Erfinder: **Alec Elce, Herbert Muggleton Stanley** und **Karl Heinrich Walter Tuerck**, Epson), England, *Kontinuierliche katalytische Oxydation selbstoxydierbarer Aldehyde und Ketone* in fl. Phase mit O_2, dad. gek., daß die Gas–Fl.-Emulsion (I) derart durch das Reaktionsgefäß (III) gepumpt wird (z. B. mit 225 cm/Sek.), daß die entstehende Wirbelströmung die feine Verteilung des Gases (II) in der Fl. aufrecht erhält, die Bldg. einer kontinuierlichen Gasphase im Reaktionsgefäß verhindert u. an der Eintrittsstelle des **II** oder der **I** in das Reaktionsgefäß einen Gegendruck erzeugt, der den hydrostat. Druck an dieser Stelle übersteigt oder mindestens um 1 at größer ist als an der Stelle, in welcher **I** das Reaktionsgefäß verläßt, u. **I** in einer Abscheidevorr. getrennt wird. Die Menge an zugeführtem O_2 wird so bemessen, daß das Abgas aus **III** wenigstens 2 Vol.-% O_2 enthält u. die Gasphase ca. 30—50% des Fassungsvermögens des **III** einnimmt. Reaktionstemp. 40—50°, Co–Cu-Mischkatalysator. Bei der Oxydation von CH_3CHO geht man z. B. von einem Ausgangsmaterial aus wenigstens 40% Acetanhydrid, ca. 2—7% CH_3CHO u. mindestens 0,02% Katalysator aus. Verweilzeit der Reaktionsmischung in **III** nicht $>$30 Minuten. — Vorr., Zeichnung. (**D. B. P. 868 297** Kl. 12o vom 30/10. 1949, ausg. 23/2. 1953. E. Priorr. 8/12. 1944, 10/11. u. 15/11. 1945 u. 15/3. 1946.) MÜLLER-MEININGEN. H 800

Rheinpreußen Akt.-Ges. für Bergbau und Chemie, Homberg (Erfinder: **Helmut Wiedmann**, Burgstall), *Herstellung von hochkonzentrierten wässerigen Lösungen von basischem Al-Formiat*, dad. gek., daß man $Al(OH)_3$ in koll. Aufteilung, bes. als Sol, bei Tempp. $>$50° mit so viel HCOOH umsetzt, daß auf 1 Al-Atom maximal 2 Mol HCOOH treffen. Als $Al(OH)_3$ verwendet man ein Prod., das durch Rk. eines Al-Alkoholats, bes. Al-sek.-Butylat, mit einem Unterschuß an z. B. verd. HCl unter Abdest. des entstandenen Alkohols erhalten wurde. (**D. B. P. 904 048** Kl. 12o vom 4/1. 1944, ausg. 15/2. 1954.) MÜLLER-MEININGEN. H 810

Rheinpreußen Akt.-Ges. für Bergbau und Chemie, Homberg (Erfinder: **Helmut Wiedmann**, Burgstall), *Reinstes Al-Acetat* (**I**) *mit niedrigem CH_3COOH*(**II**)*-Geh.* erhält man, wenn man eine aus 1 (Mol) Al-Alkoholat oder dessen Reaktionsprod. mit W. u. 0,05—2 **II** nach dem Verf. des Hauptpatents hergestellte **I**-Lsg. bei Tempp. $<$100° zur Trockene eindampft. (**D. B. P. 894 557** Kl. 12o vom 21/3. 1944, ausg. 26/10. 1953. **Zusatz zu D. B. P. 887 945; C. 1954. 1347.**) MÜLLER-MEININGEN. H 810

Rohm & Haas Co., Philadelphia, übert. von: **Charles D. Burton**, Glenside, Pa., V. St. A., *Ester der α.β-Dichlorpropionsäure* (I) erhält man durch Chlorierung von Acrylsäureestern einwertiger gesätt. Alkohole bei 20—50, bes. 30—40° in Ggw. von Carbonsäureamiden der allg. Zus. R—CO—N(R')R'' (R = H, aliphat. KW-stoffrest mit höchstens 8 C; R' u. R'' = H, KW-stoffreste mit höchstens 12 C, wobei mindestens einer der beiden Reste H bedeutet). Man leitet z. B. in eine Mischung aus 3045 (Teilen) Acrylsäuremethylester u. 61 N.N-Dimethylformamid bei 25° unter Eiskühlung innerhalb 8,83 Std. unter starkem Rühren 2764 Cl_2 ein, entfernt dessen

Überschuß im Vakuum u. erhält 5382 97% I-*Methylester*, $Kp._{15-17}$ 67—69°, n_D^{25} 1,2503; mit NaOH $\xrightarrow{40^0}$ *α-Chloracrylsäuremethylester*, $Kp._{50}$ 55,5°. — I-*Äthylester*, $Kp._{15}$ 76 bis 76,5°, n_D^{25} 1,4456. — I-*tert.-Butylester*, n_D^{25} 1,4405. — I-*Cyclohexylester*, $Kp._{2,5}$ 98,5°, n 1,4757. — I-*Benzylester*, $Kp._{0,6-0,9}$ 104—113°, n 1,5250. — I-*Octylester*, $Kp._{0,5-0,85}$ 102 bis 115°. — I-*Dodecylester*, $Kp._{0,8-1,2}$ 158—160°, n 1,4550. — I-*Octadecylester*, n 1,4574. (**A. P. 2 647 923** vom 15/3. 1952, ausg. 4/8. 1953.) MÜLLER-MEININGEN. H 810

Texas Co., New York, übert. von: **Robert W. Rosenthal**, Poughkeepsie, N. Y., V. St. A., *α-Methylalkansäuren* erhält man durch Rk. von Olefinen mit CO u. W. in Ggw. eines Katalysators, bestehend aus 50—95% Ni-Carbonyl (I), 1—25 Ni-Halogenid u. 4—25 mindestens 20%ig. HCl (II) bei 500—700° F u. 1000—5000 lbs./sq.in. — Man erhitzt z. B. 250 cm³ Octylen-(1) (III), 80 (g) W. u. einen Katalysator aus 98 I, 15 Ni-Chlorid u. 30 konz. II unter einem CO-Druck von 4500 lbs./sq.in. 17 Std. auf ca. 575° F u. erhält 284 eines Reaktionsgemisches, aus dem man 77 (33% berechnet auf III) *2-Methyloctansäure* erhält. (**A. P. 2 652 413** vom 7/11. 1950, ausg. 15/9. 1953.) MÜLLER-MEININGEN. H 810

Standard Oil Development Co., übert. von: **Ralph Burgess Mason**, Baton Rouge, La., V. St. A., *Gewinnung höhermolekularer Fettsäuren* aus Gemischen O-haltiger Prodd. C_{10}—C_{20} der Oxosynth. aus C_7-Olefinen, bes. Octyl- u. höhermol. Alkoholen, Aldehyden, Ketonen, Acetalen, Estern u. Äthern, erfolgt durch Dest., wobei man eine verhältnismäßig reine C_7-Alkoholfraktion erhält, während als Bodenprod. vorwiegend ein Gemisch O-haltiger Verbb. ($>C_{10}$) anfällt, das mit CO in Ggw. von BF_3 als Katalysator u. von Ni-Acetat als Beschleuniger in Abwesenheit von W. bei 100, bes. 200—300° F u. 50—10000, bes. 3000—5000 lbs./sq.in. umgesetzt wird. (**A. P. 2 648 694** vom 16/9. 1950, ausg. 11/8. 1953.) MÜLLER-MEININGEN. H 810

Chemische Werke Hüls G. m. b. H. (Erfinder: **Wilhelm Dietrich** und **Bernhard Ritzenthaler**), Marl, *Ungesättigte Carbonsäuren* erhält man durch Oxydation von ungesätt. Aldehyden der Formel $CH_2{=}CR{-}CHO$ (R = H oder organ. Rest) mit O_2 oder diesen enthaltenden Gasen bei Tempp. bis zu 50°, wobei die Oxydation abgebrochen wird, sobald höchstens die Hälfte des Aldehyds oxydiert ist. — Acrolein gibt in 81%ig. Ertrag *Acrylsäure*. α-Methylacrolein → *α-Methacrylsäure*; Ausbeute 85%. (**D. B. P. 869 950** Kl. 12o vom 22/2. 1951, ausg. 9/3. 1953.) KRAUSS. H 810

Consortium für elektrochemische Industrie G. m. b. H. (Erfinder: **Johann Bruck**, **Theodor Rost** und **Alfred Treibs**), München, *Acrylsäurenitril* erhält man durch Anlagerung von HCN an Acetylen in Ggw. von Cu(I)-Salzen in Mischung mit komplexbildenden Salzen von organ. Basen in organ. Lösungsmitteln als Katalysatoren, die zur Polymerisation von C_2H_2 zu linearen Polymeren geeignet sind; z. B. leitet man C_2H_2 + HCN in eine auf 100° erhitzte Mischung aus 450 (Teilen) CuCl, 178 NH_4Cl, 10 Cu, 270 Äthylenglykol u. 30 konz. HCl oder aus 220 CuCl, 90 NH_4Cl, 5 Cu u. 400 Milchsäure. (**D. R. P. 762 845** Kl. 12o vom 11/11. 1939, ausg. 23/3. 1953.) KRAUSS. H 810

Farbenfabriken Bayer (Erfinder: **Peter Kurtz** und **Herbert Schwarz**), Leverkusen, *Ungesättigte Nitrile*. 1.2-Dichlorbuten-(3) oder Gemische aus 1.2- u. 1.4-Dichlorbuten oder β.γ-ungesätt. α-Halogenide, die an einem der doppelt gebundenen C-Atome einen sauren Substituenten, wie Halogen oder —CN tragen, werden in Ggw. von Cu-Salzen, mit HCN, gegebenenfalls in Form von Alkali- oder Erdalkalicyaniden behandelt, wobei zweckmäßig der entstehende Halogenwasserstoff aus der Reaktionsmischung gegebenenfalls durch chem. Bindung, entfernt wird. — 1.2-Dichlorbuten-(3) → *Dihydromuconsäuredinitril*. — 2.3-Dichlorpropen-(1) → *β-Chlorallylcyanid*, $Kp._{14}$ 52°. — 1.3-Dichlorpropen-(1) → *γ-Chlorallylcyanid*, $Kp._{14}$ 66—68°; $D.^{20}{}_4$ 1,127; n_D^{20} 1,45981. — γ-Chlorcrotonsäurenitril → *Glutaconsäuredinitril*. — Zwischenprodd. zur Herst. von Kunststoffen, Farbstoffen u. Heilmitteln. (**D. B. PP. 878 942** vom 21/1. 1949 u. **878 943** Kl. 12o vom 29/10. 1949, beide ausg. 8/6. 1953. **Zusätze zu D. B. P. 872941**; **C. 1954. 4483**.) KRAUSS. H 810

Ciba Akt.-Ges., Basel (Erfinder: **Willy Müller**, Riehen), Schweiz, *Herstellung von Acetessigsäureamiden*, dad. gek., daß man in vorzugsweise wss. Mittel Diketen (**II**) auf kohlensaure Salze des Ammoniaks oder niedrige aliphat. Amine einwirken läßt. — 20 (Teile) NH_4HCO_3 (I) mit 21% NH_3-Geh. werden in 10 cm³ W. verrührt. Bei 10—15° läßt man 21 **II** zutropfen. Zu der erhaltenen klaren Lsg. gibt man 20 **I** u. läßt wieder 21 **II** zutropfen. Nachdem alles gelöst ist, gibt man nochmals 40 **I** u. **42 II** zu. Man rührt, bis alles gelöst u. der Geruch nach **II** verschwunden ist, u. erhält eine klare Lsg. mit fast der theoret. Menge an Acetessigsäureamid. (**D. B. P. 896 489** Kl. 12o vom 15/8. 1951, ausg. 12/11. 1953. Schwz. Priorr. 18/8. 1950 u. 14/6. 1951.) SCHWECHTEN. H 870

Farbenfabriken Bayer Akt.-Ges. (Erfinder: **Richard Stroebel** und **Ernst Tietze**), Leverkusen, *Herstellung von $CSCl_2$ (Thiokohlensäuredichlorid)*. Die Chlorierungsprodd. von CS_2 werden bei 30—60° intensiv mit W., bes. bis zur Bldg. einer Emulsion, vermischt. Die entstandene Lsg. von $CSCl_2$ in CCl_4 wird von der wss. Phase abgetrennt. (**D. B. P. 888 387** Kl. 12i vom 18/2. 1951, ausg. 31/8. 1953.) ZÜRN. H 880

Babcock & Wilcox Co., Rockleigh, N. J., übert. von: **Charles L. Norton**, New York, N. Y., V. St. A., *HCN-Gewinnung*. Man leitet Luft durch einen Wärmeaustauscher, nutzt dabei den O_2-Geh. in der Verbrennungskammer aus u. läßt den N_2 der vorerwärmten Luft mit zugeführten, gasförmigen KW-stoffen reagieren. HCN trennt man ab. (**A. P. 2 625 463** vom 27/4. 1946, ausg. 13/1. 1953.) NEBELSIEK. H 890

Deutsche Gold-& Silberscheideanstalt vormals Roessler, Frankfurt/M., *Herstellung von HCN* aus NH_3 u. flüchtigen, gesätt. oder ungesätt. KW-stoffen, bes. aus CH_4 u. in Ggw. von Pt- oder Pt-Metallen oder Legierungen davon, durch Rk. in der Gasphase in einer Kammer, wobei diese oder wenigstens Teile, die mit den Reaktionsgasen in Berührung kommen, aus einem keram. Material mit weniger als 25%, bes. weniger als 8%, SiO_2 bestehen. (**E. P. 685 744** vom 26/7. 1951, ausg. 7/1. 1953. D. Prior. 26/7. 1950.) DEMMLER. H 890

E. I. du Pont de Nemours & Co., Wilmington, übert. von: **James Elliot Carnahan**, Wilmington Manor, New Castle, Del., und **Herman Julian Sampson**, Waynesboro, Va., V. St. A., *Fluoralkylamine* der Formel $H(CF_2)_n \cdot CH_2 \cdot NH_2$, worin n = 6—12 bedeutet, wirken *oberflächenakt.* u. *dispergierend.* — *Oktafluorpentanoylchlorid* (I), $H(CF_2)_4 \cdot CO \cdot Cl$, aus Oktafluorpentansäure u. $SOCl_2$, Kp. 84,6—86,6°. — *Oktafluorvaleramid* (II), aus I u. konz. NH_3, F. 79—80°. — *Oktafluoramylamin*, $H(CF_2)_4 \cdot CH_2 \cdot NH_2$, aus II u. $LiAlH_4$ in Ae., Kp. 123—124°. — Analog: *Hexadekafluornonansäureamid*, F. 143—145°. — *Hexadekafluornonylamin*, $Kp._{15}$ 86—89°; *Hydrochlorid*. — *Dodekafluorheptansäureamid*, F. 118—119°. — *Dodekafluorheptylamin*, $Kp._{25}$ 68—69°. (**A. P. 2 646 449** vom 29/6. 1950, ausg. 21/7. 1953.) LANGER. H 910

Socony-Vacuum Oil Co., Inc., übert. von: **Ralph V. White**, Pitman, und **Phillip S. Landis**, Glassboro, N. J., V. St. A., *Reaktionsprodukte aus N-alkylierten Polyalkylenpolyaminen* (I) *und Alkenylbernsteinsäureanhydriden* (II) dienen zur Herst. von *Antikorrosionsmitteln*. Sie entstehen durch Alkylieren von I mit höhermol. Alkylhalogeniden u. Erhitzen des Reaktionsprod. mit II in einem Lösungsmittel. — Prodd. aus Butyl-, Octyl-, Dodecyl-, Tetradecyl-, Hexadecyl-, Octadecyl- bzw. Cetylhalogeniden, Diäthylentriamin, Triäthylentetramin bzw. Tetraäthylenpentamin u. C_{6-8}-Alkenylbernsteinsäureanhydrid, C_{8-10}-Alkenylbernsteinsäureanhydrid bzw. C_{10-12}-Alkenylbernsteinsäureanhydrid. (**A. P. 2 638 450** vom 17/1. 1950, ausg. 12/5. 1953.) LANGER. H 950

Socony-Vacuum Oil Co., Inc., übert. von: **Ralph V. White**, Pitman, und **Henry D. Norris**, Woodbury, N. J., V. St. A., *Reaktionsprodukte aus Fettsäuren* (I), *Dialkanolaminen* (II) *und Alkenylbernsteinsäureanhydriden* (III) dienen zur Herst. von *Antikorrosionsmitteln*. Man setzt I mit II unter Erhitzen um u. erhitzt das Reaktionsprod. mit III. — Prodd. aus *Stearinsäure* bzw. *Ölsäure, Diäthanolamin* bzw. *Diisopropanolamin* u. C_{6-8}-Alkenylbernsteinsäureanhydrid, C_{8-10}-Alkenylbernsteinsäureanhydrid bzw. C_{10-12}-Alkenylbernsteinsäureanhydrid. (**A. P. 2 638 449** vom 30/12. 1949, ausg. 12/5. 1953.) LANGER. H 950

Stuart Co., Pasadena, Calif., V. St. A., *Aminocarbonsäuren aus Eiweißhydrolysaten* gewinnt man in kristalliner Form, wenn man gesätt. Hydrolysate nativer Proteine bei einem p_H-Wert von 4—6 mit einem organ. Lösungsm. versetzt, dessen Kp. höher als der des W. liegt u. das eine niedrigere DK. als W. hat, z. B. Milchsäureäthylester, u. das W. abdestilliert. (**E. P. 676 762** vom 3/9. 1947, ausg. 6/8. 1952. A. Prior. 9/9. 1946.) LANGER. H 950

E. I. du Pont de Nemours & Co., Wilmington, Del., übert. von: **Arthur O. Rogers**, Lewiston, N. Y., *Spaltung von dl-Lysin in die optisch-aktiven Komponenten* mittels einer opt.-akt. Glutaminsäure durch Kristallisation der Salze aus Methanol–W.-Gemischen bei $>40°$. — *l-Lysin-l-glutamat*, $[\alpha]_D^{22}$ +3,73. (**A P. 2 657 230** vom 17/9. 1952, ausg. 27/10. 1953.) LANGER. H 950

E. I. du Pont de Nemours & Co., übert. von: **Carl Martin Langkammerer**, Wilmington, Del., V. St. A., *Polytitanyl* (I)-*säureester* erhält man durch Rk. von Orthotitansäureestern der allg. Zus. $Ti(OR)_4$ (R = Alkyl, Cycloalkyl, Aryl u. Aralkyl C_1—C_{12}) mit 0,5—4 Mol einer wasserfreien gesätt. aliphat. Monocarbonsäure bei 50—100°. — Man erhält so z. B. aus $Ti(OC_2H_5)_4$ u. $Ti(OC_4H_9)_4$ (II) mit CH_3COOH viscose Fll. bis feste, in organ. Lösungsmitteln wie A. oder Bzl. lösl. Prodd.; aus $Ti(O\text{-iso-}C_3H_7)_4$

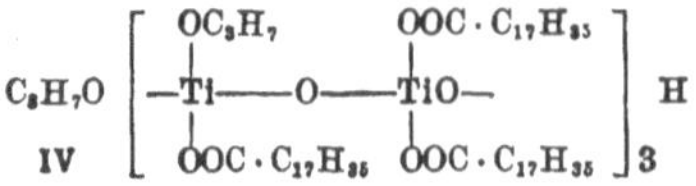

mit Stearinsäure (III) in Toluol ein wachsartiges I-*Sesquistearat* der Zus. **IV**; Mol.-Gew. gefunden 2880, berechnet 3171. — II + III → I-*Distearat* (V), F. 51,6—52,4°; Mol.-Gew. gefunden

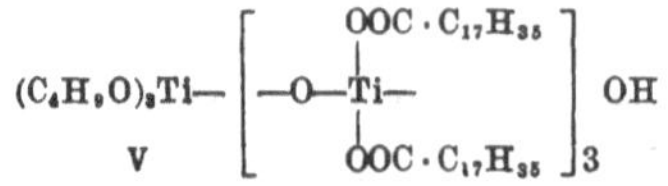

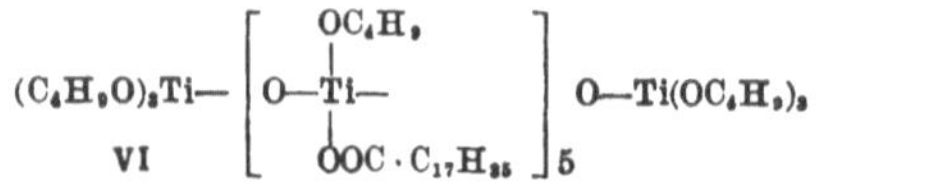

2290, berechnet 2177. — I-*Monostearat* (VI), F. 69,6—72,1°; Mol.-Gew. gefunden 2500, berechnet 2653. Weichmacher u. Modifikatoren für Kunstharze, die deren Härte steigern u. die Trockenzeit von mit ihrer Hilfe hergestellten Farben, Lacken, Emaillen u. bes. von Alkydharzen herabsetzen. (Vgl. APP. 2 621 194 u. 2 621 195, nachst. Reff.) (**A. P. 2 621 193** vom 27/6. 1950, ausg. 9/12. 1952.)

Müller-Meiningen. H 980

E. I. du Pont de Nemours & Co., Wilmington, Del., übert. von: **Joseph H. Balthis**, Mendenhall, Pa., V. St. A., *Polytitanyl* (I)-*säureester* erhält man durch Rk. eines Titansäurehalogenids (II) mit einer aliphat. gesätt. Monocarbonsäure C_8—C_{20} in Ggw. von 1—2 Mol W. je Mol **II** u. eines säurebindenden Mittels. — Man suspendiert z. B. 528 g Stearinsäure in 3000 cm³ n-Heptan (**III**), gibt 184,1 $(C_2H_5)_3N$ (**IV**) zu, kühlt mit Eis, läßt unter Rühren 172,6 $TiCl_4$ zutropfen, über Nacht bei n. Temp. stehen, gibt nochmals die gleiche Menge **IV**, 16,8 W. u. 500 cm³ **III** zu, rührt 16,5 Std. auf dem Wasserbad, filtriert **IV**-Hydrochlorid ab, leitet trockene Luft durch das Filtrat, entfernt **III** im Vakuum u. extrahiert die 360,2 Rohprod. 141 Std. bei 67° mit CH_3CN, wobei man mindestens 42% eines wachsartigen, bei n. Temp. in PAe. lösl. I-*Oxysesquistearats* (**V**) erhält. Mol.-Gew. gefunden 13400, berechnet 13187. — Ferner wird hergestellt: Ein entsprechendes *Distearat* (**VI**), $C_{180}H_{352}O_{26}Ti_5$, F. 54—55°; Mol.-Gew. gefunden 3140, berechnet 3172, u. aus $TiCl_4$ u. Laurinsäure das entsprechende *Sesquilaurat* (**VII**), $C_{300}H_{584}O_{74}Ti_{18}$, Mol.-Gew. gefunden 6130, berechnet 6142. Alle diese Verbb. sind wasserabstoßend u. gut lösl. in KW-stoffen, Chlor-KW-stoffen, Äthern u. dgl.; die Lsgg. dienen als Dispergatoren für Ruß, Pigmente u. dgl., zum Hydrophobieren von Geweben, ferner dienen die Verbb. zur Herst. von Metallrostschutzmitteln u. als Zusätze für Autoöle. Vgl. A. P. 2 621 193, vorst. Referat. (**A. P. 2 621 194** vom 26/7. 1950, ausg. 9/12. 1952.)

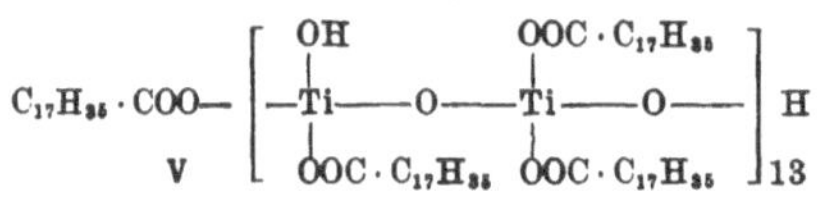

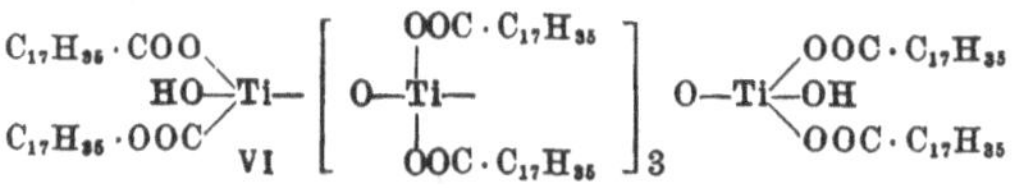

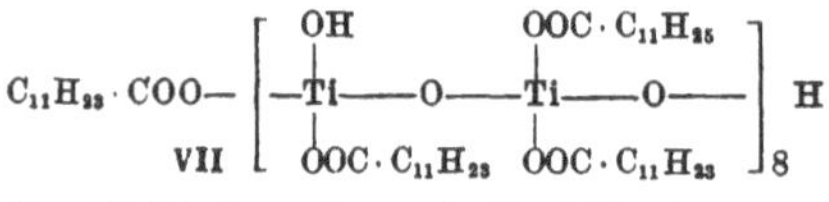

Müller-Meiningen. H 980

E. I. du Pont de Nemours & Co., Wilmington, übert. von: **John H. Haslam**, Arden, Del., V. St. A., *Herstellung von Polytitanyl* (I)-*säureestern* erfolgt ähnlich wie im A. P. 2 621 193 (vgl. vorvorst. Ref.), wobei jedoch statt von Ti-Halogeniden, hier von Estern der allg. Zus. $Ti(OR)_4$ ausgegangen wird. Man erhitzt z. B. 11,3 (lbs.) Stearinsäure (I) mit 5,6 $Ti(O\text{-iso-}C_3H_7)_4$ 2 Std. auf 50°, läßt bei n. Temp. unter Rühren 0,35 W. zutropfen, dest. im Vakuum bei 50° Isopropanol ab, läßt über Nacht kalt stehen, extrahiert das wachsartige Rohprod. mit CH_3CN u. erhält ein I-*Sesquistearat* mit 1,5 Mol I je Ti-Atom. — Weiter werden hergestellt: Ein I-*Monostearat*, -*laurat* u. I-*Mischester aus Sojaölfettsäuren*. Die Verbb. bzw. ihre Lsgg. in Chlf., Bzl., PAe., Toluol, Xylol u. dgl. besitzen oberflächenakt. Eigg. u. dienen zur Herst. von Reinigungs-, Schleif- u. Poliermitteln, Farben, Trockenreinigern, Schmiermittelzusätzen u. dergleichen. (**A. P. 2 621 195** vom 26/10. 1950, ausg. 9/12. 1952.)

Müller-Meiningen. H 980

Socony-Vacuum Oil Co., Inc., New York, N. Y. (Erfinder: **Robert Henry Krieble**, Schenectady, N. Y., und **William Irvin Denton**, Woodbury, N. J.), V. St. A., *Herstellung von Phenol* durch Oxydation von Bzl., dad. gek., daß eine Mischung aus Benzoldampf, einem O_2-haltigen Gas u. einem geringen Anteil einer H-haltigen organ. Verb. (**I**), die sich unter diesen Bedingungen in der Gasphase befindet u. unter diesen Bedingungen leichter H abgibt als Bzl., bei einem Druck von über 35 kg/cm² u. einer Temp. zwischen 343 u. 663° kontinuierlich durch eine Reaktionszone geleitet wird. Als I

dient Cyclohexan, Cyclohexanol, Cyclohexen, Tetrahydronaphthalin, Anilin u. n-Hexen. Alle diese Stoffe wirken als Beschleuniger. (**D. B. P. 896 652** Kl. 12q vom 28/9. 1950, ausg. 12/11. 1953. A. Priorr. 24/5. 1941 u. 30/11. 1944.)
SCHWECHTEN. H 1060

N. V. de Bataafsche Petroleum Mij., Den Haag (Erfinder: **Orris Lee Davis, Horace Shelburne Knight** und **John Rudd Skinner,** San Francisco, Calif., V. St. A.), *Halogenhydrinäther von Phenolen.* Phenole (I), bes. solche, die eine OH-Gruppe oder mehrere nicht benachbarte enthalten, werden mit halogenhaltigen Epoxyverbb. (**II**), bes. Epichlorhydrin, in Ggw. von $Ca(OH)_2$, einem Ca-Alkoholat oder einem Ca-Phenolat als Katalysator bei 50—100° umgesetzt, wobei pro (Mol) Ca-Verb. 1—10 W. vorhanden sein sollen u. auf jede OH-Gruppe des Phenols 10—50% der äquivalenten Menge Katalysator zugesetzt werden. Hohe Ausbeuten an Halogenhydrinäthern von Phenolen bei prakt. vollständiger Abwesenheit von Glycidäthern oder substituierten Phenolen. Die Reaktionsteilnehmer können bis zum 10fachen mit organ. Lösungsm., z. B. Methylisobutylketon, verd. sein. **I**: Phenol, Kresole, Xylenole, Resorcin, Hydrochinon, Phloroglucin, 2.2-Bis-(4-oxyphenyl)-propan, Bis-(4-oxyphenyl)-methan, 4.4'-Dioxydiphenyl, 1.4-Dioxynaphthalin, 9.10-Dioxyanthracen u. 1.3.6-Trioxynaphthalin. **II**: Epichlor-, Epibromhydrin, α-Methylepichlorhydrin, α.α-Diäthylepibromhydrin, β-Heptylepichlorhydrin, Epijod-, Epifluorhydrin, Chlormethylglycidäther, Glycidchloracetat, α-Cyclohexylepichlorhydrin, β-Phenylepibromhydrin, Glycidchlorbenzoat u. α-Allylepichlorhydrin. Katalysatoren: $Ca(OH)_2$, Ca-Äthylat, Ca-Phenolat, Ca-Octylat, Ca-Oxybutylat, Ca-Benzylat, Ca-Kresolate u. Ca-Xylenolate. — Z. B. erhitzt man ein Gemisch von 18 (Mol) Epichlorhydrin, 6 Phenol, 7 W. u. 0,87 $Ca \cdot (OH)_2$ 2 Std. auf 90° u. isoliert die Prodd. durch Abfiltrieren u. fraktionierte Dest. des Filtrates. 73% des Phenols sind in Äther umgesetzt. 72% davon bestehen aus Halogenhydrinäther u. 28% aus Diphenylglycerinäther, 15% des Epichlorhydrins sind in Glycerindichlorhydrin umgesetzt, welches durch Einw. einer Base wieder in Epichlorhydrin zurückverwandelt werden kann. (**D. B. P. 870 267** Kl. 12q vom 21/5. 1950, ausg. 12/3. 1953. A. Prior. 27/5. 1949.)
MATTHAES. H 1060

Soc. des Usines Chimiques Rhône-Poulenc, Paris (Erfinder: **Marcel Hannion** und **Igor Scriabine,** Lyon), Frankreich, *Herstellung von Hydrochinon durch katalytische Hydrierung von Chinon* in Ggw. von Wasserdampf bei 200—250°. Nach der Rk. kann der Wasserdampf mit erhaltenem Hydrochinon partiell kondensiert u. dieses aus der konz. Lsg. durch Abkühlung auskrist. werden. Die Rk. mit der theoret. Menge H_2 erfolgt quantitativ. Katalysatoren sind Ni, Co, Cu allein oder in Mischung. Neben Wasserdampf kann auch der Dampf eines organ. Lösungsm., wie Chlorbenzol, Bzl. u. A., zugegen sein. (**D. R. P. 751 910** Kl. 12q vom 31/7. 1942, ausg. 23/3. 1953. F. Prior. 8/12. 1941.)
MATTHAES. H 1060

Heinrich Koppers G. m b. H. (Erfinder: **Fritz Hitz**), Essen, *Entfernung von Phenolen aus Abwässern der Kohlen- oder Mineralöldestillation,* die neben dem Phenol noch saure organ. Verunreinigungen, wie Fettsäuren, enthalten. Es wird vor der Abtreibung der Phenole durch ein Traggas (Dampf) zur Abscheidung der Fettsäuren in der Vorwäsche eine Alkalilsg. benutzt, die durch elektrolyt. Zers. der mit fettsauren Salzen angereicherten ausgebrauchten Alkalilsg. unter Zers. der freigesetzten Fettsäuren in Gase gewonnen wurde. (**D. B. P. 870 697** Kl. 12q vom 11/11. 1939, ausg. 16/3. 1953.)
MATTHAES. H 1060

Riedel-de Haën Akt.-Ges., Seelze/Hann. (Erfinder: **Albrecht Heymons**, Berlin), *Aminoarylsulfonsäureacylamide* mit freien Aminogruppen im Arylrest entstehen durch Verseifung von Aminoarylsulfonylacylamidinen. — *p-Aminobenzolsulfonacetylamid.* Durch Verseifung von p-Aminobenzolsulfonylacetamidin mit verd. H_2SO_4. — Analog: *p-Aminobenzolsulfonbenzoylamid.* (**D. B. P. 906 097** Kl. 12q vom 8/4. 1941, ausg. 11/3. 1954.)
LANGER. H 1090

Universal Oil Products Co., Chicago, übert. von: **Richard M. Deanesly,** Hinsdale, Ill., V. St. A., *Abtrennen von Aldiminen und Ketiminen* (SCHIFFsche Basen) der Formel R—N=C (R',R'') (R u. R' = KW-stoffreste, R'' = H, Alkyl, C_6H_5, Alkenyl, Cycloalkyl). Die durch Kondensation von Aminen (Methyl-, Äthyl-, Butenyl-, Pentenyl-, Cycloalkyl-, Cyclohexyl-, Naphthenylamine) mit Ketonen oder Aldehyden (Methyläthyl-, Methylcyclohexyl-, Vinylmethylketon, Cyclohexanon, Äthylidenaceton, Mesityloxyd, Phoron, Acetophenon, Benzophenon, Form-, Acet-, Croton-, Benzaldehyd) erhaltene Reaktionsmischung wird zuerst in fl. Phase mit wasserfreien Alkali- oder Erdalkalicarbonaten teilweise entwässert u. dann im Gegenstrom mit wasserfreiem NH_3-Gas bei erhöhter Temp. behandelt, um die nichtumgesetzten Amine, Ketone u. Aldehyde zu entfernen. Die fl. Mischung wird dann noch mit festen

Alkalicarbonaten vollständig entwässert. — Vorr., Zeichnung. (**A. P. 2 583 729** vom 28/11. 1947, ausg. 29/1. 1952.) Krauss. H 1100

California Research Corp., San Francisco, übert. von: **Irving E. Levine,** Albany, Calif., V. St. A., *Herstellung von aromatischen Dicarbonsäuremonoestern* (**I**) erfolgt durch katalyt. Oxydation der entsprechenden Toluylsäureester von Alkanolen C_1-C_4 mit O_2-haltigen Gasen bei 300—500° F in An- oder Abwesenheit von Katalysatoren. Die entsprechenden gemischten Diester erhält man durch Rk. der **I** mit Alkanolen C_1-C_{20}, während man durch Hydrolyse von **I** die entsprechenden Dicarbonsäuren, wie *Phthal-*, *Isophthal-* u. *Terephthalsäure*, erhält. (**A. P. 2 653 165** vom 27/9. 1950, ausg. 22/9. 1953.) Müller-Meiningen. H 1220

British Drug Houses Ltd., London, England, *Substituierte Phenoxyessigsäuren* der Formel I, worin R = Cl, CH_3, C_2H_5, R_1 u. R_2 = H, Cl, CH_3 oder C_2H_5 bedeuten,

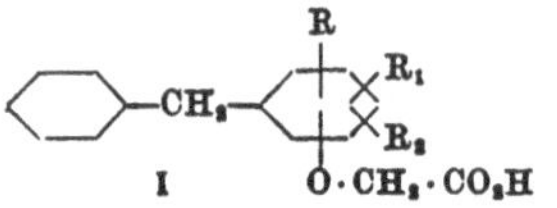

entstehen aus dem Alkalisalz des entsprechenden Phenols durch Rk. mit einem Alkalisalz oder Ester der Chloressigsäure, im letzteren Falle unter nachfolgender Verseifung der Estergruppe. — *2-Benzyl-p-chlorphenoxyessigsäure.* Beim Kochen von p-Chlor-o-benzylphenol mit Chloressigsäure in alkoh. KOH, F. 109°. — Analog: *2-Benzyl-4-chlor-3.5-dimethylphenoxyessigsäure,* F. 153°. — *2-Benzyl-4.6-dichlorphenoxyessigsäure,* F. 124°. (**E. P. 690 816** vom 2/1. 1950, ausg. 29/4. 1953.) Langer. H 1250

Dow Chemical Co., Midland, Mich., V. St. A., *Reinigung von technischen phenoxyaliphatischen Monocarbonsäuren,* wie Phenoxy-, 4-Chlorphenoxy-, 2-Methylphenoxy- u. 2-Chlorphenoxyessigsäure, erfolgt durch Behandlung einer Suspension oder Lsg. eines Alkalisalzes einer solchen Säure bei einem p_H von mindestens 11 mit mindestens 1 Gew.-% Alkalihypochlorit. Entfernung von dessen Überschuß mit H_2O_2 u. Ansäuern der Mischung auf mindestens p_H 5. (**E. P. 698 022** vom 29/11. 1951, ausg. 7/10. 1953. A. Prior. 5/7. 1951.) Müller-Meiningen. H 1250

Allied Chemical & Dye Corp., New York, N. Y. (Erfinder: **Leon Oscar Winstrom,** East Aurora, N. Y., und **William Birch Harris,** Benson, Ariz.), V. St. A., *Regenerieren von Nickelsulfid enthaltenden Katalysatoren,* die bes. zur *Red.* von *aromat. Nitroverbb.* dienen. Man behandelt den Katalysator zunächst mit einem O_2 enthaltenden Gas bei 300—700°, bes. bei 300—500°, u. dann, ohne eine Sulfidierung vorzunehmen, mit einem H_2 enthaltenden Gas bei 200—700°, bes. bei 300—500°. — Beispiel: Red. von Nitrobenzol zu *Anilin.* (**D. B. P. 908 971** Kl. 12q vom 12/12. 1951, ausg. 12/4. 1954. A. Prior. 29/12. 1950.) Langer. H 1310

Parke, Davis & Co., Detroit, Mich., V. St. A. (Erfinder: **Robert Michel Jacob,** Ablon, und **Jacques Robert,** Paris, Frankreich), *Racemische und optisch-aktive* DL-, D- *und* L-*threo-1-(4'-Nitrophenyl)-2-dichloracetylamino-1.3-dichlorpropane* der Formel **I.** DL-, D- oder

$NO_2—C_6H_4—CH(Cl)—CH—CH_2Cl$
$\qquad\qquad\qquad\qquad |$
I $\qquad\qquad\qquad NH—CO—CHCl_2$

L-threo-1-(4'-Nitrophenyl)-2-dichloracetylamino-3-chlorpropanol-(1); -2-dichloracetylaminopropandiol-(1.3) u. DL-, D- oder L-threo-2-Dichlormethyl-4-[(4'-nitrophenyl)-oxymethyl]-oxazolin-(2) werden mit trockenem HCl bei 100° in einem wasserfreien Lösungsm. (Dioxan) behandelt oder man läßt auf DL-, D- oder L-allo-1-(4'-Nitrophenyl)-2-dichloracetylamino-3-chlorpropanol-(1) oder -allo-2-Dichlormethyl-4-[(4'-nitrophenyl)-oxymethyl]-oxazolin-(2) $SOCl_2$ einwirken. — DL-allo-2-Dichlormethyl-4-[(4'-nitrophenyl)-oxymethyl]-oxazolin-(2), F. 167°, gibt nach 1½ std. Erhitzen mit $SOCl_2$ *DL-threo-1-(4'-Nitrophenyl)-2-dichloracetylamino-1.3-dichlorpropan,* F. 136 bis 137°. — *L-threo-1-(4'-Nitrophenyl)-2-dichloracetylamino-1.3-dichlorpropan,* F. 152 bis 152,5°; $[\alpha]_D^{22}$ +9°20'±20' (c = 6%, Essigsäureäthylester). — *D-threo-Verb.,* F. 151,5—152°; $[\alpha]_D^{22}$ —9° 18'±16' (c = 6% Essigsäureäthylester). (**D. B. P. 861 839** Kl. 12o vom 3/3. 1951, ausg. 5/1. 1953. F. Prior. 7/7. 1950.) Krauss. H 1310

General Aniline & Film Corp., New York, übert. von: **Jesse Werner,** Brooklyn, N. Y., V. St. A., *Reduktion von Mononitrohalogenbenzolen,* die ein Halogenatom in o- oder p-Stellung zur Nitrogruppe haben, geschieht mit $NaHSO_3$ (**I**) in W. in Ggw. eines aromat. tert. Amins. — *2-Chlor-5-amino-1.4-dimethoxybenzol* mit **I** in W. in Ggw. von Pyridin bei 95°, F. 118—119°. (**A. P. 2 631 167** vom 3/3. 1950, ausg. 10/3. 1953.) Langer. H 1320

Standard Oil Development Co., übert. von: **Delmer L. Cottle,** Highland Park, und **David W. Young,** Westfield, N. J., V. St. A., *Reindarstellung von p-Acylaminophenolen,* die als *Antioxydantien* dienen, geschieht mittels Isopropylalkohol (**I**). — *p-Lauroylaminophenol* (**II**). Man kocht p-Aminophenol mit Cocosnußölsäure in Xylol, kühlt auf 90°, versetzt mit **I**, kocht u. fällt **II** mit W. aus. F. 121°. — Analog: *p-Palmitoylaminophenol,* F. 128—129°. (**A. P. 2 625 557** vom 30/6. 1951, ausg. 13/1. 1953.) Langer. H 1320

X. Färberei. Organische Farbstoffe.

H.-D. Schulz-Methke, *Die Farbkennzeichnung in der neuen DIN-Farbenkarte.* Vf. interpretiert die von RICHTER vorgeschlagene, physiol. gleichabständig aufgebaute Farbenkarte Entwurf DIN 6164 u. diskutiert, ob ein auf physiol. Experimenten aufgebautes Syst. überhaupt normungsfähig ist. (Reyon, Zellwolle andere Chemiefasern **32.** 166—71. März 1954. Berlin, Fa. Dr. B. Lange.) DOSSMANN. 7000

Friedrich Klein, *Neue saure Egalisierfarbstoffe mit guten Gebrauchsechtheiten.* Kurzer Bericht über ein neues Sortiment egalisierender Wollfarbstoffe der BADISCHEN ANILIN- & SODA-FABRIK. Die angeführten Farbstoffe lassen sich wie gewöhnliche saure Farbstoffe färben. (Färber-Ztg. **7. 104.** Mai 1954.) P. ECKERT. 7020

—, *Die Zeit- und Temperaturkontrolle bei der Stückfärbung.* Um die durch Unachtsamkeit u. Nichteinhaltung des verlangten langsamen Temperaturanstiegs verursachten Fehler auszuschalten, wird die Verwendung automat. Meß- u. Regelgeräte in der Stückfärberei empfohlen. (Fibre e Colori **3.** 389—90. Okt. 1953.) R. K. MÜLLER. 7020

M. Bräuer, *Versuche über die Wirkung von Schall und Ultraschall in Färbebädern.* Inhaltlich ident. mit der C. **1952.** 6932 referierten Arbeit. (Fibre e Colori **2.** 321. Aug. 369. Sept. 1952.) R. K. MÜLLER. 7020

L. Drijvers, *Das Färben von Textilfasern bei hoher Temperatur.* Inhaltlich ident. mit den C. **1952.** 5010. 7574; C. **1953.** 2998. 3153; C. **1954.** 7518 referierten Arbeiten. (Tinctoria [Milano] **49.** 357—65. Nov. 1952.) R. K. MÜLLER. 7020

—, *Die Färbung schwerer Baumwollgewebe mit Indanthrenfarbstoffen in tiefen Farbtönen.* Anweisungen für das Färben im Klotzverff. unter Verwendung der üblichen App. mit einer Liste der anwendbaren Farbstoffe. (Fibre e Colori **3.** 391—93. Okt. 1953.) R. K. MÜLLER. 7020

E. I. du Pont de Nemours & Co., übert. von: **Frank D. Marsh,** Wilmington, Del., V. St. A., *Herstellung von Mischpolymerisaten aus Vinylestern und ungesättigten tertiären Aminoverbindungen.* Man polymerisiert einen Vinylester einer aliphat. Monocarbonsäure, bes. Vinylacetat, mit einem amido-N-freien, N.N-disubstituierten ungesätt. Amin, bes. N.N-Dimethylallylamin u. N.N-Dimethyl-β-(vinyloxy)-äthylamin, in Ggw. eines Katalysators, z. B. Azo-bis-isobutyronitril, bei 10—150°. Das Reaktionsprod. kann durch Kochen mit NaOH hydrolysiert werden. — *Färbereihilfsmittel.* (**A. P. 2 628 221** vom 3/4. 1951, ausg. 10/2. 1953.) LÜTTGEN. 7008

Sherwin-Williams Co., Cleveland, Ohio, übert. von: **Joseph M. Kuhn,** Haddonfield, N. J., V. St. A., *Emulsion zum Färben von Textilien.* Sie enthält einen harzartigen Binder aus wasserunlösl. Celluloseäther, z. B. Äthylcellulose, ein wasserunlösl. alkyliertes Melamin–Aldehyd-Harz u. einen nichtflüchtigen Weichmacher. In dem Binder ist ein unlösl. Pigment dispergiert. Die äußere Phase der Emulsion besteht aus W., sie ist frei von wasserunlösl. organ. Lösungsmitteln (I) u. enthält weniger als 5% wasserlösl. organ. I. (**A. P. 2 627 507** vom 20/7. 1951, ausg. 3/2. 1953.) v. SCHILLER. 7021

Celanese Corp. of America, New York, N. Y., übert. von: **George C. Ward,** Cumberland, Md., V. St. A., *Färben von Mischgeweben aus Cellulosederivaten und Wolle.* Man behandelt das Material in einem Färbebad, das einen Farbstoff enthält, der Affinität für Cellulosederivv. besitzt u. diese anfärbt, u. anschließend 10—60 Min. in einem Bad, das 0,5—4% eines Ti-Salzes (I) enthält bei 25—60°, wodurch die mit angefärbten Wollfasern entfärbt werden. Anschließend färbt man letztere mit einem Wollfarbstoff. Es werden so lichtechtere Färbungen erhalten als beim Färben mit einem Farbstoff u. ohne die Behandlung mit I. (**A. P. 2 626 202** vom 26/1. 1951, ausg. 20/1. 1953.) v. SCHILLER. 7021

Lankro Chemicals Ltd., Salters Lane, Eccles, Manchester, England, *Bedrucken von Textilien* nach dem Siebdruckverf., wobei das zu bedruckende Material auf langen Tischen mit einem wasserabstoßenden Klebemittel befestigt wird, dad. gek., daß letzteres aus einem Polymerisat eines höheren Alkylmethacrylats (**I**) eines acycl. aliphat. Alkohols (**II**) mit 6—12 C-Atomen besteht, z. B. 2-Äthylhexylmethacrylat, oder aus einem Mischpolymerisat von **I** mit einem niederen Alkylacrylat oder Methacrylat eines **II** mit weniger als 6 C-Atomen, z. B. n-Hexylmethacrylat u. Methylmethacrylat. Das Klebemittel kann in einem organ. Lösungsm. oder in wss. Emulsion aufgebracht werden. (**E. P. 680 272** vom 27/12. 1950, ausg. 1/10. 1952.) v. SCHILLER. 7023

Otto Fritz Schulz und **Percy Hans Fickel,** Offenbach a. M., *Wasserunlösliche Monoazofarbstoffe.* Amine der allg. Formel **I** werden mit Aryliden von 2-Oxynaphthalin-

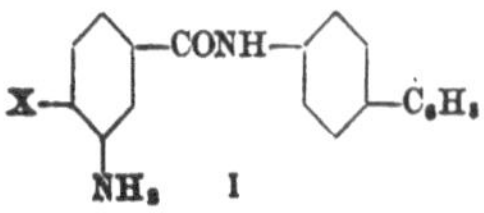
I

3-carbonsäure gekuppelt, die keine wasserlösl. machenden Gruppen enthalten. Hierbei bedeutet X ein Halogenatom, eine Alkyl- oder Alkoxygruppe. Rote bis rotviolette Farbstoffe, die bes. zum Färben von Kunststoffen u. Spinnlsgg. geeignet sind. — Beispiel: 1-Amino-2-methoxybenzol-5-carboyl-4′-aminodiphenyl wird gekuppelt mit 1-(2′.3′-Oxynaphthoylamino)-2.4-dimethoxy-5-chlorbenzol. (**E. P. 679 275** vom 14/4. 1950, ausg. 17/9. 1952. D. Prior. 4/5. 1949.) KALIX. 7053

Bozel-Maletra, Soc. Industrielle de Produits Chimiques, Paris, *Diazotierung von Aminobenzoesäureestern.* Es werden nicht die Ester selbst, sondern ihre Aminsalze, bes. die Sulfate, diazotiert, u. zwar in wss., A.-freien Lsgg. unter sehr starker Kühlung. Hierzu werden die Salze in einer H_2SO_4-Lsg. von -20^0 — gelöst (oder suspendiert), eine HNO_2-Lsg. unter starkem Rühren möglichst rasch zugegeben u. dauernd so gekühlt, daß die Temp. des Reaktionsgemisches nie über 0^0 steigt. Dadurch wird eine Verseifung der Ester vermieden. (**E. P. 663 870** vom 30/9. 1948, ausg. 27/12. 1951. F. Prior. 20/12. 1947.) KALIX. 7053

Farbwerke Hoechst Akt.-Ges., vormals Meister Lucius & Brüning (Erfinder: **Fritz Osterloh**), Frankfurt/M., *Saure Farbstoffe der Anthrachinonreihe.* Man kondensiert 1-Amino-4-bromanthrachinon-2-sulfonsäure (I) mit Naphthylmercaptanen. Die erhaltenen Wollfarbstoffe, auch geeignet zum Färben von Polyamidfasern, zeichnen sich durch große Ausgiebigkeit, gute Säurewalkechtheit u. sehr gutes Ziehvermögen aus. — Kondensiert man 50 (Gewichtsteile) 8-Chlor-1-naphthylmercaptan-Na in wss.-alkal. Lsg. mit 80 I bei ca. 70°, so erhält man rotviolette Nadeln, die nach Reinigung mit verd. HCl in violetten Tönen färben. In ähnlicher Weise kann man weitere Farbstoffe erhalten durch Rk. von I u. 5-Chlor-1-naphthylmercaptan, färbt violett; Naphthalin-2-mercaptan, färbt bordeauxrot. (**D. B. P. 892 042** Kl. 22b vom 8/6. 1951, ausg. 5/10. 1953.) ROICK. 7059

Celanese Corp. of America, New York, N. Y., übert. von: **Victor S. Salvin,** Irvington, und **Edward F. Landau,** Morristown, N. J., V. St. A., *β-Oxäthylthioanthrachinone.* Man erhitzt 1-Amino-2-sulfo-4-bromanthrachinon mit 2-Mercaptoäthanol 3—8 Std. unter Rückfluß in verd. NaOH. Der erhaltene Farbstoff der Zus. I besitzt eine gute Affinität für Acetatkunstseide (E) u. färbt sie in wasch- u. rauchgasechten, leuchtend blaustichigroten Tönen. Durch Acylieren mit niedrigen aliphat. Säuren, wie Essig-, Propion-, Butter- oder Valeriansäure, erhält man weitere Farbstoffe. 1-Acetylamino-2.4-di-β-oxäthylthioanthrachinon färbt E wasch- u. rauchgasecht orangerot.

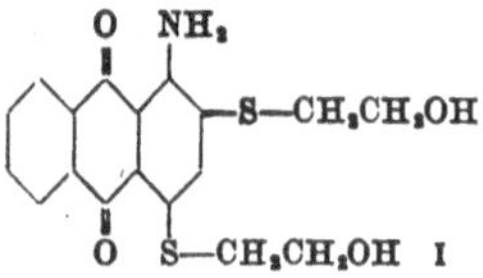
I

Außer E können auch andere Celluloseester u. -äther sowie Polyamide u. -urethane mit den neuen Farbstoffen gefärbt werden. (**A. P. 2 640 060** vom 9/9. 1949, ausg. 26/5. 1953.) ROICK. 7059

Albert Sander, Essen, *Aminophthalocyanine* erhält man dadurch, daß man die entsprechenden Nitrophthalocyanine, zweckmäßig bei ca. 40—60°, durch Einw. eines gegebenenfalls vorher ineinandergelösten Gemisches von S u. rauchender H_2SO_4 reduziert. Nach beendeter Red. verd. man vorsichtig mit W. bis zu einer ca. 70%ig. H_2SO_4-Lsg., filtriert überschüssigen S u. Verunreinigungen ab, fällt aus dem Filtrat durch weiteres Verdünnen mit W. das reine Aminophthalocyanin aus, filtriert, wäscht neutral u. trocknet. — Beschrieben ist die Herst. von: Tetra-(4)-aminophthalocyanin-Cu, in konz. H_2SO_4 gelbgrün lösl., gibt mit Nitrit in stark salzsaurer Lsg. die grünblau lösl. Diazoverb., beim Erhitzen mit Benzoylchlorid die dunkelgrüne Tetrabenzoylaminoverb. (I), die fein verteilt, Kunststoffe licht-, hitze- u. lösungsmittelecht leuchtend blaugrün färbt; Tetra-(3)-aminophthalocyanin-Cu; das metallfreie Tetra-(4)-aminophthalocyanin, grünblaues Pulver, das mit Alkalien nach Grün umschlägt, der Farbton des lichtechten benzoylierten Prod. ist gegenüber I nach Grün verschoben. (**D. B. P. 890 109** Kl. 22e vom 5/2. 1943, ausg. 17/9. 1953.) ROICK. 7073

Ciba Akt.-Ges. (Erfinder: **Robert Stocker** und **Armin Bucher**), Basel, Schweiz, *Schwermetallverbindungen der Phthalocyaninreihe.* Man kann die Rk. unter Erzielung guter Ausbeuten beschleunigen, wenn man bei der Herst. der Farbstoffe durch Erhitzen von aromat. o-Dinitrilen (I) oder aromat. Verbb., die unter den Umsetzungsbedingungen in I übergehen, mit schwermetallabgebenden Mitteln in Ggw. von indifferenten organ. Verdünnungsmitteln dem Reaktionsgemisch kleine Mengen alkal. wirkender stickstoffreier Verbb. der Alkali- u. Erdalkalimetalle, z. B. die Oxyde, Hydroxyde, Carbonate, Phosphate, Tetraborate, Silicate oder Salze mit organ. Säuren, wie Formiate oder Acetate, als reaktionsfördernde Stoffe beifügt. (**D. B. P. 890 405** Kl. 22e vom 10/5. 1939, ausg. 17/9. 1953. Schwz. Prior. 13/3. 1939.) ROICK. 7073

XIa. Farben. Anstriche. Lacke. Naturharze.

W. Roever, *Bleicyanamid, ein Rostschutzpigment.* Beschreibung der Eigg. des Pigments u. Angaben über seine Verwendungsmöglichkeiten. (Metall 7. 876—77. Nov. 1953. Duisburg.) VIER. 7092

C. B. Croston, I. L. Tubb, J. C. Cowan und **H. M. Teeter,** *Polymerisierung von trocknenden Ölen. 6. Mitt. Katalytische Polymerisierung von Fettsäuren und Estern mit Bortrifluorid und Fluorwasserstoff.* Unter Hinweis auf die katalyt. Eigg. von BF_3 u. seinen Komplexen mit sauerstoffhaltigen organ. Verbb. (Polymerisierungen, Alkylierungen, Kondensationen, Umlagerungen) sowie von Fluorwasserstoff werden Verss. mit Sojaölfettsäuren bzw. ihren Methylestern unter weiter Variierung der Arbeitsweise durchgeführt; als Ziel wird eine möglichst hohe Ausbeute an Trimeren u. höheren Polymeren erstrebt. Herst. der Ester durch Methanolyse von Sojaöl (NaOH als Katalysator), der Sojafettsäuren durch Verseifung des Öles; BF_3 u. HF sind Prodd. des Handels; Herst. des Methylätherbortrifluorids nach KOLKA u. VOGT (J. Amer. chem. Soc. **61.** [1939.] 1463); in ähnlicher Weise werden die BF_3-Verbb. mit A., Dioxan u. Tetrahydrofuran dargestellt. Durchführung der Polymerisierung im Glaskolben (Rückfluß) unter Einleiten des gasförmigen Katalysators (bestimmte Menge) u. rasches Erhitzen auf die gewünschte Temp.; Entnahme von Proben in gewissen Zeitabständen u. annähernde Best. des Geh. an Polymeren (Rückstand nach der Dest. bei 250° u. 1 mm Druck). Aus den tabellenmäßig u. graph. dargestellten Ergebnissen wird abgeleitet, daß bei Anwendung von 2% BF_3 bei 150—200° innerhalb 1 Std. 50—60% der Methylester polymerisiert sind (viscose Fl. von dunkler Farbe u. hoher SZ. mit wenig Dimeren gegenüber den höheren Polymeren). In ähnlicher Weise wirken die BF_3-Äther (Prodd. von hellerer Farbe). HF muß in sehr hoher Konz. angewendet werden (wenigstens beim Erhitzen auf 100°); die Prodd. haben helle Farbe u. niedrige Säurezahl. (J. Amer. Oil Chemists' Soc. **29.** 331—33. Aug. 1952. Peoria, Ill., Northern Regional Res. Labor.) TÄUFEL. 7096

Wm. Howlett Gardner, *Copolymere des Maleinanhydrids.* Besprochen werden: Copolymere auf Basis von Cyclopentadienaddukten mit Styrol (I), von ungesätt. Alkyden mit I u. von Glykolbismaleat mit I. Derartige Harzkompositionen finden Verwendung zur Wiederherstellung alter Holzboote. (Amer. Paint J. **37.** Nr. 29. 56. 58. 60. 6/4. 1953. New York, N. Y., Allied Chemical and Dye Corp., Nat. Aniline Div.) STEINER. 7096

Benjamin Farber, *Matte Alkydanstriche.* Allg. Ausführungen über matte Maueranstriche mit Alkydharzen. Rezeptbeispiele, die durch niedrigen Geh. an Feststoffen (25—30%) u. Zusätze von Seifenlsgg., Al-Stearat u. Sojalecithin ausgezeichnet sind. (Amer. Paint J. **37.** Nr. 28. 66. 68. 70. 30/3. 1953. Long Island City, N. Y., Farnow Varnish Works.) STEINER. 7106

Francis K. Wilson, *Gleichmäßige, matte Maueranstrichfarben.* Bei Maueranstrichen mit Alkydharzen läßt sich eine Pigmentabscheidung (sogenanntes Ausblauen) durch Zugabe von Netzmitteln verhindern. (Amer. Paint J. **37.** Nr. 28. 82. 84. 30/3. 1953. San Francisco, City College.) STEINER. 7106

Gerould Allyn, *Acrylharzemulsionen für Wasserfarben.* Die zur Herst. von Latexfarben verwendeten Polymethacrylate sind dem *Plexiglas* (*Lucite*) chem. sehr ähnlich. Die Herst. der Farben geschieht durch Zumischen der Acrylharzemulsion zum dispergierten Pigment u. Einstellung auf p_H 9,4 mit wss. NH_3. Rezeptbeispiele werden angeführt. Die Eigenstabilität der Farben macht Zusätze unnötig. Nach Aufstrich sind die Farben haltbar u. schon nach wenigen Std. abriebfest aufgetrocknet. (Amer. Paint J. **37.** Nr. 36. 80. 82. 84. 86. 88. 90. 25/5. 1953. Philadelphia, Pa., Rohm & Haas Co.) STEINER. 7106

Imperial Chemical Industries Ltd., London, übert. von: **Francis Russell Harrison** und **Harry James Twitchett,** Manchester, England, *Pigmentfarbstoffe zur Anfärbung von Kunstharzen* stellen die Ca-, Ba-, Sr-, Mg-, Al-, Mn-, Zn- u. Pb-Salze von Verbb. der Formel I dar, wobei R für H oder Methyl steht. Man erhält sie bei der Rk. der durch alkal. Kupplung entstandenen Na-Salze mit Lsgg. von Salzen der betreffenden Metalle bei hoher Temp. oder durch Kupplung in Ggw. der entsprechenden Metallsalze. (**E. P. 691 475** vom 24/4. 1950, ausg. 13/5. 1953.) KALIX. 7093

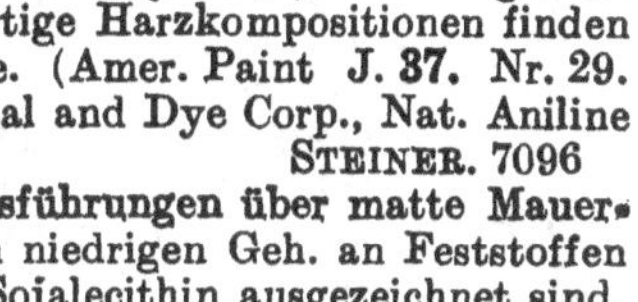

Peinturex Akt.-Ges., Zürich, Schweiz, *Herstellung eines Abbeizmittels für Anstriche,* bes. auf Nitrolack-, Kunstharz- oder Chlorkautschukgrundlage. Man löst in einem

Gemisch von 800—1000 (Gewichtsteilen) (900) Aceton, 600—800 (700) Methylacetat, 400—600 (500) Trichloräthylen, 500—700 (600) 1.2-Dichloräthan u. 800—1000 (900) Mesityloxyd 124—205 (144—180) Nitrocellulose u. setzt dieser Lsg. 161—258 (187 bis 227) Paraffin u. 258—430 (299—378) Türkischrotöl zu u. darauf ein dickfl. Gemisch aus 182—749 (424—440) Stärke, (85—88) W. u. 50%ig. NaOH. (**Schwz. P. 292 806** vom 7/7. 1948, ausg. 16/11. 1953.) GRÄGER. 7101

American Cyanamid Co., New York, N. Y., übert. von: **Richard Lindenfelser** und **Martha Katherine Kilthau**, V. St. A., *Schutzfilme für geschichtete Flächen*, die z. B. Papier-, Gewebe- oder andere Schichten enthalten u. gegebenenfalls dekoriert, z. B. bedruckt, sind. Unter Mitverwendung von 10—40% Polyvinylweichmacher verwendet man ein kondensiertes Harz aus 1—4 (Mol) 4.6-Diaminotriazin u. 1 Aldehyd, das bei p_H 4—11, bes. 6—9, u. 60—200° erhalten wurde. Als Weichmacher ist ein hydrolysiertes Polyvinylacetat mit 3,5—25, bes. 4,5—15% freien OH-Gruppen geeignet u. als Triazin: Benzo-, Tolu-, Phenylacetoguanamin oder N.N-Diallylmelamin. Das z. B. in A. gelöste Gemisch ergibt kratzfeste u. nichtschrumpfende *Überzüge*. (**E. P. 693 051** vom 7/12. 1950, ausg. 24/6. 1953. A. Prior. 25/1. 1950.) MÖLLERING. 7107

Farbwerke Hoechst Akt.-Ges., vormals Meister Lucius & Brüning (Erfinder: **Hans-Joachim Hahn**), Frankfurt/M., *Für Lacke und Glaszwischenfolien geeignete Polyvinyl(iso)butyraldehydacetale* erhält man aus Lsgg. von Polyvinylestern, bes. Polyvinylacetat (**I**), in mit W. mischbaren Alkanolen (oder deren Gemisch mit Alkylestern), indem man in Ggw. katalyt. Mengen Alkali teilweise verseift u. in Ggw. saurer Katalysatoren, wie Mineralsäuren oder deren sauren Salzen, mit (Iso)-Butyraldehyd (**II**) kondensiert. — 350 (Teile) **I** werden, in 530 CH_3OH gelöst, mit 1 NaOH in 10 CH_3OH bei 60° zu 80% verseift. Der Ansatz wird mit 180 **II** u. 79 HCl-Lsg. (30%ig) versetzt u. 8 Std. bei 60° kondensiert. Aus der verd. Lsg. fällt beim Eindüsen von W. Polyvinylbutyraldehydacetal als feinkörniges Pulver aus, das sich in Alkoholen u. Estern löst u. als *Lack* geeignet ist. (**D. B. P. 899 864** Kl. 39c vom 24/4. 1951, ausg. 17/2. 1953.) MÖLLERING. 7107

E. I. du Pont de Nemours & Co., Wilmington, übert. von: **Paul S. Pinkney**, Niagara Falls, N. Y., **Burt C. Pratt** und **Winston J. Wayne**, Wilmington, Del., V. St. A., *Mischpolymerisate*. Die Lsg. einer Mischung aus Äthylen, Alkylacrylat u. einem Alkylmonoester der Formel I, worin R = H oder ein KW-stoffrest mit 1—18 C-Atomen, R′ = KW-stoffrest mit 1—20 C-Atomen, bes. Methyl-, Äthyl-, Propyl-, Butyl-, Decyl-, Dodecyl- u. Octadecylmaleate u. -fumarate, in Bzl. oder tert.-Butylalkohol wird in Ggw. von 0,1% Katalysatoren, wie Benzoylperoxyd oder α.α′-Azodiisobutyronitril, bei 400—1500 atü u. Tempp. von 60—160° polymerisiert. Die erhaltenen Polymerisate liefern *Anstrichmittel* für Fußböden u. Laboratorien, welche elast., temperaturbeständige Filme ergeben, die gegen W., trockene Hitze, aromat. KW-stoffe, Erdöl u. pflanzliche Öle beständig sind. (**A. P. 2 599 123** vom 18/8. 1950, ausg. 3/6. 1952.) SEIZ. 7107

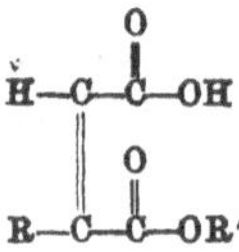

I

Canadian Industries Ltd., Montreal, übert. von: **Gordon Hart Segall** und **John Francis Clemow Dixon**, McMasterville, Can., *Styrolmischpolymerisate*. Eine Mischung aus 70—95 (Teilen) Styrol (I) u. 0—20 eines niederen Alkylesters der Acrylsäure wird zusammen mit einem Diphenylenpropandiglycidyläther (**III**) in Ggw. von 0,5% oragn. Aminen oder quaternären NH_3-Verbb. als Katalysatoren bei 150° polymerisiert. Die erhaltenen Polymerisate sind in Lösungsmitteln unlöslich. Sie dienen unter Zusatz von Farbstoffen, Pigmenten u. Weichmachern als *Lacke*, *Anstrichmittel* u. *Klebstoffe*. — Z. B. löst man 47,5 (Teile) **I** u. 2,5 **II** in 25 Amylacetat u. 255 hochsd. KW-stoffen u. erhitzt 16 Std. in Ggw. von 1 Benzoylperoxyd. Zu 5 dieser Lsg. setzt man 0,625 **III** (hergestellt durch Kondensation von Phenol u. Aceton in Ggw. von Säurekatalysatoren u. Nachbehandlung mit Epichlorhydrin in Ggw. von Trimethylbenzylammoniumacetat) u. erhitzt 30 Min. auf 150°. Das hergestellte Polymerisat ergibt in Aceton unlösl. Filme. (**A. P. 2 604 464** vom 31/5. 1951, ausg. 22/7. 1952. Can. Prior. 3/3.1949.) SEIZ. 7107

British Cellophane Ltd. (Erfinder: **William Berry** und **Charles Robert Oswin**), Bridgwater, England, *Herstellung von Polituren auf porösen Oberflächen von Holz, Pappe, Papier, Keramik usw.* Man trägt auf die Oberflächen kalt härtende Harze, z. B. ungesätt. Polyester zweibas. Säuren in Styrol oder fl. Phenol–Aldehyd-Harze, auf u. bedeckt den Aufstrich mit einer glatten, biegsamen Folie, die am Harz nicht festklebt. Nach Beendigung der Härtung wird die Folie abgezogen. (**E. P. 686 385** vom 6/7. 1949, ausg. 21/1. 1953.) LÜTTGEN. 7107

George B. Heckel, Pitture, vernici, smalti. Guida pratica. Fabbricazione, applicazione. Traduzione della 12a edizione americana a cura di **Giorgio Balbi**. Milano: U. Hoepli. 1953. (VIII+257 S.) L. 650,—

XIb. Plaste (Kunstharze. Plastische Massen).

Ignacio Puig, *Identifizierung und neue Anwendungen einiger Kunststoffe.* Aus der Bldg., Farbe u. Geruch der Flamme lassen sich Schlüsse auf die Natur der verschied. Kunststoffklassen ziehen, wie im einzelnen dargelegt wird. Als Anwendungsbeispiele für Kunststoffe werden Ziegel, Wandverkleidungen u. Rohrleitungen besprochen. (Goma [2] **2.** Nr. 13. 6—8. Jan. 1954.) R. K. MÜLLER. 7210

J. W. Tamblyn und **G. M. Armstrong,** *Modifikation des Atlas Twin-Arc Weather-Ometer.* Der App. dient zur Unters. der Wetterbeständigkeit, bes. der Beständigkeit gegenüber Sonnenlicht, von plast. Stoffen. Der bisher benutzte App. bestand in der Hauptsache aus zwei Kohlebogenlampen, die in Borsilicatglaskugeln eingeschlossen waren. Da in dieser Strahlung gegenüber dem Sonnenlicht zu wenig UV-Strahlung vorhanden ist, montierten Vff. in den App. noch 8 20-W WESTINGHOUSE-Fluorescenzlampen ein. Einige Beispiele für die Anwendung werden angeführt. (Analytic. Chem. **25.** 460—65. März 1953. Kingsport, Tenn., Div. of Eastman Kodak Co., Tenn. Eastman Co., Res. Labor.) GOTTFRIED. 7210

Dornbusch & Co. (Erfinder: **Paul Dornbusch,** Krefeld), *Bedrucken von dünnen thermoplastischen Kunststoffolien.* Um ein Verzerren der Folie zu vermeiden, wird diese beim Druckvorgang an der Gegendruckwalze zum Haften gebracht. Dazu kann die Folie so weit erwärmt werden, daß sie klebrige Eigg. annimmt, oder die Gegendruckwalze besteht aus klebendem Kautschuk, oder diese kann mit stat. Elektrizität aufgeladen werden, so daß sie die Folie anzieht. (**D. B. P. 898 908** Kl. 15k vom 5/9. 1951, ausg. 7/12. 1953.) LAASS. 7171

E. I. du Pont de Nemours & Co., übert. von: **John F. Lontz,** Wilmington, Del., V. St. A., *Polymerisate aus Polytetrafluoräthylen* (I). Dispersionen mit einem Geh. an 10—50% I werden nach Beendigung der Polymerisation durch Zusatz von Aceton oder Methanol koaguliert, gewaschen, getrocknet u. zur Herst. von Filmen, Folien u. anderen Artikeln auf Kalandern durch Erhitzen auf 325—500° ausgewalzt. (**A. P. 2 593 583** vom 14/3. 1951, ausg. 22/4. 1952.) SEIZ. 7173

Farbwerke Hoechst, vormals Meister Lucius & Brüning, Frankfurt/M., *Granulierte Polyvinylharze* erhält man durch Emulsionspolymerisation in Ggw. von mit den Bestandteilen der Polymerisationsmischung verträglichen Metallsalzen. Die zugesetzte Salzmenge kann um so niedriger sein, je höherwertig das in ihnen enthaltene Metall u. je stärker die salzbildende Säure ist. Bes. geeignet sind Erdalkalimetall- u. Al-Salze. — Im Schüttelautoklaven werden in 2000 (Teilen) W. 10 Na-Paraffinsulfonat, 3 Na-Acetat, 1 Essigsäure, 6 Na-Formaldehydsulfoxylat u. 1 $Al_2(SO_4)_3$ gelöst, Luft durch N_2 verdrängt u. 600 Vinylchlorid u. 112 Vinylacetat eingeschleust. Durch H_2O_2-Zusatz wird die Polymerisation bewirkt. Mit 90% Ausbeute erhält man ein Harz gleichmäßiger Korngröße. (**Schwz. P. 291 824** vom 24/1. 1951, ausg. 1/10. 1953. D. Prior. 10/2. 1950.) MÖLLERING. 7173

Monsanto Chemical Co., St. Louis, übert. von: **Johan A. Bjorksten,** Madison, und **John B. Eisen,** Waterloo, Wis., V. St. A., *Von statischer Elektrizität freie Vinylharze,* Massen u. Formkörper daraus. Polystyrol, Polyvinylchlorid, Polymethylmethacrylat oder Polyäthylen werden in fein verteilter Form mit 0,03—5(%) eines aliphat. Monoamins mit mindestens 6 C-Atomen in jedem an N gebundenen Rest u. 0,005—0,5 H_3PO_4, H_2SO_4 oder Sulfaminsäure bzw. deren Salzen vermischt. Bes. geeignet sind Cyclohexyldiäthyl-, Stearyldimethyl-, Lauryldiisopropyl-, Decahydronaphthalindimethyl-, Stearylamin u. andere. Nach 3 Monaten war noch keine elektr. Aufladung festzustellen. (**A. P. 2 624 725** vom 4/1. 1950, ausg. 6/1. 1953.) SALZMANN. 7173

Standard Oil Development Co., Del., übert. von: **Wilbur F. Fischer,** Roselle Park, und **David Young,** Roselle, N. J., V. St. A., *Stabilisierte Polyvinylchloridmassen.* Das Polyvinylharz wird mit einer Mischung eines Biphenols, z. B. Bis-(4-oxyphenyl)-propan [bzw. 2.6-di-tert.-butyl-4-methylphenol, Bis-(2-oxy-5-methylbenzyl)-4-methylphenol u. a.] u. dem Ester einer gesätt. oder ungesätt. mehrbas. Säure mit einem 7—13 C-Atome aufweisenden aliphat. Alkohol, z. B. Diisooctyl- bzw. Dimethylhexylphthalat angeteigt u. mit einem weiteren Stabilisator, wie 2- oder 3bas. Pb-Stearat, Zn-, Cd- oder Sn-Salzen anorgan. oder organ. Säuren, versetzt. (**A. P. 2 625 521** vom 15/6. 1950, ausg. 13/1. 1953.) SALZMANN. 7173

Dow Chemical Co., übert. von: **Henry W. Wehr** und **Floyd B. Nagle,** Midland, Mich., V. St. A., *Polymerisationsverfahren für Acrylnitril* (I). Ein Gemisch aus 80 bis 62,5 (%) eines alkenylaromat. KW-stoffes u. 20—37,5 I oder — nach A. P. 2 646 424 — I allein oder in Gemisch mit $<$30% einer polymerisierbaren monoäthylen. Verb. wird in Ggw. einer geringen Menge, z. B. 2%, eines Dimeren einer mono-

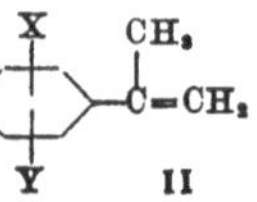
II

meren α-alkylaromat. Verb. der Formel II (X u. Y = H, Halogen oder Alkylrest mit <4 C-Atomen), z. B. des Dimeren von α-Methylstyrol, polymerisiert. Durch den Zusatz des Dimeren wird eine zu stark exotherme Rk. verhindert u. übermäßig hohe Mol.-Geww. vermieden. — Tabellen über die Ausbeuten bei der Polymerisation u. die Viscositäten der Polymerisate von I, I-Styrolgemischen u. I-Methylstyrolgemischen bei wechselnden Zusatzmengen des Dimeren. (**A. PP. 2 646 423** u. **2 646 424** vom 25/5. 1951, ausg. 21/7. 1953.) MÖLLERING. 7173

Walter Peter Hohenstein, Kew Gardens, N. Y., V. St. A., übert. von: **Robert Nobbs Haward** und **Joyce Elly,** London, England, *Emulsionspolymerisation* zur Herst. perlförmiger Prodd. aus organ. ungesätt. Verbb., die die Gruppe $CH_2{=}C{=}$ enthalten, u. in Ggw. von $Ca_2(PO_4)_3$ als Suspensionsstabilisierungsmittel erhält man durch Zusatz von nicht mehr als 0,01% von in W. lösl. Persulfaten, bes. $K_2S_2O_8$, wobei als Polymerisationskatalysator in üblicher Weise Benzoylperoxyd dient. $K_2S_2O_8$ soll in mehreren Anteilen während der Polymerisation zugesetzt werden u. der Zusatz beendet sein, bevor die Polymerisation zu 75% vollzogen ist. (**A. P. 2 652 392** vom 28/4. 1951, ausg. 15/9. 1953. E. Prior. 17/5. 1950.) MÖLLERING. 7173

Koppers Co., Inc., Del., übert. von: **Gaetano F. D'Alelio,** Pittsburgh, Pa., V. St. A., *Polymerisationskatalysatoren.* Bei der Polymerisation von (chlorierten)Vinylarylverbb., bes. Styrol u. Chlorstyrol, dient als Katalysator ein Gemisch aus 2.2-Di-(tert.-butylperoxy)-butan u. Benzoylperoxyd (I) oder dessen im Kern durch Cl, F, Br, Alkyl-, Alkoxy-, Phenyl- oder Carboxygruppen substituierten Derivate. — Nach A. P. 2 656 341 verwendet man bei der Polymerisation von (Meth-)Acrylnitril ein Katalysatorgemisch aus I oder dessen Derivv. u. tert.-Butylperbenzoat. — Die Polymerisationen finden zweckmäßig in Emulsionsform, gegebenenfalls in Ggw. von (0,2—0,5%) Weichmachungsmittel u. bei Tempp. bis 80° statt, bis ca. 60% Monomere polymerisiert sind, worauf man bei 85—150° auspolymerisiert. Man erhält klare, hitze- u. schrumpffeste Harze. (**A. PP. 2 656 334** u. **2 656 341** vom 28/9. 1948, ausg. 20/10. 1953.) MÖLLERING. 7173

Dow Chemical Co., Midland, Mich. (Erfinder: **Kenneth E. Stober,** Gales Ferry, Conn.), V. St. A., *Herstellen zelliger, voneinander getrennter Körnchen aus thermoplast. Kunststoffen.* Man zerschneidet das ausgestoßene, plast. Gel (I) aus thermoplast. Kunststoff, bes. *Polystyrol,* ehe eine erhebliche oder völlige Aufblähung eingetreten ist, worauf man die getrennten Stücke durch auf 40—80° erwärmte Luft frei fallen läßt, wobei die Aufblähung vollendet wird. I besteht aus einer Mischung des thermoplast. Kunststoffes mit einem gasförmigen Mittel, z. B. CH_3Cl (10—25 Gew.-%), u. einem Ausdehnungsverzögerer, z. B. Ba-, Ca-, Pb- u. Zn-Stearat (0,04—1%), sowie einem Gleitmittel (0,02—5%). — Vorrichtung. (**D. B. P. 891 609** Kl. 39a vom 14/9. 1951, ausg. 1/10. 1953.) SCHLITT. 7173

Dow Chemical Co., Midland, übert. von: **Arthur F. Roche,** Freeland, und **Raymond M. Price,** Midland, Mich., V. St. A., *Stabilisieren von Polystyrol* gegen Verfärben beim Spritzgieß- oder Preßverfahren. Als Stabilisierungsmittel werden 0,04—3% sek. ein- oder mehrwertige aliphat. Alkohole oder Ätheralkohole mit einem Mol.-Gew. unter 300 zugegeben, z. B. *Isopropylalkohol, 2-Pentanol, 2-Octanol, 1.2-Propylenglykol,* dessen *Monoisobutyläther, Monomethyläther* von *Tripropylenglykol, 3-Äthoxy-1.2-propandiol,* hergestellt aus 1.2-Propylenoxyd u. einem Alkohol. Polystyrol u. Alkohol werden 24 Std. in einem geschlossenen Glasrohr auf 275° erhitzt. (**A. P. 2 624 719** vom 31/3. 1950, ausg. 6/1. 1953.) SALZMANN. 7173

Farbenfabriken Bayer Akt.-Ges. (Erfinder: **Wilhelm Müller** und **Theodor Cürten**), Leverkusen, *Herstellung von chlorhaltigen Kunstharzen* aus aromat. Verbb., dad. gek., daß die durch Einw. von Benzolsulfochlorid oder Benzoylchlorid bzw. deren Halogensubstitutionsprodd. auf Diphenyl erhältlichen Reaktionsprodd. so lange in der Schmelze chloriert werden, bis harte Harze entstanden sind. Die Ggw. von Katalysatoren ist vorteilhaft. Eine Nachbehandlung der Reaktionsprodd. mit Alkali ist zu empfehlen. (**D. B. P. 898 967** Kl. 39c vom 19/5. 1940, ausg. 7/12. 1953.) G. KÖNIG. 7173

Bakelite G. m. b. H., Frankfurt/M. (Erfinder: **Georg Meder,** Scharzfeld, Harz, und **Otto Süssenguth,** Lethmate, Westfalen), *Herstellung von Phenolharzen* durch Rk. von einwertige u. mehrwertige Phenole enthaltenden Gemischen mit weniger als äquimol. Mengen CH_2O, dad. gek., daß die aus den Abwässern der Braunkohlenhydrierung extrahierten Phenolöle zunächst bei Tempp. bis 60° in wss.-alkal. Medium mit höchstens 0,7 Mol CH_2O je Mol Phenole kondensiert werden, worauf die hierbei gebildeten Phenolalkohole entweder durch Ansäuern abgeschieden u. durch Erhitzen in feste Resole übergeführt werden oder ihre wss. Reaktionslsg. bis zur Entstehung eines sich beim Ansäuern abscheidenden u. bei n. Temp. festen Harzes zum Sieden erhitzt wird. Zweckmäßig werden CH_2O-Lsgg., die schwächer als 40% ig. sind, verwendet. Bei dem Verf. wird eine unerwünschte selektive Verharzung der Phenolgemische vermieden u. werden schnellhärtende Harze, geeignet für Preßmassen mit guten Fließeigg., erhalten. (**D. B. P. 899 261** Kl. 39c vom 24/1. 1943, ausg. 10/12. 1953.) HERBST. 7177

Badische Anilin- & Soda-Fabrik Akt.-Ges., Ludwigshafen/Rh. (Erfinder: **Hans Bähr,** Herne, und **Max Heilmann,** Leverkusen), *Herstellung von Kunststoffen auf Phenolbasis.* Die Herst. von Kunststoffen durch Kondensation von Phenolen mit Aldehyden oder Acetylen verläuft bes. vorteilhaft, wenn in Anwesenheit von mindestens 0,2%, bes. ca. 1—3%, bezogen auf die Phenole, organ. Basen gearbeitet wird, wie sie in den durch therm. Umwandlung von Kohle oder Öl, bes. durch Hydrierung oder Schwelung gewonnenen Ölen enthalten sind. So führen auch die höheren, weniger wertvollen Phenole, z. B. die über 230° sd., für sich oder zusammen mit den niederen Gliedern der Phenolreihe zu guten Kunststoffen. (**D. B. P. 899 260** Kl. 39c vom 7/6. 1944, ausg. 10/12. 1953.) HERBST. 7177

Bakelite G. m. b. H., Frankfurt/M. (Erfinder: **Otto Süssenguth,** Letmathe, und **Hans Kalp,** Bad Godesberg), *Herstellung von harzartigen Kondensationsprodukten* durch Kondensation eines aus Phenolen u. Holzhydrolyse-Lignin erhaltenen Vereinigungsprod. mit CH_2O, dad. gek., daß die CH_2O-Kondensation bei einem Verhältnis von Mol. Phenol (I) zu ca. 0,6—0,9 Mol. CH_2O in Ggw. von sauren Kondensationsmitteln u. bes. unter Druck vorgenommen wird. — Z. B. wird fein zerkleinertes Lignin aus der Holzhydrolyse mit I im Verhältnis 1:1 bei 8—10 atü auf 200—210° 1½—2 Std. erhitzt. Das Reaktionsprod. wird bei 100°, dann mit 0,8 Teilen CH_2O (40%) mit 0,02 Teilen 2nHCl auf 1 Teil I versetzt. Nach 20—25 Min. ist ein beim Erkalten springhartes Harz entstanden, das mit Füllstoffen zu Preßmassen verarbeitet werden kann. (**D. B. P. 892 828** Kl. 39c vom 1/1. 1943, ausg. 12/10. 1953.) HERBST. 7177

Ges. für Teerverwertung m. b. H. (Erfinder: **Christian Seidler** und **Hans Kaffer**), Duisburg-Meiderich, *Gewinnung von Cumaronharzen* durch Einw. von Monohydrat auf Steinkohlenteerfraktionen, dad. gek., daß phenolfreie cumaron- u. indenhaltige Steinkohlenteerfraktionen, die von der Aufarbeitung des Teeres her noch organ. Basen enthalten oder denen solche oder anorgan. Basen, wie Lutidine oder Anilin oder NaOH, KOH oder Na_2CO_3, zugesetzt worden sind, der Verharzungs-Rk. unterworfen werden. So kann auch eine nicht oder nur teilweise von Basen befreite entphenolierte Benzolfraktion oder eine entphenolierte styrolhaltige Xylolfraktion, gegebenenfalls unter weiterem Zusatz von hochsd. Steinkohlenteerbasen, der Verharzungs-Rk. unterworfen werden. Man erhält Cumaronharze von sehr hohem Erweichungspunkt, z. B. von 140° u. darüber. (**D. B. P. 899 356** Kl. 12r vom 21/1. 1943, ausg. 10/12. 1953.) HERBST. 7177

Allied Chemical & Dye Corp., New York, N. Y., übert. von: **Gordon A. Coleman,** Wyndmoor, **Richard B. Greene, John H. Merriam,** Philadelphia, Pa., **Stuart F. Miller,** Scarsdale, N. Y., und **Robert F. Shannon,** Conneaut Lake, Pa., V. St. A., *Kontinuierliches Polymerisationsverfahren für Preßharze, Filme, Klebmittel und Überzüge.* Ein Gemisch aus Phenol, Harnstoff, Melamin u. einem Aldehyd wird unter Zusatz eines Katalysators kontinuierlich in einem Reaktionsgefäß mit Prellblechen vorkondensiert, abgekühlt u. dabei von einer abgeschiedenen wss. Schicht befreit, worauf unter weiterem Katalysatorzusatz in einem 2. Reaktionsgefäß die Polymerisation zu Ende geführt wird. — Schema. (**A. P. 2 658 054** vom 31/10. 1951, ausg. 3/11. 1953.) MÖLLERING. 7181

Farbenfabriken Bayer Akt.-Ges. (Erfinder: **Peter Simons, Heinz Jonas** und **Walter Noll**), Leverkusen, *Herstellung von polykieselsäurehaltigen Verbindungen,* dad. gek., daß man ein Siliciumhalogenid mit einer OH-Gruppen enthaltenden Verb. in Ggw. einer organ. Säure umsetzt. Je nach dem Mischungsverhältnis der 3 Komponenten gelangt man zu verschiedenartigen kieselsäurehaltigen Verbb., z. B. Kieselsäuregelen, öl- oder harzartigen Polykieselsäureestern, halogenhaltigen Polykieselsäureestern oder Halogenpolysiloxanen. (**D. B. P. 897 627** Kl. 39c vom 21/3. 1951, ausg. 23/11. 1953.) G. KÖNIG. 7189

General Electric Co., Schenectady, N. Y., V. St. A., *Polymere Methylsiloxane* erhält man durch Hydrolyse eines Gemisches von Methylsiloxanhalogeniden, das vornehmlich Monomethyl- u. Dimethylsiloxanhalogenide enthält u. im Mittel 1,0—1,3 CH_3-Gruppen pro Si-Atom aufweist, mit anschließender teilweiser Dehydratisierung u. Härtung. Spröde, harte, durchsichtige Stoffe, unlösl. in W. u. üblichen organ. Lösungsmitteln, jedoch mischbar mit die Eigg. modifizierenden Materialien, wie Teeren, natürlichem oder synthet. Kautschuk. (**Schwz. P. 289 679** vom 6/8. 1947, ausg. 1/7. 1953. A. Prior. 1/8. 1939.) G. KÖNIG. 7189

Union Chimique Belge, Soc. An., Brüssel, Belgien, *Lineare Dimethylpolysiloxane* erhält man durch Kondensation von Dimethylsilanen, die voneinander verschied. Substituenten im Mol. besitzen u. bei der Kondensation Alkylhalogenide zu bilden vermögen. Man erhält als Reaktionsprod. eine Kette, die 2 ident. Endgruppen, z. B. Cl-Atome oder Alkoxygruppen, aufweisen. Diese Gruppen werden mit einer Trimethylsilanverb. unter Austreten eines Alkylhalogenids blockiert. (**Schwz. P. 290 881** vom 20/10. 1950, ausg. 17/8. 1953. Belg. Prior. 22/10. 1949.) G. KÖNIG. 7189

Union Chimique Belge, Soc. An., Brüssel, Belgien, *Methylphenylsiloxane* erhält man durch Kondensation difunktioneller Verbb. der Formel $(CH_3)_2SiX_2'$ u. $(C_6H_5)_2 \cdot SiX_2''$ mit SiX_4, wobei X, X′ u. X″ so gewählt werden, daß X mit X′ u. X″ unter Entw. von Halogenalkyl reagiert u. bei der Rk. Si—O—Si-Brücken erhalten werden. Die Ausgangsmischung kann z. B. aus folgenden Verbb. bestehen: $(CH_3)_2Si(OR')_2$, $(C_6H_5)_2Si(OR')_2$ u. $SiHal_4$ oder $(CH_3)_2SiHal_2$, $(C_6H_5)_2SiHal_2$ u. $Si(OR')_4$, wobei R′= Alkyl, Aryl, Alkaryl, Arylalkyl u. Hal = Atom Halogen bedeuten. Man kann auch Siloxane aus den Mischungen dieser Verbb. herstellen, indem man diese zuerst unvollständig kondensiert, dann mischt u. fertig kondensiert. Die Ggw. von Katalysatoren (Chloride 3wertiger Metalle) u. gegebenenfalls von Lösungsm. ist vorteilhaft. (**Schwz. P. 292 791** vom 26/5. 1951, ausg. 16/11. 1953. Belg. Prior. 31/5. 1950.) G. KÖNIG. 7189

Institut International Financier, Eschen, Liechtenstein, *Schmelzbares Ligninharz* erhält man durch Vermischen von Lignin oder ligninhaltigen Stoffen mit einer wss. Alkalihydroxydlsg., Trocknen bei Temp. über 100°, anschließendes Lösen in W. u. Ausfällen des Harzes durch Ansäuern. An Stelle von Alkalihydroxyd kann man das Carbonat anwenden u. auch Erdalkalioxyde zusetzen. Ein Zusatz von Phenolen, Aminen oder mehrwertigen Alkoholen ist vorteilhaft. (**Schwz. P. 292 816** vom 1/6. 1949, ausg. 16/11. 1953.) G. KÖNIG. 7199

Comp. Générale de Télégraphie sans Fil und **Comp. Française Thomson-Houston** (Erfinder: **Jacques Doucerain**), Paris, Frankreich, *Aus dielektrischem Stoff bestehende Form.* Die Form zur Herst. von Gegenständen aus plast. Massen unter geringem Druck u. durch dielektr. Heizung besteht aus einem durch Deckel u. Boden zu verschließenden, dünnwandigen Mantelkörper aus *Siliconharzen*, der von einem Schutzgehäuse umgeben ist, das aus einem plast. Material mit geringem Verlustkoeff. besteht, wie z. B. Polystyrol, Polyäthylen, Polyisobutylen, Tetrafluoräthylen, Polydichlorstyrol, Anilin-Formaldehyd-Harz oder Hartkautschuk. (**D. B. P. 896 553** Kl. 39a vom 3/10. 1950, ausg. 12/12. 1953. F. Prior. 6/3. 1948.) SCHLITT. 7205

G. H. Sachsenröder, Wuppertal, *Schichtpreßstoff aus Hydratcellulose.* Der aus Hydratcellulose, wie Vulkanfiber, Pergament oder dgl. aufgebaute u. mit Klebmitteln, wie Kunstharz, gebundene Schichtpreßstoff ist gek. durch ihn durchsetzende Metallfolien mit Aussparungen. Verwendung: Herst. von Zahnrädern, Schleifscheiben, Kofferplatten. (**D. B. P. 896 555** Kl. 39a vom 7/9. 1951, ausg. 12/12. 1953.) SCHLITT. 7205

XII. Kautschuk. Guttapercha. Balata.

Rolf Schlicht, *Unterschiede und zweckmäßiger Einsatz der einzelnen Neoprenetypen nach dem heutigen Stand.* Behandelt werden die Allzwecktypen *Neoprene GN, GN-A, GRT, W, WRT* sowie die Spezialtypen *Neoprene CG, KNR, AC, S, Q.* (Kautschuk u. Gummi **7.** WT 64—65. März 1954. Hamburg.) WINIKER. 7224

Gotthold Kickstein, *Elektrische Messungen an Kautschuk-Ruß-Systemen.* (Vortrag.) Nach Behandlung der elektr. Eigg. des Syst. Naturkautschuk-*Aktivruß CK IV* wird der Nachwirkungseffekt, d. h. die verzögerte Auf- u. Entladung eines Kondensators, der die Probe als Dielektrikum enthält, auf Grund eigener Messungen diskutiert u. seine Verbindung mit der Rußverteilung aufgezeigt. Für das Kautschuk-Ruß-Syst. ergibt sich aus der Deutung der dielektr. Nachwrkg. ein allg. elektr. Ersatzschaltbild aus Widerständen u. Kondensatoren, das in vereinfachter Form durchgerechnet u. auf Nachwrkg. u. DK. angewendet wird. Sodann werden entsprechende Meßanordnungen besprochen u. die Messung von spezif. Widerstand u. DK. unter mechan. Spannung vor u. nach Temperaturbehandlung diskutiert. Abschließend geht Vf. auf den wahrscheinlichen Zusammenhang der ermittelten Werte mit der Rußverteilung u. bisherige Erfahrungen ein. (Kautschuk u. Gummi **7.** WT 50—55. März 1954. München.) WINIKER. 7226

H. Mayer, *Korreferat zu „Elektrische Messungen an Kautschuk–Ruß-Systemen."* Stellungnahme zu den Ausführungen von KICKSTEIN (vgl. vorst. Ref.). (Kautschuk u. Gummi 7. WT 56. März 1954. Bonn.) WINIKER. 7226

R. Wannow, *Pneumatische Meß- und Steuergeräte.* (Vortrag.) Behandelt werden pneumat. Meß- u. Steuergeräte für die kautschukverarbeitende Industrie. (Kautschuk u. Gummi 7. WT 56—61. März 1954. München.) WINIKER. 7230

W. Kunst, *Korreferat zu „Pneumatische Meß- und Steuergeräte".* Ergänzungen zu den Ausführungen von WANNOW (vgl. vorst. Ref.). (Kautschuk u. Gummi 7. WT 61. März 1954. Wuppertal-Barmen.) WINIKER. 7230

Farbenfabriken Bayer Akt.-Ges. (Erfinder: **Wilhelm Graulich** und **Wilhelm Becker**), Leverkusen, *Mischungen von Emulsionspolymerisaten* mit unterschiedlichen DEFO-Werten nicht <100, deren Unterschiede durch den Zusatz von Reglern während der Polymerisation hervorgerufen werden. (**D. B. P. 898 961** Kl. 39b vom 20/3. 1942, ausg. 7/12. 1953.) OVERBECK. 7225

Farbenfabriken Bayer Akt.-Ges. (Erfinder: **Wilhelm Graulich** und **Wilhelm Becker**), Leverkusen, *Nachbehandeln von Butadien-Emulsionspolymerisaten oder -mischpolymerisaten* durch Zusatz solcher Mercaptane zur Emulsion der Polymerisate, die keine Beschleunigerwrkg. haben. (**D. B. P. 898 672** Kl. 39b vom 19/5. 1940, ausg. 3/12. 1953.) OVERBECK. 7225

N. V. de Bataafsche Petroleum Mij., Den Haag (Erfinder: **Willem Leendert Johannes de Nie** und **Gottfried Ernst Rumscheidt,** Amsterdam), Holland, *Herstellen von Umsetzungsprodukten aus hochmolekularen mehrfach ungesättigten Stoffen* mit anorgan. Säuren oder deren Anhydriden, deren säurebildenden Elemente nicht in der höchsten Oxydationsstufe vorliegen, in Ggw. kleiner Mengen organ. oder anorgan. Hydroperoxyde. Beispiele für Behandlung von plastifiziertem natürlichem Kautschuk mit SO_2 in Ggw. von Tetrahydronaphthalinperoxyd usw. (**D. B. P. 898 959** Kl. 39b vom 6/10. 1943, ausg. 7/12. 1953. Holl. Prior. 3/11. 1942.) OVERBECK. 7227

Deutsche Shell Akt.-Ges., Hamburg, und **Metallgesellschaft Akt.-Ges.,** Frankfurt/M. (Erfinder: **Carl Zerbe,** Hamburg, und **Otto Schweitzer,** Frankfurt/M.), *Zusatz zu Kunstkautschuk,* bestehend aus von Mineralölen stammenden rohen Naphthensäuren, deren Destillaten oder wasserunlösl. Salzen, bes. Zn- oder Pb-Salzen. Gegebenenfalls kann der Geruch verbessert sein durch Behandeln mit CH_2O, Halogen oder nitrosen Gasen. Gegebenenfalls auch Zusatz von Erdölselektivextrakten. (**D. B. P. 898 960** Kl. 39b vom 23/1. 1940, ausg. 7/12. 1953.) OVERBECK. 7227

Deutsche Shell Akt.-Ges., Hamburg, und **Metallgesellschaft Akt.-Ges.** (Erfinder: **Carl Zerbe,** Hamburg, und **Otto Schweitzer**), Frankfurt/M., *Füll- und Streckmittel* für Kautschukmischungen, bestehend aus natürlich vorkommenden KW-stoffen, die mit konz. H_2SO_4 zu starker Harzbldg. neigen u./oder darin lösl. sind. (**D. B. P. 899 412** Kl. 39b vom 31/10. 1939, ausg. 10/12. 1953.) OVERBECK. 7227

Farbenfabriken Bayer Akt.-Ges., Leverkusen (Erfinder: **Wolfgang Wiesemann** †, Bergisch Neukirchen, und **Wilhelm Becker,** Köln-Mülheim), *Zusatz zu Kautschukmischungen,* bestehend aus Thioäthern, bei denen mindestens eine der an S gebundenen Gruppen eine Aralkylgruppe darstellt. (**D. B. P. 899 255** Kl. 39b vom 17/8. 1940, ausg. 10/12. 1953.) OVERBECK. 7227

Farbenfabriken Bayer Akt.-Ges., Leverkusen (Erfinder: **Max Bögemann,** Köln, **Rudolf Schröter,** Leverkusen, und **Paul Stöcklin,** Opladen), *Treibmittel für Schwammkautschuk,* bestehend aus aliphat. Azoverbb. der Formel $X-C(R)(R_1)-N=N-C\cdot(R_2)(R_3)-X$, wobei R, R_1, R_2 u. R_3 = Alkyl u. $X = -C\equiv N, -COOR$ oder $-CONH_2$. (**D. B. P. 899 414** Kl. 39b vom 13/7. 1941, ausg. 10/12. 1953.) OVERBECK. 7227

United States Rubber Co., New York, N. Y., V. St. A., *Blähmittel,* bes. für Schwammkautschuk, bestehend aus einem aliphat. Sulfonylhydrazid, bes. einem Alkylsulfonylhydrazid, z. B. Methansulfonylhydrazid, Propan-1.3-disulfonylhydrazid oder Butan-1.4-disulfonylhydrazid. (**E. P. 693 954** vom 28/9. 1951, ausg. 8/7. 1953. A. Prior. 19/1. 1951.) OVERBECK. 7227

Farbenfabriken Bayer Akt.-Ges., Leverkusen, *Blähmittel für Schwammkautschuk,* bestehend aus einem Gemisch von Oxalsäure u. einer Verb., die keinen S u. wenigstens eine Amidingruppe enthält, u. die bes. in wss. Lsg. einen p_H-Wert <8 hat, z. B. Dicyandiamid, Melamin u. 1-Amidinoguanazol. Gegebenenfalls noch Zusatz von Tetramethylendinitrosodimethylurethan. (**E. P. 695 521** vom 23/8. 1951, ausg. 12/8. 1953. D. Prior. 23/8. 1950.) OVERBECK. 7227

Farbenfabriken Bayer Akt.-Ges., Leverkusen (Erfinder: **Herbert Hempel,** Leverkusen, **Paul Schneider,** Opladen, **Matthieu Quaedvlieg** und **Guido Fromandi,** Leverkusen), *Formeneinstreichmittel* für die Kautschukvulkanisation, bestehend aus den Umsetzungsprodd. reaktionsfähigen H enthaltender organ. Verbb. u. Alkylenoxyden, deren Kette bes. aus 45—75 Mol Alkylenoxyd besteht. Erstere sind Verbb., die Alkylenoxyd unter Ausbildung einer oder mehrerer Alkylenoxydketten addieren können, z. B. OH-, SH- oder COOH-haltige Verbb., wie Alkohole, Phenole, Mercaptane, Amine, Säureamide oder Carbonsäuren, bes. Oleylalkohol, Dodecylalkohol, Hexanol, Kresol, Isododecylphenol, Polyoxybenzole, Ölsäureamid, Stearylamin, Mercaptobenzothiazol, Ölsäure, N-(p-Oxybenzyl)-oleylamid; letztere sind bes. Äthylenoxyd u. Propylenoxyd. Gegebenenfalls können oberflächenakt. Stoffe zugesetzt werden, ferner auch die in D. B. P. 824 553 (C. **1952.** 4856) beschriebenen Einstreichmittel. (**D. B. P. 898 810** Kl. 39b vom 2/3. 1951, ausg. 3/12. 1953.) Overbeck. 7229

Soc. An. de Matières Colorantes & Produits Chimiques Francolor (Erfinder: **Georges Mingasson**), Paris, Frankreich, *Oxydation von 2-Mercaptobenzthiazol* (**I**) oder 2,2'-Dibenzthiazyldisulfid erfolgt in Ggw. von Dimethylamin mit Na-Chlorit, -Hypochlorit oder H_2O_2, zweckmäßig in wss. Lösung. — **I** gibt mit $NaClO_2$ in W. in Ggw. von Dimethylamin bei 40° Benzthiazol-2-sulfinsäuredimethylamid, $C_9H_{10}ON_2S_2$, F. 125°, der vermutlichen Formel **II**. Weitere Beispiele. Verwendung als *Vulkanisationsbeschleuniger* für Kautschuk, z. B. in folgender Mischung: 100 (Teile) Naturkautschuk, 5 ZnO, 3 S, 1 Stearinsäure, 1 **II**; diese Mischung wird 45 Min. bei 130° vulkanisiert. — 2 weitere Verwendungsbeispiele. (**E. P. 642 618** vom 26/2. 1948, ausg. 6/9. 1950. F. Prior. 28/2. 1947.) Krauss. 7229

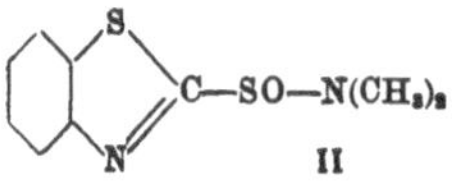

II

United States Rubber Co., New York, N. Y. (Erfinder: **Edward Carl van Buskirk** und **Paul Victor Butsch**, South Bend, Ind.), V. St. A., *Herstellen von Schwammkautschuk.* In Kautschukmilch, bes. mit <0,5% NH_3-Geh., mit einem $p_H \geq 10$ u. $\geq$ 50% Feststoffen, gegebenenfalls mit Zusatz von Ricinusölseife, wird ZnO u. ein Ausschaltungsmittel für Zn-Ionen, z. B. Alkalicarbonat, -phosphat, -sulfit, -oxalat, -ferrocyanid oder -chromat, eingemischt. Die Mischung wird verschäumt u. dem Schaum ein Gelierungsmittel, z. B. ein schwach lösl. Salz, bes. Na- oder K-Salz, der Fluorkieselsäure beigemischt. Der Schaum wird vor der Gelierung verformt u. das Gel vulkanisiert. (**D. B. P. 898 676** Kl. 39b vom 29/3. 1951, ausg. 3/12. 1953. A. Prior. 21/12. 1946.) Overbeck. 7231

Wingfoot Corp., Akron, Ohio, V. St. A., *Wasserundurchlässige, wasserdampfdurchlässige Kautschuküberzüge* auf durchlässigen Trägern, bes. Gewebe, unter Verwendung eines nichtporösen Füllstoffs, der eine Feuchtigkeitsdichtigkeit in Toluol von $\leq$1,28 g/cm³ hat, in einer Menge, die mindestens der Formel $x = 45{,}87 + 134\,y - 36{,}5\,y^2 + 394\,y^3$ entspricht, wobei x = g Füllstoff/100 cm³ Überzugsmasse u. y = Feuchtigkeitsdichtigkeit in g/cm³ des Füllstoffes im Dispersionsmedium der Dispersion. (**D. B. P. 898 808** Kl. 39b vom 1/8. 1950, ausg. 3/12. 1953. A. Prior. 15/8. 1949.) Overbeck. 7231

Dunlop Rubber Co. Ltd., London (Erfinder: **Evelyn William Madge** und **Edward Arthur Murphy**, Erdington), England, *Verbessern der Haftfähigkeit von Kautschuk an Baumwolle* durch Entwachsen der Baumwolle u. anschließende Behandlung mit einer wss. Kautschukdispersion, der Resorcinharz, bes. im Verhältnis 6:1, zugesetzt ist. (**D. B. P. 899 413** Kl. 39b vom 30/10. 1938, ausg. 10/12. 1953. E. Prior. 15/12. 1937.) Overbeck. 7231

Deutsche Gold- & Silberscheideanstalt vormals Roessler (Erfinder: **Otto Schweitzer**), Frankfurt/M., *Befestigen von vulkanisiertem Kautschuk an anderen Werkstoffen* nach üblichen Klebmethoden unter Vorbehandlung der Kautschukoberfläche mit starken Mineralsäuren, z. B. H_2SO_4, HNO_3 oder H_2CrO_4, oder deren Gemischen. (**D. B. P. 898 673** Kl. 39b vom 20/1. 1940, ausg. 3/12. 1953.) Overbeck. 7231

Farbenfabriken Bayer Akt.-Ges., Leverkusen (Erfinder: **Kurt Bähr**, Leverkusen, und **Karl Schmidt** †, Köln), *Regenerieren von Altkautschuk* unter Verwendung von aromat. Mercaptanen oder deren Derivv. u. geringen Mengen von Ammon- oder Aminsalzen von organ. oder anorgan. Säuren. (**D. B. P. 898 677** Kl. 39b vom 25/7. 1944, ausg. 3/12. 1953.) Overbeck. 7233

XIII. Ätherische Öle. Parfümerie. Kosmetik.

Naonori Hirota, *Untersuchung des Campherbaumes und des Öls seiner Blätter.* Die Campherbäume sind in 4 Sorten zu klassifizieren, die ihrerseits verschied. Varietäten u. Subvarietäten umfassen. Dementsprechend weisen die Blätteröle unterschiedliche

Zus. u. verschieden hohen %-Geh. an *Cineol, Safrool, Linalol* sowie *Sesquiterpenen* bzw. *-alkoholen* auf. (Perfum. essent. Oil Rec. **44.** 4—10. Jan. 1953. Matsuyama, Japan, Ehime Univ., Chem. Inst.) FREYTAG. 7262

D. R. Dhingra, G. N. Gupta und **U. N. Shukla,** *Otto aus Bela- oder Sambac-Jasmin.* Die Gewinnung des äther. Öls aus Blüten von *Jasminum Sambac* erfolgt durch Dest., Extraktion mit Lösungsmitteln u. Enfleurage. Die Öle aus Kannauj (I), Hassayan (II), Sikandarpur (III), Ghazipur (IV) u. Kanpur (V) wurden untersucht u. verglichen. Es ergaben sich folgende Kennzahlen: spezif. Gew. (30°): 0,9727 (I), 0,9778 (II), 0,9795 (III), 0,9797 (IV), 0,9769 (V); Brechungsindex (30°): 1,506 (I), 1,507 (II), 1,507 (III), 1,507 (IV), 1,506 (V); SZ.: 6,4 (I), 7,6 (II), 4,68 (III), 1,51 (IV), 11,36 (V); VZ.: 127,6 (I), 134,2 (II), 136,20 (III), 126,7 (IV), 141,00 (V); EZ.: 121,2 (I), 126,6 (II), 131,52 (III), 125,19 (IV), 129,64 (V); Gesamtester (als *Benzylacetat*): 32,45 (I), 33,89 (II), 35,20 (III), 33,52 (IV), 34,70 (V); VZ. nach Acetylierung: 239,2 (I), 229,8 (II), 241,3 (III), 235,9 (IV), 233,7 (V); Gesamtalkohole als *Linalool*: 35,58 (I), 30,73 (II), 32,90 (III), 33,16 (IV), 30,99 (V); *Methylanthranilat*: 2,88 (I), 0 (II), 2,97 (III), 3,51 (IV), 3,06 (V); *Indol*, 2,75 (I), 0 (II), 0 (III), 2,82 (IV), 0 (V). Löslichkeit in 95 Vol.-% ig. A.: 1 Teil in 9 Teilen. (Perfum. essent. Oil Rec. **44.** 11—14. Jan. 1953. Kanpur, U. P., Harcourt Butler Technol. Inst.) FREYTAG. 7262

A. J. Krajkeman, *Benzaldehyd, seine Herstellung und Bedeutung als Zwischenprodukt für Riechstoffe.* Herst. von Benzaldehyd aus Toluol durch direkte Oxydation in gasförmiger oder fl. Phase oder über Benzyl-, Benzal- u. Benzotrichlorid, seine Eigg., Anwendung rein u. Weiterverarbeitung zu Riechstoffen. (Perfum. essent. Oil Rec. **44.** 205—11. Jan. 1953. Zürich, W. J. Bush & Co. Ltd.) MÜHLMEISTER. 7276

C. F. Wight, J. A. Tomlinson und **S. Kirmeier,** *Probleme der Verpackung mit Polyäthylen.* Behälter aus Polyäthylenplasten haben den Nachteil, für manche Fll. durchlässig zu sein u. in ihnen zu quellen, wobei diese verdunsten oder bei geringer Flüchtigkeit auf der Außenseite einen störenden Film bilden u. in manchen Fällen die Flasche zerstören, auch entmischen sich Emulsionen in ihnen. Vff. stellten darüber systemat. Verss. mit einer großen Zahl wichtiger Stoffe der Riechstoffindustrie an, deren Ergebnisse in 7 Tabellen gezeigt u. erläutert werden. Ausblick auf mögliche Verbesserungen, z. B. durch Elektronenbeschuß. (Drug Cosmet. Ind. **72.** 766—67. 836. 846—53. Juni 1953. New York, N. Y., van Ameringen-Haebler.) MÜHLMEISTER. 7276

T. Ruemele, *Selbstemulgierende Öle (einschließlich eines neuen Produkts und seiner Anwendung.)* Selbstemulgierende Öle geben beim Mischen mit W. sofort beständige feine Emulsionen, sie entstehen durch die sich bildende Seife beim Eingießen fettsäurehaltiger Öle in alkal. W., oder aus W. u. Lsgg. seifen- oder sulfonathaltiger oberflächenakt. Stoffe in Phenolen, aliphat. oder aromat. Alkoholen in einem Ölmedium. Eine sehr beständige milchige Öl-in-Wasser-Emulsion für Dauerwellen wurde aus alkal. Ammoniumthioglykolatlsg. unter Verwendung nichtdissoziierter Emulgatoren, z. B. Polyoxyäthylenabkömmlingen von Fettsäuren dargestellt. (Perfum. essent. Oil Rec. **44.** 214—15. Juni 1953.) MÜHLMEISTER. 7284

Warren E. McConnell, *Kosmetisch-medizinische Lotionen im Vergleich zu üblichen Salbengrundlagen.* Nach einem Überblick über die Entw. der Salbengrundlagen (I) diskutiert Vf. die Vorteile von Lotionen gegenüber **I** u. gibt Hinweise zu ihrer Herstellung. (Chem. Products chem. News [N. S.] **15.** 391—95. Nov. 1952. Lafayette, Ind.) GRIMME. 7284

J. B. Segur und **C. S. Miner jr.,** *Eigenschaften des Glycerins in Kosmeticis.* In Erweiterung der Verss. (C. **1954.** 6608) wurde der Einfl. der Hygroskopizität von Glycerin, d-Sorbit u. Propylenglykol auch in Reinigungscremes untersucht, deren Eintrocknen in 25 g-Gläsern sie mit nur geringen Abweichungen um ca. 25% verzögerten. (Drug Cosmet. Ind. **72.** 772—73. 854—56. Juni 1953. Chicago, Ill., Miner Labors.) MÜHLMEISTER. 7284

Michael Foster Landon und **Dae Health Laboratories Ltd.,** London, England, *Cholesterinester.* Techn., linolensäurehaltige Linolsäure gibt beim Erhitzen mit Cholesterin *Cholesterinlinolat* u. *-linolenat.* Verwendung zur Herst. von *kosmet. Präpp.,* bes. fetten Gesichts- u. Handcremes. — Beispiele. (**E. P. 669 205** vom 5/7. 1949, ausg. 26/3. 1952.) KRAUSS. 7285

Kodak Ltd., London, England, übert. von: **Charles Francis Hitchcock Allen** und **James Albert van Allan,** Rochester, N. Y., V. St. A., *Im Kern sulfonierte Carboxy-*

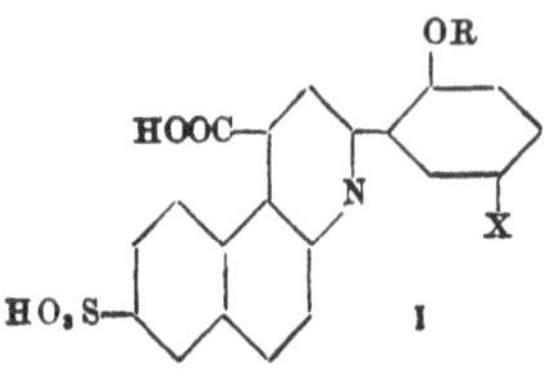

benzochinolinverbindungen der Formel I werden hergestellt durch Rk. von einkernigen Arylaldehyden, Brenztraubensäure u. einer 2-Naphthylaminsulfonsäure bei erhöhter Temp. in Ggw. von Wasser. Genannt werden: *2-(2'-Oxyphenyl)-4-carboxy-5.6.(4''.3'')-benzochinolin-1''-sulfonsäure (Na-Salz)*; *2-Phenyl-4-carboxy-5.6.(4'.3')-benzochinolin-5'-oxy-1'-sulfonsäure*; *2-(2'-Oxy-5'-chlorphenyl)-5.6.(4''.3'')-benzochinolin-1''-sulfonsäure (Na-Salz)*. Die Verbb. sind lichtbeständig u. absorbieren Lichtwellen von 360 bis 400 mμ. Sie dienen als lichtfilternde Farbstoffe zum *Schutz gegen Sonnenbrand*. (**E. P. 698 995** vom 24/12. 1951, ausg. 28/10. 1953. A. Prior. 29/12. 1950.) SEIZ. 7285

David Gilbert, Frankreich, *Waschmittel für die Kopfhaut*. Man verwendet eine Mischung alkoh. Pflanzenextrakte, z. B. 25—50 (%) Laborandi-Extrakt (alkoh. Auszug der getrockneten Blättchen von Pilocarpus pennatifolitus), 25—50 Roßkastanienextrakt u. 5—10 Brennesselextrakt; gegebenenfalls kann der Mischung noch 5—10 unvergorener Traubensaft zugesetzt werden. (**F. P. 976 782** vom 18/10. 1948, ausg. 22/3. 1951.) WITTHOLZ. 7285

Paul L. Rodes, Frankreich, *Festes oder pastenförmiges Kopfwaschmittel*. Auf dem Wasserbad werden die Schaum- u. Reinigungsmittel, wie sulfonierte Anthracenöle, nach u. nach mit $NaHCO_3$ versetzt u. das Bindemittel, z. B. Na-Alginatgel, zugegossen. Die Mischung wird geschlagen, mit! Füllstoffen versehen, parfümiert, gefärbt u. gegebenenfalls in Formen gebracht. (**F. P. 977 552** vom 7/8. 1942, ausg. 3/4. 1951.) WITTHOLZ. 7285

Michael de Beaulieu, Frankreich, *Haarwasch- und Verschönerungsmittel*, Cocospalmfett wird mit K_2CO_3 verseift, alsdann W., Lorbeeröl u. ein Alginat, wie Na-, K- oder Triäthanolaminalginat, zugesetzt. Man kann auch sulfonierte aliphat. Alkohole, z. B. sulfonierten Laurylalkohol, synthet. Schaummittel, wie Nekal, verwenden oder zusetzen. (**F. P. 977 828** vom 20/11. 1942, ausg. 5/4. 1951.) WITTHOLZ. 7285

XIV. Zucker. Kohlenhydrate. Stärke.

Otto Finke, *Der Verbleib des Pektins während der Rübenzuckerfabrikation und die Ursache von Filtrationsschwierigkeiten*. Während der Diffusion gelangen 3% des in Zuckerrüben vorhandenen Pektins (I) in den Rohsaft. Durch die Scheidung u. Saturation werden 77% des Rohsaft-I mit dem Scheideschlamm in Form von Calciumpektat entfernt. Das restliche I gelangt als Pektinsäure in den Dünnsaft u. läuft bei der weiteren Verarbeitung bis zur Melasse mit. Im Gegensatz zu dem aus Schnitzeln isolierten I wurde in der I-Fraktion des Rohsaftes N gefunden, der auch nicht durch mehrfaches Umfällen entfernt werden konnte. Vf. vermutet, daß bei der Auslaugung der Schnitzel in der Hauptsache das im Zellsaft gelöste I u. nicht das der Mittellamelle in den Rohsaft gelangt. Da der I-Geh. im Rohsaft mit ca. 130 mg/Liter sehr niedrig ist, dürfte das I als Ursache für die Filtrationsschwierigkeiten während der Saftreinigung ausscheiden. Hierfür sind in erster Linie die Schwebeteilchen verantwortlich zu machen, die zu 65—69% aus Eiweiß bestehen. (Zucker-Beih. **1953**. 8—14. März. Karlsruhe, TH, Inst. für Chem. Technik.) RUTKOWSKI. 7412

W. A. Harris, L. W. Norman, J. H. Turner, H. F. Haney und **R. H. Cotton**, *Methanolunlösliche Substanzen in Zuckerrohr- und Rübensaft*. Aus Zuckerrohr- u. Rübenmelasse wurden methanolunlösl. Gummen isoliert, welche die Kristallisation von Rüben- u. Zuckerrohrsirup hemmen. Das Material ist bei Zusatz zu reinen Saccharoselsgg. schon in einer Konz. von 0,5% stark wirksam. Enzymat. Behandlung der Zuckersäfte mit Pankreatin oder Amylasepräpp. hebt die Hemmwrkg. weitgehend auf. Nach Hydrolyse der Gummen mit HCl konnten in beiden Prodd. Glucose, Mannose, Galaktose u. Arabinose papierchromatograph. nachgewiesen werden, die in freier Form im Saft nicht vorkommen. Die Hydrolysate gaben ferner positive Ninhydrinreaktion. Uronsäuren waren nicht nachweisbar. (Ind. Engng. Chem. **44**. 2414—17. Okt. 1952. Springs, Colo., Holly Sugar Corp.) THOMAS. 7412

Karl Schmidt, *Berechnung der Füllmassemengen und anderer wichtiger Daten bei Weißzuckerarbeit*. (Zucker **6**. 214—18. 1/5. 1953.) RUTKOWSKI. 7438

Andres, *Über das Verhältnis von Glucose und Fructose im Kolonialrohzucker*. Analysen von Rohr- u. Rübenrohzucker zeigen, daß im Rübenzucker die mit der CLERGAT-Zahl u. die aus der Formel: P + 0,31 · J (P = Polarisation, J = Invertzucker) errechnete Saccharose prakt. übereinstimmen. Bei Rohrohrzucker tritt aber stets eine mehr oder minder große Differenz auf, welche auf ein Mehr an Fructose schließen läßt. (Zucker **6.** 133—34. 15/3. 1953. Waghäusel.) RUTKOWSKI. 7438

F. Schneider, A. Emmerich und **H. Koch,** *Die Nichtzuckerstoffe in weißen Verbrauchszuckern.* 1. Mitt. *Alkali- und Calciumgehalt und ihr Einfluß auf die Verfärbung des Zuckers beim Erhitzen.* Alkalicarbonate bewirken beim Erhitzen eine mehr oder weniger starke Zuckerzers. unter Bldg. von Farbstoffen. Durch direkte Best. des K-, Na- u. Ca-Geh. von weißen Verbrauchszuckern wird eine Beziehung zwischen Verfärbung u. Alkaligeh. festgestellt. Das Verhältnis Alkaligeh. : Ca-Geh. gestattet eine Unterscheidung der untersuchten Weißzucker nach ihrer Herkunft aus Rohr u. Rübe. (Zucker-Beih. **1953.** 14—19. März Braunschweig, TH, Inst. für landwirtschaftliche Technol. u. Zuckerindustrie.) RUTKOWSKI. 7438

M. Ulmann, *Chromatographische Untersuchungen zur Säurehydrolyse der Kartoffelstärke.* 1. Mitt. Es wird über die Chromatographie von Stärkelsgg. nach Hydrolyse mit 0,125%ig. HCl für 10—190 Min. berichtet. Die Al_2O_3-Säule von 8 mm×12—13 cm wurde vor Durchgabe der hydrolysierten Stärkelsgg. mit 10 cm^3 0,2%ig. HCl durchgespült, so daß der obere Säulenteil saure Rk. annahm. Die Chromatogramme wurden mit n/400 J–KJ-Lsg. sichtbar gemacht. Die verschied. Färbung der Zonen läßt eine Trennung des Amylopektins im oberen sauren Säulenteil von der Amylose im unteren Säulenteil erkennen, ebenso das Fortschreiten der Hydrolyse mit zunehmender Dauer der HCl-Einwirkung. Die Verwendung von HCl bis zu 0,5% ergibt einen der Säurekonz. entsprechend rascheren Abbau. 0,06%ig. HCl ergibt jedoch eine weit stärkere Verzögerung des Abbaus, als der Konz. nach angenommen wurde. Der Amyloseanteil von Kartoffelstärke ist gegen verd. HCl viel stabiler als das Amylopektin. Die Ergebnisse der Verss. werden mit denen des fermentativen Abbaus verglichen. (Makromolekulare Chem. **10.** 147—57. Juli 1953. Potsdam-Rehbrücke, Inst. für Ernährungsforschung.) FRESENIUS. 7448

F. W. Conti, *Die Gewinnung der Kohlenhydrate der Topinambur.* Im Frühjahr geerntete, ausgereifte Knollen von *Topinambur* (*Helianthus tuberosus L.*) setzen sich normalerweise aus 20—25% Trockensubstanz, 12—18% Kohlenhydraten, 1,5—2,0% Eiweiß, 0,1—0,2% Rohfett, 1,0—1,5% Sulfatasche u. 1,0—1,5% Rohfaser zusammen. Im Herbst bestehen die Kohlenhydrate in der Hauptsache aus Inulin (**I**). Während des Winters findet ein enzymat. Abbau des **I** zu Polyfructosanen mit niedrigerem Mol.-Gew. statt. Der Geh. an Glucose nimmt während des Winters zu u. steigt während des Frühjahrs bis auf 20% des Kohlenhydratgeh. an. Die bisher bekannten Methoden der Fructosegewinnung bzw. der Gewinnung der Gesamtkohlenhydrate werden besprochen. — 52 Literaturangaben. (Zucker **6.** 120—25. 15/3. 1953. Göttingen, Univ., Inst. für Agrikulturchemie u. Bodenkunde.) RUTKOWSKI. 7460

XV. Gärungsindustrie.

M. Higashino, *Neueste Entwicklung der USA-Gärindustrie.* Überblick. 43 Literaturangaben. (Waseda appl. chem. Soc. Bull. **21.** Nr. 1. 48—51. Okt. 1952. [Orig.: japan.]) SCHULER. 7500

M. Lefrançois, *Produktion von Hefen für Futterzwecke in der Brennerei.* Vf. diskutiert das Problem der Gewinnung von Futterhefen aus Nebenprodd. der A.-Dest. unter besonderer Heranziehung des sogenannten „Nachweines" als Ausgangsprodukt. Techn. u. ökonom. Hinweise. (Ind. agric. aliment. **70.** 1021—31. Dez. 1953.) KRUSEN. 7506

Max Lindemann, *Die Enzyme des Malzes.* Es werden die wichtigsten Enzyme des Malzes, die Amylase, die proteolyt. Enzyme, die Cytase sowie Oxydasen bzw. Peroxydasen u. ihre Bedeutung für die Bierbrauerei besprochen. (Brauwelt, Ausg. B **93.** 1333—34. 18/21. 12. 1953.) KATHEN. 7540

J. Koch, *Zur Kenntnis der Warmentkeimung von naturreinen Fruchtsäften.* 1. Mitt. *Die Kurzzeit-Pasteurisation der Traubensäfte.* Bei 1951er Riesling- u. Silvanermost (zuvor zentrifugiert u. fermentiert) wird der Einfl. der Kurzzeit-Pasteurisierung (50—60 Sek. im Plattenerhitzer auf 72°) (a), der Bentonitbehandlung (150 mg Geisenheimer Erde je Liter) (b), der Kühlung (5 Tage auf —4°) (c), auch im Vgl. mit der Kaltentkeimung (d) bes. auf den Abbau der thermolabilen Eiweißstoffe geprüft. Nach 4—5monatiger Lagerung hat sich u. a. folgendes ergeben: Beim Rieslingmost durch a geringere Abnahme von Ges.-N (94 mg im Liter) als durch d (168 mg). Durch beide Zunahme von Eiweiß-N u. Formol-N. Durch b Abnahme von Ges.-N (um 112 mg). Beim Silvanermost wurden abweichende Ergebnisse erhalten: c wirkt sich beim Rieslingmost in einer weiteren deutlichen Verminderung von Ges.-N, Eiweiß-N u. Formol-N aus, während beim Silvanermost keine oder nur eine geringfügige Abnahme stattfindet. Die Ausscheidung einer Eisen–Eiweiß-Verb. durch c konnte nicht beobachtet werden. Weitere Angaben über die Veränderung des Geh. an Gesamtsäure, Weinsäure, K_2O, CaO, Fe. Auch durch a werden in Verbindung b u. c die thermolabilen Eiweißstoffe hinreichend abgebaut. (Dtsch. Weinbau, wiss. Beih. **7.** 100—11. Juni 1953. Geisenheim/Rh., Inst. für Obst- u. Gemüseverwertung.) KIELHÖFER. 7552

A. Stührk, *Neuere Erfahrungen über die Gärführung.* Für den Praktiker bestimmte Hinweise über die verschied. Möglichkeiten der Gärführung beim Traubenmost. (Dtsch. Weinbau **8.** 423—24. 20/8. 1953. Neustadt/Weinstr., Landesanstalt für Wein-, Obst- u. Gartenbau.) KIELHÖFER. 7552

P. Böhringer und **W. Jäger,** *Enzymatische Eiweißstabilisierung im Traubensüßmost.* Das Enzympräp. „*Vinolysin*" (I) bewirkt in einer Menge von 25 g auf 1000 Liter Traubenmost durch Abbau des hitzekoagulierbaren Eiweißes eine Stabilisierung. Das Temperaturoptimum von I liegt bei 50°. Geschmacklich tritt keine Veränderung ein. Der beim toten Traubensüßmost normalerweise eintretende Farbstoffverlust wird durch diese enzymat. Behandlung vermieden. (Dtsch. Weinbau, wiss. Beih. **7.** 190—97. Dez. 1953. Neustadt/Weinstr., Landesanstalt für Wein-, Obst- u. Gartenbau.) KIELHÖFER. 7552

H. Tanner, *Über die Verwendung von Reinigungsmitteln in der Kellereitechnik.* Überblick über die für die Weinkellerwirtschaft angebotenen Reinigungs- u. Desinfektionsmittel (nebst schweizer. Lieferfirmen) u. ihre Eigenschaften. (Schweiz. Z. Obst- u. Weinbau **62.** 268—72. 11/7. 1953. Wädenswill, Eidg. Versuchsanstalt.) KIELHÖFER. 7554

J. Koch, *Probleme der Weinkellerwirtschaft.* Ratschläge für die Praxis zu verschied. aktuellen Fragen der Weingärung u. -behandlung. (Dtsch. Weinbau **8.** 463—65. 5/9. 1953. Geisenheim.) KIELHÖFER. 7554

M. A. Gerassimow, *Beschleunigung der Weinreifung.* Beschreibung einer App. zur wechselweisen Wärme- u. Kältebehandlung der Weine zwecks Beschleunigung ihrer Reifung sowie Darst. der Arbeitsweise. Die App. kann auch bei Weinbrand benutzt werden. (Виноделие и Виноградарство СССР [Weibereit. Weinbau UdSSR] **13.** Nr. 8. 5—12. Aug. 1953.) M. GORDIENKO. 7554

John G. B. Castor, *Versuchsweise Gewinnung von gepreßter Weinhefe zur Einleitung der Gärung.* Es werden die Vorteile u. Nachteile dargelegt, die sich bei Verwendung von Weinpreßhefe (als Analogon zur Bäckereipreßhefe) zur Weingärung ergeben würden. Histor. Bemerkungen zu diesem Problem. Verss. mit in einer Filterpresse abgepreßter Weinhefe, die in der Kälte aufbewahrt worden war, hatten hinsichtlich der Gärleistung ein günstiges Ergebnis. Weitere Verss. über die Hefevermehrung auf billigen Nährböden, den Einfl. der Zusatzmenge auf die Hefevermehrung bei der Mostgärung u. die Beschaffenheit des gewonnenen Weines. Hinweise auf weitere hierbei zu lösenden Probleme. (Wines and Vines **34.** Nr. 8, techn. Sect. 27—29. Aug.; Nr. 9, techn. Sect. 33—34. Sept. 1953. Davis, Calif., Univ., Dep. of Viticulture.) KIELHÖFER. 7554

Ernst Klenk, *Die Eignung von Tank und Faß für den Weinausbau.* Nach allg. Betrachtungen zu diesen Thema werden die Ergebnisse einiger Verss. über Tankgärung (unter CO_2-Druck) (a) u. Faßgärung (b) bei Weißwein u. Rotwein wiedergegeben. Qualitativ am günstigsten ist a, wenn der Wein nach der Gärung zur Lagerung (Ausbau) in ein Holzfaß abgestochen wird. Der Geh. an höheren Alkoholen ist bei a geringer als bei b. (Dtsch. Weinbau **8.** 271—74. 5/6. 1953.) KIELHÖFER. 7554

E. Kielhöfer, *Die Tankgärung beim Moselwein.* In einem mit 1952er Rieslingmost der Mosel unter den Bedingungen der Praxis mit 3 Wiederholungen durchgeführten exakten Vers. wird der Einfl. der Tankgärung (unter CO_2-Druck) (a) auf die organolept. Eigg. u. auf die chem. Zus. des Weines geprüft. Ein signifikanter Unterschied bei der organolept. Beurteilung (mittels eines relativen Punktbewertungsschemas) bei gleichem Restzuckergeh. (10 g/Liter) gegenüber der n. Gärung, die in Holzfuderfässern ebenfalls sehr langsam (14 Tage) u. bei niedriger Temp. (Maximum 15°) durchgeführt wurde, war nicht festzustellen. Einer etwas höheren Alkoholausbeute bei a steht eine geringere Glycerinbldg. u. eine geringere Hefevermehrung während der Gärung gegenüber. Der SO_2-Geh. der nach a gewonnenen Weine ist bei gleichem SO_2-Zusatz infolge stärkerer Oxydation zu H_2SO_4 um ca. 100 mg/Liter niedriger. Weitere Ergebnisse u. Diskussion derselben im Original. (Dtsch. Weinbau **8.** 553—56. 20/10. 1953. Trier, Weinforschungsinstitut.) KIELHÖFER. 7554

Julius Koch, *Kann die schweflige Säure in der Kellertechnik der Weinbereitung durch „andere Stoffe" ersetzt werden?* Angaben über den r_H-Wert u. den ITT-Wert des Weines u. seine Bestimmung. Beide zusammen sind notwendig, um die Beschwerung des Weines, das heißt die Widerstandsfähigkeit gegenüber einer Oxydation zu erkennen. Bei der Tankgärung (unter CO_2-Druck) werden von der Hefe weniger Redukton gebildet, daher größere Oxydationsbereitschaft dieser Weine. Ein ITT-Wert von 100—120 Sek. ist ausreichend. Dieser wird erreicht durch einen Geh. vom 15 mg/Liter freies SO_2 (I). 50 mg Vitamin C (II) vermindert den ITT-Wert des Weines stärker als 50 mg I. Die geschmackliche Wrkg. von I ist aber besser, woraus Vf. schließt, daß I noch eine andere Aufgabe hat, nämlich die Bldg. weinspezif. geschmacklich wirksamer Reduktone. Insofern ist I nicht zu ersetzen. II kann jedoch den Oxydationsschutz an Stelle von I übernehmen. Dieser kann auch durch Inaktivierung der Oxydationsfermente mittels Kurzzeiterhitzung (2 Min. auf 68°) des Mostes erreicht werden. (Dtsch. Wein-Ztg. **89.** Nr. 21; Wein u. Rebe **35.** 344. 21/7.; Nr. 22. 356—60. 1/8. 1953. Geisenheim.) KIELHÖFER. 7554

Klenk und Fuhrmann, *Die Schwefelung der Moste und Weine.* Ratschläge für die Praxis. (Dtsch. Weinbau **8.** 667—69. 20/12. 1953.) KIELHÖFER. 7554

E. Kielhöfer, *Weitere Versuche mit Vinibon bei der Weißweinbereitung.* In Fortsetzung früherer Verss. (C. **1952.** 4071) wurde das Enzympräp. Vinibon (I, 1—2 g je Liter) nicht der Maische, sondern dem abgepreßten Traubenmost (1941er Moselriesling) vor der Gärung (n. Gärung u. Gärung unter CO_2-Druck) zugesetzt. Es wurde auch hierbei eine deutliche Beschleunigung der Angärung durch I festgestellt. Die Filtrierfähigkeit der Jungweine wird bis zu 50% erhöht. Der als Most mit I behandelte Wein scheint sich schneller auszubauen. Die Apfelsäure–Milchsäure-Gärung wird durch I begünstigt. (Dtsch. Weinbau, wiss. Beih. **7.** 79—89. Juni 1953. Trier, Weinforschungsinst.) KIELHÖFER. 7554

H. Kretzdorn und **F. W. Müller,** *Ein Beitrag zur Schönung mit Aferrin.* Angaben über die chem. Zus. von Aferrin (I, Ca- u. Mg-Verbb. der Inositphosphorsäure), Löslichkeit in W., in Tartratpufferlsg. u. in Wein. In Wein sind mindestens 4 g I im Liter löslich. Hierdurch wird eine beträchtliche Extrakterhöhung (um 6,5 g im Liter) bewirkt, jedoch keine geschmackliche Beeinflussung. Enzymat. Abspaltung von Phosphorsäure im Wein. Es wird durch I nur dreiwertiges Fe ausgefällt, nicht zweiwertiges. Durch 100 mg im Liter Ascorbinsäure wird r_H so vermindert, daß Fe nicht durch I ausgeschieden wird; daher ist vorherige Lüftung des Weines erforderlich. Zwei Großverss. mit I befriedigten. (Dtsch. Wein-Ztg. **90.** Nr. 3. Wein u. Rebe **36.** 44—48. 21/1. 1954. Augustenberg, Staatl. Landw. Versuchs- u. Forschungsanstalt.) KIELHÖFER. 7554

W. V. Cruess, *Bemerkungen über die Klärung des Weines.* Angaben über die Schönung des Weines mit Gelatine u. Tannin u. die Ansichten verschied. Autoren über die notwendigen Mengen, ferner über die Casein- u. Bentonitschönung. Für die Entfernung von Fe u. Cu hat sich das neue von FESSLER herausgebrachte Mittel, eine Mischung verschied. Substanzen, bewährt. (Wines and Vines, techn. Sect. **33.** Nr. 9. 20—21. Sept. 1952. Univ. of California, Food Technol. Dep.) KIELHÖFER. 7554

L. Genevois, *Farbstoffe und Alterung des Weines.* Bei der Alterung des Weines wird der Luftsauerstoff durch Fe-Salz auf die Weinsäure übertragen, wobei Dioxymaleinsäure u. weiter Dioxyweinsäure entsteht. — Angabe über Konst., Eigg. u. Bestimmungsmethoden des Rotweinfarbstoffes Oenidin. Dieser wird beim Altern entmethoxyliert, geht in den koll. Zustand über, läßt sich nicht mehr reversibel durch Natriumbisulfit zu einem farblosen Komplex reduzieren u. scheidet sich an der Flaschenwand ab. — Der wichtigste Farbstoff des Weißweines ist das Glucosid Quercitrin u. dessen Aglucon Quercetin. Es reagiert mit Aldehyden unter Bldg. eines braunen Nd. (brauner Bruch des Weines). — Mit Äther, in dem der Rotweinfarbstoff unlösl. ist, lassen sich aus Wein ungefärbte Glykoside extrahieren, deren Aglucone zu den Catechinen gehören. — Die wirksamste Alterungstechnik des Weines besteht im 8tägigen Erwärmen auf 60—65°, wodurch die langsam verlaufenden natürlichen Alterungs-Rkk. beschleunigt werden. (Rev. Fermentat. Ind. aliment. **6.** 111—15. Aug. 1951. Bordeaux, Fac. des Sci.) KIELHÖFER. 7554

Fr. Villforth und **W. Schmid,** *Über höhere Alkohole im Wein.* 1. Mitt. Die Best. erfolgte nach der von den Vff. modifizierten Meth. von KOMAROWSKY-FELLENBERG, mittels Salicylaldehyd, wobei die entstandene Färbung elektrocolorimetr. gemessen wurde. In 12 Proben 1952er Weißwein, bes. Riesling, wurden 0,240—0,406 cm^3, in 3 Proben Rotwein 0,320—0,348 cm^3 höhere Alkohole (I) gefunden. Die Gärung im Drucktank u. sogar der Ausbau im Stahltank führt zu einem deutlich geringeren Geh. an I als die Gärung u. Lagerung im Holzfaß. (Dtsch. Weinbau, wiss. Beih. **7.** 161—70.

Okt. 1953. Weinsberg, Württ. Lehr- u. Versuchsanstalt für Wein- u. Obstbau, Wiss. Abt.) KIELHÖFER. 7554

P. M. Rosenfeld, *Über einige Fragen zur Theorie der Champagnerbildung.* Polemik gegen die Ansichten von AGABALJANZ, wonach CO_2 im Champagner chem. gebunden vorliegt (vgl. C. **1951.** II. 3386). Die chem. Eigg. des Diäthylpyrocarbonats sind noch zu wenig erforscht, als daß sie als Beweis für die chem. Bindung von CO_2 im Champagner angesehen werden könnten. (Виноделие и Виноградарство СССР [Weinbereit. Weinbau UdSSR] **12.** Nr. 1. 34—36. Jan. 1952.) v. WILPERT. 7554

L. N. Parfentjew und **W. I. Kowalenko,** *Zur Theorie der Champagnerbildung.* Polemik gegen ROSENFELD (vgl. vorst. Ref.) hinsichtlich der Struktur des *Diäthylpyrocarbonats.* (Виноделие и Виноградарство СССР [Weinbereit. Weinbau UdSSR] **12.** Nr. 4. 28—29. April 1952. Krasnodar, Inst. für Nahrungsmittelind.) v. WILPERT. 7554

Y. Graff, *Einfluß der Temperatur auf die Tätigkeit der Apfelweinhefen. Anwendung bei der Herstellung süßer Apfelweine.* Apfelmost wird bei 39° (infolge Zerstörung der Zymase) nur langsam u. unvollständig vergoren, so daß ein Zuckerrest, wie er heute gewünscht wird, zurückbleibt. Zuvor soll der Most zur Beseitigung schädlicher Keime tyndallisiert, d. h. an 3 aufeinanderfolgenden Tagen je 10 Min. auf 65, 60 u. 55° erhitzt werden, wodurch jedoch kein Nachgeschmack entsteht. Alsdann erfolgt Reinhefezusatz. Der so gewonnene süße Cider bleibt längere Zeit haltbar. Dieses Verf. ist billiger als die Anwendung von Kälte. (Chim. et Ind. **68.** 534—36. Okt. 1952. Caën, Labor. de Cidrerie.) KIELHÖFER. 7556

Rudolph J. Allgeier, Reuben T. Wisthoff und **Frank M. Hildebrandt,** *Arbeitsweise von Essiggeneratoren.* Geringe Zusätze von Äthylacetat bzw. Acetaldehyd bzw. Essigsäure zur Alkohollsg. setzen die Essigausbeute prakt. nicht herab. — Bei Anwendung von Äthylacetat wird das Essigaroma verbessert. — Verss. über 2 Jahre zeigten für Essigsäurebakterien folgende Reihenfolge der Giftigkeit von Metallen: Pb 10, Cu 15, Fe 50, Zn 100 u. Sn höher als 100 p.p.m. (Ind. Engng. Chem. **45.** 489—94. Febr. 1953.) HAEVECKER. 7564

J. Koch, *Die Bestimmung des ITT-Wertes im Wein.* Beschreibung der Meßmeth. u. des dabei benutzten WALPOLE-Komparators. Bei einem ITT-Wert von mehr als 120 Sek. muß für einen Oxydationsschutz des Weines gesorgt werden. Bei einem geringeren Wert ist entweder zu stark geschwefelt worden oder der Wein verfügt über viel natürliche Reduktone. (Dtsch. Weinbau **8.** 385—86. 5/8. 1953. Geisenheim.) KIELHÖFER. 7606

G. Marteau, *Bestimmung der Weinqualität durch die organoleptische Prüfung.* (Progr. agric. viticole **140** (**70**). 281—89. 15—22/11. 310—13. 29/11. 1953.) KIELHÖFER. 7606

Willy Kleber, Worms, *Waschen von Hefen* unter Behandlung mit hörbarem Schall in wss. Aufschlämmung u. Wiederholung dieses Verf., bis die Hefen nach dem mkr. Befund mechan. rein sind. (**D. B. P. 895 284** Kl. 6a vom 18/8. 1951, ausg. 2/11. 1953.) KETTNER. 7507

I. A. Preece, The biochemistry of brewing. London: Oliver & B. 1954. (400 S., Diagr., Taf.) 25 s.

XVI. Nahrungs-, Genuß- und Futtermittel.

M. van Eekelen, *Das Vorkommen von Vitamin C in Lebensmitteln.* Allg. Ausführungen. (Proc. Nutrit. Soc. **12.** 228—32. 1953. Utrecht, Niederlande, Centr. Inst. for Nutrit. Res. Sep.) KRUSEN. 7630

Mary Corbett Stevens, Janice F. Sieburth, Tom Wahl und **Barbara McLaren,** *Der Einfluß der Teilchengröße auf die Nährcharakteristica von „unifine flour".* Die feinere Mahlung des „Unifine"-Mehls veränderte die Backcharakteristica u. physikal. Eigg. gegenüber n. Vollkornweizenmehl. Im Rattenvers. ergab „Unifine" ein besseres Wachstum als Handelsvollkornmehl, bei gleichem Proteingeh. von 10%. Thiamin als Indicator der B-Vitamine schien gleich ausnutzbar in Mehlen verschied. Feinheit. (Food Res. **17.** 74—80. Jan./Febr. 1952. Pullman, Wash., State Coll. of Washington.) GRIMME. 7670

R. H. Harris und **Donald Frokjer,** *Die Backfähigkeit von Kleber-Fraktionen aus Hard Red Spring-Weizen und Durum-Weizen.* Gewinnung von drei Kleberfraktionen aus beiden Weizensorten durch fraktionierte Fällung der Kleberdispersionen in 0,013 n Milchsäure bei Erhöhung des p_H auf 5,0; 5,0—5,5 u. über 5,5. Bei Zusatz zu Weichweizenmehl ergab die mittlere Fraktion jeweils die beste Backfähigkeitsverbesserung, während Fraktion 1 (p_H 5,0) das Gebäckvol. verminderte. Beziehungen zwischen proteolyt. Aktivität der Fraktionen u. ihrem Einfl. auf die Backfähigkeit bestehen nicht. (Cereal Chem. **29.** 212—22. Mai 1952. Fargo, N. D., North Dacota Agric. Exp. Stat.) M. W. ROTHE. 7674

A. S. Schultz, F. D. Schoonover, R. A. Fisher und **S. S. Jackel,** *Verzögerung des Altbackenwerdens der Krumenstärke von Normalbrot durch Bakterien-α-amylase.* Verlängerte Frischhaltung von Brot wird durch α-Amylasezusätze erreicht. Günstig wirken nur kleine Konzentrationen. (Cereal Chem. **29.** 200—11. Mai 1952. New York, N. Y., Fleischmann Labor.) M. W. ROTHE. 7674

S. S. Jackel, A. S. Schultz, F. D. Schoonover und **W. E. Schaeder,** *Abnehmende Empfindlichkeit der Brotkrumenstärke gegen β-Amylase während des Altbackenwerdens.* Die Empfindlichkeit der Brotkrumenstärke gegen enzymat. Hydrolyse vermindert sich im Verlauf des Altbackenwerdens. Die Veränderung erfolgt bei tiefen Tempp. rascher als bei hohen. (Cereal Chem. **29.** 190—99. Mai 1952. New York, N. Y., Fleischmann Labor.) M. W. ROTHE. 7674

Flora Hanning und **Jacqueline De Doumois,** *Einfluß von Trockenmolke auf die Kuchenqualität.* Ein Zusatz von 3% Trockenmolke verbessert Kuchen mit 5—10% Fett bzgl. Krumenbeschaffenheit, Geschmack, Bräunung u. Haltbarkeit. (Cereal Chem. **29.** 176—89. Mai 1952. Madison, Wis., Univ., School of Home Economics.) M. W. ROTHE. 7674

Elizabeth R. McCall, Julian F. Jurgens, Carroll L. Hoffpauir, Walter A. Pons jr., S. M. Stark jr., Alva F. Cucullu, D. C. Heinzelman, Vidabelle O. Cirino und **M. D. Murray,** *Zusammensetzung von Reis. Einfluß von Varietät und Umgebung auf physikalische und chemische Zusammensetzung.* Unterss. an 8 Reisvarietäten aus 3 verschied. Landschaften zeigten, daß hinsichtlich Müllereiausbeute, anatom. Fraktionen des rohen Reises u. Zus. der Kleie Varietät u. Gegend Einflüsse ausüben. Lipid- u. N-Geh. von weißem Reis u. Aschezus. der Schalen werden von der Varietät, Lipid-, N-, Asche- u. Stärkegeh. von weißem Reis von der örtlichen Herkunft beeinflußt. Der sehr niedrige P-Geh. von weißem Reis von 0,11% besteht zu 40%, der P-Geh. der Kleie von 2,65% zu 90% aus Phytin-P. Die anorgan. Anteile im Reis werden weder durch Varietät noch durch Umgebung beeinflußt. — 35 Literaturangaben. (J. agric. Food Chem. **1.** 988—93. 28/10. 1953. New Orleans, La., Southern Regional Res. Labor.) KRUSEN. 7686

Josephine R. Loeb und **Ruth Y. Mayne,** *Einfluß der Feuchtigkeit auf Mikroflora und Bildung von freien Fettsäuren in Reiskleie.* Die Vermehrung von Mikroorganismen in lagernder Reiskleie bei hohem Feuchtigkeitsgeh. läuft einer verstärkten Bldg. freier Fettsäuren parallel. Bei einem Wassergeh. von 11,5% u. niedriger ist jedoch gleichfalls eine langsame Erhöhung des Säuregrades ohne merkliches Anwachsen der Mikroflora zu beobachten. (Cereal Chem. **29.** 163—75. Mai 1952. New Orleans, La., Southern Reg. Res. Labor.) M. W. ROTHE. 7686

George L. Baker, John F. Kulp und **Ralph A. Miller,** *Die Rolle des Pektins bei der Dehydratation und Rehydratation von Modellpräparaten von Fruchtkörpern.* Methoxylreiche Pektine bewirkten in 20% Cellulose enthaltenden inerten Pektin–Cellulose-Gemischen eine Abnahme der Cellulosequellung bei 26°, dagegen eine beträchtliche Quellung bei 90°. In einem „synthet.“ Fruchtgemisch, welches Cellulose, Zucker, Salze, Säuren u. methoxylreiches Pektin enthielt, waren bei 26 u. 90° nur geringe Rehydratationsquellungen festzustellen. War in einem solchen Gemisch das Pektin durch Pektinmethylesterase teilweise entmethyliert, so erreichte die Quellung bei 90° ihr Maximum bei einem Methoxylgeh. von 4,7%. Keine Beziehung ergab sich zwischen den entwässerten Modellpräpp. u. entwässerten Aprikosen hinsichtlich der Quellung. (Food Res. **17.** 36—45. Jan./Febr. 1952. Newark, Del., Univ. of Delaware, Dep. of Chem., Agric. Exp. Stat.) GRIMME. 7688

M. Sachsse und **J. Rosenstein,** *Über den Fettreif der Schokolade.* 2. Mitt. (1. Vgl. C. **1954.** 2726.) In Verss. zur Best. des Temperiergrades von Schokoladen wurden mit einer beschriebenen App. u. Meth. die Abkühlungskurven verschied. Couverturen u. Schokoladen ermittelt u. ausgewertet. Es zeigte sich, daß die Abkühlungskurve einer gut temperierten Schokolade in dem Bereich zwischen 32,5 u. 25° einen scharfen Knick aufweisen muß. Fehlt dieser Knick, so liegt eine un- oder übertemperierte Schokolade vor. Messung erfolgt in einem Wasserbad bei genau 20° für ca. 30 Minuten. (Fette u. Seifen, Anstrichmittel **55.** 122—24. Febr. 1953.) KRUSEN. 7726

M. Sachsse und **J. Rosenstein,** *Über den Fettreif der Schokolade.* 3. Mitt. (2. vgl. vorst. Ref.) Vff. diskutieren die Polymorphie der *Kakaobutter* (**I**) als Ursache des Fettreifes von Schokolade u. beschreiben die Darst. der α-, β_1- β- u. γ-Modifikation durch Erstarrenlassen von geschmolzener **I** bei verschied. Temperaturen. Zur Darst. der

α-Form wird die I zunächst auf 17° u. dann sehr stark abgekühlt, F. 23—24°; wird die zunächst auf 17° temperierte I auf 23° gebracht, so bildet sich die β_1-Form mit F. 28°. Unterwirft man geschmolzene I einem mehrmaligen schnellen Temperaturwechsel zwischen 17 u. 30° u. läßt dann längere Zeit bei 28—30° stehen, so entsteht die β-Form mit F. 34°. Die γ-Modifikation kann man durch plötzliche Abkühlung von I auf die Temp. von Trockeneis–Aceton als glasige Substanz mit F. 18—19° darstellen. Wie Vff. an Abbildungen zeigen, können die verschied. I-Modifikationen durch stufenweise F.-Best. im Polarisationsmikroskop mit einiger Sicherheit erkannt werden. Dagegen unterscheiden sie sich nicht durch charakterist. verschied. Kristallisationsformen. (Fette u. Seifen, Anstrichmittel **55.** 196—98. März 1953.)
KRUSEN. 7726

W. P. Lehrer jr., A. C. Wiese, W. R. Harvey und **P. R. Moore,** *Die Beständigkeit von Thiamin, Riboflavin und Nicotinsäure in Lammfleisch während der Gefrierlagerung und nachfolgender Kochung.* In frischem Lammfleisch nimmt beim Kochen der Geh. an Thiamin (I) um ca. 50%, der an Nicotinsäure (II) um ca. 25% ab. In 48 Std. lang gefrorenem Fleisch geht der I-Geh. ebenfalls zurück, während der II-Geh. meist konstant war, manchmal sogar eine Zunahme erfahren hatte. Bei längerer Gefrierlagerung — bis zu 6 Monaten bei —26 bzw. —18° — blieb I nahezu konstant, II steigt sehr merklich an, während der Riboflavingeh. laufend zurückgeht. (Food Res. **17.** 24—26. Jan./Febr. 1952. Moscow, Id.) GRIMME. 7750

L. Lawrowa, Ju. Ljasskowskaja und **A. Iwanowa,** *Schutzhüllen für geräucherte Erzeugnisse aus Schweinefleisch.* Vff. geben eine allg. Übersicht über verschied. Kunststoffolien u. empfehlen wegen der guten Adhäsion ein Material aus 12—16% Celluloseäthyläther, 30% Kolophoniumglycerinester, 10% Fett, 27—35% Paraffin u. 13—17% Petrolatum; zahlreiche Ergebnisse der bakteriolog. u. chem. Unters. von in verschied. Folien verpackten Fleischereierzeugnissen werden tabellar. aufgeführt. (Мясная Индустрия СССР [Fleisch-Ind. UdSSR] **24.** Nr. 4. 29—34. Juli/Aug. 1953. Allunions Wiss. Forschungsinst. für Fleischind.) SCHMEISS. 7750

Ju. I. Schillinger, *Der Übergang von Dichlordiphenyltrichloräthan (DDT) in die Milch von Kühen, die mit diesem Präparat zur Bekämpfung von Hautparasiten behandelt wurden.* Zur Bekämpfung der Bremsen bei Kühen wird meist eine 4—5%ig. ölige DDT-Lsg. benutzt, die man in die Haut der Tiere einreibt. In Verss. an 5 Kühen ließ sich dabei feststellen, daß DDT teilweise in die Milch übergeht. Während der ersten 20 Tage der Behandlung findet man DDT-Mengen bis zu 1,5—2 mg/Liter, später nicht mehr als 1 mg/Liter. In Anbetracht der guten antiparasitären Wirksamkeit von DDT ist bei genauer Beachtung der Anwendungsvorschrift gegen die Behandlungsmeth. trotzdem nichts einzuwenden. (Вопросы Питания [Fragen d. Ernähr.] **12.** Nr. 2. 68—73. März/April 1953. Moskau, Ernährungsinst. der Akad. der Med. Wiss. der UdSSR, Abt. für Nahrungsmittelhyg.) RENTZ. 7756

G. L. Bailey, *Untersuchungen über die Veränderung im Gehalt an fettfreier Trockenmasse in Milch.* 1. Mitt. *Veränderungen des Milchertrags, des Gehalts an Milchfett und fettfreier Trockenmasse in Zusammenhang mit dem Alter der Kuh.* In allen Altersgruppen schwankt der Milchertrag in der Lactationsperiode um 25%, der Milchfettgeh. um 10%, die fettfreie Trockenmasse (I) um 3%. Die beiden letzteren scheinen mit dem Alter der Kuh anzusteigen. Der Milchertrag ist nach dem 6. Kalben am größten, die Milchqualität nach dem 1. Kalben am besten. Jahreszeitliche Schwankungen des Ertrags in Abhängigkeit vom Zeitpunkt des Kalbens sind nicht zu erkennen. Zwischen Ertrag u. I besteht keine Beziehung. (J. Dairy Res. **19.** 89—101. Febr. 1952. Reading, Univ., Nat. Inst. for Res. in Dairying.) FRESENIUS. 7756

G. L. Bailey, *Untersuchungen über die Veränderung im Gehalt an fettfreier Trockenmasse in Milch.* 2. Mitt. *Veränderungen mit dem Stadium der Lactation.* (1. vgl. vorst. Ref.) Der Geh. an fettfreier Trockenmasse wird für verschied. Altersstufen in Abhängigkeit von der Zeit nach dem Kalben dargestellt. Es ergeben sich Unterschiede bei trächtigen u. nichtträchtigen Kühen nach der Zahl der Schwangerschaften u. dem Alter der Kuh, außerdem je nach Alter des Tieres in Abhängigkeit vom Stadium der Trächtigkeit vor dem 160. Tag der Lactation. (J. Dairy Res. **19.** 102—08. Febr. 1952.)
FRESENIUS. 7756

G. L. Bailey, *Untersuchungen über die Veränderung im Gehalt an fettfreier Trockenmasse in Milch.* 3. Mitt. *Jahreszeitliche Schwankungen.* (2. vgl. vorst. Ref.) Jahreszeitliche Schwankungen im Geh. der Milch an fettfreier Trockenmasse bestehen nur für April/Mai (steigend), Mai/Juli (fallend) u. August/September (wieder steigend). Die Änderungen dürften von der Art der Fütterung abhängen. (J. Dairy Res. **19.** 109—14. Febr. 1952.) FRESENIUS. 7756

G. L. Bailey, *Untersuchungen über die Veränderung im Gehalt an fettfreier Trockenmasse in Milch.* 4. Mitt. *Langfristige Entwicklungen.* (3. vgl. vorst. Ref.) Aus Beobachtungen über eine Periode von 12 Jahren ist zu entnehmen, daß der Geh. an fettfreier Trockenmasse bei Shorthorn-Erstlingen in dieser Zeit etwa um 0,25% abgenommen hat. Die Abnahme verteilt sich in unterschiedlichem Umfang auf alle Monate des Jahres, ausgenommen den Mai, für den statist. eine geringe Zunahme besteht. (J. Dairy Res. **19.** 115—18. Febr. 1952.) FRESENIUS. 7756

W. G. Whittlestone, *Änderungen im Fettgehalt der Milch im Verlauf der Melkperiode.* Vf. glaubt, auf Grund seiner Unterss. annehmen zu können, daß es bereits im Kuheuter zu Zusammenballungen von Fetttröpfchen kommt, die dann bei der Sekretion der Milch durch die Drüse herausfiltriert werden. (J. Dairy Res. **20.** 146—53. Juni 1953. Hamilton, New Zealand, Dep. of Agric., Ruakura Animal Res. Stat.) KRUSEN. 7756

Hazel Alexander und **Constance Higginbottom,** *Bakteriologische Untersuchungen an pasteurisierter Milch.* In ausgedehnten Unterss. weisen Vff. nach, daß die Kurzzeithocherhitzung (K.) von Milch eine etwas geringere bakterientötende Wrkg. hat als die Langzeitpasteurisation (L.; 30 Min. bei 63°). Hinsichtlich der Lagerungsqualität (Kochtest) bestehen keine signifikanten Unterschiede. Pasteurisation nach beiden Verff. führt zu einer Abnahme von alkalibildenden u. peptonisierenden Bakterien, von Streptokokken u. nichtsporenbildenden Stäbchen u. zu einer Vermehrung der säurebildenden Mikrokokken u. Mikrobakterien. Die in roher Milch fast immer vorkommenden Streptokokken der Lactis-cremoris-Gruppe werden durch Pasteurisierung meist abgetötet, jedoch überleben öfter Str. thermophilus u. manchmal Str. faecalis. In K.-pasteurisierten Proben entwickelte sich bei Lagerung bei 18,5° nach 2 Tagen häufig eine plötzliche Säurebldg., die bei 6° in L.- u. K.-pasteurisierter Milch erst nach mindestens 2 Wochen auftrat. Die unmittelbar nach der Pasteurisierung vorhandenen Säurebildner werden bei Lagerung bei 18,5° schneller, bei 6° langsamer durch alkalibildende Alkaligenes- u. Pseudomonasarten ersetzt. Später eintretende Vermehrung von Str. lactis führt dann zu schneller Säurebildung. Alle Veränderungen treten bei K.-pasteurisierter Milch schneller als bei L.-behandelter auf. (J. Dairy Res. **20.** 156—76. Juni 1953. Kirkhill, Ayr, Hannah Dairy Res. Inst.) KRUSEN. 7756

H. G. Foster jr., S. A. Lear und **H. J. Metzger,** *Zeit-Temperatur-Untersuchungen über die Inaktivierungsgeschwindigkeit von Brucella abortus Stamm 2308 in Milch.* Bei einer Vorerhitzungszeit von 0 wurde B. abortus bei 142,7° F in 23 Min. u. bei 161,6° F in 14 Sek. abgetötet. Vorerhitzungszeit von 1 Min. veränderte diese Daten nur unwesentlich. Eine Sicherheit zur Abtötung der B. abortus ergibt der Phosphatase-inaktivationstest nur, wenn er nach dem Verf. von SANDERS u. SAGER (J. Dairy Sci. **31.** [1948.] 845) durchgeführt wird. (J. Milk Food Technol. **16.** 116—20. Mai/Juni 1953. New Jersey, Rutgers Univ., Dep. of Dairy Ind.) KRUSEN. 7756

R. C. Wright und **J. Tramer,** *Reaktivierung der Milchphosphatase nach Hitzebehandlung.* 1. Mitt. Vff. konnten in Milchproben, die zur Sterilisierung kurzzeitig auf über 100° erhitzt worden waren, im Verlauf der Lagerung die Entw. einer positiven *Phosphatase* (**I**)-Rk. nachweisen. Die optimale Lagertemp. für die I-Bldg. beträgt 30°, bakterieller Einfl. konnte ausgeschlossen werden. Die reaktivierte **I** konnte auf Grund ihrer Eigg. u. Rkk. als ident. mit der n. alkal. **I** von Rohmilch gefunden werden. Die Reaktivierung der **I** kommt nur in Milch vor, die mindestens auf 85° u. bis auf 170 bis 180° erhitzt wurde, wobei die Erhitzungszeit das Ausmaß der Neubldg. beeinflußt. Auch die **I** einer Pseudomonaskultur zeigte nach Erhitzung auf 120—180° in Ggw. von sterilisierter, jedoch nicht von pasteurisierter Milch I-Reaktivierung. (J. Dairy Res. **20.** 177—88. Juni 1953. London, United Dairies Res. Labor.) KRUSEN. 7756

D. L. Gibson und **J. W. Raithby,** *Untersuchungen zur Verbesserung der Auflösbarkeit von Magermilchpulver.* Die optimale Temp. zur Auflösung von Magermilchpulver liegt bei 50°, bei Tempp. über 60° wird die Löslichkeit nachteilig beeinflußt. Zusätze von bis zu 25% *Saccharose, Glucose, Mannit* u. *Sorbit* verbessern die Löslichkeit nur, wenn sie erst nach dem Trocknen dem fertigen Milchpulver zugesetzt werden. Dagegen zeigten Zusätze schon von 0,1% (auf Trockensubstanz bezogen) *Tween 20* u. *21* (*Polyoxyäthylensorbitanmonolaurat*) vor der Trocknung günstige Beeinflussung der Löslichkeit der Milchpulver. *Span 20* (*Sorbitanmonolaurat*) hatte nicht diese Wirkung. (Canad. J. Technol. **32.** 60—67. März 1954. Saskatoon, Univ. of Saskatchewan, Dep. of Dairy Sci.) KRUSEN. 7756

R. M. Dolby, *Die Wirkung von verschiedener Rahmbehandlung bei der Pasteurisation auf die Größe der Fetttröpfchen in Rahm und Butter.* Zur Best. der Fetttröpfchengröße wird der Rahm 1:50 mit einer 4—6%ig. Gelatinelsg. verdünnt u. die Mischung kurz vor dem Erstarren auf die Objektträger zu einem dünnen Film (20 μ) ausgestrichen. Vf. konnte zeigen, daß es bei Vacreator-Pasteurisierung zu einer beträchtlichen Vermehrung der weniger als 2 μ großen Tröpfchen kommt, während die über 10 μ großen nur geringfügig vermehrt werden. Bei Flaschenpasteurisierung werden die kleinen Fetttröpfchen vermindert, während die über 10 μ großen wesentlich zunehmen. Dementsprechend besteht in Vacreatorbutter eine bessere Verteilung des Fettes, wodurch die bessere Struktur solcher gegenüber aus nach dem anderen Verf. pasteurisiertem Rahm hergestellter Butter erklärt wird. (J. Dairy Res. **20.** 201—11. Juni 1953. Palmerston North, New Zealand, Dairy Res. Inst.) Krusen. 7758

A. Grischtschenko, A. Iwanowa und **Je. Ssermjashko,** *Butter mit Citronat.* Die frisch hergestellte fl. Butter wird mit 15% geriebenen Citronat u. 10% Zucker versetzt, gut durchgemischt u. bei 85° pasteurisiert. Der Wassergeh. im fertigen Prod. soll mindestens 16% betragen. Vor dem Pasteurisieren darf die Butter nicht unter 40° gekühlt werden. (Молочная Промышленность [Milch-Ind.] **13.** Nr. 1. 42. Jan. 1952.) M. Gordienko. 7758

P. Schebanin, *Änderung der Gasphase von gesalzener Säurerahmbutter während ihrer Lagerung.* (Vgl. C. **1953.** 6587.) Der O_2-Geh. der in fl. u. entrahmter Butter enthaltenen Gase geht durch den Einfl. aerober Mikroorganismen während der ersten zwei Wochen der Lagerung stark zurück, wenn die Lagertemp. oberhalb 0° liegt, wodurch die Qualität vermindert wird. (Молочная Промышленность [Milch-Ind.] **14.** Nr. B. 36 bis 37. Aug. 1953. Omsk, Landw. Kirow-Inst.) Schmeiss. 7758

S. Ovejero, M. Diez und **R. Pascual,** *Wirkungen einiger Antibiotica auf Käsefermente und die pathogene Mikroflora des Euters.* Die Ggw. von 0,25—0,50 I. E./ml *Penicillin* (I) in Milch stört nicht bei der Herst. von halbhartem span. León-Käse, höhere Mengen wirken nachteilig. Die Testung von 5 für die Herst. dieses Käses wichtigen Bakterien (Str. cremoris, Str. lactis, Str. plantarum, Str. casei, Microbact. lactis) gegen I, *Streptomycin, Aureomycin, Bacitracin* (II), *Chloromycetin* u. *Terramycin* ergab, daß II die geringste hemmende Wrkg. hat. Da anderseits gezeigt werden konnte, daß II gegenüber der pathogenen Mastitis erregenden Euterbakterien (überwiegend Str. agalactiae) von den untersuchten Antibiotica die höchste bactericide Wrkg. hat, empfehlen Vff., wenn die von ihnen erhobenen Befunde bestätigt werden, im Interesse der Milchwirtschaft zur Bekämpfung von bakteriellen Eutererkrankungen nur II zu verwenden. (Lait **34.** 22—35. Jan./Febr. 1954.) Krusen. 7760

J. C. Dacre, *Cheddarkäse-Aroma und sein Verhältnis zur Tyraminbildung durch Milchsäurebakterien.* Der Zusatz von Reinkulturen von Lactobacillus plantarum, einem Leuconostoc-Stamm, L. brevis u. Str. faecalis zur Milch, die zur Cheddarkäse-Herst. verwendet wurde, bewirkte in allen Fällen eine verstärkte, zum Teil unerwünschte Entw. des Cheddararomas, jedoch war nur bei den zwei zuletzt genannten Stämmen eine vermehrte *Tyramin* (I)-Bldg. nachweisbar. Es scheint demnach kein Zusammenhang zwischen der Aromaentw. von Cheddarkäse u. einer I-Bldg. zu bestehen. Von einer Reihe untersuchter Milchsäurebakterien konnte nur bei L. brevis eine nennenswerte Aktivität von *l-Tyrosindecarboxylase* gefunden werden. (J. Dairy Res. **20.** 217—23. Juni 1953. Palmerston North, New Zealand, Dairy Res. Inst.) Krusen. 7760

F. Kieferle und **Elisabeth Seyrer-Reindl,** *Beiträge zur Kenntnis des Fettgehaltes in Trockensubstanz der Käse.* 2. Teil: *Bewegung und Verteilung des Fettgehaltes in Trockensubstanz in Käse.* (1. vgl. C. **1954.** 2294.) Vff. konnten zeigen, daß der auf Trockensubstanz berechnete Fettgeh. (F. i. T.) von Camembert mit 30% F. i. T. durch das Salzen der Käse vorübergehend verändert wird. So kam es 4 Tage nach dem Salzen in einem Vers. zur Abnahme des F. i. T. von 28,53 auf 27, 54%, dann erfolgte Anstieg bis zum 11. Tag auf 30,52%. Die endgültige Unters. der Käse soll deshalb erst 12—14 Tage nach der Fertigstellung erfolgen. Statist. Unterss. an hand- u. maschinengefertigten Camembertkäsen ergaben keine merklichen Unterschiede hinsichtlich der Größe der Mittelwerte u. der Streuung in den F. i. T.-Gehalten. (Dtsch. Molkerei-Ztg. **74.** 1467—69. 22/10. 1953.) Krusen. 7760

Trendtel, *Biologische Bedeutung von qualitativ hochwertigem Schmelzkäse.* Es wird über den Nährwert von *Velveta*-Schmelzkäse (15% *Lysin* u. 21,5% *Glutaminsäure* sowie in 100 g 1600 I. E. *Vitamin A*) berichtet. (Molkerei-Ztg. **8.** 464—65. 22/4. 1954. Hannover.) Krusen. 7760

Kenneth A. Walsh und **S. M. Hauge,** *Faktoren, die die Carotin-Zerstörung in Alfalfa beeinflussen.* Zur Prüfung der verschied. Einfll. unter konstanten Bedingungen wurden wss. Suspensionen von macerierten Alfalfa-Blättern untersucht. Das *Carotin* (I) inaktivierende Fermentsyst. in Alfalfa scheint ein Temperaturoptimum von ca. 43° zu haben. Die photochem. beeinflußte I-Zerstörung wird dagegen durch Temp. ebenso wie durch den p_H-Wert nur wenig beeinflußt. Die enzymat. Destruktion ist bei p_H 4 am größten u. nimmt gegen p_H 10 ab, sie wird durch Zusatz kleiner Mengen *NaCN* (10 mg/5 g Suspension) inhibiert. Durch Blanchieren u. Autoklavieren wird die enzymat., nicht aber die photochem. Zerstörung gehemmt. Auf Grund dieser Ergebnisse können Ratschläge für die Praxis, die bei der Feldtrocknung auftretenden I-Verluste von 45—90% zu verhindern, noch nicht gegeben werden, da noch keine Beeinflussungsmöglichkeit sowohl der enzymat. als auch der photochem. Destruktion bekannt ist. (J. agric. Food Chem. **1.** 1001—04. 28/10. 1953. Lafayette, Ind., Purdue Univ., Agric. Exp. Stat., Dep. of Biochem.) KRUSEN. 7782

M. Desoutter, *Versuche zur Konservierung entrahmter Milch durch Ensilage.* Beschreibung der Herst. einer Art Käse für Tiere, wobei von aus Magermilch gewonnenem Quark ausgegangen wird. Die Silierung erfolgt mit Grünfutter. (C. R. hebd. Séances Acad. Agric. France **39.** 385—87. 1953.) PATZSCH. 7786

George C. Potter und **J. A. Shellenberger,** *Photometrische Bestimmung von Insektenverunreinigungen in Cerealien.* Durch Kupplung von 2.6-Dichlorchinonchlorimid mit phenol. Bestandteilen der Insektenoberhaut entstehen Indophenolfarbstoffe, deren photometr. bestimmte Konz. Rückschlüsse auf den Geh. von Cerealien an Insektenverunreinigungen gestattet. (Cereal Chem. **29.** 223—27. Mai 1952. Manhattan, Kans., Dep. of Flour and Feed Milling Ind.) M. W. ROTHE. 7796

G. Brückner, *Neuere Verfahren über die Kennzeichnung der Mehle mit lichtelektrischen Methoden.* Die photoelektr. verfolgten Änderungen der Lichtabsorption u. -reflexion von Weizenmehlen zeigen eine sinngemäße Abhängigkeit vom Ausmahlungsgrad. Infolge des Einfl. von Klebergeh., Wassergeh. u. unterschiedlicher Färbung der Samenschale streuen die erhaltenen Werte jedoch stark, so daß Absorptions- u. Reflexionsmessungen nicht zur Kennzeichnung von Handelsmehlen geeignet erscheinen. (Getreide u. Mehl **3.** 49—53. Juli 1953. Berlin, Versuchsanst. für Getreideverwertung.) M. W. ROTHE. 7798

Irwin Stone, *Empfindliche Methode zur Bestimmung der α-Amylase-Aktivität von Mehl.* Mikro-Dextrinierungsmeth. zur Best. von α-Amylase in n. u. mit Enzym angereicherten Mehlen. (Cereal Chem. **29.** 228—34. Mai 1952. New York, Wallerstein Labor.) M. W. ROTHE. 7798

J. Gutschmidt, *Ein Beitrag zur Bestimmung des Reifegrades grüner Erbsen mit Hilfe des Texturemeters.* 1. Mitt. *Zur Methodik der Bestimmung des Reife- und Gütegrades bei Erbsen.* Die Methoden u. Geräte zur Qualitätsbest. grüner Erbsen werden besprochen. — 32 Literaturangaben. (Ind. Obst- u. Gemüseverwert. **38.** 389—93. 22/10. 1953.) FRESENIUS. 7804

J. Gutschmidt, *Ein Beitrag zur Bestimmung des Reifegrades grüner Erbsen mit Hilfe des Texturemeters.* 2. Mitt. *Der Einfluß verschiedener Faktoren auf die Meßergebnisse.* (1. vgl. vorst. Ref.) Die Abhängigkeit des Meßergebnisses mit dem Texturemeter von der Temp., der Drehgeschwindigkeit u. anderen Umständen wird untersucht u. festgestellt, daß größere Fehler prakt. nur dann entstehen, wenn gekühlte Erbsen für die Best. verwendet werden oder der Meßbecher zu fest gepackt wird. (Ind. Obst- u. Gemüseverwert. **38.** 405—07. 5/11. 1953. Karlsruhe, Bundesforschungsanst. für Lebensmittelfrischhaltung.) FRESENIUS. 7804

Halver C. Van Dame, *Bericht über Bernsteinsäure in Tomatenprodukten.* Bernsteinsäure (I) ist ein Prod. der Zers. organ. Substanzen durch Schimmelpilze. Die Best. erfolgt in der Regel nach der Meth. von HILLIG (J. Assoc. off. agric. Chem. **33.** [1850.] 722). Sie gestattet nach Verss. des Vf. auch den Nachweis von I in Tomatenzubereitungen u. dient zur Feststellung von Zersetzungen. 100 g Prod. werden im Zentrifugenglas nach Zusatz von 25 ml 1 n H_2SO_4 mit W. auf 200 g verd. u. zentrifugiert. Die Fl. wird filtriert, 100 cm³ werden mit 50 g $(NH_2)_2SO_4$ gemischt u. mit Ae. ausgeschüttelt. Die Ätherlsg. wird nach Zusatz von 10 cm³ W. verdampft, in der wss. Lsg. erfolgt dann die I-Best. nach HILLIG. Frisch hergestelltes Tomatenmark aus gesunden Früchten ist prakt. I-frei, mit beginnender Gärung ist der Nachweis stark positiv. (J. Assoc. off. agric. Chemists **34.** 522—23. 15/8. 1951. Cincinnati, O., Ford and Drug Administration.) GRIMME. 7810

F. E. Nelson und **M. P. Baker,** *Einfluß von Inkubationszeit und -temperatur auf die Bakterienzahlen von Handelsmilch und anderen Produkten, teilweise nach Kaltlagerung.* Um einwandfreie Auszählungen der Bakterien zu gewährleisten, dürfen keine kürzeren Inkubationszeiten als 3 Tage bei 25°, 4 bei 21°, 7 Tage bei 10—15° oder 10 Tage bei 5° angewendet werden. Inkubation von 3 Tagen bei 25° ergibt häufig höhere Werte als eine bei 35° u. wird auch zur Unters. von kaltgelagerter Milch empfohlen. In Proben mit hohen Psychrophilenzahlen wurden häufig keine Coliformen gefunden, was jedoch nicht als Regel gelten kann. (J. Milk Food Technol. **17.** 95—100. März 1954. Ames, Iowa Agric. Exp. Stat., Dairy Ind. Section.) KRUSEN. 7856

Herman N. Bundesen und **Mathew J. Martinek,** *Methode zu Abtrennung, Nachweis und Identifizierung von häufig vorkommenden pflanzlichen Gummen in Milchprodukten, mit besonderer Berücksichtigung der Alginate.* Vff. beschreiben ein Verf., bei dem aus dem zu untersuchenden Prod. die Alginate zusammen mit den Proteinen mit Trichloressigsäure ausgefällt, mit einer gesätt. Lsg. von $MgSO_4$ aus den Eiweißstoffen herausgelöst u. durch die Farb-Rk. mit einer Lsg. von $Fe(OH)_3$ in H_2SO_4 identifiziert werden. In der bei der Präcipitation anfallenden eiweißfreien Lsg. werden andere Gummen, wie Akazien-, Johannisbrot-, Karayagummi, Traganth, Irisch-Moos u. Agar durch besondere Fällungs- u. Farb-Rkk. nachgewiesen. Nach diesem Verf. können noch 0,1 % der Gummen in Milchprodd. erfaßt werden. (J. Milk Food Technol. **17.** 79—81. 105. März 1954. Chicago, Board of Health.) KRUSEN. 7856

S. A. Matjurina, *Die Ringprobe bei der Milchuntersuchung auf Brucellose.* Die Ringprobe besteht darin, daß 1 cm^3 Frischmilch nach Zusatz von 1 Tropfen Antigen bis zur gleichmäßigen Blaufärbung geschüttelt u. dann 30—40 Min. einer Temp. von 37° ausgesetzt wird. Bei negativer Rk. ist die Milch blau gefärbt, die Sahne farblos. Bei positiver Rk. bleibt ein blauer Ring zurück. Die Rk. ist spezif. für die Brucelloseinfektion. Die Milch kann 10—17 mal verd. sein. Gekochte, entrahmte u. Milch mit mehr als 35° THÖRNER-Acidität, Colostrum u. Milch von Kühen mit Mastitis sind für die Ringprobe ungeeignet. Die Ringprobe ist empfindlicher als die Agglutinierungs-Rk. mit Rinderserum u. nur etwas weniger empfindlich als die Komplementbindungs-Reaktion. (Журнал Микробиологии, Эпидемиологии и Иммунобиологии [J. Mikrobiol., Epidemiol., Immunobiol.] **1953.** Nr. 9. 54—55. Sept. Leningrad, Gebiets-Brucellosestation.) LEBTAG. 7856

L. J. Blanco, *Vorgeschlagene Methode und Apparatur zur Bestimmung von Fremdstoffen in walzengetrocknetem Milchpulver für Käseprodukte.* Milch wird mit Pepsin bei 40° verdaut, filtriert, die Filterscheibe getrocknet u. mkr. untersucht. (J. Dairy Sci. **35.** 550—53. Juni 1952. Chicago, Ill., Kraft Foods Co.) FRESENIUS. 7856

R. M. Dolby, *Eine photoelektrische Methode zur Bestimmung von Fettaldehydwerten.* Bei der Best. von Fettsäurealdehyden in Butter nach SCHIBSTED kann die störende Absorption durch das Butterfett dadurch beseitigt werden, daß die spektrophotometr. Ablesung bei 510 mμ erfolgt. Außerdem kann noch eine Korrektur angebracht werden. (J. Dairy Res. **20.** 198—200. Juni 1953. Palmerston North, New Zealand, Dairy Res. Inst.) KRUSEN. 7858

J. Pien, J. Désirant und **B. Lefèbvre,** *Nachweis von Margarine in Butter.* Nach Feststellungen der Vff. ist häufig in Butter *Stärke* (I) nachweisbar, ohne daß eine Verfälschung mit Margarine, die nach gesetzlicher Vorschrift 0,2 % **I** enthalten muß, vorliegt. Es handelt sich dabei meist um in die Milch gelangte Verunreinigungen. Vff. beschreiben ein Verf., **I** aus Butter zu isolieren u. mkr. zu identifizieren. (Lait **34.** 11—22. Jan./Febr. 1954.) KRUSEN. 7858

Willy Gütlin, La Neuveville, Schweiz, *Schädlingsbekämpfung an Lebensmitteln.* Man setzt das zu behandelnde Gut in einem kontinuierlichen Vorgang der kombinierten Einw. von Infrarot- u. von UV-Strahlen aus. (**Schwz. P. 288 407** vom 25/4. 1951, ausg. 16/5. 1953.) MAASS. 7635

Ludwig Matthaei und **Josef Otto Zeuzem,** Frankfurt/M., *Konservierung von Lebensmitteln unter Einwirkung von kalter Luft,* in der eine Fl. vernebelt wird, unter gleichzeitiger Bestrahlung mittels eines Kurzwellenstrahlbündels. Man verwendet als zu vernebelnde Fl. physiol. NaCl-Lsg. oder eine Lsg. von ähnlicher natürlicher Zusammensetzung. (**D. R. P. 757 781** Kl. 53c vom 5/6. 1936, ausg. 9/11. 1953.) MAASS. 7635

Siemens-Schuckertwerke Akt.-Ges., Berlin und Erlangen (Erfinder: **Hellmuth Bayha,** Erlangen), *Vitaminisieren und/oder Entkeimen von flüssigen Stoffen, wie Milch, Fruchtsäften* durch Behandlung des Gutes mit UV-Strahlen in Durchflußgeräten. Man wählt zur Vermeidung der Bldg. von den Durchtritt verhinderndem Schwitzwasser auf den Durchflußrohrkörpern die das Durchflußsyst. umgebende Lufttemp. kleiner u. gleich der Temp. des zu behandelnden Gutes. (**D. B. P. 896 289** Kl. 53c vom 20/1. 1944, ausg. 9/11. 1953.) MAASS. 7643

Clemens Auer, Köln, und **Kurt Ritter,** Düsseldorf, *Verbesserung der Backfähigkeit.* Die Mehle, bes. Passagenmehle, werden in dünner Schicht u. ständiger Bewegung Infrarotstrahlen ausgesetzt. Gegebenenfalls gleichzeitige Behandlung mit Wasserdampf. (D. B. P. 899 632 Kl. 2c vom 16/11. 1950, ausg. 14/12. 1953.) Kranz. 7671

Joh. A. Benckiser G. m. b. H. Chemische Fabrik, Ludwigshafen/Rh., *Herstellung leicht verdaulicher saurer Milch mit antirachitischer Wirkung.* Man setzt Milch eine Mischung von krist. Fruchtsäuren u. Ca-Salzen von Fruchtsäuren zu. (**E. P. 695 603** vom 31/5. 1951, ausg. 12/8. 1953. D. Prior. 24/3. 1949.) Maass. 7757

A. A. **Schmuk,** Chemie und Technologie des Tabaks. Moskau: Pischtschepromisdat. 1953. [russ.]

XVII. Fette. Seifen. Wasch- u. Reinigungsmittel. Wachse. Bohnermassen usw.

M. M. Piskur, *Jährliche Literaturübersicht über Fette, Öle und Seifen.* 1. Mitt. Zusammenstellung der 1953 erschienenen Literatur. (J. Amer. Oil Chemists' Soc. **31.** 176—91. Mai 1954. Chicago, Ill., Swift & Comp.) P. Eckert. 7870

S. I. Ljubtschanskaja, *Desodorierung von Fetten unter Verwendung von Citronensäure.* Durch Zusätze von mindestens 0,02% *Citronensäure* (I) in verschied. Stadien der Desodorierung von *Baumwollsamenöl* u. gehärtetem *Sonnenblumenöl* wurden Geschmack u. Haltbarkeit deutlich verbessert. Die Kontrolle erfolgte organolept. u. durch Best. der Peroxydzahl während 100tägiger Lagerung bei 22—25°. Der Zusatz erfolgt zweckmäßig in 2 Anteilen während des Anheizens bei 100—120° u. während des Abkühlens bei 100° in Form einer 50%ig. wss. Lösung. (Маслобойно Жировая Промышленность [Öl- u. Fett-Ind.] **18.** Nr. 6. 28—30. Juni 1953. Hauptverwaltung für Pflanzenfette.) Schmeiss. 7894

Franzke, *Anbau und Auswertung der eiweißreichen Süßlupine als Ölpflanze.* Eingehende Besprechung der Anbaumöglichkeiten in Deutschland, sowie der Auswertung des hohen Fett- u. Eiweißgeh. Tabellar. Übersicht über den Alkaloidgeh., den Fettgeh. der Altwelt- u. der Neuweltarten, des Kornertrages, des Öl- u. des Eiweißgeh. verschied. Sorten im Vgl. zu Raps, Hanf u. Soja. (Lebensmittel-Ind., Ausg. B **3.** 79—80. Sept. 1951.) Benischke. 7894

N. Drosdow, N. Materanskaja und **N. Trofimowa,** *Oxydative Veränderungen von Schweinefett im Produktionsprozeß.* Vff. untersuchten Schweinefettproben, die am Beginn u. Ende des Ausschmelzens, im 1. u. 2. Ruhetank während verschied. Stadien des Abstehens u. nach dem Kühlen auf der Trommel entnommen worden waren, auf den Geh. an Peroxyd, Epihydrinaldehyd, Oxiran-O, JZ. u. SZ. Sie fanden bei fast unverändertem Peroxydgeh. über die Dauer des Fabrikationsganges einen Rückgang der JZ., verbunden mit einem entsprechenden Ansteigen des Oxiran-O u. ein Ansteigen der SZ. Epihydrinaldehyd trat vorübergehend im 1. u. 2. Ruhetank auf u. verschwand gegen Ende des Prozesses fast völlig. (Мясная Индустрия СССР [Fleisch-Ind. UdSSR] **24.** Nr. 4. 82—85. Juli/Aug. 1953. Moskau, Chem.-Technolog. Inst. für Fleischind.) Schmeiss. 7896

G. Carrière und **Jr. P. Burger,** *Celluloseglykolat in seifenhaltigen Weißwaschmitteln.* Aus den Erfahrungen mit Weißwaschpulvern, den sogenannten „heavy duty detergents", wurde der Schluß gezogen, daß Celluloseglykolat (Tylose) nur bei niederen Seifenkonzz. u. höheren Härtegraden eine Verbesserung des Schmutztragevermögens der Waschflotten bewirkt. Bei Anwendung genügender Mengen Seife ist nach den durchgeführten Unterss. Celluloseglykolat bedeutungslos. Das Schmutzablösevermögen von seifenhaltigen Waschmitteln wird durch Zusatz von Celluloseglykolat prakt. nicht verbessert. (Fette u. Seifen, Anstrichmittel **55.** 845—46. Dez. 1953. Vlaardingen/Holland, Unilever Res. Labor., Abt. Waschmittel-Entwicklung.) Gerd Richter. 7912

D. McCordall, *Reinigungshilfsmittel in der chemischen Reinigung.* Behandelt werden die Chemischreinigungs- oder Benzinseifen, das W. im Reinigungssyst., die hydrophylen Medien sowie das „Batch Syst.". Das letztere Verf. wird kurz beschrieben. (Färber-Ztg. **7.** 73—75. April 1954.) P. Eckert. 7912

Deckert, *Eine neue Apparatur für die Wassergehaltsbestimmung in Ölen und Fetten.* Es wird eine neue, an Abderhalden angelehnte App. nach Deckert zur Wasserbest. in fetten Ölen u. festen Fetten beschrieben, die es ermöglicht, bei geringem Platzaufwand 10 Bestimmungen zu gleicher Zeit u. eine Best. in 6 Min. auszuführen. Die App. besteht aus 10 Heizkammern, die in einer Kolonne hintereinandergeschaltet sind. Die Beheizung erfolgt durch Heißwasserdurchlauf aus einem Hoeppler-Thermostaten. (Lebensmittel-Ind., Ausg. B **3.** 77—78. Sept. 1951. Berlin, Labor. des VEB Hartfettwerk.) Benischke. 7930

A. Sinowjew und **I. Sacharowa,** *Über die analytische Bewertung der Anfangsstadien des oxydativen Verderbs von Fetten.* Als Kriterium der Anfangsstadien des Verderbs (noch keine positive Peroxyd-Rk.) von Carotin (I) enthaltenden Fetten schlagen Vff. vor, die mit der Zeit zu beobachtende Mengenabnahme (Best. colorimetr.) des leicht oxydierbaren I auszuwerten. Verss. mit Rinderfett ergaben, daß bei Erhöhung der Auslaßtemp. von 60 auf 100° bei Luftzutritt u. 1 at das unveränderte I stark abnimmt. Wird das Fett im Vakuum in CO_2-Atmosphäre ausgelassen, dann ist bei 100° der I-Geh. gegenüber 60° stark erhöht. (Мясная Индустрия СССР [Fleisch-Ind. UdSSR] **24.** Nr. 6. 57—59. 1953. Moskau, Technol. Inst. für Fleisch- u. Milchwirtschaft.) ULMANN. 7930

Universal Oil Products Co., übert. von: **Herman S. Bloch**, Chicago, und **Howard E. Mammen**, La Grange, Ill., V. St. A., *Sulfonierung von Alkarylkohlenwasserstoffen* mit ca. 9 bis ca. 18 C-Atomen im Alkylrest erfolgt mit Oleum mit wenigstens 30—65% freiem SO_3 in Ggw. eines inerten, als Kühl-Fl. dienenden Verdünnungsmittels, bestehend aus einem gesätt. KW-stoff mit 3—8 C-Atomen. Man verwendet je Mol. Alkylaromaten wenigstens 0,8 (Mol.) u. höchstens 1,6 freies SO_3. Durch Zusatz von W. erfolgt Schichtentrennung. — Das aus Toluol mit einem Propylentetrameren, Kp. 170—225°, durch Kondensation in Ggw. von H_2SO_4 erhaltene Alkyltoluol (Dodecyltoluol), Kp. ca. 275 bis 345°, wird in n. Butan unter Rückfluß mit 1,8 65%ig. Oleum bei 0° ca. 30 Min. behandelt; nach Zusatz von W. wird die Butanschicht abgetrennt u. nach dem Verjagen des Butans die *Dodecyltoluolsulfonsäure* bzw. nach Neutralisation deren *Na-Salz* erhalten. — *Reinigungsmittel.* (**A. P. 2 573 675** vom 28/2. 1948, ausg. 6/11. 1951.) KRAUSS. 7913

Shell Development Co., San Francisco, Calif., V. St. A., übert. von: **Willem J. D. van Dijck**, Den Haag, Holland, und **Bradford P. Geyer**, Berkeley, Calif., V. St. A., *Geformte Waschmittel* aus oberflächenakt. Salzen von Sulfonsäuren oder Schwefelsäureestern, wie von Alkylbenzolsulfonsäuren mit einer Alkylgruppe mit 10—16 C-Atomen, von Kondensationsprodd. aus höhermol. Fettsäurechloriden u. Methyltaurin oder Oxyalkylsulfonsäuren oder von mit höheren Fettsäuren acylierten Monoschwefelsäureestern von Glykolen, einem Paraffinwachs oder Montanwachs oder Japanwachs u. einem Alkali- oder NH_4-Salz einer Pektinsäure, Gerbsäure, Huminsäure oder Alginsäure, worin das oberflächenakt. Mittel 68—84%, das wachsartige Bindemittel 15 bis 30% u. die zuletzt genannten Schutzkolloide 1—2% ausmachen u. die nicht mehr als 8% eines wasserlösl. anorgan. Salzes enthalten. Solche Formstücke können als *Toilettenseife* Verwendung finden. Diese Waschmittel sind beständig gegen Härtebildner des Wassers. (**A. P. 2 653 913** vom 21/1. 1950, ausg. 29/9. 1953.) HERBST. 7913

California Research Corp., San Francisco, übert. von: **Allen H. Lewis** und **Richard D. Stayner**, Berkeley, Calif., V. St. A., *Netzmittel.* Durch Rk. von $C_{18}H_{37}P(:O)Cl_2$ (I) mit Diäthanolamin (II) erhält man ein Phosphinsäurediamid der Formel $C_{18}H_{37}P(:O)\cdot[N(CH_2CH_2OH)_2]_2$. Statt I kann man auch Tetradecyl- oder Dodecylphosphinsäuredichlorid, statt II Monoisopropanolamin, Diäthylentriamin, Morpholin oder Guanidin verwenden. (**A. P. 2 655 533** vom 29/9. 1950, ausg. 13/10. 1953.) BRÖSAMLE. 7913

Chemische Fabrik R. Baumheier, Lambrecht-Lindenberg, *Herstellung von Textilhilfsmitteln.* Diphenylenoxyd wird mit Fettsäuren oder ihren Estern (Spermöl, Ricinusöl, Ölsäure), Alkoholen (Cetylalkohol), Phenolen (Kresol), aromat. Alkoholen, die OH-Gruppen u./oder Doppelbindungen enthalten, einzeln oder im Gemisch bei 40—100° u. in Ggw. von Oleum kondensiert. 50% der Stoffe können durch Aralkylhalogenide ergänzt werden. Nichtsulfonierende Kondensationsmittel können zugesetzt werden. — *Wasch-, Reinigungs-, Netz-, Emulgier-* u. *Egalisierungsmittel.* (**D. B. P. 878 654** Kl. 12q vom 7/9. 1940, ausg. 5/6. 1953.) FABEL. 7913

Braunkohle-Benzin Akt.-Ges., Berlin, *Capillaraktive Stoffe* erhält man durch Verseifung der bei der gleichzeitigen Einw. von SO_2 u. Cl_2 auf Paraffin-KW-stoffe entstehenden sulfonsäurechloridartigen Verbb. mit Alkali- oder Erdalkalisulfiden oder -polysulfiden, gegebenenfalls in Mischung mit Alkalihydroxyden oder -carbonaten, bes. in wss. Lösung. — Das aus olefinfreien Paraffin-KW-stoffen, die durch katalyt. Hydrierung von CO mit H_2 erhalten wurden, mit Kp. 260—350°, durch Rk. bei 60° mit SO_2+Cl_2 gewonnene Reaktionsprod. mit 6 (%) S u. 8 Cl gibt nach Umsetzung mit heißem, wss. 20—30%ig. Na_2S u. üblicher Aufarbeitung stark schäumende, mild alkal. reagierende Lsgg., die beim Ansäuern die unlösl. freie Säure u. beim Stehen nach einiger Zeit S abscheiden. — Verwendung als *Netz-*, *Schaum-*, *Waschmittel*, *Emulgatoren*, bes. für *Schädlingsbekämpfungsmittel* u. als *Zusatzmittel* für *Pasten* u. *Cremes.* (**D. B. P. 881 794** Kl. 12o vom 29/3. 1942, ausg. 2/7. 1953.) KRAUSS. 7913

Ruhrchemie Akt.-Ges. (Erfinder: **Eugen Jacob**), Oberhausen-Holten, *Reine, von anorganischen Salzen befreite Sulfonate* erhält man durch Sulfonierung von Alkoholen, Aromaten oder Alkylaromaten mit H_2SO_4. Die Reaktionsprodd. werden in einem senkrechten, mit Füllkörpern versehenen u. zweckmäßig mit einem Heizmantel umgebenen Reaktionsrohr unter hydrostat. Gegenstrombewegung kontinuierlich mit wss. HCl gewaschen, die ausgewaschenen Sulfonate am oberen Ende in einem Absetzgefäß abgetrennt, von der restlichen HCl befreit u. anschließend neutralisiert. Das Auswaschen erfolgt mit mindestens 20%ig. HCl bei einer mit zunehmendem Mol.-Gew. der Sulfonate ansteigenden Extraktionstemp. von ca. 20—80°, die jeweils so hoch zu wählen ist, daß das zu reinigende Sulfonat eine zum einwandfreien Ablauf der hydrostat. Gegenstrombewegung geeignete geringe Viscosität besitzt. Im Beispiel wird ein 99,7%ig. *C_{12}-Alkylarylsulfonat* gewonnen. — *Waschmittel.* (**D. B. P. 883 896** Kl. 12o vom 29/6. 1950, ausg. 23/7. 1953.) KRAUSS. 7913

Zschimmer & Schwarz vormals Chemnitz, Brilon (Erfinder: **B. Bruzs,** Brüssel, Belgien), *Kontinuierliche Sulfochlorierung von Kohlenwasserstoffen* u./oder deren Derivv. u. Gemischen erfolgt mit SO_2Cl_2 in Ggw. von Licht u. Katalysatoren bei Tempp. zwischen dem F. des Ausgangsstoffs u. 100°. Die KW-stoffe werden kontinuierlich durch eine größere Anzahl, mindestens 3, bes. 10—20, völlig durchleuchteter Reaktionsräume nacheinander geleitet, wobei jeder Reaktionsraum mindestens eine SO_2·Cl_2-Zuleitung besitzt. — Vorr., 2 Zeichnungen. (**D. B. P. 884 498** Kl. 12o vom 25/1. 1944, ausg. 27/7. 1953.) KRAUSS. 7913

Böhme Fettchemie G. m. b. H., Düsseldorf (Erfinder: **Karl Burgdorf,** Offenbach), *Capillaraktive Sulfonate. Hydrofuranalkanole,* mit wenigstens 2 C-Atomen in der Seitenkette, werden zusammen mit Carbonsäuren mit mindestens 2 C-Atomen, deren Anhydriden oder Alkylestern mit sulfonierenden Mitteln, die gegebenenfalls wasserbindende Zusätze enthalten, behandelt u. die gebildeten Sulfonsäuren mit anorgan. oder organ. Basen neutralisiert. — Eine Mischung aus einer Paraffincarbonsäure mit ca. 12 C-Atomen u. β-(α-Tetrahydrofuryl)-propanol wird mit H_2SO_4 bei 50—100° sulfoniert u. mit NaOH neutralisiert. Weitere Ausgangsstoffe sind: 2-(α-Tetrahydrofurfuryl)-butanol; 5-(α-Tetrahydrofuryl)-pentanol, Öl, Stearin-, Montan-, Benzoe-, Salicyl-, Harz-, Naphthen-, Bernstein-, Adipin-, Sebacin-, Phthalsäure, Oxy-, Keto- u. Äthercarbonsäuren. Man kann auch die Alkyl- oder Aryläther oder Carbonsäureester von Hydrofurylalkanolen mit sulfonierenden Mitteln behandeln, z. B. β-(α-Tetrahydrofuryl)-propanolcaprylsäureester oder -decyläther. (**D. B. PP. 887 340** vom 3/8. 1943, ausg. 24/8. 1953 u. **890 342** Kl. 12o vom 3/8. 1943, ausg. 17/9. 1953.) KRAUSS. 7913

Julius Altpeter, Frankfurt/M., und **Karl Schnaidt,** Rottweil, *Aufbereitung von schwefelhaltigen Braunkohlenteerölen oder verhältnismäßig schwefelarmen Schieferölen oder deren Destillaten* durch Überführung in *schwefelreiche* u. *schwefelarme Sulfonierungsprodukte.* Die gegebenenfalls in bekannter Weise vorgereinigten Ausgangsstoffe werden mit ca. 5—20 Vol.-% konz. H_2SO_4 extrahiert, die abgetrennten Säureextrakte durch Verdünnen mit Eis oder W. zerlegt u. die abgetrennten schwefelreichen Kondensationsprodd., sowie das schwefelarme Restöl jeweils für sich mit starken Sulfonierungsmitteln sulfoniert. — *Netz-, Emulgier-, Dispergier-, Waschmittel* u. *Therapeutica.* (**D. B. P. 889 000** Kl. 12o vom 8/2. 1949, ausg. 7/9. 1953.) KRAUSS. 7913

A. Holtmann & Co. K.-G., Berlin, *Dispergier-, Netz- und Reinigungsmittel.* Alkyl-, Alkaryl-, Aryl-, Aralkyl- oder Acylverbb., bes. mit SO_3H-Gruppen, werden bes. in Form ihrer Halogenderivv. mit Sulfitzellstoffablaugen kondensiert u. die Kondenstionsprodd. erforderlichenfalls durch Bleichen aufgehellt. — Sulfitablauge mit ca. 50% ligninsulfonsaurem Na gibt bei 50—60° mit Alkylsulfonsäurechlorid (aus Kogasin + SO_2 + Cl_2) eine leicht viscose Fl., die mit 2—3%ig. H_2O_2 gebleicht wird. (**D. B. P. 896 645** Kl. 12o vom 4/7. 1951, ausg. 12/11. 1953.) KRAUSS. 7913

Colgate-Palmolive-Peet Co., Jersey City, N. J., V. St. A., *Alkylolamide* dienen zur Herst. von *Reinigungsmitteln.* — *Laurinsäurediäthanolamid,* aus Laurinsäurechlorid, Diäthanolamin u. KOH in W. + Äthylenchlorid. — Analog: *Cocosnußölfettsäurediäthanolamid.* (**E. P. 693 086** vom 21/9. 1951, ausg. 24/6. 1953. A. Prior. 28/12. 1950.) LANGER. 7913

Lever Brothers & Unilever Ltd., Post Sunlight, England (Erfinder: **Reginald Furness** und **Reginald Wallington**), *Persalzhaltige Waschmittel* werden durch den Zusatz von 0,05—0,25% *8-Oxychinolin* stabilisiert. (**E. P. 698 272** vom 29/12. 1950, ausg. 14/10. 1953.) LÜTTGEN. 7913

California Research Corp., San Francisco, Calif., V. St. A., *Nicht zusammenbackendes Reinigungsmittel in Pulverform,* bestehend aus 70—90 (%) Alkalisalzen von Alkylbenzolsulfonaten, 10—30 Alkylsulfat, z. B. Laurylsulfat, u. anorgan. Salzen, z. B. Na_2SO_4. (**E. P. 698 620** vom 19/7. 1950, ausg. 21/10. 1953. A. Prior. 22/7. 1949.) LÜTTGEN. 7913

J. P. A. Vallernaud, Frankreich, *Gewinnung von Netz-, Reinigungs-, Emulgierungs- und Schaummitteln* durch Sulfonierung oder Phosphonierung der Kondensationsprodd.

von Aminen mit „Murumuru-Butter" (beurre de murumuru) oder mit den durch Verseifung daraus gewonnenen Fettsäuren. — Die Murumurubutter kann auch zusammen mit Laurinsäure oder den Hydrierungsprodd. von pflanzlichen Ölen als Ausgangsmaterial für die Kondensation mit den Aminen verwendet werden. Zur Kondensation geeignete Amine sind z. B. Methyläthylamin, Methylpropylamin, Methylbutylamin, Methyläthanolamin, Propanolamin, Äthylpropanolamin, Dodecyläthanolamin, Oleyläthanolamin. (**F. P. 971 322** vom 2/11. 1938, ausg. 16/1. 1951.)
M. F. MÜLLER. 7913

Henri Hans Adler Scherbe, Dänemark, *Neutralisation von sulfonierten oberflächenaktiven Stoffen.* Die Neutralisation von oberflächenakt. Stoffen, die durch Sulfonieren von Triglyceriden, hochmol. Alkoholen, Ricinusöl usw. erhalten sind, mit Carbonaten oder Bicarbonaten von K, Na, Ca oder NH_4 wird in Abwesenheit von organ. Lösungsmitteln u. in Ggw. von mindestens 40% W. durchgeführt, wobei das sulfonierte Prod. in überschüssiges Neutralisationsmittel eingetragen wird. Dadurch wird die Bldg. von Schaum vermieden. (**F. P. 986 354** vom 19/5. 1949, ausg. 31/7. 1951. Dän. Prior. 20/5. 1948.)
NOUVEL. 7913

Henri Brunel, Frankreich, *Herstellung reinigend wirkender, Emulsionen und Lösungen bildender Substanzen,* dad. gek., daß man Amide von organ. Verbb. herstellt, die eine oder mehrere Carboxylgruppen u. gegebenenfalls eine oder mehrere Oxygruppen oder Doppelbindungen enthalten (Milchsäure, Äthyllactat, Weinsäure, NH_4-Tartrat, Oxalsäure (**I**), Äthyloxalat (**II**), Acrylsäure, Fettsäuren) sie sulfoniert, gleichzeitig oder anschließend nach Belieben mit einem Alkohol, Polyalkohol oder einem olefin. KW-stoff kondensiert u. das Endprod. mit einer Base oder einem Alkali- oder Erdalkalicarbonat neutralisiert. — Man kondensiert z. B. 10 kg **I** oder 15 kg **II** bei unter 100° mit 18 kg Anilin (**III**) oder 30 kg Naphthylamin (**IV**) u. sulfoniert das **III**-Prod. bei 60—70° bzw. das **IV**-Prod. bei 80—100° mit H_2SO_4 oder Oleum oder bei niedrigerer Temp. mit Chlorsulfonsäure. Die Sulfonate kann man gleichzeitig noch mit A., Butyl-, Amyl-, Isoamyl- oder einem anderen Alkohol kondensieren. Das Endprod. neutralisiert man mit Kalkwasser oder einer alkal. Lsg., oder man dekantiert oder extrahiert mit einem Lösungsm. u. neutralisiert dann mit einem Alkali. (**F. P. 1 005 098** vom 4/6. 1947, ausg. 7/4. 1952.)
OPPERMANN. 7913

Standard Française des Pétroles (Soc. An.), Frankreich (Erfinder: **J. Balvay**), *Herstellung von capillaraktiven Netz- und Reinigungsmitteln,* dad. gek., daß man durch Kondensation u. Alkylierung nach FRIEDEL-CRAFTS gewonnene synthet. Prodd. bei —30 bis 150° mit 93—100%ig. H_2SO_4, Oleum mit 0—60% SO_3, Chlorsulfonsäure, SO_3 oder einer anderen geeigneten Substanz sulfoniert. — Man behandelt z. B. eine zwischen 150 u. 200° sd. Ölfraktion 4 Std. bei 5° mit 130%ig. Oleum (SO_3-Geh. 60%). Nach Ablauf der Rk. verd. man die M. mit ihrem Gewicht an Eis, neutralisiert mit Kalk (p_H 7) u. dampft die wasserlösl. Kalkalkylarylsulfonate (**I**) zur Trockne ein. Die mit $CaSO_4$ auf dem Filter verbliebenen wasserunlösl. **I** verwandelt man durch Kochen des Filterkuchens mit wss. Na_2CO_3-Lsg. in die wasserlösl. Na-Salze. (**F. P. 1 006 592** vom 5/2. 1948, ausg. 24/4. 1952.)
OPPERMANN. 7913

Établissements Fournier-Ferrier, Frankreich (Erfinder: **Alexandre Hirschmann**), *Schaumbildende Netz- und Reinigungsmittel,* dad. gek., daß sie aus sulfonierten aromat. Estern bestehen. — Man mischt z. B. 300 g Oleylchlorid u. 104 g Phenol, erhitzt das Gemisch allmählich auf 50° u. steigert die Temp. gegen Reaktionsende nach u. nach auf 80—85°. Das Reaktionsprod. sulfoniert man mit 100 g H_2SO_4 von 66° Bé bei 10—12° u. neutralisiert das gebildete Sulfonat nach 10—15 Min. mit NaOH. Das Sulfonat hat die Zus. $C_{17}H_{33}COOC_6H_4SO_3Na$. (**F. P. 1 007 214** vom 8/3. 1948, ausg. 5/5. 1952.)
OPPERMANN. 7913

Soc. An. d'Innovations Chimiques Sinnova ou Sadic, Seine, Frankreich, *Herstellung von oberflächenaktiven Substanzen.* Man kondensiert Ester, die man durch Einw. von Phosgen auf Fettalkohole (bes. auf durch Red. von Kopraölen gewonnene Fettalkohole) erhalten hat, mit der alkal. Lsg. eines abgebauten Polypeptids (z. B. eines mit Alkali abgebauten Knochenleims). (**F. P. 1 017 280** vom 20/4. 1950, ausg. 5/12. 1952.)
OPPERMANN. 7913

Rolf Moroni und Peter Hoppe, Troisdorf, Bez. Köln, *Schaumstoffkörper zum Reinigen* der Hände, von Maschinenteilen, zum Polieren, Schleifen usw. Man läßt OH-Gruppen aufweisende Polyester u. Toluylendiisocyanate unter Zusatz von Beschleunigern u. W. unter Bldg. von Polyurethanen reagieren u. setzt dem Reaktionsgemisch, je nach dem Verwendungszweck, Schleif-, Polier- oder alkal. Mittel, Seifen, synthet. Waschrohstoffe usw. zu. (**Schwz. P. 294 702** vom 11/8. 1950, ausg. 1/2. 1954. D. Priorr. **11/8., 17/9.** u. 21/9. 1949.)
LÜTTGEN. 7913

XVIIIa. Holz. Cellulose. Zellstoff. Papier. Papierdruck. Celluloid. Linoleum.

Antonio Scala, *Die Holzkonservierung mit Bezug auf die Verwendung in den verschiedenen Bau- und Handwerkszweigen.* Vf. berichtet über langjährige Erfahrungen auf dem Gebiete des Holzschutzes, speziell für bauliche u. gewerbliche Zwecke. Die chem. Zus. von Holz, der einzelnen Stammteile verschied. Hölzer, der Baumsäfte sowie der Wassergeh. bei grünem u. getrocknetem Holz werden kurz diskutiert u. die günstigsten Bedingungen für Lagerung u. künstliche Trocknung näher beschrieben. Die Möglichkeiten zur Vermeidung des Reißens, Schrumpfens u. Verziehens von Nutzholz, die Verff. zur Entfernung des Baumsaftes (u. a. Auswaschen oder Dämpfen) u. die Holzfärbung werden besprochen. Der Schutz gegen Witterungseinfl., Holzschädlinge u. Brandgefahr durch Oberflächenanstriche u. bes. durch Imprägnierung mit entsprechenden Mitteln ($HgCl_2$, $CuSO_4$, $ZnCl_2$, Teerschweröle, HF-Salze u. a.) wird behandelt. Einzelne Imprägnierungsverff. werden näher geschildert (Tauchverf.; mit hydrostat. Druck; mit hohem Luftdruck; Behandlung mit Teeröldämpfen; Behandlung mit Imprägnier-Fl. unter Einw. von elektr. Strom) u. die für die Schwellen benötigten Mengen Imprägnieröl bei verschied. Holzarten angegeben. (Chimica [Milano] **6.** 246—50. 1951. Triest.) WINGCHEN. 7952

R. M. Dorland, R. A. Leask und **J. W. McKinney,** *Neutrale Sulfitkochung von Harthölzern.* Aspenholzkochungen mit Na_2SO_3 zur Herst. von halbchem. Zellstoff ergaben, daß die Ausbeute mit steigender Reaktionszeit u. die $KMnO_4$-Zahl auch noch mit steigender Chemikalienmenge fällt. Die Helligkeit steigt mit der Chemikalienmenge u. fällt bei steigender Reaktionsdauer; bei 20% an Chemikalien hat die Berstfestigkeit ein Maximum, Reißlänge u. Kraftbedarf für den Refiner ein Minimum. Hartholzmischungen (je 20% Aspen, weiße u. gelbe Birke, harter u. weicher Ahorn) gaben ähnliche Ergebnisse; die Ausbeute u. $KMnO_4$-Zahl sind höher, die Helligkeit ist geringer u. nicht von der Reaktionszeit abhängig. Der Kraftbedarf für den Refiner ist geringer, u. bei längerem Kochen verhärten die Schnitzel nicht. (Pulp Paper Mag. Canada **55.** Nr. 3. 258—62. 1954. Abitibi Power & Paper Co. Ltd., Central Res. and Developm. Div.) H. BECKER. 7962

F. G. Hurtubise, *Zellstoffherstellung aus „Jack"-Kiefern- und Schwarztannenschnitzeln mit Chlordioxyd.* Die dickeren Schnitzel der *Jackkiefer* (Jack-pine) waren nach 70 Std. bei 60° noch nicht völlig aufgeschlossen, der p_H-Wert auf 1,2 gefallen. Die dünneren Schwarztannenschnitzel waren in 50 Std. bei Verwendung von Na-Acetat als Puffer aufgeschlossen. Der Verbrauch an ClO_2 betrug 51%, die Ausbeute 65% heller Zellstoff mit 77% Cellulose (**I**). Durch alkal. Extraktion kann er bis zu einem Geh. an 88,6% **I** gereinigt werden. (Pulp Paper Mag. Canada **55.** Nr. 3. 173—74. 1954. Ind. Cellulose Res. Ltd.) H. BECKER. 7964

D. M. Fljate, *Hochdurchsichtiges Papier.* Cellulosematerial, z. B. gebleichter Sulfitzellstoff, für hochlichtdurchlässige Papiere muß vor allen Dingen eine gute mechan. Festigkeit aufweisen u. frei von Verunreinigungen sein (α-Cellulose 87—90%, Pentosane 4,5—5,5%, Weißgeh. 87—90%). Die Papiermasse soll aus langen Faserfibrillen bestehen, bei Vorliegen einer bestimmten Menge von kleinen Fibrillen u. Faserbruchstücken, Schleimstoffe sollen möglichst fehlen. Vorteilhaft ist eine Zugabe von 6% Stärke gleich zu Beginn der Vermahlung der Papiermasse. Eine Zugabe von Gips hat sich nicht bewährt. Die Oberfläche der Papiere soll möglichst glatt gestaltet werden. (Бумажная Промышленность [Papier-Ind.] **28.** Nr. 10. 14—19. Okt. 1953.) ULMANN. 7974

Karl-Georg Larsson und **Gösta Thurne,** *Naßfestes Papier und seine Herstellung durch Zusatz eines Butadien-Acrylnitril-Mischpolymerisats im Holländer.* Ein 1%ig. Latex eines *Butadien-Acrylnitril*-Mischpolymerisats 4:1 wurde nach dem Mahlen zugegeben u. mit Alaun auf die Fasern niedergeschlagen. Zur Erzielung der endgültigen Naßfestigkeit muß das Papier noch 8—16 Min. auf 20° erhitzt werden. Die Naßfestigkeit entspricht den mit Melamin- u. Harnstoff-CH_2O-Harzen erzielten Werten. Auch durch Erhitzen des Papiers allein kann schon die Naßfestigkeit beträchtlich gesteigert werden. (Svensk Papperstidn. **57.** 73—77. 15/2. 1954. Royal Inst. of Technol., Div. of Applied Organ. Chem.) H. BECKER. 7978

C. N. Ridley, *Mit Polyäthylen überzogenes Papier und andere Materialien.* Das geschmolzene Polyäthylen läßt sich auf Papier, Pappe, Gewebe u. Al-Folien aufrakeln. Die Prodd. zeichnen sich dann durch geringe Durchlässigkeit für Wasserdampf u. hohe Beständigkeit gegen Chemikalien, Lösungsmittel u. extreme klimat. u. Temperaturbedingungen aus. Sie werden u. a. verwendet zum Verpacken von Düngern, Zement, Metallteilen, Batterien, Salzen, tiefgekühlten Lebensmitteln, Insekticiden, Arzneimitteln u. Flüssigkeiten. (Wld. Paper Trade Rev. **141.** 1435—38. 6/5. 1954. Clyde Paper Co. Ltd.) H. BECKER. 7978

J. M. Behnke, *Paraffin-Emulsionen in der Papierindustrie.* Bericht über den bes. in USA bereits seit Jahren bei der Papierleimung erfolgreich angewendeten Austausch eines Teiles des Harz(Kolophonium-)leimes durch Paraffinemulsionen. Ein Teil Paraffin ist dabei wirkungsgleich mit 1,5—2 Teilen Kolophonium. Gleichmäßigkeit der Leimung u. andere Eigg. werden verbessert. (Wbl. Papierfabrikat. **82.** 39—40. Jan. 1954.) F. HEINRICH. 7978

I. Yoshino, S. Senda und **Y. Sumikawa,** *Untersuchungen über die Naßfestigkeit von Papier.* 7. Mitt. *Untersuchung über das Zustandekommen der Naßfestigkeit von Papier durch Wärmebehandlung vom Standpunkt der Reaktionskinetik.* (6. vgl. J. Soc. Textile Cellulose Ind., Japan [Sen-i Gakkaishi] **8.** [1952.] 384.) Die X- u. Y-Rkk. der vorausgegangenen Mitt. wurden getrennt untersucht u. die bisherige Einteilung wurde bestätigt: Bei der Entfernung des W. aus dem *Papier* während der Trocknung werden die OH-Gruppen der Cellulosekettenmoll. freigesetzt u. kommen in unmittelbare Berührung, so daß H-Bindungen als verstärkende Zwischenfaserbindungen auftreten (X-Rk.). Bei höherer Temp. kommt als weitere Berührungsmöglichkeit eine Mikro-BROWNsche Bewegung hinzu, u. die H-Bindungen nehmen zu (Y-Rk.). — 5 Diagramme. (J. Soc. Textile Cellulose Ind., Japan [Sen-i Gakkaishi] **9.** 109—11. März 1953. [Orig.: japan., Auszug: engl.]) SCHULER. 7984

F. E. Brauns, J. B. Hlava und **Heinz Seiler,** *Bestimmung von Schwefel und Barium in organischen Bariumsulfonaten.* Vff. beschreiben die Best. von Ba u. S aus Lsgg. der Ba-Salze von *Ligninsulfonsäure.* Es wird zuerst das Ba an einer mit *Amberlite IR 120* beschickten Austauschersäule gebunden. Durch 12%ig. HCl wird das Ba aus der Säule ausgewaschen (durch Kippen der Säule um 180° soll die Elution entgegengesetzt zur ursprünglichen Strömungsrichtung erfolgen) u. gravimetr. bestimmt. Im Filtrat wird nach Zers. der organ. Substanz S gleichfalls gravimetr. bestimmt. (Analytic. Chem. **26.** 607—08. März 1954. Appleton, Wis., Inst. of Paper Chem.) MOISAR. 8006

Louis André Jean Tregis, Frankreich, *Trocknen von Holz,* dad. gek., daß man es 12 Std. bis 4 Tage in einem Bad beläßt, das auf 1000 Liter W. 100 kg NaCl, 20 kg Na_2SO_4, 20 kg $CaCl_2$ u. 5 kg Netzmittel enthält, u. dann mit Luft zu Beginn von 30° u. gegen Ende von 60° trocknet. Bei 10 cm starkem Holz dauert die Trocknung ca. 170 Stunden. (**F. P. 1 001 957** vom 5/7. 1946, ausg. 29/2. 1952.) OPPERMANN. 7953

American Cyanamid Co., New York, N. Y., übert. von: **Donald G. Patterson,** Darien, und **William F. Turner,** Stamford, Conn., V. St. A., *Oberflächenverzierung,* bes. für Holz, z. B. Haushaltsgegenstände. Man imprägniert ein fehlerfreies, besonderes Papier mit einem Harz aus 4 Teilen eines Reaktionsprod. aus 3,6 (Mol) Äthylenglykol, 3 Diäthylenglykol, 4 Fumarsäure u. 2 Phthalsäureanhydrid u. 2 Teilen Styrol unter Zusatz von 1% Benzoylperoxyd u. erhitzt im Ofen oder durch Infrarotlampen. Anschließend preßt man es unter Druck bei erhöhter Temp. direkt auf das zu schützende oder zu verzierende Holz auf. (**A. P. 2 554 471** vom 25/10. 1946, ausg. 22/5. 1951.) NEBELSIEK. 7953

Upson Co., übert. von: **Walter P. Ericks,** Lockport, N. Y., V. St. A., *Imprägnieren von Holzfaserplatten* (Sperrholz, Pappen u. Gewebe), um sie gegen das Verwerfen bei Feuchtigkeit zu schützen. Man verwendet 5—50%ig. Lsgg. von mehrbas. aliphat. oder aromat., gegebenenfalls substituierten Carbonsäuren, die zusätzlich noch vorkondensierte Pheno- oder Aminoplaste enthalten können, in Isopropanol (**I**). — Statt der Säuren eignen sich auch mehrwertige Alkohole (Kp. $>150°$; Glykole, Hydrochinon u. dgl.), gelöst in W., niedrigen Alkoholen oder Ketonen, die gegebenenfalls noch **I** enthalten. Die Cellulose kann auch vor dem Verformen behandelt werden. (**A. PP. 2 629 648** u. **2 629 674** vom 7/7. 1949, ausg. 24/2. 1953.) SALZMANN. 7953

Farbwerke Hoechst, vormals Meister Lucius & Brüning, Frankfurt/M. (Erfinder: **Karl Daimler,** Ehlhalten, und **Viktor Lorenz,** Bad Soden, Taunus), *Sichtbarmachung von chlorierten Phenolen im Holz.* Die chlorierten Phenole werden mit *Naphtholen* oder deren kupplungsfähigen Substitutionsprodd. kombiniert zur Imprägnierung von Holz angewendet, letztere gegebenenfalls auch in erheblichem Unterschuß. Durch ein auf Naphthole ansprechendes Farbreagens kann die Eindringtiefe der chlorierten Phenole in das Holz leicht sichtbar gemacht werden. (**D. B. P. 898 801** Kl. 38h vom 29/8. 1951, ausg. 3/12. 1953.) KARST. 7953

Celanese Corp. of America, New York, N. Y., übert. von: **Blanche B. White,** Summit, und **Elisabeth Barabash,** New Providence, N. J., V. St. A., *Cellulosemischester,* bes. *Celluloseacetatbutyrat.* Man behandelt Cellulose (**I**) mit Eisessig vor, der etwas H_2SO_4 enthält, u. verestert dann bei 30—50° mit einem Gemisch, das 1—2 (Mol) Acetanhydrid (**II**), 0,4—2 Stearinsäureanhydrid (oder das Anhydrid einer anderen

Carbonsäure mit wenigstens 10 C-Atomen), 4—10% H_2SO_4, auf I berechnet, u. ein Lösungsm. ($ClCH_2 \cdot CH_2Cl$) enthält. Während der Rk. fügt man noch 2—3 Mol **II** hinzu u. fällt den Ester nach beendeter Rk., indem man das Veresterungsgemisch zu kochendem W. gibt. (**A. P. 2 651 629** vom 1/7. 1949, ausg. 8/9. 1953.) FABEL. 7971

American Viscose Corp., Philadelphia, Pa., V. St. A., *Herstellung von Celluloseäthern*, die 2—5 Oxyalkylengruppen pro $C_6H_{10}O_2$-Einheit enthalten. Man behandelt einen in Alkali lösl., in W. unlösl. Celluloseoxalkyläther (I), bes. Oxäthylcellulose, unter Hitze u. Druck u. in Abwesenheit eines Katalysators mit einem Alkylenoxyd, bes. Äthylenoxyd. I kann auch in Form von Fäden u. Garnen vorliegen. Der neue Ae. ist in W. löslich. (**E. P. 699 456** vom 31/5. 1950, ausg. 11/11. 1953. A. Prior. 28/7. 1949.) FABEL. 7971

Renker-Belipa G. m. b. H., Lendersdorf-Krauthausen (Erfinder: **Hermann Winzer**, Düren), *Herstellung von transparenten Papieren*, bes. für *Zeichnungen* u. *Lampenschirme*. Das Imprägniermittel enthält ausschließlich oder als Hauptbestandteil helle, nicht oder wenig vergilbende, bes. fettsäurefreie Weichharze, z. B. Phthalsäureester, niedrig chlorierte Diphenylharze usw. Es werden bei Zimmertemp. fließfähige Schmelzen oder Lsgg. von Weichharzen mit höchstens 20% Lösungsm. verwendet. Für Lampenschirme soll der Erweichungspunkt bei 25—60° nach KRÄMER-SARNOW liegen. (**D. B. P. 901 372** Kl. 55f vom 29/7. 1951, ausg. 11/1. 1954. **Zusatz zu D. B. P. 847 546; C. 1953. 2049.**) G. VOGEL. 7987

Minnesota Mining & Mfg. Co., übert. von: **John W. Marschall**, St. Paul, und **Waldo Kellgren**, Birchwood, Minn., V. St. A., *Dehnbares, nicht spaltendes Papier*. Mattes, poröses Kreppapier, bes. für Masken bei Spritzlackierungen, wird in Abwesenheit von freiem W. scharf kalandriert, so daß die Dicke auf $^1/_5$ red. wird, u. vor dem Wiederaufstehen der Falten mit einem wasserunlösl., dehnbaren Bindemittel (Gummi-Harz in organ. Lösungsm.) imprägniert. Die Dehnung des Prod. beträgt über 10%. — Beispiel für die Zus. der Gummi-Harzlsg.: 100 (Teile) Naturkautschuk, 100 ZnO, 160 Holzharz, 1 β-Naphthol u. 210 flüchtige Erdöl-KW-stoffe (Kp. 152—218°). (**A. P. 2 633 430** vom 26/4. 1950, ausg. 31/3. 1953.) G. VOGEL. 7987

Stein, Hall & Co., Inc., New York, übert. von: **Nat Frisch**, White Plains, und **Frank J. Sweeney**, Forest Hills, N. Y., V. St. A., *Herstellung von Papier mit erhöhter Naß- und Trockenfestigkeit*. Nach A. P. 2 644 749 wird dem Stoff vor der Bahnbldg. eine wss. Lsg. einer gekochten Mischung aus 85—90 (Gewichtsteilen) Harzgummi (aus den Samen von Ceratonia siliqua), 5—10 Borat u. 2—6 Glyoxal oder Brenztraubensäurealdehyd zugesetzt. Statt des Aldehyds werden nach A. P. 2 644 750 NH_4Cl oder Al-Sulfat, nach A. P. 2 644 751 Citronensäure u. nach A. P. 2 644 752 Borsäure in gleicher Menge zugesetzt. Vgl. Can. P. 477 111; C. **1953.** 627. (**A. PP. 2 644 749, 2 644 751** vom 16/12. 1948, **2 644 750** u. **2 644 752** vom 26/6. 1951, alle ausg. 7/7. 1953.) G. VOGEL. 7987

Wiggins, Teape & Co. Ltd., London (Erfinder: **James Robertson Cairns**), England, *Herstellung von Papieren*, z. B. Lösch-, Paus-, fettdichten u. eßbaren Papieren. Der Holländerstoff wird aus abgeschnittenen synthet. Proteinfasern (Casein, Soja, Nüsse) bereitet u. durch Quellen mit Alkali (Hydroxyde, Carbonate) für die Papiermaschine geeignet gemacht. Es können auch nichthydratisierbare Fasern (Viscose, Glas, Celluloseacetat usw.), die von den Proteinfasern gebunden werden, oder andere hydratisierbare Fasern zugemischt werden. (**E. P. 695 714** vom 24/5. 1951, ausg. 19/8. 1953.) G. VOGEL. 7987

Dow Corning Ltd., London, England, *An klebrigen Stoffen nicht haftendes Papier oder Pappe*. Das Papier ist mit einem Methylwasserstoffpolysiloxan der allg. Formel $(CH_3)_aH_bSiO_{(4-a-b)/2}$ imprägniert, das mit Trimethylsiloxyresten endblockiert ist ($a = 1—1{,}5$; $b = 0{,}75—1{,}25$; $a + b = 2—2{,}25$). Das Prod. ist bes. als Hülle zum Backen von Brotteig u. als Mundstückbelag für Zigaretten bestimmt; vgl. D. B. P. 876 503; C. **1954.** 683 u. F. P. 997 744; C. **1953.** 7976. (**E. P. 697 240** vom 13/10. 1950, ausg. 16/9. 1953. F. Prior. 20/10. 1949. A. Prior. 12/8. 1950.) G. VOGEL. 7987

National Cash Register Co., V. St. A. (Erfinder: **Barrett K. Green**), *Herstellung von Druckpapier*, dad. gek., daß man es, um ein Auslaufen u. Durchschlagen der Druckfarbe zu vermeiden, mit einer Stärke (I)–Attapulgit (**II**)-Schicht versieht oder **II** dem Papier bei der Herst. einverleibt. Statt **II** kann man „Halloysit", statt I Casein, Polyvinylalkohol, Tierleim usw. verwenden. (**F. P. 999 579** vom 15/11. 1949, ausg. 1/2. 1952. A. Prior. 18/11. 1948.) OPPERMANN. 7987

National Cash Register Co., V. St. A. (Erfinder: **Barrett K. Green**), *Herstellung von Druckpapier*, dad. gek., daß man es, um ein Auslaufen u. Durchschlagen der Druckfarbe zu vermeiden, mit einer Schicht, bestehend aus Stärke (I) u. einer natürlichen oder synthet. zeolith. Substanz (II), bedeckt oder II dem Papier bei der Herst. einverleibt. Statt I allein kann man I auch in Verbindung mit Casein u./oder Latex verwenden. Die II ist z. B. „Analcim", „Chabasit", „Natrolith", „Heulandit", „Sodalith", „Nosean". (**F. P. 999 625** vom 16/11. 1949, ausg. 4/2. 1952. A. Prior. 18/11. 1948.) OPPERMANN. 7987

Guillaume Paul Jacques Duchange, Frankreich, *Imprägnieren von faserigen und porösen Stoffen,* z. B. Papier, Karton, Filz, Kork, Leder, dad. gek., daß man sie ca. 1 Min. mit einer 0,7—1,2% CH_2O enthaltenden Lsg., bestehend aus 40—60 g Celluloseacetatbutyrat, 40—100 g Methylacetat u. 840—920 g Äthylacetat, behandelt u. nach Verdunsten der Lösungsmittel sofort mehrere Sek. in eine wss. Lsg. von K-Al-Sulfat (75 g/Liter W.) taucht. (**F. P. 1 000 807** vom 21/11. 1949, ausg. 18/2. 1952.) OPPERMANN. 7987

Consolidated Water Power & Paper Co., Wisconsin Rapids, Wis., V. St. A., *Mineralstoffhaltige Mischung zum Überziehen von Papier.* Die mineralstoffhaltige thixotrope, plast. bzw. pseudoplast. Mischung enthält ein Mineralpigment u. eine abgebaute Stärke in wss. Dispersion, wobei der Feststoffgeh. der Mischung 50—62% u. der Geh. an abgebauter Stärke 60—300 Teile, bezogen auf 970 Teile absol. trockenes Mineralpigment, ausmacht. Die Mischung enthält 1—6 Teile Dispergiermittel auf 970 Teile absol. trockenes Pigment in Form von $Na_4P_2O_7$. Der Deformierungspunkt der Mischung liegt zwischen 500 u. 5200 Dyn/cm^2 u. ihre Fluidität zwischen 0,0575 u. 0,750 cm^2/Dyn/sec. — Beispiel: 1000 (Gewichtsteile) Überzugston, 560 25%ig. Paste aus abgebauter Stärke, 0,2 $Na_4P_2O_7$ (wasserfrei), 400 Wasser. (**Schwz. P. 283 777** vom 19/6. 1947, ausg. 16/10. 1952. A. Prior. 23/6. 1939.) GLAFEY. 7987

Western Union Telegraph Co., übert. von: **Bernhard L. Kline,** New York, N. Y., V. St. A., *Nichtflüchtige, flüssige Druckfarbe,* bestehend aus einem lösl. Farbstoff, z.B. *Methylviolett* in einer Mischung von Diäthylenglykoläther (Butylcarbitol) u. Glykolen, wobei das Mischungsverhältnis der Lösungsmittel so zu wählen ist, daß die Mischung eine Grenzflächenspannung von 25—40 dyn/cm besitzt. — Diäthylenglykolbutyläther ca. 34 (%), Diäthylenglykol 26,4, Triäthylenglykol 15,3, lösl. Farbstoff 24,0. (**Can. P. 482 070** vom 6/4. 1945, ausg. 25/3. 1952.) WITTHOLZ. 7989

Herbert Keffel, Berlin, *Übertragen von Farben und Mustern auf Trägerstoffe.* Zur Herst. der Druckform werden auf einen Walzenkern oder eine Metallplatte mosaikartig mustergerecht in sich abgegrenzte Teile eines anzulösenden Kunststoffes mit eingebetteten Farbstoffen befestigt u. die Oberfläche der Form wird geglättet. Die zu bedruckenden Stoffe, wie Papier, Kunstseide oder dgl., werden mit einem Lösungsm. für die Kunststoffe angefeuchtet u. mit der Druckform in Berührung gebracht, wobei die gefärbten Kunststoffe schichtweise übertragen werden. Die Kunststoffe können auch mit Hilfe von Bestrahlungslampen oberflächlich erweicht u. dann auf den Stoff übertragen werden. (**D. B. P. 884 048** Kl. 15k vom 28/11. 1950, ausg. 18/1. 1954. Schwz. Prior. 25/11. 1950.) LAASS. 7989

Georges Henri Félix Lutigneaux, Nord, Frankreich, *Umdruckverfahren.* Man zeichnet auf einem unpräparierten, d. h. nicht mit Stärke, Gelatine u. dgl. überzogenen besonderen Papier mit Fettstiften jeglicher Farbe u. druckt die Zeichnung nach Benetzen des Papiers mit W. um. (**F. P. 983 639** vom 24/3. 1949, ausg. 26/6. 1951.) OPPERMANN. 7989

Victor Letouzey, Frankreich, *Druckverfahren.* Um das Versprühen von Druckfarbenteilchen in die Luft infolge elektr. Aufladung zu beseitigen, ionisiert man die Luft mit β-Strahlen radioakt. Isotopen, z. B. Tl 204, Sr 90, oder mittels Hochspannungsströmen u. bedeckt die schlecht leitenden Maschinenteile mit einer leitenden Schicht. — Vorrichtung. (**F. P. 1 025 173** vom 26/9. 1950, ausg. 13/4. 1953.) OPPERMANN. 7989

Erik Öman, Stocksund, Schweden, *Herstellung von Faserplatten* aus einer Mischung aus Holzfasern u. einer mittels Kalklauge bei höchstens 100° aufgeschlossenen Strohfasermasse, auch zusammen mit anderem Fasermaterial. Die Ablauge aus der Kalklaugeaufschließung des Strohes wird in genügender Menge, wenigstens 50 Gew.-% der zum Aufschluß verwendeten Lauge, in die Fasermischung eingemischt, die Faseraufschlämmung entwässert u. geformt. Durch die Trockensubstanz der Lauge wird die Härte u. Festigkeit der Platten erhöht. (**Oe. P. 177 929** vom 30/12. 1949, ausg. 25/3. 1954. Schwed. Prior. 12/3. 1949.) PANKOW. 7993

Hellefors Bruks Aktiebolag, Schweden, *Herstellung von Holzfaserplatten, Pappe, Papier und geformten Gegenständen aus vegetabilischen Fasern.* Man behandelt zerkleinertes Material (z. B. Sägespäne) bei mehr als 50° (z. B. 80°) unter weiterem mechan. Zerkleinern mit einer wss. 0,1—0,7%ig. NaOH-Lösung. Dann wird das erhaltene Fasergut gepreßt oder geformt u. getrocknet. Man kann auch andere alkal. Substanzen (z. B. Kalkmilch) zum Aufschließen des Holzes verwenden. (**F. P. 1 022 145** vom 18/7. 1950, ausg. 27/2. 1953.) OPPERMANN. 7993

Hermann Basler, München, *Hartfaserplatten* aus Holzzellstoff u. Kunstharz unter Erhaltung der Faserstruktur des Holzes, wobei der Zellstoff 20—70% Holzschnitzel enthält, die mit Kunstharz oder trocknenden Ölen imprägniert wurden. Härtung der Platten in der Hitze. *Mehrschichtplatten.* (**E. P. 680 367** vom 22/3. 1950, ausg. 1/10. 1952. D. Prior. 23/3. 1949.) K. HEINZE. 7993

Wingfoot Corp., Akron, O., V. St. A., *Heiß verklebbares Packmaterial.* Der Träger (n. oder transparentes Papier, Kunststoff oder Metallfolien) wird mit einer Mischung aus einem Wachs u. einem Mischpolymerisat aus 5—40 (Teilen) eines aliphat. Diens u. 60—95 eines Stoffes der allg. Formel $R_n-C_6H_{5-n}-CR_1=CH_2$ überzogen (R u. R_1 = KW-stoffreste, Halogen oder H; n = 0, 1 oder 2). Der Überzug kann noch ein anderes Harz, z. B. aus Phenol-CH_2O oder Estergummi, u. eine Fettsäure enthalten. Als Wachse sind viele Natur- u. Kunstwachse, bes. mikrokristallines Paraffin, u. für Mischpolymerisate bes. Butadien u. Styrol genannt. Als Lösungsm. dient Toluol. — Beispiele. (**E. P. 660 363** vom 1/7. 1948, ausg. 7/11. 1951. A. Prior. 15/12. 1947.) G. VOGEL. 7995

Monsanto Chemical Co., St. Louis, übert. von: **Frank J. Hahn,** Springfield, Mass., V. St. A., *Linoleumartige Platten* werden aus einer wss. Dispersion von Füllstoffen, trocknenden, gegebenenfalls geblasenen Ölen, fl. Naturharzen oder aber Kunstharzen aller Art (bes. Polyvinylharzen), die zu gleichen Teilen mit ungesätt. Säuren oder deren Halbestern gemischt sein können, hergestellt. — 200 (Teile) Asbestfasern u. 50 Fe_2O_3 werden mit 250 W. u. 10 eines Mischpolymerisates aus 1 Styrol u. 1 Maleinsäurehalbester vermischt. Sobald die Dispersion homogen ist, werden 3 NH_4OH (bzw. Morpholin oder Alkylamin) zugegeben, das W. wird bei 100° verdampft u. die M. kalandriert. (**A. P. 2 626 936** vom 12/9. 1950, ausg. 27/1. 1953.) SALZMANN. 7999

XVIIIb. Textilfasern.

Julien Dungler, *Neues Verfahren des Entschlichtens, Abkochens und Bleichens.* Vf. gibt zunächst eine kurze physikal.-techn. Erklärung für die Wrkg. überhitzten Dampfes auf Textilstückware im Verlauf von Veredlungsgängen. Er versucht zu beweisen, daß die von ihm entwickelte Meth. der Anwendung von Heißdampfkammern in Kombination mit der jeweils vorhergehenden Continue-Imprägnierung wesentlich rascher u. intensiver wirken muß als die allg. gebräuchlichen Systeme. Die gesteigerte Zuführung von Wärme u. deren sehr geförderte Ausnutzung im Sinne der Reaktionsbeschleunigung sind die Basis für die Neuerung. Vf. hat ein bereits geschütztes Continue-Verf. für die Stückbleiche ausgearbeitet u. auch apparativ durchkonstruiert. Das neue Verf. sieht für die Entschlichtung u. die Abkochung nur eine Behandlung vor, u. zwar ohne Zusatz von Fermenten. Vf. bespricht ausführlich den Behandlungsgang. Als Bleichmittel wird Na-Chlorit verwendet. Sehr gute Resultate soll das Verf. auch mit Kunstfaserstoffen erzielen lassen. — 1 schemat. Zeichnung. (Teintex **19.** 193—97. 15/3. 1954.) E. WAGNER. 8030

M. Hida, *Untersuchungen über die knitterfeste Ausrüstung mit Harnstoff–Formaldehyd-Harzen.* 5. Mitt. *Der in der Behandlung des Gewebes mit Harnstoff–Formaldehyd-Lösung benutzte Katalysator* (*3*). (4. vgl. C. **1954.** 4519.) Als Katalysatoren wurden geprüft *Pyridinbetain–HCl* u. *Picolinbetain–HCl,* ferner wurden die Beziehungen untersucht zwischen dem Abfall des p_H der wss. Lsg. des Katalysators durch Erhitzen, dem ähnlichen der Mischung des Katalysators mit der Harnstoff–Formaldehyd-Lsg. (**I**) u. der Waschechtheit des auf dem Gewebe fixierten Harzes sowie dem Feuchtigkeitsaufnahmewert des Gewebes. Die **I** soll nicht vorkondensiert sein. Die beiden Katalysatoren geben dem Imprägnierungsbad hohe Beständigkeit u. dem Gewebe dauerhafte Knitterfestigkeit. (J. Soc. Textile Cellulose Ind., Japan [Sen-i Gakkaishi] **9.** 81—85. Febr. 1953. Yamagata Univ.) SCHULER. 8032

C.-H. Fischer-Bobsien, *Kleine Riechstoff-Monographie mit technologischen Gesichtspunkten zur textilen Geruchsveredlung und Desodorierung.* Nach allg. gehaltenen Ausführungen über den Geruch u. dessen Wahrnehmung geht Vf. auf die Besprechung der Riechstoffe u. Parfüme ein u. behandelt dann eingehend die sogenannten textilen Geruchsveredler. Das sind Emulsionen, welche Riechstoffe in koll. Lsg. an niedrigpolymere Kunstharze mittlerer Teilchengröße angelagert enthalten u. von letzteren absorptiv gebunden vorliegen. Die auf die Textilien aufgebrachten Riechstoffkomplexe verbleiben dort nach dem Trocknen durch einen hauchdünnen Film fixiert. Angeführt werden *Dragotex Lavendel 1502, Dragotex AV Lavendel 1502* u. *Dragotex Wäscheduft 8888*. Abschließend äußert sich Vf. über die bekleidungsphysiol. wichtige Desodorierung sowie über textile Desodorantien. — 21 Literaturnachweise. (Z. ges. Textilind. **55.** 1287—90. 1295—97. 5/11. 1953.) P. ECKERT. 8038

Robert F. Schwenker jr. und **John C. Whitwell,** *Celluloseabbau während der mechanischen Verarbeitung.* 4. Mitt. *Verringerung der Teilchengröße von Baumwolle in der Wiley-Mühle.* (3. vgl. WHITWELL, C. **1954.** 2302.) Native lose Baumwollcellulose (**I**), jedoch nicht Baumwollgarn, wird bereits durch eine Passage durch eine WILEY-Mühle um bis zu 23% abgebaut. Der Abbau bleibt minimal, wenn man ein Sieb mit 10 Maschen u. einen Schneidenabstand von höchstens 4 μ wählt. Cellulosefasern im DP-Bereich 500—1000 werden durch das Mahlen nicht mehr beeinflußt. (Textile Res. J. **23.** 804 bis 808. Nov. 1953. Princeton, N. J., Textile Res. Inst.) ZAHN. 8044

A. G. Jemeljanow, *Die Vorbereitung verunreinigter Gewebe für das Beuchen.* Das Beuchen von stark verunreinigten Baumwollgeweben erfordert eine gründliche Vorbehandlung. Es wird folgendes Verf. empfohlen: Tränken mit NaOH (5 g/Liter) bei 90—95°, 8 Std. liegenlassen, auswaschen, ansäuern mit H_2SO_4 (3 g/Liter) bei 30°, 2 Std. liegenlassen. Die meisten Verunreinigungen (Kapsel- u. Samenreste) werden dadurch entfernt; nachfolgendes Beuchen u. Bleichen wird begünstigt. (Текстильная Промышленность [Textil-Ind.] **14.** Nr. 1. 39—40. Jan. 1954.) STSCHERBINA. 8044

Germano Centola, *Über den Einfluß des Röstens auf die chemisch-physikalischen Eigenschaften der Hanffaser.* Vf. befaßt sich vor allem mit der Erforschung der Verteilung der Faserinkrusen oder Kittsubstanzen in der Faser, mit der gegenseitigen Bindung, mit dem prozentualen Geh. u. mit den Veränderungen, die sich im Verlauf von Behandlung ergeben. Die durch die Mikroorganismen bewirkte Entfernung der Pektine erstreckt sich nicht gleichmäßig über die ganze Länge der Elementarfaserbündel, sondern es bleiben relativ geringe Pektinreste lokal gehäuft zurück u. sichern so einen mehr oder weniger period. Zusammenhalt der Elementarfasern. Weiter weist Vf. nach, daß die Existenz chem. Bindung zwischen Pektin u. Lignin wahrscheinlich ist u. daß Lignin an den auch vom Pektin bevorzugten Stellen lokalisiert in der Faser auftritt. Über gewisse, durch das Rösten eintretende chem. Veränderungen des Restpektins u. Verschiebungen der Beziehung zu den anderen Stoffen wird kurz berichtet, dabei über den Abbau durch $NaClO_2$-Lösung. — 4 Mikroaufnahmen. (Teintex **19.** 241—53. 15/4. 1954. Milano, Carta e Fibre Tessili Vegetali e Artificiali, Stazione Sperimentale per la Cellulosa.) E. WAGNER. 8050

J. G. Thieme, *Extraktion von Jute und Juteersatz-Fasern. Ein neues Röstverfahren.* Beschrieben wird ein neues Riesel-Röst-Verfahren. Das in großen Schobern im Freien aufgestapelte Rohmaterial wird mit lufthaltigem H_2O berieselt. Durch eine Reihe von O_2 veratmenden Bakterien wird die organ. Substanz unter Erwärmung der Schober abgebaut. Die Temp. wird durch die Menge des Riesel-H_2O u. die Wärmeempfindlichkeit der Bakterien geregelt. Das Rieselwasser kann mehrfach gebraucht werden, da sein p_H konstant zwischen 7 u. 8 bleibt infolge des weiteren Abbaus der sauren 1. Abbauprodd. durch den O_2-Geh. des H_2O. Die Vorteile des neuen Verf. gegenüber der mechan. bzw. der Tankröstung sind niedrigere Kapitalaufwendungen, Freiheit von Moskitos u. Geruch, einfache Temperaturregelung, geringere Gefahr des Überröstens u. geringerer H_2O-Verbrauch. — 26 Literaturzitate. (Textile Quart. **4.** 36—41. Jan./März 1954.) A. v. KÖNIG. 8052

R. Hünlich, *Grundsätzliche Unterschiede in der Herstellung von Cellulose-Chemiefasern und synthetischen Fasern.* Allg. gehaltene Ausführungen. (Österr. Textil-Z. **8.** 90. Mai 1954.) P. ECKERT. 8070

Egon Elöd, *Beitrag zur Kenntnis der Mikrostruktur von Chemiefasern.* Ergänzend zu den C. **1954.** 1153 u. 3603 referierten Arbeiten sei erwähnt, daß Vf. bei der Auswertung seiner Feststellungen zu Versuchsreihen kommt, die deutlich die Zusammenhänge zwischen Faserstruktur u. Farbstoffdispersität bei der Adsorption von Farbstoffgemischen aus verschieden dispersen Komponenten erkennen lassen. Auch für die Knitterfestausrüstung resultieren Erkenntnisse, die als Hinweise auf eine gewisse Lenkung dieser Appretur dienen sollen. Bei richtig gesteuerter Ausrüstung muß die Mantelschicht von Viscosefasern merklich geringere Mengen von Kunstharzen enthalten als der locker gepackte Faserkern. Vf. deutet an, daß diese Tatsache auch beim Trocknen durch eine schockartige Gestaltung des Vorganges berücksichtigt werden kann. (Teintex **19.** 159—69. 15/3. 1954. Badenweiler, Staatl. Inst. für Textilchem.) E. WAGNER. 8074

A. Matthes, *Bemerkungen zur Arbeit: Konzentrationsviscositätskurven als Maß für die Vernetzung von Perlon.* (Vgl. SAUER, C. **1953.** 3976.) (Faserforsch. u. Textiltechn. **4.** 510—11. Dez. 1953.) P. ECKERT. 8080

Walter Gellendien, *Faserstudien mit dem Elektronenmiskroskop.* Allg. Ausführungen über mkr. u. elektronenmkr. Unterss. von Textilfasern, bes. von Baumwolle, Wolle u. Chemiefasern. In diesem Zusammenhang wird auch der Verschmutzungs- u. Reinigungsvorgang von Textilien an Hand elektronenmkr. Unterss. behandelt. — 42 Abbildungen. (SVF Fachorgan Textilveredlung **8.** 389—98. Sept. 452—57. Okt. 488—96. Nov. 1953.) P. ECKERT. 8096

Walter Frenzel und **Günther Uhlemann,** *Dehnungsmessungen an technischen Textilien.* Prakt. Hinweise u. vergleichende Unterss. an techn. Geweben unter Zuhilfenahme des Meßschiebers nach BUSCHMANN. (Faserforsch. u. Textiltechn. **5.** 187—92. Mai 1954. Dresden, TH, Inst. für Textiltechn.) P. ECKERT. 8096

Friedrich Winkler, *Ein vereinfachtes Näherungsverfahren zur Berechnung der Standardabweichung beim Berstversuch.* Für die Berechnung der Standardabweichung beim Berstvers. wird eine Näherungslsg. gefunden, die die Rechenarbeit wesentlich abkürzt u. dabei zu gut brauchbaren Näherungswerten führt. Das Berechnungsverf. wird an einem Zahlenbeispiel erläutert, die Ableitung der Näherungsformel in einem Anhang dargestellt. (Faserforsch. u. Textiltechn. **5.** 102—03. März 1954. Berlin, Dtsch. Akad. der Wissenschaften, Inst. für Faserstoff-Forschung in Teltow-Seehof.) P. ECKERT. 8096

Ciba Akt.-Ges., Basel, Schweiz, *Herstellung von wasserlöslichen Salzen, von härtbaren basischen ternären Kondensationsprodukten.* Es werden in beliebiger Reihenfolge miteinander umgesetzt a) Methylolverbb. von Aminotriazinen oder Harnstoff oder deren Äther mit niedrigmol. Alkoholen, b) aliphat. Verbb., die eine C-Kette von mindestens 7 C-Atomen u. ein an ein Heteroatom gebundenes reaktionsfähiges H-Atom enthalten, u. c) prim. oder sek. Amine oder solche tert. Amine, die im Mol. ein an ein O-, S- oder ein anderes nichtbas. N-Atom gebundenes reaktionsfähiges H-Atom enthalten; anschließend werden die erhaltenen Basen in wasserlösl. Salze übergeführt. — Man geht z. B. von Methylolmelaminen oder deren Äthern mit niedrigmol. Alkoholen, bes. von einem Hexamethylolmelaminhexamethyläther aus. Von den Verbb. unter c) sind z. B. genannt Methyl-, Äthyl-, Propyl-, Isopropyl-, Butyl-, Allylamin, Mono- u. Diäthanolamin, Propanolamin, Diisobutylamin, N.N-Diäthyläthylendiamin, Diäthylentriamin, Cyclohexylamin, Dicyclohexylamin, N-Methylcyclohexylamin, Benzylamin, Anilin, o- oder p-Toluidin, Chloraniline, o- u. p-Anisidin α- u. β-Naphthylamin, Piperidin, α-Picolin, Morpholin, Pyrrolidin, Imidazol, Benzimidazol, 5-Aminotetrazol, Tetrahydrochinolin. — Eine Mischung von 15 (Teilen) Triäthanolamin (I) u. 90 eines geschmolzenen Esters aus methyliertem Methylolmelamin u. Stearinsäure wird 1 Std. bei 10—20 mm Druck auf 115—120° erwärmt. Man gewinnt daraus ein wachsartiges u. wasserlösl. Produkt. — Ein ähnliches Prod. erhält man bei Verwendung von Diäthylentriamin oder von Diäthyläthylendiamin an Stelle von I. — 15 (Teile) I u. 39 Methylolmelaminmethyläther werden bei 10 bis 20 mm Druck 1 Std. auf 115—120° erwärmt. Danach werden bei 115—120° unter Rühren 60 N-Methylolstearinsäureamid zugegeben. Man erhält daraus eine wachsartige, wasserlösl. Masse. — 39 (Teile) Methylolmelaminmethyläther u. 182 eines Kondensationsprod. aus 2 Mol techn. Stearinsäure u. 1 Mol Diäthylentriamin werden bei 10—20 mm Druck 1½ Std. bei 115—120° verrührt. Man erhält eine spröde M., welche in geschmolzenem Paraffin klar lösl. ist u. sich in verd. warmer Essigsäure löst. — Eine Mischung von 60 (Teilen) des Kondensationsprod. aus 2 Mol Stearinsäure u. 1 Mol Diäthylentriamin u. von 15 Dimethylolharnstoffdimethyläther wird geschmolzen u. danach bei 10—20 mm ½ Std. bei 115—120° verrührt. Die erstarrte pulverförmige M. löst sich in verd. warmer Essigsäure. — 14 (Teile) N-Oxyäthylmorpholin u. 90 des Stearinsäureesters von methyliertem Methylolmelamin bilden durch Erwärmen im Vakuum von 20—30 mm bei 120° 3—4 Std. eine harte wachsartige M., welche in warmem W. lösl. ist. — Die nach dem Verf. erhältlichen wasserlösl. Salze dienen als Hilfsmittel in der Textil-, Leder- u. Papierindustrie, z. B. zum Wasserabstoßendmachen, gegen Knittern u. Eingehen beim Waschen von Textilien, als Weichmachungsmittel. Zur Ausrüstung von Wolle, Baumwolle u. Kunstseide. (**Oe. P. 177 419** vom 21/8. 1952, ausg. 25/1. 1954. Schwz. Priorr. 31/8. 1951 u. 8/8. 1952.) M. F. MÜLLER. 8029

Herbert Gerstner, Berlin, *Glycerinersatz für Textilausrüstung,* bestehend aus (Thio-) Harnstoff mit mindestens 1 Gruppe ROH im Mol., wobei R ein KW-stoffrest mit 2—5 C-Atomen ist. Geeignet sind Di- oder Tetraäthanolharnstoff bzw. Mono- oder

Dipropanolthioharnstoff z. B. beim Fetten von Kunstseidefäden, der Chintz-Ausrüstung oder beim Läutern von Pelzfellen. (**D. B. P. 903 927** Kl. 8k vom 14/11. 1944, ausg. 11/2. 1954.) MÖLLERING. 8033

Hoffmanns Stärkefabriken Akt.-Ges., Bad Salzuflen, *Stärken von Textilien.* In üblichen Wäschestärken verwendet man geringe Mengen *β-methylumbelliferonessigsaures Na.* (**D. R. P. 765 901** Kl. 8k vom 20/10. 1935, ausg. 17/8. 1953.) MÖLLERING. 8033

La Moderne S. A. de Teintures et Apprêts (Erfinder: **Maurice Lhomme**), Berchem-lez-Audenarde, Belgien, *Musterung von Textilerzeugnissen*, z. B. Geweben, Strümpfen usw., die zu einem Teil aus Proteinfasern u. im Rest aus natürlichen oder künstlichen Cellulosen, Polyamidfasern oder dgl. bestehen, gek. durch das Herauslösen der Proteinfasern mit 0,5—5%ig. Alkalilsg., wie NaOH. — Ein in Kette u. Schuß aus 70 (%) Wolle u. 30 Polyamidfasern bestehendes Gewebe wird mit einer wss. 4%ig. NaOH-Lsg. 15 Min. bei 100° behandelt. (**D. B. P. 886 732** Kl. 8k vom 26/7. 1951, ausg. 17/8. 1953. Belg. Prior. 7/7. 1951.) MÖLLERING. 8033

General Aniline & Film Corp., New York, N. Y., übert. von: **William W. Williams**, Easton, Pa., und **William E. Wallace**, Rensselaer, N. Y., V. St. A., *Optische Bleichmittel* der Formel I, worin R H, Oxyalkyl-, Alkyl-, X Halogen-, sek.-Dialkylamino-, Alkylarylamino-, Alkoxy-, Aryloxy-, Morpholino- oder Aminopyridinreste, Y H oder CH_3 bedeuten u. n = 1 oder 2 ist, werden nach bekannten Verff. hergestellt. — Z. B. werden (nacheinander) kondensiert: 2 (Mol) Cyanurchlorid mit 1 4.4'-Diaminostilben-2.2'-disulfonsäure, 2 2.2'-(4''-Amino-2''.6''-tolylendimethoxy)-diäthanol u. 2 Diäthanolamin. (**A. P. 2 660 578** vom 23/1. 1952, ausg. 24/11. 1953.) BRÖSAMLE. 8033

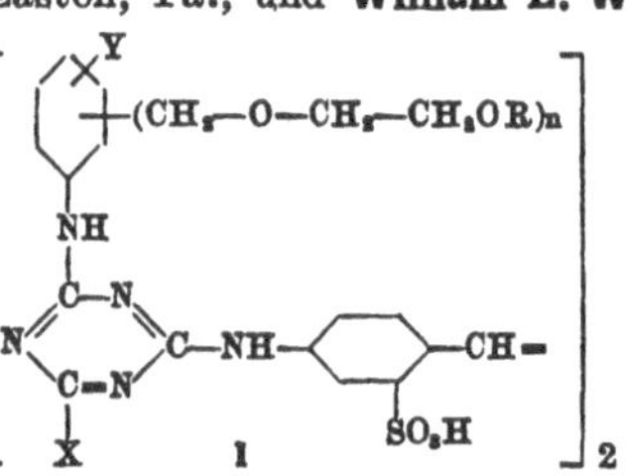

I

Dunlop Rubber Co. Ltd., London, **Albert Edward Toney Neale** und **Betty Doreen Hadley**, Erdington, England, *Mikrobenfeste Textilien oder Kautschukartikel.* Man imprägniert z. B. Baumwollgewebe mit einer wss. Lsg. eines Metallsalzes von 2.2'-Dioxy-5.5'-dichlordiphenylmethan (I) oder setzt Kautschukmilch die wss. Lsg. eines solchen Metallsalzes zu. — Geeignet ist das Hg-Salz von I, F. 195—196°, das mit 0,004 (Teilen) in 100 W. lösl. ist. Auch Cd-, Zn- u. Cu-Salze sind verwendbar. (**E. P. 675 200** vom 19/3. 1949, ausg. 9/7. 1952.) MÖLLERING. 8037

W. S. Libbey Co., übert. von: **Winfield Scott Libbey**, Lewiston, Me., V. St. A., *Polgewebe* erhält man durch Imprägnierung des Gewebes mit einer Lsg. von Polystyrol u. Kautschuk unter Zusatz von Vulkanisationsmitteln, Polyvinylacetat, -chlorid oder dgl. in einem organ. Lösungsm. unter Zusatz von Weichmachern, wobei das angetrocknete Gewebe zur Aufrichtung der Polfasern um klebrig gemachte Walzen geführt wird, die überschüssige Imprägniermittel abnehmen u. die Polfasern aufrichten. Anschließend leitet man durch eine Vulkanisations- bzw. Härtungszone, in der durch Wärme fixiert wird. (**A. P. 2 590 713** vom 27/5. 1950, ausg. 25/3. 1952.) MÖLLERING. 8037

Ruhrchemie Akt.-Ges., Oberhausen-Holten, *Wasserabstoßendmachen von Textilien.* Man schlägt auf dem Gut Al-Seifen von höhermol. Fettsäuren nieder, die aus durch CO-Hydrierung erhaltenen synthet. Paraffinen (I) durch Oxydation mit NO_2 in Ggw. von H_2SO_4, Nitrosyl- oder Bichromatschwefelsäure erhalten worden sind. Die **I** sollen vorher chloriert u. entchloriert worden sein. (**D. B. P. 870 690** Kl. 8k vom 17/12. 1942, ausg. 16/3. 1953.) MÖLLERING. 8037

Böhme Fettchemie G. m. b. H., Düsseldorf, *Wasserabweisende Faserstoff-Imprägnierungen* erhält man durch Rk. der Faserstoffe, wie Gewebe, Filz, Papier oder Leder, mit in organ. Lösungsmitteln gelösten α-Halogenalkyläthern oder -thioäthern von Alkoholen oder Mercaptanen, die mindestens einen lipophilen Rest im Mol. enthalten, z. B. einer 1%ig. Lsg. von Chlormethyldodecyläther oder -octadecyläther in CCl_4. Nach dem Trocknen bei 80° wird geseift u. gespült. (**D. B. P. 878 481** Kl. 8k vom 11/7. 1936, ausg. 5/6. 1953.) MÖLLERING. 8037

Bozel-Malétra Soc. Industrielle de Produits Chimiques, übert. von: **René Léon Lehmann**, Paris, und **Josef Lintner**, La Garenne Colombes, Frankreich, *Wasserabweisende Textilien* erhält man durch Imprägnierung mit einem Ansatz, bei dem Harnstoff (I), Melamin oder ein Oxyamid zuerst mit Glyoxal (**II**) im sauren Medium, dann im alkal. Medium mit CH_2O (**II**) u. dann mit einem einwertigen Fettalkohol bis 20 C-Atomen bei erhöhter Temp. umgesetzt ist. — 1,6 (kg) **I** u. 5,6 verd. **II**-Lsg. werden in Ggw.

geringer Mengen HCl zum Sieden gebracht. Der weiße Nd. wird mit einer alkal., 30%ig. wss. II-Lsg. zum Sieden erhitzt. Das Prod. wird mit W., Octadecylalkohol u. dessen Schwefelsäureester-Na-Salz gemischt u. in Lsg. gebracht. (**A. P. 2 588 640** vom 4/11. 1948, ausg. 11/3. 1952. F. Prior. 26/4. 1948.) MÖLLERING. 8037

Harris Research Laboratories, übert. von: **Alfred E. Brown** und **Arnold M. Sookne,** Washington, D. C., und **Francis W. Minor,** Arlington, Va., V. St. A., *Abriebfeste und wasserabweisende Textilien* erhält man durch die Behandlung mit einem Gemisch, bei dem 2 (cm^3) einer Lsg. aus 4 (Teilen) Monomethyldichlorsilan u. 5 Bzl. zu einer Lsg. aus 16 W., 5,5 (g) Na-Acetattrihydrat u. 0,01 Na-Stearoyltaurin zugesetzt u. mit W. auf 100 cm^3 aufgefüllt werden. (**A. P. 2 597 614** vom 6/2. 1947, ausg. 20/5. 1952.) MÖLLERING. 8037

General Electric Co., New York, übert. von: **Thomas J. Rasmussen,** Schenectady, N. Y., V. St. A., *Wasserabweisendes Imprägniermittel für Textilgut,* bestehend aus einem Gemisch von 0,5—15 (%) aus Harnstoff–Aldehyd- u. Melamin–Aldehyd-Harz, 0,4—12 Organopolysiloxan mit einwertigen, dem Si verbundenen KW-stoffresten u. 0,05—3,5 Methylwasserstoffsiloxan, das durch Hydrolyse von Methyldichlorsilan erhalten ist. Als Rest auf 100 ist W. im Ansatz enthalten. — Man verd. auf eine ca. 2%ig. wss. Lsg., imprägniert hiermit Textilien u. erhitzt zum Fixieren durch Erhitzen während 2 Min. auf 150°. (**A. P. 2 612 482** vom 17/3. 1950, ausg. 30/9. 1952.) MÖLLERING. 8037

Emile Tauszig, Limoges, Frankreich, *Wasserdichtmachen von Textilgut und Papier.* 20 (Teile) einer $AlCl_3$-Lsg. (30° Bé) u. 40 W. werden mit 40 einer Pufferlsg. versetzt, die durch Rk. von Essigsäure (10° Bé) u. NH_4OH-Lsg. (20° Bé) erhalten u. auf p_H 7,4 eingestellt ist. Mit der Lsg. werden Textilien imprägniert u. getrocknet. (**E. P. 669 747** vom 24/1. 1949, ausg. 9/4. 1952. F. Prior. 11/3. 1948.) MÖLLERING. 8037

Wingfoot Corp. (Erfinder: **Bruce W. Habeck**), V. St. A., *Imprägniermittel für Textilien,* das wasserundurchlässig, aber durchlässig für Wasserdampf macht. Man mischt einen wasserunlösl. organ. hochpolymeren Stoff (I), gelöst in einem organ. Lösungsm. oder in Form seiner wss. Dispersion, mit einem anorgan. Füllstoff (II), wobei die Mengen von I u. II so bemessen werden, daß eine genügende Mikroporosität des fertigen Überzuges erzielt wird. Als I wird bes. natürlicher oder synthet. Kautschuk (Neoprene, Chloroprene) verwendet, jedoch eignen sich auch andere polymere Kunststoffe aus Vinylchlorid, Vinylacetat, Acrylnitril, Methacrylsäure, Styrol u. andere. II ist bes. $CaCO_3$ oder u. a. auch Ca-Silicat, ZnO, Al-Silicat, Ton, Talkum, Holzmehl. (**F. P. 1 015 464** vom 10/1. 1950, ausg. 13/10. 1952. A. Prior. 15/8. 1949.) HEYNE. 8037

Monsanto Chemical Co., St. Louis, Mo., übert. von: **George E. Niles,** Winchester, Mass., V. St. A., *Waschfeste Textilversteifung.* Garne werden mit einer wss. Lsg. des Salzes eines Mischpolymerisates aus Styrol u. Maleinsäure bis zu einer Aufnahme von 4—7% imprägniert u. getrocknet. Nach dem Verweben der Garne wird das Gewebe mit der wss. Lsg. eines Schwermetallsalzes, z. B. einer wss. 2%ig. Lsg. von $ZrOCl_2$, $SbCl_3$Cu-Acetat oder Al-Formiat nachbehandelt u. getrocknet. (**A. P. 2 586 477** vom 27/8. 1947, ausg. 19/2. 1952.) MÖLLERING. 8037

Monsanto Chemical Co., St. Louis, Mo., übert. von: **Ivan V. Wilson,** Wakefield, und **Ralph Marotta,** Malden, Mass., V. St. A., *Waschbare und flammenfeste Imprägnierung, besonders für Textilien.* Man fixiert mit einem Harnstoff–CH_2O-Harz auf dem Gut das Reaktionsprod. aus P_2O_5 u. NH_3, das durch Verbrennen von P u. Einw. des Verbrennungsprod. auf gasförmiges NH_3 bei 425—600° erhalten wird. Das Prod. ist in W. von 0—30° unlöslich. (**A. P. 2 600 455** vom 31/8. 1950, ausg. 17/6. 1952.) MÖLLERING. 8037

Farbwerke Hoechst, vormals Meister Lucius & Brüning, Frankfurt/M. (Erfinder: **Karl Daimler,** Ehlhalten und **Victor Lorenz,** Bad Soden), *Konservieren von Fischnetzen und Schiffstauen.* Man imprägniert mit wss. Lsgg. von Naphtholaten mit ca. 20 C-Atomen, die gegebenenfalls durch —S-, —S—S-, —O- oder —NH-Gruppen unterbrochen sein können, wobei nach der Trocknung mit komplexen Metallsalzen, bes. Ammoniakkomplexsalzen, nachbehandelt werden kann. — Geeignet sind z. B. Alkalisalze von Naphtholen, Dioxynaphthylen, Dioxydinaphthylsulfid sowie komplexe Cu-, Hg- oder Zn-Salze. (**D. B. P. 878 187** Kl. 8k vom 2/7. 1950, ausg. 1/6. 1953.) MÖLLERING. 8037

Aktiebolaget Separator, Stockholm, Schweden (Erfinder: **A. E. G. Borck**), *Waschen von Wolle.* Das Verf. zum Waschen von Wolle nach Schwed. P. 135 154; C. **1954.** 456 wird dahin abgeändert, daß die Abtrennung des Waschmittels von mitgeführtem Schmutz in der Zentrifuge erfolgt, in die gleichzeitig W. oder eine wss. Lsg. eingeführt wird, so daß sich im Umkreis der Zentrifuge eine wss. Schicht bildet, durch welche die

Schmutzteilchen auf ihrem Wege zur Zentrifugalwand hindurchtreten müssen. (**Schwed. P. 136 847** vom 9/3. 1951, ausg. 12/8. 1952.) JÜRGEN SCHMIDT. 8061

Farbenfabriken Bayer Akt.-Ges., Leverkusen (Erfinder: **Max-Otto Schürmann** und **Helmut Wagner**, Dormagen), *Fäden oder Fasern aus Kupferoxydammoniakcelluloselösung.* Das wss. Spinnbad enthält außer Ammoniumsalzen (I) eine dem I-Geh. ungefähr äquivalente Menge Alkali (Abfallaugen der Cellulosebehandlung oder von verbrauchter alkal. Fäll-Fl.). Hierdurch werden Verklebungen vermieden. (**D. B. P. 900 124** Kl. 29b vom 3/5. 1944, ausg. 21/12. 1953.) SALZMANN. 8075

Phrix-Werke Akt.-Ges., Deutschland, *Viscose mit geringer Viscosität.* Cellulose wird mit NaOH, der 30%ig. H_2O_2 zugesetzt ist, in einem mit Heiz- u. Kühlmantel versehenen Gefäß längere Zeit bei ca. 60° durchgearbeitet. Nach dem Abkühlen auf 20° wird eine CS_2-Emulsion aus CS_2, NaOH u. Brillant Monopolöl zugesetzt. Durch Verdünnen mit W. wird eine Viscose mit einer Viscosität von ca. 30 Sek. erhalten. Außer H_2O_2 können auch NaOCl, Na_2O_2 sowie Na_2S, Na_2SO_3, $NaHSO_3$ u. Hydrochinon zugesetzt werden. (**F. P. 999 688** vom 17/11. 1949, ausg. 4/2. 1952. D. Prior. 29/11. 1948.) WITTHOLZ. 8075

Chemische Fabrik Stockhausen & Cie., Deutschland, *Erhöhung der mechanischen Widerstandsfähigkeit von regenerierter Cellulose aus Viscose.* Die Viscoselsg. wird mit Substanzen versetzt, welche mit der Viscose eine klare Lsg. geben u. welche die Oberflächenspannung der Viscoselsg. sehr stark herabsetzen. Solche Zusatzstoffe sind fettsaure Seifen, Sulfonate von Fett-, Harz- u. Naphthensäuren, deren Carboxylgruppen verestert oder amidiert sind, ferner Schwefelsäureester u. höhermol. prim. oder sek. Alkoholen, alkylierte aromat. Sulfonsäuren u. Salze davon u. andere. — Zu einer Viscoselsg., welche 7,5 (%) NaOH u. 8 Cellulose enthält, gibt man 2 g auf den Liter von einem Gemisch aus 65 (Gewichtsteilen) Na-Ricinoleat (I) u. 35 des Kondensationsprod. von Octadecylalkohol mit Äthylenoxyd [$C_{18}H_{37}O(C_2H_4O)\cdot$15—20 $C_2H_4\cdot OH$]. Die Verb. I ist allein in der Viscose nicht löslich. — Zu 1 Liter Viscose werden 1,2 g eines Gemisches zugesetzt, welches aus 60 (Teilen) Na-Ricinoleat u. 40 des Na-Salzes des Oleinschwefelsäureesters besteht. — Ein anderes Gemisch besteht aus 90 (Teilen) des Na-Salzes des Kondensationsprod. von Abietinsäureamid u. Sarkosin u. 10 des Na-Salzes der Heptadecylbenzimidazoldisulfonsäure. (**F. P. 1 007 790** vom 1/4. 1948, ausg. 9/5. 1952.) M. F. MÜLLER. 8075

Vereinigte Glanzstoff-Fabriken Akt.-Ges., Wuppertal-Elberfeld (Erfinder: **Richard Elssner**, Randerath, und **Kurt Heuer**, Oberbruch), *Rückgewinnung der Kunstfäden anhaftenden Badflüssigkeit* von höherer H_2SO_4-Konz. beim Spinnen in hochkonz. H_2SO_4-Bädern unter Verwendung von mehreren nachgeschalteten Bädern mit abnehmender H_2SO_4-Konzentration. Der in das letzte Bad einlaufende Faden wird kurzzeitig mit der geringer als die anhaftende Fl. konz. Bad-Fl. in Berührung gebracht u. nach Verlassen des Bades abgepreßt oder abgesaugt. (**D. B. P. 898 657** Kl. 29b vom 18/11. 1951, ausg. 3/12. 1953.) SALZMANN. 8075

Chemische Fabrik Stockhausen & Cie., Deutschland, *Quellwertsverminderung von Cellulosehydratkunstfasern.* Man unterwirft Faserstoffe, z. B. Viscosekunstseidenfasern in Form von Geweben oder Spinnkuchen, kurze Zeit (7,4 Sek. bis 5 Min.) in einem indifferenten, O_2-freien Gas, wie N_2, oder in einer indifferenten Fl., wie Glycerin, Butylenglykol oder Paraffinöl, einer Temp. oberhalb 150°; bei Verwendung einer Gasatmosphäre soll die Temp. zweckmäßig ca. 200°, bei Verwendung einer Fl. ca. 250—270° betragen. Die Quellfähigkeit der Ware wird auf diese Weise wesentlich herabgesetzt. — Beispiele. (**F. P. 1 007 190** vom 4/3. 1948, ausg. 2/5. 1952.) RAETZ. 8075

Bozel-Malétra Soc. Industrielle de Produits Chimiques, Paris, Frankreich, *Textilhilfsmittel.* Man kondensiert Harnstoff u. Glyoxal in saurem Milieu, das Reaktionsprod. dann in alkal. Milieu mit CH_2O, wobei ein in W. lösl., methylolgruppenhaltiges Prod. erhalten wird, das schließlich mit einem Gemisch von aliphat. Alkoholen C_{15}—C_{20} in solcher Menge sauer kondensiert wird, daß nicht alle Methylolgruppen veräthert werden. Man erhält eine weiße Paste, die in W. emulgierbar ist u. z. B. zum *Wasserabstoßendmachen* von *Cellulosefasern* dient. (**Schwz. P. 292 071** vom 21/10. 1948, ausg. 16/10. 1953. F. Prior. 26/4. 1948.) BRÖSAMLE. 8075

Celanese Corp. of America, New York, N. Y., übert. von: **Walter D. Paist**, Berkley Heights, und **Norman van Gorder**, Scotch Plains, N. J., V. St. A., *Flammenfestmachen von Waren, insbesondere Celluloseacetat.* Man bringt auf das Gut aus wss. Dispersion oder aus einer Lsg. in Lösungsmitteln 2—50, bei nicht zu waschendem Gut 2—5% bromiertes monomeres Triallylphosphat, bes. Tri-(2.3-dibrompropyl)-phosphat, auf.

Geeignet ist z. B. ein Gemisch aus 2 (Teilen) Toluol, 1 Isopropanol u. 1 Isobutylmethylketon als Lösungsmittel. (**A. P. 2 662 834** vom 22/8. 1951, ausg. 15/12. 1953.) Möllering. 8077

American Viscose Corp., Wilmington, Del., übert. von: **Frank G. Pearson,** Bryn Mawr, Pa., V. St. A., *Hydrolysierte Mischpolymerisate von Fluorvinylverbindungen.* 20 (Teile) Vinylidenchlorfluorid (I), 20 Vinylacetat (II), 1% einer Mischung aus Pb-Tetraäthyl u. Benzoylperoxyd (1 : 1) sowie 3% „Duponol" (Fettalkoholsulfonat) werden in 100 W. unter Rühren dispergiert. Nach einer Woche erhält man ein Mischpolymerisat, in welchem 3 Mol II mit 1 Mol I kombiniert sind, als weißes Prod. (F. 155 bis 160°), lösl. in Aceton, unlösl. in A. u. Äther. Durch Eingießen einer 5%ig. Lsg. dieser Verb. in Aceton in überschüssiges, mit HCl gesätt. Methanol bei Raumtemp. unter starkem Rühren wird das hydrolysierte Mischpolymerisat ausgefällt u. nach dem Abfiltrieren getrocknet (F. 177°); lösl. in Aceton; unlösl. in Alkohol. In Aceton gelöst, wird es trocken oder naß zu *Fäden* versponnen. Unter Zusatz von Pigmenten, Füllstoffen, Weichmachern u. Harzen können *Filme* u. *Gewebe* hergestellt werden. (**A. P. 2 600 684** vom 2/2. 1950, ausg. 17/6. 1952.) Seiz. 8081

Sun Chemical Corp., Long Island City, übert. von: **Ernst Zerner** und **Mark W. Pollock,** New York, N. Y., V. St. A., *Kunststoff zur Herstellung von Fasern, Filmen und dergleichen,* bestehend aus einem Copolymer von 90—99 (%) Acrylnitril u. 10—1 einer Verb. der Formel $CH_2{=}C(R){-}CO{-}NH{-}CH_2{-}NH{-}CO{-}CH(R){-}CH_2{-}Y$, wobei R = H, CH_3 u. Y = Rest eines aliphat., alicycl. oder heterocycl. Amins mit mindestens 1 H-Atom am N-Atom ist, z. B. das Diäthylamin-, Butylamin- oder Morpholinadditionsprod. des Methylen-bis-acrylamids oder Methylen-bis-methacrylamids. (**A. P. 2 627 512** vom 20/7. 1951, ausg. 3/2. 1953.) Lüttgen. 8081

Chemstrand Corp., Del., übert. von: **George E. Ham,** Dayton, Ohio, V. St. A., *Färbbare Mischpolymerisate aus Acrylnitril* (I). Polymerisate aus 75—98 (%) I u. 2—5 Estern der Formel II, worin X = Cl oder Br, R = H u. Alkylrest mit mehr als 4 C-Atomen, m u. n = 0—1 (n nicht größer als m), bes. Allylchloracetat (III), werden mit Alkalimetallsalzen von Mercaptobenzothiazolen (IV) färbbar gemacht. — Z. B. wird eine 21%ig. Lsg. von einem Mischpolymerisat aus 92 I u. 8 III in N.N-Dimethylacetamid zu *Fasern* versponnen u. dieselben mit einer Mischung aus 1,89 (g) IV, 0,45 NaOH u. 60 W. bei 100° behandelt, gewaschen, getrocknet u. gefärbt. Man erhält eine Färbung mit einem Hochglanzeffekt, während die nicht nachbehandelten Fasern sich nicht färben lassen. (**A. P. 2 595 848** vom 27/2. 1950, ausg. 6/5. 1952.) Seiz. 8081

II

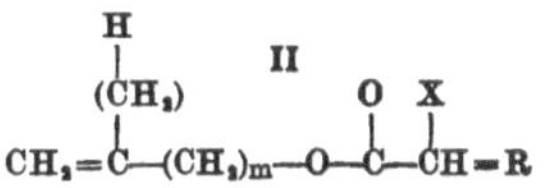

Industrial Rayon Corp., Cleveland, übert. von: **Herman A. Bruson,** Shaker Heights, O., V. St. A., *Acrylnitrilpolymere.* Man polymerisiert eine Mischung aus 85% Acrylnitril (I) u. 0,75—5% einer ungesätt. Sulfonsäure der Formel: $CH_2{=}C(R){-}CH_2{-}(A)_n{-}SO_3H$, worin n = 0 oder 1, R = H oder CH_3, A = Oxyalkylen, Oxyalkylenoxy, Thioalkylenoxy bedeuten, bes. Allyloxypropansulfonsäure u. Allyloxyäthylsulfonsäure, u. deren in W. lösl. Salze. — Z. B. werden zu einer Mischung von 1200 (Teilen) W. 10 Na-Allylsulfonat u. 190 I bei 53° unter Rühren, dann 4,2 K-Persulfat u. 1,78 $NaHSO_3$ zugesetzt. Dann wird die Mischung bei 50° 2½ Std. gerührt, nach dem Zusatz von 400 n-H_2SO_4 weitere 30 Min., filtriert, das ausgefällte Polymerisat mit W. gewaschen u. bei 65° getrocknet. Das erhaltene Mischpolymerisat (188) hat ein Mol.-Gew. von 55—60000. Zum *Verspinnen von Fäden* wird dasselbe in Äthylencarbonat (II) bei 95° gelöst u. in ein auf 130° erwärmtes Koagulationsbad aus 80 Triäthylenglykol u. 20 II gepreßt. Dem Spinnbad können auch Weichmacher, Pigmente, Stabilisatoren u. dgl. zugesetzt werden. Man erhält hochwertige Fäden, sowie Filme mit hydrophilen Eigenschaften. (**A. P. 2 601 256** vom 27/10. 1950, ausg. 24/6. 1952.) Seiz. 8081

XIX. Brennstoffe. Erdöl. Mineralöle.

—, *Polyvinylchlorid als Schutz für Rohrleitungen.* Wegen der guten Isoliereigg. u. wegen der geringen Wasseraufnahme sind Polyvinylchloride als Isoliermaterial für Leitungsrohre bes. geeignet. — Anwendungsbeispiele. (Gas J. **276** (**105**). 46—47. 7/10. 1953.) J. Fischer. 8120

R. Kadner, *Möglichkeiten der chemischen Verwertung von Torf.* Besprochen werden: Entstehung u. Zus. des Torfs, Probleme u. allg. Rückblick auf die Entw. der Torfveredlung, Verff. der chem. Verwertung, Torfkoks, Entw. u. Veredlung von

Torfkoks, Generatorgas, Furfurol, Bitumen, Düngetorf. (Chem. Techn. **5**. 500—03. Sept. 1953. Rostock, Moorwissenschaftl. Inst.) BOYE. 8122

—, *Steinkohle, Braunkohle, Lignite. Unterscheidungen und Klassifikationen.* Die internationalen Bemühungen um bessere Unterscheidung der festen Brennstoffe, Steinkohle, Braunkohle, Lignite, werden besprochen u. die Notwendigkeit einer schärferen Klassifizierung u. die Bedeutung einer klaren Nomenklatur festgestellt. Die gebräuchlichen Unterscheidungsmerkmale, wie Carbonisierungsgrad, geolog. Vork., physikal. u. chem. Eigg., der Grad der Huminisierung, die erheblichen Unterschiede in der Bindung u. im Geh. von W., der Widerstand gegen Verwitterung werden mit ihren Vorzügen u. Mängeln diskutiert. Über italien. Lignite u. deutsche Braunkohlen werden nähere Angaben gemacht (Herkommen, Heizwerte, Elementaranalyse, Geh. an flüchtigen u. brennbaren Bestandteilen, Aschegeh. u. a.) u. Vgll. mit Braunkohlen aus anderen europäischen Ländern u. aus den USA, aus Rußland u. der Türkei angestellt. Vorschläge für schnellere u. bessere Kennzeichnung von Kohlen mit geringerer Carbonisierung. (Calore **23**. 19—29. Jan. 1952.) WINGCHEN. 8124

E. Mertens, *Neuere Gesichtspunkte hinsichtlich der chemischen Verwertung der Steinkohle.* Die Kohle ist bisher Hauptlieferant für Aromaten gewesen. Die gegenwärtige Tendenz geht dahin, daraus einen Lieferanten für Aliphaten zu machen. Diese Orientierung erfordert die Überführung der Kohle in eine gasförmige oder fl. Form. Neben ausführlichem allg. Überblick über die Lage der Kohlenverwertung in den verschied. Ländern gibt Vf. Unterlagen über die in Belgien in dieser Hinsicht unternommenen Schritte. (Rev. univ. Mines, Métallurg., Trav. publ., Sci. Arts appl. Ind. [9] **8 (95)**. 94—107. April 1952. Louvain, Univ.) BÖSS. 8126

Stuart R. Brinkley jr., *Die Bestimmung der Betriebswerte von Brennstoff–Sauerstoff-Gemischen.* Für die Berechnung thermodynam. Werte von Verbrennungsgasen werden allg. anwendbare Methoden beschrieben, die für automat. Recheneinrichtungen geeignet sind. Um solche Rechnungen auf derartigen Maschinen wirksam durchführen zu können, sind systemat. aufgebaute, leicht in ein Berechnungsprogramm zu bringende Verff. erforderlich. Das Ergebnis der Rechnung ist die Gleichung eines MOLLIER-Diagrammes für das betreffende Brennstoff–Sauerstoff-Gemisch (Zahlenangabe). Die Anwendung dieser Ergebnisse automat. Rechenmaschinen auf die Ermittlung von Flammentempp. u. Brennstoffbetriebswerten wird geschildert. Die Arbeitsschemen von 3 verschied. automat. Rechenmaschinen sind angegeben, desgl. 10 Literaturstellen. (Ind. Engng. Chem. **43**. 2471—75. Nov. 1951. Pittsburgh, Pa., U. S. Bur. of Min.) HÄHNEL. 8128

J. D. Price, *Der Gesamtwirkungsgrad der Kohlenwäsche.* Die Wrkg. der Kohlenwäsche wird durch verschied. Wirkungsgrade ausgedrückt: einen Mengenwirkungsgrad, einen Qualitätswirkungsgrad, einen organ. Wirkungsgrad. Wichtig für die Praxis ist jedoch jener Wirkungsgrad, der die gesamten Kosten der Wäsche für die Herst. einer gewaschenen Kohle bestimmten Aschengeh. angibt. (Blast Furnace, Coke Oven, raw Mater. Comittee Iron Steel Divis., Amer. Inst. Mining metallurg. Engr., Proc. **11**. 190—201. 1952.) F. SCHUSTER. 8134

Benvenuto Rossi, *Das Verfahren der Vergasung von Brennstoffen zu einem Gas, das für Gasmotor und direkte Heizung brauchbar ist.* Vf. berichtet über die schlechten Erfahrungen u. Unvollkommenheiten der Gaserzeugung in früheren Fahrzeuggeneratoren (Gas mit geringem Heizwert, Verunreinigungen durch Kondensationsprodd. u. a.), die durch ungenügende u. unvollständige Vergasung der festen Heizstoffe bedingt waren. Er beschreibt ein Verf. zur wirtschaftlicheren Ausnutzung dieser Brennstoffe durch bessere Anordnung der Feuerung u. der Führung der entstehenden gasförmigen Prodd. mit direkter Umwandlung in hochwertige Heizgase in einem zweckmäßiger gebauten Generator (Kombination von oxydierenden u. reduzierenden Vorgängen), Gewichte (kg) u. Heizwerte (1000 cal) von fl., gasförmigen u. festen Treibstoffen werden verglichen (unter Beachtung des Gewichtes von Gasflaschen u. Generator); ebenso der untere Heizwert, Verbrauch/km, die Raummengen u. Gewichte von fl. u. gasförmigen Kraftstoffen (200 km-Fahrt). Die Vorteile gasförmiger Treibstoffe für die Motoren werden bes. hervorgehoben. (Carbone **17**. Nr. 9. 9—10. Sept. 1950.) WINGCHEN. 8148

W. I. Kusnetzow und **A. G. Blednych,** *Vollständige Ausnutzung von Braunkohlen der Ukrainischen SSR.* 8. Mitt. *Über die Entfernung neutraler Öle aus Phenolaten bei der Gewinnung von Phenolen aus dem Braunkohlenprimärteer.* Zur Unters. wurden Lsgg. von Phenolaten aus der Fraktion des Braunkohlenprimärteeres zwischen 170—312° nach deren Behandlung mit 10%ig. NaOH-Lsg. verwendet. Konz. der Phenolate 13—14%; $D.^{20}_{4}$ 1,081. Zur Extraktion wurden 4 Methoden angewandt:

1. Extraktion durch Ae. (im Verhältnis 1 : 5), 2. Bzl. (1 : 5), 3. Verdünnen durch W., 4. Wasserdampfdestillation. — Zwecks Entfernung als Phenolate der mit den neutralen Ölen mitextrahierten Phenole wurden die Extrakte der neutralen Öle mit 10%ig. NaOH-Lsg. ausgewaschen. Der Geh. an neutralen Ölen im Auszug wurde, nach Trocknung mit Na_2SO_4, festgestellt. — Bei Verdünnen der Phenolate mit gleicher Menge W. wurde — nach Ausschütteln u. Abscheidung während 24 Std. — die obere Schicht, die die neutralen Öle enthielt, abgesondert u. mit 10%ig. NaOH-Lsg. zwecks Extraktion der Phenole gewaschen. Die von Phenolen gereinigten Öle wurden quantitativ bestimmt. — Die Wasserdampfdest. mit je 100 ml Phenolat wurde in einem Rundkolben durchgeführt. Der Ölgeh. wurde in jeweils 50 ml des Destillates bestimmt. Der Ae.-Auszug wurde mit 10%ig. NaOH-Lsg. ausgewaschen u. mit Na_2SO_4 getrocknet. Nach Entfernen des Ae. wurde der %-Geh. der neutralen Öle bestimmt. Der Geh. an neutralen Ölen in Phenolaten durch Ae.-Extraktion beträgt 22,4%, bezogen auf Phenole. Von den übrigen 3 Methoden ergab die Wasserdampfdest. die besten Resultate, nämlich 20,3% neutrale Öle, d. h. 90,4% der Gesamtmenge. Die schlechtesten Ergebnisse zeigte die Verdünnungsmethode. Der Rest von neutralen Ölen in den Phenolaten betrug 4,8%. Die Phenolverluste durch Abwässer erreichten 14%. Bei anderen Methoden betrug der Verlust ca. 6%. Bei 200% Dampf, bezogen auf Phenolate, wird die Hauptmenge der neutralen Öle abdestilliert. (Украинский Химический Журнал [Ukrain. chem. J.] **19.** 683—86. 1953. Inst. für Wärmewirtsch. der Akad. der Wiss. der UkrSSR.) A. AMBURGER. 8178

K. W. Schneider und **K. Peterlein,** *Die Zusammensetzung kristallisierbarer Stoffgemische aus verschiedenen deutschen Rohölen.* Es werden aus den farblosen Ölbestandteilen zweier Wietzer bzw. zweier Emsland-Rohöle unterschiedlicher Basis die bei —20° aus Butanon kristallisierbaren Substanzen gewonnen. Diese werden unter Anwendung einer schonend durchgeführten Dest. sowie der adsorptiven Trennmethodik — mit Silicagel als Adsorbens — in Fraktionen aufgeteilt. Von diesen wird die KW-stoffanalyse u. die Best. des Geh. an tert. Kohlenstoffatomen durchgeführt. Auf die Schwierigkeiten bei der RAMAN-Analyse der hier untersuchten höhermol. Ölgemischbestandteile wird hingewiesen. Die Ergebnisse zeigen, daß die Kristallisate der Rohöle aus den besser abgedeckten Lagerstätten weniger ringförmige Inhaltsstoffe haben als die kristallisierbaren Substanzen aus den oberflächennahe liegenden Erdölen. In allen untersuchten, therm. fast nicht beanspruchten festen Verbb. konnten geringe Mengen aromat. Bestandteile nachgewiesen werden, die wahrscheinlich die Ursache der bläulich-weißen Fluorescenz dieser Substanzen sind. Weiterhin wird gezeigt, daß in verschied. deutschen Ölfeldern die Menge der kristallisierbaren Ölbestandteile mit abnehmender Teufe geringer wird. Diese Tatsache könnte durch einen steigenden O_2-Einfl. bei den in kleinerer Teufe liegenden Rohölen erklärt werden, zumal experimentell gezeigt wird, daß die festen ungefärbten Erdölinhaltsstoffe wesentlich stärker als die fl., farblosen Erdölbestandteile von O_2 angegriffen werden. Durch diese Unters. erhielt die von KREJCI-GRAF aufgestellte Oxydationshypothese eine weitere Stütze. (Erdöl u. Kohle **4.** 621—27. Okt. 1951. Hannover, Inst. für Erdölforsch.) K. O. MÜLLER. 8188

B. Hempel, *„Modifizierte" Zemente und abdichtende Mischungen für Sondenbehandlung im Ölfeld.* Eingangs legt Vf. in ausführlicher Weise die kolloidchem. Grundlagen dar, die für die Anwendung der Zemente von Bedeutung sind. Anschließend werden die einzelnen Zemente aufgeführt u. ihre Verwendungsmöglichkeit dargelegt. (Erdöl-Ztg. **70.** 29—37. Mai 1954.) ROSENDAHL. 8190

Paul Meyersberg, *Chemikalien aus Erdöl (Petrochemie).* Prodd. aus Erdgas u. Erdöl. Synthesen aus niederen Olefinen. KW-stoffe der Benzolreihe, wobei die neue Phthalsäureindustrie etwas ausführlicher behandelt wird. (Erdöl-Ztg. **70.** 37—39. Mai 1954.) ROSENDAHL. 8192

F. Aftalion, *Der gegenwärtige Stand der Petrochemie.* Überblick über die durch Anwendung moderner Raffinationsmethoden (therm. u. katalyt. Cracken, Reformieren usw.) anfallenden aliphat. Ungesättigten u. Aromaten, die der Petrochemie als Ausgangsstoffe zur Verfügung stehen u. über die damit gegenwärtig durchgeführten Synthesen. (Chim. et Ind. **69.** 833—41. Mai 1953.) SYDOW. 8192

M. R. Egalon, M. J. Hoebeke und **M. F. Jarcsek,** *Reaktivierung von Koks. Laboratoriumsmessungen und praktische Ergebnisse.* Bericht über Verss., die sich über Jahre erstreckten, über die Gewinnung von Synthesegas aus verschied. Kokssorten u. bes. aus mit F_2O_3 aktiviertem Koks. Beschreibung neuer Laborgeräte zur Analysierung der Gase u. des Kokses. — Zahlreiche Tabellen u. Diagramme der Versuchsergebnisse. (Mém. Soc. Ing. Civils France **106.** 249—90. Mai/Juni 1953. Etablissements Kuhlmann.) K. O. MÜLLER. 8200

Endre Vámos, *Über die Möglichkeiten der einheimischen Herstellung von Motorölen durch Solventraffination.* Aus dem Schrifttum u. eigenen Verss. des Vf. geht hervor, daß zur Entasphaltierung das Propan-, zur Entparaffinierung das Benzol-Keton bzw. Bari-Sol-Verf. mit bestem Erfolg angewendet wird. Bei der Entparaffinierung mit Bzn. ist die Ausbeute geringer u. der Kältebedarf größer. Das Methyläthylketonverf. ist weniger giftig u. wirkt weniger korrodierend als das Bari-Sol-Verfahren. Die Frage des geeigneten Lösungsm. zur Solventraffination wurde eingehend untersucht, um so mehr, da die Meinungen betreffend Selektivität nicht einheitlich sind. Verss. mit verschied. Lösungsmitteln u. deren Gemischen ergaben, daß teilweise äußere Umstände die Ergebnisse u. somit die Beurteilung eines Lösungsm. beeinflussen. Wird das Lösungsvermögen eines Lösungsm. in irgendeiner Weise erhöht, nimmt die Selektivität ab u. umgekehrt. Selektivität u. Lösungsvermögen sind voneinander abhängig u. die Selektivität von Lösungsmitteln ist gleich, wenn ihr Lösungsvermögen auch gleich ist. Für die einheim. Verhältnisse erwiesen sich Phenol u. Furfurol zur Herst. von Mineralölen am besten, da der Ausgangsstoff vielartig ist u. aus diesem Prodd. verschied. Qualität erzeugt werden müssen. Aus diesem Grunde ist für diese Verhältnisse das Duo-Sol-Verf., welches bes. zur Erzeugung stets gleicher Prodd. wertvoll ist, hier nicht ratsam. Die Ausbeute bei paraffinfreien bzw. Naphthene enthaltenden Ölen ist bedeutend geringer. Die Solventraffination ist bes. bei Ölen, welche einen Übergang zwischen den Naphthen- u. Intermediärölen bilden, gut verwendbar. (Magyar Kémiai Folyóirat [Ung. Z. Chem.] **58.** 132—44. |Mai 1952. Veszprém, Ungarn, Mineralöl- u. Erdgas-Versuchsanst.) PLANK. 8220

R. L. Brown, R. L. Caldwell und **F. Fereday,** *Die mineralischen Bestandteile der Kohle.* Zur genaueren Umrechnung der Werte von Kohlenanalysen auf wasser- u. mineralfreie Substanz sind gewöhnlich sechs Einzelbestimmungen notwendig (vgl. die Gleichung von KING, MORIES u. CROSSLEY, J. Soc. chem. Ind. **55.** [1936.] 277 für engl. Kohlen). Zur Vereinfachung wird vorgeschlagen, nur noch den Aschegeh., den Gesamt-S u. CO_2 zu bestimmen u. die Werte in die Gleichung m = 1,06 A. + 0,53 S + 0,74 CO_2 — 0,32 einzusetzen. Die so berechnete Mineralsubstanz wich nur sehr wenig von der nach der Formel von KING, MORIES u. CROSSLEY bestimmten Menge ab. (Fuel **31.** 261—74. Juli 1952. Leatherhead, Surrey, Brit. Coal Utilisation Res. Assoc.) H. G. SCHÄFER. 8246

Stanton Ironworks Co. Ltd., England, übert. von: **Thomas Arthur Heppenstall,** *Brikettherstellung.* Feinkörnige bituminöse Kohle wird mit Teeröl (Anthracenöl) bei 360—380° in zum Teil geschlossenen Gefäßen unter Rühren erhitzt bis zur gewünschten Konsistenz u. gegebenenfalls nach Durchblasen mit Luft bei ca. 200° in Formen gegossen. (**F. P. 1 021 033** vom 27/6. 1950, ausg. 26/11. 1952.) HOLM. 8137

Roman Rummel, Brühl bei Köln, *Vergasung von Brennstoffen* (**I**) *in ihrer eigenen flüssigen Schlacke* (**II**). Die **II** wird durch die Strömungsenergie der in sie eingeführten Vergasungsmittel (**III**) u. des getrennt von den **III** eingeführten **I** in kreisender Bewegung gehalten. Exotherm mit **I** u. **II** reagierende **III** einerseits u. der **I** u. gegebenenfalls endotherm mit **I** reagierende **III** andererseits werden örtlich getrennt derart in den **II**-Kreislauf eingeführt, daß auf einem Teil desselben der **I** unter Abkühlung u. gegebenenfalls Red. von Bestandteilen der **II** entgast u. teilweise vergast u. auf dem übrigen Teil des **II**-Kreislaufes die **II** durch Oxydation des in ihr enthaltenen **I**-Rückstandes u. gegebenenfalls von Bestandteilen der **II** wieder erhitzt wird. (**D. B. P. 897 310** Kl. 24e vom 7/12. 1948, ausg. 19/11. 1953.) v. HUHN. 8149

Standard Oil Co., Chicago, Ill., übert. von: **Fred L. Symonds,** Whiting, Ind., V. St. A., *Herstellung von Synthesegas aus Naturgas.* In einer 1. Reaktionszone werden die KW-stoffe des Naturgases in einem Fließbett von feinverteiltem Metalloxyd, z. B. Bauxit mit Cr- oder Mo-Oxyd, in turbulenter Suspension bei 1500—3000° F in CO_2 u. Wasserdampf umgewandelt, während in einer 2. Zone die gasförmigen Prodd. der 1. Zone mit weiteren Mengen des Naturgases bei 1200—2000° F zu CO u. H_2 umgesetzt werden. (**A. P. 2 631 094** vom 31/8. 1945, ausg. 10/3. 1953.) DEMMLER. 8153

Heinrich Koppers G. m. b. H. (Erfinder: **Adolf Schmalenbach**), Essen, *Entfernen von Kohlenwasserstoffen aus dem Schwelgas von Braunkohlen* durch Wäsche mit einem bei der Dest. von Schwelteer anfallenden Mittelöl, wobei die aufgenommenen KW-stoffe aus dem Waschöl durch Wasserdampfdest. abgetrieben u. die Dämpfe kondensiert werden, indem aus dem auf Tempp. oberhalb des Kondensationspunktes von W. gehaltenen Abtreiber eine zwischen ca. 150 u. 190° übergehende Fraktion für sich abgezogen wird, die in einer mit dem Abtreiber verbundenen Nebenkolonne unter indirekter Beheizung dest. u. in Schwerbenzin u. saure Bestandteile (Phenole) zerlegt wird, während gleichzeitig vom Kopf des Waschölabtreibers ein phenolarmes Leichtbenzin zusammen mit Wasserdampf abgeleitet wird. — Vorrichtung. (**D. B. P. 891 319** Kl. 26d vom 27/9. 1939, ausg. 28/9. 1953.) DEMMLER. 8165

F. I. Collin Akt.-Ges. (Erfinder: **Josef Schäfer, Ernst Jacobs** und **Paul Stoller**), Dortmund, *Reinigen von Gasen* (bes. Koksofengas), wobei der H_2S durch konz. NH_3-W., das zwischen H_2S-Wäscher, Entsäurer u. Kühler umläuft, u. dann das NH_3 ausgewaschen wird, dad. gek., daß die Temperaturverhältnisse im Entsäurer so gewählt werden, daß außer CO_2 u. H_2S so viel NH_3 mit abgetrieben wird, als zur Bindung der ausgetriebenen CO_2 in Form von NH_4HCO_3 in dem Behälter erforderlich ist, aus dem der H_2S abgeführt wird, u. daß die aus dem Kreislauf zwischen H_2S-Wäscher u. Entsäurer entnommene NH_3-Menge durch Einführen von zusätzlichem NH_3 ersetzt wird, welches im NH_3-Waschverf. anfällt. — Vorrichtung. (**D. B. P. 891 316** Kl. 26d vom 26/4. 1939, ausg. 28/9. 1953.) DEMMLER. 8173

Standard Oil Development Co., Elizabeth, N. J., übert. von: **William O. Webber**, Baytown, Tex., V. St. A., *Trennung von Mineralöl-Wasser-Emulsionen*, dad. gek., daß man die Emulsion mit einem koagulierenden Mittel, bestehend aus einer Suspension von 0,02—0,5 in. großen Holzspänen in W., versetzt. — Vorrichtung. (**A. P. 2 503 014** vom 20/3. 1947, ausg. 4/4. 1950.) OPPERMANN. 8191

Petrolite Corp. Ltd., Wilmington, Del., übert. von: **Melvin De Groote**, University City, und **Bernhard Keiser**, Webster Groves, Mo., V. St. A., *Herstellung eines Demulgierungsmittels für Erdöl-Wasser-Emulsionen auf Harzbasis.* Man verestert 1 Mol Glycerin mit 3 Mol einer 2-bas. Säure. z. B. Phthalsäure, Adipinsäure, Diglykolsäure, bzw. deren Anhydride, u. kondensiert das Reaktionsprod. mit Ricinusöl oder verfährt in umgekehrter Reihenfolge. Dann wird der freie COOH-Gruppen aufweisende Polyester mit einem Alkylenglykol zu einem Harz umgesetzt. (**A. P. 2 505 825** vom 12/3. 1947, ausg. 2/5. 1950.) OPPERMANN. 8191

Petrolite Corp. Ltd., Wilmington, Del., V. St. A., übert. von: **Melvin De Groote**, St. Louis, Mo., V. St. A., *Emulsionszerstörer*, bestehend aus hydrophilen synthet. Prodd. der Formel I, in der n u. n' ganze Zahlen einschließlich 0 sind, deren Summe

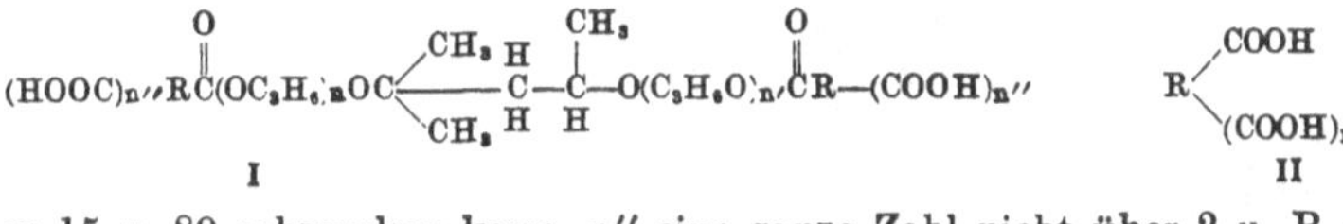

I II

zwischen 15 u. 80 schwanken kann, n'' eine ganze Zahl nicht über 2 u. R den Rest einer Polycarbonsäure II bedeutet, in dem n'' die obige Bedeutung hat. Die Diol-Muttersubstanz soll vor ihrer Veresterung wasserunlösl. u. kerosinlösl. sein. — Beispiele für Dicarbonsäuren: Phthalsäure, Maleinsäure, Bernsteinsäure, Citronensäure u. Diglykolsäure. (**A. P. 2 605 230** vom 8/2. 1952, ausg. 29/7. 1952.) UNGER. 8191

Petrolite Corp. Ltd., Wilmington, Del., übert. von: **Melvin De Groote**, St. Louis, Mo., V. St. A., *Emulsionszerstörer*, bestehend aus hydrophilen Syntheseprodd. der Formel $(HOOC)_{n''}N \cdot R \cdot CO(OC_3H_6)_n \cdot O \cdot CH(CH_2 \cdot O \cdot R') \cdot CH \cdot O(C_3H_6O)_{n'} \cdot CO \cdot R \cdot (COOH)_n$, worin n u. n' ganze Zahlen einschließlich 0 sind, deren Summe zwischen 15 u. 80 schwankt, n'' ist eine ganze Zahl nicht über 2; R' ist ein KW-stoffrest mit weniger als 8 C-Atomen u. R der Rest einer Polycarbonsäure. Die Diol-Muttersubstanz soll vor der Veresterung wasserunlösl. u. kerosinlösl. sein. — Beispiele für Dicarbonsäuren: Phthalsäure, Maleinsäure, Bernsteinsäure, Citraconsäure u. Diglykolsäure. (**A. P. 2 605 231** vom 8/2. 1952, ausg. 29/7. 1952.) UNGER. 8191

Petrolite Corp. Ltd., Wilmington, Del., übert. von: **Melvin De Groote**, St. Louis, Mo., V. St. A., *Emulsionszerstörer*, bestehend aus hydrophilen Syntheseprodd. der Formel $(HOOC)_{n''} \cdot R \cdot CO(OC_3H_6)_{n'} \cdot NR' \cdot (C_3H_6O)_n \cdot CO \cdot R(COOH)_{n''}$, worin R' ein KW-stoffrest (Phenyl-, Methylphenyl- u. Benzyl-) bedeutet. n u. n' sind ganze Zahlen, deren Summe zwischen 15 u. 80 schwankt. n'' ist eine ganze Zahl nicht über 2 u. R ist der Rest einer Polycarbonsäure. Die Dioxymuttersubstanz soll vor der Veresterung wasserunlösl. u. kerosinlösl. sein. — Beispiele für Dicarbonsäuren: Phthalsäure, Maleinsäure, Bernsteinsäure, Citraconsäure u. Diglykolsäure. (**A. P. 2 605 233** vom 8/2. 1952, ausg. 29/7. 1952.) UNGER. 8191

Pure Oil Co., Chicago, übert. von: **Donald C. Bond**, Northbrook, und **George G. Bernard**, Chicago, Ill., V. St. A., *Dichtungsmaterial bei Ölbohrungen*, bes. für solche Bohrungen, die zur Steigerung der Porosität der Kalkformationen mit HCl arbeiten. Das Dichtungsmaterial besteht aus Gips (40—75 Gew.-%), einem Amid, wie Amidosulfosäure oder Amidophosphorsäure (15—45), u. einem nichtalkal., wasserlösl., das Abbinden des Gipses verzögernden Mittel (5—30), wie Glycerin,

Gelatine, Äthylenglykol. Diese Bestandteile ergeben zusammen mit W. (ca. 10) eine glattfließende Creme, die nach 1½ Std. vollständig zu Zement erhärtet. (**A. P. 2 607 428** vom 29/8. 1946, ausg. 19/8. 1952.) W. HAUSWALD. 8191

Union Oil Co. of California, Los Angeles, Calif., übert. von: **Paul W. Fischer,** Whittier, Calif., V. St. A., *Bohrflüssigkeit für Ölsonden.* Man dispergiert in Mineralöl 0,1—5 (Gew.-%) hydratisierbaren Ton, 0,1—5 $Ca(OH)_2$, 0,2—10 W. unter Verwendung von 0,2—10 eines Dispergators, der zu 50—75(%) aus einem teilweise verseiften, disproportionierten Fichtenharz, das 1—15 freie Harzsäuren enthält, u. zu 25—50 aus einem mit KOH teilweise verseiften decarboxylierten Fichtenharz besteht, das durch Erhitzen von 225—300° in Ggw. von Hydrierungskatalysatoren in Abwesenheit von H_2 u. Abdest. der von 210—278°/5—10 mm sd. Fraktion erhalten wurde. (**A. P. 2 607 731** vom 26/12. 1950, ausg. 19/8. 1952.) DERSIN. 8191

I. G. Farbenindustrie Akt.-Ges., Frankfurt/M. (Erfinder: **Fritz Stöwener** und **Emil Keunecke,** Ludwigshafen/Rh., und **Friedrich Becke,** Mannheim), *Spalten von Kohlenwasserstoffölen oder Druckhydrierung von Kohlen, Teeren oder Mineralölen* mit akt. SiO_2 oder Silicaten als Katalysatoren oder Träger, bei denen das gesamte akt. Porenvol. sich mindestens zu 30%, zweckmäßig zu 60—85%, auf Poren vom Durchmesser $<2\ \mu\mu$ verteilt. (**D. R. P. 764 247** Kl. 23b vom 2/12. 1938, ausg. 28/9. 1953.) UNGER. 8199

Hydrocarbon Research, Inc., New York, N. Y., übert. von: **John H. Arnold,** Summit, N. J., V. St. A., *Kohlenwasserstoffsynthese* aus H_2 u. CO im Verhältnis 0,8:1—2,2:1 bei 550—750° F u. erhöhtem Druck an Fe-Katalysatoren, welche hohe selektive Aktivität für die Bldg. von Fll. haben. Um sowohl eine gute Ausbeute an fl. KW-stoffen als auch eine geringe Verkohlung der Katalysatoren zu erzielen, soll der in CO_2 umgewandelte Anteil des umgesetzten CO nicht mehr als 9% von dem Optimalwert $K = 91 - 33R - 0{,}2\ S$ abweichen, worin R das Verhältnis H_2:CO im Synthesegas u. der Selektivitätsfaktor S den %-Geh. an O-haltigen u. an mehr als 2 C enthaltenden KW-stoffen im Reaktionsprod. (bezogen auf alle KW-stoffe u. alle O-haltigen Prodd.) bezeichnen. Die Einstellung der CO_2-Bldg. auf den optimalen Wert kann durch Variation von Synthesegas, Temp., Kreislaufzahl u. dgl. erfolgen. (**A. P. 2 623 057** vom 20/4. 1948, ausg. 23/12. 1952.) HEROLD. 8201

Hydrocarbon Research, Inc., New York, N. Y., übert. von: **Percival C. Keith,** Peapack, N. J., V. St. A., *Kohlenwasserstoffsynthese* an Katalysatorteilchen unter 200 mesh (85% unter 325 mesh) aus Fe mit 1% K_2O u. 2% Al_2O_3, die im aus H_2 u. CO im Volumenverhältnis 1,2:1—1,3:1 bestehenden Synthesegas suspendiert sind. Der Röhrenkessel, dessen Kesselraum die zirkulierende Kühl-Fl. enthält u. durch dessen senkrechte Rohre die Katalysatorteilchen im Gleichstrom mit dem Synthesegas nach oben fließen, ist so ausgebildet, daß im oberen kon. Sammelraum eine dichte Schwebeschicht vom Katalysator entsteht, die durch ein zentrales Standrohr oder einen peripheren Mantelraum nach unten fließt, wobei die schweren KW-stoffe durch entgegenströmendes H_2-reiches, CO-armes Kreislaufgas (als 10%ig. Teilstrom) abgestreift werden. Der regenerierte Katalysator wird im unteren Sammelraum durch den (90%ig.) Hauptteil des Kreislaufgases suspendiert u. den Kontaktrohren zugeleitet, in deren unteres Ende das Frischgas direkt eingeführt wird, um zusammen mit der Katalysatorsuspension im Kreislaufgas in den oberen Sammelraum zu strömen, wo die Scheidung in abgezogene Reaktionsprodd. u. zurückfließenden Katalysator erfolgt. Die Kontaktrohre können zur besseren Temperaturregulierung noch kürzere Kühlrohre enthalten, deren abgebogene Enden durch die Kontaktrohrwände hindurch mit dem die Kühl-Fl. enthaltenden Kesselraum in Verbindung stehen. — Zeichnungen. (**A. P. 2 631 159** vom 31/1. 1945, ausg. 10/3. 1953.) HEROLD. 8201

Michael Steinschlaeger, London, England, *Synthese von Kohlenwasserstoffölen,* die reich an *Olefinen* sind. Das Synthesegas aus CO u. H_2 im Verhältnis 1:1,5—2:1 wird durch Rk. zwischen (natürlichen) gasförmigen KW-stoffen u. CO_2 aus Restgas (wie später beschrieben), z. B. bei 1000° an Ni-Kontakten, erzeugt u. zur KW-stoffsynth. bei 150—400° in Ggw. von Fe-, Co- oder Ni-Kontakten umgesetzt. Aus dem Reaktionsprod. werden die olefinreichen fl. Anteile abgeschieden. Nach irgendeinem bekannten Verf. wird aus den verbleibenden Restgasen der Hauptteil des CO_2 entfernt u. in die Synthesegasgewinnung geleitet, während die vom CO_2 befreiten Gase, mit KW-stoff-reichen Gasen u. Wasserdampf gemischt, einer Umwandlung in Synthesegas (z. B. bei 800—1500° in Ggw. von Ni) unterworfen werden. Dieses Synthesegas wird in der gleichen Weise wie in der ersten Stufe zu KW-stoffen synthetisiert u. mit den Reaktionsprodd. wie oben beschrieben verfahren u. dieser Kreislauf so lange wiederholt, bis der Inertgasgeh. für eine rentable Aufarbeitung zu groß geworden ist;

das abgezogene Endgas kann für Heizzwecke oder dgl. benutzt werden. (**A. P. 2 630 447** vom 15/7. 1947, ausg. 3/3. 1953. E. Prior. 3/9. 1942.) HEROLD. 8201

United States of America, übert. von: **Martin A. Elliott, Ezekail L. Clark** und **Henry H. Storch,** Pittsburgh, Pa., V. St. A., *Herstellung von Synthesegas aus Kohle.* In einer Hydrierzone wird durch zerkleinerte Kohle (z. B. 4—250, bes. 100—200 mesh) bei 450—650° (bes. 500—600°) u. 250—1500 (bes. 500—1000) lbs./sq.in. H_2 aufwärts geleitet mit solcher Geschwindigkeit, daß die Kohle in Schwebe gehalten wird. Hierbei wird neben fl. u. gasförmigen KW-stoffen Kohlestaub von niederem S-Geh. erhalten, der durch Druckdifferenz direkt (gegebenenfalls unter Zuleitung von Wasserdampf) in eine Vergasungszone von niedrigerem Druck (300—600 lbs./sq.in.) als in der Hydrierzone übergeführt wird, wo er als Suspension mit Wasserdampf bei 1800—2500° F in CO + H_2 (von niederem S-Geh.) umgewandelt wird. Die erforderliche Temp. wird zum Teil durch den auf ca. 2000° F erhitzten Wasserdampf, zum Teil durch Verbrennen eines Teiles des Kohlenstaubes mittels zugeführter Luft erzeugt. Ein Teil des CO + H_2-Gemisches wird der FISCHER-TROPSCH-Synth. zugeführt, der Rest wird zu CO_2 + H_2 konvertiert, das CO_2 ausgewaschen u. der verbleibende H_2 der ersten Stufe zur Kohlehydrierung zugeführt. — Zeichnung. (**A. P. 2 634 286** vom 7/11. 1949, ausg. 7/4. 1953.) HEROLD. 8201

Standard Oil Development Co., Del., übert. von: **Alexis Voorhies jr.** und **Clark E. Adams,** Baton Rouge, La., V. St. A., *Herstellen von Aromaten und gesättigten Aliphaten* durch direkten H-Austausch zwischen Olefinen (I), z. B. Buten-2, Isobuten u. Isohexenen, u. Naphthenen (II), bes. Cyclohexanen, in Gasphase bei 750—1100° F (bes. 900—1000° F) mit einer Flüssigkeitsraumgeschwindigkeit von 0,1—10 in Ggw. von Aktivkohle mit großer Oberfläche. Verstopfter Katalysator kann durch Abstreifen mit Inertgas (N_2, Wasserdampf) bei 1350—1600° F, bes. 1500° F, regeneriert werden. In gewissem Umfange ist auch das Abrennen der Verunreinigungen bei besonderer Vorsicht möglich. Das Mol.-Verh. I:II kann weitgehend variiert werden u. liegt bevorzugt bei 3:1, dem theoret. Wert für Monoolefine. Die Kontaktzeit soll gering sein, zweckmäßig 0,1—1 Sekunde. (**A. P. 2 626 286** vom 28/12. 1949, ausg. 20/1. 1953.) HEROLD. 8201

Standard Oil Co., Chicago, Ill., übert. von: **Alan K. Roebuck,** Hammond, Ind., und **Bernard L. Evering,** Chicago, Ill., V. St. A., *Isomerisieren gesättigter Kohlenwasserstoffe mit Schwefelsäurekatalysator.* Beim Isomerisieren von gesätt. KW-stoffen mit mindestens 6 C-Atomen, keinem quaternären C u. einer Alkylgruppe an einem nicht endständigen C, das wenigstens einem sek. C benachbart ist, erreicht die Isomerisierungskonstante als Funktion der H_2SO_4-Konz. ein scharfes Maximum in einem engen Konzentrationsbereich, der zwischen 99 u. 100% H_2SO_4-Geh. in der Katalysatorsäure liegt. Ferner wurde festgestellt, daß außer W. auch aromat., O-, N- u. S-haltige organ. Verbb. die Säureaktivität stark herabsetzen. Daher wird die Isomerisation derartiger KW-stoffe, z. B. von 3-Methyl- oder 2.3- bzw. 2.4-Dimethylpentanen u. den stereoisomeren Dimethylcyclohexanen derart geführt, daß der zu isomerisierende KW-stoff in einer Reinigungszone mit Abfall-H_2SO_4 aus der Isomerisierzone behandelt u. dann in der Isomerisierzone bei ca. 15—50° mit dem 0,5—2fachen Gewicht Katalysatorsäure, die eine titrierbare Acidität von 99—99,8% H_2SO_4 besitzt, isomerisiert wird. Die mit einem Geh. von 91—99% abgezogene verbrauchte H_2SO_4 wird teilweise der Reinigungszone zugeführt u. zum Teil mit SO_3 oder rauchender H_2SO_4 auf 99—99,8% gebracht u. in die Isomerisierzone geleitet. — Zeichnungen. (**A. P. 2 623 076** vom 31/3. 1949, ausg. 23/12. 1952.) HEROLD. 8201

Sinclair Refining Co., New York, N. Y., übert. von: **John Watson Teter,** Chicago, Ill., V. St. A., *Aerogeldiffusionselement.* Zur Darst. des z. B. beim *Cracken* oder *Hydrieren von KW-stoffen* benötigten H_2 aus Gasen, welche neben H_2 noch andere gasförmige Bestandteile, z. B. CO, enthalten, wird das Gasgemisch einer Diffusion durch eine Membran unterworfen, welche H_2 erheblich leichter durchläßt als die anderen Bestandteile. Solche Membrane werden aus Aerogelen gewonnen, die aus SiO_2-, Al_2O_3-, ZrO-Gel usw. durch Verdrängen des Quellwassers ohne starke Schrumpfung hergestellt sind. — Z. B. wird ein Rohr oder eine Platte aus keram. porösem Material, aus Filterstoff oder durchlöchertem Metall mit einem SiO_2-Gel bedeckt u. nach Abtropfenlassen des überschüssigen W. so lange einer Alkohol (I)-Diffusion (z. B. mit Methanol) unterworfen, bis alles W. entfernt ist. Die so erhaltene Membran wird unter I in einer Bombe bis über die krit. Temp. des I erhitzt, worauf die I-Dämpfe unter Erhaltung dieser Temp. langsam restlos abgelassen werden. Das abgekühlte hochporöse Gel wird dann $6^3/_4$ Std. bei ca. 1200° calciniert, wobei es auch seine Braunfärbung verliert. Zur selektiven Diffusion von H_2 werden Schichtdicken von $^1/_{32}$—$^1/_8$ in. verwendet. Da in einem Durchgang z. B. aus Wassergas, nur ein H_2-Gas mit 15% CO erhalten wird, werden mehrere solcher Diffusionselemente hintereinander geschaltet. Das CO-reiche Restgas kann als Heizgas oder für Synthesen benutzt werden. Auch aus dem Restgas von KW-stoffbehandlungen kann in dieser Weise H_2 gewonnen werden. (**A. P. 2 627 933** vom 28/6. 1947, ausg. 10/2. 1953.) Herold. 8201

Standard Oil Development Co., Del., übert. von: **Robert Rowan jr.,** Silver Spring, Md., V. St. A., *Herstellung von Katalysatoren für das Hydroformieren,* bes. von Naphthenen, mit hoher Aromatenausbeute. Na-armes $Al_2O_3 \cdot 3\,H_2O$, dessen Na_2CO_3-Geh. z. B. mittels $CH_3 \cdot COOH$ auf 0,2–0,3% erniedrigt wurde, wird mit in der Hitze zers. Verbb. von Mo u. von Metallen der Fe-Gruppe, z. B. ammoniakal. MoO_3-Lsg. u. Nitraten von Fe, Co oder Ni oder einer Lsg. der Molybdate von Fe, Co oder Ni, versetzt, getrocknet u. 4–8 Std. auf 1100–1200° F erhitzt; so daß eine akt. M. mit 5–25% Fe-Metallmolybdat, gegebenenfalls mit 1–15% Überschuß an MoO_3 oder Fe_2O_3 oder dgl., entsteht. Diese wird mit 5–25% Ton (bes. mit niedrigem Na-Geh.) vermischt, durchfeuchtet, geformt u. nach dem Trocknen nochmals 4–8 Std. auf 1100–1200° F erhitzt. (**A. P. 2 638 454** vom 22/8. 1950, ausg. 12/5. 1953.) Herold. 8201

Standard Oil Development Co., Del., übert. von: **William K. Fell,** Elizabeth, und **John Duncan Leslie,** Cranford, N. J., V. St. A., *Olefin-Polymerisation mit Phosphorsäurekatalysator in Breiform.* Bei der Polymerisation von Olefinen in Ggw. von H_3PO_4 auf Trägermaterial (bes. von 60–200 mesh) als Katalysator, wobei die Katalysatorteilchen durch Rühren oder Durchleiten des Olefins durch die Katalysatorschicht in dichter Suspension gehalten werden, wird das Agglomerieren der Katalysatorteilchen vermieden, wenn diese mit 10–50% Inertstoffen etwa gleicher Teilchengröße, z. B. SiO_2, Al_2O_3 oder Bauxit, verd. sind. Die Polymerisation wird bes. kontinuierlich u. bei 350–600° F bei solchen Drucken durchgeführt, die oberhalb der krit. Drucke der Olefine liegen. Zweckmäßig wird die Verdünnung des Katalysators derart durchgeführt, daß die Katalysatorteilchen mit 10–50% des Verdünnungsmittels in einem Schweröl zu einem Brei angerieben werden, der dann in die Katalysatorzone eingeführt wird. — Zeichnungen. (**A. P. 2 626 290** vom 30/3. 1950, ausg. 20/1. 1953.) Herold. 8201

Standard Oil Development Co., Del., übert. von **Raymond Livingston Betts,** Westfield, und **John D. Leslie,** Cranford, N. J., V. St. A., *Polymerisationsverfahren mit fester Phosphorsäure in Breiform.* Bei dem im A. P. **2 626** 290 (vgl. vorst. Ref.) beschriebenen Verf. wird neben der Agglomerationsverhinderung ein erheblich höherer Umsatz erzielt, wenn die 50–90% H_3PO_4 auf 50–10% SiO_2 enthaltenden Katalysatorteilchen nicht mit Teilchen aus SiO_2, Al_2O_3 oder Bauxit verd. werden, sondern wenn als Verdünnungsmittel SiO_2-, Al_2O_3- oder Bauxitteilchen verwandt werden, welche geringe Mengen H_3PO_4 (auf jeden Fall 20% H_3PO_4 weniger als in den Katalysatorteilchen) enthalten. — Zeichnungen. (**A. P. 2 626 291** vom 19/10. 1950, ausg. 20/1. 1953.) Herold. 8201

Standard Oil Development Co., Del., übert. von: **Edward J. Gornowski,** Cranford, N. J., V. St. A., *Entfernen fester Teilchen aus Polymerisationsströmen.* Bei der Polymerisation von normalerweise gasförmigen Olefinen bei 350–600° F. u. 200 bis 1200 lbs./sq.in. (wobei nur eine homogene Phase entsteht) an suspendierten Teilchen aus H_3PO_4 auf Trägermaterial, z. B. 20% SiO_2 + 78% H_3PO_4 + 2% $Ni_3(PO_4)_2$, nimmt der abgezogene Reaktionsprod.-Strom Katalysatorteilchen mit. Diese werden durch teilweise Kondensation der Reaktionsprodd. (durch Kühlen oder durch Druckentlastung) mit der sich abscheidenden Fl. niedergeschlagen u. mit dieser, gegebenenfalls nach Absetzenlassen, in die Reaktionszone zurückgeführt. (**A. P. 2 626 292** vom 9/2. 1951, ausg. 20/1. 1953.) Herold. 8201

Heinrich Koppers G. m. b. H., Essen (Erfinder: **Alfred Karl,** Essen, und **Rudolf Hubertus,** M.-Gladbach), *Gewinnung von Motorenbenzol aus Rohbenzol* (**I**). **I** wird durch Flashing vollständig verdampft, das Dampfgemisch durch einen auf höhere Temp., bes. 350–450°, erhitzten, gegebenenfalls einen großoberflächigen Körper enthaltenden Raum, z. B. einen Rohrkörper, geleitet, danach kondensiert u. das Kondensat redest., wodurch die Harzbildner entfernt werden. Als großoberflächiger Stoff kann Bleicherde verwendet werden, die zuvor mit Fe-Sulfatlsg., (auch noch Co- oder andere Metallverbb., namentlich solche von Metallen der 8. Gruppe des Period. Syst u. gegebenenfalls Chromsäure enthaltend), getränkt u. geglüht worden ist. Nach der therm. Behandlung werden die Dämpfe zweckmäßig noch einmal über eine Schicht eines großoberflächigen Stoffes, z. B. Bleicherde, geleitet. Es wird ein licht- u. lagerbeständiges Motorenbenzol mit 99%ig. Ausbeute erhalten. (**D. B. P. 894 397** Kl. 12r vom 11/10. 1942, ausg. 26/10. 1953.) HERBST. 8203

Standard Oil Co., Chicago, Ill., übert. von: **Donald E. Burney,** Griffith, und **Bernard H. Shoemaker,** Hammond, Ind., V. St. A., *Motortreibstoff* aus einem sek.-Olefin–tert.-Olefin-Mischpolymeren (I), das erhebliche Anteile vom Gasolinsiedebereich enthält. Man setzt I mit CO u. H_2 in Ggw. eines Katalysators (Co, Fe) unter Bedingungen (Temp., Druck) um, bei denen nur teilweise die Anteile vom Gasolinsiedebereich in O-haltige Derivv. umgewandelt werden. Die Prodd. hydriert man in Ggw. eines Katalysators, der auch den nicht umgewandelten Teil des I hydriert, so daß er in gesätt. Motortreibstoff hoher Empfindlichkeit u. Leistungszahl umgesetzt wird, u. trennt den Motortreibstoff davon ab. — Beispiele für Olefingemische, aus denen das Mischpolymere sich zusammensetzt: sek. Butylen–Isobutylen; Propylen–Isobutylen; sek.-Butylen–tert.-Amylen. — Zeichnung. (**A. P. 2 628 981** vom 29/11. 1947, ausg. 17/2. 1953.) UNGER. 8205

Standard Oil Development Co., übert. von: **Joseph E. Neudeck,** Union, N. J., V. St. A., *Motortreibmittel,* bestehend aus 70—81 (Vol.-%) Dimethylcarbinol u. 30 bis 19 Solventöl mit einer Kauributanol-Zahl >20, von dem 50% bei 10 mm Hg $>350°$F sd., einer SAYBOLT-Viscosität bei 100°F nicht über 45 Sek. u. einer „API-Gravity" von ca. 18—20°. Als Rostschutzmittel kann man noch 0,5—2,5 *Sorbitmonooleat* zusetzen. (**A. P. 2 646 348** vom 15/12. 1951, ausg. 21/7. 1953.) DERSIN. 8205

Braunkohle-Benzin Akt.-Ges., Berlin, *Synthese klopffester Treibstoffe aus Kohlenoxyd und Wasserstoff* unter Verwendung Fe-haltiger Kontakte bei höheren Tempp. u. Drucken. Bes. klopffeste Benzine, die prakt. frei von störenden O-Verbb. sind, werden erhalten, wenn die Syntheseprodd. unmittelbar anschließend über feste H_3PO_4-Kontakte geleitet werden, zweckmäßig derart, daß in dem Reaktionsrohr abwechselnd Fe- u. H_3PO_4-Kontakte durch Schichten von Interstoffen (SiO_2, akt. Al_2O_3, A-Kohle) oder — zur Erhöhung der Octanzahl — von isomerisierend wirkenden Stoffen (akt. Bleicherde) voneinander getrennt, angebracht sind, wobei $^2/_3$—$^3/_4$ der Kontaktschichtlänge auf Fe- u. $^1/_3$—$^1/_4$ auf H_3PO_4-Katalysatoren entfällt. Bevorzugt wird mit Fe-Kontakten gearbeitet, deren optimale Arbeitstemp. bei den bekannten Verff. $>240°$ liegen, wobei zweckmäßig bei dem vorst. geschildertem Verf. eine um 5—20° über dieser Optimaltemp. liegende Arbeitstemp. innegehalten wird. (**D. B. P. 890 499** Kl. 12o vom 3/8. 1941, ausg. 21/9. 1953.) HEROLD. 8207

California Research Corp., San Francisco, Calif., übert. von: **Maurice R. Barusch,** Richmond, Calif., V. St. A., *Antiklopfmittel.* Man setzt Bzn. 0,1—10 (%) *N.N'-Dimethyl-p-phenylendiamin* u. zur Verhinderung der Verfärbung am Licht 2—10 Alkohole mit 2—4 C-Atomen, z. B. A. oder n-Butanol, oder Ketone, z. B. Methyläthylketon oder Aceton, zu. (**A. P. 2 643 942** vom 19/9. 1949, ausg. 30/6. 1953.) DERSIN. 8209

Paul Lainé, Madagaskar, *Herstellung von Alkoholkraftstoffen.* Sie bestehen aus KW-stoffen, 90—98%ig. Methanol u. ein oder mehreren Estern (z. B. Methylbenzoat, Kopfprodd. der Ylang–Ylang-Dest.). Die Zus. ist z. B.: 20 Liter Erdölbenzin, 20 Liter 94%ig. Methanol, 10 cm^3 Methylbenzoat oder Ylang–Ylang-Extrakt. (**F. P. 997 802** vom 27/7. 1945, ausg. 10/1. 1952.) OPPERMANN. 8211

Phillips Petroleum Co., übert. von: **Stanley J. Marwil,** Bartlesville, Okla., V. St. A., *Herstellung von Gasöl mit verringertem Gehalt an Aromaten.* Man bringt das Öl bei 50—120°F im Gegenstrom mit einem sich abwärtsbewegenden Bett von festen Adsorbentien (II) in Berührung, das im unteren Teil der Kolonne durch Einleiten eines natürlichen, kondensierbare KW-stoffe enthaltenden Gases (I) gefluxt wird. Am Kopf der Kolonne wird das von kondensierbaren KW-stoffen befreite I abgezogen. Das von Aromaten befreite Gasöl wird fraktioniert. Die II werden nach Desorption der adsorbierten Aromaten in die Adsorberkolonne zurückgeführt. — Zeichnung. (**A. P. 2 652 437** vom 19/12. 1949, ausg. 15/9. 1953.) LÜTTGEN. 8213

Standard Oil Development Co., V. St. A. (Erfinder: **Anthony Fred Doran Pott** und **Donald Henry McLean**), *Herstellung von Isolierölen und Dampfturbinenölen.* Zur Herst. von Isolierölen für Kabel löst man in einer Schmierölfraktion (Viscosität bei 98,8° 25—40 Centistokes), zur Herst. von Dampfturbinenölen in einer Schmierölfraktion (Viscosität bei 37,7° 25—100 Centistokes) ein Antioxydationsmittel (2.6-Di-tert.-butyl-4-methylphenol) u. behandelt die Fraktionen dann bei 50—200° (bes. bei 100—150°) mit bis zu 20, vorzugsweise 0,5—5 Gewichts-%, Absorptionsmittel, bes. Montmorillonit, 4 Stunden. Man kann den Ölen Verdickungsmittel (z. B. Wachse, Harze, Vaseline, Polybutene, Polymethylmethacrylate), Korrosion u. Oxydationverhindernde Mittel (z. B. Metallnaphthenate u. -Sulfonate), Schaumbldg. verhütende

Mittel, Reinigungsmittel u. dgl. zusetzen. (**F. P. 1 038 742** vom 11/6. 1951, ausg. 1/10. 1953. E. Prior. 7/7. 1950.) OPPERMANN. 8219

Griffin Chemical Co., übert. von: **Paul M. Ruedrich**, Berkeley, Calif., V. St. A., *Sulfonsäurederivate* erhält man durch Kondensation einer Erdöl–KW-stoffsulfonsäure bei 300° mit einer Monocarbonsäure mit wenigstens 12 C-Atomen (Abietin-, Naphthen-, Ricinol-, Phenylstearin-, Chlorstearin-, Wollfett-, Walölfett-, Haifischölfett-, Menhadenölfett-, Tallölfett-, Cocosnußölfett-, Holzölfett-, Oiticicaölfett-, Sojabohnenölfett-, Palmkernölfett-, Laurin-, Stearin-, Palmitin-, Öl-, Myristin-, Behensäure, Montanwachs, Carnaubawachs, Japanwachs) nach dem Reaktionsschema: $R'COOH + R''SO_2OH \rightarrow HOOCR' \cdots R''SO_2OH$. — Mahoganysulfonsäure wird mit Ricinolsäuretriglycerid mehrere Std. auf 300° erhitzt u. dann mit $Ca(OH)_2$ neutralisiert; man erhält nach dem Entwässern ein bei Raumtemp. festes Prod., das in Mineral- u. Pflanzenölen lösl. ist. — Verwendung als *Schmierölzusatzmittel* u. *Rostschutzmittel*. (**A. P. 2 556 108** vom 31/5. 1949, ausg. 5/6. 1951.) KRAUSS. 8221

Sun Oil Co., Philadelphia, übert. von: **Elmer H. Sperry**, Drexel Hill, Pa., V. St. A., *Sulfurierung von Schmalz- oder Specköl auch in Mischung mit Mineralölen.* Man leitet gleichzeitig aber getrennt H_2S u. SO_2 bei ca. 50—100°F, zweckmäßig im Verhältnis 2 : 1 Mol in das Öl ein. Das Öl enthält z. B. nach 3 Std. 3,92%, nach 6 Std. 6,9% u. nach 12 Std. 14,05% S. Verwendung als *Schneid-* u. *Schmieröl.* (**A. P. 2 577 636** vom 7/5. 1949, ausg. 5/12. 1951.) KRAUSS. 8221

Universal Oil Products Co., übert. von: **Vladimir N. Ipatieff** und **Herman Pines**, Chicago, Ill., V. St. A., *Indane* der Formel **I** (R, R_1, R_2, R_3 u. R_4 = Alkyl, Cycloalkyl, Cycloalkalkyl, Bicycloalkyl, R_1 = auch H) erhält man durch Kondensation eines p-substituierten Bzl. der Formel **II** mit einem verzweigtkettigen Alkohol der Formel **III** (Alkanole, Alkenole, Cycloalkanole, Cycloalkenole, x = 0, 2, 4) bei —30 bis +100°

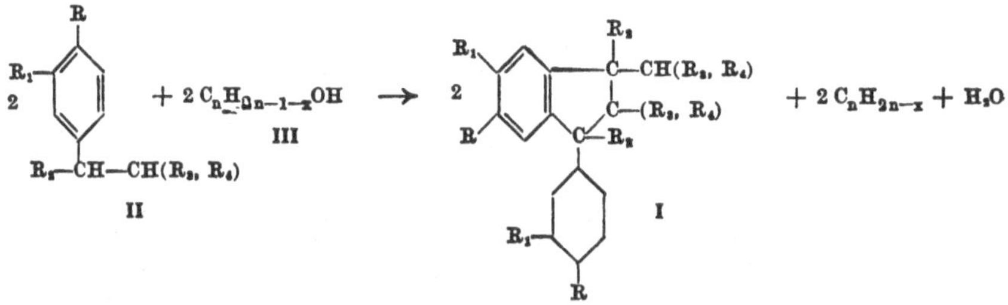

in Ggw. einer Mineralsäure ($ClSO_3H$, HF, Oxyborfluor-, Fluorphosphorsäure, $AlCl_3$, $FeCl_3$, BF_3, deren Ätherate u. Alkoholate). — Aus p-Cymol u. Terpineol entsteht in fl. HF bei 0° *1.3.3.6-Tetramethyl-1-p-tolylindan*, Kp. 334—350°, n_D^{20} 1,5384. Durch Sulfonierung u. Hydrolyse entstehen daraus *Phenole*, durch Hydrierung u. Red. *Amine*. Zwischenprodd. u. *Zusatzmittel* für *Schmieröle*. (**A. P. 2 587 577** vom 27/3. 1948, ausg. 4/3. 1952.) KRAUSS. 8221

Rohm & Haas Co., Philadelphia, übert. von: **Harry T. Neher**, Bristol, **La Verne N. Bauer** und **William L. Van Horne**, Philadelphia, Pa., V. St. A., *Öllösliche Allylmischpolymerisate*, bestehend aus Allyl- oder Methallylestern von gesätt. aliphat. Monocarbonsäuren mit 4—14 C-Atomen der Formel: R·COOH, in welcher R eine Alkylgruppe mit 3—13 C-Atomen bedeutet (**I**), u. Allyl- bzw. Methallylestern von gesätt. aliphat. Monocarbonsäuren mit 16—24 C-Atomen der Formel R'·COOH, wobei R' eine Alkylgruppe mit 15—23 C-Atomen bedeuten (**II**), u. zwar im Verhältnis **I** : **II** = 1 : 1. — Als Monocarbonsäuren sind genannt: Butter-, Isobutter-, n-Valerian-, Isovalerian-, Pivalin-, Capron-, Isocapron-, Laurin- u. Myristinsäure. Ferner Plamitin-, Stearin- u. Margarinsäuren. Die Polymerisation wird bei 75—160° in Ggw. von 1% organ. Peroxyden in inerter Atmosphäre (N) durchgeführt. — Z. B. werden 113 (g) Allyltetrakosanat, 117 Allyllaurat u. 12 Benzoylperoxyd (**III**) in einem Autoklaven zunächst auf 95° u. nach 15 Min. auf 114° erhitzt. **III** wird ratenweise zugesetzt u. die Temp. zwischen 110—114° gehalten. Nach 15 Std. wird das Polymerisat in 470 Toluol gelöst u. zum Erkalten gebracht. Die erhaltene Lsg. wird als *Verdickungsmittel für Schmier- u. Motorenöle*, bes. für *Dieselöle*, in Mengen von 0,05—1% verwendet. (**A. P. 2 600 419** vom 15/7. 1949, ausg. 17/6. 1952.) SEIZ. 8221

Rohm & Haas Co., übert. von: **William L. Van Horne, La Verne N. Bauer**, Philadelphia, und **Harry T. Neher**, Bristol, Pa., V. St. A., *Öllösliche Mischpolymerisate.* Man polymerisiert die Lsg. einer Mischung, deren eine Komponente aus den Estern eines Allyl- oder Methallylalkohols u. einer gesätt. aliphat. Monocarbonsäure mit 16—24 C-Atomen u. deren zweite Komponente aus dem Ester eines einwertigen aliphat. gesätt. Alkoholes mit 3—14 C-Atomen u. Malein-, Chlormalein-, Fumar-, Citracon- u. Mesaconsäure besteht, in organ. Lösungsmitteln, wie Bzl., Toluol, Xylol, bei 70—150° in Ggw. von 2—15% organ. Peroxyden in inerter Atmosphäre (N). Die erhaltenen Polymerisate sind öllösl. u. werden in Mengen von 0,01—5% *Mineralschmierölen*, sowie *KW-stoffölen*, bes. *Dieselölen*, zusammen mit Korrosionsschutz- u. Detergents zugesetzt. — Z. B. wird eine Mischung aus 94 (Teilen) Allyltetrakosanat, 156 Didocecylfumarat u. 12 Benzoylperoxyd (I) auf 110—116° erhitzt, nach $2^1/_4$ Std. werden weitere 5 I, nach $3^1/_3$ Std. 12 I, gelöst in 150 Toluol (II), nach 4,6 Std. 5 I in 100 II, nach 5,67 Std. 2 I, nach 6,75 Std. 2 I u. nach 8 Std. 145 II zugesetzt. (**A. P. 2 600 447** vom 15/7. 1949, ausg. 17/6. 1952.) SEIZ. 8221

Rohm & Haas Co., übert. von: **William L. Van Horne, La Verne N. Bauer,** Philadelphia, und **Harry T. Neher,** Bristol, Pa., V. St. A., *Öllösliche Mischpolymerisate von Allyl- und Acrylsäureestern.* Man polymerisiert die Lsg. einer Mischung, deren eine Komponente aus Allylestern der Formel $CH_2{-}C(R^1)CH_2OCOR^2$, in welcher R^1 = H, Cl oder CH_3 u. R^2 eine Alkylgruppe mit 15—23 C-Atomen bedeutet, u. deren zweite Komponente aus Acrylestern der Formel $ROCOCH{-}CH_2$, in welcher R eine Alkylgruppe mit 4—12 C-Atomen bedeutet, besteht, in organ. Lösungsmitteln, wie Bzl., Toluol u. Xylol, in Ggw. von 2—15% organ. Peroxyden bei 70—160° in inerter Atmosphäre. Die erhaltenen Polymerisate mit einem Mol.-Gew. bis zu 50000 sind öllösl. u. werden in Mengen von 0,01—5% KW-stoffölen u. anderen *Schmierölen* als Verdickungsmittel zugesetzt. Genannt sind Mischungen aus Allylstearaten (I) u. Dodecylacrylaten (II), von I u. Octylacrylaten, von Allylpalmitat u. II. (**A.P. 2600448** vom 15/7. 1949, ausg. 17/6. 1952.) SEIZ. 8221

Rohm & Haas Co., übert. von: **William L. Van Horne** und **La Verne N. Bauer,** Philadelphia, und **Harry T. Neher,** Bristol, Pa., V. St. A., *Malein–Acrylsäuremischpolymerisate.* Die Lsg. einer Mischung, deren eine Komponente der Ester einer ungesätt. zweibas. Säure der Formel: HOOCC(X)—CHCOOH, worin X = N, Cl oder eine Methylgruppe bedeutet u. gesätt. aliphat. einwertigen Alkoholen der Formel: R·OH, in welcher R eine Alkylgruppe mit 16—18 C-Atomen bedeutet, u. deren zweite Komponente der Ester von Acrylsäure u. einem Alkohol der Formel: R′OH, in welcher R′ eine Alkoholgruppe mit 6—14, vorzugsweise 10—14, C-Atomen, in organ. Lösungsmitteln (I) wird in Ggw. von 1—6% Peroxyden (II) u. acycl. Azoverbb., wie Azodiisobutyronitril, bei 70—150° polymerisiert, wobei I u. II ratenweise zugesetzt werden. Die erhaltenen Polymerisate haben ein Mol.-Gew. von 1000—50000 u. dienen als *Stockpunktsernidriger für Mineralöle* u. Schmiermittel sowie als Zusätze zu Motoren- u. Dieselölen in Mengen von 0,05—2% allein oder zusammen mit Korrosionsschutzmitteln. Als I sind genannt: Distearylmaleat, Dioctadecylfumarat, Dicetylmaleat u. Distearylcitraconat; als II: n-Hexyl-, Dodecyl-, Myristyl- u. 3.5.5-trimethylhexylacrylat. (**A. P. 2 600 449** vom 17/1. 1950, ausg. 17/6. 1952.) SEIZ. 8221

Rohm & Haas Co., übert. von: **William L. Van Horne, Harry T. Neher,** Bristol und **La Verne N. Bauer,** Philadelphia, Pa., V. St. A., *Mischpolymerisate von Acryl- und Vinylestern.* Die Lsg. einer Mischung aus Alkylacrylaten (I), in welcher die Alkylgruppe aus 16—18 C-Atomen besteht, u. Vinylestern von aliphat. Carbonsäuren (II) der Formel: R′COOH, in welchen R′ = eine Alkylgruppe mit 5—11 C-Atomen bedeutet, bes. aus Cetylacrylat u. Vinyllaurat (III), von Octadecylacrylat (IV) u. III, von IV u. Vinylhexoat, wobei das Verhältnis von Acrylgruppe: Vinylgruppe 1:2—1:26 beträgt, in Bzl., Toluol, Xylol, wird in Ggw. von 2—12% Katalysatoren, wie organ. Peroxyden oder acycl. Azoverbb., bei 75—140° durch langsamen Zusatz der Katalysatoren polymerisiert. Das gebildete Polymerisat ist öllösl. u. wird in Mengen von 0,01—5% *Schmiermitteln auf Mineralölbasis*, Motoren- u. Dieselölen allein oder in Mischung mit anderen Zusatzmitteln, wie Detergents u. Korrosionsschutzmitteln zugesetzt. — In Abänderung dieses Verf. werden an Stelle von I Alkylmethacrylate in Mischung mit II polymerisiert. Genannt sind Mischungen aus Cetylmethacrylat (V) u. III, aus V u. Vinyl-3.5.5-trimethylhexoat sowie aus Octadecylmethacrylat u. III, in welcher die Methylestergruppe: Vinylestergruppe im Verhältnis 1:1—1:12 steht. (**A. PP. 2 600 450** u. **2 600 451** vom 12/5. 1950, ausg. 17/6. 1952.) SEIZ. 8221

United States Rubber Co., New York, N. Y., übert. von: **Elbert C. Ladd** und **Merlin P. Harvey,** Passaic, N. J., V. St. A., *Polyhalogenchinonphosphonsäureester* (I) (x = Cl, Br, R = Alkyl) erhält man durch Kondensation von Polyhalogenchinonen, in denen ein O-Atom auch durch zwei Halogene ersetzt sein kann, mit Trialkylphos-

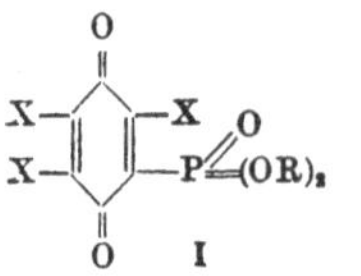

I

phiten bei ca. 40—100°. — Aus Triäthylphosphit (II) u. Tetrachlor-p-benzochinon entsteht in Dioxan bei 60—75° nach 2 Std. *Diäthyltrichlor-p-benzochinonphosphonat*, n_D^{20} 1,5282; Cl-Geh. 31,58 (%), P-Geh. 8,13. — 2.3-Dichlor-1.4-naphthochinon + II → *3-Chlor-1.4-naphthochinon-2-phosphonat*. — Hexachlor-2.5-cyclohexadien-1-on, F. 106°, + II → *Diäthylpentachlor-2.5-cyclohexadien-1-onphosphonat*, $C_{10}H_{10}O_4Cl_5P$, F. 108—111°. — Hexachlorphenol + Tri-(2-chloräthyl)-phosphit → $C_{10}H_8O_4Cl_7P$, F. 67—68,5°. Weitere Ausgangsstoffe sind: Hexachlor-2.4-cyclohexadien-1-on, p- u. o-Benzochinone u. -Naphthochinone. An Stelle von Cl kann Br stehen. Verwendung als *Zusatzmittel* für *Schmieröle*, *Antioxydationsmittel* u. zur Herst. von Netzmitteln. (**A. P. 2 609 376** vom 20/9. 1949, ausg. 2/9. 1952.) KRAUSS. 8221

Maytag Co., übert. von: **Thomas R. Smith**, Newton, I., V. St. A., *Lösung von Tetrabromäthan und 5—5¹/₄% eines Polystyrols* mit einem Durchschnittsmol.-Gew. von ca. 85000 („Styron PS-65"), einer D. von ca. 2,7 u. einer Viscosität von 2900 bis 4000 cP/25°. Verwendung zur Gleichgewichtseinstellung von ungleichmäßig beladenen Zentrifugiermaschinen, bes. in automat. Waschmaschinen. (**A. P. 2 613 197** vom 7/12. 1949, ausg. 7/10. 1952.) KRAUSS. 8221

Standard Oil Co., übert. von: **John A. Anderson**, Chicago, Ill., V. St. A., *Schmieröle* erhält man aus α-Olefinen mit C_{15}—C_{25} durch Isomerisieren in Ggw. eines Al_2O_3-Katalysators bei 300—650° F. Drucken bis 50 lbs./sq.in. u. einer Geschwindigkeit von 1—100 (Vol.) Olefine auf 1 Katalysator u. 1 Std. mit anschließender Polymerisation in Ggw. eines FRIEDEL-CRAFTS-Katalysators bei ca. 30—250° F. (**A. P. 2 620 365** vom 30/3. 1949, ausg. 2/12. 1952.) G. KÖNIG. 8221

Libbey-Owens-Ford Glass Co., übert. von: **Raymond H. Bunnell**, Toledo, Ohio, V. St. A., *Stabiles flüssiges Organosiloxan* von der Formel $RSi(Or)_nO_{(3-n)/2}$, worin n eine Zahl von ¹/₃ bis 1, R u. r einen prim. cycl. gesätt. KW-stoffrest mit mindestens 2 bzw. 4 C-Atomen bedeuten, z. B. ein ketten- oder ringförmiges mit gegebenenfalls Halogen enthaltenden Alkyl- u./oder Arylresten versehenes Polysiloxan. Ein Alkyltrihalogensilan wird mit CCl_4 u. einem einwertigen Alkohol zur Rk. gebracht u. mit einer Mischung von W., Pyridin u. Dioxan behandelt, bis Pyridinhydrochlorid ausfällt; in dem Filtrat scheidet sich ein gelbes Öl, z. B. *Butylbutoxysiloxan* ab. Dieses wärme- u. gegebenenfalls nach Zusatz von Butylcatechin oxydationsbeständige Öl von gleichbleibender Viscosität, eignet sich als *hydraul.* u. *Stoßdämpfungs-Fl.*, sowie als *Schmiermittel*. (**A. P. 2 624 749** vom 11/4. 1950, ausg. 6/1. 1953.) SALZMANN. 8221

Pieter Jens Christiannse, Amsterdam, Holland, *Magnetfilter zur Entfernung von Eisenteilchen aus verunreinigtem Öl*. Ein perforiertes Zuführungsrohr (I) mit einem Magnetkern (II) im Inneren ist umgeben von einem weiteren ebenfalls perforierten Rohr (III) mit dieses spiralförmig umgebenden Magneten (IV). In einer III umgebenden Kammer V befindet sich das Filtermedium, z. B. Baumwolle. Das in I eintretende Öl wird durch II von der Hauptmenge des Fe befreit u. vor dem Eintritt in V wird der Rest des Fe durch IV zurückgehalten, während in V die nichtmetall. Verunreinigungen entfernt werden. (**E. P. 675 420** vom 30/5. 1950, ausg. 9/7. 1952.) REICHELT. 8221

N. V. de Bataafsche Petroleum Mij., Den Haag, Holland, *Herstellung stark basischer Metallsulfonate*. Man läßt öllösl. KW-stoffsulfonate mehrwertiger Metalle (I) unter Ausschluß von W. mit Alkoholaten der gleichen I reagieren u. hydrolysiert die gebildeten Komplexverbindungen. *Antikorrosionsmittel* für *Schmieröle*. (**E. P. 687 490** vom 2/12. 1949, ausg. 18/2. 1953. A. Prior. 3/12. 1948.) LÜTTGEN. 8221

Egidio Piccoli, Ezio Piccoli und **Pierangelo Robba**, Italien, *Regenerieren von gebrauchtem Schmieröl*. Man erhitzt das Öl mit einer seinem Gewicht entsprechenden Menge W. bis zum Kp. des W. u. läßt das Gemisch stehen. Nach Entfernung des abgeschiedenen W. vermischt man das Öl mit 1—2 Gew.-% Holzmehl, erhitzt es 15—45 Min. auf 100° u. filtriert es. — Vorrichtung. (**F. P. 1 040 983** vom 27/7. 1951, ausg. 20/10. 1953.) OPPERMANN. 8221

Louis Georges Antoine Massardier, Seine, Frankreich, *Hydrieren und Oxydieren von flüssigen Kohlenwasserstoffen*. Man setzt Zylinderschmierölen für Verbrennungsmotoren Substanzen zu, die die Vergasung des Kraftstoffs verbessern u. oxydierend u. hydrierend auf ihn einwirken. Ein solches *Schmieröl* hat z. B. die Zus.: 70 (%) Schmieröl (Flammpunkt über 300°), 25 Toluol, 3 Camphen u. 2 o-Dichlorbenzol. (**F. P. 1 042 138** vom 13/9. 1951, ausg. 29/10. 1953.) OPPERMANN. 8221

International General Electric Co., Inc., New York (Erfinder: **Maynard C. Agens**, Schenectady, N. Y.), V. St. A., *Flüssige Schmiermittel aus Polysiloxanen* (I), gek. durch einen Geh. an Cl- u. F-Atome enthaltenden aliphat. Verbb. (II). Als I wird z. B. ein Methylpolysiloxanöl verwendet, das aus einem linearen Dimethylsiloxan besteht, dessen Ketten an jedem Ende von Trimethylsilylgruppen begrenzt sind; als II werden Verbb. mit 2—20 C-Atomen, bes. substituierte Propane u. Propene verwendet, z. B. $CFCl_2 \cdot CFCl_2$, $CF_2Cl \cdot CCl_2F$, $CFCl_2 \cdot CCl_2 \cdot CClF_2$, $CFCl_2 \cdot CCl_2 \cdot CFCl_2$, $CF_2Cl \cdot CCl{=}CCl_2$, $CF_3 \cdot CCl{=}CCl_2$, $CF_3 \cdot CCl{=}CCl \cdot CF_3$, $CHCl_2 \cdot CCl_2 \cdot CClF_2$ oder niedermol. Polymere mit der sich wiederholenden Struktureinheit $(-CClF-CF_2-)_n$, in der n eine ganze Zahl u. >1 ist, z. B. sogenannte Fluorolubes, die durch Polymerisation von Chlortrifluoräthylen in Ggw. von $CHCl_3$ u. Benzoylperoxyd erhalten werden. Durch den Zusatz der II soll die Gleiteig. der I verbessert werden. (**D.B.P. 865 341** Kl. 23c vom 21/3. 1951, ausg. 2/2. 1953. A. Prior. 23/3. 1950.) DERSIN. 8223

Frank J. Sowa, Cranford, N. J., V. St. A., *Reaktionsprodukte aus Castoröl* (I) *und Organosiliciumverbindungen* der allg. Formel R_ySiX_z (R = Alkyl C_1—C_5 oder H, X = Halogen, Alkoxy C_1—C_2 oder H, y = 1 u. 2, z = 2 u. 3) erhält man z. B. durch Erhitzen von 59 (g) Diäthyldiäthoxysilan u. 732 g I auf 170—174°. Nachdem die Dampftemp. von 85° auf 79° gefallen u. die Hauptmenge A. überdest. ist, wird abgekühlt u. der Rest des A. im Vakuum entfernt. 755 Öl mit GASDNER-HOLT-Viscosität 7,56 poises/25° u. Viscositätsindex 110. Unbeschränkt mischbar mit NO_2-Cellulose- u. Äthylcelluloselösungen. — Weitere Beispiele. — Schmierstoffe, Weichmacher u. dergleichen. (**A. P. 2 535 239** vom 10/1. 1947, ausg. 26/12. 1950.) MÜLLER-MEININGEN. 8223

Sun Oil Co., Philadelphia, übert. von: **Elmer H. Sperry**, Drexel Hill, Pa., V. St. A., *Verhindern des Schäumens von Öl-Wasseremulsionen* für Metallbearbeitungszwecke durch Zusatz von sogenanntem mikrokristallinem Wachs. Dieses Wachs wird in Ölraffinerien erhalten, hat einen hohen F. (über 60°), Mol.-Gew. 500—850, die Kristalle sind viel kleiner als die des Paraffinwachses, die Viscosität ist in geschmolzenem Zustand höher als von Paraffinwachs. Die Zusatzmengen betragen 0,01—1%. (**A. P. 2 545 677** vom 29/5. 1947, ausg. 20/3. 1951.) SCHINDLER. 8223

Nathan L. Smith, Indian Head, Md., V. St. A., *Trifluormethylphenyl-β-naphthylamine* besitzen *antioxydierende Eigg. gegenüber Erdöl-KW-stoffen u. synthet. Schmiermitteln*, wie Diestern u. Polyäthylenglykolen. Sie entstehen durch Kondensation von β-Naphthol oder eines trifluormethylsubstituierten β-Naphthols mit einem Trifluormethylanilin in Ggw. von Jod als Katalysator. — *3-Trifluormethylphenyl-β-naphthylamin.* Beim Kochen von 3-Trifluormethylanilin mit β-Naphthol u. einer geringen Menge Jod, Nadeln, F. 83—84°, $Kp._2$ 180—185°. (**A. P. 2 572 066** vom 30/10. 1950, ausg. 23/10. 1951.) LANGER. 8223

United States of America, übert. von: **Paul E. Weimer**, West Lafayette, Ind., V. St. A., *Perfluorierte ölige Produkte* erhält man durch Behandeln bei 200—400° von Polyalkylkondensationsprodd., erhalten aus 2-ringigen aromat. KW-stoffen u. Olefinen oder Halogenalkanen mit 2—4 C-Atomen, mit AgF_2 oder CoF_3 bis der F_2-Geh. des Endprod. 74—76% beträgt. Mischungen der Reaktionsprodd., die zwischen 100—250° u. 10 mm Hg sd., finden als *Schmiermittel* Verwendung. (**A. P. 2 596 084** vom 17/7. 1946, ausg. 6/5. 1952.) G. KÖNIG. 8223

General Electric Co., New York, übert. von: **Charles A. Burkhard**, Alplaus, N. Y., V. St. A., *Ölige Polysiloxane*, z. B. für *Schmierzwecke*, mit von der Temp. unabhängiger Viscosität erhält man durch Hydrolyse von organ. Silanen der Formel $R \cdot R' \cdot SiCl_2$ (R = einwertiger gesätt. organ. Rest, R' = Vinyl- oder Allylrest), wobei erst organ. Silanole u. hieraus durch Wasseraustritt Siloxane entstehen, die mit überschüssiger Thioglykolsäure (I) so umgesetzt werden, daß im Prod. 1—20% der organ. Reste die Gruppe $-(CH_2)_nSCH_2COOR$ (R = Alkylrest, n = 1—2) darstellen. — Ein Gemisch aus 9 (Mol) $(CH_3)_2SiCl_2$ u. 1 Methylallyldichlorsilan wird mit einer Mischung aus Eis u. Ae. hydrolysiert; die Ölschicht wird abgetrennt, säurefrei gewaschen u. mit I geschüttelt. Nach Auswaschen von überschüssigem I erhält man ein klares Öl. — Nach A. P. 2 604 487 werden Ester aus zweibas. Alkoholen u. I mit einem Dialkenylsilan oder -siloxan umgesetzt. Z. B. werden äquimol. Mengen Diallyldimethylsilan u. I-Äthylenglykolester in Ggw. von Benzoylperoxyd zu einem viscosen Öl der Formel $[-(CH_2)_3Si(CH_3)_2(CH_2)_3SCH_2COO(CH_2)_2OOCCH_2S-]_x$ umgesetzt. — Analog Rk. von Diallyltetramethyldisiloxan. Die Prodd. sind auch als Brems-Fl. u. Weichmacher für Elastomere, Siloxanharze usw. verwendbar. (**A. PP. 2 604 486** vom 18/8. 1949 u. **2 604 487** vom 21/5. 1951, ausg. 22/7. 1952.) MÖLLERING. 8223

Socony-Vacuum Oil Co., Inc., New York, übert. von: **James R. White**, Wenonah, und **Orrin H. Clark** und **Warren W. Woods**, Woodbury, N. J., V. St. A., *Schmiermittel für hohe Drucke*, bestehend aus Glycerin, Äthylenglykol oder Na-Oleat, in dem 0,5—90 Gew.-% Disulfide des Mo, Ti, Sn, Zr oder W fein verteilt sind. (**A. P. 2 609 342** vom 3/12. 1949, ausg. 2/9. 1952.) DERSIN. 8223

Aluminum Co. of America, Pittsburgh, übert. von: **Egbert Mason Kipp,** New Kensington, Pa., V. St. A., *Schmiermittel,* bestehend aus synthet. oder natürlichem KW-stoff-Schmieröl, das mit einem Umsetzungsprod. eines animal. oder vegetabil. Öles oder Fettes mit gasförmigem BF_3 oder BF_3 beim Erwärmen abgebenden Verbb., wie NH_4BF_4, $BF_3 \cdot NH_3$ oder Schwermetallfluoboraten, vermischt ist (0,001—3 Gew.-%, bezogen auf BF_3). — Z. B. werden Prodd. von Lanolin, Talg, Schmalz-, Fisch-, Palm-, Baumwollsaat- u. Spermöl zugesetzt. Verbesserte Hochdruckeigenschaften. (**A. P. 2 611 742** vom 17/12. 1949, ausg. 23/9. 1952.) MATTHAES. 8223

Socony-Vacuum Oil Co., Inc., New York, übert. von: **John F. Giammaria,** Woodbury, N. J., V. St. A., *Schmiermittel.* Ein Mineralschmieröl enthält 0,001—50% eines Prod., das durch Mischpolymerisation von Maleinsäureanhydrid mit Itaconsäurediester erhalten wurde. Der Diester wurde durch Veresterung von Itaconsäure mit einem prim., n., einwertigen, gesätt., aliphat. Alkohol gewonnen. Dieses Mischpolymere wird mit einem prim., n., einwertigen, gesätt. aliphat. Alkohol u. einem prim. oder sek. Amin umgesetzt. (**A. P. 2 616 853** vom 11/5. 1949, ausg. 4/11. 1952.) UNGER. 8223

Lubrizol Corp., Wickliffe, übert. von: **Peter A. Asseff, Thomas W. Mastin** und **Alan Rhodes,** Cleveland, O., V. St. A., *Öllösliche Metallkomplexe,* z. B. der allg. Formel $Q-Me_z-(AO)_y-(AJ)_x$. Hierbei ist: Q das Säureäquivalent eines öllösl. Salzes mit mindestens 12 C-Atomen (Erdalkalisalz einer Erdölsulfon-, Carbon-, Thiocarbon-, Phosphorcarbon-, Thiophosphorcarbonsäure); Me ein Metalläquivalent; AO ein Säureäquivalent eines organ. Erdalkalisalzes mit einer Ionisationskonstanten von $1 \cdot 10^{-10}/25^0$ u. einer Wasserlöslichkeit von mindestens 0,0005 bei $p_H \geqq 7$ (Erdalkalisalze von Enolen, Oximen, niedrigmol. Carbon-, Sulfon-, Thiophosphorcarbonsäuren, Erdalkaliphenolaten, -alkylphenolaten); AJ ein Säureäquivalent eines anorgan. Erdalkalisalzes einer Wasserlöslichkeit von mindestens 0,0003%/50° (anorgan. Erdalkalihydroxyde, -oxyde, -carbonate, -bicarbonate, -sulfide, -halogenide usw.); z die Zahl der Metalläquivalente; y die Zahl der Äquivalente von (AO); x die Zahl der Äquivalente von (AJ), wobei $x + y + 1 = z$, x/y = wenigstens 1,5 u. $y = 0{,}01$—10 ist. Der Komplex enthält bis 1 Mol W., einschließlich Hydratwasser. Die Herst. der Komplexe erfolgt durch Mischen der Komponenten, Erhitzen zur Beseitigung des W. u. Neutralisieren der titrierbaren Alkalität. — Beispiel: 1530 (g) 30%ig. Öllsg. von Ba-Erdölsulfonat mit 7,6% Sulfatasche, 35,3 Essigsäure, 270 BaO u. 220 W. werden 1 Std. auf 150° erhitzt, hierauf wird bei 150° bei 45 Min. CO_2 durchgeleitet u. das fast neutrale Prod. filtriert. Man erhält eine öllösl. Fl. der Formel $Q-M_{3,96}-(AO)_{0,59}-(AJ)_{2,37}$. — 0,5—4 Gew.-% als *Zusätze zu Schmiermitteln.* (**A. PP. 2 616 905** vom 8/10. 1952, **2 616 906** vom 28/3. 1952, **2 616 904, 2 616 911, 2 616 924** u. **2 616 925**, alle vom 16/3. 1951, ausg. 4/11. 1952.) DREWS. 8223

Soc. des Usines Chimiques Rhône-Poulenc (Erfinder: **A. F. Bidaut** und **L. Ceyzeriat),** Frankreich, *Herstellung von nichtflüchtigen öligen Flüssigkeiten* aus *Dimethyldichlorsilan* durch Einw. von konz. H_2SO_4 (85%ig.) unter Entfernung von Chlor in Form von HCl in einer ersten Verfahrenstufe u. mit einer verdünnteren H_2SO_4 (75%ig.) nach dem Verdünnen mit W. oder mit einer wss. Fl. in der zweiten Stufe, wobei sich eine ölige viscose Fl. abtrennt. Sie ist z. B. geeignet als *Schmiermittel.* (**F. P. 1 001 900** vom 28/6. 1949, ausg. 28/2. 1952.) M. F. MÜLLER. 8223

Herbert Lamel und **Siegfried Wist,** Wien, Österreich, *Herstellung von Schmiermitteln aus mineralischen, pflanzlichen, tierischen oder synthetischen Fetten bzw. Ölen.* Das Vermischen dieser Stoffe erfolgt durch Einw. von *Ultraschall.* Dabei findet eine nicht entmischbare Verdickung statt. Gegebenenfalls werden ölverdickende Stoffe, wie Seifen, Türkischrotöle, Fettsäuren usw., in einer Menge bis zu 50% den zu beschallenden Stoffen vor oder während der Beschallung zugesetzt. (**Oe. P. 172 065** vom 17/3. 1950, ausg. 11/8. 1952.) M. F. MÜLLER. 8223

Louvroil-Montbard-Aulnoye, Seine, Frankreich, *Plastische bituminöse Masse* durch Schmelzen von Steinkohlenteer u. Mischen mit Teer, Anthracen u. Anthracenöl. Man behandelt die Mischung oder die Ausgangsprodd. mit Stoffen, die die zu flüchtigen u. die Alterung bewirkenden Anteile an die höhermol. Anteile bindet. Man oxydiert durch Lüften, chloriert mit Cl_2, auch zusammen mit Luft, schwefelt mit S oder seinen Derivv., polymerisiert mit Metallsalzen, wie $AlCl_3$, Fe-Perchlorid, u. polymerisiert mit geeigneten Kunstharzen, wie Vinyl-, Acryl-, Methacryl-, Styrolharzen. — Man erhitzt eine solche Mischung mit 2 oder 5% Polyvinylchlorid 2 Std. auf 130°. (**F. P. 56 073** vom 16/11. 1945, ausg. 12/9. 1952. **Zusatz zu F. P. 993 878; C. 1954. 5215.**) PANKOW. 8225

Shell Development Co., Emeryville, übert. von: **John C. Illman,** Albany, und **Harry I. Sommer,** Lafayette, Calif., V. St. A., *Behandlung hochmolekularer Kohlen-*

wasserstoffe (Bitumina, Asphalte) durch Blasen in Ggw. von 0,5—5 Gew.-% Hexafluorphosphorsäure bei 450—525° F während 4—12 Std. mit einem O_2-haltigen Gas. — Zeichnung. (**A. P. 2 640 803** vom 30/7. 1951, ausg. 2/6. 1953.) UNGER. 8229

Great Lakes Carbon Corp., Morton Grove, übert. von: **Harold W. Nelson**, Deerfield, Ill., V. St. A., *Pechähnliches Gemisch.* Ein beim Cracken von Erdöl anfallender koksähnlicher Rückstand mit >7% flüchtigen Anteilen wird mit einem >260° sd. KW-stoff, z. B. Mineralöl, Kohlenteerdestillaten, Teeröl, angepastet. (**A. P. 2 603 592** vom 15/6. 1948, ausg. 15/7. 1952.) MÖLLERING. 8229

Standard Française des Pétroles, Paris, Frankreich, *Emulgierbare Bitumen.* Schwer oder nicht emulgierbare Bitumen, z. B. anfallend bei der Erdölraffination oder Teerdest., werden mit 0,8—3% einer aromat. substituierten Fettsäure mit 12—30 C-Atomen vermischt. Solche Fettsäuren bzw. Fettsäuregemische können durch Extraktion von leichtemulgierbaren Bitumen oder durch Kondensation aromat. KW-stoffe mit halogenierten Fettsäuren oder durch Anlagerung an ungesätt. Fettsäuren von entsprechender Mol.-Größe synthet. gewonnen sein. Diese Bitumengemische geben *beständige Emulsionen.* (**E. P. 692 877** vom 19/10. 1950, ausg. 17/6. 1953. F. Prior. 29/11. 1949.) HERBST. 8231

Marcel Emile Amand Leroux, Chartres, Frankreich, *Ausbessern von bituminösen Straßendecken.* Die auszubessernden Stellen der Straßendecke werden mit einem plastifizierenden Öl behandelt, welches oberhalb von 320° sd. u. welches in das verhärtete bituminöse Bindemittel durch Diffusion eindringt. Vor dem Aufbringen des Plastifizierungsmittels wird die betreffende Stelle der Straßendecke zwecks Begünstigung des Diffusionsvorganges vorteilhaft mit einem Kohlenteeröl behandelt, welches zwischen 160 u. 210° siedet. (**E. P. 650 842** vom 30/12. 1947, ausg. 7/3. 1951. F. Prior. 22/6. 1946.) HANS HOFFMANN. 8237

XXI. Leder. Gerbstoffe.

Fritz Stather, *Mikroskopische Untersuchungen zum Bleich- und Färbeprozeß in der Rauchwarenveredlung.* Es werden die beim Bleichen u. Färben in der Pelzveredlung sich abspielenden Vorgänge im Haar mkr. verfolgt. Bei der Alkalieinw. des sogenannten Tötens wird keine erkennbare Veränderung der Cuticula sichtbar, dagegen erscheint Haarmark u. ein eingelagertes Pigment wie völlig aufgelöst. Nach längerer Einw. einer Wasserstoffsuperoxydbleiche sind nahezu alle Pigmentstoffe im Mark u. großenteils auch in der Rinde zerstört. Die vor der Färbung mit Oxydationsfarben angewendete Beize ergibt eine gleichmäßigere Färbung. Es lassen sich aber keine grundsätzlichen Unterschiede mkr. feststellen, wenn mit oder ohne Beize gearbeitet wird. (Gesammelte Abh. dtsch. Lederinst. Freiberg/Sa. **1952.** Nr. 8. 3—11.) ENDISCH. 8334

C. C. Kritzinger und **J. H. M. van Zyl**, *Das Konservieren von Häuten mit bereits gebrauchtem Salz.* Die Unterss. haben gezeigt, daß eine Verwendung von bereits gebrauchtem Salz zum Konservieren von Häuten möglich ist, sofern dasselbe nicht mehr als 4% Unlösliches enthält, mit Na-Silicofluorid versetzt u. mit mindestens 50% frischem Salz gemischt wird. Hierdurch ist es möglich, den Geh. an Fe u. sonstigen Verunreinigungen auf einen möglichst niederen Wert zu drücken. (J. Amer. Leather Chemists Assoc. **49.** 207—13. März 1954.) H. G. FRÖHLICH. 8334

C. C. Kritzinger und **J. H. M. van Zyl**, *Untersuchungen über das Abfließen von Salzlake aus feucht gesalzenen Häuten.* Es wurde gezeigt, daß gewaschene Häute infolge ihres größeren Feuchtigkeitsgeh. mehr Salz aufnehmen als ungewaschene. Weiterhin wurde gefunden, daß bei nicht gewaschenen Häuten die abfließende Salzlake einen höheren N-Geh. aufweist, der in erster Linie auf Blutreste zurückzuführen ist. Druckanwendung auf gesalzene Häute ergibt ebenfalls eine Salzlake mit höherem N-Gehalt. Ein Zusatz von 2% Na-Silicofluorid zum Salz vermindert die abfließende Salzlakenmenge u. bewirkt eine bessere Entfernung der Blutreste als Salz alleine. Bei gut gewaschenen Häuten enthält die abfließende Salzlake ca. 0,4% N_2. — Tabellen u. 6 Figuren. (J. Amer. Leather Chemists Assoc. **49.** 213—227. März 1954.) H. G. FRÖHLICH. 8334

I. G. Masslow, *Behandlung der Blösse mit Ammoniumsulfat statt des Pickelns.* Es wurde festgestellt, daß eine Verwendung von $(NH_4)_2SO_4$-Lsgg. (90 g/Liter) an Stelle des Pickels keinen nachteiligen Einfl. auf Bodenleder hat. Die Chrombrühe soll saurer sein als beim Säurepickel, eine Basizität von Null hat sich bewährt. (Легкая Промышленность [Leicht-Ind.] **13.** Nr. 9. 14—16. Sept. 1953.) v. SCHROEDER. 8334

Pierre Gourlay, *Über die Reptilhäute u. ihre Verarbeitung.* Die für eine Gerbung in Frage kommenden Häute von Schlangen, Eidechsen u. Krokodilen werden besprochen. Die Fabrikation von Leder aus Reptilhäuten beginnt wie üblich mit der Weiche, der meist bei getrockneten Häuten 2% NaOH, bezogen auf Hautgewicht, zugesetzt werden. Bei Häuten, die unter Zusatz von Kalk konserviert sind, gibt man zur Weiche etwas Milchsäure. Zum Äschern verwendet man Enzympräparate. Nach Behandlung mit 1% Borsäure in 300% W., bezogen auf Blößengewicht, wird mit Enzymbeizen bei 35—37° gebeizt. Zum Gerben verwendet man häufig synthet. Gerbstoffe, doch können auch alle anderen Gerbverff. Anwendung finden. Nach der in üblicher Weise ausgeführten Fettung, z. B. mit 3% Baykanol T u. 3% Monobrillantöl S.O. 100, kann zur Verbesserung der Lichtechtheit mit Tanigan supra LL nachgegerbt werden. Die Zurichtung richtet sich nach dem gewünschten Aussehen der Leder. (Rev. techn. Ind. Cuir **45.** 66—69. April 1953.) O. ENGEL. 8334

K. H. Gustavson, *Bemerkungen zu den isoelektrischen Punkten des chromgegerbten Kollagens.* Der von SHUTTLEWORTH u. CUNNINGHAM (C. **1953.** 2384) vertretenen Ansicht, daß sich die Ladung des Kollagens je nach der Ladung des gebundenen Chromkomplexes ändert u. man hierbei nicht sagen könne, ob saure oder bas. Proteingruppen an der Bindung beteiligt waren, hält Vf. entgegen, daß er bei seinen Verss. aus dem chromgegerbten Kollagen durch Behandeln mit Pyridin alle freien Ionen entfernt hatte, bevor er den isoelektr. Punkt bestimmt hat. Vf. glaubt deshalb an seiner Ansicht (C. **1953.** 3825) festhalten zu müssen, daß aus der Lage des isoelektr. Punktes geschlossen werden kann, welche Proteingruppen an der Rk. mit den betreffenden Chromkomplexen beteiligt sind. (J. Amer. Leather Chemists Assoc. **48.** 455—60. Aug. 1953. Stockholm, Schweden, Garverinaringens Forskningsinstitut.) STADLER. 8336

Ss. B. Iwanow, *Über die Qualität des Fichtenrindenextraktes.* Der veredelte *Fichtenrindenextrakt* (I) ist als Alleingerbstoff unbrauchbar; er verursacht häufig Totgerbung, u. das fertige Leder ist flach, hart u. von schlechter Lagerbeständigkeit; auch geht das Durchfärben zu langsam vor sich, u. zwar um so langsamer, je höher die Anteilzahl des Gerbstoffes ist. Ein Leder von guter Qualität erhält man bei Angerbung mit nichtgerbstoffreichen Brühen. Es wird ein Verf. zur Extraktion angegeben, das einen brauchbaren I ergibt. Die Extraktion soll bei 60—90° vorgenommen werden u. nicht zu lange dauern. Vor dem Gerben soll die Blöße mit $^3/_4$ der erforderlichen Fettmenge gefettet werden. Die chromierte oder nicht chromierte Blöße wird dann im Faß mit dem I im Laufe von 48 Std. gegerbt. Die entgerbte Brühe wird wieder zur Extraktion verbraucht. Bei einem Parallelvers. einer Gerbung mit veredeltem I u. dem vom Vf. vorgeschlagenen Verf. wurden die Vorzüge des letzteren deutlich nachgewisen. (Легкая Промышленность [Leicht-Ind.] **13.** Nr. 8. 16—19. Aug. 1953.) v. SCHROEDER. 8336

George H. W. Humphreys, *Die Bedeutung des wirksamen Säuregrades in der vegetabilischen Gerbung.* Vf. bespricht ausführlich die Wichtigkeit, auf einen geeigneten Säuregrad in der vegetabil. Gerbung zu achten, da hiervon in hohem Maße der Gerbeffekt einschließlich des Auswaschverlustes abhängen. Bzgl. der Wahl geeigneter Säuren zum Ansäuern von Mimosa- u. sulfitierten Quebracho-Extrakten hat sich folgende Reihenfolge ergeben: Essig-, Milch-, Ameisen-, Salz-, Citronen- u. Schwefelsäure, in welcher der Stand des Leders abnimmt. Die Unterss. im einzelnen werden an Hand von 8 Tabellen erläutert u. diskutiert. (Leather Manufacturer **71.** Nr. 4. 23—28. 30. April 1954.) H. G. FRÖHLICH. 8336

W. E. Hillis, *Die Vorläufer der Rotfärbung von Leder. Vorläufiger Überblick.* Die beim Gerben mit Eukalyptusgerbstoffen erhaltene rote Lederfärbung beruht nach den Angaben des Vf. wahrscheinlich auf dem Vorhandensein von gefärbten Anthocyanidinen. Durch Erhitzen der Gerbstoffe mit Propanol u. HCl konnten an Anthocyanidinen isoliert werden: Aus Malletrinde 13,1%, aus roter Eisenrinde innen 4%, in der Mitte 10% u. außen 9,9% Delphinidin, aus Myrtanextrakt 5,8% u. aus roter Stringyrinde 2,8 Pelargonidin. Myrobalanenextrakt ergab keine Anthocyanidine, Mimosarinde dagegen 4,9% Delphinidin. Die Leukoanthocyanine aus der Rinde von Pinus radiata ergaben 9,9% Cyanidin u. dürften der Grund für die Instabilität dieses Gerbstoffes sein. — 31 Literaturhinweise. (J. Soc. Leather Trades' Chemists **38.** 91—102. März 1954. Melbourne, Csiro, Div. of Forest Products.) H. G. FRÖHLICH. 8336

G. I. Kutjanin und **M. Ss. Ljukssemburg,** *Neues Verfahren der Äscherungskontrolle.* Vf. benutzt zur Kontrolle der Äscherung die photocalorimetr. Best. der in den Glucoproteiden, welche im Laufe des Prozesses aus der Blösse ausgelaugt werden, enthaltenen *KW-stoffe.* 1 g geäscherter oder nichtgeäscherter Blöße wird zur Best.

in ca. 1 cm^3 konz. H_2SO_4 unter Erwärmen gelöst u. dann photocolorimetriert. Der Geh. an Glucoproteiden nimmt anfangs rasch, dann langsamer ab, nach 14 Tagen um ca. 40%. Dieses Verf. ist auch zur Altersbest. des Äschers geeignet. (Легкая Промышленность [Leicht-Ind.] **13.** Nr. 8. 25—27. Aug. 1953.) v. SCHROEDER. 8364

D. Burton und **M. C. Thompson,** *Ein Vergleich der Methoden zur Bestimmung der Basizität von Einbadchrombrühen.* Es wurden Chromsalzbrühen mit u. ohne maskierende Zusätze u. von bekannter Basizität nach der PROCTER-MCCANDLISH-Meth. (a), der BURTON-GLOVER-WOOD-Meth. (b) u. der LEHIGH-Meth. (c) auf ihre Basizität untersucht. Die besten Ergebnisse lieferte in allen Fällen Meth. c. Bedauerlicherweise besitzt diese genaue Meth. einen ungünstigen Umrechnungsfaktor, so daß sich Titrierfehler stark bemerkbar machen. Meth. a ergab bes. bei maskierten Brühen viel zu hohe Werte; in etwas geringerem Maße wurde dies auch bei Meth. b festgestellt. Bei einfachen Brühen ist die Meth. b jedoch einwandfrei u. ist Meth. c wegen ihrer Einfachheit vorzuziehen. (J. Soc. Leather Trades' Chemists **38.** 102—05. März 1954. Leeds, Univ., Leather Ind. Dep.) H. G. FRÖHLICH. 8364

F. Stather und **H. Herfeld,** *Zur Frage der gerberischen Bewertung synthetischer Austauschgerbstoffe.* Für die Prüfung der Frage nach dem gerbereitechn. Wert eines Austauschgerbstoffes sind die Verff. unerläßlich, die über das Gerbvermögen des Gerbstoffs etwas auszusagen erlauben, also die Probeausgerbung auf Kalbsblöße ohne weitere Zurichtung des Leders u. die Best. des Bindungswertes. In zweiter Linie steht die Best. der Diffusions- u. Bindungsgeschwindigkeit an strukturierter Haut, da diese für den prakt. Gerbvorgang ebenfalls von Wichtigkeit sind. Gerbstoffgeh., Anteilzahl u. Mineralstoffgeh., sowie Löslichkeit u. Aussalzbarkeit des Gerbstoffs sind für die Gesamtbeurteilung von einer gewissen Bedeutung, ebenso wie die Feststellung des Fehlens von der Gerbung abträglichen Bestandteilen, wie Eisen, freie Säuren oder freies Phenol. (Gesammelte Abh. dtsch. Lederinst. Freiberg/Sa. **1952.** Nr. 8. 21—44.) ENDISCH. 8364

VEB Fettchemie und Fewa-Werk (Erfinder: **Friedrich Schmitt** und **Adrianus Schenkels**), Chemnitz, *Entsäuern von Chromleder.* Man verwendet Gemische von Alkali-, Erdalkali- oder NH_4-Salzen niederer organ. Säuren (vorzugsweise Ameisen-, Essig- u. Propionsäure), wie sie durch Neutralisieren des bei der Fettsäuresynth. durch Paraffinoxydation als Nebenerzeugnisse anfallenden Kühlwassers mit den genannten Alkalien u. Eindampfen der Lsg. erhalten werden. Man kann diese Gemische allein oder in Verbindung mit wasserlösl. Sulfiten, Bisulfiten oder Thiosulfaten anwenden. Zum Entsäuern von Chromleder nimmt man z. B. 250% W. u. 2% Salzgemisch, bezogen auf das Falzgewicht des Leders. (**D. P.** [**DDR**] **2 258** Kl. 28a vom 3/10. 1944, ausg. 20/10. 1952 [Wirtschaftspatent].) HEYNE. 8341

XXII. Leim. Klebstoffe usw.

Nashua Gummed & Coated Paper Co., Hillsborough, New Hampshire, V. St. A., *Klebestreifen,* bes. für Papier. In einer wss. Lsg. des Klebstoffs emulgiert man ein flüchtiges Lösungsm., das in W. unlösl. u. auch ein Nichtlösungsm. für den Klebstoff ist, z. B. Xylol; dann trägt man einen dünnen Film dieser Emulsion auf das Blatt Papier auf u. trocknet, wobei W. u. Lösungsm. verdampfen. (**E. P. 646 053** vom 4/3. 1948, ausg. 15/11. 1950. A. Prior. 4/3. 1947.) NEBELSIEK. 8389

Monsanto Chemical Co., St. Louis, Mo., übert. von: **George H. Bischoff,** Fort Devens, **Nicholas N. T. Samaras,** Monson, **Lawrence M. Debing,** Springfield, und **Reginald G. Kennelly,** Longmeadow, Mass., V. St. A., *Heißsiegelfähige Al-Folie für Verpackungszwecke* mit einem Überzug aus 100 (Gewichtsteilen) Polyvinylbutyral, 15—60 Nitrocellulose, 5—50 Plastifiziermittel, z. B. Butylricinoleat, Trikresylphosphat, Dioctylphthalat, Triäthylenglykoldihexoat, Dibutoxyäthylphthalat oder Glycerinmonooleat u. 2—40 eines öllösl. Phenol–CH_2O-Harzes (I) oder 1—25 eines Phenols, wie Phenol oder Resorcin. (**A. PP. 2 566 513, 2 566 514, 2 566 536, 2 566 794** u. **2 566 802**, alle vom 10/9. 1948, ausg. 4/9. 1951.) NEBELSIEK. 8389

Usines Chimiques Rhône-Poulenc, Paris, übert. von: **Maurice Louis Auguste Fluchaire** und **Georges Collardeau,** Lyon, Frankreich, *Kunstharz zum Verleimen von Sperrholz.* 3.6-Endoxo-1.2-cyclohexandicarbonsäure oder deren Anhydrid (I) wird mit einem ungesätt. Alkohol verestert. Geeignet sind bes. Allylalkohol (II) u. Methallylalkohol. — 60 (Teile) **I**, 100 **II**, 50 Bzl. u. 4 $C_6H_5SO_3H$ werden gemischt u. destilliert. Wenn aus dem Destillat kein W. mehr abgetrennt werden kann, ist die Veresterung beendet. — Die erhaltenen Ester polymerisieren sich in Ggw. von z. B. 5% Benzoylperoxyd beim Erhitzen auf 70° zu einer transparenten M., die in üblichen Lösungsmitteln nicht lösl. ist. (**A. P. 2 570 029** vom 28/10. 1949, ausg. 2/10. 1951. F. Prior. 6/11. 1948.) MÖLLERING. 8389

E. I. du Pont de Nemours & Co., Wilmington, Del., übert. von: **Paul Swithin Pinkney**, Niagara Falls, N. Y., V. St. A., *Thermoplastischer Klebstoff für die Buchbinderei*, enthaltend 1 (Teil) eines Copolymeren von 90—98 Vinylacetat u. 10—2 Crotonsäure, ½—2 verflüssigenden Weichmacher, der hauptsächlich aus einem methylierten Diarylsulfon, bes. Dixylyl-, Ditolyl- oder Tolylxylylsulfon, oder chloriertem Diphenyl besteht, u. gegebenenfalls einen Polymerisationsinhibitor. Der Klebstoff ist in 0,05% g. Alkalilsg. dispergierbar. (**A. PP. 2 657 187** u. **2 657 189** vom 8/12. 1949, ausg. 27/10. 1953.) LÜTTGEN. 8389

E. I. du Pont de Nemours & Co., übert. von: **Hamline Monroe Kvalnes**, Wilmington, Del., V. St. A., *Herstellung viscoser, für Klebstoffzwecke geeigneter Harnstoff-Formaldehyd-Kondensate.* Man geht von fl. Polymethylolharnstoff mit einem Geh. von freiem + gebundenem CH_2O (**I**):Harnstoff (**II**) von 4:1—6:1, u. von freiem **I**:gebundenem **I** im mol. Verhältnis von 1:1—1:3, z. B. „Arboneeld B", aus, dem in wss., 60—75%ig. Lsg. bei p_H 3—9,5 unter Erwärmen auf 25—110° Harnstoff zugesetzt wird, bis die Konz. des freien **I** zu einem konstanten Wert absinkt, wobei der anfängliche p_H-Wert konstant zu halten ist u. die Temp. bei p_H <5 nicht $>80°$ sein darf. Man erhitzt weiter bei p_H 3—6,9 auf 60—110°, wobei die Temp. bei p_H 6,5—6,9 nicht unter 90° sinken darf, bis die Viscosität des Prod. 40—3600 Cp. beträgt. (**A. P. 2 625 524** vom 26/12. 1951, ausg. 13/1. 1953.) LÜTTGEN. 8389

Martin Schwartz, New York, N. Y., V. St. A., *Klebstoff für Elektroplattierverfahren*, der auf nichtmetall. Formen einen dünnen Klebbelag für das leitende Metallpulver bildet u. von den Plattierbädern nicht angegriffen wird, bestehend aus ½ (Unze) Mastix, ¼ gepulvertem Kolophonium, 2 (cm^3) Benzoetinktur, 5 Perubalsam u. 125 $CHCl_3$. (**A. P. 2 635 053** vom 19/12. 1950, ausg. 14/4. 1953.) LÜTTGEN. 8389

Permacel Tape Corp., übert. von: **James A. McGarry**, New Brunswick, N. J., V. St. A., *Klebbänder.* Man verwendet als Klebbelag eine Mischung aus Kautschuk, vulkanisierbarem Kunstkautschuk, Polyacrylat oder niederen Polyvinyläthern mit <5% „Deaktivatoren", das sind Stoffe, die die Adhäsion des Klebstoffes zu einem Material mit hydrophilen Eigg. relativ mehr red. als die Adhäsion zu Material mit hydrophoben Eigg., wie z. B. oberflächenakt. Stoffe, in W. unlösl., in Öl lösl. Emulgatoren, Stoffe, deren F. <-10 ist, oder Phospholipoide, bes. Lecithin. (**A. P. 2 646 371** vom 29/4. 1949, ausg. 21/7. 1953.) LÜTTGEN. 8389

United States of America, übert. von: **Jett C. Arthur jr.** und **Joseph T. Hogan**, New Orleans, La., V. St. A., *Klebstoff.* Man suspendiert entöltes Baumwollsamenmehl mit der 1—2fachen Menge wss. Harnstofflsg., erwärmt 20—40 Min. auf 20—40°, gibt wss. CH_2O-Lsg. zu u. erhitzt nach ca. 40—80 Min., bis eine Viscosität von 200 bis 250 Poisen erreicht ist. (**A. P. 2 646 408** vom 3/5. 1951, ausg. 21/7. 1953.) LÜTTGEN. 8389

XXIV. Photographie.

Robert Pinoir und **Maurice Rabau**, *Ein Registrierdensitometer zur direkten Aufzeichnung von Schwärzungskurven.* Vff. beschreiben ein *Registrierdensitometer*, mit dessen Hilfe Schwärzungskurven direkt aufgezeichnet werden können. Die Schwärzung kann mit einer Genauigkeit von 0,01—0,02 gemessen werden; für eine Kurve wird eine Zeit von einer Min. benötigt. — Elektr. Schaltskizze. (Sci. Ind. photogr. [2] **5.** 87—92. März 1954. Kodak-Pathé, Labor. de Recherches.) W. GÜNTHER. 8600

Fred H. Perrin und **J. H. Altman**, *Untersuchungen über das Auflösungsvermögen photographischer Emulsionen.* 3. Mitt. *Einfluß der relativen Apertur der Kameralinse auf die gemessenen Werte.* (2. vgl. J. opt. Soc. America **41.** [1951.] 265.) Es wird zunächst das Verhältnis der theoret. Lichtverteilung zwischen dem Maximum u. Minimum in dem Bild eines dreilinigen Testobjektes, das durch eine Linse erzeugt worden war, in Abhängigkeit von der „Periode" des Testobjektes graph. aufgetragen. Hierbei ergab sich in großer Annäherung eine kub. Gleichung. Zu erwähnen wäre noch, daß Vff. für den deutschen Ausdruck „Lichtberg" den aus dem Latein. hergeleiteten Namen „Lucicole" vorschlagen. — Unter Verwendung einer Reihe von Mikroskopobjektiven mit den numer. Aperturen 0,12, 0,25, 0,40, 0,65 u. 0,85 wurde das Auflösungsvermögen mehrerer verschied. Emulsionen als Funktion der Apertur der Kameralinse bestimmt. Bei steigender numer. Apertur steigt zunächst auch das Auflösungsvermögen zu einem Maximum u. nimmt hierauf ab. Es wird vorgeschlagen, das Maximum das „maximale linsenförmige" („maximum lenticular") Auflösungsvermögen der Emulsion zu nennen.

Es wird eine hypothet. Beziehung zur Vorhersage des gemessenen Auflösungsvermögens einer Probe mit einer gewissen Linse aufgestellt, die als „vollkommen" angenommen wird, u. zwar auf der Grundlage der relativen Apertur der Linse u. des „maximalen linsenförmigen" Auflösungsvermögens der betreffenden Probe. Diese Beziehung gibt die experimentellen Ergebnisse gut wieder. (J. opt. Soc. America **41.** 1038—47. Dez. 1951. Rochester, N. Y., Eastman Kodak Co., Res. Labor.) GOTTFRIED. 8604

Po Lee und **G. L. Weissler,** *Charakteristiken von gewissen photographischen Platten im Vakuumultraviolett.* (Vgl. C. **1954.** 6644.) (Sitzungsbericht.) Es werden die D = f (log t)-Kurven der EASTMAN 103a–O UV-sensibilisierten Platten im nahen bzw. im Vakuum-UV zusammen mit dem Absorptions- u. Fluorescenzspektr. der Sensibilisierungslacke untersucht. Die UV-Sensibilisierung der Platte beginnt bei ca. 3000 Å. Die Absorption im nahen UV erreicht für eine Lackdicke, die mit der der gewöhnlich sensibilisierten Platten vergleichbar ist, keine totale Auslöschung. Zwischen 360 u. 1320 Å waren die Kontraste γ auf 4% konstant u. gleich dem Kontrast der Emulsion bei $\lambda = 3150$ Å (Maximum der Fluorescenzintensität). Methoden zur Eichung der Platten in Luft werden diskutiert. (Physic. Rev. [2] **92.** 545. 15/10. 1953. Univ. of Southern California.) D. HAHN. 8604

Henry Leidheiser jr. und **Frances H. Cook,** *Der Anisotropiegrad bei der photographischen Entwicklung von Chlorsilbereinkristallen.* Vff. können nachweisen, daß sich die einzelnen Kristallflächen von *AgCl*-Einkristallen entsprechend ihrer Orientierung verschieden verhalten. Einkristalle werden zu kugelartigen Gebilden geformt, mit 1% ig. *KCN*-Lsg. angeätzt u. glattpoliert. Dann werden sie belichtet u. in Entwicklerlsg. von 5—7° getaucht. Die Kristallflächen, die nur kleine Winkel mit der Fläche [1 1 1] bilden, bedecken sich sofort mit kleinsten Ag-Körnern. Auf [1 0 0]-Flächen u. solchen, die mit [1 0 0] kleine Winkel bilden, wird das AgCl vom Entwickler innerhalb einer gewissen Zeitspanne nicht reduziert. [1 1 0]-Flächen nehmen eine Zwischenstellung ein. Die Ätzung von AgCl-Kristallen durch saure Fixierlsg. hängt ebenfalls von der Orientierung der belichteten Kristallflächen ab. (J. Amer. chem. Soc. **76.** 617. 20/1. 1954. Richmond, Va., Virginia Inst. for Sci. Res.) W. GÜNTHER. 8618

W. A. Schmidt, Vsevolod Tulagin, J. A. Sprung, R. C. Gunther, R. F. Coles und **D. E. Sargent,** *Eine Reaktion zur Entwicklung photographischer Farbbildner.* Vff. zeigen, daß gewisse *Azinfarbstoffe* gegenüber den bekannten Farbbildnern Vorteile aufweisen. So entsteht bei Verwendung von *3-(Diäthylamino)-methansulfonanilid* als Kuppler u. *N.N-Diäthyl-p-phenylendiamin* als Entwickler über das blaue Indamin unter Ringschluß in saurer Lsg. ein blauroter Farbstoff (I). Entsprechend entstehen aus *5-Amino-2.4.dianilinobenzolsulfonsäure* als Entwicklersubstanz mit *Benzoylacetanilid* ein gelber Farbstoff, mit *8-Oxychinolin* ein purpurroter (II) u. mit *6-Anilino-1-naphthol-3-sulfonsäure* (*J-Säure*) ein blauer Farbstoff (III) (Spektralkurven vgl. Original). — 16 Literaturhinweise. (Ind. Engng. Chem. **45.**

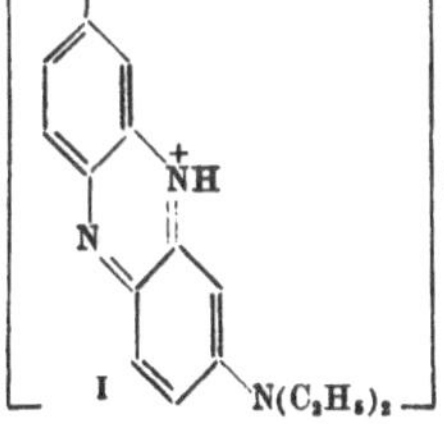

I

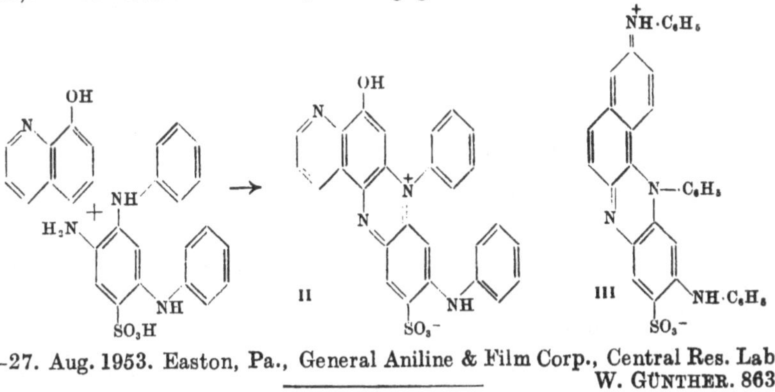

II III

1726—27. Aug. 1953. Easton, Pa., General Aniline & Film Corp., Central Res. Labor.) W. GÜNTHER. 8630

Agfa, Akt.-Ges. für Photofabrikation, Leverkusen, *Umwandlung von Stereoaufnahmen in Anaglyphenbilder.* Schwarzweiß entwickelte Stereoteilnegative werden nicht direkt, sondern über ein in bekannter Weise daraus hergestelltes Anaglyphennegativ auf ein subtraktives Mehrschichtmaterial in der Weise kopiert, daß beide

Teilbilder des Anaglyphennegativs in verschied. Farben in verschied. Teilschichten kopiert werden. Die Absorptionsmaxima der entwickelten Farbteilbilder müssen dabei möglichst weit voneinander entfernt sein, zweckmäßig fällt das Maximum des einen Farbstoffs mit dem Minimum des anderen zusammen. (**D. B. P. 887 911** Kl. 57b vom 15/7. 1943, ausg. 27/8. 1953.) KALIX. 8599

Dr. C. Schleussner, Fotowerke G. m. b. H., Frankfurt a. M., *Herstellung von Halogensilberemulsionen.* Während der Bldg. des Halogensilbers in der Emulsion u. bei ihrer weiteren Behandlung wird die Emulsion hochfrequenten Schwingungen ausgesetzt (> als die Schallwellenfrequenz) u. gleichzeitig stark gekühlt, so daß sie niedrigere Tempp. annimmt, als bei der Emulsionsherst. üblich sind. Die Wrkg. der Schwingungen kann durch Ggw. von Glaspulver u. Glasperlen in der Emulsion verstärkt werden. (**D. B. P. 889 260** Kl. 57b vom 23/3. 1935, ausg. 10/9. 1953.) KALIX. 8601

Kodak Soc. An., Lausanne, Schweiz, *Stabilisatoren für Halogensilberemulsionen* stellen komplexe Pd-Verbb. der allg. Formel R_mPdX_n dar. In dieser bedeutet R ein H-Atom, eine NH_4-Gruppe oder ein Alkalimetall u. X ein Halogenatom. m = 2 oder 3, n = 4 oder 6. — Geeignet sind z. B.: $(NH_4)_2PdCl_6$, $(NH_4)_2PdBr_6$ u. $(NH_4)_2PdCl_4$. Sie werden den Emulsionen in Mengen von 0,2—5 mg auf 1 Liter zugegeben. (**Schwz. P. 285 168** vom 21/11. 1947, ausg. 5/1. 1953. A. Priorr. 30/8. 1945, 6/5., 15/7. u. 30/7. 1946.) KALIX. 8611

Farbenfabriken Bayer, Leverkusen, *Entwicklungsbeschleunigung beim Silbersalzdiffusionsverfahren.* Der Bildempfangsschicht werden außer den üblichen Bestandteilen geringe Mengen von organ. N-Verbb. zugesetzt. Bes. geeignet sind Amine, Hydrazine, Guanazol, Alkyl-, Acyl-, Aryl- u. Aralkylguanazole sowie Guanazole, die mit heterocycl. Ringen substituiert sind. Diese Verbb. können auch den Entwicklerlsgg. zugegeben werden. (**E. P. 695 915** vom 5/7. 1951, ausg. 19/8. 1953. D. Priorr. 6/7. 1950 u. 7/5. 1951.) KALIX. 8619

Imperial Chemical Industries Ltd., London (Erfinder: **Karl Otto Ganguin** und **Eric MacDonald,** Blackley bei Manchester), England, *Lichtfilterschicht für farbenphotographisches Mehrschichtmaterial.* Die Schicht enthält einen Farbstoff der Formel I. Hierin bedeuten: R_1 einen Aryl- oder Arylamidorest, R_2 ein H oder substituiertes Alkyl u. R_3 ein substituiertes Alkyl; ferner ist R_1 durch eine Alkylkette mit mindestens 5 C-Atomen u. der Phenylenkern gegebenenfalls durch weitere Gruppen substituiert. Die Farbstoffe absorbieren hauptsächlich zwischen 430 u. 480 mμ u. sind durch Hydrazinhydrat irreversibel ausbleichbar. Bes. geeignet ist *4-[β-Octadecenyl-succinamido]-ω-cyan-ω-[p-(N.N-dicarboxyäthylamino)-benzyliden]-acetobenzol.* (**D. B. P. 879 204** Kl. 57b vom 16/6. 1951, ausg. 11/6. 1953. E. Prior. 15/6. 1950.) KALIX. 8631

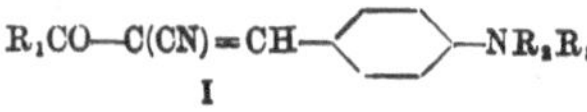

I

Eastman Kodak Co., übert. von: **George W. Sawdey,** Rochester, N. Y., V. St. A., *Bleichbad für Silberbilder in Gegenwart von Farbstoffbildern.* Als Bleichmittel wird eine auf p_H-Werte von 1—3,5 eingestellte wss. Lsg. von *p-Sulfophenylchinon* oder *p-Nitrosophenol* (**I**) verwendet. Die gleiche Wrkg. besitzen die im Ring durch Alkyl-, Alkoxy- oder Acetamido-, sowie durch Halogenatome substituierten Derivv. dieser Verbindungen. Beispiel: 4 g I-Na, 5 g KBr, 15 g $NaHSO_4$ in 1 Liter Wasser. (**A. P. 2 625 477** vom 1/11. 1951, ausg. 13/1. 1953.) KALIX. 8631

General Aniline & Film Corp., New York (Erfinder: **Harold Harsh,** Binghamton), N. Y., V. St. A., *Mehrschichtenfarbfilm.* Der Film enthält übereinander angeordnet eine rot-, grün- u. blauempfindliche Halogensilberemulsionsschicht u. jede davon einen Farbbildner für einen der Empfindlichkeit der betreffenden Schicht komplementären Farbstoff, ferner mindestens eine der Schichten ein Gemisch von Farbbildnern für Blaugrün, Blaurot u. Gelb. (**D. B. P. 895 247** Kl. 57b vom 1/1. 1949, ausg. 2/11. 1953. A. Prior. 7/5. 1947.) KALIX. 8631

Herausgeber u. verantwortlich für den Inhalt: Prof. Dr. Maximilian Pflücke, Berlin NW 7, Schiffbauerdamm 19, Fernsprecher: 42 55 71. Redaktion: Chefredakteure Dr. Eugen Klever und Prof. Dr. Maximilian Pflücke. Verlag: Akademie-Verlag GmbH, Berlin W8, Mohrenstraße 39 (Fernsprecher 20 03 86, Postscheckkonto Berlin 350 21), u. Verlag Chemie, GmbH, Weinheim/Bergstraße (Postscheckkonto Frankfurt/M. 145314 u. Berlin [West] 7430, Fernsprecher: Weinheim 2017). Bestell- u. Verlags-Nr. dieses Heftes: 1007/125/38. Das Chemische Zentralblatt erscheint wöchentlich.
Satz u. Druck: VEB Leipziger Druckhaus, Leipzig, III/18/203. IX. 54.
Veröffentlicht unter der Lizenznummer 1212 des Amtes für Literatur und Verlagswesen der Deutschen Demokratischen Republik.
Printed in Germany DDR.

FSC
www.fsc.org
MIX
Papier | Fördert
gute Waldnutzung
FSC® C083411

Kolibri 360 GmbH
Ferdinand-Jühlke-Straße 7
99095 Erfurt, Deutschland
produktsicherheit@kolibri360.de